国际植物新品种保护联盟
植物品种特异性、一致性和稳定性测试指南
（观赏园艺卷三）

农业农村部科技发展中心　编译

中国农业科学技术出版社

图书在版编目（CIP）数据

国际植物新品种保护联盟 植物品种特异性、一致性和稳定性测试指南．观赏园艺卷．三 / 农业农村部科技发展中心编译．-- 北京：中国农业科学技术出版社，2022.12
ISBN 978-7-5116-6108-1

Ⅰ．①国… Ⅱ．①农… Ⅲ．①植物－品种－测试－指南 ②观赏园艺－品种－测试－指南 Ⅳ．① Q94-62 ② S602.3-62

中国版本图书馆 CIP 数据核字（2022）第 247245 号

责任编辑 刁 毓 任玉晶
责任校对 马广洋
责任印制 姜义伟 王思文

出 版 者 中国农业科学技术出版社
北京市中关村南大街 12 号 邮编：100081
电 话 （010）82106638（编辑室）（010）82109702（发行部）
（010）82109709（读者服务部）
网 址 https://castp.caas.cn
经 销 者 各地新华书店
印 刷 者 北京建宏印刷有限公司
开 本 210 mm × 297 mm 1/16
印 张 41
字 数 1264 千字
版 次 2022 年 12 月第 1 版 2022 年 12 月第 1 次印刷
定 价 108.00 元

编译委员会

主　任： 李　岩

副主任： 张秀杰　陈　红

委　员： 堵苑苑　杨　扬　徐振江　刘艳芳

编　译　组

主　编： 杨旭红　刘小龙

副主编： 邓　超　韩瑞玺　王　雨

翻　译： 徐　丽　刘小龙　王显生　孙加梅
王穆穆　汪鸿星　白文钦

审　校： 周传猛　李汝玉　刘艳芳

目录

导 言

TG/242/2
原文：英文
日期：2020-05-20

国际植物新品种保护联盟
植物品种特异性、一致性和稳定性
测试指南

马齿苋

UPOV 代码：PORTU_GRA；PORTU_OLE；PORTU_UMB

（*Portulaca grandiflora* Hook.；*Portulaca oleracea* L.；

Portulaca umbraticola Kunth）

互用名称 *

植物学名称	英文	法文	德文	西班牙文
Portulaca grandiflora Hook.				
Portulaca oleracea L.	Portulace	Pourpier	Portulak	Verdolaga
Portulaca umbraticola Kunth				

* 这些名称在指南开始使用时是正确的，但随后可能会修改更新。读者可登录国际植物新品种保护联盟网站（www.upov.int），获取最新资料。

1 指南适用范围

1.1 本指南适用于大花马齿苋（*Portulaca grandiflora* Hook.）、马齿苋（*Portulaca oleracea* L.）和环翅马齿苋（*Portulaca umbraticola* Kunth.）的所有品种。

1.2 TGP/13《新类型和物种指南》中提供了对测试指南中未明确涵盖的种间杂交种测试指南的指导。

1.3 针对蔬菜品种，如有必要可以使用性状表中所列的其他性状或表达状态，用于评价特异性、一致性和稳定性。

2 繁殖材料要求

2.1 待测品种繁殖材料的数量和质量要求以及提交的时间和地点由主管机构决定。申请人从测试所在国境外提交繁殖材料的，还应符合海关规定并满足相关植物检疫的要求。

2.2 繁殖材料以插条苗或种子的形式提交。

2.3 申请人提交繁殖材料的最小数量：无性繁殖品种为 15 根插条苗，有性繁殖品种为能够生长 40 个植株的种子。

提交的种子应满足主管机构规定的发芽率、纯度、健康程度和含水量的最低要求。

2.4 提供的繁殖材料应外观健康有活力，未受到任何严重病虫害的影响。

2.5 提交的繁殖材料不得进行任何可能影响品种性状表达的处理，除非主管机构允许或要求进行这种处理。如果材料已经处理，必须提供相关处理的详细说明。

3 测试方法

3.1 生长周期

3.1.1 测试的最少周期数量通常为 1 个生长周期。

3.1.2 主管机构能够确定测试结果时，品种的测试可以结束。

3.2 测试地点

测试通常在 1 个地点进行。在 1 个以上地点进行测试时，TGP/9《特异性测试》提供了有关指导。

3.3 测试条件

3.3.1 测试的条件应能满足品种正常生长的需要，以确保品种相关性状充分表达和测试的顺利开展。

3.3.2 由于日光变化的原因，在利用比色卡确定颜色时，应在一个合适的有人工光源照明的小室或中午无阳光直射的房间内进行。人工光源的光谱分布应符合 CIE“理想日光标准 D6500”，且在《英国标准 950：第 1 部分》规定的允许范围之内。观测应将植株部位置于白背景下进行。品种描述中应指出比色卡及版本。

3.4 试验设计

3.4.1 对于无性繁殖品种，每个试验应保证至少有 15 个植株。

3.4.2 对于种子繁殖品种，每个试验应保证至少有 40 个植株。

3.4.3 试验设计应保证因测量或计数等需要，从小区取走部分植株或植株部位后，不影响生长周期结束前的所有观测。

3.5 附加测试

为测试有关性状，可以进行附加测试。

4 特异性、一致性和稳定性评价

4.1 特异性

4.1.1 一般建议

对于本指南的使用者而言，在判定特异性前参照总则特异性判定的一般原则十分重要。但为进一步说明和强调特异性判定，本指南特列出特异性判定的要点。

4.1.2 一致的差异

当观测到的品种之间的差异非常明显时，则没有必要种植 1 个以上生长周期。此外，在某些情况下，环境的影响并不意味着需要 1 个以上的生长周期来保证品种间观测到的差异是足够一致的。为确保在种植试验中所观测到的性状差异是足够一致的，可以对性状进行至少 2 个独立生长周期的测试。

4.1.3 明显的差异

两个品种间的差异是否明显取决于很多因素，特别应考虑所测性状的表达类型，即该性状是质量性状、数量性状还是假质量性状。因此，在作出关于特异性的判定前，本测试指南的使用者应熟悉总则中的建议。

4.1.4 植株 / 植株部位的观测数量

无性繁殖品种，除非另有说明，在判定特异性时，对于单株的观测，应观测 10 个植株或分别从 10 个植株取下的植株部位；对于其他观测，应观测试验中的所有植株。观测时应将异型株排除在外。

有性繁殖品种，除非另有说明，在判定特异性时，对于单株的观测，应观测 20 个植株或分别从 20 个植株取下的植株部位；对于其他观测，应观测试验中的所有植株。观测时应将异型株排除在外。

4.1.5 观测方法

性状表第二列以如下符号（见 TGP/9《特异性测试》第 4 部分“性状观测”）的形式列出了特异性判定时推荐的性状观测方法。

MG：对一批植株或植株部位进行单次测量。

MS：对一定数量的植株或植株部位进行逐一测量。

VG：对一批植株或植株部位进行单次目测。

VS：对一定数量的植株或植株部位进行逐一目测。

观测类型：目测（V）或测量（M）。

目测（V）是一种基于专家判断的观测方法。本文中的目测是指专家的感官观察，因此，也包括闻、尝和触摸。目测也包括专家使用参照物（例如图表，标准品种，并排比较）或非线性的图表（例如比色卡）的观测。测量（M）是一种基于校准的、线性尺度的客观观测，例如使用尺、秤、色度计、日期和计数等进行观测。

记录类型：群体记录（G）或个体记录（S）。

以特异性为目的的观测，可被记录为一批植株或植株部位的单个记录（G），或者记录为一定数量的单个植株或植株部位的个体记录（S）。多数情况下，群体记录为一个品种提供一个单个记录，因此不可能或者不必要通过逐个植株的统计分析来判定特异性。

如果性状表中提供了不止一种观测方法（如 VG/MG），可以参考 TGP/9《特异性测试》的第 4 部分选择合适的观测方法。

4.2 一致性

4.2.1 对于本指南的使用者而言，在判定一致性前参照总则一致性判定的一般原则十分重要。但为进一步说明和强调一致性判定，本指南特列出一致性判定的要点。

4.2.2 本指南是为无性繁殖品种和异花授粉的有性繁殖品种而制定。对于其他繁殖类型的品种，应遵循总则和文件 TGP/13《新类型和物种指南》4.5 部分“一致性测试”中的建议。

4.2.3 对于无性繁殖品种，应采用 1% 的群体标准和至少 95% 的接受概率。当样本量为 15 个时，允许有 1 个异型株。

4.2.4 评价有性繁殖品种的一致性，应参考总则中对异花授粉品种的建议。

4.3 稳定性

4.3.1 在实际操作中，通常不像测试特异性和一致性那样对稳定性进行测试以得到明确结果。经验表明，对许多类型的品种来说，当一个品种表现一致时，可认为其是稳定的。

4.3.2 适当情况下或者有疑问时，稳定性可以通过测试一批新种子或植株进一步评价，确保其性状表现与之前提交的种子表现相同。

5 品种分组和试验组织

5.1 使用分组性状可以帮助选择与申请品种一起进行田间种植试验的已知品种，以及对这些品种进行合适分组以便进行特异性评价。

5.2 分组性状表达状态的数据即使来自不同地点，也可以单独或者与其他此类性状联合使用。

（a）用于特异性测试中筛选排除那些不需要安排在种植试验中的已知品种。

（b）用于组织安排种植试验，使近似品种种植在一起。

5.3 以下性状已被确认为有用的分组性状。

（a）枝条：角度（性状 2）。

（b）花：类型（性状 11）。

（c）花：直径（性状 13）。

（d）花瓣：主色（性状 17），有以下 8 组。

第一组：白色。

第二组：黄色。

第三组：黄橙色。

第四组：橙色。

第五组：粉色。

第六组：红色。

第七组：紫色。

第八组：紫罗兰色。

（e）花瓣：次色（性状 18），有以下 8 组。

第一组：白色。

第二组：黄色。

第三组：橙色。

第四组：棕橙色。

第五组：粉色。

第六组：红色。

第七组：紫色。

第八组：紫罗兰色。

（f）花瓣：次色分布（性状 19）。

5.4 总则和 TGP/9《特异性测试》中提供了在特异性审查过程中使用分组性状的指导。

6 性状表介绍

6.1 性状类型

6.1.1 标准指南性状

标准指南性状是国际植物新品种保护联盟（UPOV）已同意用于特异性、一致性和稳定性（DUS）审查的性状，UPOV 成员可以从中选择与其特定环境相适应的性状。

6.1.2 星号性状

星号性状（用“*”标记）是测试指南中对于形成国际统一的品种描述十分重要的性状，所有 UPOV 成员都应将其用于 DUS 测试并包含在品种描述中，除非前序性状的表达或区域环境条件所限使其无法测试。

6.2 表达状态及相应代码

6.2.1 为定义性状和统一描述，将每个性状划分为一系列表达状态。每个表达状态赋予一个相应的数字代码，以便于数据记录，以及品种性状描述的建立和交流。

6.2.2 对于质量性状和假质量性状（6.3），性状表中列出了所有表达状态。但对于有 5 个或 5 个以上表达状态的数量性状，可以采用缩略尺度的方法，以缩短性状表格。例如，对于有 9 个表达状态的数量性状，在测试指南的性状表中可采用以下缩略形式。

表达状态	代码
小	3
中	5
大	7

但是应该指出的是，以下 9 个表达状态都是存在的，应采用适宜的表达状态用于品种的描述。

表达状态	代码
极小	1
极小到小	2
小	3
小到中	4
中	5
中到大	6
大	7
大到极大	8
极大	9

6.2.3 TGP/7《测试指南的研制》中提供了表达状态和代码的更详尽的介绍。

6.3 表达类型

总则中对性状表达类型（质量性状、数量性状和假质量性状）进行了解释。

6.4 标准品种

适当时，测试指南中提供了标准品种用于校正性状的表达状态。

6.5 注释

性状编号	星号性状	英文		中文		标准品种	代码
1	2	3	4	5	6		
		Name of characteristics in English		**性状名称**			
		states of expression		表达状态			

表中 1 为性状编号。

表中 2 为（*）星号性状（6.1.2）。

表中 3 为表达类型。

QL：质量性状（6.3）。

QN：数量性状（6.3）。

PQ：假质量性状（6.3）。

表中 4 为观测方法（和小区类型）：MG、MS、VG、VS（4.1.5）。

表中 5 为（+）（性状表解释 8.2）。

表中 6 为（a）～（c）（性状表解释 8.1）。

7 性状表

性状编号	星号性状	英文		中文		标准品种	代码
1.	（*）	**QN**	**VG**				
		Plant：number of shoots		**植株：枝条的数量**			
		few		少		LAZPRT 1502	3
		medium		中		Cindy	5
		many		多		LAZZDU 0807	7
2.	（*）	**QN**	**VG**	（+）			
		Shoot：attitude		**枝条：角度**			
		upright		直立		Sunseeker Orange	1
		semi-upright		半直立		Pazzaz Deep Pink	3
		horizontal		水平			5
		semi-trailing		半蔓生		LAZPRT 1703	7
		trailing		蔓生		LAZPRT 1502	9
3.		**QN**	**MS/VG**				
		Shoot：length		**枝条：长度**			
		short		短		Sunseeker Orange	3
		medium		中			5
		long		长		LAZPRT 1502	7
4.	（*）	**PQ**	**VG**				
		Shoot：color		**枝条：颜色**			
		light green		浅绿色		Cindy	1
		medium green		中等绿色			2
		dark green		深绿色			3
		light reddish brown		浅红棕色			4
		medium reddish brown		中等红棕色		Sunseeker Orange	5
		dark reddish brown		深红棕色		LAZZDU 1112	6

续表

性状编号	星号性状	英文		中文		标准品种	代码
5.		**QN**	**MS/VG**		（a）		
		Leaf：length		**叶：长度**			
		short		短			3
		medium		中		LAZZDU 1112	5
		long		长		LAZPRT 1507	7
6.	（*）	**QN**	**MS/VG**		（a）		
		Leaf：width		**叶：宽度**			
		very narrow		极窄		Sunseeker Orange	1
		narrow		窄			3
		medium		中		LAZPRT 1507	5
		broad		宽		LAZPRT 1502	7
		very broad		极宽			9
7.	（*）	**QL**	**VG**		（a）		
		Leaf：variegation		**叶：斑**			
		absent		无		LAZPRT 1507	1
		present		有		Flare Cherry	9
8.		**QN**	**VG**		（a）		
		Leaf：intensity of green color		**叶：绿色程度**			
		light		浅			1
		medium		中		LAZZDU 1112	2
		dark		深		Pazzaz Deep Pink	3
9.	（*）	**QN**	**VG**	（+）	（a）		
		Leaf：width of reddish brown coloration on margin		**叶：红棕色边缘宽度**			
		absent or very narrow		无或极窄		DPAZORFLAR	1
		narrow		窄			2
		medium		中		LAZPRT 1507	3
		broad		宽		Pazzaz Deep Pink	4
		very broad		极宽			5
10.		**QN**	**VG**		（a）		
		Leaf：intensity of reddish brown coloration on margin		**叶：边缘红棕色强度**			
		absent or very weak		无或极弱		DPAZORFLAR	1
		weak		弱		LAZPRT 1502	2
		medium		中		LAZPRT 1507	3
		strong		强		Pazzaz Deep Pink	4
		very strong		极强			5
11.	（*）	**QL**	**VG**	（+）	（b）		
		Flower：type		**花：类型**			
		single		单瓣		LAZZDU 1112	1
		double		重瓣		Sunseeker Orange	2
		with petaloid staminodes		具瓣化雄蕊		Cindy	3
12.		**QN**	**VG**	（+）			
		Only varieties with Flower：type：single：Flower：shape in lateral view		**花：侧视的形状（仅适用于单瓣花类型的品种）**			
		flat or slightly concave		平或微凹			1
		moderately concave		中度凹			2
		strongly concave		显著凹			3

续表

性状编号	星号性状	英文		中文		标准品种	代码
13.	(*)	QN	MS/VG		(b)		
		Flower: diameter		**花：直径**			
		small		小		LAZPRT 1502	3
		medium		中		Pazzaz Deep Pink	5
		large		大		KLEPO 12820	7
14.	(*)	QN	VG	(+)	(b)		
		Only varieties with Flower: type: single: Flower: overlapping of petals		**花：花瓣重叠程度（仅适用于单瓣花类型品种）**			
		absent or weak		无或弱		LAZZDU 1112	1
		medium		中		LAZZDU 0806	2
		strong		强		DPAZORFLAR	3
15.		QN	VG	(+)	(b)		
		Only varieties with Flower: type: single: Flower: conspicuousness of color at base		**花：基部颜色显著程度（仅适用于单瓣花类型品种）**			
		absent or very weak		无或极弱		LAZZDU 1112	1
		weak		弱			2
		medium		中		DPAZORFLAR	3
		strong		强			4
		very strong		极强		LAZPRT 1707	5
16.		PQ	VG		(b)		
		Only varieties with Flower: type: single: Flower: color at base		**花：基部颜色（仅适用于单瓣花类型品种）**			
		yellowish		泛黄色			1
		yellowish with dark margin		带黑色边缘的泛黄色			2
		reddish		泛红色			3
		brownish		泛棕色			4
17.	(*)	PQ	VG	(+)	(c)		
		Petal: main color		**花瓣：主色**			
		RHS Colour Chart (indicate reference number)		RHS 比色卡（注明参考色号）			
18.	(*)	PQ	VG	(+)	(c)		
		Petal: secondary color		**花瓣：次色**			
		RHS Colour Chart (indicate reference number)		RHS 比色卡（注明参考色号）			
19.	(*)	PQ	VG	(+)	(c)		
		Petal: distribution of secondary color		**花瓣：次色分布**			
		mainly at apex		主要先端分布			1
		at upper third		上部 1/3			2
		irregular along marginal zone		沿边缘区域不规则分布			3
		on lateral marginal zone		边缘区内侧分布			4
		central		中央分布			5
		throughout		整片分布			6

续表

性状编号	星号性状	英文		中文		标准品种	代码
20.		**PQ**	**VG**	（+）	（c）		
		Petal: tertiary color		**花瓣：第三种颜色**			
		RHS Colour Chart（indicate reference number）		RHS 比色卡（注明参考色号）			
21.		**QN**	**MS/VG**		（c）		
		Petal: length		**花瓣：长度**			
		short		短		LAZPRT 1607	3
		medium		中		Pazzaz Deep Pink	5
		long		长		KLEPO 12820	7
22.		**QN**	**MS/VG**		（c）		
		Petal: width		**花瓣：宽度**			
		narrow		窄		LAZPRT 1502	3
		medium		中		Pazzaz Deep Pink	5
		broad		宽		KLEPO 12820	7
23.	（*）	**QN**	**VG**	（+）	（c）		
		Petal: emargination		**花瓣：尖端凹陷**			
		absent or shallow		无或极浅		DPAZORFLAR	1
		medium		中		LAZZDU 0807	2
		deep		深		LAZZDU 0806	3
24.	（*）	**PQ**	**VG**	（+）			
		Petaloid staminodes: color of outer staminodes		**瓣化雄蕊：瓣化雄蕊外侧颜色**			
		RHS Colour Chart（indicate reference number）		RHS 比色卡（注明参考色号）			
25.		**PQ**	**VG**	（+）			
		Petal staminodes: color of inner staminodes		**瓣化雄蕊：瓣化雄蕊内侧颜色**			
		RHS Colour Chart（indicate reference number）		RHS 比色卡（注明参考色号）			

8　性状表解释

8.1　对多个性状的解释

除非另有说明，所有性状的观测都在初花期后 1 个月进行观测。

性状表包含以下标注的性状应按照下述要求观测。

（a）应当观测植株中部完全发育的叶。

（b）应当观测发育完全的花内侧。

（c）应当观测内侧。除非另有说明，重瓣花应观测最外轮花瓣。

8.2 对单个性状的解释

性状 2：枝条角度

1

直立

3

半直立

5

水平

7

半蔓生

9

蔓生

性状 9：叶红棕色边缘宽度

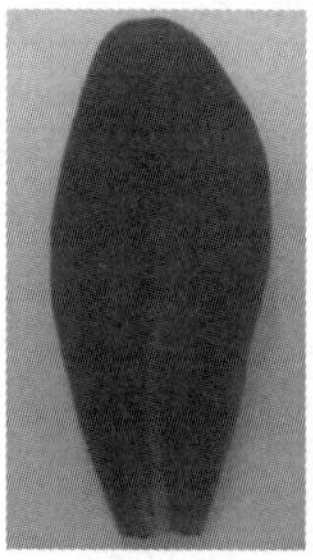

1

无或极窄

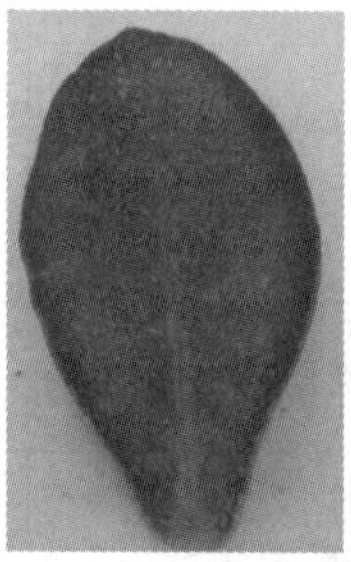

3

中

4

宽

性状 11：花类型

单瓣花有 4～6 个花瓣，且无瓣化雄蕊。重瓣花有 6 个以上花瓣，且无瓣化雄蕊。对于瓣化雄蕊的花，花瓣数量不固定。

1

单瓣

2

重瓣

3

具瓣化雄蕊

性状 12：花侧视的形状（仅适用于单瓣花类型的品种）

1
平或微凹

2
中度凹

3
显著凹

性状 14：花瓣重叠程度（仅适用于单瓣花类型品种）

1
无或弱

2
中

3
强

性状 15：花基部颜色显著程度（仅适用于单瓣花类型品种）
显著程度是由颜色对比和对比环的宽度决定的。花的中心最内侧部位不需要观测。

1
无或极弱

2
弱

基部颜色

3
中

4
强

基部颜色

5
极强

性状 17：花瓣主色

主色是除基部颜色之外面积最大的颜色。当主色和次色的面积过于相似，无法确定哪一种颜色的面积更大时，较深的颜色被认为是主色。第三种色是面积第三大的颜色。在次色和第三种色的区域太相似而无法确定哪个区域更小的情况下，较浅的颜色被认为是第三种色。

性状 18：花瓣次色

见性状 17。

性状 19：花瓣次色分布

在双色或多色花的品种中，主色和次色的比例会因环境条件而改变。应当描述主要部分的花色。

箭头指向为次色

1
主要先端分布

2
上部 1/3

3
沿边缘区域不规则分布

4
边缘区内侧分布

5
中央分布

6
整片分布

性状 20：花瓣第三种颜色

见性状 17。

性状 23：花瓣尖端凹陷

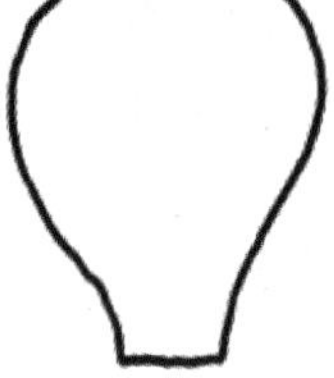

1
无或极浅

2
中

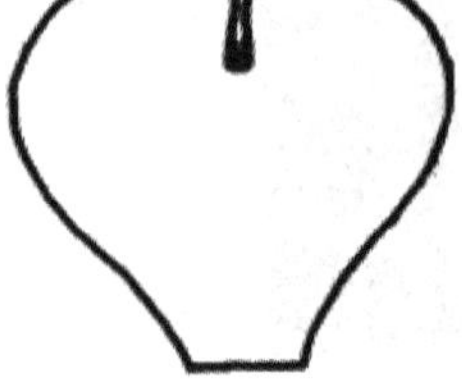

3
深

性状 24：瓣化雄蕊外侧颜色

a—瓣化雄蕊内部；b—瓣化雄蕊外部。

性状 25：瓣化雄蕊内侧颜色
见性状 24。

TG/246/1
原文：英文
日期：2007-03-28

国际植物新品种保护联盟
植物品种特异性、一致性和稳定性
测试指南

万寿菊属

UPOV 代码：TAGET

（*Tagetes* L.）

互用名称 *

植物学名称	英文	法文	德文	西班牙文
Tagetes L.	Marigold	Tagète, Œillet d'Inde, Rose d'Inde	Studentenblume	Clavel de las Indias, Clavelon, Cempoalxóchitl

* 这些名称在指南开始使用时是正确的，但随后可能会修改更新。读者可登录 UPOV 网站（www.upov.int），获取最新资料。

1 指南适用范围

本指南适用于菊科（Asteraceae）万寿菊属（*Tagetes* L.）的所有品种。

2 繁殖材料要求

2.1 待测品种繁殖材料的数量和质量要求以及提交的时间和地点由主管机构决定。申请人从测试所在国境外提交繁殖材料的，还应符合海关规定并满足相关植物检疫的要求。

2.2 待测品种材料以种子或生根扦插条的形式提供。

2.3 申请人提交繁殖材料的最小数量：种子繁殖品种为 3 g 种子，无性繁殖品种为 25 个生根扦插条。

提交的种子应满足主管机构规定的发芽率、纯度、健康程度和含水量的最低要求。当种子用于保藏时，申请人应尽可能提供发芽率高的种子并注明发芽率。

2.4 提供的繁殖材料应外观健康有活力，未受到任何严重病虫害的影响。

2.5 提交的繁殖材料不得进行任何可能影响品种性状表达的处理，除非主管机构允许或要求进行这种处理。如果材料已经处理，必须提供相关处理的详细说明。

3 测试方法

3.1 生长周期

测试的最少周期数量通常为 1 个生长周期。

3.2 测试地点

测试通常在 1 个地点进行。在 1 个以上地点进行测试时，TGP/9《特异性测试》提供了有关指导。

3.3 测试条件

3.3.1 测试的条件应能满足品种正常生长的需要，以确保品种相关性状充分表达和测试的顺利开展。除非另有说明，所有观测应在盛花期进行。

3.3.2 由于日光变化的原因，在利用比色卡确定颜色时，应在一个合适的有人工光源照明的小室或中午无阳光直射的房间内进行。人工光源的光谱分布应符合 CIE“理想日光标准 D6500”，且在《英国标准 950：第 1 部分》规定的允许范围之内。观测应将植株部位置于白背景下进行。

3.4 试验设计

3.4.1 在种子繁殖品种的情况下，每个试验保证至少有 60 个植株。

3.4.2 在无性繁殖品种的情况下，每个试验保证至少有 20 个植株。

3.4.3 试验设计应保证：当因测量或计数等需要，从小区取走部分植株或植株部位后，不影响生长周期结束前的所有观测。

3.5 被测植株或植株某部位的数量

3.5.1 对于种子繁殖品种，除非另有说明，对于单株的观测，应观测 20 个植株或分别从 20 个植株取下的植株部位；对于其他观测，应观测试验中的所有植株。

3.5.2 对于无性繁殖品种，除非另有说明，对于单株的观测，应观测 10 个植株或分别从 10 个植株取下的植株部位；对于其他观测，应观测试验中的所有植株。

3.6 附加测试

为测试有关性状，可以进行附加测试。

4 特异性、一致性和稳定性评价

4.1 特异性

4.1.1 一般建议

对于本指南的使用者而言，在判定特异性前参照总则特异性判定的一般原则十分重要。但为进一步说明和强调特异性判定，本指南特列出特异性判定的要点。

4.1.2 一致的差异

当观测到的品种之间的差异非常明显时，则没有必要种植 1 个以上生长周期。此外，在某些情况下，环境的影响并不意味着需要 1 个以上的生长周期来保证品种间观测到的差异是足够一致的。为确保在种植试验中所观测到的性状差异是足够一致的，可以对性状进行至少 2 个独立生长周期的测试。

4.1.3 明显的差异

两个品种间的差异是否明显取决于很多因素，特别应考虑所测性状的表达类型，即该性状是质量性状、数量性状还是假质量性状。因此，在作出关于特异性的判定前，本测试指南的使用者应熟悉总则中的建议。

4.2 一致性

4.2.1 对于本指南的使用者而言，在判定一致性前参照总则一致性判定的一般原则十分重要。但为进一步说明和强调一致性判定，本指南特列出一致性判定的要点。

4.2.2 对于种子繁殖品种一致性的评价，应酌情根据总则中异花授粉和杂交品种的建议进行。

4.2.3 对于无性繁殖品种一致性的评价，应采用 1% 的群体标准和至少 95% 的接受概率，当样本量为 10 个时，最多允许 1 个异型株。

4.3 稳定性

4.3.1 在实际操作中，通常不像测试特异性和一致性那样对稳定性进行测试以得到明确结果。经验表明，对许多类型的品种来说，当一个品种表现一致时，可认为其是稳定的。

4.3.2 适当情况下或者有疑问时，可通过种植下一代或者一批新的种子或植株判定稳定性，观测其性状表达是否与以前提供的繁殖材料的性状表达一致。

5 品种分组及试验组织

5.1 使用分组性状可以帮助选择与申请品种一起进行田间种植试验的已知品种，以及对这些品种进行合适分组以便进行特异性评价。

5.2 分组性状表达状态的数据即使来自不同地点，也可以单独或者与其他此类性状联合使用。

（a）用于特异性测试中筛选排除那些不需要安排在种植试验中的已知品种。

（b）用于组织安排种植试验，使近似品种种植在一起。

5.3 以下性状已被确认为有用的分组性状。

（a）植株：高度（性状 3）。

（b）叶：类型（性状 8）。

（c）叶：绿色程度（性状 11）。

（d）头状花序：小花类型（性状 15）。

（e）头状花序：颜色（仅适用于头状花序颜色数量为 1 种的品种）（性状 25），有以下 7 组。

第一组：泛白色。

第二组：浅黄色。

第三组：深黄色。

第四组：浅橙色。

第五组：中等橙色。
第六组：红色。
第七组：棕色。
（f）管状和 / 或管舌状小花：主色（性状 27），有以下 7 组。
第一组：泛白色。
第二组：浅黄色。
第三组：深黄色。
第四组：浅橙色。
第五组：中等橙色。
第六组：红色。
第七组：棕色。
（g）舌状小花：主色（仅适用于头状花序 2 种颜色的品种）（性状 30），有以下 7 组。
第一组：泛白色。
第二组：浅黄色。
第三组：深黄色。
第四组：浅橙色。
第五组：中等橙色。
第六组：红色。
第七组：棕色。

5.4 总则中提供了在特异性审查过程中使用分组性状的指导。

6 性状表达介绍

6.1 性状类型

6.1.1 标准指南性状

标准指南性状是 UPOV 已同意用于 DUS 审查的性状，UPOV 成员可以从中选择与其特定环境相适应的性状。

6.1.2 星号性状

星号性状（用“*”标记）是测试指南中对于形成国际统一的品种描述十分重要的性状，所有 UPOV 成员都应将其用于 DUS 测试并包含在品种描述中，除非前序性状的表达或区域环境条件所限使其无法测试。

6.2 表达状态及相应代码

为定义性状和统一描述，将每个性状划分为一系列表达状态。每个表达状态赋予一个相应的数字代码，以便于数据记录，以及品种性状描述的建立和交流。

6.3 表达类型

总则中对性状表达类型（质量性状、数量性状和假质量性状）进行了解释。

6.4 标准品种

适当时，测试指南中提供了标准品种用于校正性状的表达状态。

6.5 注释

（*）星号性状（6.1.2）。
QL：质量性状（6.3）。
QN：数量性状（6.3）。
PQ：假质量性状（6.3）。
（+）性状表解释（8.2）。

7 性状表

性状编号	英文	中文	标准品种	代码
1. QL	**Hypocotyl: anthocyanin coloration**	**下胚轴：花青苷显色**		
	absent	无		1
	present	有		9
2. QL	**Plant: fragrance**	**植株：香气**		
	absent	无	Hawaii	1
	present	有	Cupidon Double	9
3. (*) QN	**Plant: height**	**植株：高度**		
	very short	极矮	Cupidon，Golden Boy	1
	short	矮	Mistral，Spry	3
	medium	中	Golden Jubilee，Monsieur Majestic	5
	tall	高	Jaune Supreme，Sourire	7
	very tall	极高	Lemon Queen，Orange Prince	9
4. (*) (+) QN	**Plant: growth habit**	**植株：生长习性**		
	upright	直立	Puebla	1
	semi upright	半直立	Nueva	3
	spreading	平展	Tepeaca	5
5. (*) QN	**Plant: branching**	**植株：分枝**		
	absent or weak	无或弱	Morelos	1
	medium	中	Chapingo	2
	strong	强	Oriental	3
6. (*) QL	**Stem: anthocyanin coloration**	**茎：花青苷显色**		
	absent	无	Hidalgo	1
	present	有	Tlalámac	9
7. QN	**Stem: intensity of anthocyanin coloration**	**茎：花青苷显色程度**		
	weak	弱	Tepoztlán	3
	medium	中	Chapingo	5
	strong	强	Itarichen	7
8. (*) (+) QL	**Leaf: type**	**叶：类型**		
	simple	单叶	Morelos	1
	pinnate	复叶	Tepoztlán	2
9. (*) (+) QN	**Leaf: length**	**叶：长度**		
	short	短	Tajín	3
	medium	中	Teziutlán	5
	long	长	Carmen	7
10. (*) (+) QN	**Leaf: width**	**叶：宽度**		
	narrow	窄	Ninín	3
	medium	中	Zongolica	5
	broad	宽	Cuernavaca	7
11. (*) QN	**Leaf: intensity of green color**	**叶：绿色程度**		
	light	浅	FeworkJaune	3
	medium	中	Sendero	5
	dark	深	Bonanza Gelb	7

续表

性状编号	英文	中文	标准品种	代码
12. QN	**Only varieties with pinnate leaves：terminal leaflet：width**	**顶生小叶：宽度（仅适用于复叶品种）**		
	narrow	窄	Yei	3
	medium	中	Macuilli	5
	broad	宽	Chicome	7
13. (+) QN	**Leaf margin：depth of indentations**	**叶缘：边缘缺刻深度**		
	shallow	浅	Tezontla	3
	medium	中	Tepetlaoxtoc	5
	deep	深	Tláloc	7
14. QN	**Flower head：length of peduncle of terminal flower head**	**头状花序：端部头状花序花梗长度**		
	short	短	Tzapinco	3
	medium	中	Xochimilco	5
	long	长	Toluca	7
15. (*) (+) QL	**Flower head：floret type**	**头状花序：小花类型**		
	all tubulate	仅管状	Mexicana I	1
	tubulate and ligulate	管状和舌状	Bonanza，Little Hero Spry，Tecuanulco	2
	tubuligulate and ligulate	管舌状和舌状	Ecatzingo，Spry	3
	all tubuligulate	仅管舌状	Lemon Queen，Orange Prim	4
	all ligulate	仅舌状	Tzapinco	5
16. (*) QN	**Flower head：diameter**	**头状花序：直径**		
	very small	极小	Ornament，Tangerine Gem	1
	small	小	Disco Orange	3
	medium	中	Aurora Orange，Bonanza Orange	5
	large	大	Queen Bee	7
	very large	极大	Red Seven Star	9
17. (*) QN	**Only varieties with ligulate floret type：flower head：number of ligulate floret whorls**	**头状花序：舌状小花轮数（仅适用于具舌状小花类型的品种）**		
	very few	极少	Disco Orange，Monsieur Majestic	1
	few	少	Guerrero	3
	medium	中	Tlaxcala	5
	many	多	Celaya	7
18. (+) PQ	**Ligulate floret：shape**	**舌状小花：形状**		
	flat	平	Teo	1
	intermediate	中间状	Ah-Kin	2
	trumpet	喇叭状	Tlalocan	3
19. (*) (+) QL	**Ligulate floret：incision of margin**	**舌状小花：边缘缺刻**		
	absent	无	Teotihuacan	1
	present	有	Acuexcomac	9

续表

性状编号	英文	中文	标准品种	代码
20. (*) QN	**Ligulate floret：depth of incision of margin**	**舌状小花：边缘缺刻深度**		
	very shallow	极浅	Cardenal	1
	shallow	浅	Carmen	3
	medium	中	Conzuelo	5
	deep	深	Conde	7
	very deep	极深	Clara	9
21. QL	**Only varieties with incision of margin absent：ligulate floret：shape of apex**	**舌状小花：先端形状（仅适用于舌状小花边缘无缺刻的品种）**		
	rounded	圆形	Comitan	1
	truncate	平截	Huejutla	2
22. (*) QN	**Outer ligulate floret：length**	**外轮舌状小花：长度**		
	short	短	Mixe	3
	medium	中	Huave	5
	long	长	Seri	7
23. (*) QN	**Outer ligulate floret：width**	**外轮舌状小花：宽度**		
	narrow	窄	N'yu	3
	medium	中	Kut'a	5
	broad	宽	Yohtó	7
24. (*) QL	**Flower head：number of colors**	**头状花序：颜色数量**		
	one	1 种	Tangerine Orange，Vanilla	1
	two	2 种	Bee，Monsieur Majestic	2
25. (*) PQ	**Only varieties with one flower head color：flower head：color**	**头状花序：颜色（仅适用于头状花序颜色数量为 1 种的品种）**		
	RHS Colour Chart （indicate reference number）	RHS 比色卡 （注明参考色号）		
26. (*) (+) QL	**Only varieties with two flower head colors：tabulate and/or tubuligulate floret：number of colors**	**管状和 / 或管舌状小花：颜色数量（仅适用于头状花序颜色数量为 2 种的品种）**		
	one	1 种		1
	two	2 种		2
27. (*) (+) PQ	**Tubulate and/or tubuligulate floret：main color**	**管状和 / 或管舌状小花：主色**		
	RHS Colour Chart （indicate reference number）	RHS 比色卡 （注明参考色号）		
28. (*) PQ	**Only varieties with tubulate and/or tubuligulate florets with two colors：tubulate and/or tubuligulate floret：secondary color**	**管状和 / 或管舌状小花：次色（仅适用于管状和 / 或管舌状小花颜色数量为 2 种的品种）**		
	RHS Colour Chart （indicate reference number）	RHS 比色卡 （注明参考色号）		
29. (*) (+) QL	**Only varieties with two flower head colors：ligulate floret：number of colors**	**舌状小花：颜色数量（仅适用于头状花序颜色数量为 2 种的品种）**		
	one	1 种	Tangerine Orange，Vanilla	1
	two	2 种	Bonanza Harmony，Granada	2

续表

性状编号	英文	中文	标准品种	代码
30. (*) (+) PQ	**Only varieties with two flower head colors：ligulate floret：main color**	**舌状小花：主色（仅适用于头状花序颜色数量为 2 种的品种）**		
	RHS Colour Chart （indicate reference number）	RHS 比色卡 （注明参考色号）		
31. (*) PQ	**Only varieties with two ligulate floret colors：ligulate floret：secondary color**	**舌状小花：次色（仅适用于舌状小花颜色数量为 2 种的品种）**		
	whitish	泛白色		1
	light yellow	浅黄色		2
	dark yellow	深黄色	San Pablo	3
	light orange	浅橙色		4
	medium orange	中等橙色		5
	red	红色	Santa María	6
	brown	棕色		7
32. (+) PQ	**Only varieties with two ligulate floret colors：ligulate floret：distribution of color**	**舌状小花：颜色分布（仅适用于舌状小花颜色数量为 2 种的品种）**		
	type 1	类型 1	España Red，Marietta	1
	type 2	类型 2	Monsieur Majestic	2
	type 3	类型 3	Sevilla Bicolour Rot Gelb	3
33. (+) QN	**Only varieties with type 1 ligulate floret color distribution：ligulate floret：size of central color zone**	**舌状小花：中心颜色区的大小（仅适用于舌状小花的颜色分布为类型 1 的品种）**		
	very small	极小	Scarlet Sophia	1
	small	小	Disco Flamme，Red Marietta	3
	medium	中	Pascal	5
	large	大	Granada，Sophia Yellow	7
	very large	极大	Aurora Jaune	9
34. (*) QN	**Time of beginning of flowering**	**始花期**		
	early	早	Double Mistral，Hero Flamme	3
	medium	中	Aurora Fold，Cupidon Double	5
	late	晚	Discovery Orange，Inca Yellow	7

8 性状表解释

性状 4：植株生长习性

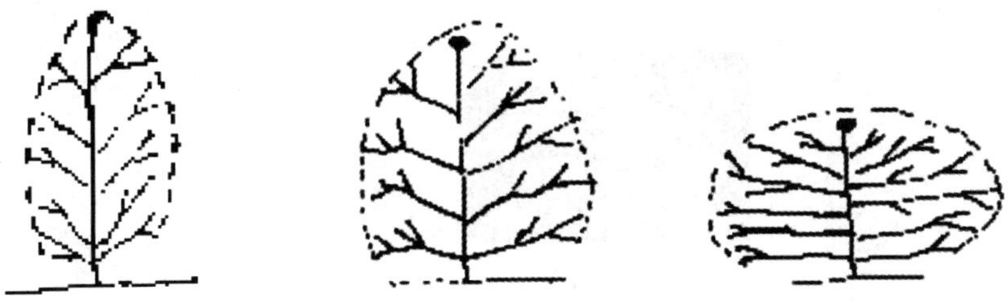

1 直立　　3 半直立　　5 平展

性状 8：叶类型

1
单叶

2
复叶

性状 9：叶长度
性状 10：叶宽度

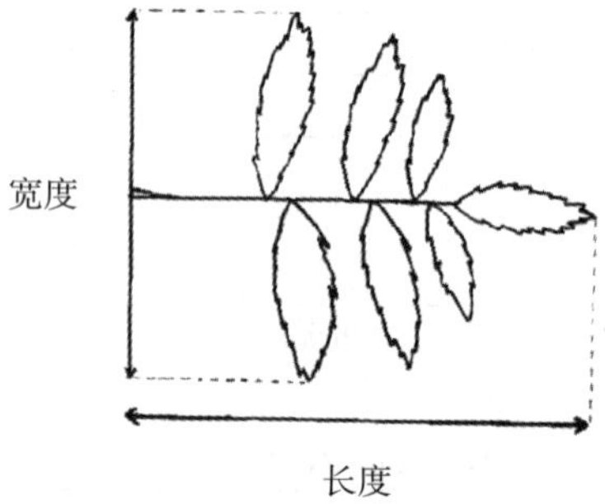

观测应在主茎中部叶完全展开的叶上进行。
性状 13：边缘叶缘缺刻深度
对于复叶品种，观测应在顶生小叶上进行。
性状 15：头状花序小花类型
小花可以为舌状、管舌状或管状，可以着生在花心（中间区域）或者头状花序边缘（呈放射状排列）。

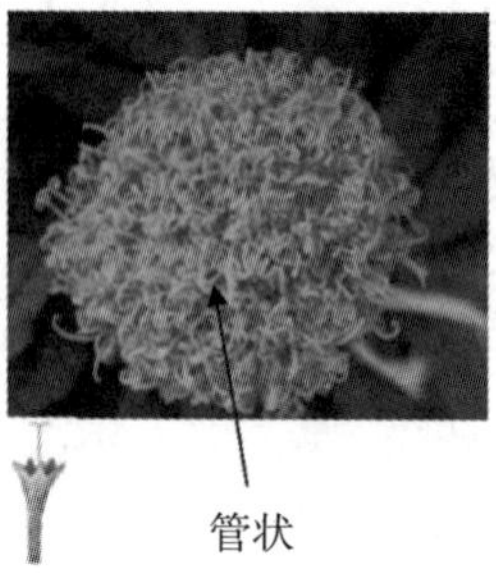

1
仅管状

2
管状和舌状

3
管舌状和舌状

4
仅管舌状

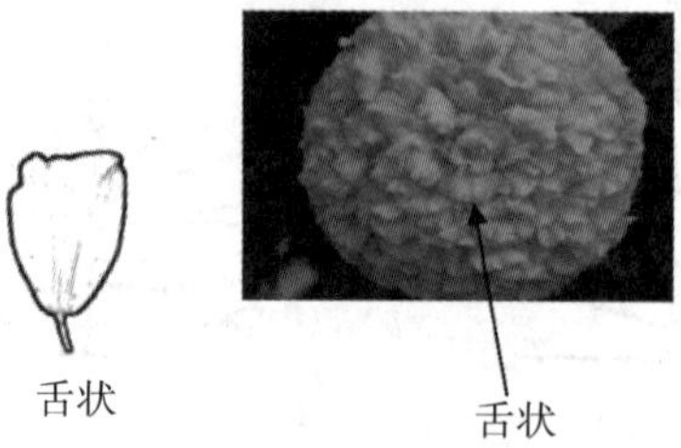

5
仅舌状

性状 18：舌状小花形状

1
平

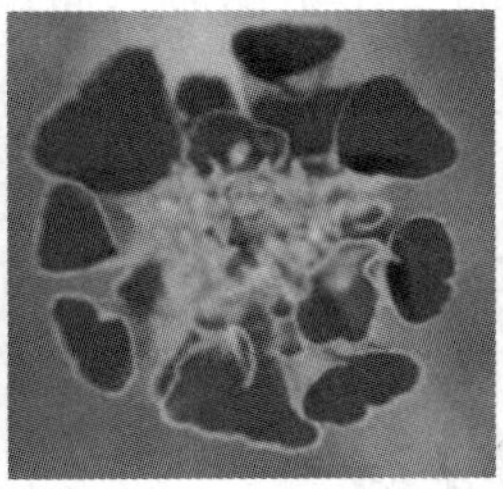
2
中间状

3
喇叭状

性状 19：舌状小花边缘缺刻

1
无

9
有

性状 26：管状和 / 或管舌状小花颜色数量（仅适用于头状花序颜色数量为 2 种的品种）

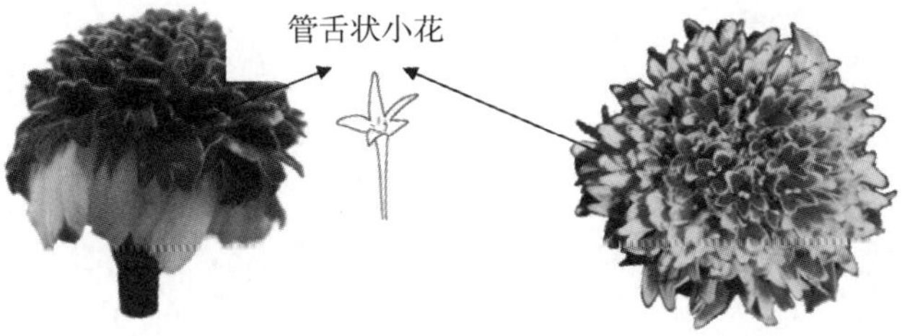

1
1 种

2
2 种

性状 27：管状和 / 或管舌状小花主色

主色可能是唯一的颜色，在管状和 / 或管舌状小花颜色数量为 2 种时，主色为所占面积最大的颜色。

性状 29：舌状小花颜色数量（仅适用于头状花序颜色数量为 2 种的品种）

1
1 种

2
2 种

性状 30：舌状小花：主色（仅适用于头状花序颜色数量为 2 种的品种）

主色可能是唯一的颜色，在舌状小花颜色数量为 2 种时，主色为所占面积最大的颜色。

性状 32：舌状小花颜色分布（仅适用于舌状小花颜色数量为 2 种的品种）

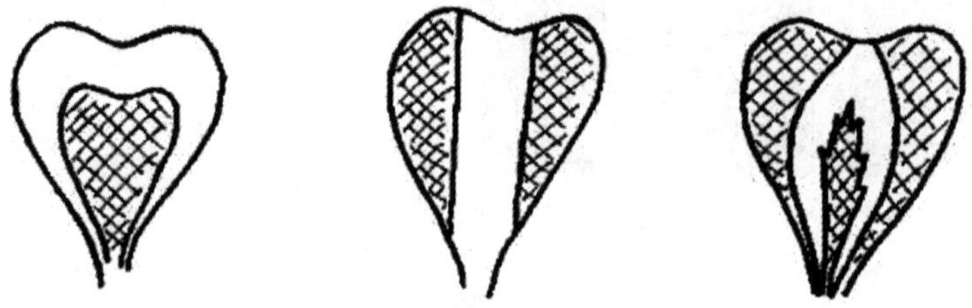

1	2	3
类型 1	类型 2	类型 3

性状 33：舌状小花中心颜色区的大小（仅适用于舌状小花的颜色分布为类型 1 的品种）

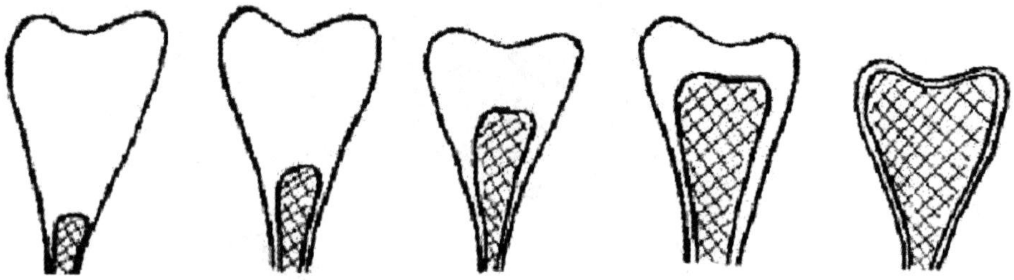

1	2	3	4	5
极小	小	中	大	极大

扫码下载原文

如扫描二维码无法下载指南原文，可能是指南版本有更新，可扫描本书封底二维码查看与本文对应的指南版本

TG/251/1
原文：英文
日期：2009-04-01

国际植物新品种保护联盟
植物品种特异性、一致性和稳定性
测试指南

欧洲夹竹桃

UPOV 代码：NERIU_OLE

（*Nerium oleander* L.）

互用名称 *

植物学名称	英文	法文	德文	西班牙文
Nerium oleander L. *Nerium indicum* Mill.	Oleander, Rose Bay, Rose-Laurel	Laurier rose, Oléandre	Oleander	Adelfa, Baladre, Laurel Rosa, Pascua, Rosa Laurel

* 这些名称在指南开始使用时是正确的，但随后可能会修改更新。读者可登录 UPOV（www.upov.int），获取最新资料。

1 指南适用范围

本指南适用于夹竹桃科（Apocynaceae）的欧洲夹竹桃（*Nerium oleander* L.）的所有品种。

2 繁殖材料要求

2.1 待测品种繁殖材料的数量和质量要求以及提交的时间和地点由主管机构决定。申请人从测试所在国境外提交繁殖材料的，还应符合海关规定并满足相关植物检疫的要求。

2.2 繁殖材料以二年龄的植株形式提交，无插条、压枝和嫁接现象。

2.3 申请人提交繁殖材料的最小数量为 6 个植株。

2.4 提供的繁殖材料应外观健康有活力，未受到任何严重病虫害的影响。

2.5 提交的繁殖材料不得进行任何可能影响品种性状表达的处理，除非主管机构允许或要求进行这种处理。如果材料已经处理，必须提供相关处理的详细说明。

3 测试方法

3.1 测试周期

测试的最少周期数量通常为 2 个生长周期。

3.2 测试地点

测试通常在 1 个地点进行。在 1 个以上地点进行测试时，TGP/9《特异性测试》提供了有关指导。

3.3 测试条件

测试的条件应能满足品种正常生长的需要，以确保品种相关性状充分表达和测试的顺利开展。

3.4 试验设计

3.4.1 每个试验设计至少包括 6 个植株。

3.4.2 试验设计应保证因测量或计数等需要，从小区取走部分植株或植株部位后，不影响生长周期结束前的所有观测。

3.5 测试株数

除非另有说明，应对 6 个植株或取自于 6 个植株的部位进行全部观测。

3.6 附加测试

为测试有关性状，可以进行附加测试。

4 特异性、一致性和稳定性评价

4.1 特异性

4.1.1 一般建议

对于本指南的使用者而言，在判定特异性前参照总则特异性判定的一般原则十分重要。但为进一步说明和强调特异性判定，本指南特列出特异性判定的要点。

4.1.2 一致的差异

当观测到的品种之间的差异非常明显时，则没有必要种植 1 个以上生长周期。此外，在某些情况下，环境的影响并不意味着需要 1 个以上的生长周期来保证品种间观测到的差异是足够一致的。为确保在种植试验中所观测到的性状差异是足够一致的，可以对性状进行至少 2 个独立生长周期的测试。

4.1.3 明显的差异

两个品种间的差异是否明显取决于很多因素，特别应考虑所测性状的表达类型，即该性状是质量性状、数量性状还是假质量性状。因此，在作出关于特异性的判定前，本测试指南的使用者应熟悉总则中的建议。

4.2 一致性

4.2.1 对于本指南的使用者而言，在判定一致性前参照总则一致性判定的一般原则十分重要。但为进一步说明和强调一致性判定，本指南特列出一致性判定的要点。

4.2.2 评价一致性时，应采用 1% 的群体标准和至少 95% 的接受概率。当样本量为 6 个时，允许 1 个异型株。

4.3 稳定性

4.3.1 在实际操作中，通常不像测试特异性和一致性那样对稳定性进行测试以得到明确结果。经验表明，对许多类型的品种来说，当一个品种表现一致时，可认为其是稳定的。

4.3.2 适当情况下或者有疑问时，稳定性可以采用如下方法测试：种植申请品种的下一代或者测试一批新植株，看其性状表现是否与之前提交的材料表现相同。

5 品种分组和试验组织

5.1 使用分组性状可以帮助选择与申请品种一起进行田间种植试验的已知品种，以及对这些品种进行合适分组以便进行特异性评价。

5.2 分组性状表达状态的数据即使来自不同地点，也可以单独或者与其他此类性状联合使用。

（a）用于特异性测试中筛选排除那些不需要安排在种植试验中的已知品种。

（b）用于组织安排种植试验，使近似品种种植在一起。

5.3 以下性状已被确认为有用的分组性状。

（a）植株：生长类型（性状 1）。

（b）植株：生长习性（性状 2）。

（c）花：颜色（性状 19）。

（d）花：花瓣轮数（性状 20）。

5.4 总则中提供了在特异性审查过程中使用分组性状的指导。

6 性状表介绍

6.1 性状类型

6.1.1 标准指南性状

标准指南性状是 UPOV 已同意用于 DUS 审查的性状，UPOV 成员可以从中选择与其特定环境相适应的性状。

6.1.2 星号性状

星号性状（用“*”标记）是测试指南中对于形成国际统一的品种描述十分重要的性状，所有 UPOV 成员都应将其用于 DUS 测试并包含在品种描述中，除非前序性状的表达或区域环境条件所限使其无法测试。

6.2 表达状态及相应代码

为定义性状和统一描述，将每个性状划分为一系列表达状态。每个表达状态赋予一个相应的数字代码，以便于数据记录，以及品种性状描述的建立和交流。

6.3 表达类型

总则中对性状表达类型（质量性状、数量性状和假质量性状）进行了解释。

6.4 标准品种

适当时，测试指南中提供了标准品种用于校正性状的表达状态。

6.5 注释

（*）星号性状（6.1.2）。

QL：质量性状（6.3）。

QN：数量性状（6.3）。

PQ：假质量性状（6.3）。

（+）性状表解释（8.2）。

7 性状表

性状编号	英文	中文	标准品种	代码
1. （*） （+） QL	**Plant：growth type**	**植株：生长类型**		
	dwarf	矮小	Petite Pink，Petite Red	1
	normal	正常	Alassio，Altini	2
2. （*） （+） QN	**Plant：growth habit**	**植株：生长习性**		
	upright	直立	Belle Hélène	1
	semi-upright	半直立	Fiesta Pink	2
	spreading	平展	Altini	3
3. QN	**Only varieties with plant growth type：normal：Plant：height**	**植株：高度（仅适用于正常生长类型的品种）**		
	short	矮	Papa Gambetta	3
	medium	中	Belle Hélène	5
	tall	高	La Fontaine	7
4. PQ	**Current year's shoot：color of distal part**	**当年生枝条：远基端颜色**		
	light green	浅绿色	Belle Hélène	1
	medium green	中等绿色	Altini	2
	dark green	深绿色	Papa Gambetta	3
	reddish brown	泛红棕色	Virginie	4
	brown	棕色	Fiesta Rodi	5
5. （*） QN	**Leaf blade：length**	**叶片：长度**		
	short	短	Petite Pink	3
	medium	中	Hardy Red	5
	long	长	Alassio	7
6. （*） QN	**Leaf blade：width**	**叶片：宽度**		
	narrow	窄	Papa Gambetta	3
	medium	中	Emile Sahut	5
	broad	宽	Emilie	7
7. （*） QL	**Leaf blade：variegation**	**叶片：斑**		
	absent	无	Marie Gambetta	1
	present	有	Splendens Foleïs Variegata	9
8. PQ	**Leaf blade：color of upper side（excluding variegation）**	**叶片：上表面颜色（斑除外）**		
	light green	浅绿色	Petite White	1
	medium green	中等绿色	Alassio	2
	dark green	深绿色	Papa Gambetta	3
	bluish green	泛蓝绿色	JR 95-1	4

续表

性状编号	英文	中文	标准品种	代码
9. (*) (+) **QL**	**Leaf blade: profile in cross section**	**叶片：横切面形状**		
	flat	平	Nana Rosso, Pink Beauty	1
	folded	褶曲	Petite Red	2
10. (+) **QN**	**Leaf blade: incurving of margins**	**叶片：叶缘内弯**		
	absent or slightly incurved	无或微内弯	Italia	1
	moderately incurved	中度内弯	Altini, Solfège	2
	strongly incurved	显著内弯	Almodovar, Jannoch	3
11. (+) **QN**	**Leaf blade: glossiness of upper side**	**叶片：上表面光泽度**		
	absent or slightly glossy	无或略有光泽	Petite Red	1
	moderately glossy	中等光泽		2
	very glossy	极具光泽		3
12. **QL**	**Leaf blade: pubescence of upper side**	**叶片：上表面茸毛**		
	absent	无	Papa Gambetta, Petite Red	1
	present	有	JR 95-1	9
13. (*) (+) **QN**	**Inflorescence: curvature of upper part**	**花序：上部弯曲**		
	absent or weak	无或弱	Petite White	1
	medium	中	Petite Red	2
	strong	强	Fauryb 04	3
14. **QN**	**Inflorescence: position in relation to foliage**	**花序：与叶子相对位置**		
	above	高于	East End Pink	1
	same level	等高	Petite Red	2
	below	低于	Alassio	3
15. (+) **QN**	**Plant: number of flowers**	**植株：花的数量**		
	few	少	Neridem	3
	medium	中	Soleil Levant	5
	many	多	Altini	7
16. (*) (+) **PQ**	**Flower bud: shape**	**花蕾：形状**		
	ovate	卵圆形	Hawaï	1
	narrow elliptic	窄椭圆形	Mont Rose	2
	broad elliptic	宽椭圆形	Splendens Giganteum	3
	rhombic	菱形	JR 95-1	4
17. **PQ**	**Flower bud: color just before opening**	**花蕾：开放前颜色**		
	white or whitish	白色或泛白色	Petite White	1
	yellow	黄色	Sœur Agnès	2
	light pink	浅粉色	Alsace	3
	medium pink	中等粉色	Nana Rosso	4
	dark pink	深粉色	Louis Pouget	5
	pink red	粉红色	Hardy Pink	6
	red	红色	Italia	7
	light violet	浅紫罗兰色	Barcelona	8
18. (+) **QL**	**Flower bud: swelling just before opening**	**花蕾：开放前膨胀**		
	absent	无	Alsace	1
	present	有	Angiolo Pucci	9

续表

性状编号	英文	中文	标准品种	代码
19. (＊) (＋) PQ	**Flower: color**	**花：颜色**		
	whitish	泛白色	Alsace，Mont Blanc，Petite White	1
	yellow	黄色	Isle of Capri，Luteum Plenum	2
	light orange	浅橙色	Angiolo Pucci	3
	light orange pink	浅橙粉色	Hawaï，Mrs Roeding，Tito Poggi	4
	light pink	浅粉色	East End Pink，Magaly	5
	medium to dark pink	中等到深粉色	Alassio，Emilie，Roseum Plenum	6
	pink red	粉红色	JR 95-1，Commandant Barthélémy	7
	red	红色	Altini，Petite Red，Tamouré	8
	light violet	浅紫罗兰色	Barcelona	9
20. (＊) (＋) QL	**Flower: number of whorls of petals**	**花：花瓣轮数**		
	one	1 轮	Emilie	1
	more than one	＞1 轮	Mrs Roeding，Professeur Granel	2
21. (＊) QN	**Flower: diameter**	**花：直径**		
	small	小	Petite Red	3
	medium	中	Mrs Roeding	5
	large	大	Roseum Plenum	7
22. QN	**Flower: fragrance**	**花：香气**		
	absent or weak	无或弱	Jordan Valley	1
	medium	中	Alassio	2
	strong	强	Louis Pouget	3
23. (＊) (＋) QN	**Petal: attitude of upper part**	**花瓣：上部角度**		
	erect	直立	Petite Pink	1
	semi erect	半直立	Isle of Capri	2
	horizontal	水平	Hawaï	3
24. QN	**Petal: size**	**花瓣：大小**		
	small	小	Petite White	3
	medium	中	Mont Blanc	5
	large	大	Claudia	7
25. (＊) (＋) PQ	**Petal: shape**	**花瓣：形状**		
	type 1	类型 1	Belle Hélène，Italia	1
	type 2	类型 2	Neguev	2
	type 3	类型 3	Red Beauty， Splendens Foleïs Variegata	3
	type 4	类型 4	Luteum Plenum	4
26. (＊) (＋) PQ	**Petal: margin**	**花瓣：边缘**		
	entire	全缘	Hardy Red	1
	dentate	齿状	Sœur Agnès	2
	sinuate	深波状	Commandant Barthélémy	3
	lobed	浅裂	Madame Allen	4
27. (＊) (＋) PQ	**Petal: main color of upper side**	**花瓣：上表面主色**		
	RHS Colour Chart（indicate reference number）	RHS 比色卡 （注明参考色号）		

续表

性状编号	英文	中文	标准品种	代码
28. (+) **QN**	**Petal: secondary color of upper side**	**花瓣：上表面次色**		
	absent or very small	无或极小		1
	medium	中		3
	very large	极大		5
29. (+) **QN**	**Petal: distribution of secondary color on upper side**	**花瓣：上表面次色分布**		
	regular or slightly irregular	规则或略不规则	Simie	1
	moderately irregular	中度不规则	JR 95-1	2
	very irregular	极不规则	Louis Pouget	3
30. (+) **QL**	**Petal: intensification of color on left of lower side**	**花瓣：下表面左侧颜色的增强**		
	absent	无	Professeur Granel	1
	present	有	Virginie	9
31. (*) (+) **PQ**	**Petal: color at base of lobe on outer side**	**花瓣：外侧裂片基部颜色**		
	white	白色	Splendens Giganteum	1
	pinkish white	泛粉白色	Tamouré	2
	whitish yellow	泛白黄色	Emilie	3
	light yellow	浅黄色	Petite Pink	4
	medium yellow	中等黄色	Marie Gambetta	5
	greenish yellow	泛绿黄色	Alsace	6
	orange yellow	橙黄色	Isle of Capri	7
	orange	橙色	Luteum Plenum	8
	pink	粉色	Petite Red	9
	purplish pink	泛紫粉色	Petite White	10
	red	红色	Neridem	11
32. **QN**	**Corolla throat: length**	**花冠喉：长度**		
	very short	极短	Roseum Plenum	1
	short	短	Tamouré	3
	medium	中	Emilie	5
	long	长	Hardy Red	7
33. (+) **QN**	**Corolla throat: diameter**	**花冠喉：直径**		
	small	小	Mrs Roeding	1
	medium	中	Rosita	2
	large	大	Alassio	3
34. (*) **PQ**	**Corolla throat: color of external side**	**花冠喉：外侧颜色**		
	whitish	泛白色	Splendens Foleïs Variegata	1
	greenish	泛绿色	Madame Burton	2
	pinkish white	泛粉白色	Petite Red	3
	light yellow	淡黄色	Sœur Agnès	4
	medium yellow	中等黄色	Marie Gambetta	5
	pinkish yellow	泛粉黄色	Alsace	6
	orange yellow	橙黄色	Angiolo Pucci	7
	orange	橙色	Luteum Plenum	8
	pink	粉色	Petite White	9
	purplish pink	泛紫粉色	Virginie	10
	light violet	浅紫罗兰	Barcelona	11
	red	红色	Pirate des Caraïbes	12

续表

性状编号	英文	中文	标准品种	代码
35. (*) (+) QL	**Corolla throat: petaloids**	**花冠喉：瓣化**		
	absent	无	Grandiflorum	1
	present	有	Roseum Plenum	9
36. (*) QN	**Corolline appendage: length**	**花冠附属物：长度**		
	very short	极短	Neguev, Tavira	1
	short	短	Maurin des Maures	3
	medium	中	Emilie	5
	long	长	Rosa Bartolini	7
	very long	极长	Jannoch	9
37. (*) (+) QN	**Corolline appendage: crown attitude**	**花冠附属物：花冠角度**		
	erect	直立	Ville de Carpentras	1
	semi erect	半直立	Sœur Agnès	2
	horizontal	水平	East End Pink	3
38. (*) (+) QN	**Corolline appendage: laciniation**	**花冠附属物：锯齿状**		
	absent or very weak	无或极弱	Neguev	1
	weak	弱	Maurin des Maures	3
	medium	中	Emilie	5
	strong	强	Rosa Bartolini	7
39. (*) (+) PQ	**Corolla throat: main color of inner side (excluding eye zone)**	**花冠喉：内侧主色（眼区除外）**		
	white	白色	Petite Pink	1
	whitish yellow	泛白黄色	Grandiflorum	2
	yellow	黄色	Marie Gambetta	3
	orange	橙色	Luteum Plenum	4
	light pink	浅粉色	Virginie	5
	medium pink	中等粉色	Belle Hélène	6
	pink red	粉红色	Hardy Red	7
	red	红色	Fiesta Rodi	8
40. (+) PQ	**Corolla throat: color of eye zone**	**花冠喉：眼区颜色**		
	white	白色	Petite White	1
	whitish yellow	泛白黄色	Claudia	2
	yellow	黄色	Angiolo Pucci	3
	orange yellow	橙黄色	Luteum Plenum	4
	orange	橙色	Mont Blanc	5
41. (*) (+) PQ	**Corolla throat: distribution of secondary color of inner side**	**花冠喉：内侧次色分布**		
	even	均匀	Mont Blanc	1
	striated	条纹	Hardy Red	2
	striped	斑纹	Louis Pouget	3
	multistriped	多条纹	Angiolo Pucci	4
	striped and striated	条纹与斑纹	Madame Allen	5
42. (+) QN	**Stamen: extrusion of plumose appendix of anther**	**雄蕊：花药羽状附属物突出**		
	absent or very weak	无或极弱	Professeur Granel	1
	weak	弱	Mont Blanc	3

续表

性状编号	英文	中文	标准品种	代码
42. (+) QN	medium	中	Altini	5
	strong	强	Hardy Red	7
43. PQ	**Calyx: color**	**花萼：颜色**		
	only green	仅绿色	Mont Blanc	1
	green and red	绿色和红色	Alsace	2
	only red	仅红色	Fiesta Pienk	3
	purple	紫色	Haïfa	4
	reddish brown	泛红棕色	Roseum Plenum	5
	dark brown	深棕色	Commandant Barthélémy	6
44. QN	**Sepal: length**	**花萼：长度**		
	short	短	Luteum Plenum	3
	medium	中	Altini	5
	long	长	Petite White	7
45. (*) (+) QN	**Sepal: position in relation to corolla tube**	**花萼：与花冠筒相对位置**		
	adpressed or slightly reflexed	紧贴或微反折	Rosa Bartolini	1
	moderately reflexed	中度反折	Grandiflorum	2
	strongly reflexed	显著反折	JR 95-1	3
46. PQ	**Pedicel: color**	**花梗：颜色**		
	only green	仅绿色	Neguev	1
	green and red	绿色和红色	Belle Hélène	2
	green and purple	绿色和紫色	Barcelona	3
	only red	仅红色	Altini	4
	only brown	仅棕色	Maréchal Grazziani	5
47. QN	**Time of beginning of flowering**	**始花期**		
	early	早	Italia	3
	medium	中	Marie Gambetta	5
	late	晚	Hawaï	7
48. QN	**Fruit: length**	**果实：长度**		
	short	短	Marie Mauron，Rosita	3
	medium	中	Italia，Sœur Agnès	5
	long	长	Pink Beauty，Roseum Plenum	7
49. QN	**Fruit: diameter**	**果实：直径**		
	small	小	Roseum Plenum	1
	medium	中	Pink Beauty	2
	large	大	Marie Mauron	3
50. (+) PQ	**Fruit: curvature**	**果实：轮廓**		
	straight	直	Maurin des Maures	1
	curved	弯曲	Italia	2
	sinuate	波状	Emilie	3
51. (+) PQ	**Fruit: color**	**果实：颜色**		
	light green	浅绿色	Alsace	1
	green and red	绿色和红色	Docteur Raggioneri	2
	only red	仅红色	Nana Rosso	3

8 性状表解释

8.1 对多个性状的解释

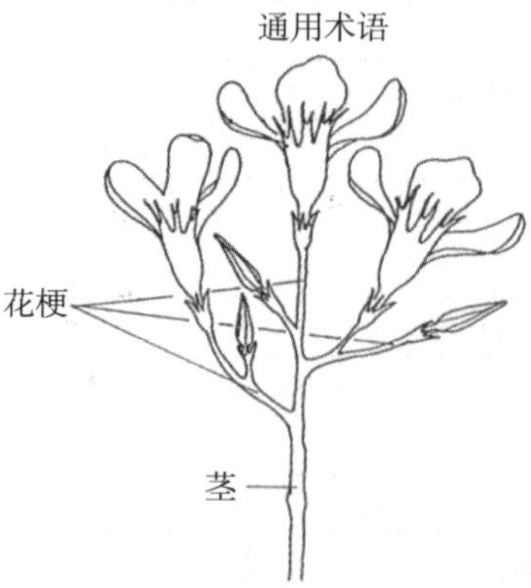

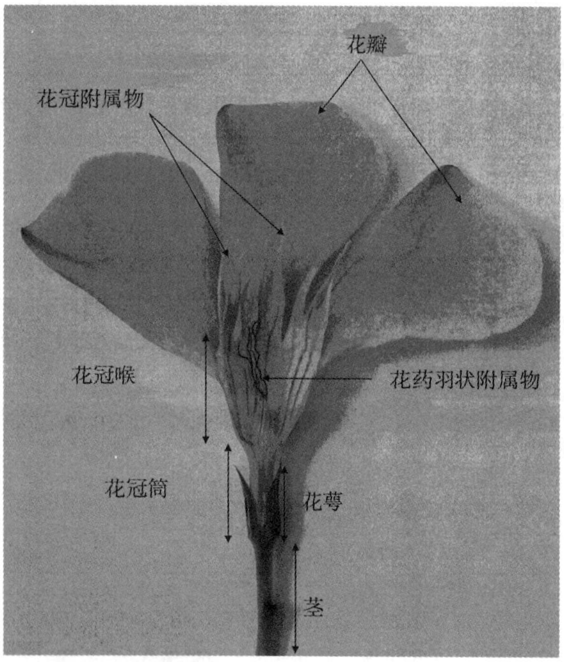

8.2 对单个性状的解释

性状 1：植株生长类型

1
矮小

2
正常

性状 2：植株生长习性

1
直立

2
半直立

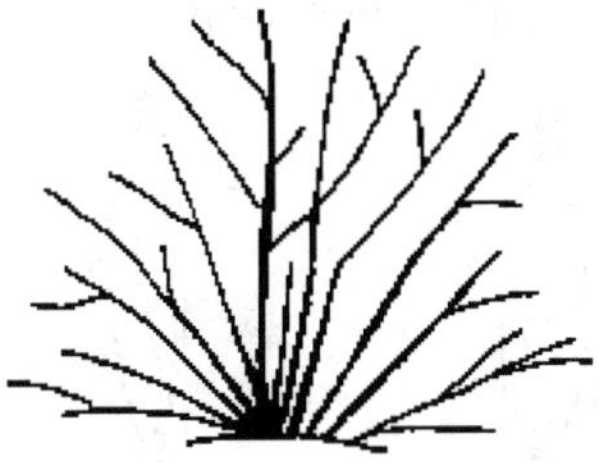

3
平展

性状 9：叶片横切面形状

1
平

2
褶曲

性状 10：叶片边缘内弯

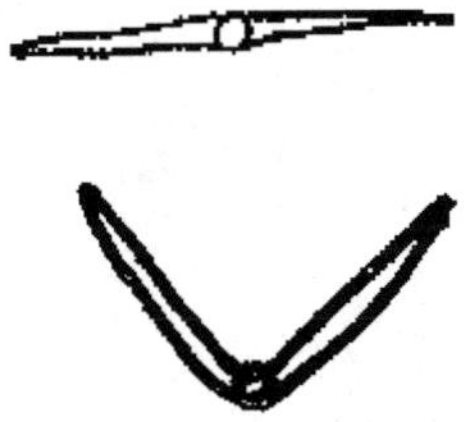

1
无或微内弯

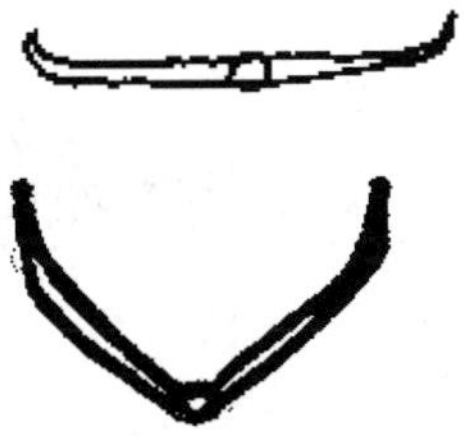

2
中度内弯

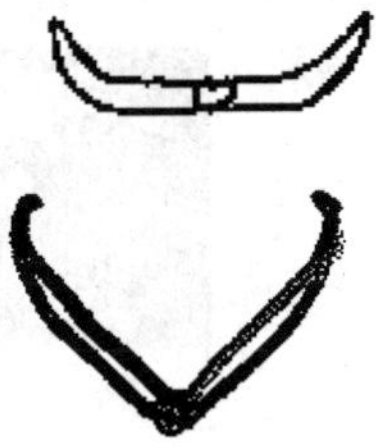

3
显著内弯

性状 11：叶片上表面光泽度
应在阴凉处观测。
性状 13：花序上部弯曲

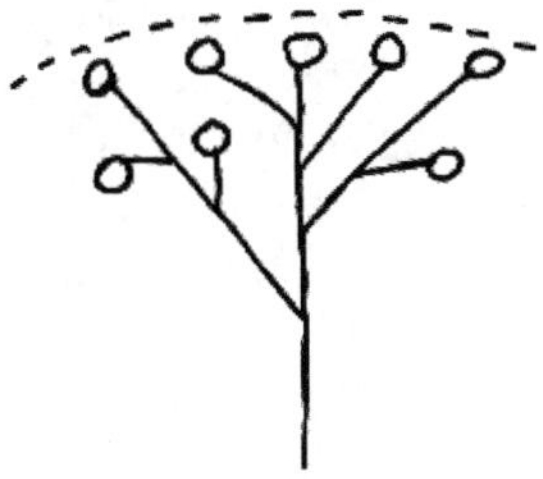

1
无或弱

2
中

3
强

性状 15：植株花的数目

指每株植株在完全开花时花的数量。

性状 16：花蕾形状

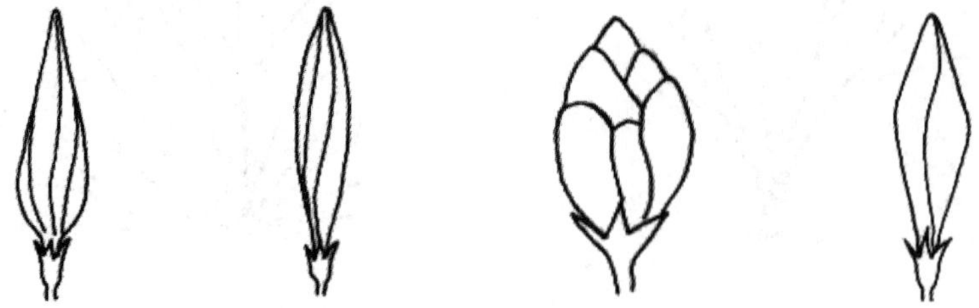

1 卵圆形　2 窄椭圆形　3 宽椭圆形　4 菱形

花蕾形状应在花蕾膨胀前观测，若花蕾不膨胀则在开放之前观测。

性状 18：花蕾开放前膨胀

若花芽出现膨胀的品种，花苞会在开放前变得越来越大。

性状 19：花颜色

应对最大表面积的颜色进行观测。

性状 20：花瓣轮数

花瓣状的除外。

性状 23：花瓣上部角度

应对完全开放的花进行观测，花冠筒除外。

1 直立　2 半直立　3 水平

性状 25：花瓣形状

将花瓣放置于水平的位置观测，若存在几排花瓣，则应对第一排进行观测。

1 类型 1　2 类型 2　3 类型 3　4 类型 4

性状 26：花瓣边缘

1 全缘　2 齿状　3 深波状　4 浅裂

性状 27：花瓣上表面主色

主色是指占最大表面积的颜色。

性状 28：花瓣上表面次色

1

无或极小

3

中

5

极大

性状 29：花瓣上表面次色分布

1

规则或略不规则

2

中度不规则

3

极不规则

性状 30：花瓣下表面左侧颜色的增强

左侧

性状 31：花瓣外侧裂片基部颜色

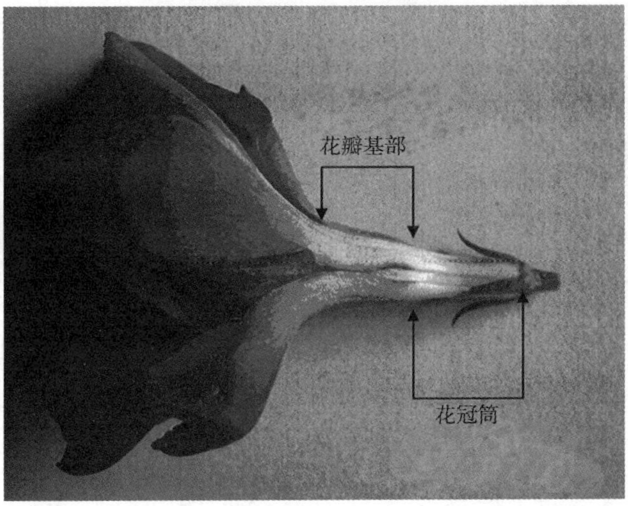

性状 33：花冠喉直径

花瓣状的除外。

性状 35：花冠喉瓣化

1 无　　9 有

性状 37：花冠附属物花冠角度

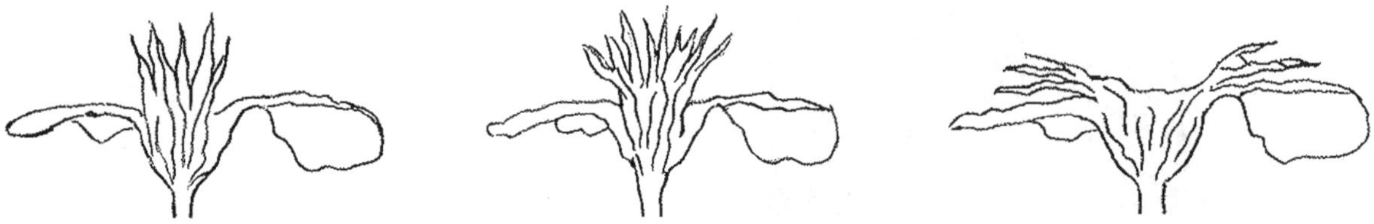

1 直立　　2 半直立　　3 水平

性状 38：花冠附属物锯齿状

1 无或极弱　　3 弱　　5 中　　7 强

性状 39：花冠喉内侧主色（眼区除外）

性状 40：花冠喉眼区颜色

花瓣状的除外。

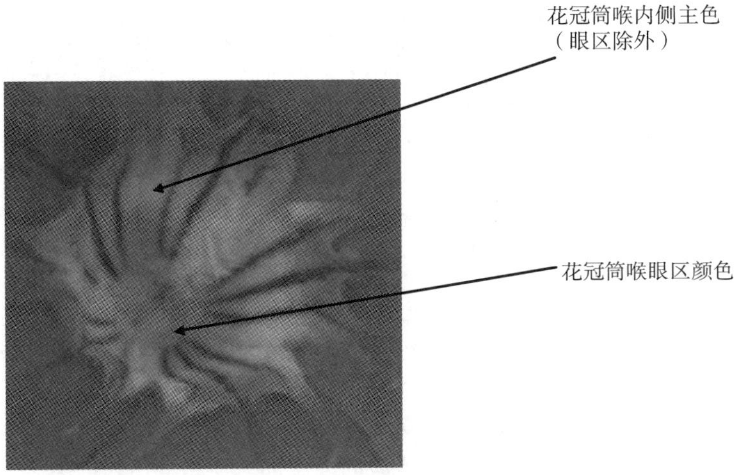

内侧主色是指占最大表面积的颜色（眼区除外）。

性状 41：花冠喉内侧次色分布

花瓣状的除外。

1
均匀

2
条纹

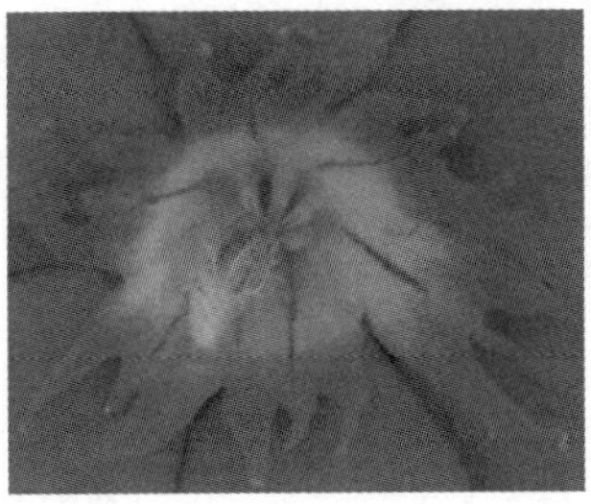
3
斑纹

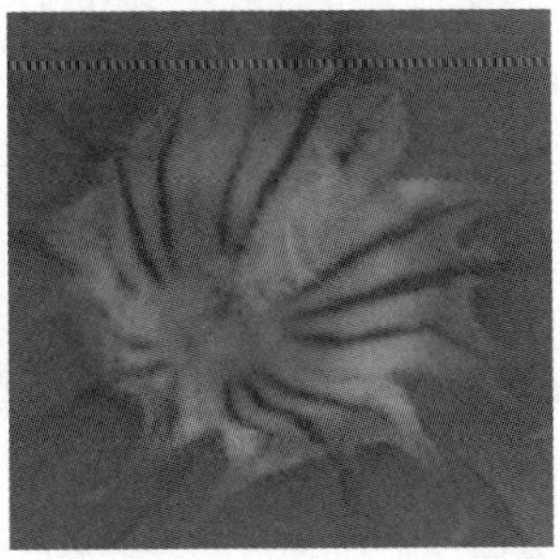
4
多条纹

5
条纹和斑纹

性状 42：雄蕊花药羽状附属物突出

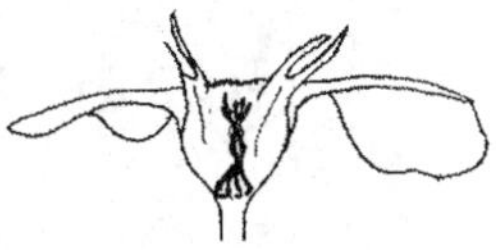
1
无或极弱

3
弱

5
中

7
强

性状 45：花萼与花冠筒相对位置

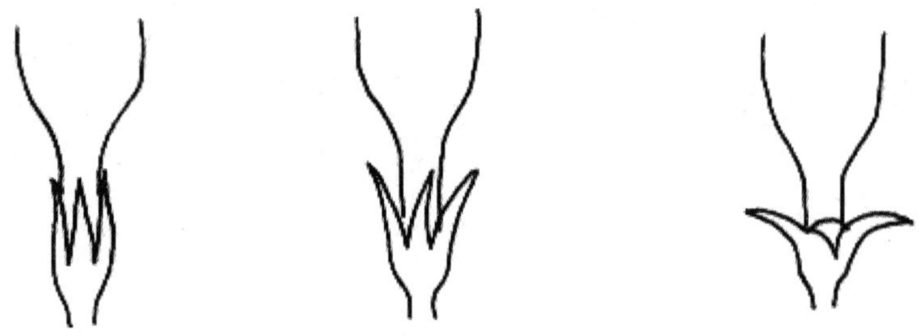

1 紧贴或微反折　　2 中度反折　　3 显著反折

性状 50：果实轮廓

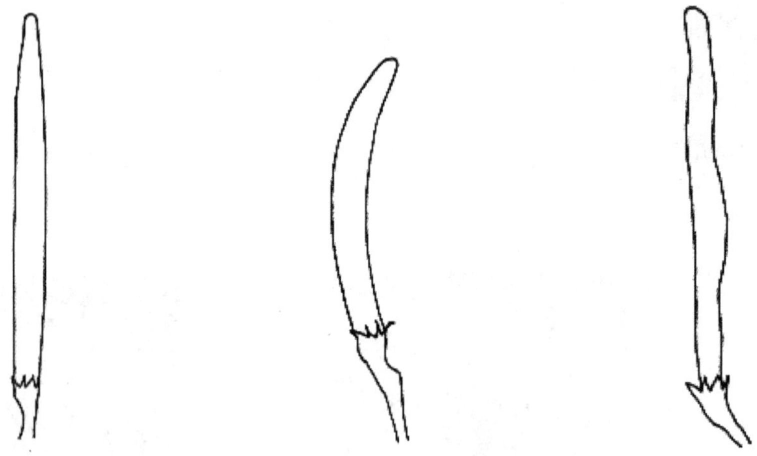

1 直　　2 弯曲　　3 波状

性状 51：果实颜色

果实颜色应在成熟前观测整个果实。

TG/253/1
原文： 英文
日期： 2009-04-01

国际植物新品种保护联盟
植物品种特异性、一致性和稳定性
测试指南

稠李

（*Prunus padus* L.）

互用名称 *

植物学名称	英文	法文	德文	西班牙文
Prunus padus L. *Padus racemosa (Lam.)* C.K. *Schneid.* *Prunus racemosa* Lam.	Bird cherry	Merisier à grappes	Traubenkirsche	Cerezo de racimo

* 这些名称在指南开始使用时是正确的，但随后可能会修改更新。读者可登录 UPOV 网站（www.upov.int），获取最新资料。

1 指南适用范围

本指南适用于蔷薇科中稠李（*Prunus padus* L.）的所有品种，也适用于稠李（*Prunus padus* L.）和其他李属（*Prunus* L.）品种的杂交种。

2 繁殖材料要求

2.1 待测品种繁殖材料的数量和质量要求以及提交的时间和地点由主管机构决定。申请人从测试所在国境外提交繁殖材料的，还应符合海关规定并满足相关植物检疫的要求。

2.2 材料以 3 年生的嫁接苗形式提供。嫁接用的砧木由主管机构选择。

2.3 申请人提交的植物材料最少数量应该达到 8 个植株。

2.4 植物材料应外观健康有活力，未受到任何严重病虫害的影响。

2.5 提交的繁殖材料不得进行任何可能影响品种性状表达的处理，除非主管机构允许或要求进行这种处理。如果材料已经处理，必须提供相关处理的详细说明。

3 测试方法

3.1 测试周期

测试的最少周期通常为 2 个生长周期。

3.2 测试地点

测试通常在 1 个地点进行。在 1 个以上地点进行测试时，TGP/9《特异性测试》提供了有关指导。

3.3 测试条件

3.3.1 测试的条件应能满足品种正常生长的需要，以确保品种相关性状充分表达和测试的顺利开展。

3.3.2 推荐的适于特异性性状的观测方法在接下来的性状表的第二列中解释说明。

群体目测（VG）：通对一批植株或植株部位进行单次目测；

群体测量（MG）：对一批植株或植株部位进行单次测量。

3.4 试验设计

3.4.1 每个试验应保证至少有 6 个植株。

3.4.2 试验设计应保证因测量或计数等需要，从小区取走部分植株或植株部位后，不影响生长周期结束前的所有观测。

3.5 植株 / 植株部位的观测数量

除非另有说明，所有观测应在 6 个植株或分别来自 6 个植株的部位进行。

3.6 附加测试

为测试有关性状，可以进行附加测试。

4 特异性、一致性和稳定性评价

4.1 特异性

4.1.1 一般建议

对于本指南的使用者而言，在判定特异性前参照总则特异性判定的一般原则十分重要。但为进一步说明和强调特异性判定，本指南特列出特异性判定的要点。

4.1.2 一致的差异

当观测到的品种之间的差异非常明显时，则没有必要种植 1 个以上生长周期。此外，在某些情况下，环境的影响并不意味着需要 1 个以上的生长周期来保证品种间观测到的差异是足够一致的。为确保在种植试验中所观测到的性状差异是足够一致的，可以对性状进行至少 2 个独立生长周期的测试。

4.1.3 明显的差异

两个品种间的差异是否明显取决于很多因素，特别应考虑所测性状的表达类型，即该性状是质量性状、数量性状还是假质量性状。因此，在作出关于特异性的判定前，本测试指南的使用者应熟悉总则中的建议。

4.2 一致性

4.2.1 对于本指南的使用者而言，在判定一致性前参照总则一致性判定的一般原则十分重要。但为进一步说明和强调一致性判定，本指南特列出一致性判定的要点。

4.2.2 评价一致性时，应采用 1% 的群体标准和至少 95% 的接受概率。当样本量为 6 个时，允许有 1 个异型株。

4.3 稳定性

4.3.1 在实际操作中，通常不像测试特异性和一致性那样对稳定性进行测试以得到明确结果。经验表明，对许多类型的品种来说，当一个品种表现一致时，可认为其是稳定的。

4.3.2 适当情况下或者有疑问时，稳定性可以采用如下方法测试：种植该品种的下一代或者测试一批新材料，看其性状表现是否与之前提交的材料表现相同。

5 品种分组和试验组织

5.1 使用分组性状可以帮助选择与申请品种一起进行田间种植试验的已知品种，以及对这些品种进行合适分组以便进行特异性评价。

5.2 分组性状表达状态的数据即使来自不同地点，也可以单独或者与其他此类性状联合使用。

（a）用于特异性测试中筛选排除那些不需要安排在种植试验中的已知品种。

（b）用于组织安排种植试验，使近似品种种植在一起。

5.3 以下性状已被确认为有用的分组性状。

（a）树：生长习性（性状 2）。

（b）树：树冠形状（性状 3）。

（c）幼叶：叶片颜色（性状 8）。

（d）叶片：上表面斑（性状 10）。

（e）叶片：上表面颜色（不包括斑）（性状 11）。

（f）花瓣：颜色（性状 24）。

5.4 总则中提供了在特异性审查过程中使用分组性状的指导。

6 性状表介绍

6.1 性状类型

6.1.1 标准指南性状

标准指南性状是 UPOV 已同意用于 DUS 审查的性状，UPOV 成员可以从中选择与其特定环境相适应的性状。

6.1.2 星号性状

星号性状（用“*”标记）是测试指南中对于形成国际统一的品种描述十分重要的性状，所有 UPOV 成员都应将其用于 DUS 测试并包含在品种描述中，除非前序性状的表达或区域环境条件所限使其无法测试。

6.2 表达状态及相应代码

为定义性状和统一描述，将每个性状划分为一系列表达状态。每个表达状态赋予一个相应的数字代码，以便于数据记录，以及品种性状描述的建立和交流。

6.3 表达类型

总则中对性状表达类型（质量性状、数量性状和假质量性状）进行了解释。

6.4 标准品种

适当时，测试指南中提供了标准品种用于校正性状的表达状态。

6.5 注释

（*）星号性状（6.1.2）。

QL：质量性状（6.3）。

QN：数量性状（6.3）。

PQ：假质量性状（6.3）。

VG、MG：观测方法（3.3.2）。

（a）~（d）性状表解释（8.1）。

（+）性状表解释（8.2）。

7 性状表

性状编号	观测方法	英文	中文	标准品种	代码
1. （+） QN	VG （a）	**Tree：vigor**	**树：长势**		
		Weak	弱	Nana	3
		Medium	中	Colorata	5
		Strong	强	Albertii，Watereri	7
2. （*） （+） QN	VG （a）	**Tree：growth habit**	**树：生长习性**		
		upright	直立	Albertii	1
		semi-upright	半直立		2
		spreading	平展	Colorata	3
		drooping	下弯	Pendula	4
3. （*） （+） PQ	VG （a）	**Tree：shape of crown**	**树：树冠形状**		
		acute	锐尖	Albertii	1
		obtuse	钝尖		2
		rounded	圆形	Nana	3
4. QL	VG （a）	**Vegetative bud：color**	**叶芽：颜色**		
		purple brown	紫棕色	Colorata	1
		greenish brown	泛绿棕色	Watereri	2
5. （*） PQ	VG （b）	**Young shoot：color**	**嫩枝：颜色**		
		Green	绿色	Nana	1
		purple brown	紫棕色	Colorata，Rózsaszín Május	2
		Brown	棕色		3
6. QN	VG （a）	**One-year-old shoot：thickness**	**一年生枝：粗度**		
		Thin	细		3
		Medium	中	Colorata	5
		Thick	粗	Nana	7

续表

性状编号	观测方法	英文	中文	标准品种	代码
7. QN	VG (a)	**One-year-old shoot：length**	**一年生枝：长度**		
		Short	短		3
		Medium	中		5
		Long	长		7
8. (*) PQ	VG (b)	**Young leaf：color of blade**	**幼叶：叶片颜色**		
		Yellow	黄色	Aurea	1
		Green	绿色	Albertii	2
		bronze green	青铜绿色	Watereri	3
		brown red	棕红色	Colorata	4
9. (+) PQ	VG (c)	**Leaf blade：shape**	**叶片：形状**		
		ovate	卵圆形	Albertii	1
		elliptic	椭圆形	Colorata	2
		obovate	倒卵圆形		3
10. (*) QL	VG (c)	**Leaf blade：variegation on upper side**	**叶片：上表面斑**		
		Absent	无	Watereri	1
		Present	有	Aucubifolia	9
11. (*) (+) PQ	VG (c)	**Leaf blade：color of upper side (excluding variegation)**	**叶片：上表面颜色（不包括斑）**		
		Green	绿色	Albertii	1
		red purple	红紫色		2
		Purple	紫色		3
		Brownish	泛棕色	Rózsaszín Május	4
12. PQ	VG (c)	**Leaf blade：color of variegation on upper side**	**叶片：上表面斑颜色**		
		White	白色		1
		Yellow	黄色	Aucubifolia	2
		Purple	紫色		3
13. (+) PQ	VG (c)	**Leaf blade：distribution of variegation on upper side**	**叶片：上表面斑分布**		
		Marginal	边缘		1
		Speckled	斑点分布	Aucubifolia	2
		central zone	中部		3
14. QN	VG (c)	**Leaf blade：glossiness of upper side**	**叶片：上表面光泽度**		
		absent or weak	无或弱		1
		Medium	中		2
		Strong	强		3
15. (*) PQ	VG (c)	**Leaf blade：color of lower side**	**叶片：下表面颜色**		
		green	绿色	Albertii	1
		purple red	紫红色	Rózsaszín Május	2
		silvery red	银红色	Colorata	3
16. QL	VG (c)	**Petiole：stipules**	**叶柄：托叶**		
		Absent	无		1
		Present	有	Albertii	9

续表

性状编号	观测方法	英文	中文	标准品种	代码
17. (+) QN	VG (d)	**Inflorescence: attitude**	**花序：角度**		
		Upwards	向上	Stricta	1
		Outwards	向外		2
		Downwards	向下	Watereri	3
18. (+) QN	VG (d)	**Inflorescence: length (excluding peduncle)**	**花序：长度（不包括花梗）**		
		Short	短		3
		Medium	中	Colorata	5
		Long	长	Watereri	7
19. QN	VG (d)	**Inflorescence: density of florets**	**花序：小花密度**		
		Sparse	疏		3
		Medium	中		5
		Dense	密	Nana	7
20. (+) PQ	VG	**Flower bud: color**	**花蕾：颜色**		
		White	白色		1
		green yellow	绿黄色	Albertii	2
		Pink	粉色	Colorata	3
21. (*) (+) QN	VG (d)	**Flower: type**	**花：类型**		
		Single	单瓣	Albertii	1
		semi double	半重瓣	Plena	2
		Double	重瓣		3
22. QN	VG (d)	**Flower: diameter**	**花：直径**		
		Small	小		3
		Medium	中		5
		Large	大	Watereri	7
23. QN	VG (d)	**Flower: fragrance**	**花：香气**		
		absent or very weak	无或极弱		1
		Weak	弱		2
		strong	强	Rózsaszín Május	3
24. (*) PQ	VG (d)	**Petal: color**	**花瓣：颜色**		
		White	白色	Albertii, Watereri	1
		light pink	浅粉色		2
		medium pink	中等粉色	Rózsaszín Május	3
		dark pink	深粉色	Colorata	4
25. (*) (+) QN	MG	**Time of flowering**	**开花期**		
		Early	早	Rózsaszín Május	3
		Medium	中		5
		Late	晚	Nana	7

8 性状表解释

8.1 对多个性状的解释

性状表第二列包含以下标注的性状应按照下述要求观测。

（a）树（一年生枝）：对树和一年生枝的观测应在休眠期进行。一年生枝的观测应在枝条中部

1/3 处。

（b）枝和幼叶：应观测幼枝和幼叶。

（c）叶：对叶的观测应在夏季，在当季枝中间 1/3 处发育完全的叶片上进行。

（d）花序和花：应在花完全开放时观测发育完全的花。

8.2 对单个性状的解释

性状 1：树长势

长势应于生长期对总体的营养生长情况进行评价。

性状 2：树生长习性

1 直立　2 半直立　3 平展　4 下弯

性状 3：树冠形状

1 锐尖　2 钝尖　3 圆形

性状 9：叶片形状

1 卵圆形　2 椭圆形　3 倒卵圆形

性状 11：叶片上表面颜色（不包括斑）

斑是颜色明显不同的区域，少有或没有叶绿素，多以不规则的斑点或条纹出现。

性状 13：叶片上表面斑分布

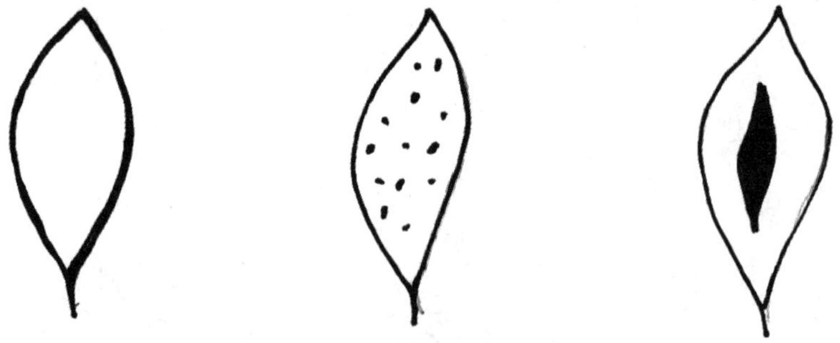

1 边缘　　2 斑点分布　　3 中部

性状 17：花序角度

观测侧面花序的一般角度。

性状 18：花序长度（不包括花梗）

观测侧花序的长度。

扫码下载原文

如扫描二维码无法下载指南原文，可能是指南版本有更新，可扫描本书封底二维码查看与本文对应的指南版本

性状 20：花蕾颜色

观测即将开放的花蕾。

性状 21：花类型

1 单瓣（5 个花瓣）　　2 半重瓣（2～3 层花瓣，最多 15 个花瓣）　　3 重瓣（花瓣超过 3 层）

性状 25：开花期

花期是 50% 花完全开放的时期。

TG/254/1
原文：英文
日期：2009-04-01

国际植物新品种保护联盟
植物品种特异性、一致性和稳定性
测试指南

橡胶树属

UPOV 代码：HEVEA

（*Hevea* Aubl.）

互用名称 *

植物学名称	英文	法文	德文	西班牙文
Hevea Aubl.	Rubber	Hevea	Parakautschukbaum	Árbol del caucho, Hule

* 这些名称在指南开始使用时是正确的，但随后可能会修改更新。读者可登录 UPOV 网站（www.upov.int），获取最新资料。

1 指南适用范围

本指南适用于橡胶树属（*Hevea* Aubl.）的所有品种。

2 繁殖材料要求

2.1 待测品种繁殖材料的数量和质量要求以及提交的时间和地点由主管机构决定。申请人从测试所在国境外提交繁殖材料的，还应符合海关规定并满足相关植物检疫的要求。

2.2 繁殖材料以已嫁接于权威机构指定的砧木上的棕色休眠芽的形式提供。

2.3 申请人提交繁殖材料的最小数量为 10 个植株。

2.4 提供的繁殖材料应外观健康有活力，未受到任何严重病虫害的影响。

2.5 提交的繁殖材料不得进行任何可能影响品种性状表达的处理，除非主管机构允许或要求进行这种处理。如果材料已经处理，必须提供相关处理的详细说明。

3 测试方法

3.1 生长周期

3.1.1 最短测试时间通常应为 1 个生长周期。

3.1.2 生长周期为从活跃的营养生长开始，经过持续活跃的营养生长直至种子成熟的整个阶段。整个生长周期至少 5 年。

3.2 测试地点

测试通常在 1 个地点进行。在 1 个以上地点进行测试时，TGP/9《特异性测试》提供了有关指导。

3.3 测试条件

3.3.1 测试的条件应能满足品种正常生长的需要，以确保品种相关性状充分表达和测试的顺利开展。

3.3.2 性状观测的最佳生育阶段由性状表第二列的数字表示。各数字所代表的生育阶段详见 8.1。

3.3.3 性状表第二列介绍的性状观测方法如下。

MG：对一批植株或植株部位进行单次测量。

MS：对一定数量的植株或植株部位进行逐一测量。

VG：对一批植株或植株部位进行单次目测。

VS：对一定数量的植株或植株部位进行逐一目测。

3.4 试验设计

3.4.1 每个试验设计至少为 7 个植株。

3.4.2 试验设计应保证因测量或计数等需要，从小区取走部分植株或植株部位后，不影响生长周期结束前的所有观测。

3.5 观测植株 / 植株部位数量

除非另有说明，对于单个植株的所有观测应在 5 个植株或来自 5 个植株中的每个植株部位进行；其他的观测应观测试验中的全部植株上进行。在观测植株部位时，每个植株取样数量应为 3 个。

3.6 附加测试

为测试有关性状，可以进行附加测试。

4 特异性、一致性和稳定性评价

4.1 特异性

4.1.1 一般建议

对于本指南的使用者而言，在判定特异性前参照总则特异性判定的一般原则十分重要。但为进一步说明和强调特异性判定，本指南特列出特异性判定的要点。

4.1.2 一致的差异

当观测到的品种之间的差异非常明显时，则没有必要种植 1 个以上生长周期。此外，在某些情况下，环境的影响并不意味着需要 1 个以上的生长周期来保证品种间观测到的差异是足够一致的。为确保在种植试验中所观测到的性状差异是足够一致的，可以对性状进行至少 2 个独立生长周期的测试。

4.1.3 明显的差异

两个品种间的差异是否明显取决于很多因素，特别应考虑所测性状的表达类型，即该性状是质量性状、数量性状还是假质量性状。因此，在作出关于特异性的判定前，本测试指南的使用者应熟悉总则中的建议。

4.2 一致性

4.2.1 对于本指南的使用者而言，在判定一致性前参照总则一致性判定的一般原则十分重要。但为进一步说明和强调一致性判定，本指南特列出一致性判定的要点。

4.2.2 评价无性繁殖品种的一致性时，应采用 1% 的群体标准和至少 95% 的接受概率。当样本量为 7 个时，允许有 1 个异型株。

4.3 稳定性

4.3.1 在实际操作中，通常不像测试特异性和一致性那样对稳定性进行测试以得到明确结果。经验表明，对许多类型的品种来说，当一个品种表现一致时，可认为其是稳定的。

4.3.2 适当情况下或者有疑问时，可以采用如下方法测试：种植该品种的下一代或者测试一批新芽接苗，看其性状表现是否与之前提交的材料表现相同。

5 品种分组和试验组织

5.1 使用分组性状可以帮助选择与申请品种一起进行田间种植试验的已知品种，以及对这些品种进行合适分组以便进行特异性评价。

5.2 分组性状表达状态的数据即使来自不同地点，也可以单独或者与其他此类性状联合使用。

（a）用于特异性测试中筛选排除那些不需要安排在种植试验中的已知品种。

（b）用于组织安排种植试验，使近似品种种植在一起。

5.3 以下性状已被确认为有用的分组性状。

（a）树干：弯曲度（性状 15）。

（b）树干：直径（性状 16）。

（c）树：冬季落叶始期（性状 23）。

5.4 总则中提供了在特异性审查过程中使用分组性状的指导。

6 性状表介绍

6.1 性状类型

6.1.1 标准指南性状

标准指南性状是 UPOV 已同意用于 DUS 审查的性状，UPOV 成员可以从中选择与其特定环境相适应的性状。

6.1.2 星号性状

星号性状（用“*”标记）是测试指南中对于形成国际统一的品种描述十分重要的性状，所有UPOV成员都应将其用于DUS测试并包含在品种描述中，除非前序性状的表达或区域环境条件所限使其无法测试。

6.2 表达状态及相应代码

为定义性状和统一描述，将每个性状划分为一系列表达状态。每个表达状态赋予一个相应的数字代码，以便于数据记录，以及品种性状描述的建立和交流。

6.3 表达类型

总则中对性状表达类型（质量性状、数量性状和假质量性状）进行了解释。

6.4 标准品种

适当时，测试指南中提供了标准品种用于校正性状的表达状态。

6.5 注释

（*）星号性状（6.1.2）。

QL：质量性状（6.3）。

QN：数量性状（6.3）。

PQ：假质量性状（6.3）。

MG、MS、VG、VS：观测方法（3.3.3）。

（a）～（c）性状表解释（8.1）。

（+）性状表解释（8.2）。

7 性状表

性状编号	观测方法	英文	中文	标准品种	代码
1. （*） （+） PQ	VG （a）	**Leaf cluster：shape of top**	**叶蓬：顶部形状**		
		acute	锐尖	RRIC 102，RRIM 600，PB 235	1
		obtuse	钝尖	IAN 717，TP 749	2
		round	圆形	RRIC 100	3
		flattened	扁平	GT1	4
2. （*） QN	VG （a）	**Leaf：central leaflet shape compared to laterals**	**叶：与侧叶相比，中间小叶形状**		
		same or slightly different	相同或略不相同	GT1	1
		moderately different	较不相同	PB 260	2
		very different	非常不同	F 4512，FDR 5953	3
3. （*） QN	VG （a）	**Leaf：intensity of green color of upper side**	**叶：上表面绿色程度**		
		light	浅	BPM 1，PB 235，RRIM 600	3
		medium	中	BPM 24	5
		dark	深	GT1	7
4. （*） QN	VG （a）	**Leaf：glossiness of upper side**	**叶：上表面光泽度**		
		absent or weak	无或弱	BPM 24	1
		medium	中	GT1，RRIM 600	2
		strong	强	PA 31	3
5. （*） QN	VG （a）	**Leaf：surface texture of upper side**	**叶：上表面质地**		
		smooth or slightly rough	光滑或略粗糙	PB 235，PB 260	1
		moderately rough	中等粗糙	GT1，RRIM 600	2
		very rough	非常粗糙	RRIC 101	3

续表

性状编号	观测方法	英文	中文	标准品种	代码
6. QL	**VG (a) (b)**	**Leaf: pubescence on veins on lower side**	**叶片：下表面叶脉茸毛**		
		absent	无	PB 235，RRIM 600	1
		present	有	F 4542，RRIC 101	9
7. (+) QN	**VG (a) (b)**	**Leaflet blade: attitude in relation to petiole**	**小叶叶片：相对于叶柄角度**		
		semi-erect	半直立	FDR 5788	1
		horizontal	水平	RRIC 100	2
		semi-drooping	半下弯	IRCA 41，PA31	3
8. QN	**VG (a) (b)**	**Leaflet blade: length**	**小叶叶片：长度**		
		short	短	FDR 4151	3
		medium	中	GT1，PB 217，PB 235，RRIM 600	5
		long	长	RRIC 100	7
9. (*) (+) QN	**VG (a) (b)**	**Leaflet blade: position of broadest part**	**小叶叶片：最宽处位置**		
		towards base	靠近基部		1
		at middle	中部	PB 217，RRIM 703	2
		towards apex	靠近先端	RRIM 600	3
10. (*) (+) PQ	**VG (a) (b)**	**Leaflet blade: axis in longitudinal section**	**小叶叶片：纵切面轴线**		
		straight	直	BPM1	1
		convex	凸	GT1	2
		sigmoid	“S”形	PB 260	3
11. (*) (+) QN	**VG (a) (b)**	**Leaflet blade: undulation of margin**	**小叶叶片：边缘波状**		
		absent or weak	无或弱	BPM 24，PB 235，RRIM 600	1
		medium	中	GT1，PB 260，RRIC 100	2
		strong	强	RRII5，RRII118，RRIM701	3
12. (+) PQ	**VG (a) (b)**	**Leaflet blade: shape of base**	**小叶叶片：基部形状**		
		attenuate	渐尖		1
		cuneate	楔形		2
		obtuse	钝尖		3
13. (+) PQ	**VG (a) (b)**	**Leaflet blade: shape of apex excluding tip**	**小叶叶片：先端形状（不包括尖端）**		
		acute	锐尖	FDR 5332，F 4512，PB 235，RRII105	1
		obtuse	钝尖	FDR 5203，PB 260，RRIM 600	2
		rounded	圆形	FDR 5731	3
14. (*) (+) QN	**VG**	**Petiole: attitude**	**叶柄：角度**		
		semi-erect	半直立	CDC 25，GT1，RRIC 100，RRIM 600，RRIM 703	1
		horizontal	水平	CDC 343，PB 235，PB 260	2
		semi-drooping	半下弯	MDX 571	3
15. (*) (+) QN	**VG**	**Trunk: curvature of axis**	**树干：弯曲度**		
		straight or slightly curved	直或略弯	CDC 312，FDR 5788，GT1，RRIM 600	1
		moderately curved	中度弯	RRII5	2
		strongly curved	显著弯	TP 875	3

续表

性状编号	观测方法	英文	中文	标准品种	代码
16. (*) (+) QN	MS (c)	**Trunk: diameter**	**树干：直径**		
		small	小	PR 107	3
		medium	中	GT1，RRIM 600	5
		large	大	CDC 312，PB 235，PB 260	7
17. (+) PQ	VG (c)	**Trunk: main color of bark**	**树干：树皮主色**		
		reddish brown	泛红棕色	PB 314	1
		brown	棕色	PB 217，PB 312，RRIM 600	2
		grey	灰色	PB 235	3
18. QN	VG (c)	**Trunk: texture of bark**	**树干：树皮质地**		
		smooth or slightly rough	光滑或略粗糙	FDR 5788，PB 235	1
		moderately rough	较粗糙	GT1	2
		very rough	非常粗糙	CDC 308	3
19. (+) PQ	VG (c)	**Tree: shape**	**树：形状**		
		triangular	三角形	PB 217，PB 235，PB 260	1
		ovate	卵圆形		2
		circular	圆形	PB 314	3
		oblate	扁圆形	RRIM 600	4
20. (*) QN	VG (c)	**Tree: density of foliage**	**树：叶密度**		
		sparse	疏	FDR 5788，PR 261	3
		medium	中	PB 260	5
		dense	密	PA 31，PB 217，PB 314	7
21. (*) (+) PQ	VG (c)	**Coagulum: color of surface**	**胶乳：表面颜色**		
		white	白色	GT1，PB 217，RRIM 600	1
		light yellow	浅黄色	PB260	2
		medium yellow	中等黄色		3
		dark grey	深灰色	IAN 3156，RRII 203	4
22. (*) (+) QN	VG	**Tree: winter leaf shed**	**树：冬季落叶习性**		
		absent	无	PA 31	1
		partial	部分	F 4512，GT1	2
		full	全部	PB 260，RRIM 600	3
23. (*) QN	MG (c)	**Tree: beginning of winter leaf shed**	**树：冬季落叶始期**		
		early	早	BPM 1，PB 260	3
		medium	中	PB 235	5
		late	晚	GT1，RRIM 600	7
24. (*) (+) QN	MS (c)	**Seed: length**	**种子：长度**		
		short	短	GT1	3
		medium	中	RRIM 600	5
		long	长	CDC 312，RRIC 100	7
25. (*) (+) QN	MS (c)	**Seed: width**	**种子：宽度**		
		narrow	窄	GT1	1
		medium	中	RRIM 600	2
		broad	宽	RRIC 100	3
26. (*) (+) QN	MS (c)	**Seed: thickness**	**种子：厚度**		
		thin	薄	PB 260，RRIM 600	1
		medium	中	IRCA 317，PB 235，PB 280	2
		thick	厚	CDC 312，RRIC 100	3

续表

性状编号	观测方法	英文	中文	标准品种	代码
27. (*) (+) **PQ**	**VG** (c)	**Seed: shape in dorsal view**	**种子：背部形状**		
		elliptic	椭圆形	FDR 233，PB 235	1
		circular	圆形	IRCA 339，RRIM 600	2
		oblong	长椭圆形	FDR 18，RRII 105	3
		obovate	倒卵圆形	IRCA 621，RRIM 623	4

8 性状表解释

8.1 对多个性状的解释

性状表第二列包含以下标注的性状应按照下述要求观测。

（a）应观测幼苗，大约 18 个月龄（生长旺盛的成熟叶片）。

（b）应观测中部小叶叶片。

（c）应观测树干发育完全的成年树，至少 5 年树龄。

8.2 对单个性状的解释

性状 1：叶蓬顶部形状

1
锐尖

2
钝尖

3
圆形

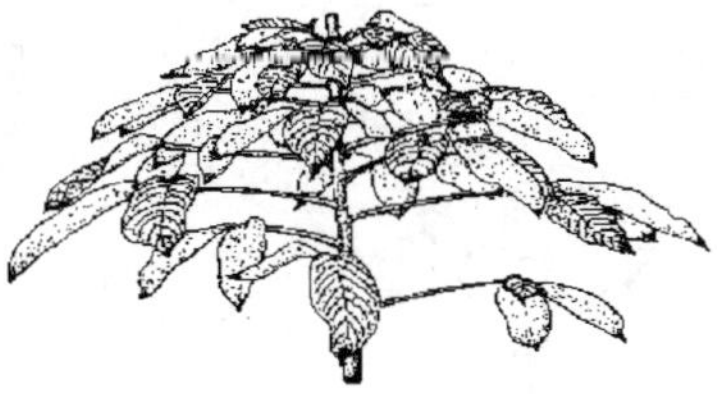

4
扁平

性状 7：小叶叶片相对于叶柄角度

1
半直立

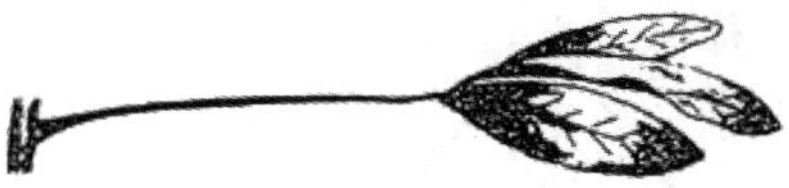

2
水平

3
半下弯

性状 9：小叶叶片最宽处位置

1
靠近基部

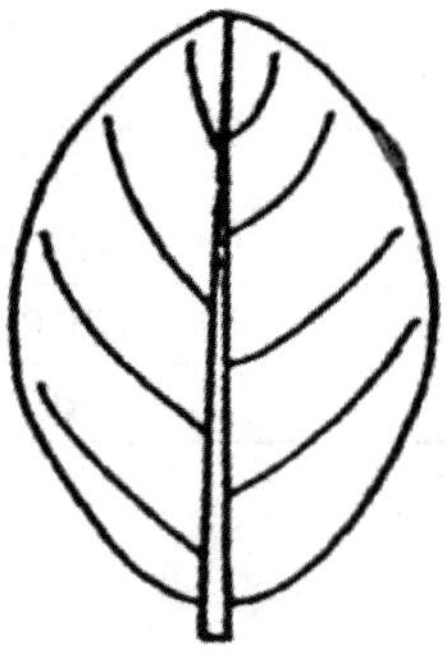
2
中部

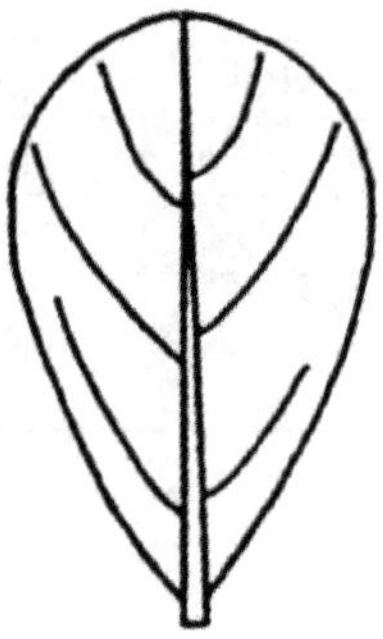
3
靠近先端

性状 10：小叶叶片纵切面轴线

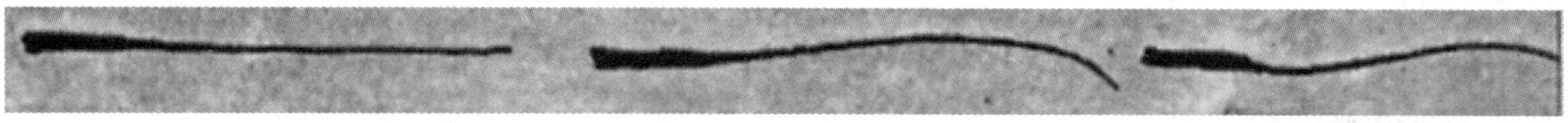

1
直

2
凸

3
“S” 形

性状 11：小叶叶片边缘波状

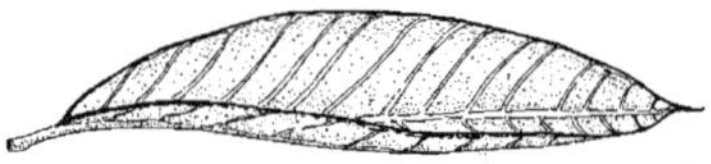
1
无或弱

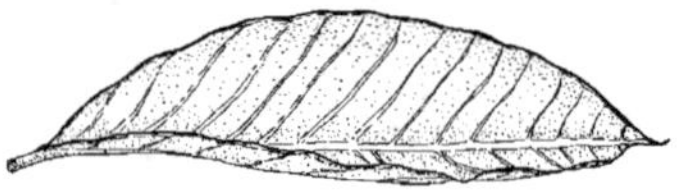
2
中

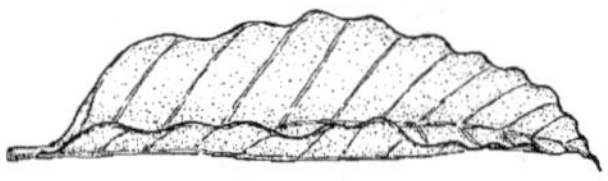
3
强

性状 12：小叶叶片基部形状

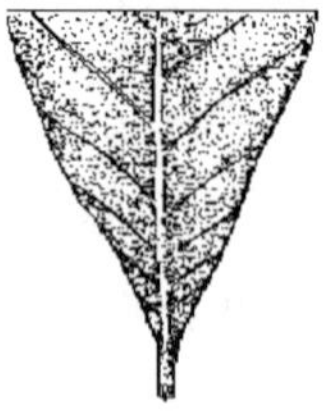
1
渐尖

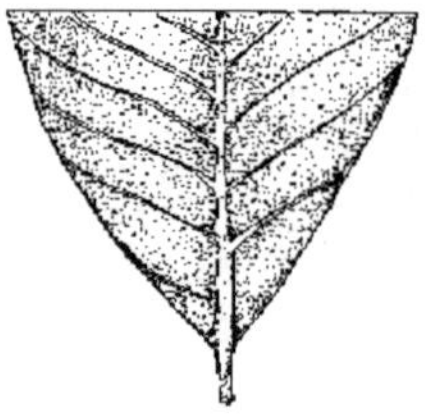
2
楔形

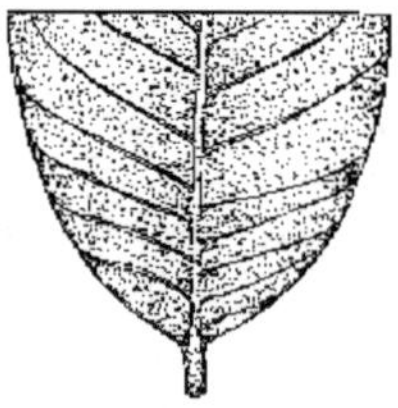
3
钝尖

性状 13：小叶叶片先端形状（不包括尖端）

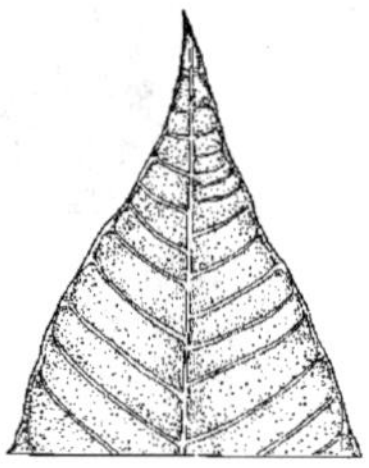
1
锐尖

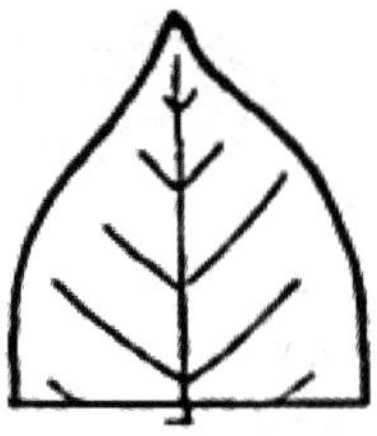
2
钝尖

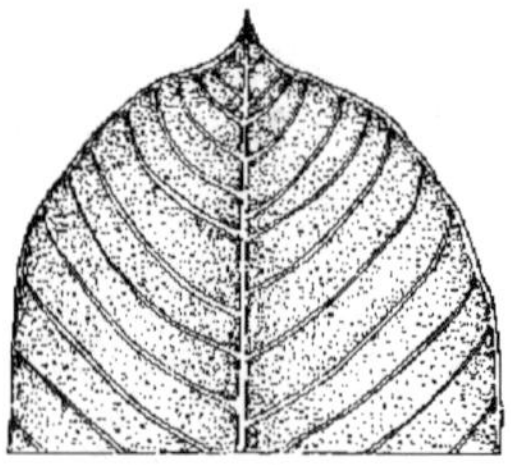
3
圆形

性状 14：叶柄角度

1 半直立　2 水平　3 半下弯

性状 15：树干弯曲度

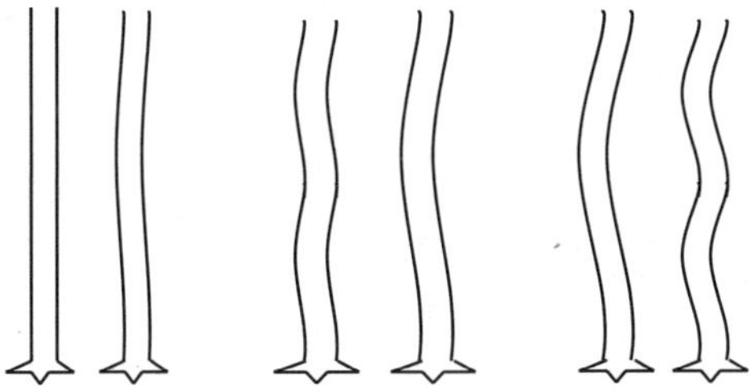

1 直或略弯　2 中度弯　3 显著弯

性状 16：树干直径

应观测离地面 1 m 以上树干直径。

性状 17：树干树皮主色

主色是指表面积最大的颜色。

性状 19：树形状

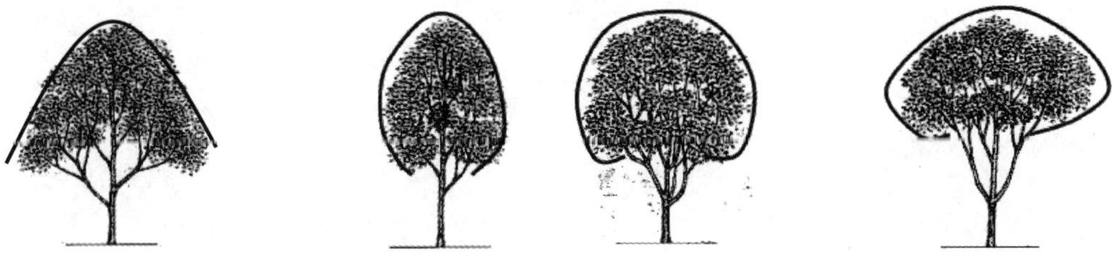

1 三角形　2 卵圆形　3 圆形　4 扁圆形

性状 21：胶乳表面颜色

选取开割至少 1 个月的橡胶树，采用环刀的割胶方法，用塑料杯收集 5 mL 胶乳用于观测胶乳表面颜色。胶乳采集后将其放置于空气中，48 h 后观测记录胶乳表面颜色。

性状 22：树冬季落叶习性

无（代码 1）为没有叶片掉落，部分（代码 2）为部分叶片掉落，全部（代码 3）为树上叶片全部掉落。

性状 24：种子长度

性状 25：种子宽度

性状 26：种子厚度

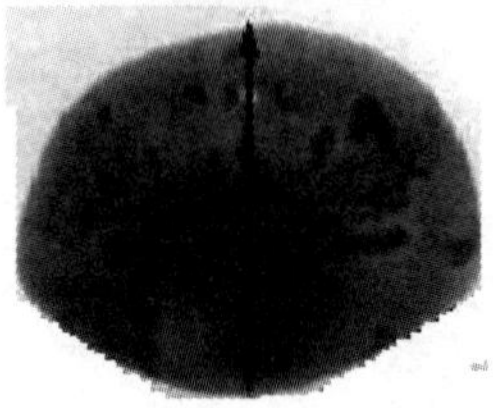

性状 27：种子背部形状

1	2	3	4
椭圆形	圆形	长方形	倒卵圆形

在如上所示图片中，连接点位于底部。

扫码下载原文

如扫描二维码无法下载指南原文，可能是指南版本有更新，可扫描本书封底二维码查看与本文对应的指南版本

TG/257/1
原文：英文
日期：2009-04-01

国际植物新品种保护联盟
植物品种特异性、一致性和稳定性
测试指南

天蓝绣球

UPOV 代码：PHLOX_PAN

（*Phlox paniculata* L.）

互用名称 *

植物学名称	英文	法文	德文	西班牙文
Phlox paniculata. L.	Fall phlox, Fall pink, Garden phlox, Panicled phlox, Perennial phlox, Perennial pink, Summer phlox, Sweet William	Phlox	Staudenphlox	Flox paniculada

* 这些名称在指南开始使用时是正确的，但随后可能会修改更新。读者可登录 UPOV 网站（www.upov.int），获取最新资料。

1 指南适用范围

本指南适用于花荵科天蓝秀球（*Phlox paniculata* L.）的所有品种。

2 繁殖材料要求

2.1 待测品种繁殖材料的数量和质量要求以及提交的时间和地点由主管机构决定。申请人从测试所在国境外提交繁殖材料的，还应符合海关规定并满足相关植物检疫的要求。

2.2 繁殖材料以幼苗的形式提交，在第一个生长周期中能够表达品种所有相关性状。

2.3 申请人提交繁殖材料的最小数量为 20 株幼苗。

2.4 提供的繁殖材料应外观健康有活力，未受到任何严重病虫害的影响。

2.5 提交的繁殖材料不得进行任何可能影响品种性状表达的处理，除非主管机构允许或要求进行这种处理。如果材料已经处理，必须提供相关处理的详细说明。

3 测试方法

3.1 生长周期

测试的最少周期数量通常为 1 个生长周期。

3.2 测试地点

测试通常在 1 个地点进行。在 1 个以上地点进行测试时，TGP/9《特异性测试》提供了有关指导。

3.3 测试条件

3.3.1 测试的条件应能满足品种正常生长的需要，以确保品种相关性状充分表达和测试的顺利开展。

3.3.2 除非另有说明，所有观测应在盛花期进行。

3.3.3 由于日光变化的原因，在利用比色卡确定颜色时，应在一个合适的有人工光源照明的小室或中午无阳光直射的房间内进行。人工光源的光谱分布应符合 CIE “理想日光 D6500 标准”，且在《英国标准 950：第 1 部分》规定的允许范围内。在观测颜色时，应将植株部位置于白色背景上。

3.4 试验设计

3.4.1 每个试验应保证至少有 20 个植株。

3.4.2 试验设计应保证因测量或计数等需要，从小区取走部分植株或植株部位后，不影响生长周期结束前的所有观测。

3.5 植株 / 植株部位的观测数量

除非另有说明，应观测 10 个植株或分别从 10 个植株上取下的植株部位。

3.6 附加测试

为测试有关性状，可以进行附加测试。

4 特异性、一致性和稳定性评价

4.1 特异性

4.1.1 一般建议

对于本指南的使用者而言，在判定特异性前参照总则特异性判定的一般原则十分重要。但为进一步说明和强调特异性判定，本指南特列出特异性判定的要点。

4.1.2 一致的差异

当观测到的品种之间的差异非常明显时，则没有必要种植 1 个以上生长周期。此外，在某些情况下，环境的影响并不意味着需要 1 个以上的生长周期来保证品种间观测到的差异是足够一致的。为确保在种植试验中所观测到的性状差异是足够一致的，可以对性状进行至少 2 个独立生长周期的测试。

4.1.3 明显的差异

两个品种间的差异是否明显取决于很多因素，特别应考虑所测性状的表达类型，即该性状是质量性状、数量性状还是假质量性状。因此，在作出关于特异性的判定前，本测试指南的使用者应熟悉总则中的建议。

4.2 一致性

4.2.1 对于本指南的使用者而言，在判定一致性前参照总则一致性判定的一般原则十分重要。但为进一步说明和强调一致性判定，本指南特列出一致性判定的要点。

4.2.2 评价一致性时，应采用 1% 的群体标准和至少 95% 的接受概率。当样本量为 10 个时，允许有 1 个异型株。

4.3 稳定性

4.3.1 在实际操作中，通常不像测试特异性和一致性那样对稳定性进行测试以得到明确结果。经验表明，对许多类型的品种来说，当一个品种表现一致时，可认为其是稳定的。

4.3.2 适当情况下或者有疑问时，可通过种植下一代，或者一批新的植株判定稳定性，观测其性状表达是否与以前提供的繁殖材料的性状表达一致。

5 品种分组和试验组织

5.1 使用分组性状可以帮助选择与申请品种一起进行田间种植试验的已知品种，以及对这些品种进行合适分组以便进行特异性评价。

5.2 分组性状表达状态的数据即使来自不同地点，也可以单独或者与其他此类性状联合使用。

（a）用于特异性测试中筛选排除那些不需要安排在种植试验中的已知品种。

（b）用于组织安排种植试验，使近似品种种植在一起。

5.3 以下性状已被确认为有用的分组性状。

（a）植株：高度（性状 1）。

（b）叶：斑（性状 11）。

（c）花冠裂片：上表面主色（眼除外）（性状 27），分组性状如下。

第一组：白色。

第二组：粉色。

第三组：红色。

第四组：紫罗兰色。

第五组：紫红色。

第六组：紫色。

第七组：蓝色。

（d）花冠：眼（性状 29）。

5.4 总则和 TGP/9《特异性测试》中提供了在特异性审查过程中使用分组性状的指导。

6 性状表介绍

6.1 性状类型

6.1.1 标准指南性状

标准指南性状是 UPOV 已同意用于 DUS 审查的性状，UPOV 成员可以从中选择与其特定环境相适应的性状。

6.1.2 星号性状

星号性状（用“*”标记）是测试指南中对于形成国际统一的品种描述十分重要的性状，所有 UPOV 成员都应将其用于 DUS 测试并包含在品种描述中，除非前序性状的表达或区域环境条件所限使其无法测试。

6.2 表达状态及相应代码

为定义性状和统一描述，将每个性状划分为一系列表达状态。每个表达状态赋予一个相应的数字代码，以便于数据记录，以及品种性状描述的建立和交流。

6.3 表达类型

总则中对性状表达类型（质量性状、数量性状和假质量性状）进行了解释。

6.4 标准品种

适当时，测试指南中提供了标准品种用于校正性状的表达状态。

6.5 注释

（*）号性状（6.1.2）。

QL：质量性状（6.3）。

QN：数量性状（6.3）。

PQ：假质量性状（6.3）。

（a）～（c）性状表解释（8.1）。

（+）性状表解释（8.2）。

7 性状表

性状编号	观测方法	英文	中文	标准品种	代码
1. （*） （+） **QN**	（a）	**Plant: height**	**植株：高度**		
		short	矮	Barfourteen	3
		medium	中	Barnine	5
		tall	高	Landhochzeit	7
2. **QN**	（a）	**Stem: thickness at middle third**	**茎：中部 1/3 处的粗度**		
		Thin	细	Becky Towe	1
		medium	中	Elisabeth	2
		thick	粗	Bareleven	3
3. （*） **QN**	（a）	**Stem: anthocyanin coloration**	**茎：花青苷显色**		
		absent or very weak	无或极弱	Becky Towe	1
		weak	弱	Red Feelings	3
		medium	中	Bartwentyeight	5
		strong	强	Lizzy	7

续表

性状编号	观测方法	英文	中文	标准品种	代码
4. QN	(a)	**Stem: length of internode at middle third**	**茎：中部 1/3 处节间长度**		
		short	短		3
		medium	中		5
		Long	长		7
5. QN	(b)	**leaf: length**	**叶：长度**		
		short	短	Elisabeth	3
		medium	中	Bareleven	5
		long	长	Barthirtyfive	7
6. QN	(b)	**Leaf: width**	**叶：宽度**		
		narrow	窄	Junior Surprise	3
		medium	中	Becky Towe	5
		broad	宽	Barthirtyfour	7
7. (*) QN	(b)	**Leaf: ratio length/ width**	**叶：长宽比**		
		moderately elongated	小	Barfive, Rubymine	3
		medium	中	Barfourteen, Goldmine	5
		moderately compressed	大	Barthirtyfour	7
8. (+) QN	(b)	**Leaf: position of broadest part**	**叶：最宽处位置**		
		towards apex	近先端	Esm Zeus	1
		at middle	中部	Bartwentyeight	2
		towards base	近基部	Becky Towe	3
9. QN	(b)	**Leaf: shape in cross section**	**叶：横切面形状**		
		concave	凹		1
		flat	平		2
		convex	凸		3
10. (+) PQ	(b)	**Leaf: shape of apex**	**叶：先端形状**		
		acuminate	渐尖	Bartwentyeight	1
		acuminate to acute	渐尖到锐尖		2
		acute	锐尖	Becky Towe	3
11. (*) QL	(b)	**Leaf: variegation**	**叶：斑**		
		absent	无	Bartwentyeight, Lizzy	1
		present	有	Becky Towe, Elisabeth	9
12. (*) QN	(b)	**Leaf: anthocyanin coloration on upper side**	**叶：上表面花青苷显色**		
		absent or weak	无或弱	Becky Towe	1
		medium	中		2
		strong	强	Empty feelings, Rubymine	3
13. QN	(b)	**Leaf: undulation of margin**	**叶：边缘波状**		
		absent or weak	无或弱	Barfourteen, Lizzy	1
		medium	中	Elisabeth, Rubymine	2
		strong	强		3
14. (*) QN	(c)	**Inflorescence: number of flowers**	**花序：花的数量**		
		few	少	Barfive, Junior Surprise	3
		medium	中	Barforty, Delilah	5
		many	多	Bareleven, Barnine	7

续表

性状编号	观测方法	英文	中文	标准品种	代码
15. QN	(c)	**Pedicel: length**	**花序梗：长度**		
		short	短	Barfourteen	3
		medium	中	Becky Towe, Red Feelings	5
		long	长	Barnine, Goldmine	7
16. QN	(c)	**Pedicel: anthocyanin coloration**	**花序梗：花青苷显色**		
		absent or weak	无或弱	Elisabeth, Esm Indigo	1
		medium	中	Esm Zeus	2
		strong	强	Barthirtyfive, Esm Egeo	3
17. QN	(c)	**Calyx: length**	**花萼：长度**		
		short	短	Elisabeth	1
		medium	中	Junior Surprise	2
		long	长	Barthirtyfive	3
18. (*) QN	(c)	**Calyx: anthocyanin coloration**	**花萼：花青苷显色**		
		absent or weak	无或弱	Barthirtysix, Elisabeth	1
		medium	中	VBL26	2
		strong	强	Esm Indigo	3
19. (*) QN	(c)	**Flower: diameter**	**花：直径**		
		small	小	Red Feelings	3
		medium	中	Elisabeth, Vebablu	5
		large	大	Goldmine, Lizzy	7
20. (*) (+) QL	(c)	**Flower: perianth**	**花：花被**		
		absent	无	Empty Feelings	1
		present	有	Elisabeth	9
21. (+) QN	(c)	**Corolla tube: length**	**花冠筒：长度**		
		short	短	Junior Surprise	3
		medium	中	Esm Indigo	5
		long	长	Elisabeth	7
22. (+) QN	(c)	**Corolla tube: diameter just below lobes**	**花冠筒：仅裂片以下直径**		
		small	小	Esm Egeo, Rubymine	1
		medium	中	Delilah, Vebablu	2
		large	大	Esm Indigo	3
23. (+) PQ	(c)	**Corolla tube: color**	**花冠筒：颜色**		
		RHS Colour Chart (indicate reference number)	RHS 比色卡（注明参考色号）		
24. (+) QN	(c)	**Corolla lobe: length**	**花冠裂片：长度**		
		short	短	Bartwentynine	3
		medium	中	Becky Towe, Rubymine	5
		long	长	Bartwentyeight, Lizzy	7
25. (+) QN	(c)	**Corolla lobe: width**	**花冠裂片：宽度**		
		narrow	窄	Barthirtytwo	3
		medium	中	Junior Dream	5
		broad	宽	Esm Indigo	7
26. (*) (+) PQ	(c)	**Corolla lobe: shape**	**花冠裂片：形状**		
		elliptic	椭圆形		1
		oblate	扁圆形	Lizzy	2
		obovate	倒卵圆形	Bartwentynine	3
		obdeltate	倒三角形	Bartwentyeight	4

续表

性状编号	观测方法	英文	中文	标准品种	代码
27. **(*)** **(+)** **PQ**	(c)	**Corolla lobe: main color of upper side (excluding eye)**	**花冠裂片：上表面主色（眼除外）**		
		RHS Colour Chart (indicate reference number)	RHS 比色卡（注明参考色号）		
28. **PQ**	(c)	**Corolla lobe: secondary color of upper side (excluding eye)**	**花冠裂片：上表面次色（眼除外）**		
		RHS Colour Chart (indicate reference number)	RHS 比色卡（注明参考色号）		
29. **(*)** **(+)** **QL**	**VG** (c)	**Corolla: eye**	**花冠：眼**		
		absent	无	Barthirtynine，Elisabeth	1
		present	有	Becky Towe，Rubymine	9
30. **(*)** **(+)** **PQ**	(c)	**Corolla: color of eye**	**花冠：眼的颜色**		
		RHS Colour Chart (indicate reference number)	RHS 比色卡（注明参考色号）		
31. **PQ**	(c)	**Anther: color**	**花药：颜色**		
		white	白色	Barthirtysix，Elisabeth	1
		light yellow	浅黄色	Esm Egeo	2
		light green	浅绿色		3
32. **PQ**	(c)	**Style: color**	**花柱：颜色**		
		white	白色		1
		light yellow	浅黄色	Becky Towe	2
		light green	浅绿色	Ruby Mine	3
		purple red	紫红色	Goldmine，Lizzy	4

8 性状表解释

8.1 对多个性状的解释

性状表第二列包含以下标注的性状应按照下述要求观测。

（a）植株和茎秆性状的观测应在第一花序上 50% 花开放时进行。

（b）叶性状的观测应在开花茎中部 1/3 处完全展开的叶上进行。

（c）花性状的观测应在 50% 花开放时完全开放的花上进行。

8.2 对单个性状的解释

性状 1：植株高度

植物的高度应该从土壤到植物的顶部测量，包括花。

性状 8：叶最宽处位置

1 近先端　　2 中部　　3 近基部

性状 10：叶先端形状

1 渐尖　　2 渐尖到锐尖　　3 锐尖

性状 20：花被

无花被的品种可能花被已退化。

1 无　　9 有

性状 21：花冠筒长度

性状 22：花冠筒仅裂片以下直径

性状 23：花冠筒颜色

性状 24：花冠裂片长度

性状 25：花冠裂片宽度

性状 26：花冠裂片形状

性状 27：花冠裂片上表面主色（眼除外）

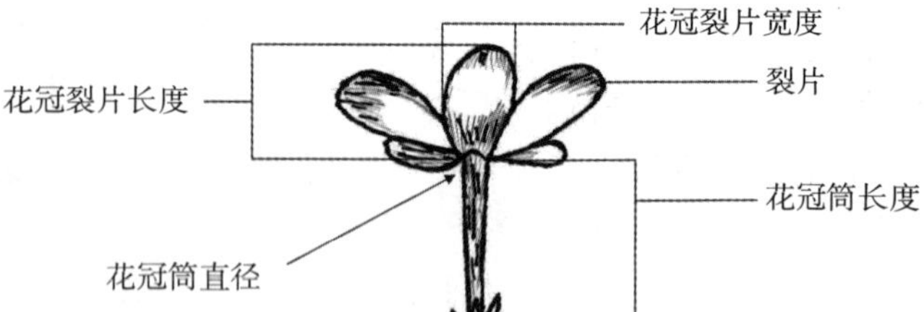

花冠筒的颜色应观测花冠筒外侧。

性状 26：花冠裂片形状

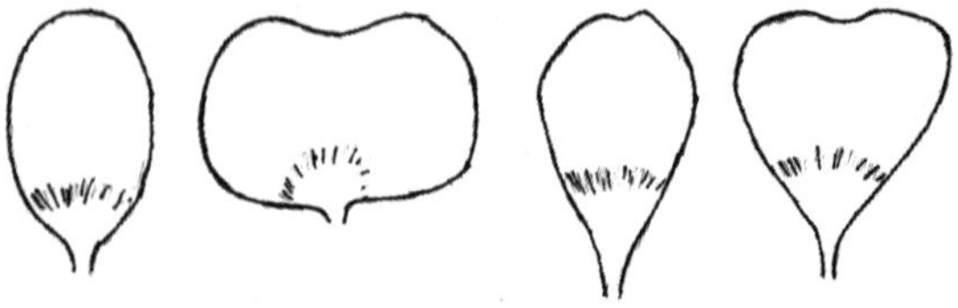

1 椭圆形　　2 扁圆形　　3 倒卵圆形　　4 倒三角形

性状 27：花冠裂片上表面主色（眼除外）

主色是面积最大的颜色。

性状 29：花冠眼

性状 30：花冠眼的颜色

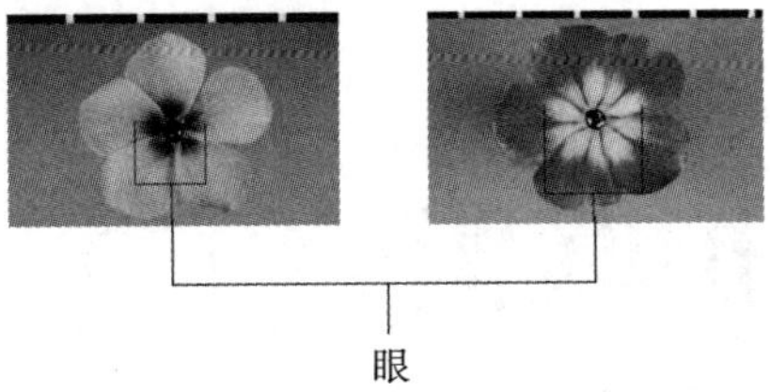

TG/261/1
原文： 英文
日期： 2010-03-24

国际植物新品种保护联盟
植物品种特异性、一致性和稳定性
测试指南

山桃草属

UPOV 代码：GAURA

（*Gaura* L.）

互用名称 *

植物学名称	英文	法文	德文	西班牙文
Gaura L.	Gaura	Gaura	Prachtkerze	Gaura

* 这些名称在指南开始使用时是正确的，但随后可能会修改更新。读者可登录 UPOV 网站（www.upov.int），获取最新资料。

1 指南适用范围

本指南适用于山桃草属（*Gaura* L.）的所有品种。

2 繁殖材料要求

2.1 待测品种繁殖材料的数量和质量要求以及提交的时间和地点由主管机构决定。申请人从测试所在国境外提交繁殖材料的，还应符合海关规定并满足相关植物检疫的要求。

2.2 待测品种繁殖材料以幼苗的形式提供，该幼苗能够在第一个生长周期中表现出相关的性状。

2.3 申请人提交的繁殖材料的最小数量为 10 个植株幼苗。

2.4 提供的繁殖材料应外观健康有活力，未受到任何严重病虫害的影响。

2.5 提交的繁殖材料不得进行任何可能影响品种性状表达的处理，除非主管机构允许或要求进行这种处理。如果材料已经处理，必须提供相关处理的详细说明。

3 测试方法

3.1 生长周期

测试的最少周期数量通常为 1 个生长周期。

3.2 测试地点

测试通常在 1 个地点进行。在 1 个以上地点进行测试时，TGP/9《特异性测试》提供了有关指导。

3.3 测试条件

3.3.1 测试的条件应能满足品种正常生长的需要，以确保品种相关性状充分表达和测试的顺利开展。

3.3.2 因为日光变化，在对比色卡做颜色测定时，可以在提供人工光源的适当的房间内进行，也可以中午在没有阳光直射的房间内进行。人工光源的光谱分布应符合 CIE“理想日光标准 D6500”，且在《英国标准 950：第 1 部分》规定的允许范围之内。植株部位的颜色测定需在白色背景下进行。

3.4 试验设计

3.4.1 每个试验应保证至少有 10 个植株。

3.4.2 试验设计应保证因测量或计数等需要，从小区取走部分植株或植株部位后，不影响生长周期结束前的所有观测。

3.5 需要观测植株或植株部位（组织）的数量

除非另有说明，应在 10 个植株或取自 10 个植株中的植株部位上进行。

3.6 附加测试

为测试有关性状，可以进行附加测试。

4 特异性、一致性和稳定性评价

4.1 特异性

4.1.1 一般建议

对本指南的使用者来说，在做出关于特异性的决定前参照总则尤为重要。然而，本指南仍对下面要点进行详细说明或强调。

4.1.2 一致的差异

当观测到的品种之间的差异非常明显时，则没有必要种植 1 个以上生长周期。此外，在某些情况下，环境的影响并不意味着需要 1 个以上的生长周期来保证品种间观察到的差异是足够一致的。为确

保在种植试验中所观测到的性状差异是足够一致的，可以对性状进行至少 2 个独立生长周期的测试。

4.1.3 明显的差异

两个品种间的差异是否明显取决于很多因素，特别应考虑所测性状的表达类型，即该性状是质量性状、数量性状还是假质量性状。因此，在作出关于特异性的判定前，本测试指南的使用者应熟悉总则中的建议。

4.2 一致性

4.2.1 对于本指南的使用者而言，在判定一致性前参照总则一致性判定的一般原则十分重要。但为进一步说明和强调一致性判定，本指南特列出一致性判定的要点。

4.2.2 对于一致性，应采用 1% 的群体标准和至少 95% 的接受概率。当样本量为 10 个时，允许有 1 个异型株。

4.3 稳定性

4.3.1 在实际操作中，通常不像测试特异性和一致性那样对稳定性进行测试以得到明确结果。经验表明，对许多类型的品种来说，当一个品种表现一致时，可认为其是稳定的。

4.3.2 适当情况下或者有疑问时，稳定性可以采用如下方法测试：种植该品种的下一代或者测试一批新植株，看其性状表现是否与之前提交的材料表现相同。

5 品种分组和试验组织

5.1 使用分组性状可以帮助选择与申请品种一起进行田间种植试验的已知品种，以及对这些品种进行合适分组以便进行特异性评价。

5.2 分组性状表达状态的数据即使来自不同地点，也可以单独或者与其他此类性状联合使用。

（a）用于特异性测试中筛选排除那些不需要安排在种植试验中的已知品种。

（b）用于组织安排种植试验，使近似品种种植在一起。

5.3 以下性状已被确认为有用的分组性状。

（a）叶：斑（性状 17）。

（b）叶：花青苷显色（性状 21）。

（c）花瓣：内侧主色（性状 32），有以下分组。

第一组：白色。

第二组：浅粉色。

第三组：中等粉色。

第四组：深粉色。

第五组：红色。

（d）花瓣：内侧次色（不包括脉纹）（性状 33），有以下分组。

第一组：白色。

第二组：浅粉色。

第三组：中等粉色。

第四组：深粉色。

第五组：红色。

（e）花瓣：明脉（性状 35）。

5.4 总则中提供了在特异性审查过程中使用分组性状的指导。

6 性状表介绍

6.1 性状分类

6.1.1 标准指南性状

标准指南性状是 UPOV 已同意用于 DUS 审查的性状，UPOV 成员可以从中选择与其特定环境相适应的性状。

6.1.2 星号性状

星号性状（用“*”标记）是测试指南中对于形成国际统一的品种描述十分重要的性状，所有 UPOV 成员都应将其用于 DUS 测试并包含在品种描述中，除非前序性状的表达或区域环境条件所限使其无法测试。

6.2 表达状态及相应代码

为定义性状和统一描述，将每个性状划分为一系列表达状态。每个表达状态赋予一个相应的数字代码，以便于数据记录，以及品种性状描述的建立和交流。

6.3 表达类型

总则中对性状表达类型（质量性状、数量性状和假质量性状）进行了解释。

6.4 标准品种

适当时，测试指南中提供了标准品种用于校正性状的表达状态。

6.5 注释

（*）星号性状（6.1.2）。

QL：质量性状（6.3）。

QN：数量性状（6.3）。

PQ：假质量性状（6.3）。

（a）～（h）性状表解释（8.1）。

（+）性状表解释（8.2）。

7 性状表

性状编号	观测方法	英文	中文	标准品种	代码
1. **（*）** **QN**	（a）	**Plant：height**	**植株：高度**		
		Short	矮	Gausudre	3
		medium	中	Redgapi	5
		Tall	高	Gaudwwhi	7
2. **（*）** **QN**	（a）	**Plant：width**	**植株：宽度**		
		narrow	窄	Gausudre	3
		medium	中	Passionate Blush	5
		broad	宽	Gaudwwhi	7
3. **（*）** **（+）** **QN**	（a）	**Plant：height/width ratio**	**植株：高宽比**		
		moderately compressed	中等扁	Gausudre	3
		medium	中等	Gaudwwhi	5
		moderately elongated	中等长		7
4. **（+）** **QN**	（a）	**Plant：density**	**植株：密度**		
		sparse	疏		3
		medium	中	Gaudwwhi	5
		Dense	密	Gausudre	7

续表

性状编号	观测方法	英文	中文	标准品种	代码
5. (+) **QN**	(a)	**Plant: number of flowers**	**植株：花数量**		
		Low	少	Gausudre	3
		medium	中	Gautalwhi	5
		High	多	Passionate Pink	7
6. **QN**	(b)	**Plant: attitude of stems**	**植株：茎角度**		
		upright	直立		1
		semi upright	半直立	Redgapi	3
		intermediate	中等	Gaudwwhi	5
		moderately spreading	中度平展	The Bride	7
		strongly spreading	高度平展		9
7. (+) **QN**	(b)	**Stem: number of branches**	**茎：分枝数**		
		Few	少	Gaudros	3
		medium	中	Redgapi	5
		Many	多	Passionate Rainbow	7
8. **QN**	(b)	**Stem: number of leaves**	**茎：叶数**		
		Few	少	Gaudros	3
		medium	中	Gaudwwhi	5
		Many	多	Passionate Rainbow	7
9. **QN**	(b)	**Stem: distribution of leaves**	**茎：叶分布**		
		basal quarter	基部 1/4	Gaudros	1
		basal half	基部 1/2	Gaudwwhi	2
		basal three quarters	基部 3/4	Passionate Rainbow	3
10. (*) **QN**	(c)	**Young shoot: anthocyanin coloration**	**嫩枝：花青苷显色**		
		absent or very weak	无或极弱	Gaudwwhi	1
		Weak	弱	Gaudros	3
		medium	中	Passionate Pink	5
		Strong	强	Gausudre	7
11. (*) **QN**	(d)	**Leaf: length**	**叶：长度**		
		Short	短	Gaudros	3
		medium	中	Gaudwwhi	5
		long	长	Passionate Rainbow	7
12. (*) **QN**	(d)	**Leaf: width**	**叶：宽度**		
		narrow	窄	Redgapi	3
		medium	中	Gausudre	5
		broad	宽	Gaudwwhi	7
13. (*) (+) **QN**	(d)	**Leaf: length/width ratio**	**叶：长宽比**		
		slightly elongated	略长	Gaudwwhi	3
		moderately elongated	中等长	Gaudros	5
		strongly elongated	极长	Redgapi	7
14. **QN**	(d)	**Leaf: position of maximum width**	**叶：最宽处位置**		
		towards base	近基部		1
		at mid point	中部	Gaudros	2
		towards apex	近先端	Baltincite	3
15. **QN**	(d)	**Leaf: undulation of margin**	**叶：边缘波状**		
		absent or weak	无或弱	Passionate Pink	1
		moderate	中	Gaudwwhi	2
		strong	强	The Bride	3

续表

性状编号	观测方法	英文	中文	标准品种	代码
16. **(*)** **QN**	**(d)** **(e)**	**Leaf: intensity of green color**	**叶：绿色程度**		
		light	浅		3
		medium	中	Redgapi	5
		dark	深	Gaudwwhi	7
17. **(*)** **QL**	**(d)** **(e)**	**Leaf: variegation**	**叶：斑**		
		absent	无	Gaudwwhi	1
		present	有	Passionate Rainbow	9
18. **(*)** **(+)** **PQ**	**(d)** **(e)**	**Leaf: distribution of variegation**	**叶：斑分布**		
		marginal	边缘	Passionate Rainbow	1
		central	中央	Jo Adela	2
		irregular blotches	不规则斑		3
		fine flecks	细斑		4
19. **QN**	**(d)** **(e)**	**Leaf: area covered by variegation**	**叶：斑面积**		
		small	小	Passionate Rainbow	3
		medium	中		5
		large	大		7
20. **(*)** **PQ**	**(d)** **(e)**	**Leaf: color of variegation**	**叶：斑颜色**		
		white	白色		1
		yellowish white	泛黄白色	Passionate Rainbow	2
		yellow	黄色	Corries Gold	3
		yellow green	黄绿色	Jo Adela	4
21. **(*)** **QN**	**(d)** **(e)**	**Leaf: anthocyanin coloration**	**叶：花青苷显色**		
		absent or very weak	无或极弱	Gaudwwhi	1
		weak	弱		3
		medium	中	Passionate Pink	5
		strong	强	Passionate Rainbow	7
22. **(*)** **(+)** **PQ**	**(d)** **(e)**	**Leaf: distribution of anthocyanin coloration**	**叶：花青苷显色分布**		
		mainly towards base	主要在基部	Passionate Pink	1
		mainly towards apex	主要在先端		2
		mainly towards margin	主要在边缘		3
		mainly along main vein	主要沿主脉	Redgapi	4
		discrete spots	离散点状		5
		irregular blotches	不规则斑	Harrosy	6
23. **(*)** **QN**	**(d)** **(e)**	**Leaf: area covered by anthocyanin coloration**	**叶：花青苷显色面积**		
		small	小	Harrosy	3
		medium	中		5
		large	大	Passionate Pink	7
24. **QN**	**(f)**	**Flowering stem: anthocyanin coloration**	**花茎：花青苷显色**		
		absent or very weak	无或极弱	Gaudwwhi	1
		weak	弱	The Bride	3
		medium	中		5
		strong	强	Passionate Pink	7

续表

性状编号	观测方法	英文	中文	标准品种	代码
25. PQ	(f)	**Flowering stem: distribution of anthocyanin coloration**	**花茎：花青苷显色分布**		
		in distal quarter	远基端 1/4	The Bride	1
		in distal half	远基端 1/2	Baltincite	2
		throughout	整体	Passionate Pink	3
26. (*) PQ	(g)	**Bud: color**	**花蕾：颜色**		
		RHS Colour Chart (indicate reference number)	RHS 比色卡 （注明参考色号）		
27. (*) (+) QN		**Flower: width**	**花：宽度**		
		narrow	窄	Redgapi	3
		medium	中	Gaudwwhi	5
		broad	宽	The Bride	7
28. (+) PQ		**Petal: shape**	**花瓣：形状**		
		ovate	卵圆形	The Bride	1
		elliptic	椭圆形	Passionate Pink	2
		obovate	倒卵圆形		3
		obtrullate	倒镘形		4
		rhombic	菱形	White Dove	5
29. (*) (+) QN		**Petal: length**	**花瓣：长度**		
		short	短	Redgapi	3
		medium	中	Gaudros	5
		long	长	Gaudwwhi	7
30. (*) (+) QN		**Petal: width**	**花瓣：宽度**		
		narrow	窄	Passionate Pink	3
		medium	中	Gaudros	5
		broad	宽	Gaudwwhi	7
31. (*) QN		**Petal: length/width ratio**	**花瓣：长宽比**		
		slightly elongated	略长	Gaudwwhi	3
		moderately elongated	中等长	Redgapi	5
		strongly elongated	极长	Passionate Pink	7
32. (*) (+) PQ	(h)	**Petal: main color of inner surface**	**花瓣：内侧主色**		
		RHS Colour Chart (indicate reference number)	RHS 比色卡 （注明参考色号）		
33. (*) (+) PQ	(h)	**Petal: secondary color of inner surface (excluding veins)**	**花瓣：内侧次色（不包括叶脉）**		
		RHS Colour Chart (indicate reference number)	RHS 比色卡 （注明参考色号）		
34. (*) (+) PQ	(h)	**Petal: distribution of secondary color of inner surface (excluding veins)**	**花瓣：内侧次色分布（不包括叶脉）**		
		none	无		1
		at tip	尖端		2
		at margin	边缘	Harrosy	3
		at base	基部		4
		irregular blotches	不规则斑		5
		fine flecks	细斑		6

续表

性状编号	观测方法	英文	中文	标准品种	代码
35. (*) (+) QN	(h)	**Petal: conspicousness of veins**	**花瓣：明脉**		
		absent or very weak	无或极弱	Gaudwwhi	1
		weak	弱	Gausudre	3
		medium	中	Passionate Blush	5
		strong	强	Passionate Pink	7
36. PQ	(h)	**Style: color**	**花柱：颜色**		
		white	白色	The Bride	1
		yellowish white	泛黄白色	Gaudwwhi	2
		pink	粉色	Passionate Pink	3
		red	红色	Redgapi	4
37. PQ	(h)	**Stamen: color of filament**	**雄蕊：花丝颜色**		
		white	白色	Gaudwwhi	1
		white tinged pink	泛白粉色	Passionate Pink	2
		pink	粉色	Redgapi	3
		red	红色		4
38. (+) QN		**Petal: color change with age**	**花瓣：花期颜色变化**		
		absent or very weak	无或极弱	Passionate Blush	1
		weak	弱	Gaudwwhi	2
		medium	中		3
		strong	强	Baltincite	4

8 性状表解释

8.1 对多个性状的解释

除非另有说明，所有性状的观测应在盛花期进行。

性状表第二列包含以下标注的性状应按照下述要求观测。

(a) 整株进行观测，包括花茎。

(b) 在花茎上进行观测。

(c) 在始花期开始前，在幼枝上进行观测。

(d) 茎下部 1/3 处，对完全伸展的嫩叶进行观测。

(e) 在叶的上表面进行观测。

(f) 在花茎上，对最高的叶进行观测。

(g) 在开花前进行观测。

(h) 对颜色的观测应在开花当天早上对新鲜的、完全展开的花朵上进行。

8.2 对单个性状的解释

性状 3：植株高宽比

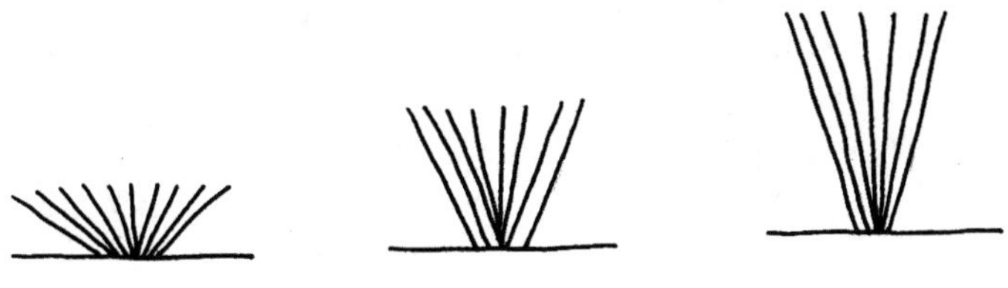

3 中等扁　　5 中等　　7 中等长

性状 4：植株密度

基于叶片和花朵为基础，观测整株的密度。

性状 5：植株花数量

3

少

5

中

7

多

花数量的观测应在盛花期进行观测。

性状 7：茎分枝数

3

少

5

中

7

多

性状 13：叶长宽比

3

略长

5

中等长

7

极长

性状 18：叶斑分布

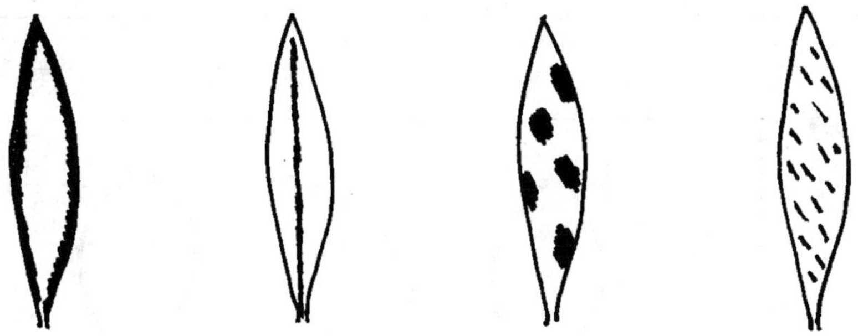

1	2	3	4
边缘	中央	不规则斑	细斑

性状 22：叶花青苷显色分布

1	2	3
主要在基部	主要在先端	主要在边缘

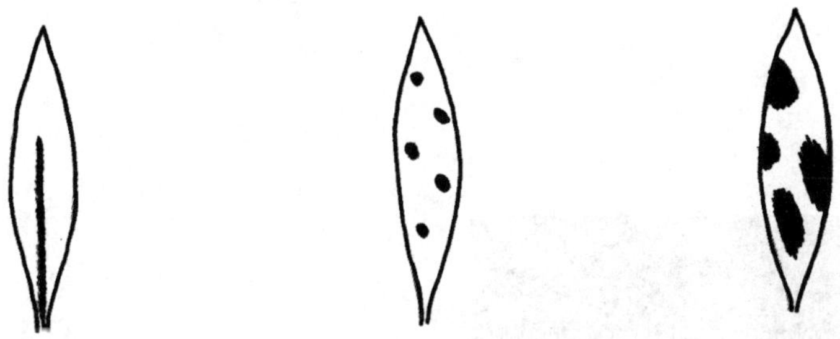

4	5	6
主要沿主脉	离散点状	不规则斑

性状 27：花宽度

性状 29：花瓣长度

性状 30：花瓣宽度

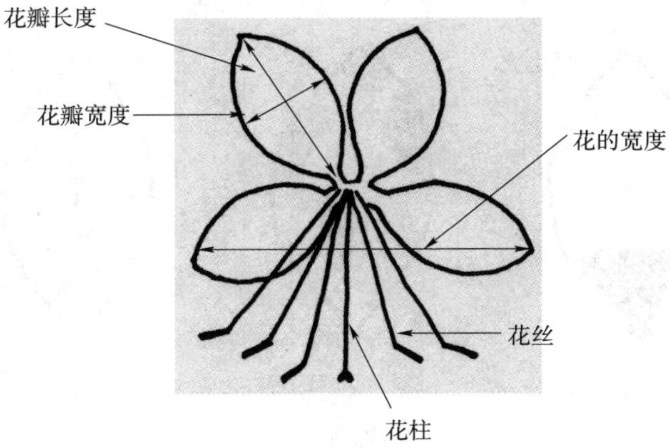

性状 28：花瓣形状

		最宽处位置		
		中部以下	中部	中部以上
侧面轮廓	圆形组	 1 卵圆形	 2 椭圆形	 3 倒卵圆形
	角形组		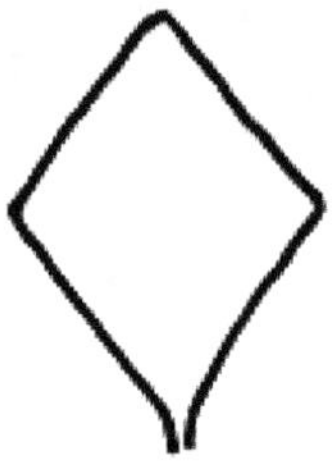 5 菱形	 4 倒镘形

性状 32：花瓣内侧主色

主色是指面积最大的颜色。

性状 33：花瓣内侧次色（不包括叶脉）

次色是指面积第二大的颜色。

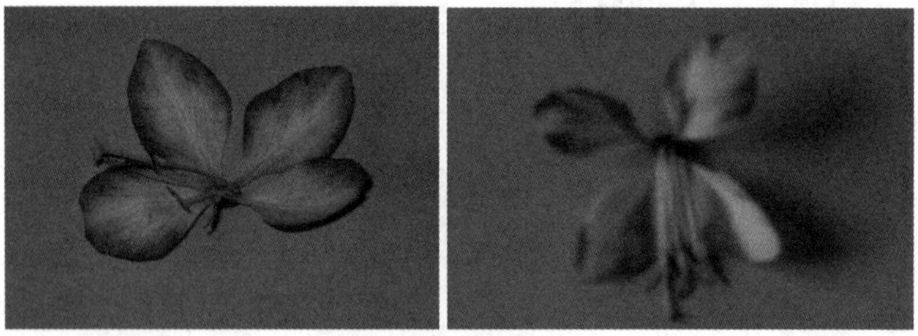

花瓣有次色

性状 34：花瓣内侧次色分布（除叶脉外）

2	3	4	5	6
尖端	边缘	基部	不规则斑	细斑

性状 35：花瓣明脉

1 无或极弱	3 弱	5 中	7 强

明脉由颜色比对观测得到。

性状 38：花瓣花期颜色变化

应在花瓣衰老脱落前进行观测。

扫码下载原文

如扫描二维码无法下载指南原文，可能是指南版本有更新，可扫描本书封底二维码查看与本文对应的指南版本

TG/262/1
原文：英文
日期：2010-03-24

国际植物新品种保护联盟
植物品种特异性、一致性和稳定性
测试指南

丝石竹属

UPOV 代码：GYPSO

（*Gypsophila* L.）

互用名称 *

植物学名称	英文	法文	德文	西班牙文
Gypsophila L.	Baby Breath, Gyp, Gypsophila	Gypsophile	Gipskraut, Schleierkrau	Gipsófila

* 这些名称在指南开始使用时是正确的，但随后可能会修改更新。读者可登录 UPOV 网站（www.upov.int），获取最新资料。

1 指南适用范围

本指南适用于丝石竹属（*Gypsophila* L.）的所有品种。

2 繁殖材料要求

2.1 待测品种繁殖材料的数量和质量要求以及提交的时间和地点由主管机构决定。申请人从测试所在国境外提交繁殖材料的，还应符合海关规定并满足相关植物检疫的要求。

2.2 繁殖材料以带根扦插条的形式提供。

2.3 申请人提交繁殖材料的最小数量为 10 个带根扦插条。

2.4 提供的繁殖材料应外观健康有活力，未受到任何严重病虫害的影响。

2.5 提交的繁殖材料不得进行任何可能影响品种性状表达的处理，除非主管机构允许或要求进行这种处理。如果材料已经处理，必须提供相关处理的详细说明。

3 测试方法

3.1 生长周期

测试的最少周期数量通常为 1 个生长周期。1 个生长周期包括 2 个花期。

3.2 测试地点

测试通常在 1 个地点进行。在 1 个以上地点进行测试时，TGP/9《特异性测试》提供了有关指导。

3.3 测试条件

3.3.1 测试的条件应能满足品种正常生长的需要，以确保品种相关性状充分表达和测试的顺利开展。

3.3.2 由于日光变化的原因，在利用比色卡确定颜色时，应在一个合适的有人工光源照明的小室或中午无阳光直射的房间内进行。人工光源的光谱分布应符合 CIE“理想日光标准 D6500”，且在《英国标准 950：第 1 部分》规定的允许范围内。在观测颜色时，应将植株部位置于白色背景上。

3.4 试验设计

3.4.1 每个试验应保证至少有 10 个植株。

3.4.2 试验设计应保证因测量或计数等需要，从小区取走部分植株或植株部位后，不影响生长周期结束前的所有观测。

3.5 植株 / 植株部位的观测数量

除非另有说明，所有观测应在 10 个植株或分别从 10 个植株取下的植株部位上进行。

3.6 附加测试

为测试有关性状，可以进行附加测试。

4 特异性、一致性和稳定性评价

4.1 特异性

4.1.1 一般建议

对于本指南的使用者而言，在判定特异性前参照总则特异性判定的一般原则十分重要。但为进一步说明和强调特异性判定，本指南特列出特异性判定的要点。

4.1.2 一致的差异

当观测到的品种之间的差异非常明显时，则没有必要种植 1 个以上生长周期。此外，在某些情况下，环境的影响并不意味着需要 1 个以上的生长周期来保证品种间观察到的差异是足够一致的。为确

保在种植试验中所观测到的性状差异是足够一致的，可以对性状进行至少 2 个独立生长周期的测试。

4.1.3 明显的差异

两个品种间的差异是否明显取决于很多因素，特别应考虑所测性状的表达类型，即该性状是质量性状、数量性状还是假质量性状。因此，在作出关于特异性的判定前，本测试指南的使用者应熟悉总则中的建议。

4.2 一致性

4.2.1 对于本指南的使用者而言，在判定一致性前参照总则一致性判定的一般原则十分重要。但为进一步说明和强调一致性判定，本指南特列出一致性判定的要点。

4.2.2 致性评价时，应采用 1% 的群体标准和至少 95% 的接受概率。当样本量为 10 个时，允许有 1 个异型株。

4.3 稳定性

4.3.1 在实际操作中，通常不像测试特异性和一致性那样对稳定性进行测试以得到明确结果。经验表明，对许多类型的品种来说，当一个品种表现一致时，可认为其是稳定的。

4.3.2 适当情况下或者有疑问时，可通过种植下一代，或者一批新的植株判定稳定性，观测其性状表达是否与以前提供的繁殖材料的性状表达一致。

5 品种分组和试验组织

5.1 使用分组性状可以帮助选择与申请品种一起进行田间种植试验的已知品种，以及对这些品种进行合适分组以便进行特异性评价。

5.2 分组性状表达状态的数据即使来自不同地点，也可以单独或者与其他此类性状联合使用。

（a）用于特异性测试中筛选排除那些不需要安排在种植试验中的已知品种。

（b）用于组织安排种植试验，使近似品种种植在一起。

5.3 以下性状已被确认为有用的分组性状。

（a）植株：基部分枝（性状 1）。

（b）植株：高度（性状 2）。

（c）花：花瓣数（性状 21）。

（d）花瓣：主色（性状 26）。

5.4 总则和 TGP/9《特异性测试》中提供了在特异性审查过程中使用分组性状的指导。

6 性状表介绍

6.1 性状类型

6.1.1 标准指南性状

标准指南性状是 UPOV 已同意用于 DUS 审查的性状，UPOV 成员可以从中选择与其特定环境相适应的性状。

6.1.2 星号性状

星号性状（用“*”标记）是测试指南中对于形成国际统一的品种描述十分重要的性状，所有 UPOV 成员都应将其用于 DUS 测试并包含在品种描述中，除非前序性状的表达或区域环境条件所限使其无法测试。

6.2 表达状态及相应代码

为定义性状和统一描述，将每个性状划分为一系列表达状态。每个表达状态赋予一个相应的数字代码，以便于数据记录，以及品种性状描述的建立和交流。

6.3 表达类型

总则中对性状表达类型（质量性状、数量性状和假质量性状）进行了解释。

6.4 标准品种

适当时，测试指南中提供了标准品种用于校正性状的表达状态。

6.5 注释

（*）星号性状（6.1.2）。

QL：质量性状（6.3）。

QN：数量性状（6.3）。

PQ：假质量性状（6.3）。

（a）～（e）性状表解释（8.1）。

（+）性状表解释（8.2）。

7 性状表

性状编号	观测方法	英文	中文	标准品种	代码
1. （*） （+） QL		**Plant：basal branching**	**植株：基部分枝**		
		absent	无		1
		present	有		9
2. （*） QN	（a）	**Plant：height**	**植株：高度**		
		short	矮	White Festival	3
		medium	中	Dangypmini	5
		tall	高	Dangypfun	7
3. （+） QN	（a）	**Stem：number of internodes**	**茎：节间数**		
		few	少	Dangysha	3
		medium	中	Dangypchrys	5
		many	多	Esmamerica	7
4. （*） QN	（a） （b）	**Stem：length of internode**	**茎：节间长度**		
		short	短	Dangysha	3
		medium	中	Dangypwhifa	5
		long	长	Esmamerica	7
5. QN	（a） （b）	**Stem：thickness**	**茎：粗度**		
		thin	细	Dangypmini	3
		medium	中	Esmamerica	5
		thick	粗	Dangypwhifa	7
6. QN	（a） （b）	**Stem：anthocyanin coloration**	**茎：花青苷显色**		
		absent or very weak	无或极弱	Dangypchrys	1
		weak	弱	Barfast	3
		medium	中		5
		strong	强	Festival	7
7. PQ	（a）	**Stem：color（excluding anthocyanin）**	**茎：颜色（花青苷除外）**		
		yellow green	黄绿色		1
		light green	浅绿色		2
		medium green	中等绿色		3
		dark green	深绿色		4
		grayish green	泛灰绿色		5

续表

性状编号	观测方法	英文	中文	标准品种	代码
8. （+） **PQ**	（c）	**Leaf：shape**	**叶：形状**		
		narrow elliptic	窄椭圆形		1
		medium elliptic	中等椭圆形		2
		ovate	卵圆形		3
9. （*） **QN**	（c）	**Leaf：width**	**叶：宽度**		
		narrow	窄	Snowflake	3
		medium	中	Hila	5
		broad	宽	Mydah Pink	7
10. **QN**	（c）	**Leaf：ratio length/width**	**叶：长宽比**		
		weakly elongated	略长		1
		moderately elongated	中等长		2
		strongly elongated	极长		3
11. （+） **QN**	（c）	**Leaf：recurvature**	**叶：外弯**		
		absent or slightly recurved	无或微外弯	Dangypchrys	1
		moderately recurved	中度外弯	Esmamerica	2
		strongly recurved	显著外弯	Dangypmini	3
12. （*） （+） **QN**	（c）	**Leaf：cross section**	**叶：横切面**		
		flat or slightly concave	平或微凹	Dangypink，Red Sea	1
		moderately concave	中度凹	Mydah Bal	2
		strongly concave	显著凹		3
13. **PQ**	（c）	**Leaf：attitude of apex**	**叶：先端角度**		
		incurved	内弯	Dangysha	1
		straight	直	Dangypwhifa	2
		recurved	外弯		3
		rolled downwards	向下卷曲		4
14. （*） **PQ**	（c）	**Leaf：color of upper side**	**叶：上表面颜色**		
		light green	浅绿色	Danfester	1
		medium green	中等绿色	Esmaustralia	2
		dark green	深绿色		3
		grey green	灰绿色	Barfast	4
15. （*） **QL**	（a）	**Inflorescence：pubescence**	**花序：茸毛**		
		absent	无	Esmasia	1
		present	有	Dangysha	9
16. **QN**	（d）	**Inflorescence：position of flowers**	**花序：花位置**		
		in upper part only	仅上部		1
		mostly in upper part	主要在上部		2
		equally along whole length	均匀分布		3
17. （+） **QN**	（d）	**Inflorescence：shape of upper part**	**花序：上部形状**		
		flat or weakly domed	平或微圆形	Blancanieves	1
		moderately domed	中度圆形		2
		strongly domed	显著圆形	New Face	3
18. （+） **QN**	（a）	**Inflorescence：angle of side branch in relation to main stem**	**花序：侧枝与主茎夹角**		
		small	小	Dangypwhifa	3
		medium	中	Bristol Fairy	5
		large	大	Red Sea	7

续表

性状编号	观测方法	英文	中文	标准品种	代码
19. (+) **QN**	(a)	**Inflorescence: upward curvature of side branch**	**花序：侧枝向上弯曲程度**		
		absent or very weak	无或极弱		1
		weak	弱		3
		medium	中		5
		strong	强		7
20. (*) **QN**	(d)	**Flower: diameter**	**花：直径**		
		very small	极小		1
		small	小	Dangypmini	3
		medium	中	Magic Golan	5
		large	大	Dangyphappy	7
		very large	极大	Anneke	9
21. (*) **QN**	(d)	**Flower: number of petals**	**花：花瓣数**		
		few	少	Dangyphappy	3
		medium	中	Magic Golan	5
		many	多	Barfast	7
22. (*) (+) **QN**	(d)	**Flower: profile of upper part**	**花：上部形状**		
		flat or weakly convex	平或微凸	Dangypcrys	1
		moderately convex	中度凸	Dangypwhifa	2
		strongly convex	显著凸	Barfast	3
23. (*) **QL**	(d)	**Flower: anthers**	**花：花药**		
		absent	无		1
		present	有		9
24. (+) **QN**	(d)	**Flower: length of pedicel**	**花：花梗长度**		
		short	短	Bregic	1
		medium	中	MydahSayo	2
		long	长	Dangypcrys	3
25. (*) **QN**	(c)	**Petal: curvature in longitudinal axis**	**花瓣：纵向弯曲**		
		moderately incurved	中度内弯	Danfesroy	3
		straight	直	Dangypwhifa	5
		moderately recurved	中度外弯	Blancanieves	7
26. (*) (+) **PQ**	(c)	**Petal: main color**	**花瓣：主色**		
		white	白色	Dangypmini	1
		light pink	浅粉色	Mydah Pink	2
		medium pink	中等粉色	Dangypink	3
		dark pink	深粉色	Dangyp39	4
27. **PQ**	(e)	**Petal: secondary color**	**花瓣：次色**		
		none	无	Dangypmini	1
		white	白色	Dangyp39	2
		light pink	浅粉色		3
		medium pink	中等粉色	Or	4
		dark pink	深粉色		5
28. **QL**	(a)	**Calyx: number of lobes**	**花萼：裂片数量**		
		five	5 个		1
		six to nine	6～9 个		2
		ten	10 个		3

续表

性状编号	观测方法	英文	中文	标准品种	代码
29. QN	（a）	**Calyx：anthocyanin coloration**	**花萼：花青苷显色**		
		absent or weak	无或弱		1
		medium	中		2
		strong	强		3
30. (*) (+) PQ	（d）	**Calyx：shape in longitudinal section**	**花萼：纵切面形状**		
		acute	锐尖	Barfast	1
		rounded	圆形	Mirabella	2
		truncate	平截	Dangypwhifa	3
31. QN	（d）	**Calyx：size of lobes**	**花萼：裂片大小**		
		small	小	Dangypmini	3
		medium	中	Dangypcrys	5
		large	大	Mydah Bal	7
32. (*) (+) QN		**Time of beginning of flowering**	**始花期**		
		early	早	Gypso Queen	3
		medium	中	Esmeurope	5
		late	晚	Mirabella	7

8 性状表解释

8.1 对多个性状的解释

性状表第二列包含以下标注的性状应按照下述要求观测。

（a）观测应在始花期（植株上可见第一片花瓣时）进行。

（b）观测应在主茎上最长的节间上进行。

（c）叶片性状的观测应在始花期长出的最低位开花侧枝的节上两片叶中较大一片上进行。

（d）观测应在盛花期（至少 10% 的花完全开放）进行。

（e）观测应在盛花期（至少 10% 的花完全开放）外轮花瓣上进行。

8.2 对单个性状的解释

性状 1：植株基部分枝

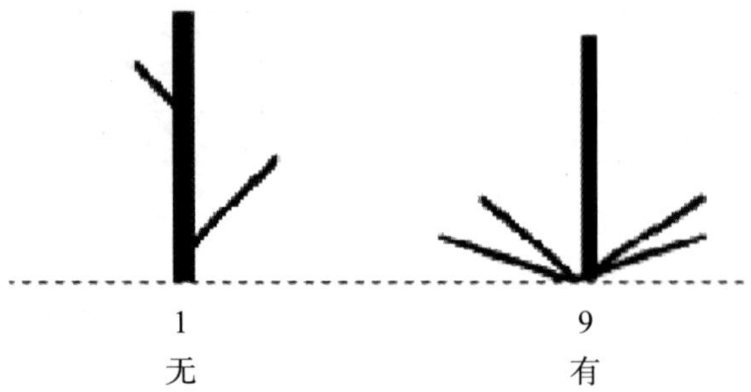

基部分枝应在第一次开花初期观测。

性状 3：茎节间数

应在主茎上观测节间数作为等于或长于 1 cm 节间的总数量。

性状 8：叶形状

1 窄椭圆形　2 中等椭圆形　3 卵圆形

性状 11：叶外弯

1 无或微外弯　2 中度外弯　3 显著外弯

性状 12：叶横切面

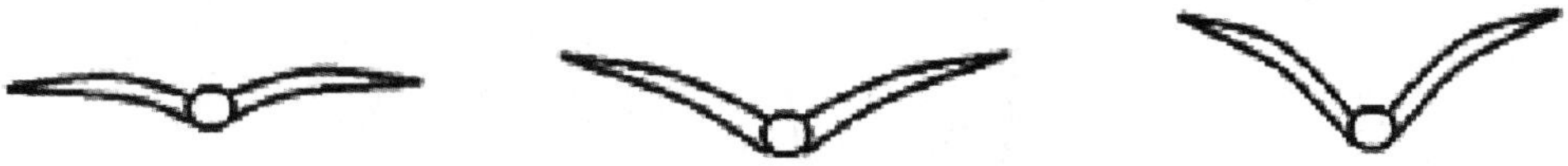

1 平或微凹　2 中度凹　3 显著凹

性状 17：花序上部形状

性状 18：花序侧枝与主茎夹角

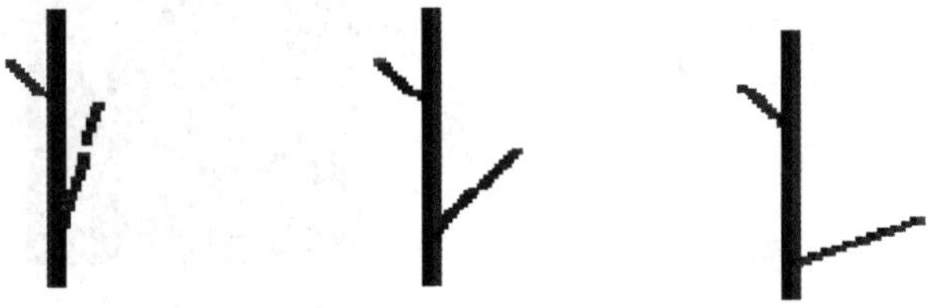

3 小　5 中　7 大

性状 19：花序侧枝向上弯曲程度

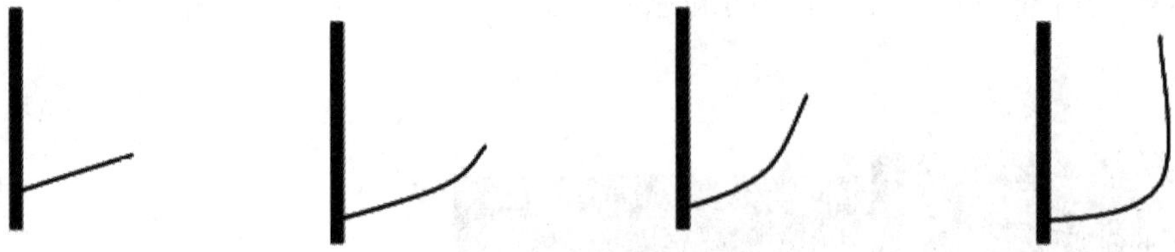

1	3	5	7
无或极弱	弱	中	强

性状 22：花上部形状

性状 24：花梗长度

性状观测在顶端花上进行。

性状 26：花瓣主色

主色是指面积最大的颜色。

性状 30：花萼纵切面形状

1	2	3
锐尖	圆形	平截

性状 32：始花期

始花期是指植株上可见第一片花瓣的时期。

扫码下载原文

如扫描二维码无法下载指南原文，可能是指南版本有更新，可扫描本书封底二维码查看与本文对应的指南版本

TG/263/1 Rev.
原文： 英文
日期： 2010-03-24，2015-03-25

国际植物新品种保护联盟
植物品种特异性、一致性和稳定性
测试指南

醉鱼草属

UPOV 代码：BUDDL

（*Buddleja* L.）

互用名称 *

植物学名称	英文	法文	德文	西班牙文
Buddleja L.	Buddleja, Butterfly-bush	Buddleia, Arbre aux papillons	Buddleie, Schmetterlingsstrauch	Budleya，Mariposa

* 这些名称在指南开始使用时是正确的，但随后可能会修改更新。读者可登录 UPOV 网站（www.upov.int），获取最新资料。

1 指南适用范围

本测试指南适用于醉鱼草属（*Buddleja* L.）的所有品种。

2 繁殖材料要求

2.1 待测品种繁殖材料的数量和质量要求以及提交的时间和地点由主管机构决定。申请人从测试所在国境外提交繁殖材料的，还应符合海关规定并满足相关植物检疫的要求。

2.2 繁殖材料以种苗的形式提交，在第一个生长周期中能够开花和表达品种所有相关性状。

2.3 申请人提交繁殖材料的最小数量为 6 株种苗。

2.4 提供的繁殖材料应外观健康有活力，未受到任何严重病虫害的影响。

2.5 提交的繁殖材料不得进行任何可能影响品种性状表达的处理，除非主管机构允许或要求进行这种处理。如果材料已经处理，必须提供相关处理的详细说明。

3 测试方法

3.1 生长周期

测试的最少周期数量通常为 1 个生长周期。

3.2 测试地点

测试通常在 1 个地点进行。在 1 个以上地点进行测试时，TGP/9《特异性测试》提供了有关指导。

3.3 测试条件

测试的条件应能满足品种正常生长的需要，以确保品种相关性状充分表达和测试的顺利开展。

3.4 试验设计

3.4.1 每个试验品种应保证至少有 6 个植株。

3.4.2 试验设计应保证因测量或计数等需要，从小区取走部分植株或植株部位后，不影响生长周期结束前的所有观测。

3.5 植株 / 植株部位的观测数量

除非另有说明，应观测 6 个植株或分别从 6 个植株取下的植株部位。

3.6 附加测试

为测试有关性状，可以进行附加测试。

4 特异性、一致性和稳定性评价

4.1 特异性

4.1.1 一般建议

对于本指南的使用者而言，在判定特异性前参照总则特异性判定的一般原则十分重要。但为进一步说明和强调特异性判定，本指南特列出特异性判定的要点。

4.1.2 一致的差异

当观测到的品种之间的差异非常明显时，则没有必要种植 1 个以上生长周期。此外，在某些情况下，环境的影响并不意味着需要 1 个以上的生长周期来保证品种间观察到的差异是足够一致的。为确保在种植试验中所观测到的性状差异是足够一致的，可以对性状进行至少 2 个独立生长周期的测试。

4.1.3 明显的差异

两个品种间的差异是否明显取决于很多因素，特别应考虑所测性状的表达类型，即该性状是质量性状、数量性状还是假质量性状。因此，在作出关于特异性的判定前，本测试指南的使用者应熟悉总则中的建议。

4.2 一致性

4.2.1 对于本指南的使用者而言，在判定一致性前参照总则一致性判定的一般原则十分重要。但为进一步说明和强调一致性判定，本指南特列出一致性判定的要点。

4.2.2 评价一致性时，应采用 1% 的群体标准和至少 95% 的接受概率。当样本量为 10 个时，允许有 1 个异型株。

4.3 稳定性

4.3.1 在实际操作中，通常不像测试特异性和一致性那样对稳定性进行测试以得到明确结果。经验表明，对许多类型的品种来说，当一个品种表现一致时，可认为其是稳定的。

4.3.2 适当情况下或者有疑问时，可通过种植下一代，或者一批新的植株判定稳定性，观测其性状表达是否与以前提供的繁殖材料的性状表达一致。

5 品种分组和试验组织

5.1 使用分组性状可以帮助选择与申请品种一起进行田间种植试验的已知品种，以及对这些品种进行合适分组以便进行特异性评价。

5.2 分组性状表达状态的数据即使来自不同地点，也可以单独或者与其他此类性状联合使用。

（a）用于特异性测试中筛选排除那些不需要安排在种植试验中的已知品种。

（b）用于组织安排种植试验，使近似品种种植在一起。

5.3 以下性状已被确认为有用的分组性状。

（a）叶片：斑（性状 10）。

（b）花序：形状（性状 17）。

（c）花冠裂片：内侧颜色（性状 26），分组性状如下。

第一组：白色。

第二组：黄色。

第三组：粉色。

第四组：紫色。

第五组：蓝色。

5.4 总则和 TGP/9《特异性测试》中提供了在特异性审查过程中使用分组性状的指导。

6 性状表介绍

6.1 性状类型

6.1.1 标准指南性状

标准指南性状是 UPOV 已同意用于 DUS 审查的性状，UPOV 成员可以从中选择与其特定环境相适应的性状。

6.1.2 星号性状

星号性状（用“*”标记）是测试指南中对于形成国际统一的品种描述十分重要的性状，所有 UPOV 成员都应将其用于 DUS 测试并包含在品种描述中，除非前序性状的表达或区域环境条件所限使其无法测试。

6.2 表达状态及相应代码

为定义性状和统一描述，将每个性状划分为一系列表达状态。每个表达状态赋予一个相应的数字代码，以便于数据记录，以及品种性状描述的建立和交流。

6.2.3 TGP/7《测试指南的研制》中提供了表达状态和代码的更详尽的介绍。

6.3 表达类型

总则中对性状表达类型（质量性状、数量性状和假质量性状）进行了解释。

6.4 标准品种

适当时，测试指南中提供了标准品种用于校正性状的表达状态。

6.5 注释

（*）星号性状（6.1.2）。

QL：质量性状（6.3）。

QN：数量性状（6.3）。

PQ：假质量性状（6.3）。

（a）～（c）性状表解释（8.1）。

（+）性状表解释（8.2）。

7 性状表

性状编号	观测方法	英文	中文	标准品种	代码
1. （*） （+） PQ		**Plant：growth habit**	**植株：生长习性**		
		upright	直立	Summer Beauty	1
		semi upright	半直立	Huimoon	2
		spreading	平展	Pink Spreader	3
		drooping	下弯	Nanho Purple	4
2. （*） QN		**Plant：height**	**植株：高度**		
		very short	极矮	White Ball	1
		short	矮	Huimoon	3
		medium	中	Nanho Purple	5
		tall	高	Pink Delight	7
		very tall	极高	Purple Prince，White Profusion	9
3. QN	**MG**	**Plant：height in relation to width**	**植株：高度相对于宽度**		
		taller than broad	高度大于宽度	Empire Blue	1
		as tall as broad	高度等于宽度	White Ball	2
		broader than tall	宽度大于高度	Huimoon	3
4. （*） PQ	**（a）**	**Shoot：color（pubescence excluded）**	**枝条：颜色（茸毛除外）**		
		green	绿色	White Profusion	1
		brownish	泛棕色		2
		reddish	泛红色	African Queen	3
5. QN	**（a）**	**Stem：shape in cross section**	**茎：横切面形状**		
		round or slightly angular	圆或微角形	Spring Promise	1
		moderately angular	中度角形		2
		strongly angular	显著角形	Empire Blue	3

续表

性状编号	观测方法	英文	中文	标准品种	代码
6. (*) **QN**	(a)	**Stem: pubescence**	**茎：茸毛**		
		absent or very sparse	无或极疏		1
		spare	疏	Nanho Blue	3
		medium	中	White Ball	5
		dense	密		7
		very dense	极密	Huimoon	9
7. (*) (+) **PQ**	(b)	**Leaf blade: shape**	**叶片：形状**		
		lanceolate	披针形		1
		narrow ovate	窄卵圆形	Purple Prince, Summer Beauty	2
		medium ovate	中等卵圆形	Sungold	3
		cordate	心形	Huimoon	4
8. **QN**	(b)	**Leaf blade: length**	**叶片：长度**		
		short	短		3
		medium	中		5
		long	长		7
9. **QN**	(b)	**Leaf blade: width**	**叶片：宽度**		
		narrow	窄		3
		medium	中		5
		broad	宽		7
10. (*) (+) **QL**	(b)	**Leaf blade: variegation**	**叶片：斑**		
		absent	无	Summer Beauty	1
		present	有	Notbud, Santana	9
11. (*) **PQ**	(b)	**Leaf blade: green color of upper side**	**叶片：上表面绿色程度**		
		very light green	极浅绿色	Les Kneale	1
		light green	浅绿色	Huimoon	2
		medium green	中等绿色	Adokeep	3
		dark green	深绿色	Empire Blue	4
		grey green	灰绿色		5
12. (*) (+) **PQ**	(b)	**Leaf blade: color of variegation**	**叶片：斑颜色**		
		white	白色	Florence	1
		yellowish white	泛黄白色	Notbud	2
		yellow	黄色	Santana	3
		yellowish green	泛黄绿色		4
13. (*) (+) **PQ**	(b)	**Leaf blade: margin**	**叶片：边缘**		
		entire	全缘		1
		dentate	齿状	Summer Beauty	2
		sinuate	深波状	Huimoon	3
14. **QN**	(b)	**Leaf blade: pubescence on upper side**	**叶片：上表面茸毛**		
		absent or very weak	无或极弱	Summer Beauty	1
		weak	弱		3
		medium	中	White Ball	5
		strong	强		7
		very strong	极强	Huimoon	9

续表

性状编号	观测方法	英文	中文	标准品种	代码
15. QL	(b)	**Leaf blade: pubescence on lower side**	**叶片：下表面茸毛**		
		absent	无		1
		present	有	Huimoon	9
16. (*) (+) QN	(b)	**Leaf blade: bulging between veins**	**叶片：叶脉间褶皱**		
		absent or weak	无或弱	Adokeep	1
		medium	中	Purple Prince	3
		strong	强	African Queen	5
17. (*) (+) PQ	(c)	**Inflorescence: shape**	**花序：形状**		
		conical	圆锥状	African Queen，Pink Beauty	1
		cylindrical	圆柱状	Santana	2
		globular	球状	Huimoon，Moonlight	3
18. (*) QN	(c)	**Inflorescence: length (excluding peduncle)**	**花序：长度（花序梗除外）**		
		very short	极短	White Ball	1
		short	短	African Queen	3
		medium	中	Summer Beauty	5
		long	长	White Profusion	7
		very long	极长	Ile de France	9
19. (*) (+) QN	(c)	**Inflorescence: width**	**花序：宽度**		
		very narrow	极窄		1
		narrow	窄	Empire Blue	3
		medium	中	Dar's Ornemental	5
		broad	宽	Orchid Beauty	7
		very broad	极宽	Peakeep	9
20. (*) (+) QN	(c)	**Inflorescence: density of flowers**	**花序：花密度**		
		very spare	极疏		1
		spare	疏	Huimoon	3
		medium	中	Summer Beauty	5
		dense	密	Nanho Blue	7
		very dense	极密	Orchid Beauty	9
21. QN	(c)	**Calyx: pubescence**	**花萼：茸毛**		
		absent or very weak	无或极弱		1
		weak	弱	Empire Blue	2
		medium	中	Santana	3
		strong	强	Spring Promise	4
		very strong	极强	Huimoon	5
22. QN	(c)	**Corolla tube: length**	**花冠筒：长度**		
		short	短	Huimoon，Morning Mist	1
		medium	中	Masquerade	2
		long	长	White Ball	3
23. (+) QN	VG (c)	**Corolla lobe: attitude at full flowering**	**花冠裂片：盛花期角度**		
		erect	直立		1
		semi erect	半直立	Sungold	2
		horizontal	水平	Notbud	3

续表

性状编号	观测方法	英文	中文	标准品种	代码
24. (+) QN	(c)	**Corolla lobe: arrangement**	**花冠裂片：排列**		
		free	分离	Notbud	1
		touching	接触	Moonlight，Sungold	2
		overlapping	重叠		3
25. QN	(c)	**Corolla lobe: incisions of margin**	**花冠裂片：边缘缺刻**		
		absent or shallow	无或浅		1
		medium	中	Empire Blue	2
		deep	深	Orchid Beauty	3
26. (*) PQ	(c)	**Corolla lobe: color of inner side**	**花冠裂片：内侧颜色**		
		RHS Colour Chart (indicate reference number)	RHS 比色卡（注明参考色号）		
27. (*) (+) QL	VG (c)	**Corolla: presence of eye**	**花冠：眼**		
		absent	无		1
		present	有	Moonlight	9
28. (*) PQ	(c)	**Corolla: color of eye**	**花冠：眼颜色**		
		yellow	黄色	White Ball	1
		orang	橙色	Moonlight，GoldenGlow	2
		reddish	泛红色		3
29. (*) (+) QN		**Time of beginning of flowering**	**始花期**		
		early	早		3
		medium	中	Sungold	5
		late	晚		7

8 性状表解释

8.1 对多个性状的解释

性状表第二列包含以下标注的性状应按照下述要求观测。

（a）枝性状的观测应在当年生基部即将开花的侧枝（见下图）上进行。

（b）叶性状的观测应在当年生侧枝中部 1/3 处叶上进行。

（c）花序性状的观测应在主花序上进行。

植株的一般解释如下所示。

花的一般解释如下所示。

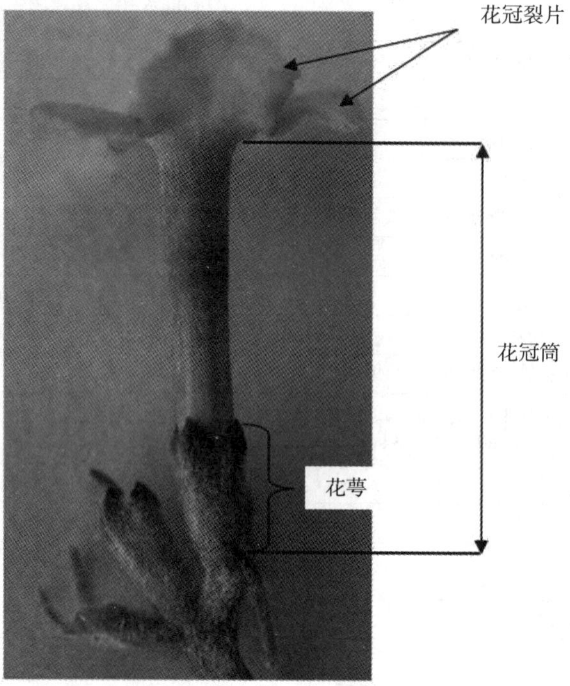

8.2 对单个性状的解释

性状 1：植株生长习性

1	2	3	4
直立	半直立	平展	下弯

性状 7：叶片形状

1	2	3	4
披针形	窄卵圆形	中卵圆形	心形

性状 10：叶片斑

性状 12：叶片斑颜色

斑是轮廓清晰的其他颜色区域，叶绿素含量低或没有，特别是呈现为不规则斑块或条纹。

性状 13：叶片边缘

1
全缘

2
齿状

3
深波状

性状 16：叶片叶脉间褶皱

1
无或弱

3
中

5
强

性状 17：花序形状

1
圆锥状

2
圆柱状

3
球状

性状 19：花序宽度

花序宽度应观测花序最宽处。

性状 20：花密度

3
疏

5
中

7
密

性状 23：花冠裂片盛花期角度

1
直立

2
半直立

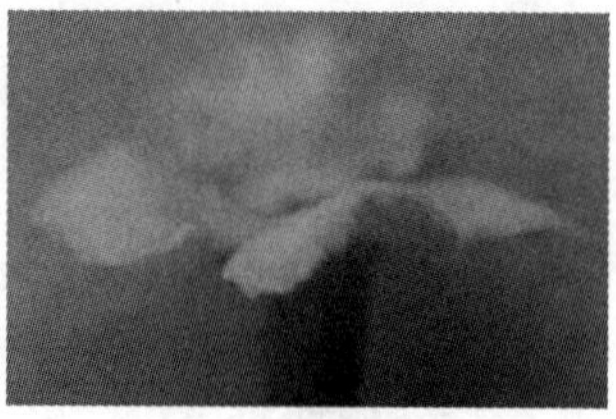

3
水平

性状 24：花冠裂片排列

1
分离

2
接触

3
重叠

性状 27：花冠眼

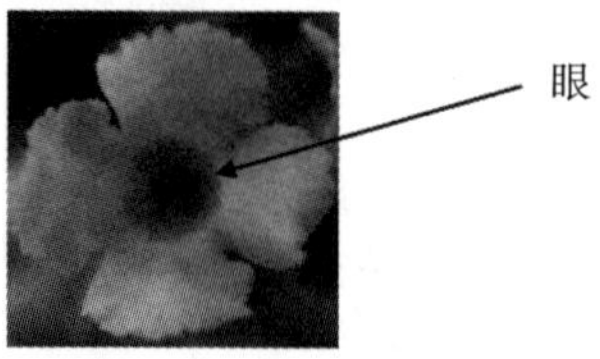

性状 29：始花期

始花期是所有植株上约 50% 花序有部分花开放的时期。

8.3 标准品种的同义词

标准品种	同义词
Notbud	Masquerade

扫码下载原文

如扫描二维码无法下载指南原文，可能是指南版本有更新，可扫描本书封底二维码查看与本文对应的指南版本

TG/266/1 Rev. Corr.
原文：英文
日期：2011-10-20，
2013-03-20，
2014-04-09

国际植物新品种保护联盟
植物品种特异性、一致性和稳定性
测试指南

百子莲属

UPOV 代码：AGAPA

（*Agapanthus* L'Hér.）

互用名称＊

植物学名称	英文	法文	德文	西班牙文
Agapanthus L'Hér.	African lily, Agapanthus, Blue lily, Lily of the Nile	Agapanthe, Fleur d'amour	Agapanthus, Schmucklilie	Agapando, Agapanto, Estrella de mar

＊ 这些名称在指南开始使用时是正确的，但随后可能会修改更新。读者可登录 UPOV 网站（www.upov.int），获取最新资料。

1 指南适用范围

本指南适用于百子莲属（*Agapanthus* L'Héritier）的所有品种。

2 繁殖材料要求

2.1 待测品种繁殖材料的数量和质量要求以及提交的时间和地点由主管机构决定。申请人从测试所在国境外提交繁殖材料的，还应符合海关规定并满足相关植物检疫的要求。

2.2 繁殖材料以植株的形式提交，在第一个生长周期中能够表达品种所有相关性状。

2.3 申请人提交繁殖材料的最小数量为 10 个植株。

2.4 提供的繁殖材料应外观健康有活力，未受到任何严重病虫害的影响。

2.5 提交的繁殖材料不得进行任何可能影响品种性状表达的处理，除非主管机构允许或要求进行这种处理。如果材料已经处理，必须提供相关处理的详细说明。

3 测试方法

3.1 生长周期

测试的最少周期数量通常为 1 个生长周期。

3.2 测试地点

测试通常在 1 个地点进行。在 1 个以上地点进行测试时，TGP/9《特异性测试》提供了有关指导。

3.3 测试条件

3.3.1 测试的条件应能满足品种正常生长的需要，以确保品种相关性状充分表达和测试的顺利开展。

3.3.2 目测颜色

由于日光变化的原因，在利用比色卡确定颜色时，应在一个合适的有人工光源照明的小室或中午无阳光直射的 房间内进行。人工光源的光谱分布应符合 CIE“理想日光标准 D6500”，且在《英国标准 950：第 1 部分》规定的允许范围内。颜色观测应将植株部位置于白背景下进行。品种描述中应指出比色卡及版本。

3.4 试验设计

3.4.1 每个试验应保证至少有 10 个植株。

3.4.2 试验设计应保证因测量或计数等需要，从小区取走部分植株或植株部位后，不影响生长周期结束前的所有观测。

3.5 附加测试

为测试有关性状，可以进行附加测试。

4 特异性、一致性和稳定性评价

4.1 特异性

4.1.1 一般建议

对于本指南的使用者而言，在判定特异性前参照总则特异性判定的一般原则十分重要。但为进一步说明和强调特异性判定，本指南特列出特异性判定的要点。

4.1.2 一致的差异

当观测到的品种之间的差异非常明显时，则没有必要种植 1 个以上生长周期。此外，在某些情况下，环境的影响并不意味着需要 1 个以上的生长周期来保证品种间观察到的差异是足够一致的。为确

保在种植试验中所观测到的性状差异是足够一致的，可以对性状进行至少 2 个独立生长周期的测试。

4.1.3 明显的差异

两个品种间的差异是否明显取决于很多因素，特别应考虑所测性状的表达类型，即该性状是质量性状、数量性状还是假质量性状。因此，在作出关于特异性的判定前，本测试指南的使用者应熟悉总则中的建议。

4.1.4 植株 / 植株部位的观测数量

除非另有说明，在判定特异性时，对于单株的观测，应观测 5 个植株或分别从 5 个植株取下的植株部位；对于其他观测，应观测试验中的所有植株。观测时应将异型株排除在外。

4.1.5 观测方法

性状表第二列以如下符号（见 TGP/9《特异性测试》第 4 部分“性状观测”）的形式列出了特异性判定时推荐的性状观测方法。

MG：对一批植株或植株部位进行单次测量。

MS：对一定数量的植株或植株部位进行逐一测量。

VG：对一批植株或植株部位进行单次目测。

VS：对一定数量的植株或植株部位进行逐一目测。

观测类型：目测（V）或测量（M）。

目测（V）是一种基于专家判断的观测方法。本文中的目测是指专家的感官观察，因此，也包括闻、尝和触摸。目测也包括专家使用参照物（例如图表，标准品种，并排比较）或非线性的图表（例如比色卡）的观测。测量（M）是一种基于校准的、线性尺度的客观观测，例如使用尺、秤、色度计、日期和计数等进行观测。

记录类型：群体记录（G）或个体记录（S）。

以特异性为目的的观测，可被记录为一批植株或植株部位的单个记录（G），或者记录为一定数量的单个植株或植株部位的个体记录（S）。多数情况下，群体记录为一个品种提供一个单个记录，因此不可能或者不必要通过逐个植株的统计分析来判定特异性。

如果性状表中提供了不止一种观测方法（如 VG/MG），可以参考 TGP/9《特异性测试》的 4.2 部分选择合适的观测方法。

4.2 一致性

4.2.1 对于本指南的使用者而言，在判定一致性前参照总则一致性判定的一般原则十分重要。但为进一步说明和强调一致性判定，本指南特列出一致性判定的要点。

4.2.2 评价一致性时，应采用 1% 的群体标准和至少 95% 的接受概率。当样本量为 10 个时，允许有 1 个异型株。

4.3 稳定性

4.3.1 在实际操作中，通常不像测试特异性和一致性那样对稳定性进行测试以得到明确结果。经验表明，对许多类型的品种来说，当一个品种表现一致时，可认为其是稳定的。

4.3.2 适当情况下或者有疑问时，可通过一批新的种子或植株进一步判定稳定性，观测其性状表达是否与以前提供的繁殖材料的性状表达一致。

5 品种分组和试验组织

5.1 使用分组性状可以帮助选择与申请品种一起进行田间种植试验的已知品种，以及对这些品种进行合适分组以便进行特异性评价。

5.2 分组性状表达状态的数据即使来自不同地点，也可以单独或者与其他此类性状联合使用。

（a）用于特异性测试中筛选排除那些不需要安排在种植试验中的已知品种。

（b）用于组织安排种植试验，使近似品种种植在一起。

5.3 以下性状已被确认为有用的分组性状。

（a）植株：类型（性状 1）。

（b）叶：斑（性状 7）。

（c）花序苞片：开裂方式（性状 14）。

（d）花序：花数量（性状 19）。

（e）花蕾：主色（性状 22），分组如下。

第一组：白色。

第二组：黄绿色。

第三组：紫罗兰色。

第四组：紫罗兰蓝色。

第五组：蓝色。

（f）花：类型（性状 29）。

（g）花药：颜色（性状 43）。

5.4 总则和 TGP/9《特异性测试》中提供了在特异性审查过程中使用分组性状的指导。

6 性状表介绍

6.1 性状类型

6.1.1 标准指南性状

标准指南性状是 UPOV 已同意用于 DUS 审查的性状，UPOV 成员可以从中选择与其特定环境相适应的性状。

6.1.2 星号性状

星号性状（用“*”标记）是测试指南中对于形成国际统一的品种描述十分重要的性状，所有 UPOV 成员都应将其用于 DUS 测试并包含在品种描述中，除非前序性状的表达或区域环境条件所限使其无法测试。

6.2 表达状态及相应代码

6.2.1 为定义性状和统一描述，将每个性状划分为一系列表达状态。每个表达状态赋予一个相应的数字代码，以便于数据记录，以及品种性状描述的建立和交流。

6.2.2 对于质量性状和假质量性状（6.3），性状表中列出了所有表达状态。但对于有 5 个或 5 个以上表达状态的数量性状，可以采用缩略尺度的方法，以缩短性状表格。例如，对于有 9 个表达状态的数量性状，在测试指南的性状表中可采用以下缩略形式。

表达状态	代码
小	3
中	5
大	7

但是应该指出的是，以下 9 个表达状态都是存在的，应采用适宜的表达状态用于品种的描述。

表达状态	代码
极小	1
极小到小	2
小	3
小到中	4

续表

表达状态	代码
中	5
中到大	6
大	7
大到极大	8
极大	9

6.2.3 TGP/7《测试指南的研制》中提供了表达状态和代码的更详尽的介绍。

6.3 表达类型

总则中对性状表达类型（质量性状、数量性状和假质量性状）进行了解释。

6.4 标准品种

适当时，测试指南中提供了标准品种用于校正性状的表达状态。

6.5 注释

（*）星号性状（6.1.2）。

QL：质量性状（6.3）。

QN：数量性状（6.3）。

PQ：假质量性状（6.3）。

MG、MS、VG、VS：观测方法（4.1.5）。

（a）～（c）性状表解释（8.1）。

（+）性状表解释（8.2）。

7 性状表

性状编号	观测方法	英文	中文	标准品种	代码
1. **（*）** **（+）** **QL**	**VG**	**Plant: type**	**植株：类型**		
		deciduous	落叶型	Deep Blue	1
		evergreen	常绿型	Cloudy Skies	2
2. **（*）** **QN**	**VG** **（a）**	**Plant: density of foliage**	**植株：叶密度**		
		sparse	疏	Baby Pete	3
		medium	中	Snow Cloud	5
		dense	密	Snowstorm	7
3. **（+）** **QN**	**MG** **（a）**	**Plant: number of leaves per shoot**	**植株：单茎上叶数量**		
		few	少	Lapis	1
		medium	中	Regal Beauty	2
		many	多	Snow Cloud	3
4. **QN**	**VG/** **MS** **（a）** **（b）**	**Leaf: length**	**叶：长度**		
		short	短	Tinkerbell	3
		medium	中	Everblue	5
		long	长	Deep Blue	7
5. **（*）** **QN**	**VG/** **MS** **（a）** **（b）**	**Leaf: width**	**叶：宽度**		
		narrow	窄	Deep Blue	3
		medium	中	Buddy Blue	5
		broad	宽	Glen Avon	7

续表

性状编号	观测方法	英文	中文	标准品种	代码
6. QN	VG (a) (b)	**Leaf: curvature**	**叶片：弯曲度**		
		absent or slightly recurved	无或微外弯	Tinkerbell	1
		Moderately recurved	中等外弯	Aureovittatus	2
		Strongly recurved	显著外弯	Summer Gold	3
7. (*) QL	VG (a) (c)	**Leaf: variegation**	**叶：斑**		
		absent	无	Blue Velvet	1
		present	有	Tinkerbel	9
8. (+) QN	VG	**Leaf: disappearance of variegation With development**	**叶：随着生长发育斑消失的现象**		
		Absent or weak	无或弱	Tinkerbell	1
		medium	中		2
		strong	强	Lemon & Lim	3
9. (*) PQ	VG (a) (b) (d)	**Leaf: green color of upper side (excluding variegation)**	**叶：上表面绿色（斑除外）**		
		yellow green	黄绿色		1
		light green	浅绿色	Sybil Martin	2
		medium green	中等绿色	Snowstorm	3
		dark green	深绿色	Blue Horizons	4
		Grey green	灰绿色	Goldstrike	5
10. (*) PQ	VG (a) (c) (d)	**Leaf: color of variegation of upper side**	**叶：上表面斑颜色**		
		white	白色	Tinkerbell	1
		yellow white	黄白色	Silver Star	2
		yellow	黄色	Goldstrike，Summer Gold	3
		yellow green	黄绿色	Sybil Martin	4
11. (*) (+) QL	VG (a)	**Leaf: anthocyanin coloration at base**	**叶：基部花青苷显色**		
		absent	无	Blue Velvet	1
		present	有	Wiley J	9
12. (+) QN	VG (a)	**Infloresence bract: length of tip relative to total length of bract**	**花序苞片：尖端长度相对于整个苞片的长度**		
		very short	极短	Wiley J	1
		short	短	Lilac Beauty	3
		medium	中	Nana Blue	5
		long	长	Smurfy Blue	7
		very long	极长	Hartenbos White	9
13. (*) QN	VG (a)	**Infloresence bract: anthocyanin coloration**	**花序苞片：花青苷显色**		
		absent or weak	无或弱	ATlblu	1
		medium	中	Peter Pan	2
		strong	强	Victoria Bay	3
14. (*) (+) QL	VG	**Inflorenscence bract: opening**	**花序苞片：开裂方式**		
		one side	一边	Wiley J	1
		both side	两边	Double Diamond	2
15. (*) QN	VG/ MS (b)	**Peduncle: length**	**花序梗：长度**		
		very short	极短	Double Diamond	1
		short	短	Princess Margaret	3
		medium	中	Shinkai	5
		long	长	Ivory Bells	7
		very long	极长	Purple Cloud	9

续表

性状编号	观测方法	英文	中文	标准品种	代码
16. (*) QN	VG (e)	**Peduncle：thickness**	**花序梗：粗度**		
		thin	细	Everblue	3
		medium	中	Buddy Blue	5
		thick	粗	Cloudy Skies	7
17. (*) (+) QN	VG (e)	**Peduncle：shape in cross section**	**花序梗：横切面形状**		
		medium elliptic	中等椭圆形	Blue Velvet	1
		broad elliptic	宽椭圆形	Wiley J	2
		circular	圆形	Peter Pan	3
18. (*) QN	VG (e)	**Peduncle：anthocyanin coloration**	**花序梗：花青苷显色**		
		absent or weak	无或弱	Peter Pan	1
		medium	中	Midnight Blue	2
		strong	强	Black Beauty	3
19. (*) (+) QN	VG/ MS	**Inflorescen：number of fowers**	**花序：花数量**		
		very few	极少	Peter Pan	1
		few	少	Bright Eyes	3
		medium	中	Blue Velvet	5
		many	多	Magnifico	7
		very many	极多	Maximus	9
20. (*) (+) QN	VG/ MS	**Inflorescence：diameter**	**花序：直径**		
		very small	极小	Franni	1
		small	小	Adonis	3
		medium	中	Atlas	5
		large	大	Colossus	7
		very large	极大	Trudy	9
21. (*) (+) PQ	VG	**Inflorescence：shape in lateral view**	**花序：侧面形状**		
		elliptic	椭圆形	Tall Boy	1
		circular	圆形	Pinchbeck	2
		narrow oblate	窄扁圆形	Deep Blue	3
		broad oblate	宽扁圆形	Loch Hope	4
22. (*) PQ	VG (d) (f)	**Flower bud：main color**	**花蕾：主色**		
		RHS Colour Chart（indicate reference	RHS 比色卡 （注明参考色号）		
		number）			
23. PQ	VG (d) (f)	**Flower bud：secondary color**	**花蕾：次色**		
		RHS Colour Chart（indicate reference	RHS 比色卡 （注明参考色号）		
		number）			
24. (*) PQ	VG (d) (f)	**Flower bud：distribution of secondary color**	**花蕾：次色分布**		
		none	无	Double Diamond	1
		towards base	近基部	Cloudy Skies	2
		towards apex	近先端	White Beauty	3
25. QN	VG/ MS (f)	**Pedicel：length**	**花梗：长度**		
		short	短	Deep Blue	3
		medium	中	Blue Velvet	5
		long	长	Cloudy Skies	7

续表

性状编号	观测方法	英文	中文	标准品种	代码
26. QN	VG (f)	**Pedicel: anthocyanin coloration**	**花梗：花青苷显色**		
		absent or weak	无或弱	Stéphanie Charm	1
		medium	中	Silver Jubilee	2
		strong	强	Black Beauty	3
27. (+) PQ	VG (f)	**Pedicel: distribution of anthocyanin coloration**	**花梗：花青苷显色分布**		
		only on middle third	仅在中部 1/3 处	Everblue	1
		entire	整个	Black Beauty	2
		only on upper and lower third	仅在上 1/3 处和下 1/3 处	Victoria Bay	3
28. (*) (+) PQ	VG (g)	**Flower: shape**	**花：形状**		
		globose	球状	Buddy Blue	1
		tubular	管状	Graskop	2
		funnel	漏斗状	Amethyst	3
		campanulate	钟状	Blue Stars	4
29. (*) (+) QL	VG (g)	**Flower: type**	**花：类型**		
		single	单瓣	Blue Velvet	1
		semi-double	半重瓣	Double Diamond	2
30. (*) (+) QN	VG/ MS (g)	**Perianth: length**	**花被：长度**		
		short	短	Lilliput	3
		medium	中	Blue Velvet	5
		long	长	Graskop	7
31. (*) (+) QN	VG/ MS (g)	**Perianth: diameter**	**花被：直径**		
		small	小	Graskop	3
		medium	中	Amethyst	5
		large	大	Atlantic Ocean	7
32. (+) QN	VG (g)	**Perianth: overlapping of tepal lobes**	**花被：裂片重叠**		
		absent	无	Goliath	1
		incomplete	不完全	Amethyst	2
		complete	完全	Graskop	3
33. (*) (+) QN	VG/ MS (g)	**Perianth tube: length**	**花被筒：长度**		
		short	短	Peter Pan	3
		medium	中	Goliath	5
		long	长	Graskop	7
34. (*) PQ	VG (d) (g)	**Perianth tube: main color of outerside**	**花被筒：外侧主色**		
		RHS Colour Chart (indicate reference	RHS 比色卡（注明参考色号）		
		number)			
35. (+) QN	VG (g)	**Tepal lobe: ratio length/width**	**花被裂片：长宽比**		
		slightly elongated	轻微长	Blue Globe	1
		moderately elongated	中等长	Elisabeth	2
		strongly elongated	强烈长	Atlantic Ocean	3
36. (*) PQ	VG (g)	**Tepal lobe: color of marginal zone of inner side**	**花被裂片：内侧边缘颜色**		
		RHS Colour Chart (indicate reference number)	RHS 比色卡（注明参考色号）		

续表

性状编号	观测方法	英文	中文	标准品种	代码
37. (*) PQ	VG (g)	**Tepal lobe: color of midrib zone of inner side**	**花被裂片：内侧中脉区颜色**		
		RHS Colour Chart (indicate reference number)	RHS 比色卡（注明参考色号）		
38 QN	VG (g)	**Tepal lobe: transparency of midrib zone of inner side**	**花被裂片：内侧中脉区透明度**		
		absent or weak	无或弱	Amethyst	1
		medium	中	Cloudy Skies	2
		strong	强	Windsor Grey	3
39. QN	VG (g)	**Tepal lobe: undulation of margin**	**花被裂片：边缘波状**		
		weak	弱	Amethyst	1
		medium	中	Blue Heaven	2
		strong	强	Blue Stars	3
40. (*) (+) QL	VG (g)	**Flower: tepal-like staminodes and pistillodes**	**花：类花瓣退化雄蕊和雌蕊**		
		absent	无	Blue Velvet	1
		present	有	Flore Pleno	9
41. (*) (+) QN	VG (g)	**Flower: extrusion of stamens**	**花：雄蕊突出程度**		
		absent or weak	无或弱	Kama	1
		medium	中	Blue Velvet	2
		strong	强	Blue Stars	3
42. (*) PQ	VG (g)	**Filament: color**	**花丝：颜色**		
		white	白色	Blue Moon	1
		violet	紫罗兰色	Wiley J	2
		violet blue	紫罗兰蓝色	Black Pantha	3
43. (*) (+) PQ	VG	**Anther: color**	**花药：颜色**		
		white	白色	Lavender Haze	1
		green	绿色	Blue Brush	2
		blue green	蓝绿色	Glen Avon	3
		light yellow	浅黄色	Ossato Snow	4
		medium yellow	中等黄色	Polar Ice	5
		purple	紫色	Corinne	6
		brown	棕色	Umbellatus Albus	7
		blue grey	蓝灰色	Sarah	8
		black	黑色	Aberdeen	9
44. (*) PQ	VG (g)	**Style: color**	**柱头：颜色**		
		white	白色	Blue Moon	1
		violet	紫罗兰色	Wiley J	2
		violet blue	紫罗兰蓝色	Glen Avon	3
45. (*) (+) QN	MG/ VG	**Time of beginning of flowering**	**始花期**		
		early	早	ATIblu	3
		medium	中	Blue Velvet	5
		late	晚	New Blue	7

8 性状表解释

8.1 对多个性状的解释

除非另有说明，所有性状的观测应在至少 50% 花开放时进行。

性状表第二列包含以下标注的性状应按照下述要求观测。

（a）观测在花序苞片上形成第一个花蕾时进行。

（b）观测应在发育完全的叶片上进行。

（c）叶斑性状的观测应在幼叶上进行。

（d）主色是面积最大的颜色。如果难以判定最大面积，最深的颜色为主色。次色是面积第二大的颜色。

（e）观测应在花序梗中部 1/3 处进行。

（f）观测应在花蕾完全膨大，花被片即将展开之前进行。

（g）观测应在刚刚完全开放的花上进行。

花器官图解如下所示。

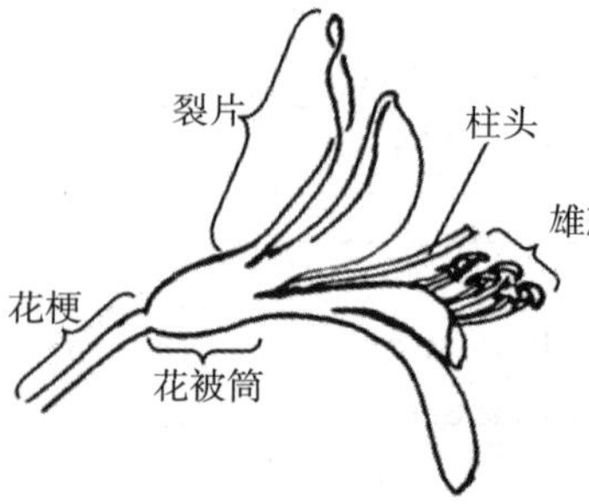

8.2 对单个性状的解释

性状 1：植株类型

观测应该在冬季和春季进行。

性状 3：植株单茎上叶数量

性状 8：叶随着生长发育斑消失的现象

通过对比幼叶和成熟叶的斑进行观测。如果成熟叶的斑比幼叶少，斑消失现象判定为有。

性状 11：叶基部花青苷显色

1

无

9

有

性状 12：花序苞片尖端长度相对于整个苞片的长度

1
极短

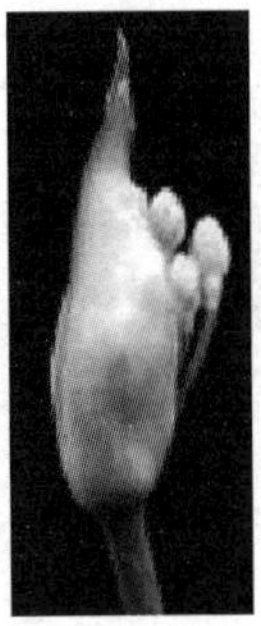
3
短

5
中

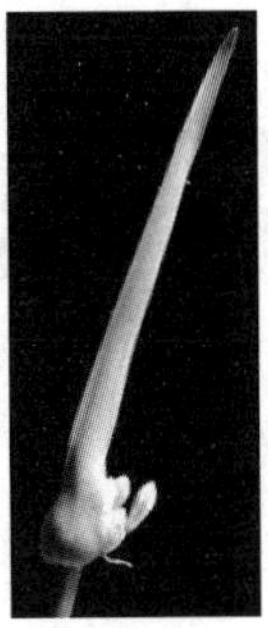
7
长

9
极长

性状 14：花序苞片开裂方式
当大部分花蕾伸出时观测。

1
一边

2
两边

性状 17：花序梗横切面形状

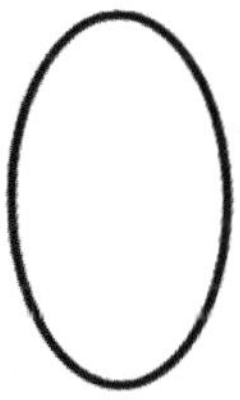
1
中等椭圆形

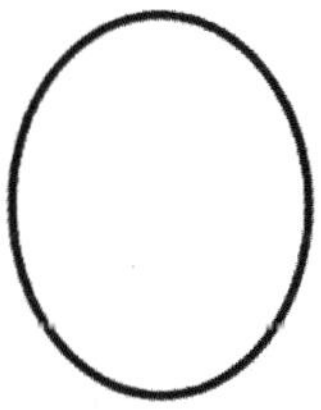
2
宽椭圆形

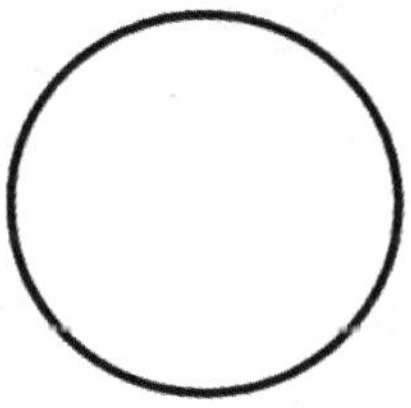
3
圆形

性状 19：花序花数量
花的数量观测应该包括花蕾、开放的花、凋谢的花。
性状 20：花序直径

性状 21：花序侧面形状

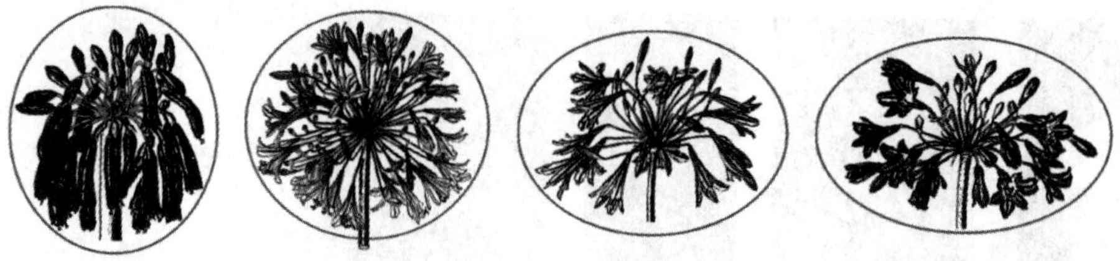

1 椭圆形　2 圆形　3 窄扁圆形　4 宽扁圆形

性状 27：花梗花青苷显色分布

1 仅在中部 1/3 处　2 整个　3 仅在上 1/3 处和下 1/3 处

性状 28：花形状

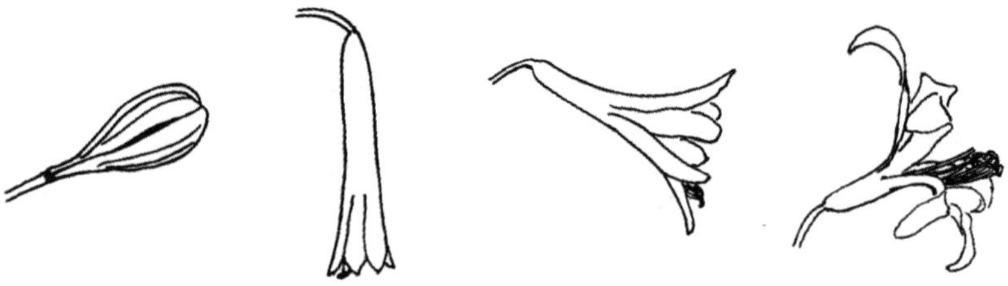

1 球状　2 管状　3 漏斗状　4 钟状

性状 29：花类型

单瓣花有 6 个花瓣，半重瓣花多于 6 个花瓣。

性状 30：花被长度

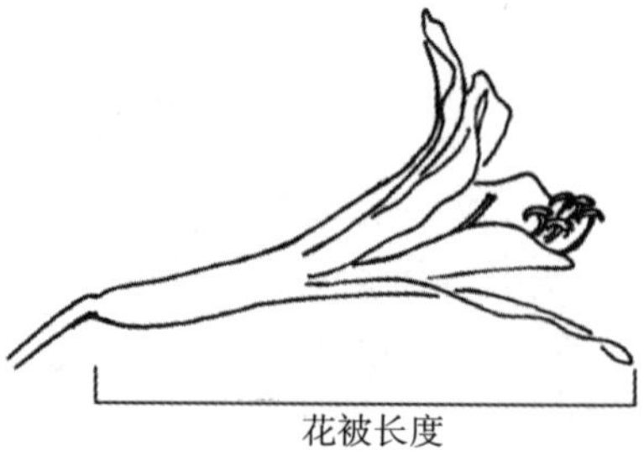

性状 31：花被直径

应该观测最大自然直径。

性状 32：花被裂片重叠

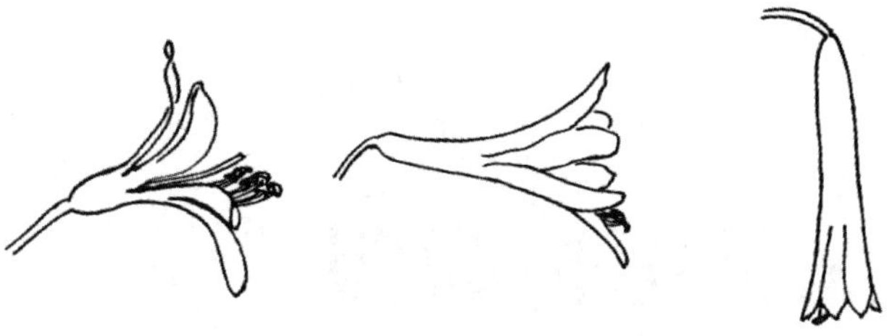

1 无　　2 不完全　　3 完全

性状 33：花被筒长度

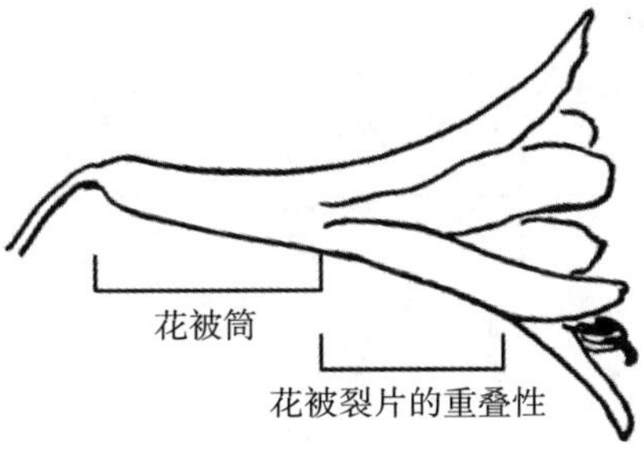

性状 35：花被裂片长宽比

花被裂片是花被片的一部分，并不构成花被管部分。

性状 40：类花瓣退化雄蕊和雌蕊

1 无　　9 有

性状 41：花雄蕊突出程度

雄蕊突出的观测通过对比雄蕊伸出位置与花瓣裂片顶端位置进行判定。

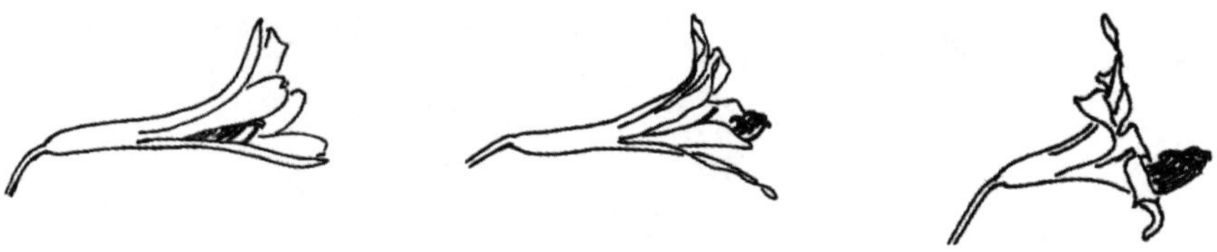

1 无或弱　　2 中　　3 强

性状 43：花药颜色

应在花药刚要开裂前观测花药的颜色。

性状 45：始花期时间

始花期是指至少有 50% 的植株有一朵花完全开放时。

TG/267/1
原文：英文
日期：2011-10-20

国际植物新品种保护联盟
植物品种特异性、一致性和稳定性
测试指南

叶子花属

UPOV 代码：BOUGA

（*Bougainvillea* Comm. ex Juss.）

互用名称 *

植物学名称	英文	法文	德文	西班牙文
Bougainvillea Comm. Ex Juss., *Bougainvillea* Comm.	Bougainvillea	Bougainvillée, Bougainvillier	Bougainvillee	Bugambilia, Buganvilla

* 这些名称在指南开始使用时是正确的，但随后可能会修改更新。读者可登录 UPOV 网站（www.upov.int），获取最新资料。

1 指南适用范围

本指南适用于叶子花属（*Bougainvillea* Comm. ex Juss.）的所有品种。

2 繁殖材料要求

2.1 待测品种繁殖材料的数量和质量要求以及提交的时间和地点由主管机构决定。申请人从测试所在国境外提交繁殖材料的，还应符合海关规定并满足相关植物检疫的要求。

2.2 申请人提交繁殖材料的最小数量为 10 个植株。

2.3 提供的繁殖材料应外观健康有活力，未受到任何严重病虫害的影响。

2.4 提交的繁殖材料不得进行任何可能影响品种性状表达的处理，除非主管机构允许或要求进行这种处理。如果材料已经处理，必须提供相关处理的详细说明。

3 测试方法

3.1 生长周期

测试的最少周期数量通常为 1 个生长周期。

3.2 测试地点

测试通常在 1 个地点进行。在 1 个以上地点进行测试时，TGP/9《特异性测试》提供了有关指导。

3.3 测试条件

3.3.1 测试的条件应能满足品种正常生长的需要，以确保品种相关性状充分表达和测试的顺利开展。

3.3.2 目测颜色

由于日光变化的原因，在利用比色卡确定颜色时应在一个合适的由人工光源照明的小室或中午无阳光直射的房间内进行。人工光源光谱分布应符合 CIE“理想日光标准 D6500”，且在《英国标准 950：第 1 部分》规定的允许范围内。在观测颜色时，应将植株部位置于白色背景上。在品种描述中应明确使用的比色卡及版本。

3.4 试验设计

3.4.1 每个试验应保证至少有 10 个植株。

3.4.2 试验设计应保证因测量或计数等需要，从小区取走部分植株或植株部位后，不影响生长周期结束前的所有观测。

3.5 附加测试

为测试有关性状，可以进行附加测试。

4 特异性、一致性和稳定性评价

4.1 特异性

4.1.1 一般建议

对于本指南的使用者而言，在判定特异性前参照总则特异性判定的一般原则十分重要。但为进一步说明和强调特异性判定，本指南特列出特异性判定的要点。

4.1.2 一致的差异

当观测到的品种之间的差异非常明显时，则没有必要种植 1 个以上生长周期。此外，在某些情况下，环境的影响并不意味着需要 1 个以上的生长周期来保证品种间观察到的差异是足够一致的。为确保在种植试验中所观测到的性状差异是足够一致的，可以对性状进行至少 2 个独立生长周期的测试。

4.1.3 明显的差异

两个品种间的差异是否明显取决于很多因素，特别应考虑所测性状的表达类型，即该性状是质量性状、数量性状还是假质量性状。因此，在作出关于特异性的判定前，本测试指南的使用者应熟悉总则中的建议。

4.1.4 植株 / 植株部位的观测数量

除非另有说明，对单个植株的所有观测应在 9 个植株或来自 9 个植株中每个植株的部位进行；其他的观测应在试验中的全部植株上进行，排除异型株。

4.1.5 观测方法

性状表第二列以如下符号（见 TGP/9《特异性测试》第 4 部分“性状观测”）的形式列出了特异性判定时推荐的性状观测方法。

MG：对一批植株或植株部位进行单次测量。

MS：对一定数量的植株或植株部位进行逐一测量。

VG：对一批植株或植株部位进行单次目测。

VS：对一定数量的植株或植株部位进行逐一目测。

观测类型：目测（V）或测量（M）。

目测（V）是一种基于专家判断的观测方法。本文中的目测是指专家的感官观察，因此，也包括闻、尝和触摸。目测也包括专家使用参照物（例如图表，标准品种，并排比较）或非线性的图表（例如比色卡）的观测。测量（M）是一种基于校准的、线性尺度的客观观测，例如使用尺、秤、色度计、日期和计数等进行观测。

记录类型：群体记录（G）或个体记录（S）。

以特异性为目的的观测，可被记录为一批植株或植株部位的单个记录（G），或者记录为一定数量的单个植株或植株部位的个体记录（S）。多数情况下，群体记录为一个品种提供一个单个记录，因此不可能或者不必要通过逐个植株的统计分析来判定特异性。

如果性状表中提供了不止一种观测方法（如 VG/MG），可以参考 TGP/9《特异性测试》的第 4 部分选择合适的观测方法。

4.2 一致性

4.2.1 对于本指南的使用者而言，在判定一致性前参照总则一致性判定的一般原则十分重要。但为进一步说明和强调一致性判定，本指南特列出一致性判定的要点。

4.2.2 评价一致性时，应采用 1% 的群体标准和至少 95% 的接受概率。当样本量为 10 个时，允许有 1 个异型株。

4.3 稳定性

4.3.1 在实际操作中，通常不像测试特异性和一致性那样对稳定性进行测试以得到明确结果。经验表明，对许多类型的品种来说，当一个品种表现一致时，可认为其是稳定的。

4.3.2 适当情况下或者有疑问时，可通过种植测试材料的下一代或测试新提交的材料对稳定性进行测试，以确保他们表现出和以前提供的测试材料相同的性状。

5 品种分组和试验组织

5.1 使用分组性状可以帮助选择与申请品种一起进行田间种植试验的已知品种，以及对这些品种进行合适分组以便进行特异性评价。

5.2 分组性状表达状态的数据即使来自不同地点，也可以单独或者与其他类性状联合使用。

（a）用于特异性测试中筛选排除那些不需要安排在种植试验中的已知品种。

（b）用于组织安排种植试验，使近似品种种植在一起。

5.3 以下性状已被确认为有用的分组性状。

（a）叶片：次色（性状 12）。
（b）花序：苞片类型（性状 22）。
（c）嫩苞片：内侧主色（萼裂片展开）（性状 30），分组如下。
第一组：白色。
第二组：黄色。
第三组：橙色。
第四组：红色。
第五组：粉色。
第六组：红紫色。
第七组：紫色。
第八组：紫罗兰色。

5.4 总则和 TGP/9《特异性测试》中提供了在特异性审查过程中使用分组性状的指导。

6 性状表介绍

6.1 性状类型

6.1.1 标准指南性状

标准指南性状是 UPOV 已同意用于 DUS 审查的性状，UPOV 成员可以从中选择与其特定环境相适应的性状。

6.1.2 星号性状

星号性状（用“*”标记）是测试指南中对于形成国际统一的品种描述十分重要的性状，所有 UPOV 成员都应将其用于 DUS 测试并包含在品种描述中，除非前序性状的表达或区域环境条件所限使其无法测试。

6.2 表达状态及相应代码

6.2.1 为定义性状和统一描述，将每个性状划分为一系列表达状态。每个表达状态赋予一个相应的数字代码，以便于数据记录，以及品种性状描述的建立和交流。

6.2.2 对于质量性状和假质量性状（6.3），性状表中列出了所有表达状态。但对于有 5 个或 5 个以上表达状态的数量性状，可以采用缩略尺度的方法，以缩短性状表格。例如，对于有 9 个表达状态的数量性状，在测试指南的性状表中可采用以下缩略形式。

表达状态	代码
小	3
中	5
大	7

但是应该指出的是，以下 9 个表达状态都是存在的，应采用适宜的表达状态用于品种的描述。

表达状态	代码
极小	1
极小到小	2
小	3
小到中	4
中	5
中到大	6

续表

表达状态	代码
大	7
大到极大	8
极大	9

6.2.3 TGP/7《测试指南的研制》中提供了表达状态和代码的更详尽的介绍。

6.3 表达类型

总则中对性状表达类型（质量性状、数量性状和假质量性状）进行了解释。

6.4 标准品种

适当时，测试指南中提供了标准品种用于校正性状的表达状态。

6.5 注释

（*）星号性状（6.1.2）。

QL：质量性状（6.3）。

QN：数量性状（6.3）。

PQ：假质量性状（6.3）。

MG、MS、VG、VS：观测方法（4.1.5）。

（a）～（c）性状表解释（8.1）。

（+）性状表解释（8.2）。

7 性状表

性状编号	观测方法	英文	中文	标准品种	代码
1. PQ	VG	**Plant：growth habit**	**植株：生长习性**		
		upright	直立	Pixie Queen	1
		semi-upright	半直立		2
		spreading	平展	Poultoni，Vera Pink	3
2. PQ	VG （a）	**Young shoot：color**	**嫩枝：颜色**		
		light green	浅绿色	Alexandra	1
		medium green	中等绿色		2
		reddish green	泛红绿色	Barbera Karst	3
		reddish	泛红色	Vera Deep Purple	4
3. （*） QN	VG/ MS （b）	**Plant：length of internodes**	**植株：节间长度**		
		short	短		3
		medium	中	Vera Deep Purple	5
		long	长	Killie Campbell	7
4. QL	VG （b）	**Stem：thorns**	**茎：刺**		
		absent	无	Poultoni	1
		present	有		9
5. （*） （+） QN	VG （b）	**Thorn：length**	**刺：长度**		
		short	短	Pixie Queen	1
		medium	中	Alexandra	2
		long	长	Rijnbo705	3
6. （*） QN	VG （b）	**Thorn：curvature**	**刺：弯曲度**		
		absent or weak	无或弱	Killie Campbell	1
		medium	中		2
		strong	强	Vera Deep Purple	3

续表

性状编号	观测方法	英文	中文	标准品种	代码
7. (*) QN	MG/ MS (c)	**Leaf blade: length**	**叶片：长度**		
		short	短	Tosca	3
		medium	中	Wabag	5
		long	长	Vera Deep Purple	7
8. (*) QN	MG/ MS (c)	**Leaf blade: width**	**叶片：宽度**		
		narrow	窄	Pixie Queen	3
		medium	中	Vera Deep Purple	5
		broad	宽	Killie Campbell	7
9. (*) (+) PQ	VG (c)	**Leaf blade: shape**	**叶片：形状**		
		lanceolate	披针形		1
		medium ovate	中等卵圆形	Alexandra	2
		broad ovate	阔卵圆形	Barbera Karst	3
		elliptic	椭圆形	Elisabeth	4
		circular	圆形	Sea Foam	5
10. (+) PQ	VG (c)	**Leaf blade: shape of base**	**叶片：基部形状**		
		attenuate	细小	Vera Deep Purple	1
		acute	锐尖		2
		obtuse	钝尖	Nancy Gardner	3
11. (+) PQ	VG (c)	**Leaf blade: main color**	**叶片：主色**		
		yellowish white	泛黄白色		1
		yellow	黄色		2
		yellowish green	泛黄绿色	Pixie Queen	3
		light green	浅绿色	Mini Thai Variegated	4
		medium green	中等绿色		5
		dark green	深绿色		6
		very dark green	墨绿色		7
		grey green	灰绿色		8
12. (*) (+) PQ	VG (c)	**Leaf blade: secondary color**	**叶片：次色**		
		none	无		1
		white	白色		2
		yellowish white	泛黄白色		3
		yellow	黄色	Mini Thai Variegated	4
		light green	浅绿色		5
		medium green	中等绿色	Pixie Queen	6
		dark green	深绿色		7
		very dark green	墨绿色		8
		grey green	灰绿色		9
13. (+)	VG (c)	**Leaf blade: distribution of secondary color**	**叶片：次色分布**		
		absent	无		1
		narrow marginal	窄边	Zuki	2
		broad marginal	阔边		3
		around midrib	沿中脉	Pixie Queen	4
		speckled	斑点	Mini Thai Variegated	5
		irregular	无规则		6

续表

性状编号	观测方法	英文	中文	标准品种	代码
14. (+) PQ	VG (c)	**Leaf blade: tertiary color**	**叶片：第三种颜色**		
		none	无		1
		white	白色		2
		yellowish white	泛黄白色		3
		yellow	黄色		4
		light green	浅绿色	Pixie Queen	5
		medium green	中等绿色		6
		dark green	深绿色		7
		very dark green	墨绿色		8
		grey green	灰绿色		9
15. QN	VG (c)	**Leaf blade: undulation of margin**	**叶片：边缘波状**		
		absent or weak	无或弱		1
		medium	中		2
		strong	强		3
16. (*) (+) QN	MG/ MS (c)	**Petiole: length**	**叶柄：长度**		
		short	短	Mini Thai	1
		medium	中	Vera Deep Purple	2
		long	长	Killie Campbell	3
17. (+) QN	MG/ MS	**Peduncle: length**	**花梗：长度**		
		short	短	Vera Deep Purple	3
		medium	中	Rijnbo705	5
		long	长	Barbera Karst	7
18. (+) QL	VG	**Inflorescence: arrangement of bract clusters**	**花序：苞片簇分布**		
		terminal	顶生		1
		axillary	腋生		2
		axillary and terminal	腋生和顶生		3
19. (+) QN	VG/ MG	**Inflorescence: number of bract clusters**	**花序：苞片簇数量**		
		few	少		3
		medium	中		5
		many	多		7
20. (+) QN	VG	**Inflorescence: density of bract clusters**	**花序：苞片簇密度**		
		sparse	疏		3
		medium	中		5
		dense	密		7
21. (+) QL	VG	**Inflorescence: presence of flowers**	**花序：有无花**		
		absent	无	Dania	1
		present	有	Alexandra, Vera Deep Purple	9
22. (*) (+) QL	VG	**Inflorescence: type of bract**	**花序：苞片类型**		
		single	单瓣	Alexandra	1
		double	重瓣	Dania	2
23. QN	MG/ MS	**Bract: length**	**苞片：长度**		
		short	短	Mini Thai	3
		medium	中		5
		long	长	Killie Campbell	7

续表

性状编号	观测方法	英文	中文	标准品种	代码
24. QN	**MG/ MS**	**Bract：width**	**苞片：宽度**		
		narrow	窄	Mini Thai	3
		medium	中	Vera Deep Purple	5
		broad	宽	Killie Campbell	7
25. (*) (+) PQ	**VG**	**Bract：shape**	**苞片：形状**		
		narrow ovate	窄卵圆形	Elisabeth	1
		medium ovate	中等卵圆形	Alexandra	2
		broad ovate	阔卵圆形	Vera Deep Purple	3
		circular	圆形	Afterglow	4
26. (*) (+) PQ	**VG**	**Bract：shape of base**	**苞片：基部形状**		
		acute	锐尖	Easter Parade	1
		obtuse	钝尖	Pixie Queen	2
		cordate	心形	Siggi	3
27. PQ	**VG**	**Only varieties with inflorescence type of bract：single：Calyx lobes：color of upper side**	**萼裂片：上表面颜色（仅适用于花序苞片类型为单瓣品种）**		
		RHS Colour Chart（indicate reference number）	RHS 比色卡（注明参考色号）		
28. (*) (+) PQ	**VG**	**Small young bract：main color of outer side**	**幼嫩小苞片：外侧主色**		
		RHS Colour Chart（indicate reference number）	RHS 比色卡（注明参考色号）		
29. (*) (+) PQ	**VG**	**Young bract：main color of inner side（calyx lobe not open）**	**嫩苞片：内侧主色（萼裂片未展开）**		
		RHS Colour Chart（indicate reference number）	RHS 比色卡（注明参考色号）		
30. (*) (+) PQ	**VG**	**Young bract：main color of inner side（calyx lobe open）**	**嫩苞片：内侧主色（萼裂片展开）**		
		RHS Colour Chart（indicate reference number）	RHS 比色卡（注明参考色号）		
31. PQ	**VG**	**Only varieties with inflorescence type of bract：double：Young outer bract：main color of inner side**	**外部嫩苞片：内侧主色（仅适用于花序苞片类型为重瓣品种）**		
		RHS Colour Chart（indicate reference number）	RHS 比色卡（注明参考色号）		
32. PQ	**VG**	**Only varieties with inflorescence type of bract：double：Young inner bract：main color of inner side**	**内部嫩苞片：内侧主色（仅适用于花序苞片类型为重瓣品种）**		
		RHS Colour Chart（indicate reference number）	RHS 比色卡（注明参考色号）		
33. (+) PQ	**VG**	**Young bract：secondary color of inner side（calyx lobe open）**	**嫩苞片：内侧次色（萼裂片展开）**		
		RHS Colour Chart（indicate reference number）	RHS 比色卡（注明参考色号）		
34. (+) PQ	**VG**	**Young bract：tertiary color of inner side（calyx lobe open）**	**嫩苞片：内侧第三颜色（萼裂片展开）**		
		RHS Colour Chart（indicate reference number）	RHS 比色卡（注明参考色号）		

续表

性状编号	观测方法	英文	中文	标准品种	代码
35. **(+)** **PQ**	**VG**	**Bract: main color of inner side (calyx lobe wilted)**	**苞片：内侧主色（萼裂片枯萎）**		
		RHS Colour Chart (indicate reference number)	RHS 比色卡 （注明参考色号）		

8 性状表解释

8.1 对多个性状的解释

评价性状的最佳生育阶段是在 3 个花序中有 1 朵花开放的时候。对于苞片为重瓣的品种，观测应在 1/3 的苞片完全成熟且展开时进行。

性状表第二列包含以下标注的性状应按照下述要求观测。

（a）应在主茎上部 1/3 进行观测。

（b）应在主茎中部 1/3 进行观测。

（c）应在主茎中部 1/3 处的成熟叶片进行观测。

8.2 对单个性状的解释

性状 5：刺长度

应观测刺的自然长度。

性状 9：叶片形状

	最宽部分	
	中下部	中间
宽（压扁）← 宽（长宽比）→窄（拉长）	 1 披针形	 4 椭圆形
	 2 中等卵圆形	
	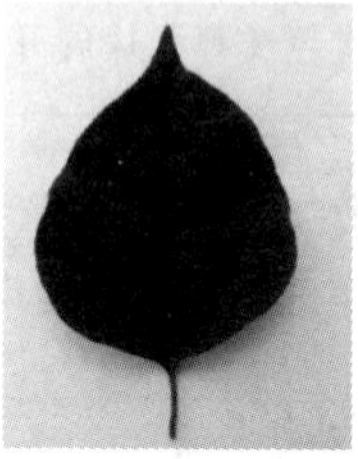 3 阔卵圆形	 5 圆形

性状 10：叶片基部形状

1 细小　　2 锐尖　　3 钝尖

性状 13：叶片次色分布

2 窄边　　3 阔边　　4 沿中脉　　5 斑点　　6 无规则

性状 11：叶片主色

性状 12：叶片次色

性状 14：叶片第三种颜色

主色是表面积最大的颜色。次色是表面积第二大的颜色。如果颜色的面积各占一半，深色是主色。第三种颜色是表面积第三大的颜色。主色可能是唯一的颜色。

性状 16：叶柄长度

性状 17：花梗长度

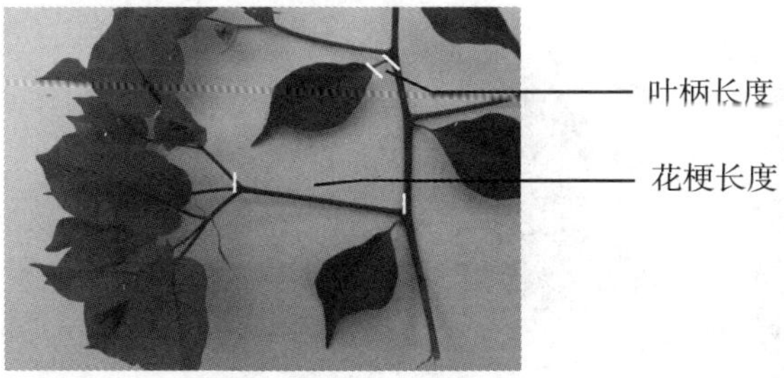

性状 18：花序苞片簇分布

1 顶生　　2 腋生　　3 腋生和顶生

性状 19：花序苞片簇数量
性状 20：花序苞片簇密度
性状 21：花序有无花
性状 22：花序苞片类型
彩色苞片的部分枝条被认为是花序，不管花是否存在。
性状 22：花序苞片类型

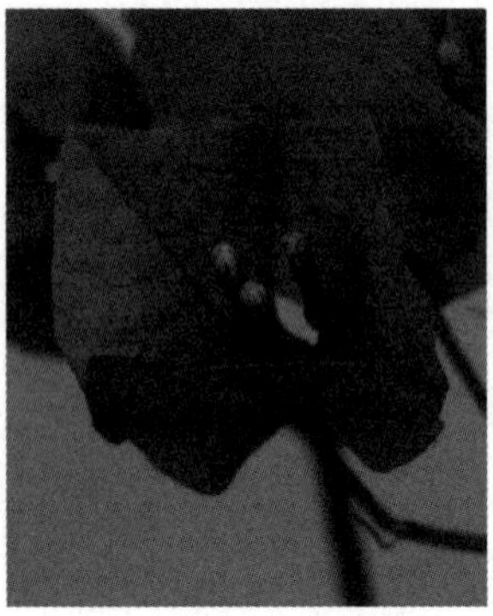
1
单瓣

2
重瓣

性状 25：苞片形状

1
窄卵圆形

2
中等卵圆形

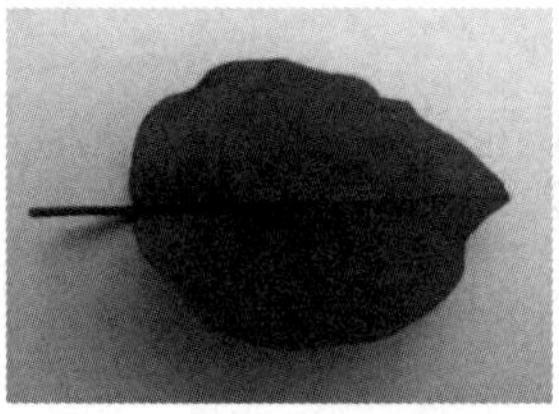
3
阔卵圆形

4
圆形

性状 26：苞片基部形状

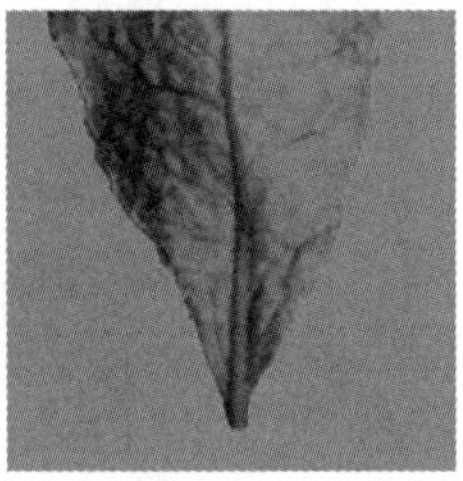
1
锐尖

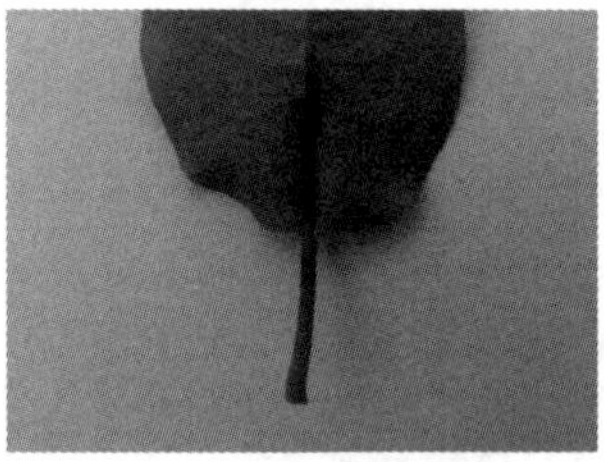
2
钝尖

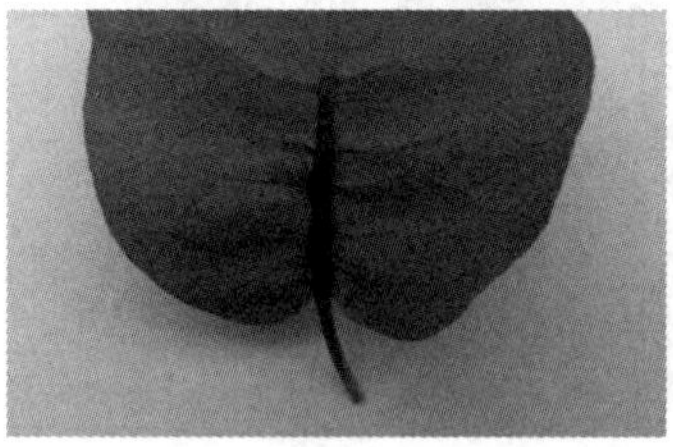
3
心形

性状 28：幼嫩小苞片外侧主色

性状 29：嫩苞片内侧主色（萼裂片未展开）

性状 30：嫩苞片内侧主色（萼裂片展开）

性状 33：嫩苞片内侧次色（萼裂片展开）

性状 34：嫩苞片内侧第三颜色（萼裂片展开）

主色是表面积最大的颜色。次色是表面积第二大的颜色。如果颜色的面积各占一半，深色是主色。第三颜色是表面积第三大的颜色。

性状 35：嫩苞片内侧主色

幼嫩小苞片

嫩苞片（萼裂片未展开）

嫩苞片（萼裂片展开）

嫩苞片（萼裂片枯萎）

扫码下载原文

如扫描二维码无法下载指南原文，可能是指南版本有更新，可扫描本书封底二维码查看与本文对应的指南版本

TG/269/1
原文：英文
日期：2011-10-20

国际植物新品种保护联盟
植物品种特异性、一致性和稳定性
测试指南

莺歌

UPOV 代码：VRIES

（*Vriesea* Lindl.）

互用名称 *

植物学名称	英文	法文	德文	西班牙文
Vriesea Lindl.	Vriesea	Vriesea	Vriesea	Vriesea

* 这些名称在指南开始使用时是正确的，但随后可能会修改更新。读者可登录 UPOV 网站（www.upov.int），获取最新资料。

1 指南适用范围

本指南适用于莺歌属（*Vriesea* Lindl.）的所有品种。

2 繁殖材料要求

2.1 待测品种繁殖材料的数量和质量要求以及提交的时间和地点由主管机关决定。申请人从测试所在国境外提交繁殖材料的，还应符合海关规定并满足相关植物检疫的要求。

2.2 繁殖材料以幼苗的形式提交，要确保 1 个月内能开花，且所有相关性状在 1 个生长周期内都能表达。

2.3 申请人提交繁殖材料的最小数量：种子繁殖品种为 45 个植株，无性繁殖品种为 20 个植株。

2.4 提供的繁殖材料应外观健康有活力，未受到任何严重病虫害的影响。

2.5 提交的繁殖材料不得进行任何可能影响品种性状表达的处理，除非主管机构允许或要求进行这种处理。如果材料已经处理，必须提供相关处理的详细说明。

3 测试方法

3.1 生长周期

测试的最少周期数量通常为 1 个生长周期。

3.2 测试地点

测试通常在 1 个地点进行。在 1 个以上地点进行测试时，TGP/9《特异性审查》提供了有关指导。

3.3 测试条件

3.3.1 测试的条件应能满足品种正常生长的需要，以确保品种相关性状充分表达和测试的顺利开展。

3.3.2 所有的观测应在植株末端分枝中部 1/3 处至少有 1 朵花开放时进行。

3.3.3 为避免日光变化的影响，在利用比色卡确定颜色时，应在一个合适的有人工光源照明的小室或中午无阳光直射的房间内进行。人工光源光谱分布应符合 CIE“理想日光标准 D6500”，且在《英国标准 950：第 1 部分》的允许范围之内。在确定颜色时，应将植株部位置于白色背景上。在品种描述中应注明所用比色卡和版本。

3.4 试验设计

3.4.1 种子繁殖品种：每个试验应保证至少有 45 个植株。

3.4.2 无性繁殖品种：每个试验应保证至少有 20 个植株。

3.4.3 试验设计应保证因测量或计数等需要，从小区取走部分植株或植株部位后，不影响生长周期结束时的性状观测。

3.5 附加测试

为测试有关性状，可以进行附加测试。

4 特异性、一致性和稳定性结果的判定

4.1 特异性

4.1.1 总体原则

对于本指南的使用者而言，在判定特异性前参照总则特异性判定的一般原则十分重要。但为进一步说明和强调特异性判定，本指南特列出特异性判定的要点。

4.1.2 一致的差异

当观测到的品种之间的差异非常明显时，则没有必要种植 1 个以上生长周期。此外，在某些情况下，环境的影响并不意味着需要 1 个以上的生长周期来保证品种间观察到的差异是足够一致的。为确保在种植试验中所观测到的性状差异是足够一致的，可以对性状进行至少 2 个独立生长周期的测试。

4.1.3 明显的差异

两个品种间的差异是否明显取决于很多因素，特别应考虑所测性状的表达类型，即该性状是质量性状、数量性状还是假质量性状。因此，在作出关于特异性的判定前，本测试指南的使用者应熟悉总则中的建议。

4.1.4 植株 / 植株部位的观测数量

除非另有说明，对于单株的观测，应观测 10 个植株或分别从 10 个植株取下的植株部位；对于其他观测，应观测试验中的所有植株，但异型株除外。

4.1.5 观测方法

性状表第二列以如下符号（见 TGP/9《特异性测试》第 4 部分“性状观测”）的形式列出了特异性判定时推荐的性状观测方法。

MG：对一批植株或植株部位进行单次测量。

MS：对一定数量的植株或植株部位进行逐一测量。

VG：对一批植株或植株部位进行单次目测。

VS：对一定数量的植株或植株部位进行逐一目测。

观测类型：目测（V）或测量（M）。

目测（V）是一种基于专家判断的观测方法。本文中的目测是指专家的感官观察，因此，也包括闻、尝和触摸。目测也包括专家使用参照物（例如图表、标准品种、并排比较）或非线性的图表（例如比色卡）的观测。测量（M）是一种基于校准的、线性尺度的客观观测，例如使用尺、秤、色度计、日期和计数等进行观测。

记录类型：群体记录（G）或个体记录（S）。

以特异性为目的的观测，可被记录为一批植株或植株部位的单个记录（G），或者记录为一定数量的单个植株或植株部位的个体记录（S）。多数情况下，群体记录为一个品种提供一个单个记录，因此不可能或者不必要通过逐个植株的统计分析来判定特异性。

如果性状表中提供了不止一种观测方法（如 VG/MG），可以参考 TGP/9《特异性测试》的 4.2 部分选择合适的观测方法。

4.2 一致性

4.2.1 对于本指南的使用者而言，在判定一致性前参照总则一致性判定的一般原则十分重要。但为进一步说明和强调一致性判定，本指南特列出一致性判定的要点。

4.2.2 评价种子繁殖品种的一致性时，应根据总则中关于评价异花授粉品种一致性的指导。

4.2.3 评价无性繁殖品种的一致性时，应采用 1% 的群体标准和至少 95% 的接受概率。当样本量为 20 个时，允许有 1 个异型株。

4.3 稳定性

4.3.1 在实际操作中，通常不像测试特异性和一致性那样对稳定性进行测试以得到明确结果。经验表明，对许多类型的品种来说，当一个品种表现一致时，可认为其是稳定的。

4.3.2 适当情况下或者有疑问时，稳定性可以采用如下方法测试：种植该品种的下一代或者测试一批新种子或新植株，看其性状表现是否与之前提交的材料表现相同。

5 品种分组和试验组织

5.1 使用分组性状可以帮助选择与申请品种一起进行田间种植试验的已知品种，以及对这些品种进行合适分组以便进行特异性评价。

5.2 分组性状表达状态的数据即使来自不同地点，也可以单独或者与其他此类性状联合使用。

（a）用于特异性测试中筛选排除那些不需要安排在种植试验中的已知品种。

（b）用于组织安排种植试验，使近似品种种植在一起。

5.3 以下性状已被确认为有用的分组性状。

（a）植株：叶高度（性状 1）。

（b）叶片：上表面主色（不包括色斑）（性状 16）。

（c）花序：分枝（性状 24）。

（d）花苞片：外表面主色（性状 39），分组如下。

第一组：白色。

第二组：黄色。

第三组：橙色。

第四组：粉红色。

第五组：红色。

第六组：红紫色。

第七组：紫色。

第八组：绿色。

5.4 总则和 TGP/9《特异性测试》中提供了在特异性审查过程中使用分组性状的指导。

6 性状表介绍

6.1 性状类型

6.1.1 标准指南性状

标准指南性状是 UPOV 已同意用于 DUS 审查的性状，UPOV 成员可以从中选择与其特定环境相适应的性状。

6.1.2 星号性状

星号性状（用“*”标记）是测试指南中对于形成国际统一的品种描述十分重要的性状，所有 UPOV 成员都应将其用于 DUS 测试和品种描述中，除非前序性状的表达状态或区域环境条件所限使其无法测试。

6.2 表达状态及相应代码

6.2.1 为定义性状和统一描述，将每个性状划分为一系列表达状态。每个表达状态赋予 1 个相应的数字代码，以便于数据记录，以及品种性状描述的建立和交流。

6.2.2 对于质量性状和假质量性状（6.3），性状表中列出了所有表达状态。但对于有 5 个或 5 个以上表达状态的数量性状，可以采用缩略尺度的方法，以缩短性状表格。例如，对于有 9 个表达状态的数量性状，在测试指南的性状表中可采用以下缩略形式。

表达状态	代码
小	3
中	5
大	7

但是应该指出的是，以下 9 个表达状态都是存在的，应采用适宜的表达状态用于品种的描述。

表达状态	代码
极小	1
极小到小	2
小	3
小到中	4
中	5
中到大	6
大	7
大到极大	8
极大	9

6.2.3 TGP/7《测试指南的研制》中提供了表达状态和代码的更详尽的介绍。

6.3 表达类型

总则中对性状表达类型（质量性状、数量性状和假质量性状）进行了解释。

6.4 标准品种

必要时，提供标准品种以明确每性状的不同表达状态。

6.5 注释

（*）星号性状（6.1.2）。

QL：质量性状（6.3）。

QN：数量性状（6.3）。

PQ：假质量性状（6.3）。

MG、MS、VG、VS：观测方法（4.1.5）。

（a）～（c）性状表解释（8.1）。

（+）性状表解释（8.2）。

7 性状表

性状编号	观测方法	英文	中文	标准品种	代码
1. （*） （+） QN	**VG/ MG （a）**	**Plant：height of foliage**	**植株：叶高度**		
		very short	极矮		1
		short	矮	Pluto	3
		medium	中	Clementine	5
		tall	高	Enjoy	7
		very tall	极高	Evita	9
2. （*） （+） QN	**VG/ MG （a）**	**Plant：width**	**植株：宽度**		
		very narrow	极窄	Pluto	1
		narrow	窄	Cathy	3
		medium	中	Venus	5
		broad	宽	Magic	7
		very broad	极宽	Saturn	9

续表

性状编号	观测方法	英文	中文	标准品种	代码
3. QN	**VG/MG (a)**	**Plant：number of leaves**	**植株：叶数量**		
		few	少	Era	3
		medium	中	Saturn	5
		many	多	Oberon	7
4. (*) (+) PQ	**VG (a)**	**Young leaf blade：main color of upper side（excluding variegation）**	**幼叶：上表面主色（不包括色斑）**		
		light green	浅绿色		1
		medium green	中等绿色	Style	2
		dark green	深绿色	Lion	3
		grey green	灰绿色		4
		red purple	红紫色	Autumn Blaze	5
		purple	紫色	Pacific Ruby	6
		red brown	红褐色		7
5. (*) QL	**VG (a)**	**Young leaf blade：variegation**	**幼叶：色斑**		
		absent	无	Style	1
		present	有	Robin	9
6. (*) (+) PQ	**VG (a)**	**Young leaf blade：type of variegation**	**幼叶：色斑类型**		
		narrow marginal	窄边纹		1
		broad marginal	宽边纹		2
		central stripe	中心条纹	Robin	3
		multiple stripes	多条纹	Clementine	4
7. (*) (+) PQ	**VG (a)**	**Young leaf blade：pattern of secondary color（excluding variegation）**	**幼叶：次色图案（不包括色斑）**		
		none	无	Stream	1
		flushed	晕		2
		striated	条纹	Tasman Cherry White	3
		netted	网纹		4
		banded	带纹	Era	5
		marbled	大理石纹	Purple Haze	6
		spotted	点纹	Racine	7
		marbled and spotted	大理石纹和点纹	Tasman Tartan	8
		marginal	边纹	Lion	9
8. (*) PQ	**VG (a)**	**Young leaf blade：secondary color of upper side（excluding variegation）**	**幼叶：上表面次色类型（不包括色斑）**		
		light green	浅绿色	Kiwi Cream	1
		medium green	中等绿色	Splenriet	2
		dark green	深绿色	Pacific Opal	3
		grey green	灰绿色	Tasman Candyman	4
		red purple	红紫色	Style	5
		purple	紫色	Kiwi Sunset	6
		red brown	红褐色	Era	7

续表

性状编号	观测方法	英文	中文	标准品种	代码
9. (+) PQ	**VG (a) (b)**	**Young leaf blade：color of apical part if different from main color (excluding variegation)**	**幼叶：当顶部颜色有异于叶片主色时顶部颜色（不包括色斑）**		
		light green	浅绿色	Purple Haze	1
		medium green	中等绿色	Snowman	2
		dark green	深绿色		3
		grey green	灰绿色	Tasman Coconut Ice	4
		red purple	红紫色	Tasman rose	5
		purple	紫色		6
		red brown	红褐色		7
10. (*) (+) QN	**VG/ MG (a) (b)**	**Leaf sheath：length**	**叶鞘：长度**		
		short	短	Era	3
		medium	中	Clementine	5
		long	长	Deplacar	7
11. (*) (+) QN	**VG/ MG (a) (b)**	**Leaf sheath：width**	**叶鞘：宽度**		
		narrow	窄	Venus	3
		medium	中	Clementine	5
		broad	宽	Saturn	7
12. (*) (+) QN	**VG/ MG (a) (b)**	**Leaf blade：length**	**叶片：长度**		
		short	短	Deplacar	3
		medium	中	Draco	5
		long	长	Saturn	7
13. (*) (+) QN	**VG/ MG (a) (b)**	**Leaf blade：width**	**叶片：宽度**		
		narrow	短	Draco	3
		medium	中	Clementine	5
		broad	长	Stream	7
14. (*) (+) PQ	**VG (a) (b)**	**Leaf blade：shape of tip**	**叶片：尖端形状**		
		acute	锐尖	Pluto	1
		acuminate	渐尖	Isabel	2
		mucronate	短尖	Stream	3
15. (*) (+) QL	**VG (b)**	**Leaf blade：variegation**	**叶片：色斑**		
		absent	无		1
		present	有	Robin	9
16. (*) PQ	**VG (b)**	**Leaf blade：main color of upper side (excluding variegation)**	**叶片：上表面主色（不包括色斑）**		
		light green	浅绿色	Draco	1
		medium green	中等绿色	Era	2
		dark green	深绿色	Isabel	3
		grey green	灰绿色	Kiwi Sunset	4
		red purple	红紫色		5
		purple	紫色		6
		red brown	红褐色	Alcantarea vinicolor	7
		dark brown	深褐色		8

续表

性状编号	观测方法	英文	中文	标准品种	代码
17. **(*)** **(+)** **PQ**	**VG**	**Leaf blade: type of variegation**	**叶片：色斑类型**		
		narrow marginal	窄边纹		1
		broad marginal	宽边纹		2
		central stripe	中心条纹	Robin	3
		multiple stripes	多条纹	Clementine	4
18. **(*)** **(+)** **PQ**	**VG**	**Leaf blade: pattern of secondary color (excluding variegation)**	**叶片：次色图案（不包括色斑）**		
		none	无	Stream	1
		flushed	晕	Tasman Candyman	2
		striated	条纹	Tasman Cherry White	3
		banded	带纹	Era	4
		marbled	大理石纹	Kiwi Cream	5
		spotted	点纹	Racine	6
		marbled and spotted	大理石纹和点纹	Tasman Tartan	7
		marginal	边纹	Lion	8
19. **(*)** **PQ**	**VG**	**Leaf blade: secondary color of upper side (excluding variegation)**	**叶片：上表面次色（不包括色斑）**		
		light green	浅绿色	Kiwi Dush	1
		medium green	中等绿色	Splenriet	2
		dark green	深绿色	Dark Knight	3
		grey green	灰绿色	Tasman Coconut Ice	4
		red purple	红紫色	Style	5
		purple	紫色		6
		red brown	红褐色	Era	7
20. **(*)** **(+)** **PQ**	**VG** **(a)** **(b)**	**Leaf blade: color of apical part if different from main color (excluding variegation)**	**叶片：当顶部颜色有异于叶片主色时顶部颜色（不包括色斑）**		
		pink	粉色		1
		red	红色	Tasman Rose	2
		red purple	红紫色	Draco	3
		purple brown	紫褐色	Enjoy	4
21. **PQ**	**VG** **(a)**	**Leaf blade: main color of lower side (excluding variegation)**	**叶片：下表面主色（不包括色斑）**		
		light green	浅绿色		1
		medium green	中等绿色	Enjoy	2
		dark green	深绿色	Saturn	3
		grey green	灰绿色	Evita	4
		red purple	红紫色		5
		purple	紫色		6
		red brown	红褐色		7
		dark brown	深褐色		8
22. **(*)** **PQ**	**VG** **(c)**	**Peduncle: color of bracts**	**花梗：苞片颜色**		
		RHS Colour Chart (indicate reference number)	RHS 比色卡（注明参考色号）		

续表

性状编号	观测方法	英文	中文	标准品种	代码
23. (*) (+) QN	VG (a)	**Inflorescence: position in relation to foliage**	**花序：相对于叶顶端的位置**		
		same height	等高		1
		partly above	部分超出	Modesta	2
		completely above	完全超出	Draco	3
24. (*) (+) QL	VG (a)	**Inflorescence: branching**	**花序：分枝**		
		absent	无	Era，Venus	1
		present	有	Goldstar，Pluto	9
25. (*) (+) QN	VG/ MG (a)	**Inflorescence: number of branches**	**花序：分枝数量**		
		few	少	Cathy	3
		medium	中	Style	5
		many	多	Evita	7
26. (+) PQ	VG (a)	**Inflorescence: attitude**	**花序：姿态**		
		erect	直立	Style	1
		semi-erect	半直立		2
		drooping	下弯		3
27. (*) (+) QN	VG/ MG (c)	**Inflorescence: length**	**花序：长度**		
		short	短	Pavo	3
		medium	中	Clementine	5
		long	长	Evita	7
28. (*) (+) QN	VG/ MG (c)	**Inflorescence: length of flowering part**	**花序：开花部分长度**		
		short	短	Energy	3
		medium	中	Style	5
		long	长	Deplacar	7
29. (*) (+) QN	VG/ MG (c)	**Only varieties with inflorescence branching: present: Inflorescence: width of flowering part**	**花序：开花部分宽度（仅适用于有花序有分枝的品种）**		
		narrow	窄	Style	3
		medium	中	Latina	5
		broad	宽	Elan，Splendide	7
30. (*) (+) QN	VG/ MG (c)	**Only varieties with inflorescence branching: present: Inflorescence: length of terminal branch**	**花序：末端分枝长度（仅适用于有花序有分枝的品种）**		
		short	短	Oberon	1
		medium	中	Lion	2
		long	长	Stream	3
31. (*) (+) QN	VG/ MG (c)	**Inflorescence: width of terminal branch**	**花序：末端分枝宽度**		
		narrow	窄	Pacific Ruby	1
		medium	中	Lion	2
		broad	宽	Venus	3
32. QN	VG/ MG (c)	**Inflorescence: thickness of terminal branch**	**花序：末端分枝粗细**		
		thin	细		3
		medium	中		5
		thick	粗		7

续表

性状编号	观测方法	英文	中文	标准品种	代码
33. **(*)** **(+)** **PQ**	**VG** **(c)**	**Inflorescence: shape of terminal branch**	**花序：末端分枝形状**		
		narrow ovate	窄卵圆形	Jumping Bofire	1
		medium ovate	中等卵圆形	Clementine	2
		elliptic	椭圆形	Deplacar	3
		oblong	长圆形	Pacific Ruby	4
		obovate	倒卵圆形	Lion	5
34. **(*)** **QN**	**VG/** **MG** **(c)**	**Inflorescence: number of floral bracts of terminal branch**	**花序：末端分枝花苞片数量**		
		few	少	Annie	3
		medium	中	Draco	5
		many	多	Oberon	7
35. **(*)** **(+)** **QL**	**VG** **(c)**	**Inflorescence: position of floral bracts**	**花序：花苞片位置**		
		free	分离	Jumping Bofire	1
		adpressed	紧贴	Lion	2
36. **(*)** **QN**	**VG/** **MG** **(c)**	**Floral bract: length**	**花苞片：长度**		
		short	短	Pacific ruby	3
		medium	中	Lion	5
		long	长	Enjoy	7
37. **(*)** **QN**	**VG/** **MG** **(c)**	**Floral bract: width**	**花苞片：宽度**		
		narrow	窄	Oberon	3
		medium	中	Pavo	5
		broad	宽	Stream	7
38. **QN**	**VG** **(c)**	**Floral bract: angle of apex**	**花苞片：先端角度**		
		small	小		1
		medium	中		2
		large	大		3
39. **(*)** **(+)** **PQ**	**VG** **(c)**	**Floral bract: main color of outer side**	**花苞片：外表面主色**		
		RHS Colour Chart (indicate reference number)	RHS 比色卡 (注明参考色号)		
40. **(*)** **(+)** **PQ**	**VG** **(c)**	**Floral bract: secondary color of outer side**	**花苞片：外表面次色**		
		RHS Colour Chart (indicate reference number)	RHS 比色卡 (注明参考色号)		
41. **(+)** **PQ**	**VG** **(c)**	**Floral bract: main color of inner side**	**花苞片：内表面主色**		
		RHS Colour Chart (indicate reference number)	RHS 比色卡 (注明参考色号)		
42. **(*)** **(+)** **PQ**	**VG** **(c)**	**Calyx: color**	**花萼：颜色**		
		whitish	泛白色	Era	1
		greenish	泛绿色	Magic	2
		yellowish	泛黄色	Pluto	3
43. **(+)** **QN**	**VG/** **MG** **(c)**	**Petal: length**	**花瓣：长度**		
		short	短		3
		medium	中	Deplacar	5
		long	长	Goldstar	7

续表

性状编号	观测方法	英文	中文	标准品种	代码
44. **QN**	**VG/** **MG** （c）	**Petal：width**	**花瓣：宽度**		
		narrow	窄	Oberon	1
		medium	中	Enjoy	2
		broad	宽	Draco	3
45. （*） **PQ**	**VG** （c）	**Petal：color of apex**	**花瓣：先端颜色**		
		RHS Colour Chart（indicate reference number）	RHS 比色卡 （注明参考色号）		
46. （+） **PQ**	**VG** （c）	**Ovary：color**	**子房：颜色**		
		white	白色	Clementine，Pluto	1
		light green	浅绿色	Era，Venus	2
		light yellow	浅黄色		3
47. （+） **PQ**	**VG** （c）	**Style：color**	**花柱：颜色**		
		white	白色		1
		yellow green	黄绿色	Goldstar，Pluto	2
		light yellow	浅黄色	Era，Saturn	3
		medium yellow	中等黄色		4
48. （+） **PQ**	**VG** （c）	**Stigma：color**	**柱头：颜色**		
		white	白色		1
		light green	浅绿色	Clementine	2
		medium green	中等绿色	Saturn，Venus	3
		light yellow	浅黄色	Style	4

8 性状表解释

8.1 对多个性状的解释

性状表第二列包含以下标注的性状应按照下述要求观测。

（a）对幼叶的观测应选择内部莲座叶中最新出的三片叶进行。

（b）对叶片的观测应选择外围莲座叶中完全展开的最大叶进行。

（c）对花的观测应选择末端分枝中部 1/3 处完全展开的花进行。

8.2 对单个性状的解释

性状 1：植株叶高度

性状 2：植株宽度

性状 4：幼叶上表面主色（不包括色斑）

主色是指面积最大的颜色。当主色和次色面积相当难以区分时，以颜色较浅的为主色。

性状 6：幼叶色斑类型

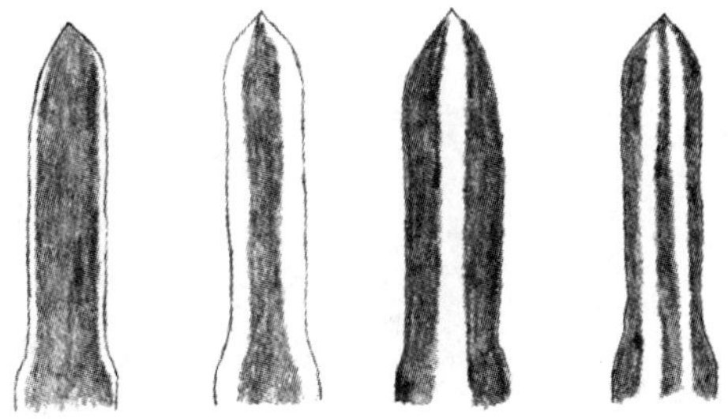

1 窄边纹　2 宽边纹　3 中心条纹　4 多条纹

性状 7：幼叶次色图案（不包括色斑）

2 晕　3 条纹　5 带纹　6 大理石纹　7 点纹　8 大理石纹和点纹　9 边纹

无（代码 1）：颜色均一。

晕（代码 2）：逐渐变化的红紫色、紫色或红棕色。

条纹（代码 3）：小的纵向条纹。

网纹（代码 4）：小条纹形成网状。

带纹（代码 5）：宽的横带纹。

大理石纹（代码 6）：不规则小横纹。

点纹（代码 7）：整个叶表面小斑点。

大理石纹和点纹（代码 8）：带小斑点的不规则小横纹和点纹。

边纹（代码 9）：沿边缘的狭窄区域窄边。

性状 9：幼叶当顶部颜色有异于叶片主色时顶部颜色（不包括色斑）

性状 10：叶鞘长度
性状 11：叶鞘宽度
性状 12：叶片长度
性状 13：叶片宽度

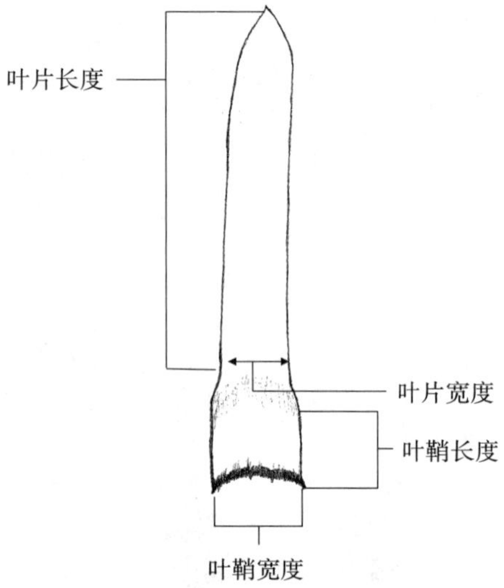

叶片的宽度应在叶片的中间 1/3 处测量。
性状 14：叶片尖端形状

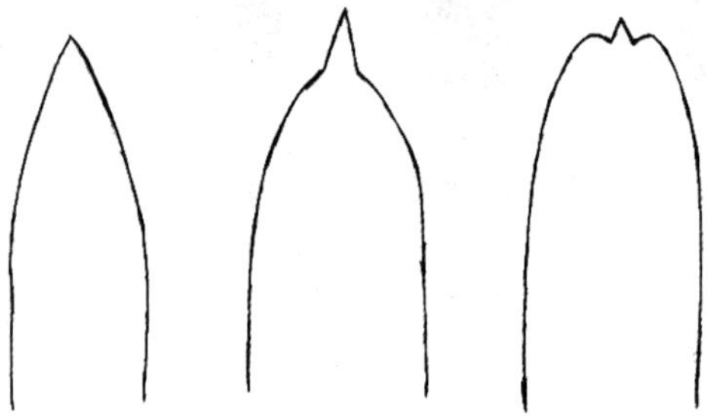

1	2	3
锐尖	渐尖	短尖

性状 15：叶片色斑
性状 17：叶片色斑类型

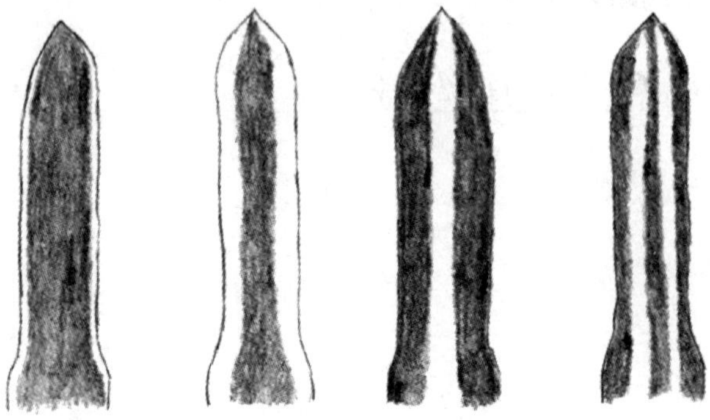

1	2	3	4
窄边纹	宽边纹	中心条纹	多条纹

性状 18：叶片次色图案（不包括色斑）

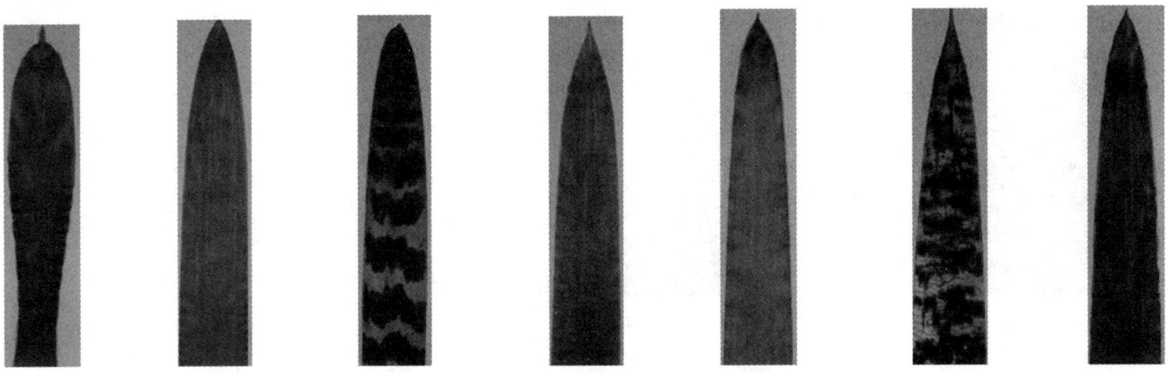

2 晕　3 条纹　4 带纹　5 大理石纹　6 点纹　7 大理石纹和点纹　8 边纹

无（代码 1）：颜色均一。
晕（代码 2）：逐渐变化的红紫色、紫色或红棕色。
条纹（代码 3）：小的纵向条纹。
带纹（代码 4）：宽的横带纹。
大理石纹（代码 5）：不规则小横纹。
点纹（代码 6）：整个叶表面小斑点。
大理石纹和点纹（代码 7）：带小斑点的不规则小横纹和点纹。
边纹（代码 8）：沿边缘的狭窄区域窄边。
性状 20：叶片当顶部颜色有异于叶片主色时顶部颜色（不包括色斑）

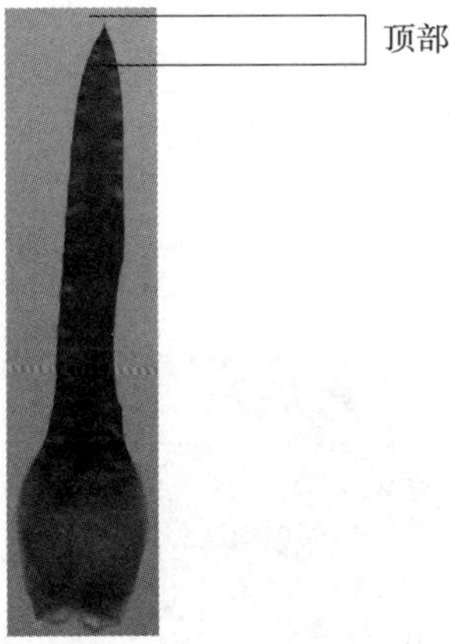

性状 23：花序相对于叶顶端的位置

1 等高　2 部分超出　3 完全超出

性状 24：花序分枝

1
无

9
有

性状 25：花序分枝数量
性状 28：花序开花部分长度
性状 29：花序开花部分宽度（仅适用于有花序有分枝的品种）

性状 26：花序姿态

1
直立

2
半直立

3
下弯

性状 27：花序长度

性状 30：花序末端分枝长度（仅适用于有花序有分枝的品种）

性状 31：花序末端分枝宽度

性状 33：花序末端分枝形状

	←最宽处→		
	中部以下	在中部	中部以上
宽（扁长的）← 长宽比 →窄（细长的）	1 窄卵圆形 *	 4 长圆形	
	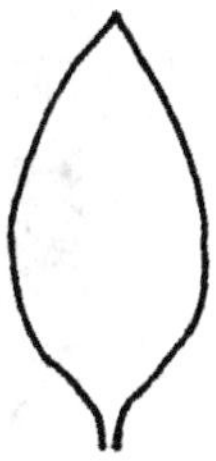 2 中等卵圆形	 3 椭圆形	 5 倒卵圆形

* 译者注：原文此处无配图。

性状 35：花序花苞片位置

1
分离

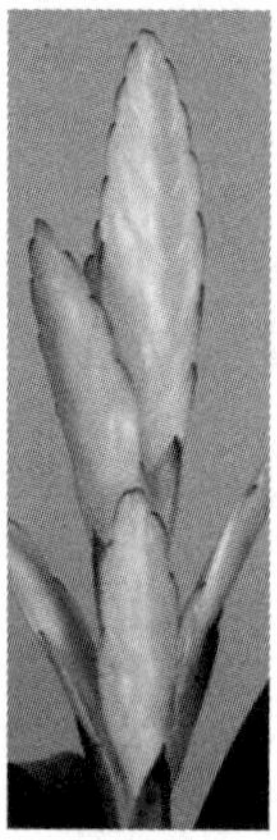

2
紧贴

性状 39：花苞片外表面主色
性状 40：花苞片外表面次色
性状 41：花苞片内表面主色

主色是指总面积最大的颜色，次色（如果有的话）是指总面积第二大的颜色。当主色和次色面积相当难以区分时，以颜色较浅的为主色。

性状 42：花萼颜色
性状 43：花瓣长度
性状 47：花柱颜色
性状 48：柱头颜色

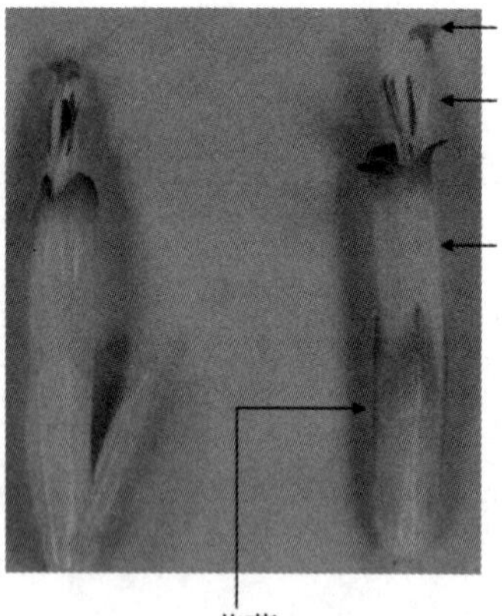

性状 46：子房颜色

扫码下载原文

如扫描二维码无法下载指南原文，可能是指南版本有更新，可扫描本书封底二维码查看与本文对应的指南版本

TG/272/1
原文：英文
日期：2011-10-20

国际植物新品种保护联盟
植物品种特异性、一致性和稳定性
测试指南

蝴蝶草属

UPOV 代码：TOREN

（*Torenia* L.）

互用名称 *

植物学名称	英文	法文	德文	西班牙文
Torenia L.	Torenia, Bluewings, Wish-bone-flower	Torenia	Torenie	Torenia，Legazpia blanco

* 这些名称在指南开始使用时是正确的，但随后可能会修改更新。读者可登录 UPOV 网站（www.upov.int），获取最新资料。

1 指南适用范围

本指南适用于蝴蝶草属（*Torenia* L.）的所有品种。

2 繁殖材料要求

2.1 待测品种繁殖材料的数量和质量要求以及提交的时间和地点由主管机构决定。申请人从测试所在国境外提交繁殖材料的，还应符合海关规定并满足相关植物检疫的要求。

2.2 繁殖材料以种子或带根扦插条的形式提供。

2.3 申请人提交繁殖材料的最小数量：无性繁殖品种为10个带根扦插条，种子繁殖品种为种子数量足以保证长成40个植株。

繁殖材料为种子的，提交的种子应满足主管机构规定的发芽率、纯度、健康状况和含水量的最低要求。申请人应尽可能提供发芽率高的种子并注明发芽率。

2.4 提供的繁殖材料应外观健康有活力，未受到任何严重病虫害的影响。

2.5 提交的繁殖材料不得进行任何可能影响品种性状表达的处理，除非主管机构允许或要求进行这种处理。如果材料已经处理，必须提供相关处理的详细说明。

3 测试方法

3.1 生长周期

测试的最少周期数量通常为1个生长周期。

3.2 测试地点

测试通常在1个地点进行。在1个以上地点进行测试时，TGP/9《特异性测试》提供了有关指导。

3.3 测试条件

3.3.1 测试的条件应能满足品种正常生长的需要，以确保品种相关性状充分表达和测试的顺利开展。

3.3.2 由于日光变化的原因，在利用比色卡确定颜色时，应在一个合适的有人工光源照明的小室或中午无阳光直射的房间内进行。人工光源的光谱分布应符合CIE“理想日光标准D6500”，且在《英国标准950：第1部分》规定的允许范围内。观测应将植株部位置于白背景下进行。品种描述中应指出比色卡及版本。

3.4 试验设计

3.4.1 每个试验应保证至少有10个（无性繁殖品种）或20个（种子繁殖品种）植株。

3.4.2 试验设计应保证因测量或计数等需要，从小区取走部分植株或植株部位后，不影响生长周期结束前的所有观测。

3.5 附加测试

为测试有关性状，可以进行附加测试。

4 特异性、一致性和稳定性结果的判定

4.1 特异性

4.1.1 总体原则

对于本指南的使用者而言，在判定特异性前参照总则特异性判定的总体原则十分重要。但为进一步说明和强调特异性判定，本指南特列出特异性判定的要点。

4.1.2　一致的差异

当观测到的品种之间的差异非常明显时，则没有必要种植 1 个以上生长周期。此外，在某些情况下，环境的影响并不意味着需要 1 个以上的生长周期来保证品种间观察到的差异是足够一致的。为确保在种植试验中所观测到的性状差异是足够一致的，可以对性状进行至少 2 个独立生长周期的测试。

4.1.3　明显的差异

两个品种间的差异是否明显取决于很多因素，特别应考虑所测性状的表达类型，即该性状是质量性状、数量性状还是假质量性状。因此，在作出关于特异性的判定前，本测试指南的使用者应熟悉总则中的建议。

4.1.4　植株 / 植株部位的观测数量

除非另有说明，在判定无性繁殖品种特异性时，对于单株的观测，应观测 9 个植株或分别从 9 个植株取下的植株部位；在判定种子繁殖品种特异性时，对于单株的观测，应观测 19 个植株或分别从 19 个植株取下的植株部位；对于其他观测，应观测试验中的所有植株，观测时应将异型株排除在外。

4.1.5　观测方法

性状表第二列以如下符号（见 TGP/9《特异性测试》第 4 部分“性状观测”）的形式列出了特异性判定时推荐的性状观测方法。

MG：对一批植株或植株部位进行单次测量。

MS：对一定数量的植株或植株部位进行逐一测量。

VG：对一批植株或植株部位进行单次目测。

VS：对一定数量的植株或植株部位进行逐一目测。

观测类型：目测（V）或测量（M）。

目测（V）是一种基于专家判断的观测方法。本文中的目测是指专家的感官观察，因此，也包括闻、尝和触摸。目测也包括专家使用参照物（例如图表，标准品种，并排比较）或非线性的图表（例如比色卡）的观测。测量（M）是一种基于校准的、线性尺度的客观观测，例如使用尺、秤、色度计、日期和计数等进行观测。

记录类型：群体记录（G）或个体记录（S）。

以特异性为目的的观测，可被记录为一批植株或植株部位的单个记录（G），或者记录为一定数量的单个植株或植株部位的个体记录（S）。多数情况下，群体记录为一个品种提供一个单个记录，因此不可能或者不必要通过逐个植株的统计分析来判定特异性。

如果性状表中提供了不止一种观测方法（如 VG/MG），可以参考 TGP/9《特异性测试》的 4.2 部分选择合适的观测方法。

4.2　一致性

4.2.1　对于本指南的使用者而言，在判定一致性前参照总则一致性判定的一般原则十分重要。但为进一步说明和强调一致性判定，本指南特列出一致性判定的要点。

4.2.2　对无性繁殖品种一致性评价时，应采用 1% 的群体标准和至少 95% 的接受概率。当样本量为 10 个时，允许有 1 个异型株。

4.2.3　对自花授粉种子繁殖品种一致性评价时，应采用 1% 的群体标准和至少 95% 的接受概率。当样本量为 20 个时，允许有 1 个异型株。

4.2.4　对杂交种品种一致性评价取决于杂交类型，应根据总则中有关杂交品种的建议。

4.3　稳定性

4.3.1　在实际操作中，通常不像测试特异性和一致性那样对稳定性进行测试以得到明确结果。经验表明，对许多类型的品种来说，当一个品种表现一致时，可认为其是稳定的。

4.3.2　适当情况下或者有疑问时，可通过一批新的种子或植株进一步判定稳定性，观测其性状表达是否与以前提供的繁殖材料的性状表达一致。

5 品种分组和试验组织

5.1 使用分组性状可以帮助选择与申请品种一起进行田间种植试验的已知品种，以及对这些品种进行合适分组以便进行特异性评价。

5.2 分组性状表达状态的数据即使来自不同地点，也可以单独或者与其他此类性状联合使用。

（a）用于特异性测试中筛选排除那些不需要安排在种植试验中的已知品种。

（b）用于组织安排种植试验，使近似品种种植在一起。

5.3 以下性状已被确认为有用的分组性状。

（a）植株：生长习性（性状 1）。

（b）上花冠裂片：基部颜色（性状 19），分组如下。

第一组：白色。
第二组：黄色。
第三组：橙色。
第四组：红色。
第五组：粉色。
第六组：紫色。
第七组：紫罗兰色。

（c）上花冠裂片：端部颜色（性状 20），分组如下。

第一组：白色。
第二组：黄色。
第三组：橙色。
第四组：红色。
第五组：粉色。
第六组：紫色。
第七组：紫罗兰色。

（d）侧花冠裂片：中心区域颜色（性状 21），分组如下。

第一组：白色。
第二组：黄色。
第三组：橙色。
第四组：红色。
第五组：粉色。
第六组：紫色。
第七组：紫罗兰色。

（e）下花冠裂片：斑块明显程度（性状 24）。

5.4 总则和 TGP/9《特异性测试》中提供了在特异性审查过程中使用分组性状的指导。

6 性状表介绍

6.1 性状类型

6.1.1 标准指南性状

标准指南性状是 UPOV 已同意用于 DUS 审查的性状，UPOV 成员可以从中选择与其特定环境相适应的性状。

6.1.2 星号性状

星号性状（用“*”标记）是测试指南中对于形成国际统一的品种描述十分重要的性状，所有UPOV成员都应将其用于DUS测试并包含在品种描述中，除非前序性状的表达或区域环境条件所限使其无法测试。

6.2 表达状态及相应代码

6.2.1 为定义性状和统一描述，将每个性状划分为一系列表达状态。每个表达状态赋予1个相应的数字代码，以便于数据记录，以及品种性状描述的建立和交流。

6.2.2 对于质量性状和假质量性状（6.3），性状表中列出了所有表达状态。但对于有5个或5个以上表达状态的数量性状，可以采用缩略尺度的方法，以缩短性状表格。例如，对于有9个表达状态的数量性状，在测试指南的性状表中可采用以下缩略形式。

表达状态	代码
小	3
中	5
大	7

但是应该指出的是，以下9个表达状态都是存在的，应采用适宜的表达状态用于品种的描述。

表达状态	代码
极小	1
极小到小	2
小	3
小到中	4
中	5
中到大	6
大	7
大到极大	8
极大	9

6.2.3 TGP/7《测试指南的研制》中提供了表达状态和代码的更详尽的介绍。

6.3 表达类型

总则中对性状表达类型（质量性状、数量性状和假质量性状）进行了解释。

6.4 标准品种

适当时，测试指南中提供了标准品种用于校正性状的表达状态。

6.5 注释

（*）星号性状（6.1.2）。

QL：质量性状（6.3）。

QN：数量性状（6.3）。

PQ：假质量性状（6.3）。

MG、MS、VG、VS：观测方法（4.1.5）。

（a）性状表解释（8.1）。

（+）性状表解释（8.2）。

7 性状表

性状编号	观测方法	英文	中文	标准品种	代码
1. (*) (+) PQ	VG	**Plant: growth habit**	**植株：生长习性**		
		upright	直立	Clown Blue	1
		upright to semi upright	直立到半直立		2
		semi upright	半直立	Dantopuremon	3
		semi upright to horizontal	半直立到水平		4
		horizontal	水平	Danmoon20	5
		drooping	下弯	Hato-04-05	6
2. (+) QN	VG/ MS	**Plant: Height**	**植株：高度**		
		short	矮	Danmoon20	3
		medium	中	Clown Blue	5
		tall	高		7
3. (*) (+) QN	VG/ MS	**Plant: width**	**植株：宽度**		
		narrow	窄	Clown Blue	3
		medium	中		5
		broad	宽	Danmoon15	7
4. (+) QN	VG/ MS (a)	**petole: length**	**叶柄：长度**		
		short	短		1
		medium	中	Danmoon20	2
		long	长	Clown Blue	3
5. (*) (+) QN	VG/ MS (a)	**Leaf blade: length**	**叶片：长度**		
		short	短		3
		medium	中	Hato-04-05	5
		long	长	Clown Blue	7
6. (*) (+) QN	VG/ MS (a)	**Leaf: width**	**叶片：宽度**		
		narrow	窄		3
		medium	中	Hato-04-05	5
		broad	宽	Clown Blue	7
7. (+) PQ	VG (a)	**Leaf blade: incisions of margin**	**叶片：边缘裂刻**		
		dentate	齿状	Danmoon20	1
		dentate to crenate	齿状到圆齿状		2
		crenate	圆齿状	Hato-04-05	3
8.	VG (a)	**Leaf blade: depth of incisions of margin**	**叶片：边缘裂刻深度**		
		very shallow	极浅		1
		shallow	浅	Hato-04-05	2
		medium	中		3
		deep	深	Danmoon20	4
		very deep	极深		5
9. (*) (+) QL	VG	**Inflorescence: axillary flower**	**花序：叶腋花**		
		absent	无	Clown Blue	1
		present	有	Danmoon20	9

续表

性状编号	观测方法	英文	中文	标准品种	代码
10. (*) (+) QL	MG	**Calyx: number of lobes**	**花萼：裂片数量**		
		two	2 个	Clown Blue	1
		five	5 个	Clown Blue	2
11. (*) (+) QN	VG/ MS	**Flower: length in front view**	**花：正面长度**		
		short	短		3
		medium	中	Clown Blue	5
		long	长	Dantopur	7
12. (*) (+) QN	VG/ MS	**Flower: width in front view**	**花：正面宽度**		
		narrow	窄		3
		medium	中	Clown Blue	5
		broad	宽	Dantopur	7
13. (*) (+) QN	VG/ MS	**Corolla tube: length**	**花冠筒：长度**		
		short	短		3
		medium	中	Danmoon20	5
		long	长	Danmoon18	7
14. (*) (+) PQ	VG	**Corolla tube: color of outer side**	**花冠筒：外侧颜色**		
		RHS Colour Chart (indicate reference number)	RHS 比色卡 (注明参考色号)		
15. (+) QN	VG	**Corolla tube: vertical lines on inner side**	**花冠筒：内侧竖线**		
		absent or weak	无或弱	Clown Blue	1
		medium	中		2
		strong	强	Dantomoon10	3
16. (+) PQ	VG	**Corolla tube: color of inner side at basal part**	**花冠筒：内侧基部颜色**		
		RHS Colour Chart (indicate reference number)	RHS 比色卡 (注明参考色号)		
17. (*) (+) QN	VG	**Corolla lobe: incisions of margin**	**花冠裂片：边缘裂刻**		
		absent or weak	无或弱	Danmoon20	1
		medium	中		2
		strong	强	Danmoon15	3
18. (+) QN	VG	**Upper corolla lobe: undulation**	**上花冠裂片：波状**		
		absent or weak	无或弱	Danmoon20	1
		medium	中		2
		strong	强	Clown Blue	3
19. (*) (+) PQ	VG	**Upper corolla lobe: color of basal part**	**上花冠裂片：基部颜色**		
		RHS Colour Chart (indicate reference number)	RHS 比色卡 (注明参考色号)		
20. (*) (+) PQ	VG	**Upper corolla lobe: color of distal part**	**上花冠裂片：远基端颜色**		
		RHS Colour Chart (indicate reference number)	RHS 比色卡 (注明参考色号)		
21. (*) (+) PQ	VG	**Lateral corolla lobe: color of central part**	**侧花冠裂片：中心区域颜色**		
		RHS Colour Chart (indicate reference number)	RHS 比色卡 (注明参考色号)		

续表

性状编号	观测方法	英文	中文	标准品种	代码
22. (*) (+) PQ	VG	**Lateral corolla lobe: color of marginal part**	**侧花冠裂片：边缘区域颜色**		
		RHS Colour Chart (indicate reference number)	RHS 比色卡 (注明参考色号)		
23. (*) (+) PQ	VG	**lower corolla lobe: color of distal part**	**下花冠裂片：远基端颜色**		
		RHS Colour Chart (indicate reference number)	RHS 比色卡 (注明参考色号)		
24. (*) (+) QN	VG	**Lower corolla lobe: conspicuousness of blotch**	**下花冠裂片：斑块明显程度**		
		absent or weak	无或弱	Hato-04-05	1
		medium	中		2
		strong	强	Clown Blue	3

8 性状表解释

8.1 涉及多个性状的解释

除非另有说明，所有性状的观测应在植株盛花期进行。

性状表第二列包含以下标注的性状应按照下述要求观测。

(a) 叶性状的观测应在苗中部 1/3 处完全展开的叶上进行。

8.2 涉及单个性状的解释

性状 1：植株生长习性

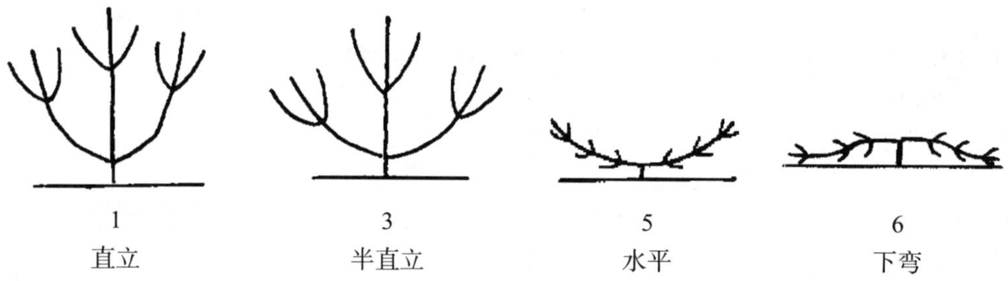

性状 2：植株高度

性状 3：植株宽度

性状 4：叶柄长度

性状 5：叶片长度

性状 6：叶片宽度

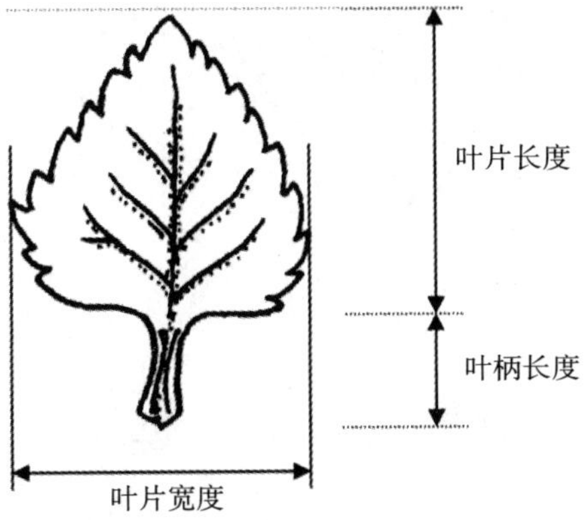

性状 7：叶片边缘裂刻

1
齿状

3
圆齿状

性状 9：花序叶腋花

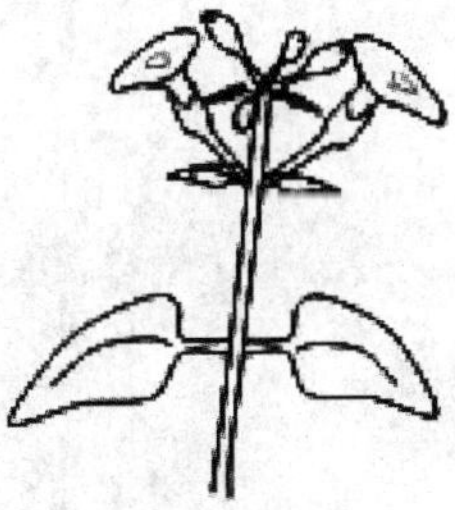

1
无

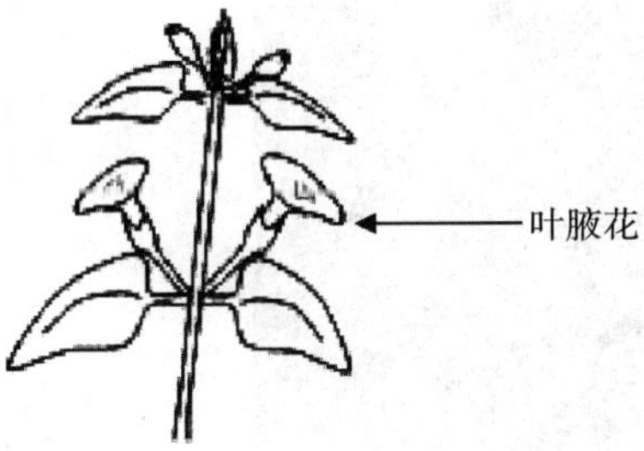

9
有

性状 10：花萼裂片数量

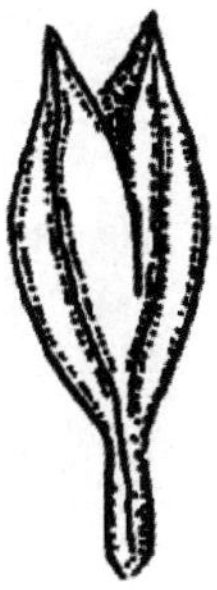

1
2 个

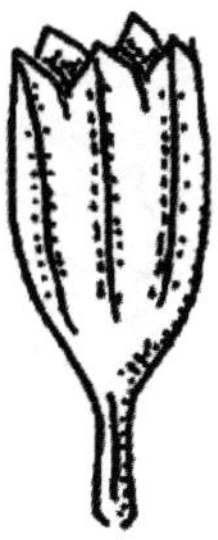

2
5 个

性状 11：花正面长度
性状 12：花正面宽度

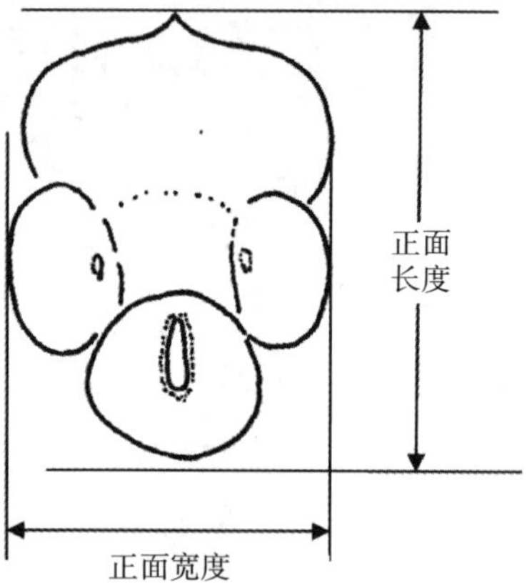

性状 13：花冠筒长度
性状 14：花冠筒外侧颜色

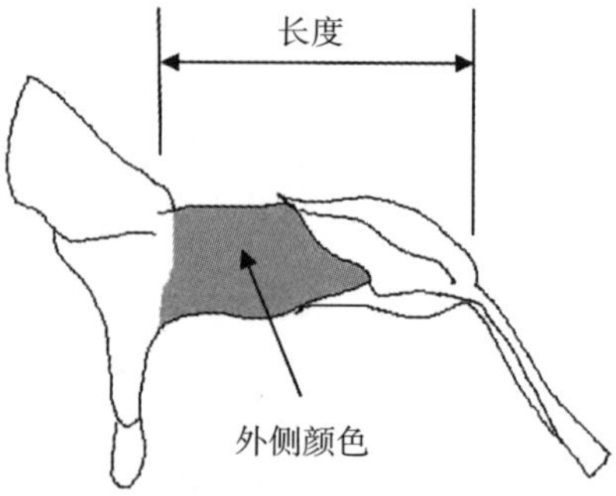

性状 15：花冠筒内侧竖线

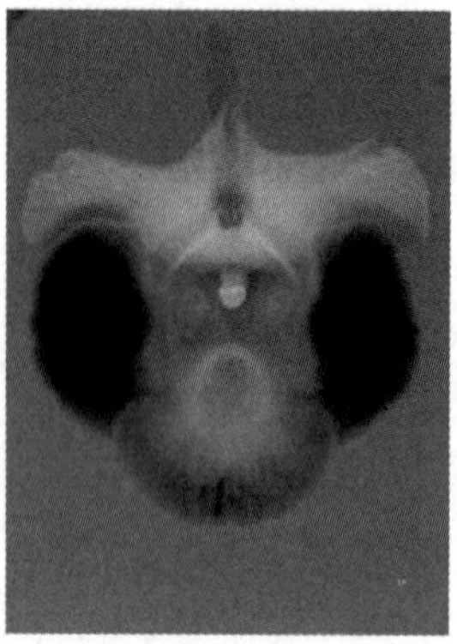

1
无或弱

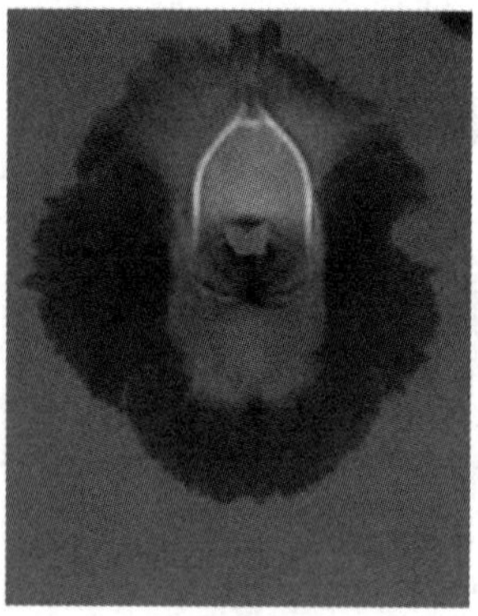

2
中

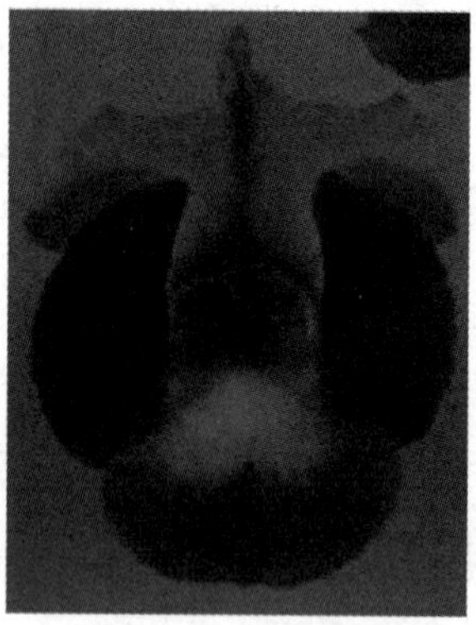

3
强

性状 16：花冠筒内侧基部颜色
性状 19：上花冠裂片基部颜色
性状 20：上花冠裂片远基端颜色
性状 21：侧花冠裂片中心区域颜色
性状 22：侧花冠裂片边缘区域颜色
性状 23：下花冠裂片远基端颜色

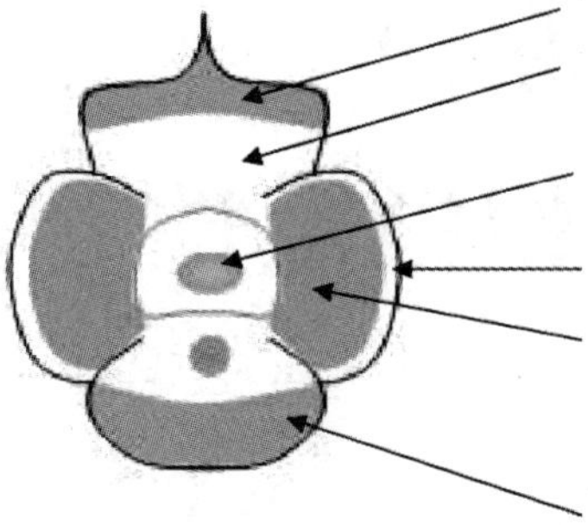

性状 17：花冠裂片边缘裂刻

1 无或弱　　3 强

性状 18：上花冠裂片波状

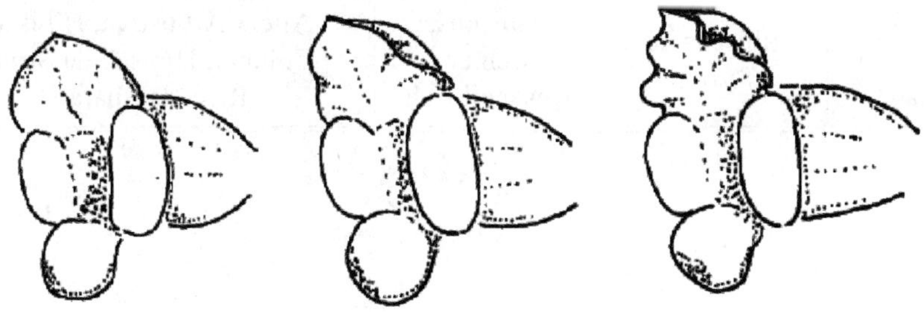

1 无或弱　　2 中　　3 强

性状 24：下花冠裂片斑块明显程度
斑块的明显程度是由与下花冠裂片的颜色对比确定。

扫码下载原文

如扫描二维码无法下载指南原文，可能是指南版本有更新，可扫描本书封底二维码查看与本文对应的指南版本

TG/274/1
原文：英文
日期：2011-10-20

国际植物新品种保护联盟
植物品种特异性、一致性和稳定性
测试指南

木槿

UPOV 代码：HIBIS_SYR

（*Hibiscus syriacus* L.）

互用名称＊

植物学名称	英文	法文	德文	西班牙文
Hibiscus syriacus L.	Rose of Sharon, Shrub Althea	Hibiscus de Syrie	Hibiskus, Echter Roseneibisch	Alteia-Arbustiva, Hibisco Colunar, Hibisco da Siria, Rosa de Sharao

＊ 这些名称在指南开始使用时是正确的，但随后可能会修改更新。读者可登录 UPOV 网站（www.upov.int），获取最新资料。

1 指南适用范围

本指南适用于木槿（*Hibiscus syriacus* L.）的所有品种。

2 繁殖材料要求

2.1 待测品种繁殖材料的数量和质量要求以及提交的时间和地点由主管机构决定。申请人从测试所在国境外提交繁殖材料的，还应符合海关规定并满足相关植物检疫的要求。
2.2 繁殖材料以幼苗的形式提交。植株应有足够大小和成熟度至开花，并且在第一年，其他典型性状能表现出来。
2.3 申请人提交繁殖材料的最小数量为 8 株幼苗。
2.4 提供的繁殖材料应外观健康有活力，未受到任何严重病虫害的影响。
2.5 提交的繁殖材料不得进行任何可能影响品种性状表达的处理，除非主管机构允许或要求进行这种处理。如果材料已经处理，必须提供相关处理的详细说明。

3 测试方法

3.1 生长周期

测试的最少周期数量通常为 1 个生长周期。

3.2 测试地点

测试通常在 1 个地点进行。在 1 个以上地点进行测试时，TGP/9《特异性测试》提供了有关指导。

3.3 测试条件

3.3.1 测试的条件应能满足品种正常生长的需要，以确保品种相关性状充分表达和测试的顺利开展。
3.3.2 由于日光变化的原因，在利用比色卡确定颜色时应在一个合适的由人工光源照明的小室或中午无阳光直射的房间内进行。人工光源光谱分布应符合 CIE“理想日光标准 D6500”，且在《英国标准 950：第 1 部分》规定的允许范围内。在鉴定颜色时，应将植株部位置于白色背景上。比色卡及版本应在品种描述中详细说明。

3.4 试验设计

3.4.1 每个试验应保证至少有 8 个植株。
3.4.2 试验设计应保证因测量或计数等需要，从小区取走部分植株或植株部位后，不影响生长周期结束前的所有观测。

3.5 附加测试

为测试有关性状，可以进行附加测试。

4 特异性、一致性和稳定性结果的判定

4.1 特异性

4.1.1 总体原则

对于本指南的使用者而言，在判定特异性前参照总则特异性判定的总体原则十分重要。但为进一步说明和强调特异性判定，本指南特列出特异性判定的要点。

4.1.2 一致的差异

当观测到的品种之间的差异非常明显时，则没有必要种植 1 个以上生长周期。此外，在某些情况下，环境的影响并不意味着需要 1 个以上的生长周期来保证品种间观察到的差异是足够一致的。为确

保在种植试验中所观测到的性状差异是足够一致的，可以对性状进行至少 2 个独立生长周期的测试。

4.1.3 明显的差异

两个品种间的差异是否明显取决于很多因素，特别应考虑所测性状的表达类型，即该性状是质量性状、数量性状还是假质量性状。因此，在作出关于特异性的判定前，本测试指南的使用者应熟悉总则中的建议。

4.1.4 植株 / 植株部位的观测数量

除非另有说明，在判定特异性时，对单个植株的所有观测应在 9 个植株或来自 9 个植株中每个植株的部位进行；其他的观测应在试验中的全部植株上进行，观测时应将异型株排除在外。

4.1.5 观测方法

性状表第二列以如下符号（见 TGP/9《特异性测试》第 4 部分“性状观测”）的形式列出了特异性判定时推荐的性状观测方法。

MG：对一批植株或植株部位进行单次测量。

MS：对一定数量的植株或植株部位进行逐一测量。

VG：对一批植株或植株部位进行单次目测。

VS：对一定数量的植株或植株部位进行逐一目测。

观测类型：目测（V）或测量（M）。

目测（V）是一种基于专家判断的观测方法。本文中的目测是指专家的感官观察，因此，也包括闻，尝和触摸。目测也包括专家使用参照物（例如图表，标准品种，并排比较）或非线性的图表（例如比色卡）的观测。测量（M）是一种基于校准的、线性尺度的客观观测，例如使用尺、秤、色度计、日期和计数等进行观测。

记录类型：群体记录（G）或个体记录（S）。

以特异性为目的的观测，可被记录为一批植株或植株部位的单个记录（G），或者记录为一定数量的单个植株或植株部位的个体记录（S）。多数情况下，群体记录为一个品种提供一个单个记录，因此不可能或者不必要通过逐个植株的统计分析来判定特异性。

如果性状表中提供了不止一种观测方法（如 VG/MG），可以参考 TGP/9《特异性测试》的第 4 部分选择合适的观测方法。

4.2 一致性

4.2.1 对于本指南的使用者而言，在判定一致性前参照总则一致性判定的一般原则十分重要。但为进一步说明和强调一致性判定，本指南特列出一致性判定的要点。

4.2.2 评价一致性时，应采用 1% 的群体标准和至少 95% 的接受概率。当样本量为 8 个植株时，允许有 1 个异型株。

4.3 稳定性

4.3.1 在实际操作中，通常不像测试特异性和一致性那样对稳定性进行测试以得到明确结果。经验表明，对许多类型的品种来说，当一个品种表现一致时，可认为其是稳定的。

4.3.2 适当情况下或者有疑问时，可通过进一步测试新提交的材料对稳定性进行测试，以确保他们表现出和以前提供的测试材料相同的性状。

5 品种分组和试验组织

5.1 使用分组性状可以帮助选择与申请品种一起进行田间种植试验的已知品种，以及对这些品种进行合适分组以便进行特异性评价。

5.2 分组性状表达状态的数据即使来自不同地点，也可以单独或者与其他此类性状联合使用。

（a）用于特异性测试中筛选排除那些不需要安排在种植试验中的已知品种。

（b）用于组织安排种植试验，使近似品种种植在一起。

5.3 以下性状已被确认为有用的分组性状。

（a）植株：生长习性（性状 1）。

（b）叶片：色斑（性状 14）。

（c）花：类型（性状 17）。

（d）花：眼区（性状 22）。

（e）花瓣：内侧主色（不包括眼区和延长线）（性状 29）。

5.4 总则和 TGP/9《特异性测试》中提供了在特异性审查过程中使用分组性状的指导。

6 性状表介绍

6.1 性状类型

6.1.1 标准指南性状

标准指南性状是 UPOV 已同意用于 DUS 审查的性状，UPOV 成员可以从中选择与其特定环境相适应的性状。

6.1.2 星号性状

星号性状（用“*”标记）是测试指南中对于形成国际统一的品种描述十分重要的性状，所有 UPOV 成员都应将其用于 DUS 测试并包含在品种描述中，除非前序性状的表达或区域环境条件所限使其无法测试。

6.2 表达状态及相应代码

6.2.1 为定义性状和统一描述，将每个性状划分为一系列表达状态。每个表达状态赋予一个相应的数字代码，以便于数据记录，以及品种性状描述的建立和交流。

6.2.2 对于质量性状和假质量性状（6.3），性状表中列出了所有表达状态。但对于有 5 个或 5 个以上表达状态的数量性状，可以采用缩略尺度的方法，以缩短性状表格。例如，对于有 9 个表达状态的数量性状，在测试指南的性状表中可采用以下缩略形式。

表达状态	代码
小	3
中	5
大	7

但是应该指出的是，以下 9 个表达状态都是存在的，应采用适宜的表达状态用于品种的描述。

表达状态	代码
极小	1
极小到小	2
小	3
小到中	4
中	5
中到大	6
大	7
大到极大	8
极大	9

6.2.3 TGP/7《测试指南的研制》中提供了表达状态和代码的更详尽的介绍。

6.3 表达类型

总则中对性状表达类型（质量性状、数量性状和假质量性状）进行了解释。

6.4 标准品种

适当时，测试指南中提供了标准品种用于校正性状的表达状态。

6.5 注释

（*）星号性状（6.1.2）。

QL：质量性状（6.3）。

QN：数量性状（6.3）。

PQ：假质量性状（6.3）。

MG、MS、VG、VS：观测方法（4.1.5）。

（a）～（b）性状表解释（8.1）。

（+）性状表解释（8.2）。

7 性状表

性状编号	观测方法	英文	中文	标准品种	代码
1. （*） （+） PQ	VG	**Plant：growth habit**	**植株：生长习性**		
		upright	直立	Jeonyeongnol	1
		semi upright	半直立	Shichisai	2
		spreading	平展	Yeonmin	3
		drooping	下弯	Jina	4
2. （*） QN	MG/ MS	**Plant：height**	**植株：高度**		
		short	矮	Antong	3
		medium	中	Paektanshim	5
		tall	高	Shichisai	7
3. QN	VG	**Plant：density of branching**	**植株：分枝密度**		
		sparse	疏	Yeonmin	3
		medium	中	Shichisai	5
		dense	密	Antong，Sukim	7
4. （+） PQ	VG	**Currentyear branch：color**	**当年生枝条：颜色**		
		greenish	泛绿色	Byunghwa	1
		brownish	泛棕色	Chilbo，Shichisai	2
		purplish	泛紫色	Samchulli	3
5. QN	VG （a）	**Petiole：length**	**叶柄：长度**		
		short	短		3
		medium	中		5
		long	长		7
6. （*） QN	VG/ MS （a）	**Leaf blade：length**	**叶片：长度**		
		short	短	Antong	3
		medium	中	Chilbo	5
		long	长	Shichisai	7
7. （*） QN	VG/ MS （a）	**Leaf blade：width**	**叶片：宽度**		
		narrow	窄	Chilbo	3
		medium	中		5
		broad	宽	Shichisai	7

续表

性状编号	观测方法	英文	中文	标准品种	代码
8. **(*)** **(+)** **QN**	**VG** **(a)**	**Leaf blade: ratio length/width**	**叶片：长宽比**		
		slightly elongated	轻度拉长	Happykim	1
		moderately elongated	中度拉长	Paektanshim	2
		very elongated	重度拉长	Chilbo	3
9. **(*)** **(+)** **PQ**	**VG** **(a)**	**Leaf blade: shape of base**	**叶片：基部形状**		
		acute	锐尖	Yeonmin	1
		obtuse	钝尖	Gwangmyeong	2
		rounded	圆形	Shichisai	3
10. **(*)** **QN**	**VG** **(a)**	**Leaf blade: intensity of green color**	**叶片：绿色程度**		
		light	浅		3
		medium	中	Samchulli	5
		dark	深	Chilbo	7
11. **(*)** **(+)** **QN**	**VG** **(a)**	**Leaf blade: lobing**	**叶片：裂刻程度**		
		absent or very shallow	无或极浅	Asadal	1
		shallow	浅	Jeonyeongnol	3
		medium	中	Gwangmyeong	5
		deep	深	Sukim	7
12. **(+)** **QN**	**VG** **(a)**	**Leaf blade: undulation**	**叶片：波状**		
		absent or weak	无或弱	Antong	1
		medium	中		2
		strong	强	Gwangmyeong	3
13. **(*)** **(+)** **QN**	**VG** **(a)**	**Leaf blade: incisions of margin**	**叶片：边缘缺刻**		
		few	少	Chilbo	3
		medium	中	Paektanshim	5
		many	多		7
14. **(*)** **(+)** **QL**	**VG** **(a)**	**Leaf blade: variegation**	**叶片：色斑**		
		absent	无	Asadal	1
		present	有	Purpureus	9
15. **(*)** **PQ**	**VG** **(a)**	**Leaf blade: color of variegation**	**叶片：色斑颜色**		
		white	白色		1
		white and yellow	白色和黄色		2
		yellow	黄色		3
		yellow and green	黄色和绿色		4
16. **QN**	**VG** **(b)**	**Flower: Pedicel: length**	**花：花梗长度**		
		short	短		1
		medium	中		2
		long	长		3
17. **(*)** **(+)** **QL**	**VG** **(b)**	**Flower: type**	**花：类型**		
		single	单瓣	Asadal	1
		semidouble	半重瓣	Aka-hanagasa	2
		double	重瓣	Pompon Rouge	3

续表

性状编号	观测方法	英文	中文	标准品种	代码
18. (*) QN	**MG (b)**	**Excluding varieties with flower type: single: Flower: number of petaloid stamens**	**花：花瓣状的雄蕊数（花类型为单瓣品种除外）**		
		few	少	Lady Stanley	3
		medium	中	Aka-hanagasa	5
		many	多	Pompon Rouge	7
19. (*) (+) QN	**VG (b)**	**Flower: attitude of outermost petals**	**花：最外层花瓣姿态**		
		strongly ascending	强烈向上	Hwarang	1
		moderately ascending	中等向上	Sooni	3
		horizontal	水平	Samchulli	5
20. (*) (+) QN	**VG (b)**	**Excluding varieties with flower type: double: Flower: arrangement of outermost petals**	**花：最外层花瓣排列（花类型为重瓣品种除外）**		
		strongly apart	强烈分离	Antong	1
		slightly apart	轻度分离		2
		touching or slightly overlapping	相接或轻度重叠	Lady Stanley	3
		moderately overlapping	中度重叠		4
		strongly overlapping	强烈重叠	Jongmoo，Yousoon	5
21. (*) QN	**VG/ MS (b)**	**Flower: diameter**	**花：直径**		
		small	小	Asadal	3
		medium	中	Chilbo	5
		large	大	Shichisai	7
22. (*) (+) QL	**VG (b)**	**Flower: eye zone**	**花：眼区**		
		absent	无	Paedal	1
		present	有	Paektanshim	9
23. (*) (+) QN	**VG (b)**	**Petal: size of eye zone relative to petal (extensions excluded)**	**花瓣：眼区相对于花瓣大小（延长线除外）**		
		small	小	Samchulli	3
		medium	中	Chilbo	5
		large	大	Sooni	7
24. (*) (+) QN	**VG (b)**	**Eye zone: length of extensions**	**眼区：延长线长度**		
		absent or very short	无或极短	Samchulli	1
		short	短	Antong	2
		medium	中	Shichisai	3
		long	长	Chilbo	4
25. (*) (+) PQ	**VG (b)**	**Eye zone: main color**	**眼区：主色**		
		RHS Colour Chart (indicate reference number)	RHS 比色卡 （注明参考色号）		
26. (*) QN	**VG/ MS (b)**	**Petal: length**	**花瓣：长度**		
		short	短	Asadal	3
		medium	中	Chilbo	5
		long	长	Shichisai	7
27. (*) QN	**VG/ MS (b)**	**Petal: width**	**花瓣：宽度**		
		narrow	窄	Asadal	3
		medium	中	Chilbo	5
		broad	宽	Shichisai	7

续表

性状编号	观测方法	英文	中文	标准品种	代码
28. (*) (+) QN	VG (b)	**Petal：shape**	**花瓣：形状**		
		slightly elongated	轻度拉长		1
		moderately elongated	中等拉长		2
		very elongated	重度拉长		3
29. (*) (+) PQ	VG (b)	**Petal：main color on inner side (eye zone and extensions excluded)**	**花瓣：内侧主色（不包括眼区和延长线）**		
		RHS Colour Chart, (indicate reference number)	RHS 比色卡 （注明参考色号）		
30. (*) (+) PQ	VG (b)	**Petal：secondary color on inner side (eye zone and extensions excluded)**	**花瓣：内侧次色（不包括眼区和延长线）**		
		RHS Colour Chart (indicate reference number)	RHS 比色卡 （注明参考色号）		
31. (*) (+) PQ	VG (b)	**Petal：distribution of secondary color (eye zone and extensions excluded)**	**花瓣：内侧次色分布（不包括眼区和延长线）**		
		none	无		1
		lateral zone	侧边区域	Asadal，Lady Stanley	2
		distal half	上半部	Seonnyo	3
		throughout	全部		4
32. (*) (+) QN	VG (b)	**Petal：incisions**	**花瓣：缺刻**		
		absent or weak	无或弱	Yeonmin	1
		medium	中	Yousoon	2
		strong	强	Saeachim	3
33. (*) (+) QN	VG (b)	**Petal：undulation**	**花瓣：波状**		
		absent or very weak	无或弱		1
		weak	弱	Sooni	3
		medium	中	Dudungsil	5
		strong	强	Hayypkim	7
34. (+) QN	VG (b)	**Excluding varieties with flower type：double：Staminal column：length**	**雄蕊柱：长度（花类型为重瓣品种除外）**		
		short	短	Asadal	1
		medium	中	Chilbo	2
		long	长	Shichisai，Sukim	3

8 性状表解释

8.1 涉及多个性状的解释

性状表第二列包含以下标注的性状应按照下述要求观测。

（a）对叶的观测应在当年生枝条中部 1/3 处的完全成熟叶上进行。

（b）对花和花器官的观测应在当年生枝条完全开放的花上进行。

8.2 涉及单个性状的解释

性状 1：植株生长习性

1

直立

2

半直立

3

平展

4

下弯

观测应在从底部数第三片叶上进行。

性状 4：当年生枝条颜色

当年生枝条中部 1/3 处的第一朵花完全开放的 1 个月后，观测枝条颜色。

性状 8：叶片长宽比

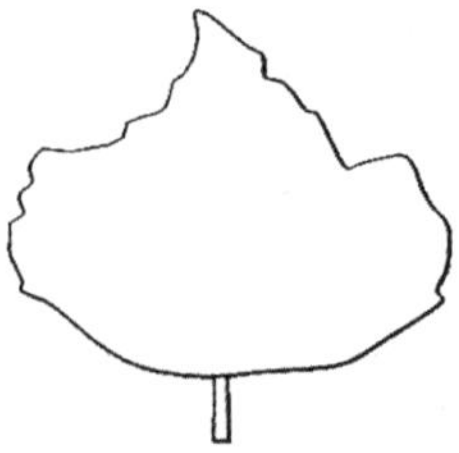

1

轻度拉长

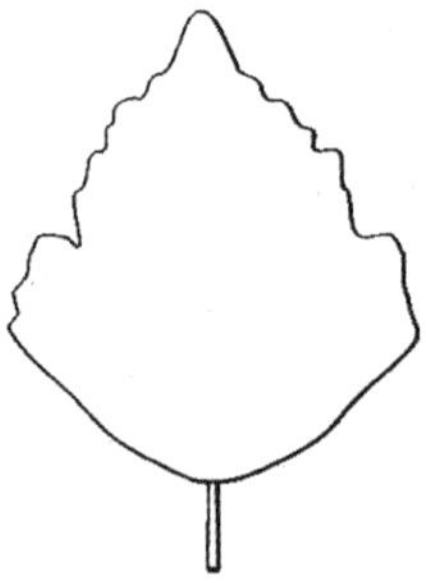

2

中度拉长

3

重度拉长

性状 9：叶片基部形状

1

锐尖

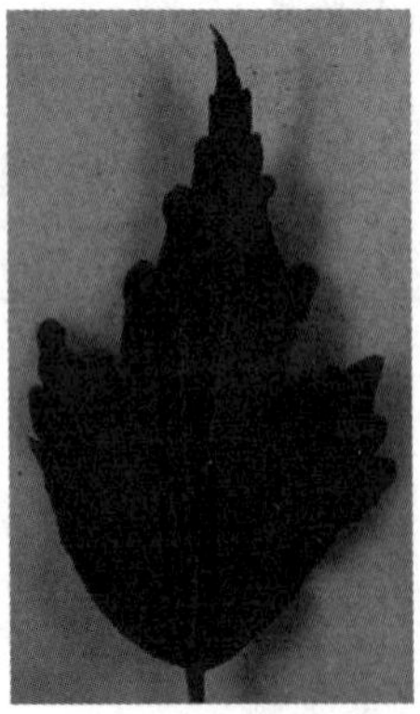

2

钝尖

3

圆形

性状 11：叶片裂刻程度

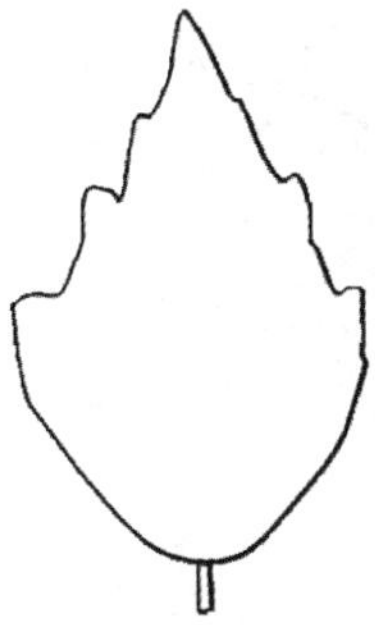

1
无或极浅

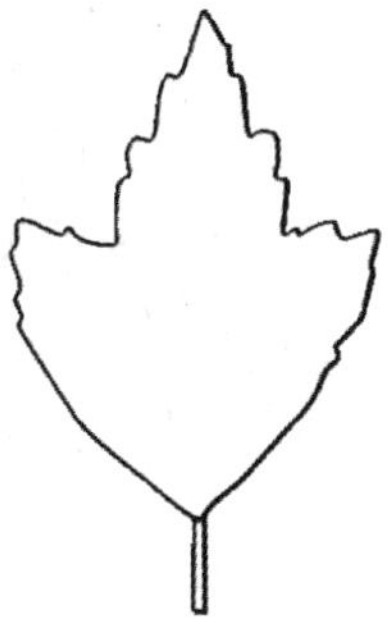

3
浅

5
中

7
深

性状 12：叶片波状

1
无或极弱

2
中

3
强

性状 13：叶片边缘缺刻

3
少

5
中

7
多

性状 14：叶片色斑

1
无

9
有

性状 17：花类型

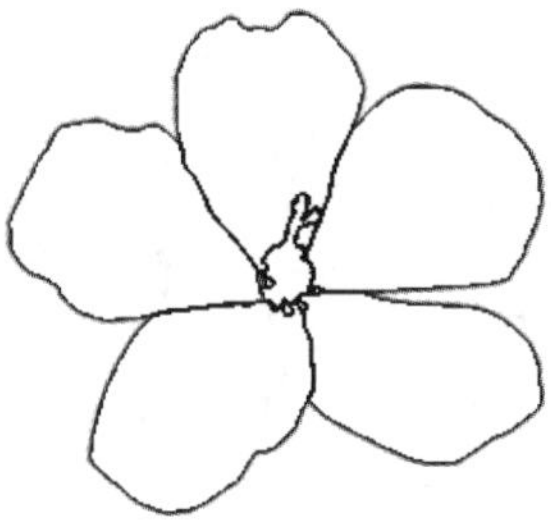
1
单瓣

2
半重瓣

3
重瓣

单瓣为仅 5 个花瓣，半重瓣为出现一些花瓣状雄蕊，重瓣为既没有雄蕊又没有雌蕊的花。

性状 19：花最外层花瓣姿态

1
强烈向上

3
中等向上

5
水平

性状 20：花最外层花瓣排列（花类型为重瓣品种除外）

1
强烈分离

3
相接或轻度重叠

5
强烈重叠

性状 22：花眼区

1
无

9
有

性状 23：花瓣眼区相对于花瓣大小（延长线除外）

3
小

5
中

7
大

性状 24：眼区延长线长度

1
无或极短

2
短

4
长

性状 25：眼区主色

主色指表面积最大的颜色。

性状 28：花瓣形状

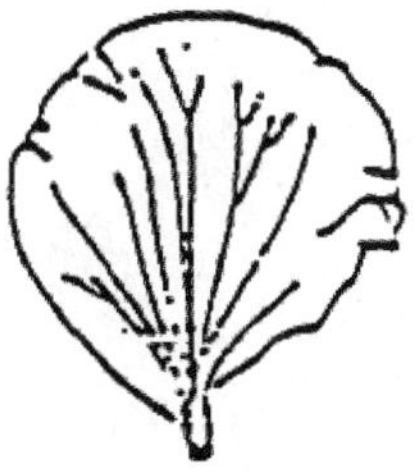

1
轻度拉长

2
中等拉长

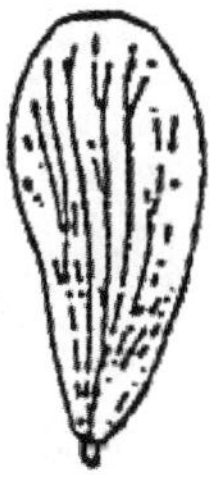

3
重度拉长

性状 29：花瓣内侧主色（不包括眼区和延长线）

性状 30：花瓣内侧次色（不包括眼区和延长线）

主色指总表面积最大的颜色，次色指总表面积第二大的颜色。如果颜色区域接近各占一半，更浅的颜色为主色。

性状 31：花瓣内侧次色分布（不包括眼区和延长线）

2
侧边区域

3
上半部

4
全部

性状 32：花瓣缺刻

1
无或弱

2
中

3
强

性状 33：花瓣波状

3
弱

5
中

7
强

性状 34：雄蕊柱长度（花类型为重瓣品种除外）

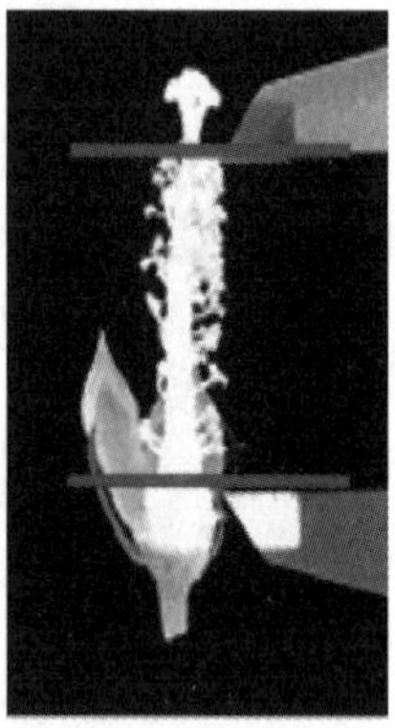

TG/275/1 Corr.
原文：英文
日期：2011-10-20，2016-08-17

国际植物新品种保护联盟
植物品种特异性、一致性和稳定性
测试指南

山茶属

UPOV 代码：CMLIA
（不包括 CMLIA_SIN）

（*Camellia* L.）
（不包括 *Camellia sinensis* L. O.Kuntze）

互用名称 *

植物学名称	英文	法文	德文	西班牙文
Camellia L.	Camellia	Camélia	Kamelie	Camelia

其他 UPOV 相关文件：
TG/TEA（*Camellia sinensis* L. O. Kuntze）.

* 这些名称在指南开始使用时是正确的，但随后可能会修改更新。读者可登录 UPOV 网站（www.upov.int），获取最新资料。

1 指南适用范围

本指南适用于除茶 [*Camellia sinensis*（L.）O. Kuntze] 以外山茶属（*Camellia* L.）的所有品种。

2 繁殖材料要求

2.1 待测品种繁殖材料的数量和质量要求以及提交的时间和地点由主管机构决定。申请人从测试所在国境外提交繁殖材料的，还应符合海关规定并满足相关植物检疫的要求。

2.2 繁殖材料以植株的形式提交，植株在第一个或之后的生长周期中能开花且该品种的所有相关性状能表达。

2.3 申请人提交繁殖材料的最小数量为 10 个植株。

2.4 提供的繁殖材料应外观健康有活力，未受到任何严重病虫害的影响。

2.5 提交的繁殖材料不得进行任何可能影响品种性状表达的处理，除非主管机构允许或要求进行这种处理。如果材料已经处理，必须提供相关处理的详细说明。

3 测试方法

3.1 生长周期

测试的最少周期数量通常为 1 个生长周期。

3.2 测试地点

测试通常在 1 个地点进行。在 1 个以上地点进行测试时，TGP/9《特异性测试》提供了有关指导。

3.3 测试条件

3.3.1 测试的条件应能满足品种正常生长的需要，以确保品种相关性状充分表达和测试的顺利开展。

3.3.2 由于日光变化的原因，在利用比色卡确定颜色时应在一个合适的有人工光源照明的小室或中午无阳光直射的房间内进行。人工光源的光谱分布应符合 CIE“理想日光标准 D6500”，且在《英国标准 950：第 1 部分》规定的允许范围内。在鉴定颜色时，应将植株部位置于白色背景前。使用的比色卡及其版本应在品种描述中说明。

3.4 试验设计

3.4.1 每个试验应保证至少有 10 个植株。

3.4.2 试验设计应保证因测量或计数等需要，从小区取走部分植株或植株部位后，不影响生长周期结束前的所有观测。

3.5 附加测试

为测试有关性状，可以进行附加测试。

4 特异性、一致性和稳定性结果的判定

4.1 特异性

4.1.1 总体原则

对于本指南的使用者而言，在判定特异性前参照总则特异性判定的总体原则十分重要。但为进一步说明和强调特异性判定，本指南特列出特异性判定的要点。

4.1.2 一致的差异

当观测到的品种之间的差异非常明显时，则没有必要种植 1 个以上生长周期。此外，在某些情况下，环境的影响并不意味着需要 1 个以上的生长周期来保证品种间观察到的差异是足够一致的。为确保在种植试验中所观测到的性状差异是足够一致的，可以对性状进行至少 2 个独立生长周期的测试。

4.1.3 明显的差异

两个品种间的差异是否明显取决于很多因素，特别应考虑所测性状的表达类型，即该性状是质量性状、数量性状还是假质量性状。因此，在作出关于特异性的判定前，本测试指南的使用者应熟悉总则中的建议。

4.1.4 植株 / 植株部位的观测数量

除非另有说明，在判定特异性时，对于单株的观测，应观测 9 个植株或分别从 9 个植株取下的植株部位；对于其他观测，应观测试验中的所有植株。观测时应将异型株排除在外。

4.1.5 观测方法

性状表第二列以如下符号（见 TGP/9《特异性测试》第 4 部分“性状观测”）的形式列出了特异性判定时推荐的性状观测方法。

MG：对一批植株或植株部位进行单次测量。

MS：对一定数量的植株或植株部位进行逐一测量。

VG：对一批植株或植株部位进行单次目测。

VS：对一定数量的植株或植株部位进行逐一目测。

观测类型：目测（V）或测量（M）。

目测（V）是一种基于专家判断的观测方法。本文中的目测是指专家的感官观察，因此，也包括闻、尝和触摸。目测也包括专家使用参照物（例如图表，标准品种，并排比较）或非线性的图表（例如比色卡）的观测。测量（M）是一种基于校准的、线性尺度的客观观测，例如使用尺、秤、色度计、日期和计数等进行观测。

记录类型：群体记录（G）或个体记录（S）。

以特异性为目的的观测，可被记录为一批植株或植株部位的单个记录（G），或者记录为一定数量的单个植株或植株部位的个体记录（S）。多数情况下，群体记录为一个品种提供一个单个记录，因此不可能或者不必要通过逐个植株的统计分析来判定特异性。

如果性状表中提供了不止一种观测方法（如 VG/MG），可以参考 TGP/9《特异性测试》的 4.2 部分选择合适的观测方法。

4.2 一致性

4.2.1 对于本指南的使用者而言，在判定一致性前参照总则一致性判定的一般原则十分重要。但为进一步说明和强调一致性判定，本指南特列出一致性判定的要点。

4.2.2 评价一致性时，应采用 1% 的群体标准和至少 95% 的接受概率。当样本量为 10 个时，允许有 1 个异型株。

4.3 稳定性

4.3.1 在实际操作中，通常不像测试特异性和一致性那样对稳定性进行测试以得到明确结果。经验表明，对许多类型的品种来说，当一个品种表现一致时，可认为其是稳定的。

4.3.2 适当情况下或者有疑问时，可以采用种植该品种的新的一批种苗对其稳定性进行测试，看其性状表现是否与之前提交的材料表现相同。

5 品种分组和试验组织

5.1 使用分组性状可以帮助选择与申请品种一起进行田间种植试验的已知品种，以及对这些品种进行合适分组以便进行特异性评价。

5.2 分组性状表达状态的数据即使来自不同地点，也可以单独或者与其他此类性状联合使用。

（a）用于特异性测试中筛选排除那些不需要安排在种植试验中的已知品种。

（b）用于组织安排种植试验，使近似品种种植在一起。

5.3 以下性状已被确认为有用的分组性状。

（a）植株：生长习性（性状 1）。

（b）叶片：长度（性状 9）。

（c）叶片：边缘（性状 23）。

（d）花：直径（性状 29）。

（e）花：结构（性状 30）。

（f）花：瓣化物（性状 31）。

（g）花瓣：主色（性状 41），分组如下。

第一组：白色。

第二组：黄色。

第三组：橙色。

第四组：粉色。

第五组：红色。

第六组：紫色。

（h）花瓣：次色（性状 43）。

（i）花瓣：次色的分布（性状 44）。

（j）花期（性状 50）。

5.4 总则和 TGP/9《特异性测试》中提供了在特异性审查过程中使用分组性状的指导。

6 性状表介绍

6.1 性状类型

6.1.1 标准指南性状

标准指南性状是 UPOV 已同意用于 DUS 审查的性状，UPOV 成员可以从中选择与其特定环境相适应的性状。

6.1.2 星号性状

星号性状（用“*”标记）是测试指南中对于形成国际统一的品种描述十分重要的性状，所有 UPOV 成员都应将其用于 DUS 测试并包含在品种描述中，除非前序性状的表达或区域环境条件所限使其无法测试。

6.2 表达状态及相应代码

6.2.1 为定义性状和统一描述，将每个性状划分为一系列表达状态。每个表达状态赋予一个相应的数字代码，以便于数据记录，以及品种性状描述的建立和交流。

6.2.2 对于质量性状和假质量性状（6.3），性状表中列出了所有表达状态。但对于有 5 个或 5 个以上表达状态的数量性状，可以采用缩略尺度的方法，以缩短性状表格。例如，对于有 9 个表达状态的数量性状，在测试指南的性状表中可采用以下缩略形式。

表达状态	代码
小	3
中	5
大	7

但是应该指出的是，以下 9 个表达状态都是存在的，应采用适宜的表达状态用于品种的描述。

表达状态	代码
极小	1
极小到小	2
小	3
小到中	4
中	5
中到大	6
大	7
大到极大	8
极大	9

6.2.3 TGP/7《测试指南的研制》中提供了表达状态和代码的更详尽的介绍。

6.3 表达类型

总则中对性状表达类型（质量性状、数量性状和假质量性状）进行了解释。

6.4 标准品种

6.4.1 适当时，测试指南中提供了标准品种用于校正性状的表达状态。

6.4.2 性状表中所包含的标准品种属于下列亲本类型。

Camellia amplexicaulis: Fen Bao Jing Cha.

Camellia changii (*Camellia azalea*): Chun Jiang Zhi Xia.

Camellia japonica: Anticipation, Bai Bao Ta, Bai Mu Dan, Betty Foy Sanders, Bian Ye Kuan Cai Dai, Cai Fu Rong, Cai Ye Hong Lu Zhen, Camilla Hebert, Chang E Cai, Chong Qing Hong, Colettii, Da Hong Jin Xin, Da Hong Mu Dan, Da Zhu Sha, Elegans Champagne, Fei Bie Cha, Fen Fu Rong, Fen Xia, Grape Soda, Kujakutsubaki, Helen Bower, Holly Bright, Hong Lu Zhen, Hong Shi Ba Xue Shi, Hua Bao Zhu, Hua Mu Dan, Jin Jiang Mu Dan, Jin Pan Li Zhi, Kingyo-tsubaki, Lipstick, L.T. Dees, Margaret Davis, Mary Agnes Patin, Masterpiece, Night Rider, Nokogiriba, Nuccio's # 4310, Nuccio's Bella Rossa, Nuccio's Cameo, Pen Sha, Pu Tao Hong, Raspberry Ice, Ren Mian Tao Hua, Royal Velvet, Sai Luo Yang, Shi Ba Xue Shi, Shi Zi Xiao, Swan Lake, Unryu-tsubaki, Wen Ban Fei Ye Cha, Xiao Tao Hong, Xu Bian, Xue Ta, Yi Lan Jiao, Zao Chun Da Hong Qiu, Zhuang Yuan Hong.

Camellia minutiflora: Wei Hua Lian Rui Cha.

Camellia reticulata: Bill Goertz, Da Li Cha, Da Tao Hong, Hou Ye De Chi, Massee Lane, Pink Dalhlia, Tong Zi Mian, Zhu Sha Zi Pao.

Camellia sasanqua: First Cover, Xia Mei Gui.

Hybrids: Dong Hai Guang Yao.

6.5 注释

（*）星号性状（6.1.2）。

QL：质量性状（6.3）。

QN：数量性状（6.3）。

PQ：假质量性状（6.3）。

MG、MS、VG、VS：观测方法（4.1.5）。

（a）～（g）性状表解释（8.1）。

（+）性状表解释（8.2）。

7 性状表

性状编号	观测方法	英文	中文	标准品种	代码
1. (*) (+) **PQ**	**VG**	**Plant: growth habit**	**植株：生长习性**		
		upright	直立	Anticipation	1
		semiupright	半直立	Mary Agnes Patin	2
		spreading	散开	Masterpiece	3
		drooping	下弯	Kujaku-tsubaki	4
		horizontal	水平	First Cover	5
2. **QL**	**VG**	**Branch: zigzagging**	**分枝："之"字形**		
		absent	无	Hong Lu Zhen	1
		present	有	Unryu-tsubaki	9
3. (*) **QN**	**VG**	**Plant: density of foliage**	**植株：树叶密度**		
		sparse	疏	Da Tao Hong	3
		medium	中	Chang E Cai	5
		dense	密	Pu Tao Hong	7
4. **PQ**	**VG** (a)	**Vegetative bud: color**	**叶芽：颜色**		
		yellowish green	黄绿色		1
		green	绿色	Elegans Champagne	2
		purple green	紫绿色	Ren Mian Tao Hua	3
		light pink	浅粉色	Fen Fu Rong	4
		purple red	紫红色	Nuccio's Bella Rossa	5
		dark red	深红色	Night Rider	6
5. (*) (+) **QN**	**VG** (a)	**Terminal vegetative bud: number**	**顶叶芽：数量**		
		one	1 个		1
		two	2 个		2
		more than two	多于 2 个		3
6. (*) **PQ**	**VG** (b)	**Young shoot: color**	**嫩枝：颜色**		
		yellowish green	黄绿色		1
		green	绿色		2
		pink	粉色		3
		yellowish brown	黄棕色		4
		reddish brown	红棕色		5
7. (*) (+) **QN**	**VG** (c)	**Leaf: attitude**	**叶：姿态**		
		upwards	向上	Nuccio's Cameo	1
		outwards	外展	Shi Zi Xiao	2
		downwards	下垂		3
8. (*) (+) **PQ**	**VG** (c)	**Leaf: arrangement**	**叶：排列**		
		alternate	互生		1
		perpendicular	垂直		2
		spiral	螺旋		3
9. (*) **QN**	**VG/** **MS** (c)	**Leaf blade: length**	**叶片：长度**		
		short	短	Xiao Mei Gui	3
		medium	中	Hong Lu Zhen	5
		long	长	Zhu Sha Zi Pao	7

续表

性状编号	观测方法	英文	中文	标准品种	代码
10. QN	VG/ MS (c)	**Leaf blade: width**	**叶片：宽度**		
		very narrow	极窄		1
		narrow	窄	Xiao Mei Gui	3
		medium	中	Chun Jiang Zhi Xia	5
		broad	宽	Hong Lu Zhen	7
		very broad	极宽	Fen Bao Jing Cha	9
11. (*) (+) QN	VG (c)	**Leaf blade: position of broadest part**	**叶片：最宽处位置**		
		below middle third	下部 1/3	Chun Jiang Zhi Xia	1
		in middle third	中部 1/3	Fei Bie Cha	2
		above middle third	上部 1/3	Hong Lu Zhen	3
12. (*) (+) PQ	VG (c)	**Leaf blade: shape of base**	**叶片：基部形状**		
		acute	锐尖	Pink Dalhlia	1
		obtuse	钝尖	Swan Lake	2
		rounded	圆形	Massee Lane	3
		cordate	心形	Fen Bao Jing Cha	4
13. (*) (+) PQ	VG (c)	**Leaf blade: shape of apex**	**叶片：先端形状**		
		retuse	微凹	Chun Jiang Zhi Xia	1
		rounded	圆形	Hen Tian Gao	2
		short acuminate	短渐尖	Hong Lu Zhen	3
		medium acuminate	中等渐尖		4
		long acuminate	长渐尖	Kujaku-tsubaki	5
		divided	分离	Kingyo-tsubaki	6
14. (*) QL	VG (c)	**Leaf blade: pubescence on upper side**	**叶片：上表面茸毛**		
		absent	无		1
		present	有		9
15. (*) QN	VG (c)	**Leaf blade: thickness**	**叶片：厚度**		
		thin	薄	Xiao Mei Gui	1
		medium	中	Hong Lu Zhen	2
		thick	厚	Hou Ye De Chi	3
16. (*) QN	VG (c)	**Leaf blade: venation on upper side**	**叶片：上表面叶脉显现程度**		
		weak	弱	Shi Zi Xiao	1
		medium	中	Fen Xia	2
		strong	强		3
17. (*) QN	VG (c)	**Leaf blade: glossiness of upper side**	**叶片：上表面光泽**		
		weak	弱	Swan Lake	3
		medium	中	Da Zhu Sha	5
		strong	强	Royal Velvet	7
18. (*) QL	VG (c)	**Leaf blade: variegation**	**叶片：色斑**		
		absent	无		1
		present	有		9
19. (*) PQ	VG (c)	**Leaf blade: Color of upper side (excluding variegation)**	**叶片：上表面颜色（除色斑外）**		
		yellowish green	黄绿色	Nuccio's # 4310	1
		light green	浅绿色	Xiao Tao Hong	2
		medium green	中等绿色	Hong Lu Zhen	3
		dark green	深绿色	Colettii	4
		grey green	灰绿色		5

续表

性状编号	观测方法	英文	中文	标准品种	代码
20. (*) PQ	VG (c)	**Leaf blade: color of variegation**	**叶片：色斑颜色**		
		white	白色	Dong Hai Guang Yao	1
		light yellow	浅黄色	Bian Ye Kuan Cai Dai	2
		medium yellow	中等黄色	Cai Ye Hong Lu Zhen	3
21. (*) PQ	VG (c)	**Leaf blade: distribution of variegation**	**叶片：色斑分布**		
		marginal only	仅沿叶脉		1
		central zone only	仅中部		2
		irregular	无规则		3
22. (+) QN	VG (c)	**Leaf blade: shape in cross section**	**叶片：横切面形状**		
		concave	内卷	Tong Zi Mian	1
		flat	平展	Chang E Cai	2
		convex	外卷	Wen Ban Fei Ye Cha	3
23. (*) (+) PQ	VG (c)	**Leaf blade: margin**	**叶片：边缘**		
		entire	全缘	Chun Jiang Zhi Xia	1
		serrulate	细锯齿状	L.T. Dees	2
		serrate	锯齿状	Nokogiriba	3
		bidentate	双齿状	Bill Goertz	4
24. QN	VG/ MS (c)	**Petiole: length**	**叶柄：长度**		
		very short	极短	Fen Bao Jing Cha	1
		short	短	Hong Lu Zhen	3
		medium	中		5
		long	长		7
25. (*) (+) PQ	VG (d)	**Sepal: position of broadest part**	**萼片：最宽处位置**		
		below middle third	下部 1/3 处		1
		in middle third	中部 1/3 处		2
		above middle third	上部 1/3 处		3
26. (*) PQ	VG (d)	**Sepal: color of outer side**	**萼片：下表面颜色**		
		yellow	黄色	Grape Soda	1
		yellowish green	黄绿色	Xiao Tao Hong	2
		brown	棕色		3
		purple red	紫红色		4
27. (+) QN	VG (d)	**Sepal: shape of apex**	**萼片：先端形状**		
		obtuse	钝尖		1
		rounded	圆形		2
		retuse	微凹		3
28. (*) (+) PQ	VG	**Flower bud: arrangement**	**花芽：着生方式**		
		terminal only	仅顶生		1
		terminal and axillary	顶生和腋生		2
		axillary only	仅腋生		3
29. (*) QN	MG/ VG (e)	**Flower: diameter**	**花：直径**		
		very small	极小	Wei Hua Lian Rui Cha	1
		small	小	Xiao Mei Gui	3
		medium	中	Hong Lu Zhen	5
		large	大	Da Li Cha	7
		very large	极大	Fen Bao Jing Cha	9

续表

性状编号	观测方法	英文	中文	标准品种	代码
30. (*) (+) PQ	VG (e)	**Flower: form**	**花：结构**		
		single	单瓣	Da Hong Jin Xin	1
		semi-double	半重瓣	Chun Jiang Zhi Xia	2
		anemone form	托桂型	Jin Pan Li Zhi	3
		peony form	牡丹型	Hua Mu Dan	4
		rose form double	重瓣蔷薇型	Zhuang Yuan Hong	5
		formal double	完全重瓣	Xue Ta	6
31. (*) QL	VG (e)	**Flower: presence of petaloids**	**花：瓣化物**		
		absent	无		1
		present	有		9
32. (*) QN	MG/ VG (e)	**Flower: number of petaloids**	**花：瓣化物数量**		
		few	少	Bai Mu Dan	3
		medium	中	Cai Fu Rong	5
		many	多	Jin Pan Li Zhi	7
33. (+) PQ	VG (e)	**Flower: petaloid organs**	**花：花瓣状器官**		
		some stamens petaloid	部分雄蕊瓣化		1
		all stamens petaloid	全部雄蕊瓣化		2
		all stamens and pistil petaloids	全部雄蕊和雌蕊瓣化		3
34. QN	VG (f)	**Petal: thickness**	**花瓣：厚度**		
		thin	薄	Xiao Mei Gui	1
		medium	中	Xiao Tao Hong	2
		thick	厚		3
35. (*) (+) PQ	VG (f)	**Petal: shape of apex**	**花瓣：先端形状**		
		obtuse	钝尖		1
		rounded	圆形		2
		retuse	微凹		3
36. QN	VG (f)	**Petal: number of incisions of margin**	**花瓣：边缘缺刻数量**		
		absent or few	无或少	Chun Jiang Zhi Xia	1
		medium	中		2
		many	多	Xu Bian	3
37. (*) (+) QN	VG (f)	**Petal: curvature of longitudinal axis**	**花瓣：纵切面卷曲**		
		incurved	内弯		1
		flat	平展		2
		recurved	外弯		3
38. (*) (+) PQ	VG (f)	**Flower: shape of petals of first outer row**	**花：最外轮花瓣形状**		
		ovate	卵圆形	Helen Bower	1
		oblong	长方形		2
		circular	圆形	Swan Lake	3
		oblate	扁圆形		4
		obovate	倒卵圆形	Lipstick	5
		obcordate	倒心形	Jin Pan Li Zhi	6
39. (*) (+) QN	VG (f)	**Petal: undulation of margin**	**花瓣：边缘波状**		
		absent or weak	无或弱	Shi Ba Xue Shi	1
		medium	中	Raspberry Ice	2
		strong	强	Holly Bright	3

续表

性状编号	观测方法	英文	中文	标准品种	代码
40. (+) QN	VG (f)	**Petal: conspicuousness of veins**	**花瓣：脉突出程度**		
		weak	弱	Bai Bao Ta	1
		medium	中	Chun Jiang Zhi Xia	2
		strong	强	Hong Shi Ba Xue Shi	3
41. (*) (+) PQ	VG (f)	**Petal: main color**	**花瓣：主色**		
		RHS Colour Chart (indicate reference number)	RHS 比色卡 (注明参考色号)		
42. (*) PQ	VG (f)	**Petal: distribution of shading of main color (excluding variegation)**	**花瓣：主色阴影分布（色斑除外）**		
		evenly shaded	阴影均匀		1
		darkest in the central zone	中间区域最深		2
		darkest in the marginal zone	边缘最深		3
		darkest towards the base	趋基部最深		4
43. (*) (+) PQ	VG (f)	**Petal: secondary color**	**花瓣：次色**		
		RHS Colour Chart (indicate reference number)	RHS 比色卡 (注明参考色号)		
44. (*) (+)	VG (f)	**Petal: distribution of secondary color**	**花瓣：次色的分布**		
		blotched	斑点	Pen Sha	1
		central bar	中央条状	Hua Bao Zhu	2
		striated	条纹	Yi Lan Jiao	3
		marginal	边缘	Margaret Davis	4
		striped and blotched	条纹和斑点		5
		basal zone	基部区域		6
45. (*) (+) PQ	VG (g)	**Stamens: arrangement**	**雄蕊：排列**		
		sasanqua	茶梅型	Xiao Mei Gui	1
		circular	环型	Sai Luo Yang	2
		apricot	碟型		3
		tea whisk	筒型	Da Hong Jin Xin	4
		pinched	塔型		5
		tubular	管型		6
		split	簇生型	Jin Jiang Mu Dan	7
		dispersed	散生型	Da Hong Mu Dan	8
46. QN	MG (g)	**Style: number of splits**	**花柱：裂口数量**		
		one	1 个		1
		two	2 个		2
		three	3 个		3
		four	4 个		4
		five	5 个		5
47. (+) QN	VG (g)	**Style: position of splitting**	**花柱：裂开位置**		
		low	低		1
		medium	中		2
		high	高		3
48. (*) (+) QN	VG (g)	**Stigma: position in relation to stamens**	**柱头：相对于雄蕊的位置**		
		below	低于		1
		same level	相同		2
		above	高于		3

续表

性状编号	观测方法	英文	中文	标准品种	代码
49. QL	**VG (g)**	**Ovary: hairs**	**子房：毛**		
		absent	无		1
		present	有		9
50. (*) QN	**MG**	**Time of flowering**	**花期**		
		very early	极早	Chun Jiang Zhi Xia	1
		early	早	Xiao Mei Gui	3
		medium	中	Zao Chun Da Hong Qiu	5
		late	晚	Chong Qing Hong	7
		very late	极晚	Da Hong Jin Xin	9

8 性状表解释

8.1 对多个性状的解释

性状表第二列包含以下标注的性状应按照下述要求观测。

（a）应在春季即将展开的芽上进行观测。

（b）应在嫩枝上进行观测。

（c）应在夏季或秋季枝条的中部 1/3 处的成熟叶上进行观测。

（d）应在开花前的萼片上进行观测。

（e）应在完全开放的花上进行观测。

（f）应在第一外轮花瓣上进行观测。

（g）花结构，如下所示。

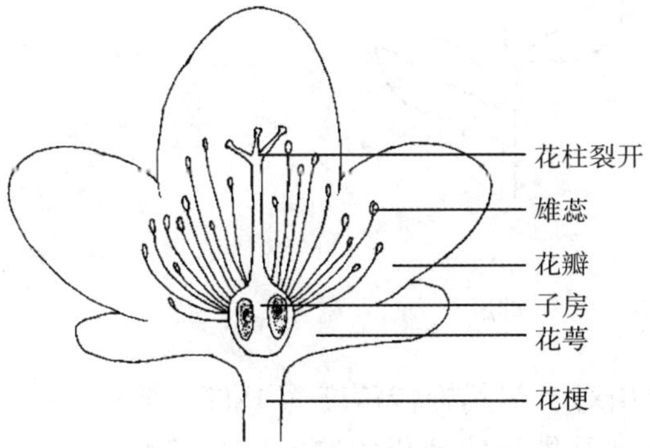

8.2 对单个性状的解释

性状 1：植株生长习性

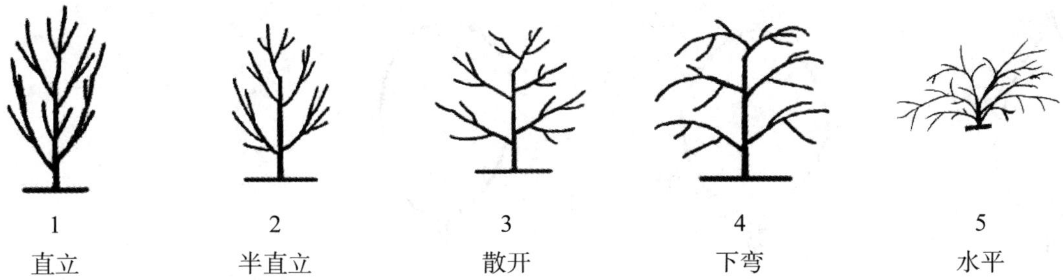

性状 5：顶叶芽数量

1 1个　　2 2个　　3 多于2个

性状 7：叶姿态

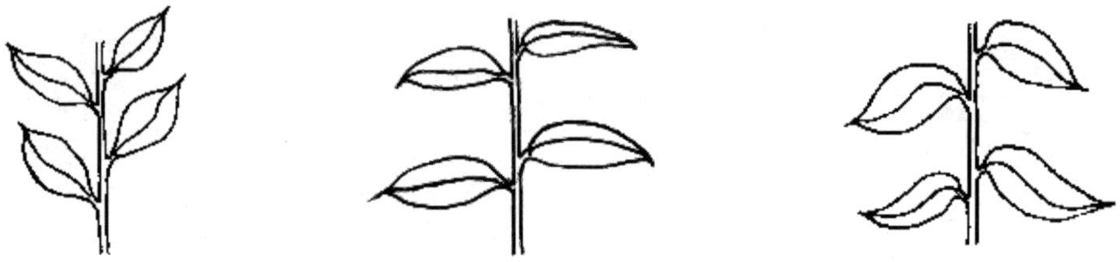

1 向上　　2 外展　　3 下垂

性状 8：叶排列

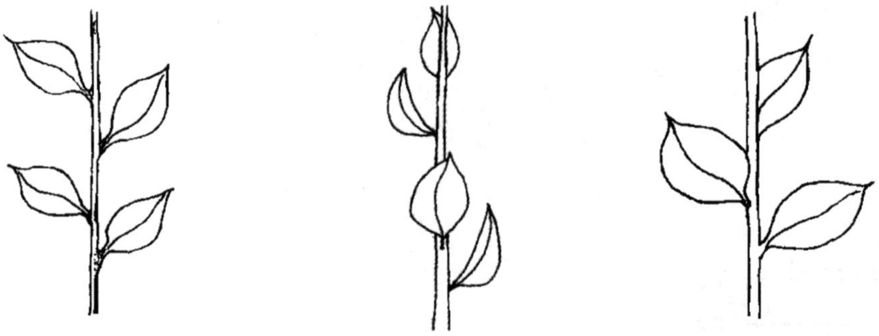

1 互生　　2 垂直　　3 螺旋

对于以上观测：互生排列是指相邻叶片的着生位置相对于茎其旋转角度为180º，垂直排列是指相邻叶片的着生位置相对于茎其旋转角度为90°，螺旋排列是指相邻叶片的着生位置相对于茎其旋转角度小于90°。

性状 11：叶片最宽处位置

1 下部1/3　　2 中部1/3　　3 上部1/3

性状 12：叶片基部形状

1 锐尖 | 2 钝尖 | 3 圆形 | 4 心形

性状 13：叶片先端形状

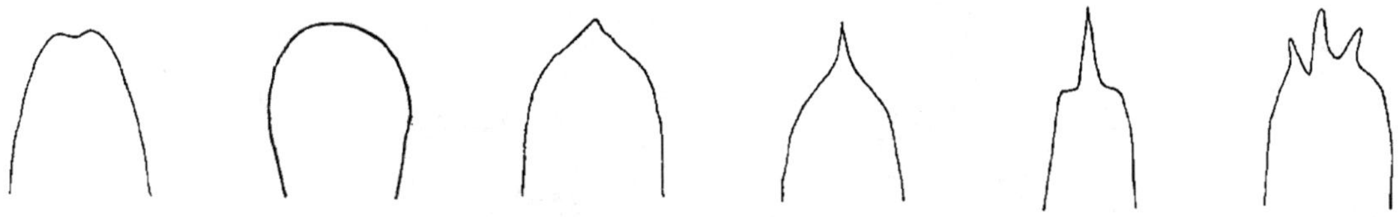

1 微凹 | 2 圆形 | 3 短渐尖 | 4 中等渐尖 | 5 长渐尖 | 6 分离

性状 22：叶片横切面形状

1 内卷 | 2 平展 | 3 外卷

性状 23：叶片边缘

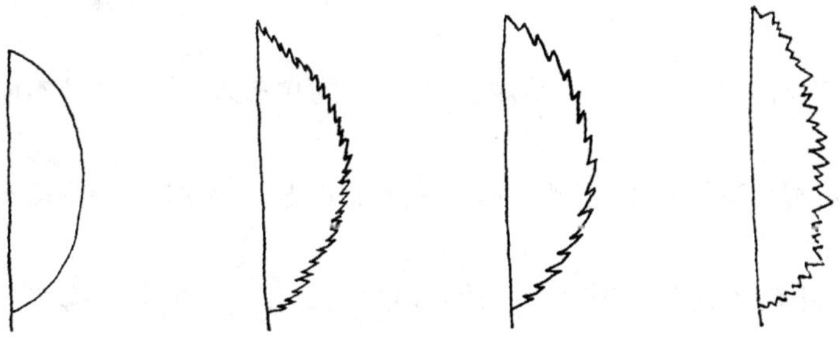

1 全缘 | 2 细锯齿状 | 3 锯齿状 | 4 双齿状

性状 25：萼片最宽处位置

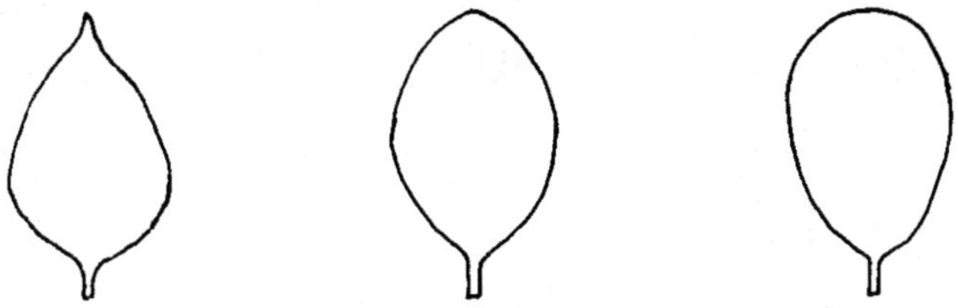

1 下部 1/3 处 | 2 中部 1/3 处 | 3 上部 1/3 处

性状 27：萼片先端形状

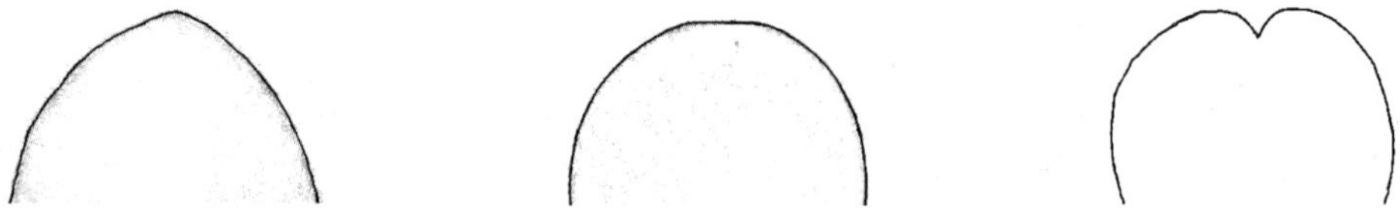

1 钝尖　　2 圆形　　3 微凹

性状 28：花芽着生方式

1 仅顶生　　2 顶生和腋生　　3 仅腋生

性状 30：花结构

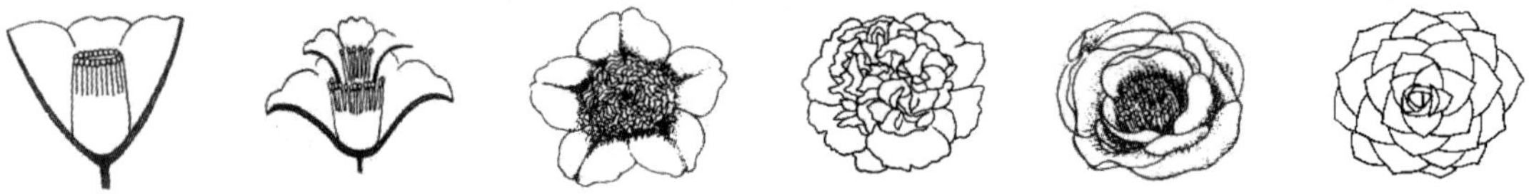

1 单瓣　　2 半重瓣　　3 托桂型　　4 牡丹型　　5 重瓣蔷薇型　　6 完全重瓣

单瓣（代码 1）：典型的野生山茶花类型，具有 5～7 个不规则地重叠的单轮花瓣和数量不同的柱状雄蕊群。

半重瓣（代码 2）：具有 2 轮或 2 轮以上的多于 8 个花瓣，其雄蕊中心明显，无瓣化。花瓣可能为规则、无规则或者松散。

托桂型（代码 3）：具有 1 轮或以上的外轮大花瓣，其中心的雄蕊整体瓣化，在花中心形成了明显的花簇。

牡丹型（代码 4）：具有松散的花瓣，通常不规则或呈现波状，花瓣被中心的雄蕊簇分开时就变得较小；有时中心同时存在小花瓣，瓣化雄蕊和雄蕊；或是由不规则的、扭曲的花瓣和瓣化的雄蕊共同组成的明显的团簇，有时不明显。

重瓣蔷薇型（代码 5）：具多轮覆瓦状花瓣，当完全开放时可见其突出中心区域的一些雄蕊。

完全重瓣（代码 6）：具有多轮规则的、重叠的花瓣，雄蕊完全退化。

性状 33：花瓣状器官

1 部分雄蕊瓣化　　2 全部雄蕊瓣化　　3 全部雄蕊和雌蕊瓣化

性状 35：花瓣先端形状

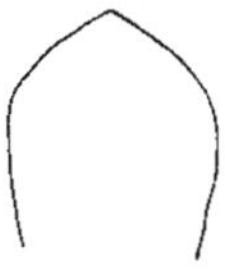
1
钝尖

2
圆形

3
微凹

性状 37：花瓣纵切面卷曲

1
内弯

2
平展

3
外弯

性状 38：花最外轮花瓣形状

宽（压扁）← 宽度（长度/宽度之比） →窄（拉长）	←最宽处→		
	（中部以下）	中部	（中部以上）
窄（拉长）		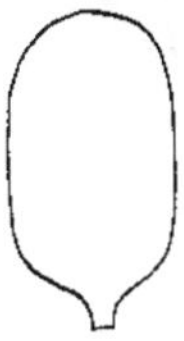 2 长方形	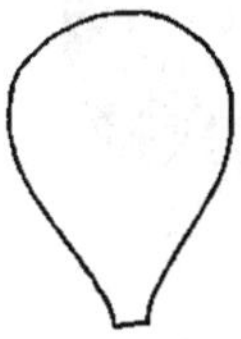 5 倒卵圆形
	 1 卵圆形	 3 圆形	
宽（压扁）		 4 扁圆形	 6 倒心形

性状 39：花瓣边缘波状

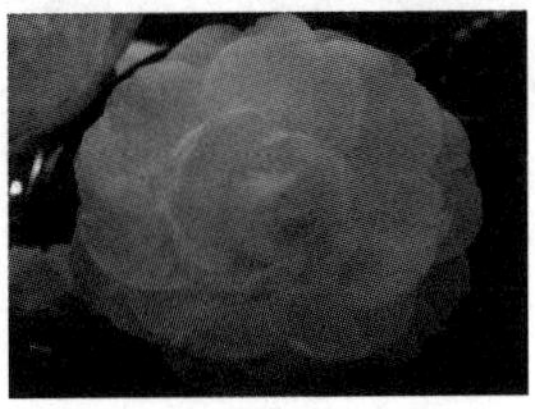
1
无或弱

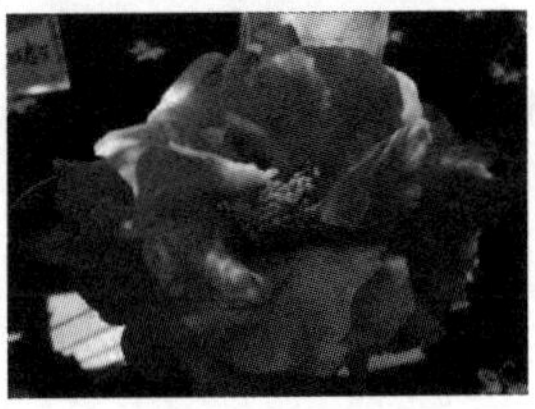
2
中

3
强

性状 40：花瓣脉突出程度

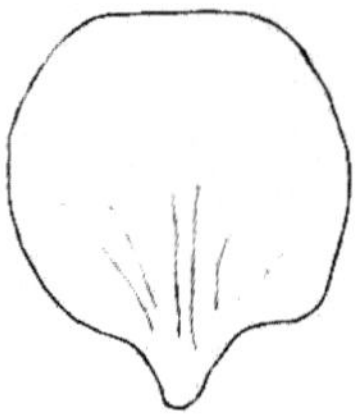

1
弱

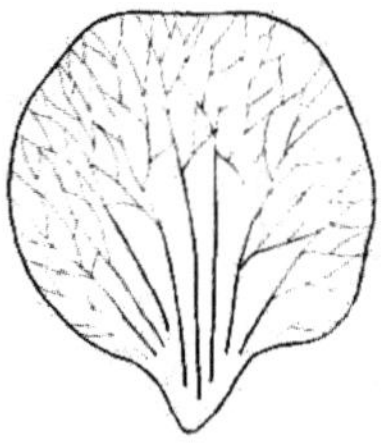

2
中

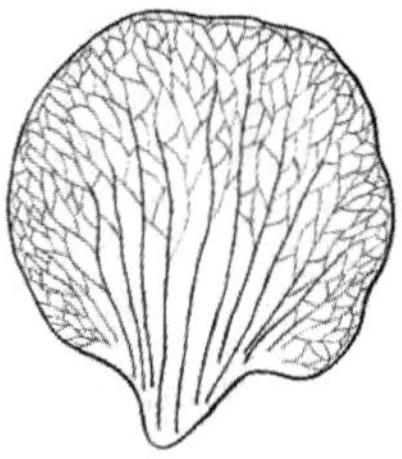

3
强

性状 41：花瓣主色

主色是指花瓣上表面覆盖区域最大部分的颜色。

性状 43：花瓣次色

次色是指花瓣上表面覆盖区域第二大部分的颜色，通常被视为一定的图案来观测。

性状 44：花瓣次色的分布

主色是指花瓣上表面覆盖区域最大部分的颜色。次色是指花瓣上表面覆盖区域第二大部分的颜色，通常被视为一定的图案来观测。当主色和次色区域几乎相同，较深的颜色被视为主色。

1
斑点

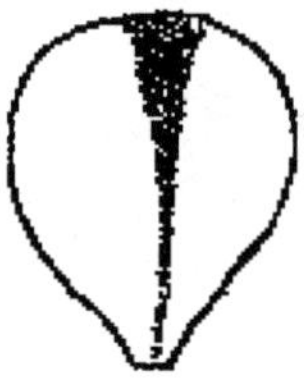

2
中央条状

3
条纹

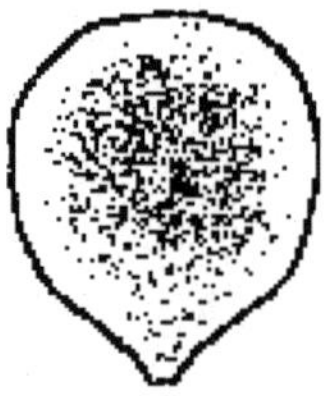

4
边缘

性状 45：雄蕊排列

1
茶梅型

2
环型

3
碟型

4
筒型

5
塔型

6
管型

7
簇生型

8
散生型

性状 47：花柱裂开位置

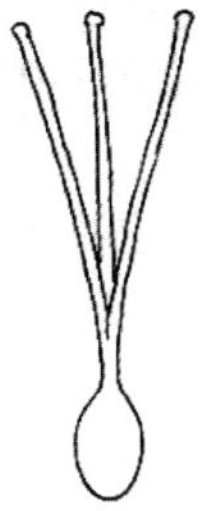

1
低

2
中

3
高

性状 48：柱头相对于雄蕊的位置

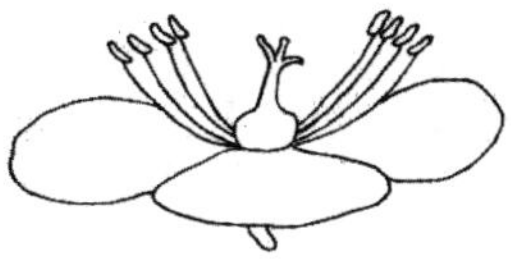

1
低于

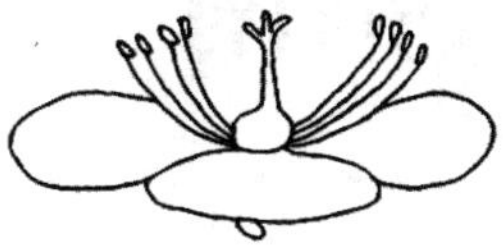

2
相同

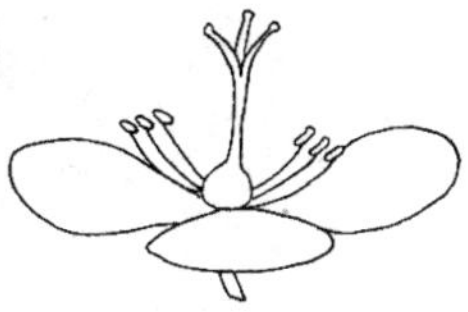

3
高于

扫码下载原文

如扫描二维码无法下载指南原文，可能是指南版本有更新，可扫描本书封底二维码查看与本文对应的指南版本

TG/279/1
原文：英文
日期：2012-03-28

国际植物新品种保护联盟
植物品种特异性、一致性和稳定性
测试指南

美人蕉属

UPOV 代码：CANNA

（*Canna* L.）

互用名称 *

植物学名称	英文	法文	德文	西班牙文
Canna L.	Canna	Balisier, Canna	Blumenrohr	Platanillo

* 这些名称在指南开始使用时是正确的，但随后可能会修改更新。读者可登录 UPOV 网站（www.upov.int），获取最新资料。

1 指南适用范围

本指南适用于美人蕉属（*Canna* L.）的所有品种。

2 繁殖材料要求

2.1 待测品种繁殖材料的数量和质量要求以及提交的时间和地点由主管机构决定。申请人从测试所在国境外提交繁殖材料的，还应符合海关规定并满足相关植物检疫的要求。

2.2 繁殖材料以根茎或幼苗的形式提供，植株在 1 年之内开花，表达品种所有相关性状。

2.3 申请人提交繁殖材料的最小数量为 8 株幼苗或 8 个根茎。

2.4 提供的繁殖材料应外观健康活力好，未受到任何重要病虫害的影响。

2.5 提交的繁殖材料不得进行任何可能影响品种性状表达的处理，除非主管机构允许或要求进行这种处理。如果材料已经处理，必须提供相关处理的详细说明。

3 测试方法

3.1 生长周期

测试的最少周期数量通常为 1 个生长周期。

3.2 测试地点

测试通常在 1 个地点进行。在 1 个以上地点进行测试时，TGP/9《特异性测试》提供了有关指导。

3.3 测试条件

3.3.1 测试的条件应能满足品种正常生长的需要，以确保品种相关性状充分表达和测试的顺利开展。

3.3.2 由于日光变化的原因，在利用比色卡确定颜色时，应在一个合适的有人工光源照明的小室或中午无阳光直射的 房间内进行。人工光源的光谱分布应符合 CIE“理想日光标准 D6500”，且在《英国标准 950：第 1 部分》规定的允许范围内。观测应将植株部位置于白背景下进行。品种描述中应指出比色卡及版本。

3.4 试验设计

3.4.1 每个试验应保证至少有 8 个植株。

3.4.2 试验设计应保证因测量或计数等需要，从小区取走部分植株或植株部位后，不影响生长周期结束前的所有观测。

3.5 附加测试

为测试有关性状，可以进行附加测试。

4 特异性、一致性和稳定性结果的判定

4.1 特异性

4.1.1 总体原则

对于本指南的使用者而言，在判定特异性前参照总则特异性判定的总体原则十分重要。但为进一步说明和强调特异性判定，本指南特列出特异性判定的如下要点。

4.1.2 一致的差异

当观测到的品种之间的差异非常明显时，则没有必要种植 1 个以上生长周期。此外，在某些情况下，环境的影响并不意味着需要 1 个以上的生长周期来保证品种间观察到的差异是足够一致的。为确保在种植试验中所观测到的性状差异是足够一致的，可以对性状进行至少 2 个独立生长周期的测试。

4.1.3 明显的差异

两个品种间的差异是否明显取决于很多因素，特别应考虑所测性状的表达类型，即该性状是质量性状、数量性状还是假质量性状。因此，在作出关于特异性的判定前，本测试指南的使用者应熟悉总则中的建议。

4.1.4 植株 / 植株部位的观测数量

除非另有说明，在判定特异性时，对于单株的观测，应观测 7 个植株或分别从 7 个植株取下的植株部位；对于其他观测，应观测试验中的所有植株。观测时应将异型株排除在外。

4.1.5 观测方法

性状表第二列以如下符号（见 TGP/9《特异性测试》第 4 部分“性状观测”）的形式列出了特异性判定时推荐的性状观测方法。

MG：对一批植株或植株部位进行单次测量。

MS：对一定数量的植株或植株部位进行逐一测量。

VG：对一批植株或植株部位进行单次目测。

VS：对一定数量的植株或植株部位进行逐一目测。

观测类型：目测（V）或测量（M）。

目测（V）是一种基于专家判断的观测方法。本文中的目测是指专家的感官观察，因此，也包括闻、尝和触摸。目测也包括专家使用参照物（例如图表，标准品种，并排比较）或非线性的图表（例如比色卡）的观测。测量（M）是一种基于校准的、线性尺度的客观观测，例如使用尺、秤、色度计、日期和计数等进行观测。

记录类型：群体记录（G）或个体记录（S）。

以特异性为目的的观测，可被记录为一批植株或植株部位的单个记录（G），或者记录为一定数量的单个植株或植株部位的个体记录（S）。多数情况下，群体记录为一个品种提供一个单个记录，因此不可能或者不必要通过逐个植株的统计分析来判定特异性。

如果性状表中提供了不止一种观测方法（如 VG/MG），可以参考 TGP/9《特异性测试》的 4.2 部分选择合适的观测方法。

4.2 一致性

4.2.1 对于本指南的使用者而言，在判定一致性前参照总则一致性判定的一般原则十分重要。但为进一步说明和强调一致性判定，本指南特列出一致性判定的要点。

4.2.2 评价一致性时，应采用 1% 的群体标准和至少 95% 的接受概率。当样本量为 8 个时，允许有 1 个异型株。

4.3 稳定性

4.3.1 在实际操作中，通常不像测试特异性和一致性那样对稳定性进行测试以得到明确结果。经验表明，对许多类型的品种来说，当一个品种表现一致时，可认为其是稳定的。

4.3.2 适当情况下或者有疑问时，可通过种植下一代，或者一批新的植株判定稳定性，观测其性状表达是否与以前提供的繁殖材料的性状表达一致。

5 品种分组和试验组织

5.1 使用分组性状可以帮助选择与申请品种一起进行田间种植试验的已知品种，以及对这些品种进行合适分组以便进行特异性评价。

5.2 分组性状表达状态的数据即使来自不同地点，也可以单独或者与其他此类性状联合使用。

（a）用于特异性测试中筛选排除那些不需要安排在种植试验中的已知品种。

（b）用于组织安排种植试验，使近似品种种植在一起。

5.3 以下性状已被确认为有用的分组性状。

（a）植株：始花期高度（性状 1）。
（b）叶片：主色（性状 7），分组性状如下。
第一组：泛黄白色。
第二组：黄色。
第三组：黄绿色。
第四组：绿色。
第五组：橙色。
第六组：橙棕色。
第七组：棕色。
第八组：紫色。
（c）叶片：次色（叶脉除外）（性状 8），分组性状如下。
第一组：无。
第二组：白色。
第三组：紫色。
（d）瓣化雄蕊：底色（性状 16），分组性状如下。
第一组：泛黄白色。
第二组：黄色。
第三组：橙色。
第四组：粉色。
第五组：红色。

5.4 总则和 TGP/9《特异性测试》中提供了在特异性审查过程中使用分组性状的指导。

6 性状表介绍

6.1 性状类型

6.1.1 标准指南性状

标准指南性状是 UPOV 已同意用于 DUS 审查的性状，UPOV 成员可以从中选择与其特定环境相适应的性状。

6.1.2 星号性状

星号性状（用“*”标记）是测试指南中对于形成国际统一的品种描述十分重要的性状，所有 UPOV 成员都应将其用于 DUS 测试并包含在品种描述中，除非前序性状的表达或区域环境条件所限使其无法测试。

6.2 表达状态及相应代码

6.2.1 为定义性状和统一描述，将每个性状划分为一系列表达状态。每个表达状态赋予一个相应的数字代码，以便于数据记录，以及品种性状描述的建立和交流。

6.2.2 对于质量性状和假质量性状（6.3），性状表中列出了所有表达状态。但对于有 5 个或 5 个以上表达状态的数量性状，可以采用缩略尺度的方法，以缩短性状表格。例如，对于有 9 个表达状态的数量性状，在测试指南的性状表中可采用以下缩略形式。

表达状态	代码
小	3
中	5
大	7

但是应该指出的是，以下 9 个表达状态都是存在的，应采用适宜的表达状态用于品种的描述。

表达状态	代码
极小	1
极小到小	2
小	3
小到中	4
中	5
中到大	6
大	7
大到极大	8
极大	9

6.2.3　TGP/7《测试指南的研制》中提供了表达状态和代码的更详尽的介绍。

6.3　表达类型

总则中对性状表达类型（质量性状、数量性状和假质量性状）进行了解释。

6.4　标准品种

适当时，测试指南中提供了标准品种用于校正性状的表达状态。

6.5　注释

（*）星号性状（6.1.2）。

QL：质量性状（6.3）。

QN：数量性状（6.3）。

PQ：假质量性状（6.3）。

MG、MS、VG、VS：观测方法（4.1.5）。

（a）性状表解释（8.1）。

（+）性状表解释（8.2）。

7　性状表

性状编号	观测方法	英文	中文	标准品种	代码
1. （*） （+） QN	MG	**Plant：height at beginning of flowering**	**植株：始花期高度**		
		short	矮	Tafraout	3
		medium	中	Oiseau de feu	5
		tall	高	Liberté	7
2. QN	VG	**Plant：growth habit**	**植株：生长习性**		
		upright	直立	Liberté	1
		upright to semi upright	直立到半直立		2
		semi upright	半直立	Pretoria，Prince Charmant	3
3. （*） QN	MS	**Leaf blade：length**	**叶片：长度**		
		short	短	Lolita，Turcano	3
		medium	中	Oiseau d’or	5
		long	长	Liberté	7

续表

性状编号	观测方法	英文	中文	标准品种	代码
4. **(*)** **QN**	**MS**	**Leaf blade：width**	**叶片：宽度**		
		narrow	窄	Caballero	3
		medium	中	Oiseau de feu	5
		broad	宽	Liberté	7
5. **QN**	**VG**	**Leaf blade：glossiness**	**叶片：光泽度**		
		weak	弱	Strasbourg	1
		medium	中	Oiseau D'Or	2
		strong	强	Russian Red	3
6. **(*)** **PQ**	**VG**	**Lesf blade：color of veins**	**叶片：叶脉颜色**		
		light green	浅绿色	Oiseau D'or	1
		yellow	黄色	Panach	2
		orange	橙色	Andalucia	3
		red	红色	Phasion	4
		purple	紫色	Liberté	5
7. **(*)** **(+)** **PQ**	**VG**	**Leaf blade：main color**	**叶片：主色**		
		RHS Colour Chart (indicate reference number)	RHS 比色卡 （注明参考色号）		
8. **(*)** **(+)** **PQ**	**VG**	**Leaf blade：secondary color（excluding veins）**	**叶片：次色（叶脉除外）**		
		none	无	Oiseau d'or	1
		white	白色	Stuttgart	2
		purple	紫色	Cleopatra	3
9. **(*)** **(+)** **QL**	**VG**	**Leaf blade：pattern of secondary color（excluding veins）**	**叶片：次色类型** **（叶脉除外）**		
		diffused	铺散型		1
		marbled	大理石纹型	Cleopatra，Stuttgart	2
10. **QN**	**VG**	**Inflorescence：position in relation to foliage**	**花序：与叶的相对位置**		
		at same level	平齐	Flamèche	1
		moderately above	中等高于	Félix Ragot	2
		strongly above	极高于	Liberté	3
11. **QN**	**VG**	**Inflorescence：length（excluding peduncle）**	**花序：长度（花序梗除外）**		
		short	短	Flamèche	3
		medium	中	Roi Soleil	5
		long	长	Marabout	7
12. **(*)** **(+)** **QN**	**VG** **(a)**	**Inflorescence：arrangement of staminodes**	**花序：退化雄蕊着生方式**		
		free	分离	Perkéo	1
		moderately overlapping	中等重叠	Mactro	2
		strongly overlapping	强烈重叠	Peau Rouge	3
13. **(*)** **QN**	**VG** **(a)**	**Staminode：width（excluding first flower）**	**瓣化雄蕊：宽度（第一朵花除外）**		
		narrow	窄	Fiesta	3
		medium	中	Angèle Martin	5
		broad	宽	Prince Charmant	7

续表

性状编号	观测方法	英文	中文	标准品种	代码
14. (*) (+) **QN**	**VG** (a)	**Staminode: reflexing**	**瓣化雄蕊：外翻**		
		weak	弱	Angèle Martin	1
		medium	中	Peau rouge	2
		strong	强	Roma	3
15. (*) **QN**	**VG** (a)	**Staminode: undulation**	**瓣化雄蕊：波状程度**		
		absent or weak	无或弱		1
		medium	中等	Mactro	2
		strong	强	Alberich	3
16. (*) (+) **PQ**	**VG** (a)	**Staminode: ground color**	**瓣化雄蕊：底色**		
		yellowish white	泛黄白色	Niagara	1
		yellow	黄色	Félix Ragot	2
		orange	橙色	Liberté	3
		pink	粉色	Carmen	4
		red	红色	Roi Soleil	5
17. (*) (+) **PQ**	**VG** (a)	**Staminode: color of flush**	**瓣化雄蕊：晕色**		
		none	无	Roi Soleil	1
		yellowish white	泛黄白色		2
		yellow	黄色		3
		yellow orange	黄橙色		4
		red	红色	Talisman	5
18. (*) (+) **PQ**	**VG** (a)	**Staminode: color of flames**	**瓣化雄蕊：火焰的颜色**		
		none	无	Roi Soleil	1
		yellowish white	泛黄白色		2
		yellow	黄色		3
		yellow orange	黄橙色		4
		red	红色		5
19. (*) (+) **PQ**	**VG** (a)	**Staminode: color of blotches**	**瓣化雄蕊：斑块颜色**		
		none	无	Roi Soleil	1
		yellowish white	泛黄白色		2
		yellow	黄色		3
		yellow orange	黄橙色		4
		red	红色	Dollar	5
20. (*) (+) **PQ**	**VG** (a)	**Staminode: color of marginal zone**	**瓣化雄蕊：边缘颜色**		
		same as base color	同基部颜色	Roi Soleil	1
		yellowish white	泛黄白色		2
		yellow	黄色	Lolita, Lucifer, Reine Charlotte	3
		yellow orange	黄橙色	Mactro	4
		orange	橙色		5
		pink	粉色		6
		orange red	橙红色		7
		red	红色		8
21. (+) **QN**	**MG**	**Time of beginning of flowering**	**始花期**		
		early	早	Corial	3
		medium	中	Roi Soleil	5
		late	晚	Liberté	7

8 性状表解释

8.1 对多个性状的解释

性状表第二列包含以下标注的性状应按照下述要求观测。

（a）所有瓣化雄蕊性状的观测都是在开放的花上进行。

通用术语，如下所示。

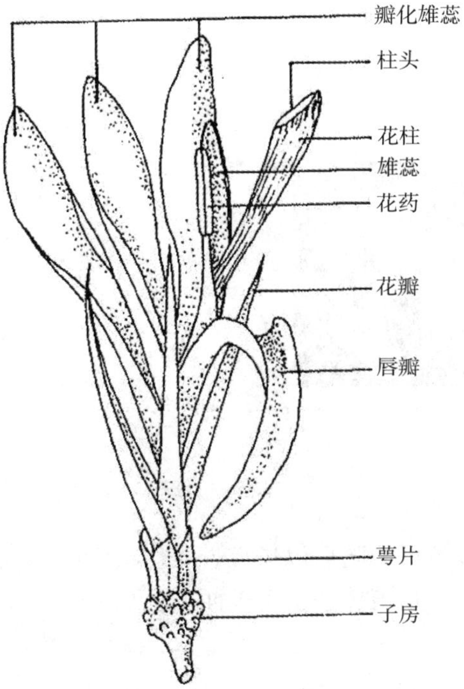

美人蕉的花

8.2 对单个性状的解释

性状1：植株始花期高度

植株的高度包括花序（花穗），并且被测定在始花期。

性状7：叶片主色

主色是指面积最大的颜色。

性状8：叶片次色（叶脉除外）

次色是指面积第二大的颜色，叶脉除外。

性状9：叶片次色类型（叶脉除外）

1
铺散型

2
大理石纹型

性状 12：花序退化雄蕊着生方式

1 分离　　2 中等重叠　　3 强烈重叠

性状 14：瓣化雄蕊外翻

1 弱　　2 中　　3 强

性状 16：瓣化雄蕊底色

底色是指植物部位发育过程中最先出现的颜色。其他颜色可能随后以斑点、条块或晕的形式出现。底色不一定总是在相关植株部位上面积最大的颜色。底色可以是植株部位下表面主色。

性状 17：瓣化雄蕊晕色

晕色

性状 18：瓣化雄蕊火焰的颜色

红色

性状 19：瓣化雄蕊斑块颜色

红色

性状 20：瓣化雄蕊边缘颜色

黄色

性状 21：始花期

始花期是指 50% 植株上第一朵花完全开放的时期。

扫码下载原文

如扫描二维码无法下载指南原文，可能是指南版本有更新，可扫描本书封底二维码查看与本文对应的指南版本

TG/280/1
原文：英文
日期：2012-03-28

国际植物新品种保护联盟
植物品种特异性、一致性和稳定性
测试指南

砚根

UPOV 代码：HEUCH；HEUCL

（*Heuchera* L.；
×*Heucherella* H. R. Wehrh.）

互用名称 *

植物学名称	英文	法文	德文	西班牙文
Heuchera L.	Heuchera, Coral Flower	Heuchera	Purpurglöckchen	Coralito, Flor de Coral
×*Heucherella* H. R. Wehrh. *Heuchera* × *Tiarella*	Oleander, Rose Bay, Rose-Laurel	Laurier rose, Oléandre	Oleander	Heucherella

* 这些名称在指南开始使用时是正确的，但随后可能会修改更新。读者可登录 UPOV 网站（www.upov.int），获取最新资料。

1 指南适用范围

本指南适用于矾根属（*Heuchera* L. 和 ×*Heucherella* H. R. Wehrh.）的所有品种。

2 繁殖材料要求

2.1 待测品种繁殖材料的数量和质量要求以及提交的时间和地点由主管机构决定。申请人从测试所在国境外提交繁殖材料的，还应符合海关规定并满足相关植物检疫的要求。

2.2 繁殖材料以幼苗的形式提交，在第一个生长周期中能够表达品种所有相关性状。

2.3 申请人提交繁殖材料的最小数量为 10 株幼苗。

2.4 提供的繁殖材料应外观健康有活力，未受到任何严重病虫害的影响。

2.5 提交的繁殖材料不得进行任何可能影响品种性状表达的处理，除非主管机构允许或要求进行这种处理。如果材料已经处理，必须提供相关处理的详细说明。

3 测试方法

3.1 生长周期

测试的最少周期数量通常为 1 个生长周期。

3.2 测试地点

测试通常在 1 个地点进行。在 1 个以上地点进行测试时，TGP/9《特异性测试》提供了有关指导。

3.3 测试条件

3.3.1 测试的条件应能满足品种正常生长的需要，以确保品种相关性状充分表达和测试的顺利开展。

3.3.2 由于日光变化的原因，在利用比色卡确定颜色时，应在一个合适的有人工光源照明的小室或中午无阳光直射的房间内进行。人工光源的光谱分布应符合 CIE“理想日光标准 D6500”，且在《英国标准 950：第 1 部分》规定的允许范围内。观测应将植株部位置于白背景下进行。品种描述中应指出比色卡及版本。

3.4 试验设计

3.4.1 每个试验应保证至少有 10 个植株。

3.4.2 试验设计应保证因测量或计数等需要，从小区取走部分植株或植株部位后，不影响生长周期结束前的所有观测。

3.5 附加测试

为测试有关性状，可以进行附加测试。

4 特异性、一致性和稳定性结果的判定

4.1 特异性

4.1.1 总体原则

对于本指南的使用者而言，在判定特异性前参照总则特异性判定的总体原则十分重要。但为进一步说明和强调特异性判定，本指南特列出特异性判定的要点。

4.1.2 一致的差异

当观测到的品种之间的差异非常明显时，则没有必要种植 1 个以上生长周期。此外，在某些情况下，环境的影响并不意味着需要 1 个以上的生长周期来保证品种间观察到的差异是足够一致的。为确保在种植试验中所观测到的性状差异是足够一致的，可以对性状进行至少 2 个独立生长周期的测试。

4.1.3 明显的差异

两个品种间的差异是否明显取决于很多因素，特别应考虑所测性状的表达类型，即该性状是质量性状、数量性状还是假质量性状。因此，在作出关于特异性的判定前，本测试指南的使用者应熟悉总则中的建议。

4.1.4 植株 / 植株部位的观测数量

除非另有说明，在判定特异性时，对于单株的观测，应观测 9 个植株或分别从 9 个植株取下的植株部位；对于其他观测，应观测试验中的所有植株。观测时应将异型株排除在外。

4.1.5 观测方法

性状表第二列以如下符号（见 TGP/9《特异性测试》第 4 部分"性状观测"）的形式列出了特异性判定时推荐的性状观测方法。

MG：对一批植株或植株部位进行单次测量。

MS：对一定数量的植株或植株部位进行逐一测量。

VG：对一批植株或植株部位进行单次目测。

VS：对一定数量的植株或植株部位进行逐一目测。

观测类型：目测（V）或测量（M）。

目测（V）是一种基于专家判断的观测方法。本文中的目测是指专家的感官观察，因此，也包括闻、尝和触摸。目测也包括专家使用参照物（例如图表，标准品种，并排比较）或非线性的图表（例如比色卡）的观测。测量（M）是一种基于校准的、线性尺度的客观观测，例如使用尺、秤、色度计、日期和计数等进行观测。

记录类型：群体记录（G）或个体记录（S）。

以特异性为目的的观测，可被记录为一批植株或植株部位的单个记录（G），或者记录为一定数量的单个植株或植株部位的个体记录（S）。多数情况下，群体记录为一个品种提供一个单个记录，因此不可能或者不必要通过逐个植株的统计分析来判定特异性。

如果性状表中提供了不止一种观测方法（如 VG/MG），可以参考 TGP/9《特异性测试》的 4.2 部分选择合适的观测方法。

4.2 一致性

4.2.1 对于本指南的使用者而言，在判定一致性前参照总则一致性判定的一般原则十分重要。但为进一步说明和强调一致性判定，本指南特列出一致性判定的要点。

4.2.2 评价一致性时，应采用 1% 的群体标准和至少 95% 的接受概率。当样本量为 10 个时，允许有 1 个异型株。

4.3 稳定性

4.3.1 在实际操作中，通常不像测试特异性和一致性那样对稳定性进行测试以得到明确结果。经验表明，对许多类型的品种来说，当一个品种表现一致时，可认为其是稳定的。

4.3.2 适当情况下或者有疑问时，可通过测试新的一批植株进一步判定稳定性，观测其性状表达是否与以前提供的繁殖材料的性状表达一致。

5 品种分组和试验组织

5.1 使用分组性状可以帮助选择与申请品种一起进行田间种植试验的已知品种，以及对这些品种进行合适分组以便进行特异性评价。

5.2 分组性状表达状态的数据即使来自不同地点，也可以单独或者与其他此类性状联合使用。

（a）用于特异性测试中筛选排除那些不需要安排在种植试验中的已知品种。

（b）用于组织安排种植试验，使近似品种种植在一起。

5.3 以下性状已被确认为有用的分组性状。

（a）完全展开叶：面积最大颜色，分组如下。
第一组：白色。
第二组：浅黄色。
第三组：中等黄色。
第四组：黄绿色。
第五组：浅绿色。
第六组：中等绿色。
第七组：深绿色。
第八组：黄棕色。
第九组：粉色。
第十组：红色。
第十一组：红棕色。
第十二组：棕色。
第十三组：紫色。
第十四组：灰紫色。
第十五组：灰绿色。
第十六组：灰色。
第十七组：泛黑色。
（b）完全展开叶：面积第二大颜色，分组如下。
第一组：白色。
第二组：浅黄色。
第三组：中等黄色。
第四组：黄绿色。
第五组：浅绿色。
第六组：中等绿色。
第七组：深绿色。
第八组：黄棕色。
第九组：粉色。
第十组：红色。
第十一组：红棕色。
第十二组：棕色。
第十三组：紫色。
第十四组：灰紫色。
第十五组：灰绿色。
第十六组：灰色。
第十七组：泛黑色。
（c）花：外表面颜色（性状64），分组如下。
第一组：泛绿色。
第二组：白色。
第三组：乳白色。
第四组：浅粉色。
第五组：中等粉色。
第六组：深粉色。
第七组：红色。

5.4 总则和 TGP/9《特异性测试》中提供了在特异性审查过程中使用分组性状的指导。

6 性状表介绍

6.1 性状类型

6.1.1 标准指南性状

标准指南性状是 UPOV 已同意用于 DUS 审查的性状，UPOV 成员可以从中选择与其特定环境相适应的性状。

6.1.2 星号性状

星号性状（用“*”标记）是测试指南中对于形成国际统一的品种描述十分重要的性状，所有 UPOV 成员都应将其用于 DUS 测试并包含在品种描述中，除非前序性状的表达或区域环境条件所限使其无法测试。

6.2 表达状态及相应代码

6.2.1 为定义性状和统一描述，将每个性状划分为一系列表达状态。每个表达状态赋予一个相应的数字代码，以便于数据记录，以及品种性状描述的建立和交流。

6.2.2 对于质量性状和假质量性状（6.3），性状表中列出了所有表达状态。但对于有 5 个或 5 个以上表达状态的数量性状，可以采用缩略尺度的方法，以缩短性状表格。例如，对于有 9 个表达状态的数量性状，在测试指南的性状表中可采用以下缩略形式。

表达状态	代码
小	3
中	5
大	7

但是应该指出的是，以下 9 个表达状态都是存在的，应采用适宜的表达状态用于品种的描述。

表达状态	代码
极小	1
极小到小	2
小	3
小到中	4
中	5
中到大	6
大	7
大到极大	8
极大	9

6.2.3 TGP/7《测试指南的研制》中提供了表达状态和代码的更详尽的介绍。

6.3 表达类型

总则中对性状表达类型（质量性状、数量性状和假质量性状）进行了解释。

6.4 标准品种

适当时，测试指南中提供了标准品种用于校正性状的表达状态。

6.5 注释

（*）星号性状（6.1.2）。

QL：质量性状（6.3）。

QN：数量性状（6.3）。

PQ：假质量性状（6.3）。

MG、MS、VG、VS：观测方法（4.1.5）。

（a）～（f）性状表解释（8.1）。

（+）性状表解释（8.2）。

7 性状表

性状编号	观测方法	英文	中文	标准品种	代码
1. （*） （+） QN	VG/ MG （a）	**Plant：height**	**植株：高度**		
		short	矮	Firebird	3
		medium	中	Blackout	5
		tall	高	Bronze Beauty	7
2. （+） QN	VG/ MG （a）	**Plant：width**	**植株：宽度**		
		narrow	窄	Plum Royale	3
		medium	中	Blackout	5
		broad	宽	Solar Power	7
3. （*） QN	VG （a）	**Plant：density of foliage**	**植株：叶片密度**		
		sparse	稀	Sugar Plum	3
		medium	中	Mahogany	5
		dense	密	Brass Lantern	7
4. （*） （+） PQ	VG （b） （c） （d）	**Young leaf blade：color one**	**幼叶：颜色 1**		
		RHS Colour Chart （indicate reference number）	RHS 比色卡 （注明参考色号）		
5. （*） （+） PQ	VG （b） （c） （d）	**Young leaf blade：color one：distribution**	**幼叶：颜色 1 分布**		
		along veins	沿叶脉		1
		along veins and on margin	沿叶脉和边缘		2
		between veins throughout	叶脉间整个区域		3
		between veins in central zone	中心叶脉间		4
		between veins in intermediate zone	中部叶脉间		5
		between veins and on margin	叶脉间和边缘		6
		marginal zone	边缘		7
		throughout	整个叶片		8
6. （*） （+） PQ	VG （b） （c） （d）	**Young leaf blade：color one：pattern**	**幼叶：颜色 1 图案**		
		flushed	晕		1
		dotted	斑点		2
		blotched	斑块		3
		irregular	不规则		4
		solid or nearly solid	均匀或近均匀		5

续表

性状编号	观测方法	英文	中文	标准品种	代码
7. (*) (+) QN	VG (b) (c) (d)	**Young leaf blade: color one: total area**	**幼叶：颜色 1 总面积**		
		small	小		3
		medium	中		5
		large	大		7
8. (*) (+) PQ	VG (b) (c) (d)	**Young leaf blade: color two**	**幼叶：颜色 2**		
		RHS Colour Chart (indicate referencenumber)	RHS 比色卡 （注明参考色号）		
9. (*) (+) PQ	VG (b) (c) (d)	**Young leaf blade: color two: distribution**	**幼叶：颜色 2 分布**		
		none	无		1
		along veins	沿叶脉		2
		along veins and on margin	沿叶脉和边缘		3
		between veins thronghout	叶脉间整个区域		4
		between veins in central zone	中心叶脉间		5
		between veins in intermediate zone	中部叶脉间		6
		between veins and on margin	叶脉间和边缘		7
		marginal zone	边缘		8
		throughout	整个叶片		9
10. (*) (+) PQ	VG (b) (c) (d)	**Young leaf blade: color two: pattern**	**幼叶：颜色 2 图案**		
		flushed	晕		1
		dotted	斑点		2
		blotched	斑块		3
		irregular	不规则		4
		solid or nearly solid	均匀或近均匀		5
11. (*) (+) QN	VG (b) (c) (d)	**Young leaf blade: color two: total area**	**幼叶：颜色 2 总面积**		
		small	小		3
		medium	中		5
		large	大		7
12. (*) (+) PQ	VG (b) (c) (d)	**Young leaf blade: color three**	**幼叶：颜色 3**		
		RHS Colour Chart (indicate reference number)	RHS 比色卡 （注明参考色号）		
13. (*) (+) PQ	VG (b) (c) (d)	**Young leaf blade: color three: ditribution**	**幼叶：颜色 3 分布**		
		none	无		
		along veins	沿叶脉		
		along veins and on margin	沿叶脉和边缘		
		between veins throughout	叶脉间整个区域		
		between veins in central zone	中心叶脉间		
		between veins in intermediate zone	中部叶脉间		
		between veins and on margin	叶脉间和边缘		
		marginal zone	边缘		
		throughout	整个叶片		

续表

性状编号	观测方法	英文	中文	标准品种	代码
14. **(*)** **(+)** **PQ**	**VG** **(b)** **(c)** **(d)**	**Young leaf blade: color three: pattern**	**幼叶：颜色 3 图案**		
		flushed	晕		1
		dotted	斑点		2
		blotched	斑块		3
		irregular	不规则		4
		solid or nearly solid	均匀或近均匀		5
15. **(*)** **(+)** **QN**	**VG** **(b)** **(c)** **(d)**	**Young leaf blade: color three: total area**	**幼叶：颜色 3 总面积**		
		small	小		3
		medium	中		5
		large	大		7
16. **(*)** **(+)** **PQ**	**VG** **(b)** **(c)** **(d)**	**Young leaf blade: color four**	**幼叶：颜色 4**		
		RHS Colour Chart (indicate reference number)	RHS 比色卡 (注明参考色号)		
17. **(*)** **(+)** **PQ**	**VG** **(b)** **(c)** **(d)**	**Young leaf blade: color four: distribution**	**幼叶：颜色 4 分布**		
		none	无		
		along veins	沿叶脉		
		along veins and on margin	沿叶脉和边缘		
		between veins throughout	叶脉间整个区域		
		between veins in central zone	中心叶脉间		
		between veins in intermediate zone	中部叶脉间		
		between veins and on margin	叶脉间和边缘		
		marginal zone	边缘		
		throughout	整个叶片		
18. **(*)** **(+)** **PQ**	**VG** **(b)** **(c)** **(d)**	**Young leaf blade: color four: pattern**	**幼叶：颜色 4 图案**		
		flushed	晕		1
		dotted	斑点		2
		blotched	斑块		3
		irregular	不规则		4
		solid or nearly solid	均匀或近均匀		5
19. **(*)** **(+)** **QN**	**VG** **(b)** **(c)** **(d)**	**Young leaf blade: color four: total area**	**幼叶：颜色 4 总面积**		
		small	小		3
		medium	中		5
		large	大		7
20. **(*)** **QN**	**VG/** **MG** **(e)**	**Petiole: length**	**叶柄：长度**		
		short	短	Firebird	3
		medium	中	Mahogany	5
		long	长	Brass Lantern	7
21. **QN**	**VG** **(e)**	**Petiole: pubescence**	**叶柄：茸毛**		
		absent or very sparse	无或极稀	Sashay	1
		sparse	稀	Plum Royale	2
		medium	中	French Quarter	3
		dense	密	Blackout	4

续表

性状编号	观测方法	英文	中文	标准品种	代码
22. (*) (+) PQ	VG (e)	**Petiole：main color**	**叶柄：主色**		
		RHS Colour Chart (indicate reference number)	RHS 比色卡 (注明参考色号)		
23. (*) (+) QN	VG/ MS (e)	**Leaf blade：length**	**叶片：长度**		
		short	短	Firebird	3
		medium	中	Blackout	5
		long	长	Solar Power	7
24. (*) (+) QN	VG/ MS (e)	**Leaf blade：width**	**叶片：宽度**		
		narrow	窄	Firebird	3
		medium	中	Blackout	5
		broad	宽		7
25. (*) QN	VG/ MS (e)	**Leaf blade：lengh/width ratio**	**叶片：长宽比**		
		very slightly compressed	极轻微的扁长	Blood Red	1
		roundish	圆的	Blackout	3
		very slightly elongated	极轻微的拉长	Plum Royale	5
		slightly elongated	轻微拉长	Stoplight	7
		moderately elongated	中等拉长	Green Ivory	9
26. (+) PQ	VG (c) (e)	**Leaf blade：shape of apex**	**叶片：先端形状**		
		acute	锐尖	Blackout	1
		obtuse	钝尖	Stoplight	2
		rounded	圆形	Mahogany	3
27. (*) (+) QN	VG (c) (e)	**Leaf blade：lobing**	**叶片：裂片**		
		absent or very shallow	无或极浅	Fairy Cups	1
		shallow	浅	Blood Red	3
		medium	中	Sugar Plum	5
		deep	深	Solar Power	7
28. (*) (+) QN	VG (c) (e)	**Heucherella only：Leaf blade：length of terminal lobe relative to total length**	**叶片：顶部裂片相对于整个叶片的长度（仅适用于泡沫花）**		
		short	短		3
		medium	中	Tapestry	5
		long	长	Alabama Sunrise	7
29. (*) (+) QN	VG (c) (e)	**Leaf blade：number of indentations of margin**	**叶片：边缘锯齿数量**		
		absent or very few	无或极少	Fairy Cups	1
		few	少	Blood Red	2
		medium	中	Sugar Plum	3
		many	多	Bronze Beauty	4
		very many	极多	Pistache	5
30. (*) QN	VG (c) (e)	**Leaf blade：depth of indentations of margin**	**叶片：边缘裂刻深度**		
		very shallow	极浅	Blood Red	1
		shallow	浅	Pistache	2
		medium	中	Solar Power	3
		deep	深	Blackout	4
		very deep	极深	Sashay	5

续表

性状编号	观测方法	英文	中文	标准品种	代码
31. (＊) (＋) **QN**	**VG** (c) (e)	**Leaf blade：undulation of margin**	**叶片：边缘波状**		
		absent or very weak	无或极弱	Stoplight	1
		weak	弱	TNHEU041	3
		medium	中	Lime Rickey	5
		strong	强	Chocolate Ruffles	7
32. (＋) **QN**	**VG** (c) (e)	**Leaf blade：rugosity**	**叶片：褶皱**		
		absent or very weak	无或极弱	Pistache	1
		weak	弱	Brass Lantern	3
		medium	中	Autumn Leaves	5
		strong	强	Dark Inn	7
33. (＊) **QN**	**VG** (c) (e)	**Leaf blade：glossiness**	**叶片：光泽度**		
		absent or very weak	无或极弱	Pistache	1
		weak	弱	Mahogany	2
		medium	中	Blackout	3
		strong	强	Obsidian	4
34. **QN**	**VG** (c) (e)	**Leaf blade：pubescence**	**叶片：茸毛**		
		absent or very sparse	无或极稀	Mahogany	1
		aparse	稀	Plum Royale	2
		medium	中		3
		dense	密	Caramel	4
35. (＊) **QN**	**VG** (e)	**Leaf blade：pubescence of the lower surface**	**叶片：下表面茸毛**		
		absent or very sparse	无或极稀	Stoplight	1
		sparse	稀	Brass Lantern	2
		medium	中	Pistache	3
		dense	密		4
36. (＊) (＋) **PQ**	**VG** (c) (d) (e)	**Leaf blade：color one**	**叶片：颜色 1**		
		RHS Colour Chart (indicate reference number)	RHS 比色卡 （注明参考色号）		
37. (＊) (＋) **PQ**	**VG** (c) (d) (e)	**Leaf blade：color one：distribution**	**叶片：颜色 1 分布**		
		along veins	沿叶脉		1
		along veins and on margin	沿叶脉和边缘		2
		between veins throughout	叶脉间整个区域		3
		between veins in central zone	中心叶脉间		4
		between veins in intermediate zone	中部叶脉间		5
		between veins and on margin	叶脉间和边缘		6
		marginal zone	边缘		7
		throughout	整个叶片		8
38. (＊) (＋) **PQ**	**VG** (c) (d) (e)	**Leaf blade：color one：pattern**	**叶片：颜色 1 图案**		
		flushed	晕		1
		dotted	斑点		2
		blotched	斑块		3
		irregular	不规则		4
		solid or nearly solid	均匀或近均匀		5

续表

性状编号	观测方法	英文	中文	标准品种	代码
39. (*) (+) QN	VG (c) (d) (e)	**Leaf blade: color one: total area**	**叶片：颜色 1 总面积**		
		small	小		3
		medium	中		5
		large	大		7
40. (*) (+)) PQ	VG (c) (d) (e)	**Leaf blade: color two**	**叶片：颜色 2**		
		RHS Colour Chart (indicate reference number)	RHS 比色卡（注明参考色号）		
41. (*) (+) PQ	VG (c) (d) (e)	**Leaf blade: color two: distribution**	**叶片：颜色 2 分布**		
		none	无		1
		along veins	沿叶脉		2
		along veins and on margin	沿叶脉和边缘		3
		between veins throughout	叶脉间整个区域		4
		between veins in central zone	中心叶脉间		5
		between veins in intermediate zone	中部叶脉间		6
		between veins and on margin	叶脉间和边缘		7
		marginal zone	边缘		8
		throughout	整个叶片		9
42. (*) (+) PQ	VG (c) (d) (e)	**Leaf blade: color two: pattern**	**叶片：颜色 2 图案**		
		flushed	晕		1
		dotted	斑点		2
		blotched	斑块		3
		irregular	不规则		4
		solid or nearly solid	均匀或近均匀		5
43. (*) (+) QN	VG (c) (d) (e)	**leaf blade: color two: total area**	**叶片：颜色 2 总面积**		
		small	小		3
		medium	中		5
		large	大		7
44. (*) (+) PQ	VG (c) (d) (e)	**Leaf blade: color three**	**叶片：颜色 3**		
		RHS Colour Chart (indicate reference number)	RHS 比色卡（注明参考色号）		
45. (*) (+) PQ	VG (c) (d) (e)	**Leaf blade: color three: distribution**	**叶片：颜色 3 分布**		
		none	无		1
		along veins	沿叶脉		2
		along veins and on margin	沿叶脉和边缘		3
		between veins throughout	叶脉间整个区域		4
		between veins in central zone	中心叶脉间		5
		between veins in intermediate zone	中部叶脉间		6
		between veins and on margin	叶脉间和边缘		7
		marginal zone	边缘		8
		throughout	整个叶片		9
46. (*) (+) PQ	VG (c) (d) (e)	**Leaf blade: color three: pattern**	**叶片：颜色 3 图案**		
		flushed	晕		1
		dotted	斑点		2
		blotched	斑块		3
		irregular	不规则		4
		solid or nearly solid	均匀或近均匀		5

续表

性状编号	观测方法	英文	中文	标准品种	代码
47. **（*）** **（+）** **QN**	**VG** **（c）** **（d）** **（e）**	**Leaf blade：color three：total area**	**叶片：颜色 3 总面积**		
		small	小		3
		medium	中		5
		large	大		7
48. **（*）** **（+）** **PQ**	**VG** **（c）** **（d）** **（e）**	**Leaf blade：color four**	**叶片：颜色 4**		
		RHS Colour Chart（indicate reference number）	RHS 比色卡（注明参考色号）		
49. **（*）** **（+）** **PQ**	**VG** **（c）** **（d）** **（e）**	**Leaf blade：color four：distribution**	**叶片：颜色 4 分布**		
		none	无		1
		along veins	沿叶脉		2
		along veins and on margin	沿叶脉和边缘		3
		between veins throughout	叶脉间整个区域		4
		between veins in central zone	中心叶脉间		5
		between veins in intermediate zone	中部叶脉间		6
		between veins and on margin	叶脉间和边缘		7
		marginal zone	边缘		8
		throughout	整个叶片		9
50. **（*）** **（+）** **PQ**	**VG** **（c）** **（d）** **（e）**	**Leaf blade：color four：pattern**	**叶片：颜色 4 图案**		
		flushed	晕		1
		dotted	斑点		2
		blotched	斑块		3
		irregular	不规则		4
		solid or nearly solid	均匀或近均匀		5
51. **（*）** **（+）** **QN**	**VG** **（c）** **（d）** **（e）**	**Leaf blade：color four：total area**	**叶片：颜色 4 总面积**		
		small	小		3
		medium	中		5
		large	大		7
52. **（*）** **PQ**	**VG** **（e）**	**Leaf blade：color of lower side（if significantly different from upper side）**	**叶片：下表面颜色（如果与上表面显著不同）**		
		RHS Colour Chart（indicate reference number）Code	RHS 比色卡（注明参考色号）		
53. **（+）** **QN**	**VG**	**Flowering stem：attitude**	**花茎：姿态**		
		upright	直立	Greenfinch	1
		semi-upright	半直立	Caramel	2
		apreading	平	Alabama Sunrise	3
54. **（*）** **（+）** **QN**	**VG/MG**	**Flowering stem：length**	**花茎：长度**		
		short	短	Mahogany	3
		medium	中	Brass Lantern	5
		long	长	French Quarter	7
55. **（*）** **（+）** **PQ**	**VG**	**Flowering stem：main color**	**花茎：主色**		
		RHS Colour Chart（indicate reference number）	RHS 比色卡（注明参考色号）		

续表

性状编号	观测方法	英文	中文	标准品种	代码
56. (*) (+) QN	VG/ MS	**Flowering stem: length of flowering part**	**花茎：开花部位的长度**		
		short	短	Midnight Bayou	3
		medium	中	Autumn Leaves	5
		long	长	Havana	7
57. (*) (+) QN	VG/ MS	**Flowering stem: width of** flowering part	**花茎：开花部位的宽度**		
		narrow	窄	Brass Lantern	3
		medium	中	Lipstick	5
		broad	宽	French Quarter	7
58. (*) QN	VG/ MS	**Flowering stem: length/width ratio of flowering part**	**花茎：开花部位的长宽比**		
		slightly elongated	轻微长	Brass Lantern	3
		moderately elongated	中等长	Lipstick	5
		strongly elongated	极长	Redstone Falls	7
59. (*) QN	VG	**Flowering stem: density of flowers**	**花茎：花的密度**		
		sparse	稀	White Marble	3
		medium	中	Solar Power	5
		dense	密	Vyking Ship	7
60. (*) (+) PQ	VG	**Flower bud: color**	**花蕾：颜色**		
		RHS Colour Chart (indicate reference number)	RHS 比色卡 (注明参考色号)		
61. (+) QN	VG (f)	**Flower: attitude**	**花：姿态**		
		upwards	向上	Rickard	1
		semi-upwards	半向上	Firebird	2
		outwards	向外	Coral Bouquet	3
		semi-downwards	半向外	White Marble	4
		downwards	向下	Sugar Plum	5
62. (*) (+) QN	VG/ MS (f)	**Flower: length**	**花：长度**		
		short	短	Brass Lantern	3
		medium	中	Blood Red	5
		long	长	White Marble	7
63. (*) (+) QN	VG/ MS (f)	**Flower: width**	**花：宽度**		
		narrow	窄	Mahogany	3
		medium	中	Firebird	5
		broad	宽	Lipstick	7
64. (*) (+) PQ	VG (f)	**Flower: color of outer surface**	**花：外表面颜色**		
		RHS Colour Chart (indicate reference number)	RHS 比色卡 (注明参考色号)		
65. (+) PQ	VG (f)	**Heucherella only: Petal: color of inner surface**	**花瓣：内表面颜色（仅适用于泡沫花）**		
		white	白色		1
		cream	乳白色		2
		pale pink	浅粉色		3

8 性状表解释

8.1 对多个性状的解释

除非另有说明，所有性状的观测应在盛花期进行。

性状表第二列包含以下标注的性状应按照下述要求观测。

（a）观测应在莲座上进行，花茎除外。

（b）观测应在当季刚刚展开的叶片上进行。

（c）除非另有说明，对叶片性状的观测应在叶片上表面上进行。

（d）叶片颜色不包括叶脉颜色。当性状涉及颜色 1、颜色 2 等时，以颜色在 RHS 比色卡上出现的顺序记录，即颜色 1 指色号数值最小的颜色，颜色 2 指色号数值第二小的颜色，以此类推。如果叶是绿色 137A，斑点为白色 155A，绿色 137A 是颜色 1，白色 155A 是颜色 2。如果两种颜色在比色卡同一页上，例如绿色 137A 和绿色 137D，137A 是较小数值颜色。应注意，在该系统下，排序未考虑面积大小，因此面积最大的颜色可能是颜色 3 或颜色 4。本指南中最多可列 5 种颜色，如果颜色数多于 5 种，不考虑面积最小的颜色。

（e）观测应在当季完全展开的叶片上进行。

（f）观测应在花茎开花部分的中部 1/3 处完全开放的花上进行。

8.2 对单个性状的解释

性状 1：植株高度

性状 2：植株宽度

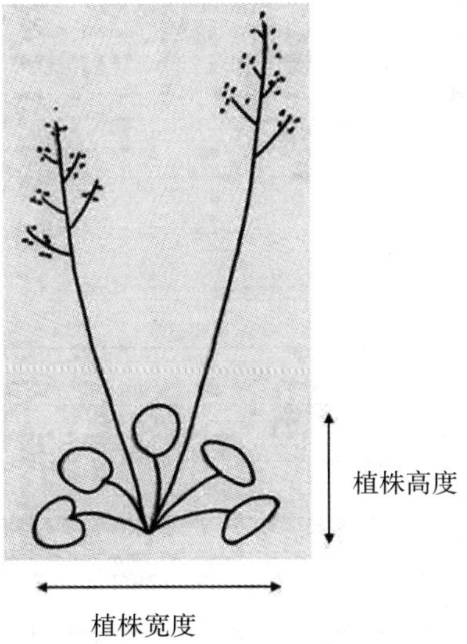

性状 4 至性状 9：幼叶颜色性状

性状 36 到性状 52：叶片颜色性状

矾根和泡沫花，叶色变化相对于品种整体外观来说是非常显著的。叶片通常有几种呈现出不同图案的颜色，这些颜色和图案的表达会随着幼叶转变为完全展开的叶片而发生变化。

本指南允许使用 RHS 比色卡描述颜色（最多 4 种）及颜色分布、颜色形成的图案和覆盖的区域。这些性状的观测开始在幼叶上进行，之后在完全展开的叶片上再描述一次。

颜色虽然被标为“颜色 1”“颜色 2”“颜色 3”和“颜色 4”，但不是指颜色明显程度或面积大小。颜色观测顺序指颜色在 RHS 比色卡上出现的顺序，见 8.1（d）。

叶色性状未列出标准品种。这是因为，指南中列出的观测组合的数量比看到的组合数量多，在这种情况下，为所有表达状态提供标准品种可能会误导。

为说明记录方式，下面提供了两个标准品种。第一个是描述仅有一种颜色的叶片，第二个是描述有多种颜色的叶片。两种情况下的两种记录方式都是在完全展开的叶片上进行的，但对幼叶而言，记录方式只有 1 种。

8.1（b）和（e）就观测材料进行了说明。

样例 1：Pistache（叶片仅有一种颜色的品种）

性状编号	性状名称	表达状态（代码）
性状 36	叶片：颜色 1	黄绿色 151C
性状 37	叶片：颜色 1 分布	整个叶片（8）
性状 38	叶片：颜色 1 图案	均匀或近均匀（5）
性状 39	叶片：颜色 1 总面积	极大（9）
性状 40	叶片：颜色 2	不适用
性状 41	叶片：颜色 2 分布	无（1）
性状 42	叶片：颜色 2 图案	不适用
性状 43	叶片：颜色 2 总面积	不适用
性状 44	叶片：颜色 3	不适用
性状 45	叶片：颜色 3 分布	无（1）
性状 46	叶片：颜色 3 图案	不适用
性状 47	叶片：颜色 3 总面积	不适用
性状 48	叶片：颜色 4	不适用
性状 49	叶片：颜色 4 分布	无（1）
性状 50	叶片：颜色 4 图案	不适用
性状 51	叶片：颜色 4 总面积	不适用

样例 2：Venus（叶片有多种颜色的品种）

性状编号	性状名称	表达状态（代码）
性状 36	叶片：颜色 1	黄绿色 144C
性状 37	叶片：颜色 1 分布	边缘（7）
性状 38	叶片：颜色 1 图案	均匀或近均匀（5）
性状 39	叶片：颜色 1 总面积	极小或小（2）
性状 40	叶片：颜色 2	灰橙色 176B
性状 41	叶片：颜色 2 分布	沿叶脉（2）
性状 42	叶片：颜色 2 图案	均匀或近均匀（5）
性状 43	叶片：颜色 2 总面积	小（3）
性状 44	叶片：颜色 3	灰橙色 177D，偏灰
性状 45	叶片：颜色 3 分布	中部叶脉间（6）
性状 46	叶片：颜色 3 图案	均匀或近均匀（5）
性状 47	叶片：颜色 3 总面积	大（7）
性状 48	叶片：颜色 4	不适用
性状 49	叶片：颜色 4 分布	无（1）
性状 50	叶片：颜色 4 图案	不适用
性状 51	叶片：颜色 4 总面积	不适用

下面是显示颜色分布和颜色图案的图示。

性状 5：幼叶颜色 1 分布

性状 37：叶片颜色 1 分布

1
沿叶脉
（红棕色）

2
沿叶脉和边缘
（黑色）

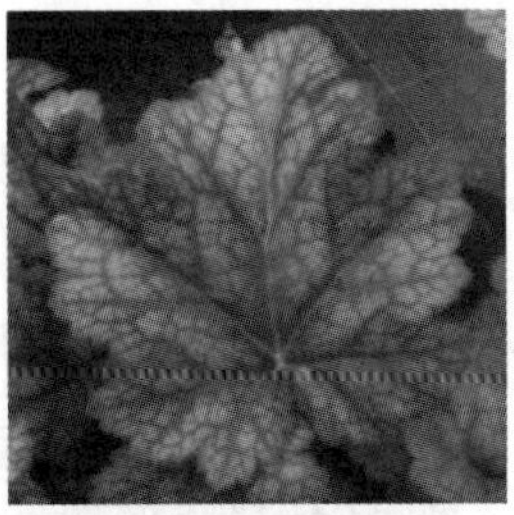

3
叶脉间整个区域
（红粉色）

4
中心叶脉间
（灰色）

5
中部叶脉间
（绿色）

6
叶脉间和边缘
（黄绿色）

7
边缘
（红色）

8
整个叶片
（粉色）

性状 6：幼叶颜色 1 图案
性状 10：幼叶颜色 2 图案
性状 14：幼叶颜色 3 图案
性状 18：幼叶颜色 4 图案
性状 38：叶片颜色 1 图案
性状 42：叶片颜色 2 图案
性状 46：叶片颜色 3 图案
性状 50：叶片颜色 4 图案

1
晕

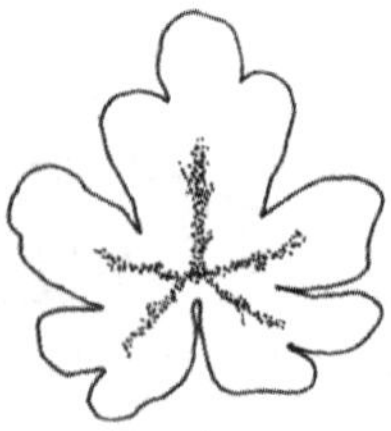
2
斑点

3
斑块

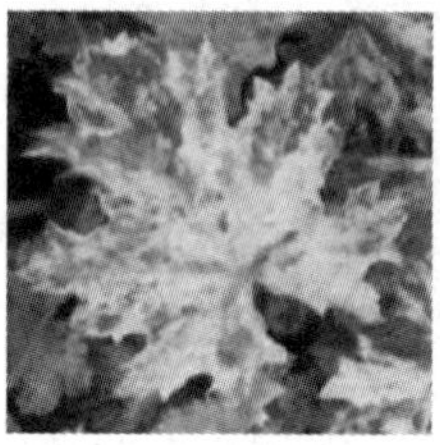
4
不规则

5
均匀或近均匀

性状 9：幼叶颜色 2 分布
性状 13：幼叶颜色 3 分布
性状 17：幼叶颜色 4 分布
性状 41：叶片颜色 2 分布
性状 45：叶片颜色 3 分布
性状 49：叶片颜色 4 分布

在这些性状中描述的颜色分布可以用与性状 5 和性状 37 相同的图表示。但是，代码 1 的描述是不同的，以表示其为不具有多种颜色的品种。

1
无
（无其他颜色）

2
沿叶脉
（红棕色）

3
沿叶脉和边缘
（黑色）

4
叶脉间整个区域
（红粉色）

5
中心叶脉间
（灰色）

6
中部叶脉间
（绿色）

7
叶脉间和边缘
（黄绿色）

8
边缘
（红色）

9
整个叶片
（粉色）

性状 22：叶柄主色

主色是指面积最大的颜色。

性状 23：叶片长度

应该测量叶片的总长度，而不是从叶柄到顶端的距离。

性状 24：叶片宽度

应观测叶片的自然宽度。

性状 26：叶片尖端形状

性状 27：叶片裂片

性状 29：叶片边缘锯齿数量

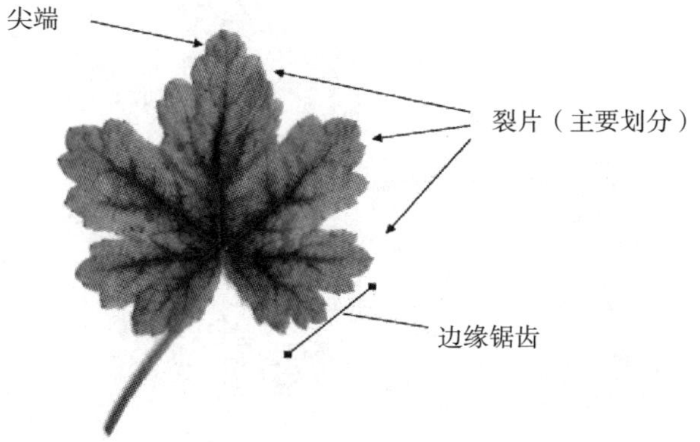

性状 27：叶片裂片

3	5	7
浅	中	深

性状 28：叶片顶部裂片相对于整个叶片的长度（仅适用于泡沫花）

3	5	7
短	中	长

性状 29：叶片边缘锯齿数量

1 2 3 4 5

无或极少 少 中 多 极多

性状 31：叶片边缘波状

1 3 5 7

无或极弱 弱 中 强

性状 32：叶片褶皱

1 3

无或极弱 弱

5 7

中 强

性状 53：花茎姿态

1 2 3

直立 半直立 平

性状 54：花茎长度
性状 56：花茎开花部位的长度
性状 57：花茎开花部位的宽度

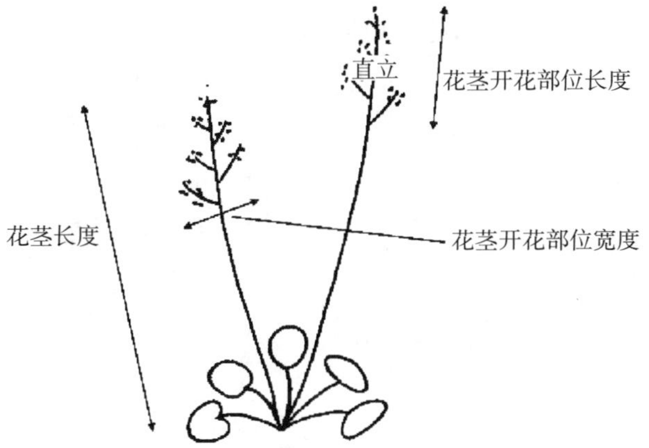

性状 54：花茎长度
应观测完全开放的花的花茎。
性状 55：花茎主色
应观测花茎的花下面那部分的部位。主色是面积最大的颜色。
性状 60：花蕾颜色
应观测一个完全发育的开放前的花蕾。
性状 61：花姿态
花的姿态主要是描述花与主花茎的相对姿态，花梗的角度除外。

1	2	3	4	5
向上	半向上	向外	半向外	向下

性状 62：花长度

性状 63：花宽度

性状 64：花外表面颜色

花结构注释：在花的花萼下部、花瓣和花药，融合成一个结构称为托杯。在每一个花萼裂片的基部附着一个小花瓣，或者是残留的或者伸出花腔口。花瓣在泡沫花上更明显。

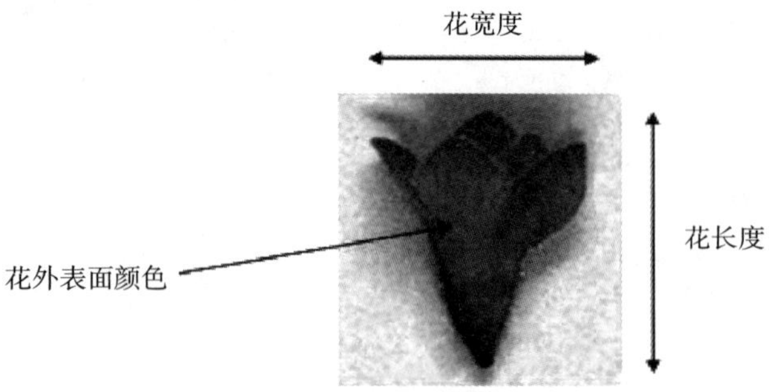

性状 65：花瓣内表面颜色（仅适用于泡沫花）

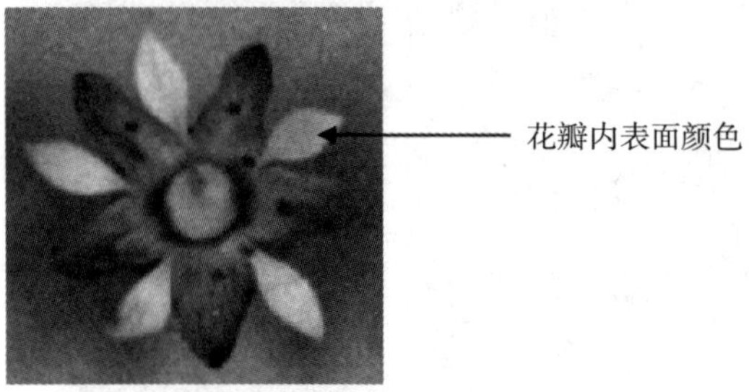

扫码下载原文

如扫描二维码无法下载指南原文，可能是指南版本有更新，可扫描本书封底二维码查看与本文对应的指南版本

TG/281/1
原文： 英文
日期： 2012-03-28

国际植物新品种保护联盟
植物品种特异性、一致性和稳定性
测试指南

紫锥菊属

UPOV 代码：ECNCE

（*Echinacea* Moench）

互用名称 *

植物学名称	英文	法文	德文	西班牙文
Echinacea Moench	Echinacea, ConeFlower	Echinacée	Echinacea, Igelkopf	Equinácea

* 这些名称在指南开始使用时是正确的，但随后可能会修改更新。读者可登录 UPOV 网站（www.upov.int），获取最新资料。

1 指南适用范围

本指南适用于紫锥菊属（*Echinacea* Moench）的所有品种。

2 繁殖材料要求

2.1 待测品种繁殖材料的数量和质量要求以及提交的时间和地点由主管机构决定。申请人从测试所在国境外提交繁殖材料的，还应符合海关规定并满足相关植物检疫的要求。

2.2 繁殖材料以幼苗或种子的形式提交。

2.3 申请人提交繁殖材料的最小数量：无性繁殖品种为10株幼苗，种子繁殖品种为种子数量足以保证长成40个植株。

提交的种子应满足主管机构规定的发芽率、净度、健康程度和含水量的最低要求。当种子用于保藏时，申请人应尽可能提供发芽率高的种子并注明发芽率。

2.4 提供的繁殖材料应外观健康有活力，未受到任何严重病虫害的影响。

2.5 提交的繁殖材料不得进行任何可能影响品种性状表达的处理，除非主管机构允许或要求进行这种处理。如果材料已经处理，必须提供相关处理的详细说明。

3 测试方法

3.1 生长周期

测试的最少周期数量通常为1个生长周期。

3.2 测试地点

测试通常在1个地点进行。在1个以上地点进行测试时，TGP/9《特异性测试》提供了有关指导。

3.3 测试条件

3.3.1 测试的条件应能满足品种正常生长的需要，以确保品种相关性状充分表达和测试的顺利开展。

3.3.2 目测颜色

由于日光变化的原因，在利用比色卡确定颜色时，应在一个合适的有人工光源照明的小室或中午无阳光直射的房间内进行。人工光源光谱分布应符合CIE“理想日光标准D6500”，且在《英国标准950：第1部分》规定的允许范围之内。观测应将植株部位置于白背景下进行。品种描述中应指出比色卡及版本。

3.4 试验设计

3.4.1 无性繁殖品种：每个试验应保证至少有10个植株。

3.4.2 种子繁殖品种：每个试验应保证至少有40个植株，分为至少两个重复。

3.4.3 试验设计应保证因测量或计数等需要，从小区取走部分植株或植株部位后，不影响生长周期结束前的所有观测。

3.5 附加测试

为测试有关性状，可以进行附加测试。

4 特异性、一致性和稳定性结果的判定

4.1 特异性

4.1.1 总体原则

对于本指南的使用者而言，在判定特异性前参照总则特异性判定的总体原则十分重要。但为了进

一步说明和强调特异性判定，本指南特列出特异性判定的要点。

4.1.2 一致的差异

当观测到的品种之间的差异非常明显时，则没有必要种植 1 个以上生长周期。此外，在某些情况下，环境的影响并不意味着需要 1 个以上的生长周期来保证品种间观察到的差异是足够一致的。为确保在种植试验中所观测到的性状差异是足够一致的，可以对性状进行至少 2 个独立生长周期的测试。

4.1.3 明显的差异

两个品种间的差异是否明显取决于很多因素，特别应考虑所测性状的表达类型，即该性状是质量性状、数量性状还是假质量性状。因此，在作出关于特异性的判定前，本测试指南的使用者应熟悉总则中的建议。

4.1.4 植株 / 植株部位的观测数量

除非另有说明，在判定无性繁殖品种特异性时，对于单株的观测，应观测 9 个植株或分别从 9 个植株取下的植株部位；对于其他观测，应观测试验中的所有植株。观测时应将异型株排除在外。

除非另有说明，在判定种子繁殖品种特异性时，对于单株的观测，应观测 30 个植株或分别从 30 个植株取下的植株部位；对于其他观测，应观测试验中的所有植株。观测时应将异型株排除在外。

4.1.5 观测方法

性状表第二列以如下符号（见 TGP/9《特异性测试》第 4 部分“性状观测”）的形式列出了特异性判定时推荐的性状观测方法。

MG：对一批植株或植株部位进行单次测量。

MS：对一定数量的植株或植株部位进行逐一测量。

VG：对一批植株或植株部位进行单次目测。

VS：对一定数量的植株或植株部位进行逐一目测。

观测类型：目测（V）或测量（M）。

目测（V）是一种基于专家判断的观测方法。本文中的目测是指专家的感官观察，因此，也包括闻、尝和触摸。目测也包括专家使用参照物（例如图表，标准品种，并排比较）或非线性的图表（例如比色卡）的观测。测量（M）是一种基于校准的、线性尺度的客观观测，例如使用尺、秤、色度计、日期和计数等进行观测。

记录类型：群体记录（G）或个体记录（S）。

以特异性为目的的观测，可被记录为一批植株或植株部位的单个记录（G），或者记录为一定数量的单个植株或植株部位的个体记录（S）。多数情况下，群体记录为一个品种提供一个单个记录，因此不可能或者不必要通过逐个植株的统计分析来判定特异性。

如果性状表中提供了不止一种观测方法（如 VG/MG），可以参考 TGP/9《特异性测试》的 4.2 部分选择合适的观测方法。

4.2 一致性

4.2.1 对于本指南的使用者而言，在判定一致性前参照总则一致性判定的一般原则十分重要。但为进一步说明和强调一致性判定，本指南特列出一致性判定的要点。

4.2.2 对无性繁殖品种一致性评价时，应采用 1% 的群体标准和至少 95% 的接受概率。当样本量为 10 个时，允许有 1 个异型株。

4.2.3 对种子繁殖品种一致性评价时，应该遵从总则中对异花授粉品种的建议。

4.3 稳定性

4.3.1 在实际操作中，通常不像测试特异性和一致性那样对稳定性进行测试以得到明确结果。经验表明，对许多类型的品种来说，当一个品种表现一致时，可认为其是稳定的。

4.3.2 适当情况下或者有疑问时，可通过一批新的种子或植株进一步判定稳定性，观测其性状表达是否与以前提供的繁殖材料的性状表达一致。

5 品种分组和试验组织

5.1 使用分组性状可以帮助选择与申请品种一起进行田间种植试验的已知品种，以及对这些品种进行合适分组以便进行特异性评价。

5.2 分组性状表达状态的数据即使来自不同地点，也可以单独或者与其他此类性状联合使用。

（a）用于特异性测试中筛选排除那些不需要安排在种植试验中的已知品种。

（b）用于组织安排种植试验，使近似品种种植在一起。

5.3 以下性状已被确认为有用的分组性状。

（a）叶：色斑（性状 12）。

（b）舌状小花：内侧主色（性状 31），有以下 7 个组。

第一组：绿色。

第二组：白色。

第三组：黄色。

第四组：橙色。

第五组：红色。

第六组：粉色。

第七组：紫色。

（c）花心：类型（性状 39）。

（d）花心：托苞（穗）的颜色（仅适用于具非托桂型花心品种）（性状 47），分组如（e）所示。

（e）花心小花开放后颜色（仅适用于具托桂型花心品种）（性状 50），有以下 7 组。

第一组：绿色。

第二组：白色。

第三组：黄色。

第四组：橙色。

第五组：红色。

第六组：粉色。

第七组：紫色。

（f）花心：花心有无舌状小花（仅适用于具非托桂型花心品种）（性状 51）。

总则和 TGP/9《特异性测试》中提供了在特异性审查过程中使用分组性状的指导。

6 性状表介绍

6.1 性状类型

6.1.1 标准指南性状

标准指南性状是 UPOV 已同意用于 DUS 审查的性状，UPOV 成员可以从中选择与其特定环境相适应的性状。

6.1.2 星号性状

星号性状（用“*”标记）是测试指南中对于形成国际统一的品种描述十分重要的性状，所有 UPOV 成员都应将其用于 DUS 测试并包含在品种描述中，除非前序性状的表达或区域环境条件所限使其无法测试。

6.2 表达状态及相应代码

6.2.1 为定义性状和统一描述，将每个性状划分为一系列表达状态。每个表达状态赋予一个相应的数字代码，以便于数据记录，以及品种性状描述的建立和交流。

6.2.2 对于质量性状和假质量性状（6.3），性状表中列出了所有表达状态。但对于有 5 个或 5 个以上表达状态的数量性状，可以采用缩略尺度的方法，以缩短性状表格。例如，对于有 9 个表达状态的数量性状，在测试指南的性状表中可采用以下缩略形式。

表达状态	代码
小	3
中	5
大	7

但是应该指出的是，以下 9 个表达状态都是存在的，应采用适宜的表达状态用于品种的描述。

表达状态	代码
极小	1
极小到小	2
小	3
小到中	4
中	5
中到大	6
大	7
大到极大	8
极大	9

6.2.3 TGP/7《测试指南的研制》中提供了表达状态和代码的更详尽的介绍。

6.3 表达类型

总则中对性状表达类型（质量性状、数量性状和假质量性状）进行了解释。

6.4 标准品种

适当时，测试指南中提供了标准品种用于校正性状的表达状态。

6.5 注释

（*）星号性状（6.1.2）。

QL：质量性状（6.3）。

QN：数量性状（6.3）。

PQ：假质量性状（6.3）。

MG、MS、VG、VS：观测方法（4.1.5）。

（a）～（d）性状表解释（8.1）。

（+）性状表解释（8.2）。

7 性状表

性状编号	观测方法	英文	中文	标准品种	代码
1. QN	**VG**	**Plant：growth habit**	**植株：生长习性**		
		upright	直立	Mount Hood	1
		semi upright	半直立	Green Jewel，Ida	2
		semi spreading	半平展	Mistral	3
		spreading	平展		4

续表

性状编号	观测方法	英文	中文	标准品种	代码
2. (*) (+) QN	VG/ MG	**Plant: height**	**植株：高度**		
		short	矮	Mistral	3
		medium	中	Green Jewel	5
		tall	高	Mount Hood	7
3. (+) QN	VG	**Plant: floriferousness**	**植株：多花性**		
		weak	弱	Tiki Torch	3
		medium	中	Green Jewel	5
		strong	强	Mistral	7
4. (+) QN	VG	**Plant: density**	**植株：密度**		
		sparse	稀	Hot Summer	3
		medium	中	Mount Hood	5
		dense	密	Mistral	7
5. PQ	VG (a)	**Stem: color**	**茎：颜色**		
		green	绿色	Green Jewel	1
		green tinged slightly purple	绿色中略带浅紫色	Catharina	2
		green tinged heavily purple	绿色中略带深紫色	Merlot	3
		purple	紫色	Fatal Attraction	4
6. QN	VG	**Stem: number of leaves**	**茎：叶数量**		
		few	少		3
		medium	中	Green Jewel	5
		many	多	Ida, Mistral	7
7. (*) QN	VG/ MS (b)	**Leaf: length (including petiole)**	**叶：长度（包括叶柄）**		
		short	短	Mistral	3
		medium	中	Merlot	5
		long	长	Green Jewel	7
8. (*) QN	VG/ MS (b)	**Leaf: width**	**叶：宽度**		
		narrow	窄	Purity	3
		medium	中	Green Jewel	5
		broad	宽	Catharina	7
9. (*) QN	VG/ MS (b)	**Leaf: length/width ratio**	**叶：长宽比**		
		slightly elongated	小	Merlot	3
		moderately elongated	中	Polar Breeze	5
		strongly elongated	大		7
10. QN	VG (b)	**Leaf: position of broadest part**	**叶：最宽处位置**		
		at middle or slightly towards base	中部或略向基部		1
		moderately towards base	向基部	Tomato Soup	2
		strongly towards base	极向基部	Milkshake	3
11. QN	VG (b)	**Leaf: intensity of green color**	**叶：绿色程度**		
		light	浅	Tomato Soup	1
		medium	中	Purity	2
		dark	深	Fatal Attraction	3

续表

性状编号	观测方法	英文	中文	标准品种	代码
12. (*) QL	VG (b)	**Leaf: variegation**	**叶：色斑**		
		absent	无	Tomato Soup	1
		present	有	Prairie Frost	9
13. (*) PQ	VG (b)	**Leaf: color of variegation**	**叶：色斑颜色**		
		white	白色		1
		yellowish white	泛黄白色	Prairie Frost	2
		yellow	黄色		3
		yellow green	黄绿色		4
14. (*) PQ	VG (b)	**Leaf: distribution of variegation**	**叶：色斑分布**		
		marginal	边缘	Prairie Frost	1
		central zone	中间区域		2
		irregular	不规则	Sparkler	3
15. (*) QN	VG (b)	**Leaf: rugosity**	**叶：褶皱**		
		absent or very weak	无或极弱	Hot Papaya	1
		weak	弱	Summer Cocktail	3
		medium	中	Green Jewel	5
		strong	强	Catharina	7
16. QN	VG (b)	**Leaf: glossiness**	**叶：光泽度**		
		absent or very weak	无或极弱	Mistral，Lilliput	1
		weak	弱	After Midnight	2
		medium	中		3
		strong	强	Pineapple Sundae	4
17. (*) (+) QN	VG (b)	**Leaf: indentations of Margin**	**叶：边缘锯齿**		
		absent or very few	无或极少	Hot Papaya	1
		few	少	Catharina	2
		medium	中	Green Jewel	3
		many	多	Avalanche	4
18. (*) PQ	VG	**Peduncle: color**	**花梗：颜色**		
		green	绿色	Green Jewel	1
		green tinged slightly purple	绿色带浅紫色	Tomato Soup	2
		green tinged heavily purple	绿色带深紫色		3
		purple	紫色	After Midnight	4
19. (*) QN	VG	**Peduncle: pubescence**	**花梗：茸毛**		
		absent or very sparse	无或极稀		1
		sparse	稀	Hot Papaya	2
		medium	中	Tomato Soup	3
		dense	密	Green Jewel	4
		very dense	极密	Mistral	5
20. (*) (+) QN	VG/ MS (c)	**Flower head: diameter**	**头状花序：直径**		
		small	小	Kim's Mop Head	3
		medium	中	Green Jewel	5
		large	大	Merlot	7

续表

性状编号	观测方法	英文	中文	标准品种	代码
21. (*) (+) QN	VG/ MS (c)	**Flower head: height**	**头状花序：高度**		
		low	低		3
		medium	中	Mistral	5
		high	高	Hot Papaya	7
22. (*) (+) QN	VG/ MS (c)	**Flower head: number of ray florets**	**头状花序：舌状小花数量**		
		few	少	Tiki Torch	3
		medium	中	Mistral	5
		many	多	Fatal Attraction	7
23. (*) (+) QN	VG (c)	**Flower head: attitude of ray florets at origin**	**头状花序：舌状小花基部姿态**		
		semi-erect	半直立	Lilliput	1
		horizontal	水平	Merlot	2
		semi-drooping	半下弯	Mount Hood	3
		drooping	下弯	Hot Papaya	4
24. (*) (+) QN	VG (c)	**Flower head: relative number of ligulate ray florets**	**头状花序：舌形舌状小花相对数量**		
		none	无	All that Jazz	1
		few	少		2
		medium	中		3
		many	多	Sundown	4
		all or almost all	全部或几乎全部	Merlot	5
25. (*) (+) QN	VG (c)	**Flower head: relative number of spatulate ray florets**	**头状花序：匙形舌状小花相对数量**		
		none	无		1
		few	少	All that Jazz	2
		medium	中	Sundown	3
		many	多		4
		all or almost all	全部或几乎全部		5
26. (*) (+) QN	VG (c)	**Flower head: relative number of quilled ray florets**	**头状花序：管状舌状小花相对数量**		
		none	无		1
		few	少	Sundown	2
		medium	中		3
		many	多	All that Jazz	4
		all or almost all	全部或几乎全部		5
27. (*) QN	VG/ MS (c) (d)	**Ray floret: length**	**舌状小花：长度**		
		short	短	Fatal Attraction	3
		medium	中	Merlot	5
		long	长	Tomato Soup	7
28. (*) QN	VG/ MS (c) (d)	**Ray floret: width**	**舌状小花：宽度**		
		narrow	窄	Fatal Attraction	3
		medium	中	Summer Cocktail	5
		broad	宽	Milkshake	7
29. (*) QN	VG/ MS (c) (d)	**Ray floret: length/width ratio**	**舌状小花：长宽比**		
		low	小	Meditation	3
		medium	中	Razzmatazz	5
		high	大	Mount Hood	7

续表

性状编号	观测方法	英文	中文	标准品种	代码
30. **(*)** **(+)** **PQ**	**VG** **(c)** **(d)**	**Only varieties with spatulate or quilled ray florets：Ray floret：color of outer side**	**舌状小花：外侧颜色（仅适用于匙形或管状舌状小花品种）**		
		RHS Colour Chart (indicate reference number)	RHS 比色卡 (注明参考色号)		
31. **(*)** **PQ**	**VG** **(c)** **(d)**	**Ray floret：main color of inner side**	**舌状小花：内侧主色**		
		RHS Colour Chart (indicate reference number)	RHS 比色卡 (注明参考色号)		
32. **(*)** **PQ**	**VG** **(c)** **(d)**	**Ray floret：secondary coloro of inner side**	**舌状小花：内侧次色**		
		RHS Colour Chart (indicate reference number)	RHS 比色卡 (注明参考色号)		
33. **(*)** **(+)** **PQ**	**VG** **(c)** **(d)**	**Ray floret：distribution of secondary color of inner side**	**舌状小花：内侧次色分布**		3
		at the base	基部		1
		in the basal quarter	基部 1/4 处	Green Envy	2
		in the basal half	基部 1/2 处	Summer Cocktail	3
34. **(+)** **QN**	**VG** **(c)** **(d)**	**Ray floret：curvature**	**舌状小花：弯曲程度**		
		strongly incurving	强内弯		1
		weakly incurving	微内弯	Green Jewel	2
		straight	平直	Mount Hood	3
		weakly reflexing	微外翻	Lilliput	4
		strongly reflexing	强外翻	Hot Papaya	5
35. **(*)** **QN**	**VG** **(c)** **(d)**	**Ray floret：twisting**	**舌状小花：扭曲程度**		
		absent or very weak	无或极弱	Merlot	1
		weak	弱	Hot Papaya	2
		moderate	中		3
		strong	强		4
36. **(+)** **QN**	**VG** **(c)** **(d)**	**Ray floret：profile in cross section**	**舌状小花：横切面形状**		
		strongly concave	强凹	Vintage Wine	1
		moderately concave	中等凹	Green Jewel	2
		weakly concave	微凹	Merlot	3
		flat	平	Tomato Soup	4
		weakly convex	微凸		5
		moderately convex	中等凸		6
		strongly convex	强凸		7
37. **(*)** **(+)** **PQ**	**VG** **(c)** **(d)**	**Ray floret：shape of apex**	**舌状小花：先端形状**		
		pointed	尖	Purity	1
		rounded	圆形	Tiki Torch	2
		truncate	平截	Green Jewel	3
38. **(*)** **(+)** **QN**	**VG** **(c)** **(d)**	**Ray floret：indentations of tip**	**舌状小花：尖端缺刻**		
		absent or very shallow	无或极浅		1
		shallow	浅	Hot Summer	2
		medium	中	Green Jewel	3
		deep	深		4

续表

性状编号	观测方法	英文	中文	标准品种	代码
39.（*）（+）QL	VG（c）	**Disc：type**	**花心：类型**		
		daisy	非托桂型	Merlot	1
		anemone	托桂型	Hot Papaya	2
40.（*）（+）QN	VG/MS（c）	**Only varieties with disc type：daisy：Disc：diameter**	**花心：直径（仅适用于具非托桂型花心品种）**		
		small	小	Tomato Soup	3
		medium	中	Summer Cocktail	5
		large	大	Merlot	7
41.（*）QN	VG/MS（c）	**Only varieties with disc type：anemone：Disc：diameter**	**花心：直径（仅适用于具托桂型花心品种）**		
		small	小	Pink Double Delight	3
		medium	中	Razzmatazz	5
		large	大	Hot Papaya	7
42.（*）（+）QN	VG/MS（c）	**Only varieties with disc type：daisy：Disc：height**	**花心：高度（仅适用于具非托桂型花心品种）**		
		low	低	Fatal Attraction	3
		medium	中	Purity	5
		high	高	After Midnight	7
43.（*）QN	VG/MS（c）	**Only varieties with disc type：anemone：Disc：height**	**花心：高度（仅适用于具托桂型花心品种）**		
		low	低	Meringue	3
		medium	中		5
		high	高	Catharina	7
44.（*）（+）QN	VG/MS（c）	**Only varieties with disc type：daisy：Disc：ratio height/diameter**	**花心：高度直径比（仅适用于具非托桂型花心品种）**		
		low	小	Green Jewel	3
		medium	中	Purity	5
		high	大	Tiki Torch	7
45.（*）QN	VG/MS（c）	**Only varieties with disc type：anemone：Disc：ratio height/diameter**	**花心：高度直径比（仅适用于具托桂型花心品种）**		
		low	小	Meringue	3
		medium	中		5
		high	大	Hot Papaya	7
46.（*）（+）QN	VG（c）	**Disc：diameter in relation to flower head**	**花心：相对于头状花序的直径**		
		small	小	Tomato Soup	3
		medium	中	Green Jewel	5
		large	大	Milkshake	7
47.（*）（+）PQ	VG（c）	**Only varieties with disc type：daisy：Disc：color of paleae（spikes）**	**花心：托苞（穗）的颜色（仅适用于具非托桂型花心品种）**		
		green	绿色		1
		yellowish green	泛黄绿色	Green Jewel	2
		yellow	黄色		3
		orange	橙色	Purity，Mount Hood	4
		red orange	红橙色		5
		red brown	红棕色	Merlot，Hot Summer	6
		purple brown	紫棕色	Fatal Attraction	7

续表

性状编号	观测方法	英文	中文	标准品种	代码
48. **(*)** **(+)** **PQ**	**VG** **(c)**	**Only varieties with disc type：daisy：Disc：second color of paleae（spikes）**	**花心：托苞（穗）次色（仅适用于具非托桂型花心品种）**		
		green	绿色	Purity，Green Jewel	1
		yellow	黄色	Hot Summer	2
		orange	橙色	Mount Hood	3
		red orange	红橙色	Merlot，Fatal Attraction	4
		red brown	红棕色		5
49. **(*)** **PQ**	**VG**	**Only varieties with disc type：anemone：Disc：color before Disc florets open**	**花心：花心小花开放前颜色（仅适用于具托桂型花心品种）**		
		RHS Colour Chart（indicate reference number）	RHS 比色卡（注明参考色号）		
50. **(*)** **PQ**	**VG**	**Only varieties with disc type：anemone：Disc：color after disc florets open**	**花心：花心小花开放后颜色（仅适用于具托桂型花心品种）**		
		RHS Colour Chart（indicate reference number）	RHS 比色卡（注明参考色号）		
51. **(*)** **(+)** **QL**	**VG** **(c)**	**Only varieties with disc type：daisy：Disc：presence of ray florets within the disc**	**花心：花心有无舌状小花（仅适用于具非托桂型花心品种）**		
		absent	无	Merlot	1
		present	有	Mount Hood	9
52. **(*)** **(+)** **QN**	**VG** **(c)**	**Only varieties withdisc type：daisy：with ray florets within the disc：Disc：number of ray florets within the disc**	**花心：花心舌状小花数量（仅适用于具非托桂型花心品种，花心有舌状小花）**		
		few	少	Mount Hood	3
		medium	中	Double Decker	5
		many	多	Pink Poodle	7
53. **(*)** **QN**	**VG/MS** **(c)**	**Only varieties with disc type：anemone：Disc floret：length**	**花心小花：长度（仅适用于具托桂型花心品种）**		
		short	短	Milkshake	3
		medium	中		5
		long	长	Hot Papaya	7
54. **QN**	**VG/MS** **(c)**	**Only varieties with disc type：anemone：Disc floret：width**	**花心小花：宽度（仅适用于具托桂型花心品种）**		
		very narrow	极窄	Milkshake	1
		narrow	窄		2
		medium	中	Pink Sorbet	3
		broad	宽	Hot Papaya	4
		very broad	极宽		5
55. **(+)** **QN**	**VG** **(c)**	**Only varieties with disc type：anemone：Disc floret：curvature**	**花心小花：弯曲程度（仅适用于具托桂型花心品种）**		
		straight	平直	Milkshake	1
		weakly reflexed	微外翻	Pink Sorbet	2
		strongly reflexed	强外翻	Hot Papaya	3
56. **(*)** **(+)** **QN**	**VG** **(c)**	**Only varieties with disc type：anemone：Disc floret：length of tube**	**花心小花：管长度（仅适用于具托桂型花心品种）**		
		short	短	Hot Papaya	3
		medium	中		5
		long	长	Milkshake	7

续表

性状编号	观测方法	英文	中文	标准品种	代码
57. (*) QN	**VG (c)**	**Only varieties with disc type：anemone：Disc floret：depth of indentations of tip**	**花心小花：尖端缺刻深度（仅适用于具托桂型花心品种）**		
		absent or very shallow	无或极浅		1
		shallow	浅		2
		medium	中	Pink Sorbet	3
		deep	深	Hot Papaya	4

8 性状表解释

8.1 对多个性状的解释

除非另有说明，所有性状的观测都应在盛花期。

性状表第二列包含以下标注的性状应按照下述要求观测。

（a）茎性状的观测在茎中部 1/3 处（花梗除外）上进行。

（b）叶性状的观测在花茎中部 1/3 处典型的茎叶上进行，除非另有说明，观测部位均为叶上表面。

（c）除非另有说明，所有头状花序、舌状小花和花心性状的观测在头状花序中半数花心小花裂开或开放时进行。

（d）所有舌状小花性状的观测应在舌状小花主要类型中最典型的舌状小花上进行。

8.2 对单个性状的解释

性状 2：植株高度

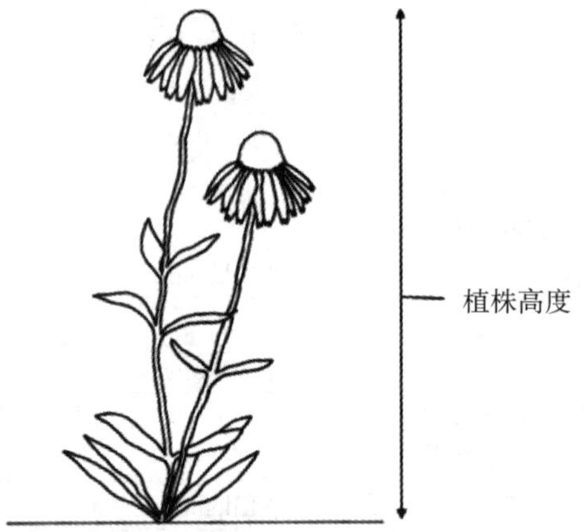

性状 3：植株多花性

花的数量的观测应该在盛花期，植株上同一时间所开花的数量即为花的数量。

3
弱

5
中

7
强

性状 4：植株密度

植株密度应该根据茎秆、叶以及花的整体情况来观测。

3

稀

5

中

7

密

性状 17：叶边缘锯齿

1	2	3	4
无或极少	少	中	多

性状 20：头状花序直径

性状 21：头状花序高度

记录的应该是自然状态下头状花序的直径和高度。

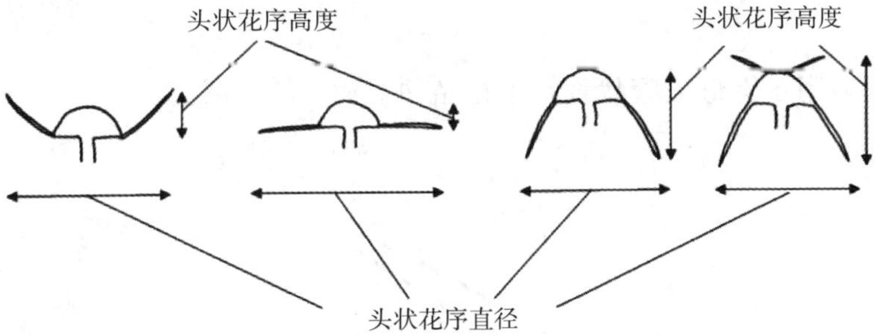

性状 22：头状花序舌状小花数量

花心舌状小花除外（见性状 51）。

性状 23：头状花序舌状小花基部姿态

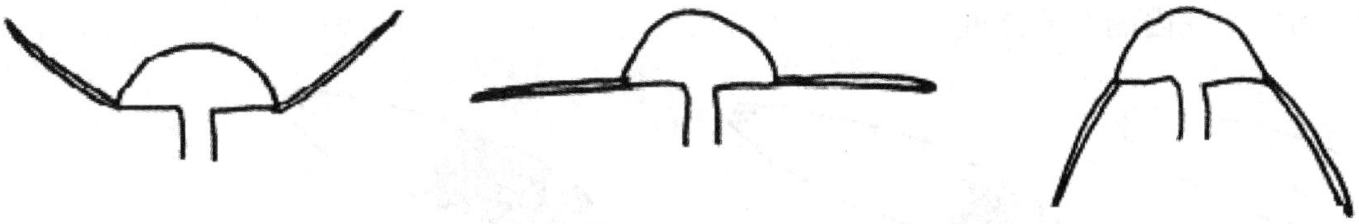

1	2	3
半直立	水平	半下弯

性状 24：头状花序舌形舌状小花相对数量

“相对”指的是舌状小花的数量相对于所有舌状小花的数量，这里的评估并不是舌形舌状小花的绝对数量。舌形舌状小花是平直的。

性状 25：头状花序匙形舌状小花相对数量

“相对”指的是匙形舌状小花的数量相对于所有舌状小花的数量，这里的评估并不是匙形舌状小花的绝对数量。匙形舌状小花一部分是管状的，一部分是平直的。

性状 26：头状花序管状舌状小花相对数量

“相对”指的是管状舌状小花的数量相对于所有舌状小花的数量，这里的评估并不是管状舌状小花的绝对数量。管状舌状小花全长都是管状的。

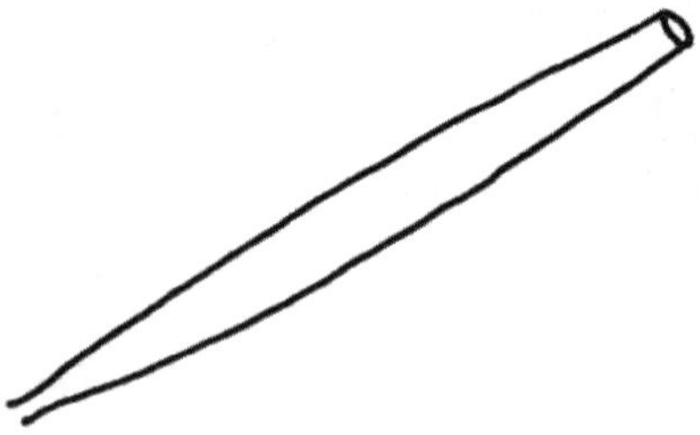

性状 30：舌状小花外侧颜色（仅适用于匙形或管状舌状小花品种）

小花管状部分的观测应正面朝上。

在这个部位记录颜色

性状 33：舌状小花内侧次色分布

1	2	3
基部	基部 1/4 处	基部 1/2 处

性状 34：舌状小花弯曲程度

1 强内弯　　2 微内弯　　3 平直　　4 微外翻　　5 强外翻

性状 36：舌状小花横切面形状

应观测小花的中间位置。

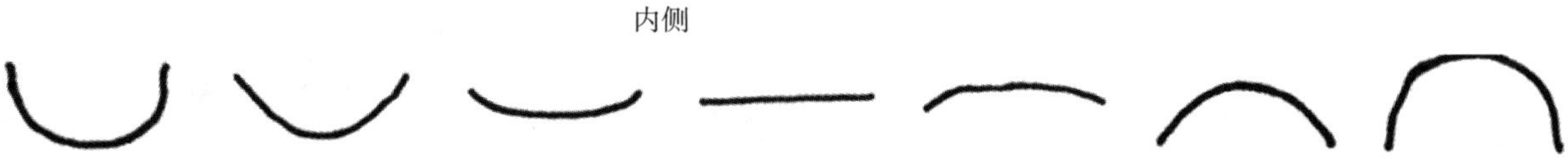

1 强凹　　2 中等凹　　3 微凹　　4 平　　5 微凸　　6 中等凸　　7 强凸

性状 37：舌状小花先端形状

1 尖　　2 圆形　　3 平截

性状 38：舌状小花尖端缺刻

2 浅　　3 中　　4 深

性状 39：花心类型

1
非托桂型

2
托桂型

性状 40：花心直径（仅适用于具非托桂型花心品种）
性状 42：花心高度（仅适用于具非托桂型花心品种）

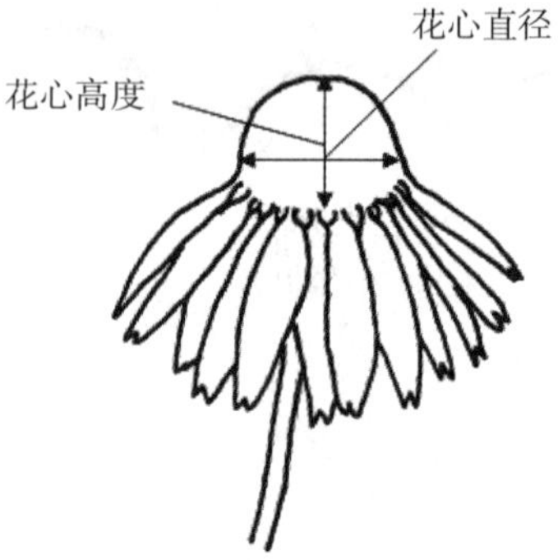

性状 44：花心高度直径比（仅适用于具非托桂型花心品种）

3
小

5
中

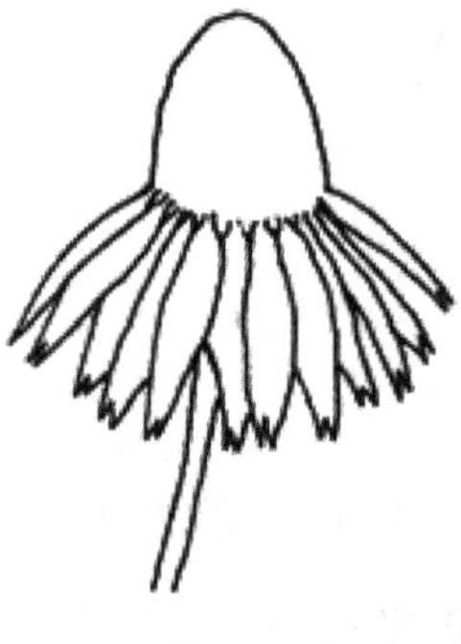

7
大

性状 46：花心相对于头状花序的直径
花心直径的观测是相对于自然头状花序直径。

3	5	7
小	中	大

性状 47：花心托苞（穗）的颜色（仅适用于具非托桂型花心品种）

性状 48：花心托苞（穗）的次色（仅适用于具非托桂型花心品种）

托苞（穗）性状的观测在花心基部至顶部的中间位置上进行，时期刚好在连接托苞（穗）的花心小花开裂 / 开放前（见下图）。

记录托苞（穗）颜色的正确时期和位置

托苞（穗）的颜色（性状 47）一般为顶部观测到的颜色，不考虑盖住的区域。

托苞（穗）的次色（性状 48）是顶部正下方观测到的颜色（如果和顶部颜色不同）忽略更深一层的颜色。

性状 51：花心有无舌状小花（仅适用于具非托桂型花心品种）

1 无　　9 有

性状 52：花心舌状小花数量（仅适用于具非托桂型花心品种，花心有舌状小花）

3 少　　7 多

性状 55：花心小花弯曲程度（仅适用于具托桂型花心品种）

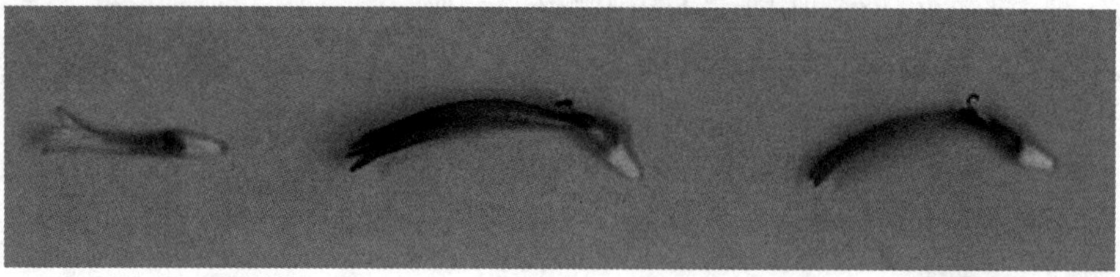

1 平直　2 微外翻　3 强外翻

性状 56：花心小花管长度（仅适用于具托桂型花心品种）

3 短　5 中　7 长

扫码下载原文

如扫描二维码无法下载指南原文，可能是指南版本有更新，可扫描本书封底二维码查看与本文对应的指南版本

TG/283/1 Rev.
原文：英文
日期：2012-03-28，2018-09-20

国际植物新品种保护联盟
植物品种特异性、一致性和稳定性
测试指南

金蝶兰属植物

UPOV 代码：ONCID；ONCIE；IONOC；ZELCI

（*Oncidium* Sw.；×*Oncidesa* Hort.；
×*Ionocidium* Hort.；
×*Zelenkocidium* J.M.H.Shaw.）

互用名称 *

植物学名称	英文	法文	德义	西班牙文
Oncidium Sw. ×*Oncidesa* Hort. (*Oncidium* Sw. ×*Gomesa R.B.*) ×*Ionocidium* Hort. (*Oncidium* Sw.×*Ionopsis Kunth.*) ×*Zelenkocidium* J.M.H. Shaw (*Oncidium* Sw.×*Zelenkoa* M. W. Chase & N.H.williams.)	Oncidium	Orchidee danseuse, Oncidium	Oncidium	Oncidium, Dama Danzante

* 这些名称在指南开始使用时是正确的，但随后可能会修改更新。读者可通过 UPOV 网站（www.upov.int），获取最新资料。

1 指南适用范围

本指南适用于金蝶兰属 *Oncidium* Sw.， ×*Oncidesa* Hort.（*Oncidium* Sw. ×*Gomesa* R.B.）， ×*Ionocidium* Hort.（*Oncidium* Sw.×*Ionopsis* Kunth.）和 ×*Zelenkocidium* J.M.H. Shaw（*Oncidium* Sw. ×*Zelenkoa* M.W.Chase & N.H.Williams.）的所有品种。

2 繁殖材料要求

2.1 待测品种繁殖材料的数量和质量要求以及提交的时间和地点由主管机构决定。申请人从测试所在国境外提交繁殖材料的，还应符合海关规定并满足相关植物检疫的要求。

2.2 繁殖材料以植株的形式提供，植株即将开花且之前未开过花。

2.3 申请人提交繁殖材料的最小数量为 9 个植株。

2.4 提供的繁殖材料应外观健康有活力，未受到任何严重病虫害影响。

2.5 提交的繁殖材料不得进行任何可能影响品种性状表达的处理，除非主管机构允许或要求进行这种处理。如果材料已经处理，必须提供相关处理的详细说明。

3 测试方法

3.1 生长周期

测试的最少周期数量通常为 1 个生长周期。

3.2 测试地点

测试通常在 1 个地点进行。在 1 个以上地点进行测试时，TGP/9《特异性测试》提供了有关指导。

3.3 测试条件

3.3.1 测试的条件应能满足品种正常生长的需要，以确保品种相关性状充分表达和测试的顺利开展。

3.3.2 由于日光变化的原因，在利用比色卡确定颜色时，应在一个合适的有人工光源照明的小室或中午无阳光直射的房间内进行。人工光源光谱分布应符合 CIE “理想日光标准 D6500”，且在《英国标准950：第 1 部分》规定的允许范围之内。观测应将植株部位置于白背景下进行。品种描述中应指出比色卡及版本。

3.4 试验设计

3.4.1 每个试验应保证至少有 9 个植株。

3.4.2 试验设计应保证因测量或计数等需要，从小区取走部分植株或植株部位后，不影响生长周期结束前的所有观测。

3.5 附加测试

为测试有关性状，可以进行附加测试。

4 特异性、一致性和稳定性结果的判定

4.1 特异性

4.1.1 总体原则

对于本指南的使用者而言，在判定特异性前参照总则特异性判定的总体原则十分重要。但为了进一步说明和强调特异性判定，本指南特列出特异性判定的要点。

4.1.2 一致的差异

当观测到的品种之间的差异非常明显时，则没有必要种植 1 个以上生长周期。此外，在某些情况

下，环境的影响并不意味着需要 1 个以上的生长周期来保证品种间观测到的差异是足够一致的。为确保在种植试验中所观测到的性状差异是足够一致的，可以对性状进行至少 2 个独立生长周期的测试。

4.1.3 明显的差异

两个品种间的差异是否明显取决于很多因素，特别应考虑所测性状的表达类型，即该性状是质量性状、数量性状还是假质量性状。因此，在作出关于特异性的判定前，本测试指南的使用者应熟悉总则中的建议。

4.1.4 植株 / 植株部位的观测数量

除非另有说明，在判定特异性时，对于单株的观测，应观测 8 个植株或分别从 8 个植株取下的植株部位；对于其他观测，应观测试验中的所有植株，观测时应将异型株排除在外。

4.1.5 观测方法

性状表第二列以如下符号（见 TGP/9《特异性测试》第 4 部分“性状观测”）的形式列出了特异性判定时推荐的性状观测方法。

MG：对一批植株或植株部位进行单次测量。

MS：对一定数量的植株或植株部位进行逐一测量。

VG：对一批植株或植株部位进行单次目测。

VS：对一定数量的植株或植株部位进行逐一目测。

观测类型：目测（V）或测量（M）。

目测（V）是一种基于专家判断的观测方法。本文中的目测是指专家的感官观测，因此，也包括闻、尝和触摸。目测也包括专家使用参照物（例如图表，标准品种，并排比较）或非线性的图表（例如比色卡）的观测。测量（M）是一种基于校准的、线性尺度的客观观测，例如使用尺、秤、色度计、日期和计数等进行观测。

记录类型：群体记录（G）或个体记录（S）。

以特异性为目的的观测，可被记录为一批植株或植株部位的单个记录（G），或者记录为一定数量的单个植株或植株部位的个体记录（S）。多数情况下，群体记录为一个品种提供一个单个记录，因此不可能或者不必要通过逐个植株的统计分析来判定特异性。

如果性状表中提供了不止一种观测方法（如 VG/MG），可以参考 TGP/9《特异性判定》的 4.2 部分选择合适的观测方法。

4.2 一致性

4.2.1 对于本指南的使用者而言，在判定一致性前参照总则一致性判定的一般原则十分重要。但为进一步说明和强调一致性判定，本指南特列出一致性判定的要点。

4.2.2 评价一致性时，应采用 1% 的群体标准和至少 95% 的接受概率。当样本量为 9 个时，允许有 1 个异型株。

4.3 稳定性

4.3.1 在实际操作中，通常不像测试特异性和一致性那样对稳定性进行测试以得到明确结果。经验表明，对许多类型的品种来说，当一个品种表现一致时，可认为其是稳定的。

4.3.2 适当情况下或者有疑问时，可通过一批新的植株进一步判定稳定性，观测其性状表达是否与以前提供的繁殖材料的性状表达一致。

5 品种分组和试验组织

5.1 使用分组性状可以帮助选择与申请品种一起进行田间种植试验的已知品种，以及对这些品种进行合适分组以便进行特异性评价。

5.2 分组性状表达状态的数据即使来自不同地点，也可以单独或者与其他此类性状联合使用。

（a）用于特异性测试中筛选排除那些不需要安排在种植试验中的已知品种。

（b）用于组织安排种植试验，使近似品种种植在一起。

5.3 以下性状已被确认为有用的分组性状。

（a）植株：大小（性状 1）。

（b）花：正面宽度（性状 23）。

（c）花瓣：底色（性状 71）。

（d）花瓣：铺散颜色（若存在）（性状 72）。

（e）花瓣：斑点颜色（性状 75）。

（f）花瓣：横条纹颜色（性状 78）。

（g）花瓣：竖条纹颜色（若存在）（性状 79）。

（h）花瓣：边缘颜色（性状 81）。

（i）花瓣：斑块颜色（性状 83）。

（j）唇瓣顶裂片：底色（性状 92）。

适用于分组性状（c）～（j）的颜色分组有以下 7 组。

第一组：白色。

第二组：黄色。

第三组：橙色。

第四组：粉色。

第五组：红色。

第六组：紫罗兰色。

第七组：棕色。

6 性状表介绍

6.1 性状类型

6.1.1 标准指南性状

标准指南性状是 UPOV 已同意用于 DUS 审查的性状，UPOV 成员可以从中选择与其特定环境相适应的性状。

6.1.2 星号性状

星号性状（用“*”标记）是测试指南中对于形成国际统一的品种描述十分重要的性状，所有 UPOV 成员都应将其用于 DUS 测试并包含在品种描述中，除非前序性状的表达或区域环境条件所限使其无法测试。

6.2 表达状态及相应代码

6.2.1 为定义性状和统一描述，将每个性状划分为一系列表达状态。每个表达状态赋予一个相应的数字代码，以便于数据记录，以及品种性状描述的建立和交流。

6.2.2 对于质量性状和假质量性状（6.3），性状表中列出了所有表达状态。但对于有 5 个或 5 个以上表达状态的数量性状，可以采用缩略尺度的方法，以缩短性状表格。例如，对于有 9 个表达状态的数量性状，在测试指南的性状表中可采用以下缩略形式。

表达状态	代码
小	3
中	5
大	7

但是应指出的是，以下 9 个表达状态都是存在的，应采用适宜的表达状态用于品种的描述。

表达状态	代码
极小	1
极小到小	2
小	3
小到中	4
中	5
中到大	6
大	7
大到极大	8
极大	9

6.2.3 TGP/7《测试指南的研制》中提供了表达状态和代码的更详尽的介绍。

6.3 表达类型

总则中对性状表达类型（质量性状、数量性状和假质量性状）进行了解释。

6.4 标准品种

适当时，测试指南中提供了标准品种用于校正性状的表达状态。

6.5 注释

（*）星号性状（6.1.2）。

QL：质量性状（6.3）。

QN：数量性状（6.3）。

PQ：假质量性状（6.3）。

MG、MS、VG、VS：观测方法（4.1.5）。

（a）～（d）性状表解释（8.1）。

（+）性状表解释（8.2）。

7 性状表

性状编号	观测方法	英文	中文	标准品种	代码
1. （*） （+） QN	VG	**Plant：size**	**植株：大小**		
		small	小	Twinkle Fragrance Fantasy	3
		medium	中	Mayfair Yellow Angel	5
		large	大	Kurisu	7
2. （*） （+） QN	VG （b）	**Plant：attitude of leaves**	**植株：叶片姿态**		
		erect	直立	Haruka	1
		semi-erect	半直立	Only You	2
		horizontal	水平		3
		pendulous	下垂		4
3. （*） QN	VG （a）	**Pseudobulb：size**	**假鳞茎：大小**		
		small	小	Haru Ichiban	3
		medium	中		5
		large	大	Sang-Chang Nihao，Shimizu Parasol Papurikon	7

续表

性状编号	观测方法	英文	中文	标准品种	代码
4. **(*)** **(+)** **PQ**	**VG** **(a)**	**Pseudobulb: shape in longitudinal section**	**假鳞茎：纵切面形状**		
		ovate	卵圆形	Kukoo YMC-2, Yellow Days	1
		elliptic	椭圆形	Haruka, Sunlight Siesta Ruru	2
		circular	圆形	Dancing Sunlight Ami	3
		oblate	扁圆形		4
5. **(+)** **PQ**	**VG** **(a)**	**Pseudobulb: shape in cross section**	**假鳞茎：横切面形状**		
		very narrow oblate	极窄扁圆形	Dancing Sunlight Suzy	1
		narrow oblate	窄扁圆形	Mayfair Yellow Angel	2
		oblate	扁圆形		3
		circular	圆形		4
6. **(+)** **QN**	**VG/** **MS** **(a)**	**Pseudobulb: number of cataphylls**	**假鳞茎：芽苞片数量**		
		few	少	Fight Yuko	1
		medium	中	Sunlight Siesta Ruru	2
		many	多		3
7. **(+)** **QN**	**VG/** **MS** **(a)**	**Pseudobulb: number of leaves**	**假鳞茎：叶数量**		
		one	1个	Dancing Sunlight Ami	1
		two	2个	Monshirotyo no Cafe	2
		three	3个	Shimizu Parasol Papurikon	3
		more than three	>3个		4
8. **QN**	**VG/** **MS** **(b)**	**Leaf: length**	**叶：长度**		
		short	短	Twinkle Fragrance Fantasy	3
		medium	中	Dancing Sunlight Suzy	5
		long	长	Shimizu Parasol Papurikon	7
9. **(*)** **QN**	**VG/** **MS** **(b)**	**Leaf: width**	**叶：宽度**		
		narrow	窄	Sakura no Sato, Yellow Days	3
		medium	中	Dancing Sunlight Suzy	5
		broad	宽		7
10. **(*)** **(+)** **PQ**	**VG** **(b)**	**Leaf: shape**	**叶：形状**		
		narrow lanceolate	窄披针形	Morning Medley Sakurako	1
		linear	线形	Haruka, Kaori no Izumi	2
		narrow elliptic	窄椭圆形		3
		medium elliptic	中等椭圆形		4
11. **QN**	**VG** **(b)**	**Leaf: shape in cross section**	**叶：横切面形状**		
		concave	凹	Yellow Days	1
		flat	平	Ella Flambeau	2
		convex	凸		3
12. **QN**	**VG** **(b)**	**Leaf: intensity of green color on upper side**	**叶：上表面绿色程度**		
		light	浅		1
		medium	中	Sunlight Siesta Ruru	2
		dark	深	Dancing Sunlight Nancy	3

续表

性状编号	观测方法	英文	中文	标准品种	代码
13. **(*)** **(+)** **QL**	**VG**	**Inflorescence: type**	**花序：类型**		
		raceme	总状花序	Poco-A-Poco Yellow	1
		simple panicle	简单圆锥花序	Misaki Wave Yurara	2
		compound panicle	复合圆锥花序	Dancing Sunlight Ami	3
14. **(+)** **QN**	**VG/ MS**	**Inflorescence: length of flowering part**	**花序：开花部分长度**		
		short	短		3
		medium	中	Monshirotyo no Cafe	5
		long	长	Kurisu	7
15. **(+)** **QN**	**VG/ MS**	**Inflorescence: width**	**花序：宽度**		
		narrow	窄	Twinkle Fragrance Fantasy	3
		medium	中	Sunlight Siesta Ruru	5
		broad	宽	Kurisu	7
16. **(*)** **QN**	**VG/ MS**	**Inflorescence: number of flowers**	**花序：花数量**		
		few	少		3
		medium	中	Yasukaspa Akane	5
		many	多	Sunlight Siesta Ruru	7
17. **(*)** **(+)** **QN**	**VG/ MS**	**Peduncle: length**	**花序梗：长度**		
		short	短	Kaoli no Izumi, Sakura no Sato	3
		medium	中	Sunlight Siesta Ruru	5
		long	长	Ella Flambeau	7
18. **(*)** **QN**	**VG/ MS**	**Peduncle: thickness**	**花序梗：粗度**		
		thin	细	Twinkle Fragrance Fantasy	1
		medium	中	Kurisu	2
		thick	粗		3
19. **(*)** **(+)** **QN**	**VG**	**Peduncle: anthocyanin coloration**	**花序梗：花青苷显色**		
		absent or weak	无或弱	Monshirotyo no Cafe	1
		moderate	中	Kurisu	2
		strong	强	Dancing Sunlight Nancy	3
20. **(*)** **(+)** **QN**	**VG** **(c)**	**Flower: curvature of sepals**	**花：萼片弯曲**		
		incurving	内弯	Mayfair Yellow Angel	1
		straight	平直	Shimizu Parasol Papurikon	2
		recurving	外弯	Dancing Sunlight Ami	3
21. **(*)** **(+)** **QN**	**VG** **(c)**	**Flower: curvature of petals**	**花：花瓣弯曲**		
		incurving	内弯	Mayfair Yellow Angel	1
		straight	平直	Shimizu Parasol Papurikon	2
		recurving	外弯	Dancing Sunlight Ami	3
22. **(*)** **(+)** **QN**	**VG/ MS**	**Flower: length in front view**	**花：正面长度**		
		short	短	Kurisu	3
		medium	中	Dancing Sunlight Ami	5
		long	长	Makali Gotoh	7

续表

性状编号	观测方法	英文	中文	标准品种	代码
23. (*) (+) QN	VG/ MS	**Flower：width in front view**	**花：正面宽度**		
		narrow	窄	Kurisu	1
		medium	中	Morning Medley Sakurako	2
		broad	宽	Mayfair Trinity	3
24. QN	VG	**Flower：fragrance**	**花：香味**		
		absent or weak	无或弱	Pink Sugar，Sunlight Siesta Ruru	1
		moderate	中等	Only One	2
		strong	强		3
25. (*) QN	VG/ MS (c)	**Dorsal sepal：length**	**中萼片：长度**		
		very short	极短	Yellow Days	1
		short	短	Mayfair Trinity	2
		medium	中	Pink Puli	3
		long	长		4
		very longt	极长	Augures Royal Sash	5
26. (*) QN	VG/ MS (c)	**Dorsal sepal：width**	**中萼片：宽度**		
		very narrow	极窄	Yellow Days	1
		narrow	窄	Yukahime	2
		medium	中	Abousarasa	3
		broad	宽	Augures Royal Sash	4
		very broad	极宽		5
27. (*) (+) PQ	VG (c)	**Dorsal sepal：shape**	**中萼片：形状**		
		lanceolate	披针形	Shell White	1
		ovate	卵圆形	Ella Flambeau	2
		linear	线形	Sunlight Siesta Ota	3
		narrow elliptic	窄椭圆形	Dancing Sunlight Nancy，Haruka	4
		elliptic	椭圆形	Misaki Wave Yurara，Yellow Days	5
		obovate	倒卵圆形	Kaori no Izumi	6
28. (*) (+) QN	VG (c)	**Dorsal sepal：curvature of longitudinal axis**	**中萼片：纵轴弯曲**		
		strongly incurving	强内弯		1
		moderately incurving	微内弯	Sang-Chang Nihao，Yellow Days	3
		straight	直立	Makali Gotoh	5
		moderately recurving	微外弯	Ella Flambeau	7
		strongly recurving	强外弯		9
29. (+) QN	VG (c)	**Dorsal sepal：cross section**	**中萼片：横切面**		
		strongly concave	强凹		1
		moderately concave	微凹		3
		flat	平直	Kukoo YMC-2，Only You	5
		moderately convex	微凸	Shell White，Yellow Days	7
		strongly convex	强凸		9

续表

性状编号	观测方法	英文	中文	标准品种	代码
30. (+) QN	VG (c)	**Dorsal sepal: undulation of margin**	**中萼片：边缘波状程度**		
		absent or weak	无或弱	Only You	1
		moderate	中	Yellow Days	2
		strong	强		3
31. (+) (*) PQ	VG (c)	**Dorsal sepal: ground color**	**中萼片：底色**		
		RHS Colour Chart (indicate reference number)	RHS 比色卡 (注明参考色号)		
32. (+) PQ	VG (c)	**Dorsal sepal: diffused over color (if present)**	**中萼片：铺散颜色（若存在）**		
		RHS Colour Chart (indicate reference number)	RHS 比色卡 (注明参考色号)		
33. QN	VG (c)	**Dorsal sepal: number of spots**	**中萼片：斑点数量**		
		absent or very few	无或极少	Fight Yuko	1
		few	少		2
		medium	中	Makali Gotoh	3
		many	多		4
34. QN	VG (c)	**Dorsal sepal: size of spots**	**中萼片：斑点大小**		
		very small	极小		1
		small	小	Pink Sugar	2
		medium	中	Makali Gotoh	3
		large	大	Kurisu	4
35. (+) PQ	VG (c)	**Dorsal sepal: color of spots**	**中萼片：斑点颜色**		
		RHS Colour Chart (indicate reference number)	RHS 比色卡 (注明参考色号)		
36. QN	VG (c)	**Dorsal sepal: number of bands**	**中萼片：横条纹数量**		
		absent or very few	无或极少		1
		few	少		2
		medium	中	Monshirotyo no Cafe	3
		many	多		4
37. PQ	VG (c)	**Dorsal sepal: distribution of bands**	**中萼片：横条纹分布**		
		basal area	基部		1
		middle area	中部		2
		distal area	顶部		3
		basal and middle area	基部和中部		4
		distal and middle area	顶部和中部		5
		whole area	整片		6
38. (+) PQ	VG (c)	**Dorsal sepal: color of bands**	**中萼片：横条纹颜色**		
		RHS Colour Chart (indicate reference number)	RHS 比色卡 (注明参考色号)		
39. (+) PQ	VG (c)	**Dorsal sepal: color of stripes (if present)**	**中萼片：竖条纹颜色（若存在）**		
		RHS Colour Chart (indicate reference number)	RHS 比色卡 (注明参考色号)		

续表

性状编号	观测方法	英文	中文	标准品种	代码
40. QN	VG (c)	**Dorsal sepal: width of marginal color**	**中萼片：边缘着色宽度**		
		absent or very narrow	无或极窄		1
		narrow	窄		2
		medium	中		3
		broad	宽		4
41. (+) PQ	VG (c)	**Dorsal sepal: color of margin**	**中萼片：边缘颜色**		
		RHS Colour Chart (indicate reference number)	RHS 比色卡（注明参考色号）		
42. QN	VG (c)	**Dorsal sepal: size of macule (if present)**	**中萼片：斑块大小（若存在）**		
		very small	极小		1
		small	小		2
		medium	中		3
		large	大		4
43. (+) PQ	VG (c)	**Dorsal sepal: color of macule**	**中萼片：斑块颜色**		
		RHS Colour Chart (indicate reference number)	RHS 比色卡（注明参考色号）		
44. (*) QN	VG/MS (c)	**Lateral sepal: length**	**侧萼片：长度**		
		very short	极短	Yellow Days	1
		short	短	Amby	2
		medium	中	Pink Puli	3
		long	长		4
		very long	极长	Augures Royal Sash	5
45. (*) QN	VG/MS (c)	**Lateral sepal: width**	**侧萼片：宽度**		
		very narrow	极窄	Yellow Days	1
		narrow	窄		2
		medium	中		3
		broad	宽	Augures Royal Sash	4
		very broad	极宽	Yellow Days	5
46. (*) (+) PQ	VG (c)	**Lateral sepal: shape**	**侧萼片：形状**		
		lanceolate	披针形	Dancing Sunlight Suzy	1
		ovate	卵圆形	Makali Gotoh	2
		elliptic	椭圆形		3
		medium obovate	中等倒卵圆形	Yasukasupa Koharu	4
		broad obovate	倒阔卵圆形	Kukoo YMC-2	5
		curving obovate	弯倒卵形	Only You	6
47. (*) (+) QN	VG (c)	**Lateral sepal: curvature of longitudinal axis**	**侧萼片：纵轴弯曲**		
		strongly incurving	强内弯		1
		moderately incurving	微内弯	Haruka, Yellow Days	3
		straight	直立	Only You	5
		moderately recurving	微外弯	Makali Gotoh	7
		strongly recurving	强外弯	Dancing Sunlight Nancy, Pink Sugar	9

续表

性状编号	观测方法	英文	中文	标准品种	代码
48. (+) QN	**VG (c)**	**Lateral sepal：cross section**	**侧萼片：横切面**		
		strongly concave	强凹		1
		moderately concave	微凹		3
		flat	平直	Ella Flambeau	5
		moderately convex	微凸		7
		strongly convex	强凸		9
49. QN	**VG (c)**	**Lateral sepal：twisting**	**侧萼片：扭曲程度**		
		absent or weak	无或弱	Dancing Sunlight Ami	1
		moderate	中		2
		strong	强	Shimizu Parasol Papurikon	3
50. (+) (*) QN	**VG (c)**	**Lateral sepal：undulation of margin**	**侧萼片：边缘波状程度**		
		absent or weak	无或弱	Haruka，Kaori no Izumi	1
		moderate	中	Monshirotyo no Cafe	2
		strong	强		3
51. (*) PQ	**VG (c)**	**Lateral sepal：ground color**	**侧萼片：底色**		
		RHS Colour Chart (indicate reference number)	RHS 比色卡 (注明参考色号)		
52. (+) PQ	**VG (c)**	**Lateral sepal：diffused over color (if present)**	**侧萼片：铺散颜色（若存在）**		
		RHS Colour Chart (indicate reference number)	RHS 比色卡 (注明参考色号)		
53. QN	**VG (c)**	**Lateral sepal：number of spots**	**侧萼片：斑点数量**		
		absent or very few	无或极少	Fight Yuko	1
		few	少		2
		medium	中	Makali Gotoh	3
		many	多		4
54. QN	**VG (c)**	**Lateral sepal：size of spots**	**侧萼片：斑点大小**		
		very small	极小		1
		small	小		2
		medium	中	Makali Gotoh	3
		large	大	Kurisu	4
55. (+) PQ	**VG (c)**	**Lateral sepal：color of spots**	**侧萼片：斑点颜色**		
		RHS Colour Chart (indicate reference number)	RHS 比色卡 (注明参考色号)		
56. QN	**VG (c)**	**Lateral sepal：number of bands**	**侧萼片：横条纹数量**		
		absent or very few	无或极少	Fight Yuko	1
		few	少		2
		medium	中	Monshirotyo no Cafe	3
		many	多		4
57. PQ	**VG (c)**	**Lateral sepal：distribution of bands**	**侧萼片：横条纹分布**		
		basal area	基部		1
		middle area	中部		2
		distal area	顶部		3
		basal and middle area	基部和中部		4
		distal and middle area	顶部和中部		5
		whole area	整片		6

续表

性状编号	观测方法	英文	中文	标准品种	代码
58. (+) PQ	**VG (c)**	**Lateral sepal: color of bands**	**侧萼片：横条纹颜色**		
		RHS Colour Chart (indicate reference number)	RHS 比色卡 (注明参考色号)		
59. (+) PQ	**VG (c)**	**Lateral sepal: color of stripes (if present)**	**侧萼片：竖条纹颜色（若存在）**		
		RHS Colour Chart (indicate reference number)	RHS 比色卡 (注明参考色号)		
60. QN	**VG (c)**	**Lateral sepal: width of marginal color**	**侧萼片：边缘着色宽度**		
		absent or very narrow	无或极窄		1
		narrow	窄		2
		medium	中		3
		broad	宽		4
61. (+) PQ	**VG (c)**	**Lateral sepal: color of margin**	**侧萼片：边缘颜色**		
		RHS Colour Chart (indicate reference number)	RHS 比色卡 (注明参考色号)		
62. (+) QN	**VG (c)**	**Lateral sepal: size of macule (if present)**	**侧萼片：斑块大小（若存在）**		
		very small	极小		1
		small	小		2
		medium	中		3
		large	大		4
63. (+) PQ	**VG (c)**	**Lateral sepal: color of macule**	**侧萼片：斑块颜色**		
		RHS Colour Chart (indicate reference number)	RHS 比色卡 (注明参考色号)		
64. (*) QN	**VG/ MS (c)**	**Petal: length**	**花瓣：长度**		
		very short	极短	Haruka	1
		short	短	Amby	2
		medium	中	Pink Puli	3
		long	长	Augures Royal Sash	4
		very long	极长	Haruka	5
65. (*) QN	**VG/ MS (c)**	**Petal: width**	**花瓣：宽度**		
		very narrow	极窄	Haruka	1
		narrow	窄		2
		medium	中	Mayfair Trinity	3
		broad	宽		4
		very broad	极宽	Augures Royal Sash	5
66. (*) (+) PQ	**VG (c)**	**Petal: shape**	**花瓣：形状**		
		ovate	卵圆形		1
		linear	线形	Sunlight Siesta Ota	3
		elliptic	椭圆形		5
		oblanceolate	倒披针形	Dancing Sunlight Ami	7
		broad obovate	倒阔卵圆形	Yasukasupa Komachi	9
67. (*) (+) QN	**VG (c)**	**Petal: curvature of longitudinal axis**	**花瓣：纵轴弯曲**		
		strongly incurving	强内弯		1
		moderately incurving	微内弯	Kukoo YMC-2，Yellow Days	3
		straight	直立	Kaori no Izumi	5
		moderately recurving	微外弯	Dancing Sunlight Ami	7
		strongly recurving	强外弯		9

续表

性状编号	观测方法	英文	中文	标准品种	代码
68. (+) **QN**	**VG** (c)	**Petal: cross section**	**花瓣：横切面形状**		
		strongly concave	强凹		1
		moderately concave	微凹		3
		flat	平直	Kukoo YMC-2，Yellow Days	5
		moderately convex	微凸	Monshirotyo no Café，Shell White	7
		strongly convex	强凸		9
69. **QN**	**VG** (c)	**Petal: twisting**	**花瓣：扭曲程度**		
		absent or weak	无或弱	Dancing Sunlight Ami	1
		moderate	中		2
		strong	强	Shimizu Parasol Papurikon	3
70. (+) **QN**	**VG** (c)	**Petal: undulation of margin**	**花瓣：边缘波状程度**		
		absent or weak	无或弱	Haruka，Sunlight Siesta Ruru	1
		moderate	中	Yellow Days	2
		strong	强		3
71. (*) **PQ**	**VG** (c)	**Petal: ground color**	**花瓣：底色**		
		RHS Colour Chart (indicate reference number)	RHS 比色卡（注明参考色号）		
72. (*) (+) **PQ**	**VG** (c)	**Petal: diffused over color (if present)**	**花瓣：铺散颜色（若存在）**		
		RHS Colour Chart (indicate reference number)	RHS 比色卡（注明参考色号）		
73. **QN**	**VG** (c)	**Petal: number of spots**	**花瓣：斑点数量**		
		absent or very few	无或极少	Fight Yuko	1
		few	少		2
		medium	中	Makali Gotoh	3
		many	多		4
74. **QN**	**VG** (c)	**Petal: size of spots**	**花瓣：斑点大小**		
		very small	极小		1
		small	小	Makali Gotoh	2
		medium	中	Kurisu	3
		large	大		4
75. (*) (+) **PQ**	**VG** (c)	**Petal: color of spots**	**花瓣：斑点颜色**		
		RHS Colour Chart (indicate reference number)	RHS 比色卡（注明参考色号）		
76. **QN**	**VG** (c)	**Petal: number of bands**	**花瓣：横条纹数量**		
		absent or very few	无或极少		1
		few	少	Monshirotyo no Cafe	2
		medium	中	Volcano Queen	3
		many	多		4
77. **PQ**	**VG** (c)	**Petal: distribution of bands**	**花瓣：横条纹分布**		
		basal area	基部		1
		middle area	中部		2
		distal area	顶部		3
		basal and middle area	基部和中部		4
		distal and middle area	顶部和中部		5
		whole area	整片		6

续表

性状编号	观测方法	英文	中文	标准品种	代码
78. (*) (+) PQ	VG (c)	**Petal: color of bands**	**花瓣：横条纹颜色**		
		RHS Colour Chart (indicate reference number)	RHS 比色卡（注明参考色号）		
79. (+) PQ	VG (c)	**Petal: color of stripes (if present)**	**花瓣：竖条纹颜色（若存在）**		
		RHS Colour Chart (indicate reference number)	RHS 比色卡（注明参考色号）		
80. QN	VG (c)	**Petal: width of marginal color**	**花瓣：边缘着色宽度**		
		absent or very narrow	无或极窄		1
		narrow	窄		2
		medium	中		3
		broad	宽		4
81. (*) (+) PQ	VG (c)	**Petal: color of margin**	**花瓣：边缘颜色**		
		RHS Colour Chart (indicate reference number)	RHS 比色卡（注明参考色号）		
82. QN	VG (c)	**Petal: size of macule (if present)**	**花瓣：斑块大小（若存在）**		
		very small	极小		1
		small	小		2
		medium	中		3
		large	大		4
83. (*) (+) PQ	VG (c)	**Petal: color of macule**	**花瓣：斑块颜色**		
		RHS Colour Chart (indicate reference number)	RHS 比色卡（注明参考色号）		
84. (*) (+) QN	VG/ MS (c)	**Lip: length**	**唇瓣：长度**		
		very short	极短	Haruka	1
		short	短	Mayfair Trinity	2
		medium	中	Yasukasupa Akane	3
		long	长		4
		very long	极长		5
85. (*) (+) QN	VG/ MS (c)	**Lip: width**	**唇瓣：宽度**		
		very narrow	极窄	Haruka	1
		narrow	窄	Monshirotyo no Cafe	2
		medium	中	Mayfair Trinity	3
		broad	宽		4
		very broad	极宽		5
86. (*) (+) QN	VG (c)	**Lip: size of lateral lobe in relation to apical lobe**	**唇瓣：侧裂片相对于顶裂片的大小**		
		smaller	小于	Misaki Wave Yurara, Shimizu Prasol Papurikon	1
		same size	相同	Dancing Sunlight Ami	2
		larger	大于	Haruka，Only One	3
87. (+) QN	VG (c)	**Lip: undulation of margin**	**唇瓣：边缘波动程度**		
		absent or weak	无或弱	Dancing Sunlight Ami	1
		moderate	中		2
		strong	强		3

续表

性状编号	观测方法	英文	中文	标准品种	代码
88. (*) (+) PQ	VG (c)	**Apical lobe of lip：shape**	**唇瓣顶裂片：形状**		
		rhombic	菱形	Only You	1
		circular	圆形		2
		oblate	扁圆形		3
		flabellate	扇形	Monshirotyo no Café，Pink Sugar	4
		obdeltate	倒三角形		5
89. (*) (+) QN	VG (c)	**Apical lobe of lip：indentation of apex**	**唇瓣顶裂片：先端凹陷程度**		
		absent or very weak	无或极弱	Yasukasupa Akane	1
		weak	弱	Dancing Sunlight Ami	2
		medium	中	Pink Sugar，Shimizu Prasol Papurikon	3
		strong	强	Haruka，Yellow Days	4
90. (*) (+) QN	VG (c)	**Apical lobe of lip：curvature of longitudinal axis**	**唇瓣顶裂片：纵轴弯曲**		
		incurving	内弯	Mayfair Yellow Angel，Yellow Days	1
		straight	直立	Pink Sugar，Shimizu Prasol Papurikon	2
		recurving	外弯	Only You	3
91. (+) QN	VG	**Apical lobe of lip：cross section**	**唇瓣顶裂片：横切面**		
		concave	凹	Kaori no Izumi	1
		flat	平		2
		convex	凸	Only You	3
92 (*) (+) PQ	VG (c)	**Apical lobe of lip：ground color**	**唇瓣顶裂片：底色**		
		RHS Colour Chart (indicate reference number)	RHS 比色卡 (注明参考色号)		
93. (+) PQ	VG (c)	**Apical lobe of lip：diffused over color (if present)**	**唇瓣顶裂片：铺散颜色（若存在）**		
		RHS Colour Chart (indicate reference number)	RHS 比色卡 (注明参考色号)		
94. (+) PQ	VG (c)	**Apical lobe of lip：color of spots (if present)**	**唇瓣顶裂片：斑点颜色（若存在）**		
		RHS Colour Chart (indicate reference number)	RHS 比色卡 (注明参考色号)		
95. (+) PQ	VG (c)	**Apical lobe of lip：color of bands (if present)**	**唇瓣顶裂片：横条纹颜色（若存在）**		
		RHS Colour Chart (indicate reference number)	RHS 比色卡 (注明参考色号)		
96. (+) PQ	VG (c)	**Apical lobe of lip：color of margin (if present)**	**唇瓣顶裂片：边缘颜色（若存在）**		
		RHS Colour Chart (indicate reference number)	RHS 比色卡 (注明参考色号)		
97. (+) PQ	VG (c)	**Lateral lobe of lip：ground color**	**唇瓣侧裂片：底色**		
		RHS Colour Chart (indicate reference number)	RHS 比色卡 (注明参考色号)		

续表

性状编号	观测方法	英文	中文	标准品种	代码
98. PQ	**VG**	**Lip: color of callus**	**唇瓣：肉突颜色**		
		white	白色	Fight Yuko	1
		yellow	黄色	Twinkle Fragrance Fantasy	2
		orange	橙色	Yasukasupa Akane	3
		red	红色		4
		red purple	红紫色		5
		yellow brown	黄棕色	Shimizu Parasol Papurikon	6
		brown	棕色		7
99. PQ	**VG**	**Lip: color of blotches surrounding callus**	**唇瓣：肉突周围斑点颜色**		
		white	白色	Twinkle Fragrance Fantasy	1
		yellow	黄色	Yellow Days	2
		orange	橙色		3
		red	红色	Yasukasupa Akane	4
		red purple	红紫色		5
		yellow brown	黄棕色		6
		brown	棕色	Monshirotyo no Café	7

8 性状表解释

8.1 对多个性状的解释

除非另有说明，所有性状的观测应在第一次开花时 80% 的花都开放时进行。

性状表第二列包含以下标注的性状应按照下述要求观测。

（a）对假鳞茎性状的观测应在开花的假鳞茎上进行。

（b）对叶性状的观测应在开花的假鳞茎上的最长叶片上进行。

（c）对萼片、花瓣和唇瓣性状的观测应在花正面上进行。

（d）对花序性状测应在最长花序上进行。

8.2 对单个性状的解释

性状 1：植株大小

植株大小指包括假鳞茎和叶在内的整个植株大小。

性状 2：植株叶片姿态

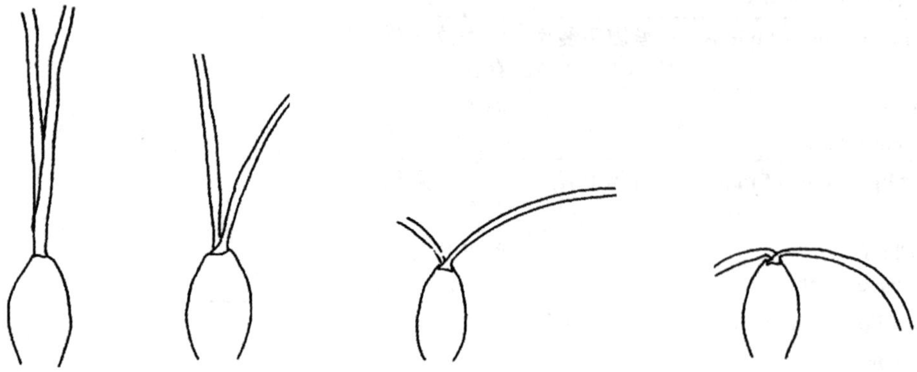

1 直立　2 半直立　3 水平　4 下垂

性状 4：假鳞茎纵切面形状

纵切面形状的观测应在假鳞茎最宽处的纵切面上进行。

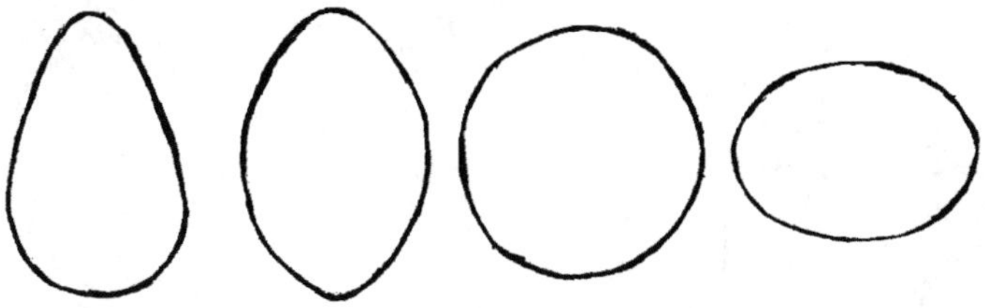

1 卵圆形　2 椭圆形　3 圆形　4 扁圆形

性状 5：假鳞茎横切面形状

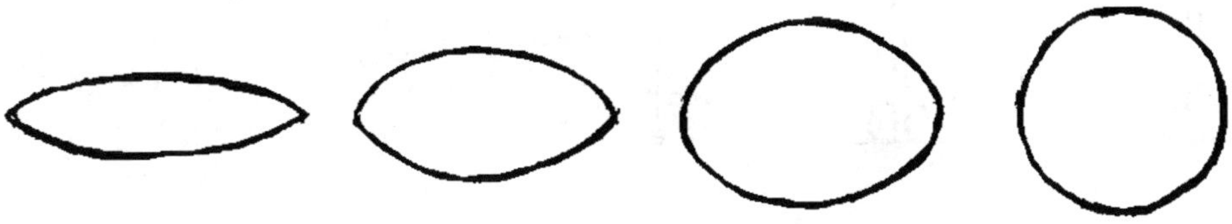

1 极窄扁圆形　2 窄扁圆形　3 扁圆形　4 圆形

性状 6：假鳞茎芽苞片数量

性状 7：假鳞茎叶数量

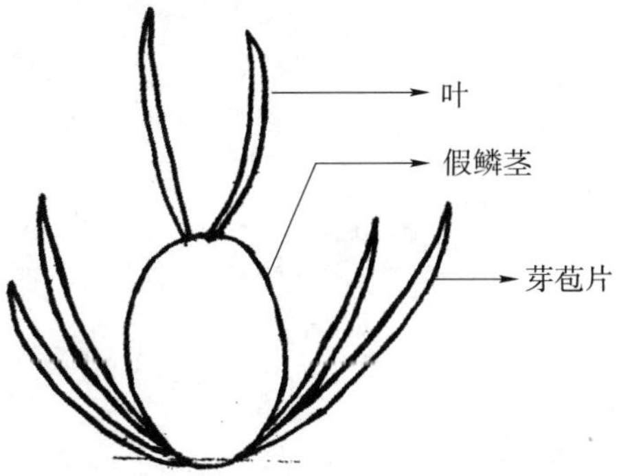

性状 10：叶形状

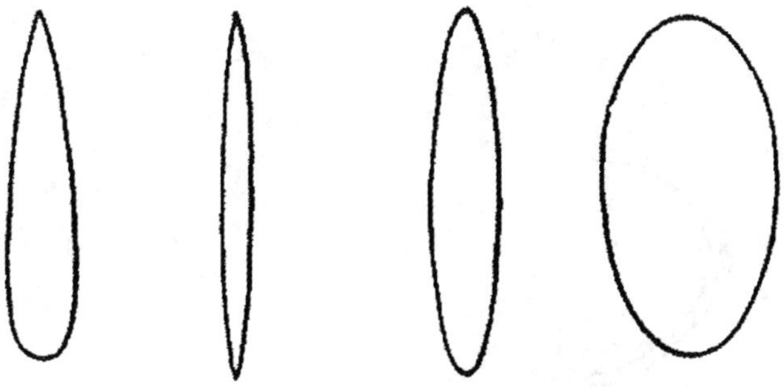

1 窄披针形　2 线形　3 窄椭圆形　4 中等椭圆形

性状 13：花序类型
性状 14：花序开花部分长度
性状 15：花序宽度
性状 17：花序梗长度

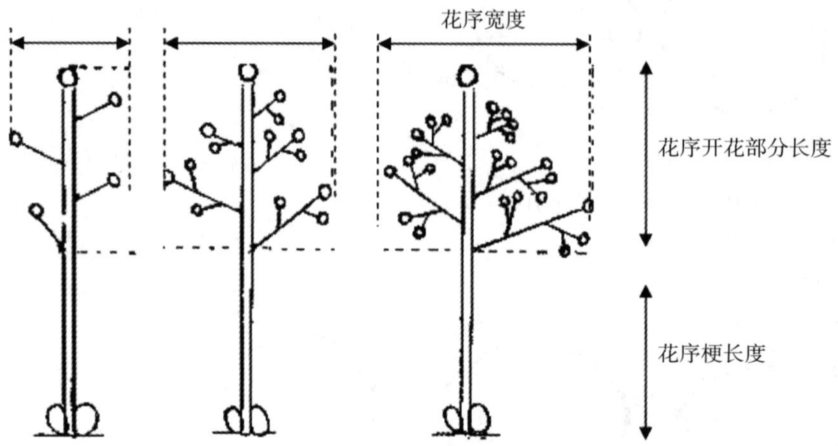

1 总状花序　2 简单圆锥花序　3 复合圆锥花序

性状 19：花序梗花青苷显色

花青苷显色的观测应在整个花序梗中花青苷显色最强的区域上进行。

性状 20：花萼片弯曲

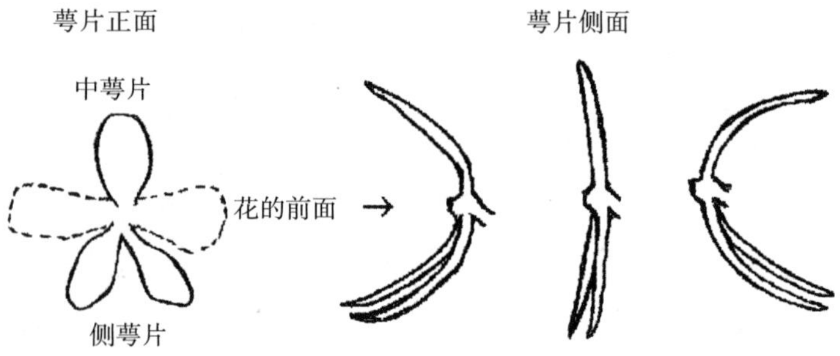

1 内弯　2 平直　3 外弯

性状 21：花瓣弯曲程度

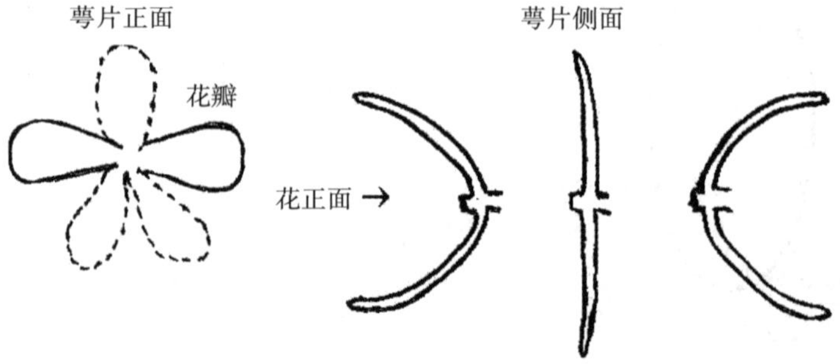

1 内弯　2 平直　3 外弯

性状 22：花正面长度

性状 23：花正面宽度

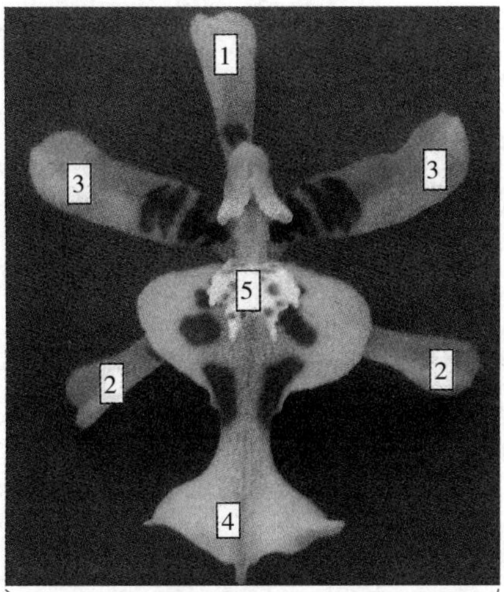

花正视图长度

花正面宽度

1—中萼片；2—侧萼片；3—花瓣；4—唇瓣；5—肉突。

性状 27：中萼片形状

窄（细长形）←（长/宽）宽度→（扁平形）宽	←最宽处位置→		
	低于中间	中间	高于中间
	 1 披针形	 2 卵圆形	
	 3 线形	 4 窄椭圆形	 5 椭圆形
			 6 倒卵圆形

性状 28：中萼片纵轴弯曲
性状 47：侧萼片纵轴弯曲
性状 67：花瓣纵轴弯曲

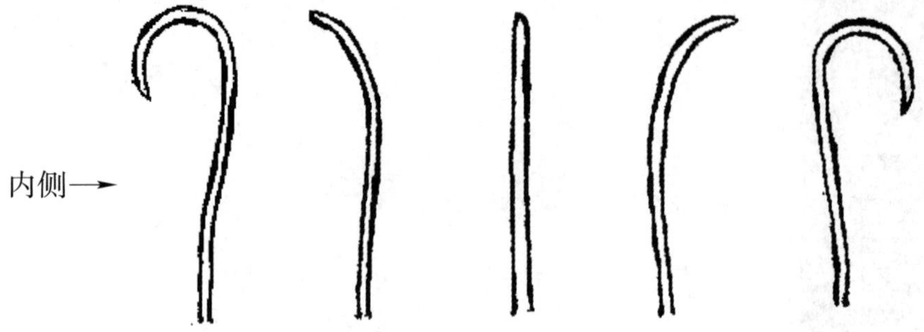

1	3	5	7	9
强内弯	微内弯	直立	微外弯	强外弯

性状 29：中萼片横切面
性状 48：侧萼片横切面
性状 68：花瓣横切面

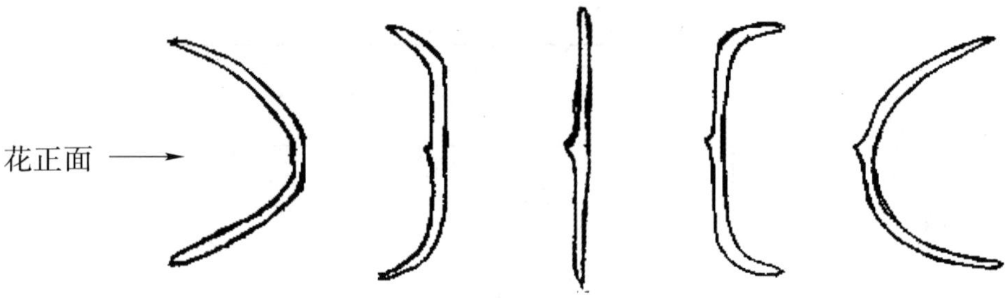

1	3	5	7	9
强凹	微凹	平直	微凸	强凸

性状 30：中萼片边缘波状程度
性状 50：侧萼片边缘波状程度
性状 70：花瓣边缘波状程度
性状 87：唇瓣边缘波状程度

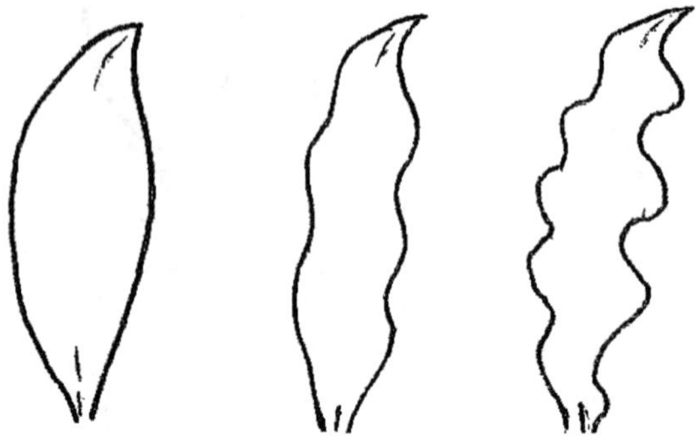

1	3	5
无或弱	中	强

性状 31：中萼片底色

性状 51：侧萼片底色

性状 71：花瓣底色

性状 92：唇瓣顶裂底色

性状 97：唇瓣侧裂底色

底色是指植物部位发育过程中最先出现的颜色。其他颜色可能随后以斑点、条块或晕的形式出现。底色不一定总是在相关植株部位上面积最大的颜色。底色可以是植株部位下表面主色。

性状 32：中萼片铺散颜色（若存在）

性状 35：中萼片斑点颜色

性状 38：中萼片横条纹颜色

性状 39：中萼片竖条纹颜色（若存在）

性状 41：中萼片边缘颜色

性状 43：中萼片斑块颜色

性状 52：侧萼片铺散颜色（若存在）

性状 55：侧萼片斑点颜色

性状 58：侧萼片横条纹颜色

性状 59：侧萼片竖条纹颜色（若存在）

性状 61：侧萼片边缘颜色

性状 63：侧萼片斑块颜色

性状 72：花瓣铺散颜色（若存在）

性状 75：花瓣斑点颜色

性状 78：花瓣横条纹颜色

性状 79：花瓣竖条纹颜色（若存在）

性状 81：花瓣边缘颜色

性状 83：花瓣斑块颜色

铺散颜色　　斑点颜色　　横条纹颜色　　竖条纹颜色　　边缘颜色　　斑块颜色

性状 32：中萼片铺散颜色（若存在）
性状 52：侧萼片铺散颜色（若存在）
性状 72：花瓣铺散颜色（若存在）
性状 93：唇瓣顶裂片铺散颜色（若存在）

对于植株部位底色上经过一段时间后出现另一种颜色（如晕）的情形，将后出现的颜色视为盖色。盖色不一定总是相关植株部位上面积最小的颜色。

性状 37：中萼片横条纹分布
性状 57：侧萼片横条纹分布
性状 77：花瓣横条纹分布

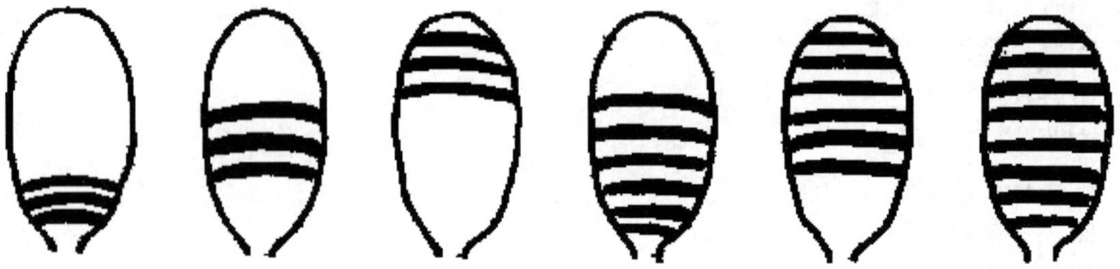

1	2	3	4	5	6
基部	中部	顶部	基部和中部	顶部和中部	整片

性状 40：中萼片边缘着色宽度
性状 60：侧萼片边缘着色宽度
性状 80：花瓣边缘着色宽度

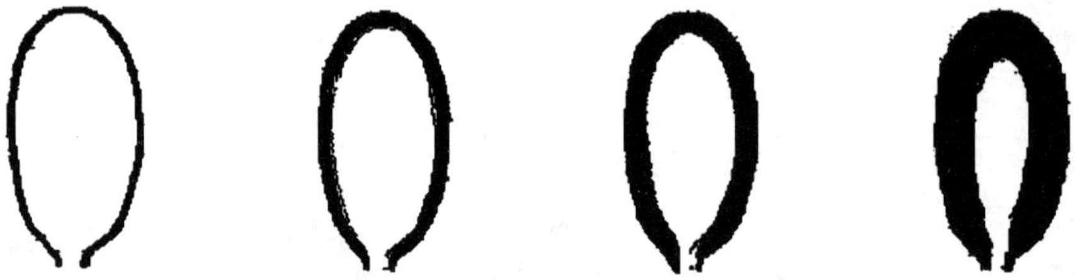

1	2	3	4
无或极窄	窄	中	宽

性状 42：中萼片斑块大小（若存在）
性状 62：侧萼片斑块大小（若存在）
性状 82：花瓣斑块大小（若存在）

1	2	3	4
极小	小	中	大

性状 46：侧萼片形状

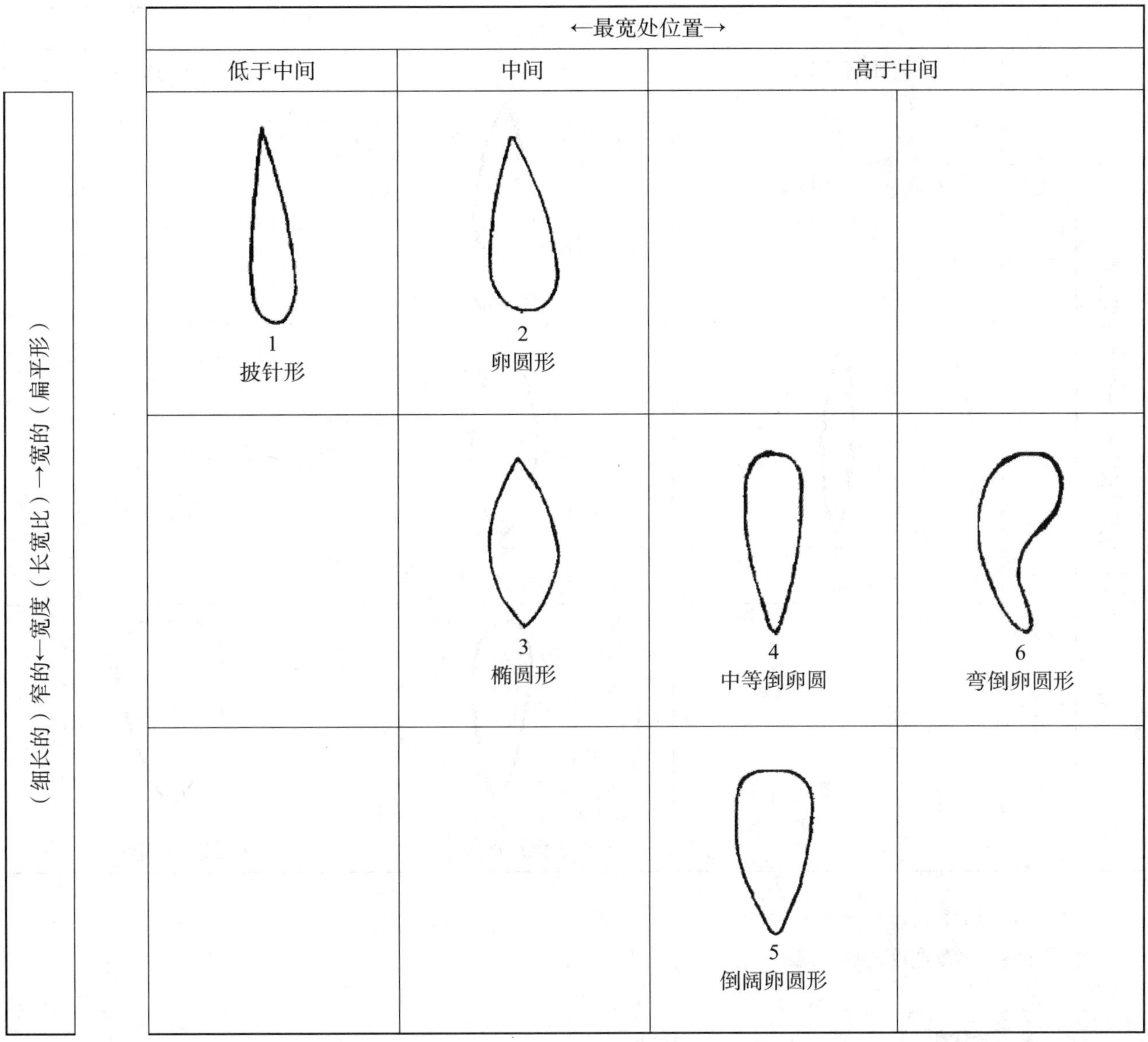

性状 49：侧萼片扭曲程度
性状 69：花瓣扭曲程度

1 无或弱 | 2 中 | 3 强

性状 66：花瓣形状

（细长的）窄的←宽度（长宽比）→宽的（扁平形）

←最宽处位置→		
低于中间	中间	高于中间
	 1 卵圆形	
 3 线形	 5 椭圆形	
	 7 倒披针形	 9 倒阔卵圆形

性状 84：唇瓣长度

性状 85：唇瓣宽度

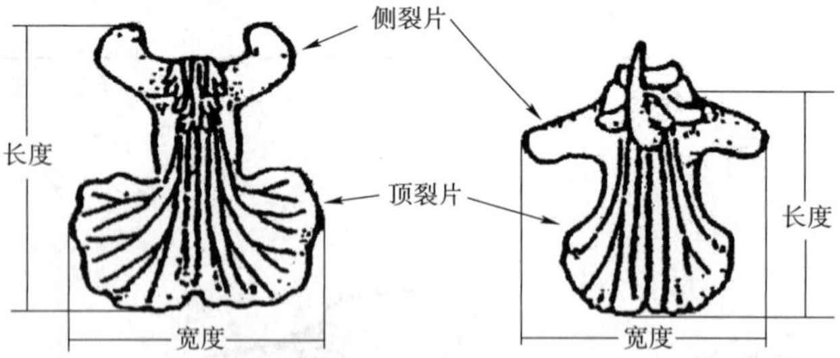

性状 86：唇瓣侧裂片相对于顶裂片的大小

两个侧裂片相对于单个顶裂片的大小。

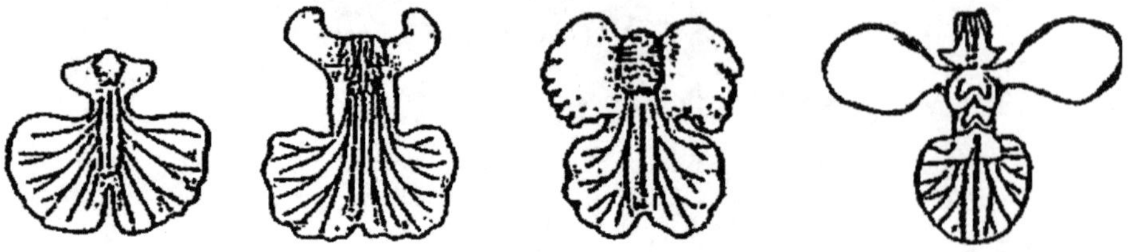

1	2	3
小于	相同	大于

性状 88：唇瓣顶裂片形状

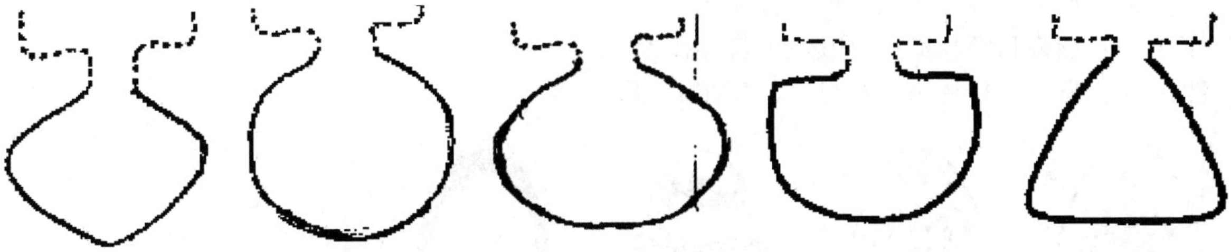

1 菱形 | 2 圆形 | 3 扁圆形 | 4 扇形 | 5 倒三角形

性状 89：唇瓣顶裂片先端凹陷程度

1 无或极弱 | 2 弱 | 3 中 | 4 强

性状 90：唇瓣顶裂片纵轴弯曲

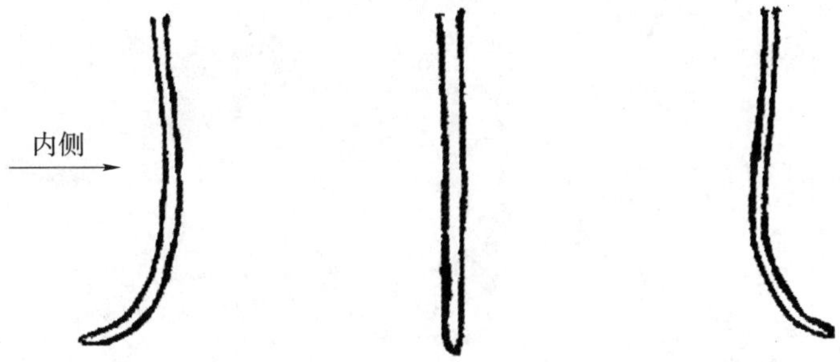

1 内弯 | 2 直立 | 3 外弯

性状 91：唇瓣顶裂片横截面形状

1 凹 | 2 平 | 3 凸

性状 93：唇瓣顶裂片铺散颜色（若存在）
性状 94：唇瓣顶裂片斑点颜色（若存在）
性状 95：唇瓣顶裂片横条纹颜色（若存在）
性状 96：唇瓣顶裂片边缘颜色（若存在）

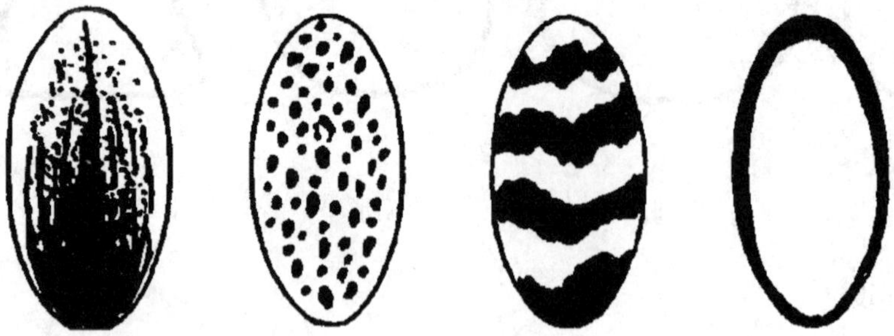

铺散颜色　　斑点颜色　　横条纹颜色　　边缘颜色

扫码下载原文

如扫描二维码无法下载指南原文，可能是指南版本有更新，可扫描本书封底二维码查看与本文对应的指南版本

TG/286/1
原文： 英文
日期： 2013-03-20

国际植物新品种保护联盟
植物品种特异性、一致性和稳定性
测试指南

长阶花属

UPOV 代码：HEBEE

（*Hebe* Comm. ex Juss.）

互用名称 *

植物学名称	英文	法文	德文	西班牙文
Hebe Comm. ex Juss.	Hebe	Véronique	Strauchveronika	Verónica

* 这些名称在指南开始使用时是正确的，但随后可能会修改更新。读者可登录 UPOV 网站（www.upov.int），获取最新资料。

1 指南适用范围

本指南适用于长阶花属（*Hebe* Comm. ex Juss）所有品种。

2 繁殖材料要求

2.1 待测品种繁殖材料的数量和质量要求以及提交的时间和地点由主管机构决定。申请人从测试所在国境外提交繁殖材料的，还应符合海关规定并满足相关植物检疫的要求。

2.2 繁殖材料以能够开花的幼苗形式提供，并且在第一个生长周期品种的相关性状能正常表达。

2.3 申请人提交繁殖材料的最小数量为 8 株幼苗。

2.4 提供的繁殖材料应外观健康有活力，未受到任何严重病虫害的影响。

2.5 提交的繁殖材料不得进行任何可能影响品种性状表达的处理，除非主管机构允许或要求进行这种处理。如果材料已经处理，必须提供相关处理的详细说明。

3 测试方法

3.1 生长周期

测试的最少周期数量通常为 1 个生长周期。

3.2 测试地点

测试通常在 1 个地点进行。在 1 个以上地点进行测试时，TGP/9《特异性测试》提供了有关指导。

3.3 测试条件

3.3.1 测试的条件应能满足品种正常生长的需要，以确保品种相关性状充分表达和测试的顺利开展。

3.3.2 由于日光变化的原因，在利用比色卡确定颜色时应在一个合适的由人工光源照明的小室或中午无阳光直射的房间内进行。人工光源光谱分布应符合 CIE“理想日光标准 D6500”，且在《英国标准 950：第 1 部分》规定的允许范围内。在鉴定颜色时，应将植株部位置于白色背景上。在品种描述中应明确使用的比色卡和版本。

3.4 试验设计

3.4.1 每个试验设计应保证至少有 8 个植株。

3.4.2 试验设计应保证因测量或计数等需要，从小区取走部分植株或植株部位后，不影响生长周期结束前的所有观测。

3.5 附加测试

为测试有关性状，可以进行附加测试。

4 特异性、一致性和稳定性评价

4.1 特异性

4.1.1 一般建议

对于本指南的使用者而言，在判定特异性前参照总则特异性判定的一般原则十分重要。但为进一步说明和强调特异性判定，本指南特列出特异性判定的要点。

4.1.2 一致的差异

当观测到的品种之间的差异非常明显时，则没有必要种植 1 个以上生长周期。此外，在某些情况下，环境的影响并不意味着需要 1 个以上的生长周期来保证品种间观察到的差异是足够一致的。为确保在种植试验中所观测到的性状差异是足够一致的，可以对性状进行至少 2 个独立生长周期的测试。

4.1.3 明显的差异

两个品种间的差异是否明显取决于很多因素，特别应考虑所测性状的表达类型，即该性状是质量性状、数量性状还是假质量性状。因此，在作出关于特异性的判定前，本测试指南的使用者应熟悉总则中的建议。

4.1.4 植株 / 植株部位的观测数量

除非另有说明，在判定特异性时，对于单株的观测，应观测 7 个植株或分别从 7 个植株取下的植株部位；对于其他观测，应观测试验中的所有植株，异型株除外。在观测植株部位时，每个植株取样应为 2 个。

4.1.5 观测方法

性状表第二列以如下符号（见 TGP/9《特异性测试》第 4 部分“性状观测”）的形式列出了特异性判定时推荐的性状观测方法。

MG：对一批植株或植株部位进行单次测量。

MS：对一定数量的植株或植株部位进行逐一测量。

VG：对一批植株或植株部位进行单次目测。

VS：对一定数量的植株或植株部位进行逐一目测。

观测类型：目测（V）或测量（M）。

目测（V）是一种基于专家判断的观测方法。本文中的目测是指专家的感官观察，因此，也包括闻、尝和触摸。目测也包括专家使用参照物（例如图表，标准品种，并排比较）或非线性的图表（例如比色卡）的观测。测量（M）是一种基于校准的、线性尺度的客观观测，例如使用尺、秤、色度计、日期和计数等进行观测。

记录类型：群体记录（G）或个体记录（S）。

以特异性为目的的观测，可被记录为一批植株或植株部位的单个记录（G），或者记录为一定数量的单个植株或植株部位的个体记录（S）。多数情况下，群体记录为一个品种提供一个单个记录，因此不可能或者不必要通过逐个植株的统计分析来判定特异性。

如果性状表中提供了不止一种观测方法（如 VG/MG），可以参考 TGP/9《特异性测试》的第 4 部分选择合适的观测方法。

4.2 一致性

4.2.1 对于本指南的使用者而言，在判定一致性前参照总则一致性判定的一般原则十分重要。但为进一步说明和强调一致性判定，本指南特列出一致性判定的要点。

4.2.2 评价无性繁殖品种的一致性时，应采用 1% 的群体标准和至少 95% 的接受概率。当样本量为 8 个时，允许有 1 个异型株。

4.3 稳定性

4.3.1 在实际操作中，通常不像测试特异性和一致性那样对稳定性进行测试以得到明确结果。经验表明，对许多类型的品种来说，当一个品种表现一致时，可认为其是稳定的。

4.3.2 适当情况下或者有疑问时，稳定性可以采用如下方法测试：测试一批该品种的新材料，看其性状表现是否与之前提交的材料表现相同。

5 品种分组和试验组织

5.1 使用分组性状可以帮助选择与申请品种一起进行田间种植试验的已知品种，以及对这些品种进行合适分组以便进行特异性评价。

5.2 分组性状表达状态的数据即使来自不同地点，也可以单独或者与其他此类性状联合使用。

（a）用于特异性测试中筛选排除那些不需要安排在种植试验中的已知品种。

（b）用于组织安排种植试验，使近似品种种植在一起。

5.3 以下性状已被确认为有用的分组性状。

（a）植株：生长习性（性状 1）。

（b）叶片：宽度（性状 15）。

（c）叶片：主色（性状 22），有以下分组。

第一组：白色。

第二组：黄白色。

第三组：黄色。

第四组：黄绿色。

第五组：绿色。

第六组：黄棕色。

第七组：红棕色。

第八组：红紫色。

第九组：紫色。

第十组：紫黑色。

（d）叶片：次色（性状 24），有以下分组。

第一组：无。

第二组：白色。

第三组：黄白色。

第四组：黄色。

第五组：黄绿色。

第六组：绿色。

第七组：黄棕色。

第八组：红棕色。

第九组：红紫色。

第十组：紫色。

第十一组：紫黑色。

（e）花序：轮廓形状（性状 31）。

（f）花冠裂片：内侧颜色（性状 37），有以下分组。

第一组：白色。

第二组：粉色。

第三组：粉红色。

第四组：紫色。

第五组：紫罗兰色。

第六组：蓝色。

5.4 总则中提供了在特异性审查过程中使用分组性状的指导。

6 性状表介绍

6.1 性状类型

6.1.1 标准指南性状

标准指南性状是 UPOV 已同意用于 DUS 审查的性状，UPOV 成员可以从中选择与其特定环境相适应的性状。

6.1.2 星号性状

星号性状（用“*”标记）是测试指南中对于形成国际统一的品种描述十分重要的性状，所有UPOV成员都应将其用于DUS测试并包含在品种描述中，除非前序性状的表达或区域环境条件所限使其无法测试。

6.2 表达状态及相应代码

6.2.1 为定义性状和统一描述，将每个性状划分为一系列表达状态。每个表达状态赋予一个相应的数字代码，以便于数据记录，以及品种性状描述的建立和交流。

6.2.2 对于质量性状和假质量性状（6.3），性状表中列出了所有表达状态。但对于有5个或5个以上表达状态的数量性状，可以采用缩略尺度的方法，以缩短性状表格。例如，对于有9个表达状态的数量性状，在测试指南的性状表中可采用以下缩略形式。

表达状态	代码
小	3
中	5
大	7

但是应该指出的是，以下9个表达状态都是存在的，应采用适宜的表达状态用于品种的描述。

表达状态	代码
极小	1
极小到小	2
小	3
小到中	4
中	5
中到大	6
大	7
大到极大	8
极大	9

6.2.3 TGP/7《测试指南的研制》中提供了表达状态和代码的更详尽的介绍。

6.3 表达类型

总则中对性状表达类型（质量性状、数量性状和假质量性状）进行了解释。

6.4 标准品种

适当时，测试指南中提供了标准品种用于校正性状的表达状态。

6.5 注释

（*）星号性状（6.1.2）。

QL：质量性状（6.3）。

QN：数量性状（6.3）。

PQ：假质量性状（6.3）。

MG、MS、VG、VS：观测方法（4.1.5）。

（a）～（f）性状表解释（8.1）。

（+）性状表解释（8.2）。

7 性状表

性状编号	观测方法	英文	中文	标准品种	代码
1. (*) (+) PQ	VG (a)	**Plant: habit**	**植株：生长习性**		
		upright	直立	Sandra Joy，Turkish Delight	1
		semi upright	半直立	Beverley Hills	2
		spreading	平展	Orphan Annie，Pretty N Pink	3
		horizontal	水平	First Light，Hartii	4
2. (*) QN	VG/ MG (a)	**Plant: height**	**植株：高度**		
		very short	极矮	Hartii	1
		short	矮	Orphan Annie，Rosie	3
		medium	中	Beverley Hills，Nicola's Blush	5
		tall	高	Eveline，Wiri Desire	7
		very tall	极高	Andersonii	9
3. QN	VG (a)	**Plant: density of foliage**	**植株：枝叶密度**		
		sparse	疏	Sandra Joy，Wiri Prince	3
		medium	中	Champseiont，First Light	5
		dense	密	Wiri Mist	7
4. (*) QN	VG (b)	**Young shoot: anthocyanin coloration**	**嫩枝：花青苷显色**		
		absent or very weak	无或极弱	Champseiont	1
		weak	弱	Rosie	2
		medium	中	Wiri Desire	3
		strong	强	Turkish Delight	4
		very strong	极强	Orphan Annie	5
5. (*) QL	VG (b)	**Young shoot: pubescence**	**嫩枝：茸毛**		
		absent	无	Champseiont	1
		present	有	Orphan Annie	9
6. QN	VG (b)	**Young shoot: density of pubescence**	**嫩枝：茸毛密度**		
		very sparse	极疏	First Light	1
		sparse	疏	Rosie	2
		medium	中	Orphan Annie	3
		dense	密		4
7. (*) PQ	VG (b)	**Young stem: color**	**幼茎：颜色**		
		yellow green	黄绿色	Lavender Lace，Oratia Beauty	1
		green	绿色	Wiri Mist	2
		yellow brown	黄棕色	Diosmifolia Minor	3
		greenish brown	泛绿棕色	Pagei	4
		brown	棕色	Gina Maree	5
		reddish brown	泛红棕色	Mary Antoinette，Wiri Prince	6
		reddish purple	泛红紫色	Pretty N Pink	7
		purple	紫色	Santa Monica	8
		purplish black	泛紫黑色	Pascal	9

续表

性状编号	观测方法	英文	中文	标准品种	代码
8. (＊) QN	VG/ MG (c)	**Stem: length of internodes**	**茎：节间长度**		
		very short	极短	Karo Golden Esk	1
		short	短	Beverley Hills	3
		medium	中	Wiri Desire	5
		long	长	Moonlight	7
9. QN	VG (c)	**Stem: anthocyanin coloration of internodes**	**茎：节间花青苷显色**		
		absent or very weak	无或极弱	Champseiont	1
		weak	弱	Beverley Hills	3
		medium	中	Wiri Vogue	5
		strong	长	Rosie	7
10. (＊) (+) QL	VG	**Leaf bud: presence of sinus**	**叶芽：缺刻**		
		absent	无	Orphan Annie	1
		present	有	Beverley Hills	9
11. (＊) QL	VG (d)	**Leaf: presence of petiole**	**叶：叶柄**		
		absent	无	Oratia Beauty，Red Edge	1
		present	有	Ohakea，Wiri Desire	9
12. (＊) QN	VG (d)	**Leaf: length of petiole**	**叶：叶柄长度**		
		short	短	Champseiont，Wiri Desire	1
		medium	中	Lavender Lace，Sandra Joy	2
		long	长	Otari Delight，Silver Queen	3
13. (+) QN	VG (d)	**Leaf: attitude**	**叶：姿态**		
		adpressed	紧贴	Karo Golden Esk	1
		erect	直立	Silver Queen	2
		semi erect	半直立	Wiri Mist	3
		horizontal	水平	Pagei	4
		downwards	向下		5
14. (＊) QN	VG/ MS (d)	**Leaf blade: length**	**叶片：长度**		
		very short	极短	Greensleeves，Hartii	1
		short	短	Headfortii，Orphan Annie	3
		medium	中	La Seduisante，Wiri Vogue	5
		long	长	Sandra Joy，Wiri Prince	7
		very long	极长	Eveline	9
15. (＊) QN	VG/ MS (d)	**Leaf blade: width**	**叶片：宽度**		
		very narrow	极窄	Karo Golden Esk	1
		narrow	窄	Mary Antoinette，Silver Queen	3
		medium	中	Eveline，Wiri Desire	5
		broad	宽	Andersonii，La Seduisante	7
16. (＊) (+) QN	VG/ MS (d)	**Leaf blade: ratio length/width**	**叶片：长宽比**		
		very low	极低	Silver Queen	1
		low	低	Turkish Delight	3
		medium	中	Sunstreak	5
		high	高		7
		very high	极高	Lavender Lace	9

续表

性状编号	观测方法	英文	中文	标准品种	代码
17. (*) (+) PQ	VG (d)	**Leaf blade: shape**	**叶片：形状**		
		lanceolate	披针形	Orphan Annie	1
		ovate	卵圆形		2
		oblong	长椭圆形	Beverley Hills	3
		elliptic	椭圆形	First Light	4
		oblanceolate	倒披针形	Moonlight	5
		obovate	倒卵圆形		6
18. (*) QN	VG (d)	**Leaf blade: position of broadest part**	**叶片：最宽处位置**		
		towards base	近基部	Orphan Annie	1
		in middle	中部	Beverley Hills	2
		towards apex	近先端	Moonlight	3
19. (+) PQ	VG (d)	**Leaf blade: shape of apex**	**叶片：先端形状**		
		ruminate	渐尖		1
		acute	锐尖	Rosie	2
		rounded	圆形	Turkish Delight	3
20. QN	VG (d)	**Leaf blade: profile in cross section**	**叶片：横截面形状**		
		concave	凹		1
		flat	平		2
		convex	凸		3
21. (*) QL	VG (d)	**Leaf blade: incisions on margin**	**叶片：叶缘缺裂**		
		absent	无	Silver Queen	1
		present	有	Diosmifolia Minor	9
22. (*) (+) PQ	VG (d)	**Leaf blade: main color**	**叶片：主色**		
		RHS Colour Chart (indicate reference number)	RHS 比色卡 （注明参考色号）		
23. (+) PQ	VG (d)	**Leaf blade: distribution of secondary color**	**叶片：次色分布**		
		none	无		1
		on margin only	仅叶缘	Frozen Flame，Red Edge	2
		broad margin	宽边	Heartbreaker	3
		intermediate zone	中间区域	Wild Romance	4
		central zone	中心区域	Neprock	5
		on mid rib only	仅中脉	Pacific Paradise	6
		on margin and on midrib	叶缘和中脉	Flame，Tullylrr	7
		irregular	不规则		8
24. (+) PQ	VG (d)	**Leaf blade: secondary color**	**叶片：次色**		
		RHS Colour Chart (indicate reference number)	RHS 比色卡 （注明参考色号）		
25. QN	VG (d)	**Leaf blade: area covered by secondary color**	**叶片：次色覆盖面积**		
		very small	极小	Marilyn Monroe	1
		small	小	Wild Romance	3
		medium	中	Baby Boo	5
		large	大	Vero 1	7
		very large	极大	Sweet Kim	9

续表

性状编号	观测方法	英文	中文	标准品种	代码
26. (+) PQ	**VG (d)**	**Leaf blade: distribution of tertiary color**	**叶片：第三颜色分布**		
		none	无		1
		on margin only	仅叶缘	Frozen Flame	2
		on mid rib only	仅中脉	Wild Romance	3
		on margin and on midrib	叶缘和中脉	Baby Boo	4
27. (+) PQ	**VG (d)**	**Leaf blade: tertiary color**	**叶片：第三颜色**		
		RHS Colour Chart (indicate reference number	RHS 比色卡 (注明参考色号)		
28. QN	**VG (d)**	**Leaf blade: glossiness**	**叶片：光泽度**		
		absent or very weak	无或极弱	Wiri Desire	1
		weak	弱		2
		medium	中	Sunset Boulevard	3
		strong	强	Champseiont	4
29. (+) QN	**VG (d)**	**Leaf blade: glaucosity**	**叶片：蜡粉**		
		absent or very weak	无或极弱		1
		weak	弱	Turkish Delight	2
		medium	中		3
		strong	强	First Light	4
30. (*) (+) PQ	**VG**	**Inflorescence: arrangement**	**花序：排列**		
		terminal only	仅末端	Champseiont, Greensleeves	1
		terminal and lateral	末端和侧面		2
		lateral only	仅侧面	Beverley Hills	3
31. (*) (+) PQ	**VG (e)**	**Inflorescence: shape in profile**	**花序：轮廓形状**		
		triangular	三角形	Moonlight	1
		oblong	长椭圆形	Eveline, Wiri Vogue	2
		elliptic	椭圆形	Icing Sugar, Wiri Joy	3
32. (*) (+) QN	**VG/ MS (e)**	**Inflorescence: length of flowering part**	**花序：开花部分长度**		
		very short	极短	County Park	1
		short	短	Beverley Hills	3
		medium	中	Moonlight	5
		long	长	Sandra Joy, Sunset Boulevard	7
33. (*) (+) QN	**VG/ MS (e)**	**Inflorescence: width of flowering part**	**花序：开花部分宽度**		
		narrow	窄	Tullylrr	3
		medium	中	Zerina	5
		broad	厚	Grethe	7
34. QN	**VG (e)**	**Inflorescence: density of flowers**	**花序：花密度**		
		sparse	疏		3
		medium	中	Ohakea	5
		dense	密	Beverley Hills	7
35. (*) (+) QN	**VG**	**Inflorescence: corolla color change with age**	**花序：花冠颜色随年龄变化**		
		absent or weak	无或弱	Purple Queen	1
		medium	中	Nicola's Blush	2
		strong	强	Great Orme	3

续表

性状编号	观测方法	英文	中文	标准品种	代码
36. (*) (+) QN	VG/ MS (e) (f)	**Corolla: width**	**花冠：宽度**		
		narrow	窄	Wiri Vogue	3
		medium	中	Orphan Annie	5
		broad	宽	Silver Queen	7
37. (*) (+) PQ	VG (e) (f)	**Corolla lobe: color of inner side**	**花冠裂片：内侧颜色**		
		RHS Colour Chart (indicate reference number)	RHS 比色卡 (注明参考色号)		
38. (*) QN	VG (e) (f)	**Corolla tube: length in relation to calyx**	**花冠筒：相对花萼长度**		
		shorter	较短	Beverley Hills	1
		equal	相等	Rosie	2
		longer	较长	Wiri Vogue	3
39. (*) PQ	VG (e) (f)	**Corolla tube: color of outer side**	**花冠筒：外侧颜色**		
		RHS Colour Chart (indicate reference number)	RHS 比色卡 (注明参考色号)		
40. (+) QN	VG	**Plant: number of inflorescences**	**植株：花序数量**		
		few	少		3
		medium	中		5
		many	多		7

8 性状表解释

8.1 对多个性状的解释

除非另有说明，所有性状的观测都应在盛花期进行。

性状表第二列包含以下标注的性状应按照下述要求观测。

（a）植株性状的观测应该在植株活跃生长阶段结束后进行。

（b）嫩枝和幼茎性状的观测应在生长季节第一次萌芽时进行。幼茎指当季上部 1/3 处的枝条。

（c）茎节间的观测应在活跃生长阶段观测发育良好的嫩枝中间 1/3 处。

（d）叶和叶柄的观测应对花芽中间 1/3 处叶进行观测。所有颜色观测叶内侧（内侧即上表面）。

（e）花序和花的观测应对花序基部开始裂开第一次开放的花进行观测。

（f）花冠观测花序中间 1/3 处的花。

8.2 对单个性状的解释

性状 1：植株习性

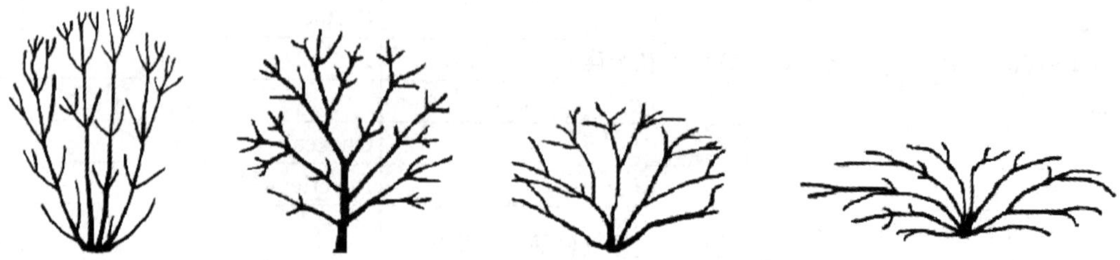

1 直立　2 半直立　3 平展　4 水平

性状 10：叶芽缺刻

缺刻位于叶芽中，在芽中间两叶基部之间有一个空隙。一些品种可以肉眼看见，但其他品种应用放大镜观察。叶柄或叶片形状的存在或缺失可以表明缺刻的存在。较窄的叶子和那些有叶柄的叶子更有可能有缺刻。

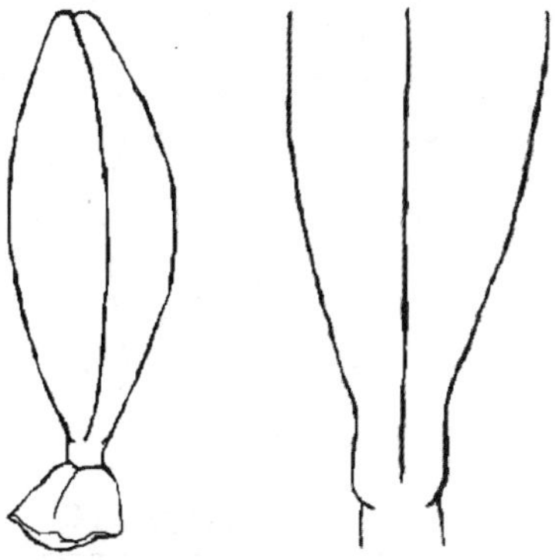

1
无

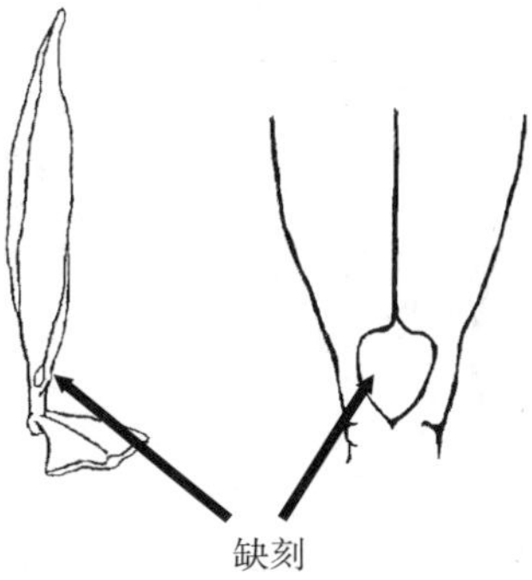

9
有

性状 13：叶姿态

1
紧贴

2
直立

3
半直立

4
水平

5
向下

性状 16：叶片长宽比

性状 17：叶片形状

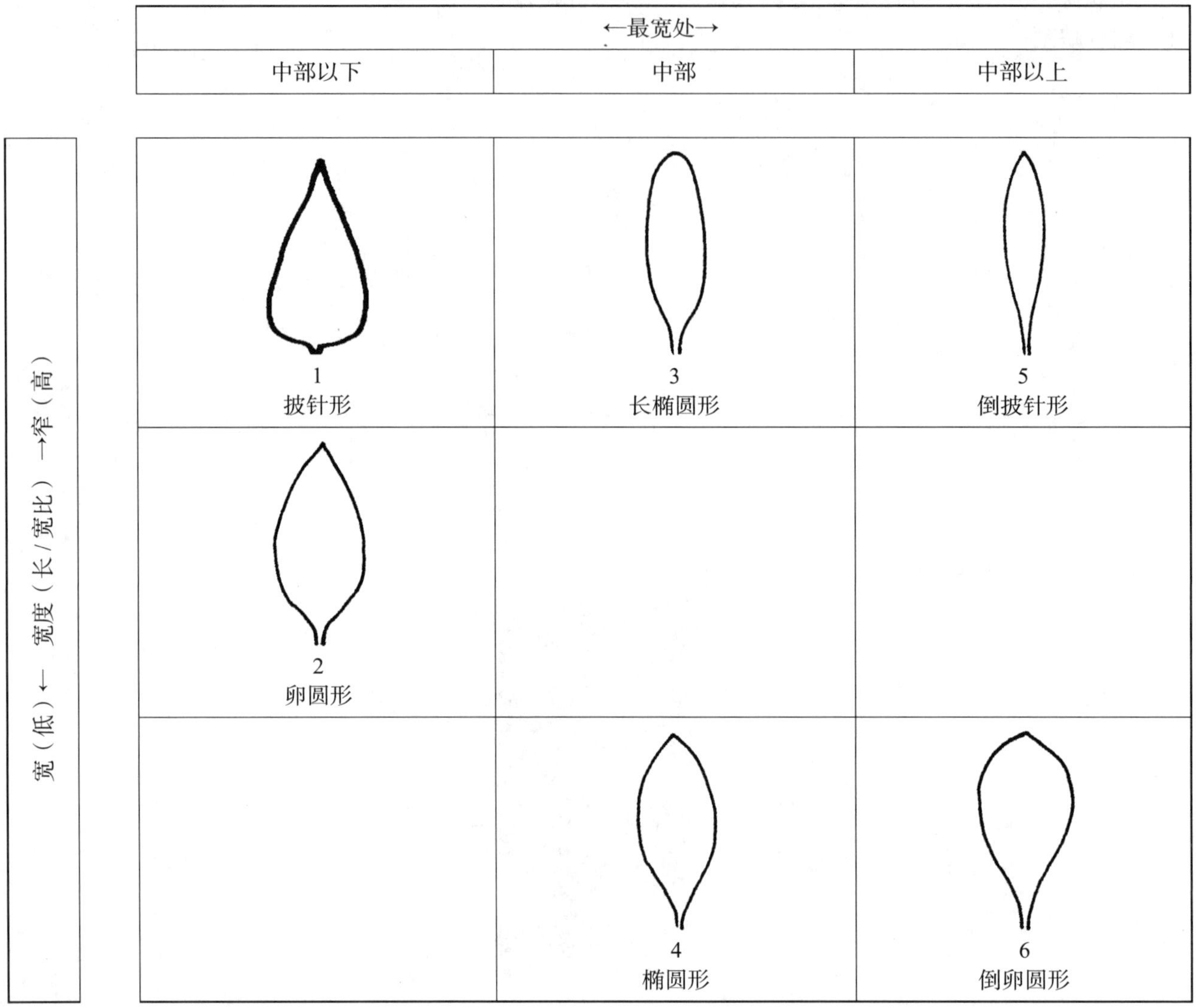

性状 19：叶片先端形状

1 渐尖　　2 锐尖　　3 圆形

性状 22：叶片主色

主色为叶子内侧的最大表面积的颜色。观测应在未受冷害影响的植株上进行。对于有蜡粉的品种，去除蜡层。内侧即上表面。

性状 23：叶片次色分布

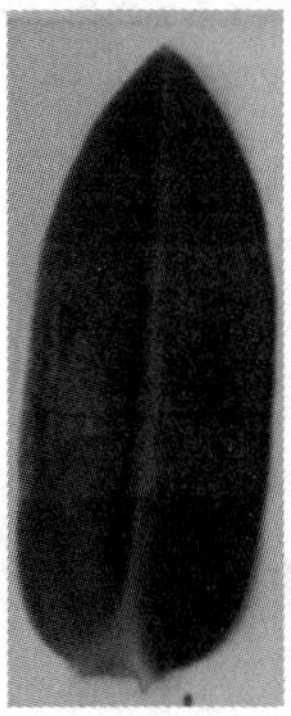

1
无

2
仅叶缘

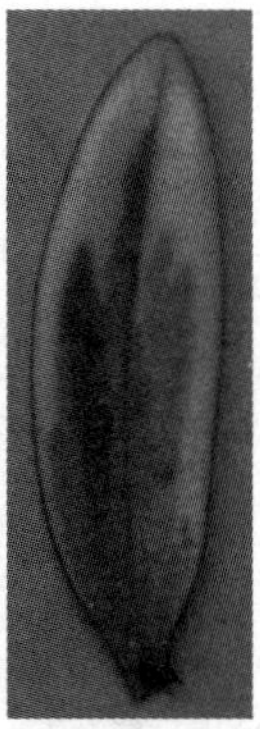

3
宽边
（泛白色）

4
中间区域
（浅绿色）

5
中心区域
（深绿色）

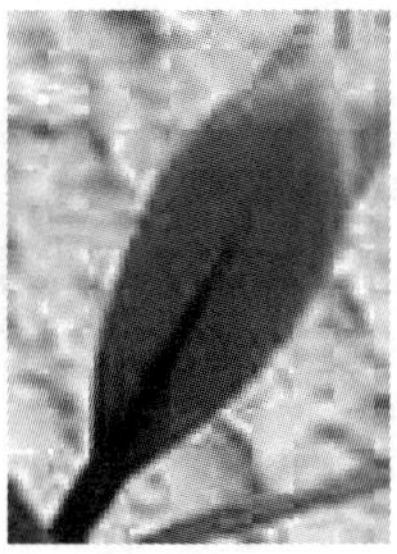

6
仅中脉

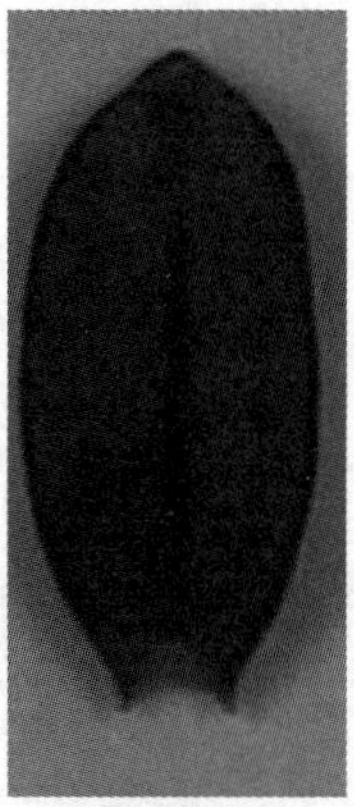

7
叶缘和中脉
（红紫色）

8
不规则
（浅黄色）

性状 24：叶片次色

次色为叶子内侧的表面积第二大的颜色。通常观测叶内侧图案。

性状 26：叶片第三颜色分布

1
无

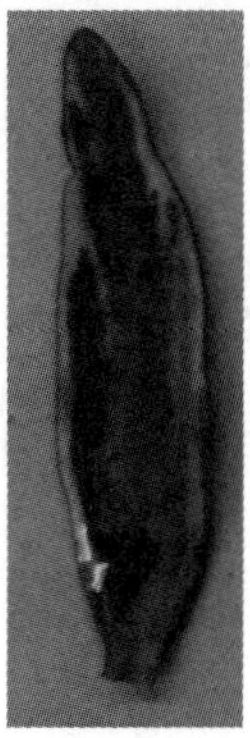

2
仅叶缘
（紫色）

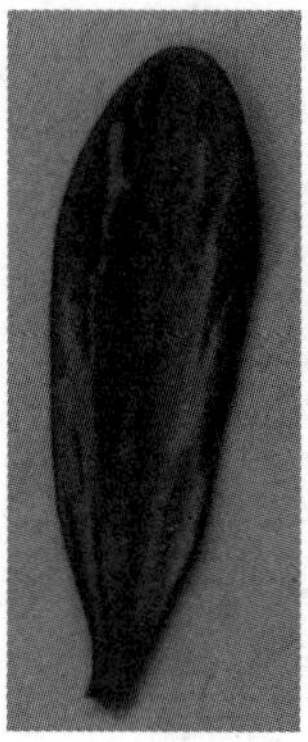

3
仅中脉
（泛黑色）

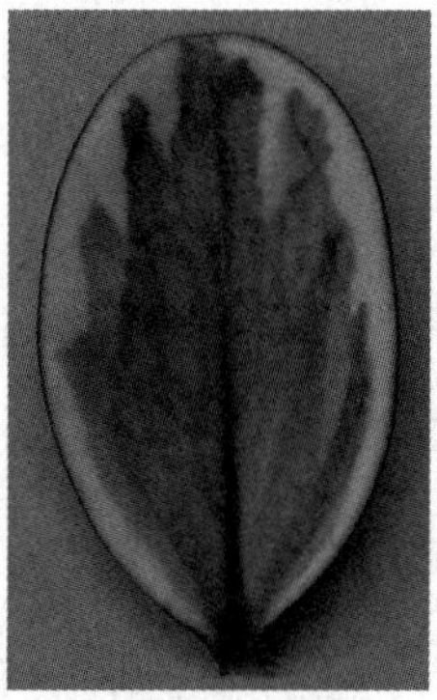

4
叶缘和中脉
（紫色）

性状 27：叶片第三颜色

第三颜色为叶子内侧的表面积第三大的颜色。通常观测叶内侧图案。对于有蜡粉的品种，去除蜡层。内侧即上表面。

性状 29：叶片蜡粉

蜡粉是一层覆盖叶子表面的蜡被或蜡质层，通常会使叶子呈蓝色或乳白色。这层可以去除。

性状 30：花序排列

1
仅末端

2
末端和侧面

3
仅侧面

性状 31：花序轮廓形状

1
三角形

2
长椭圆形

3
椭圆形

性状 32：花序开花部分长度

性状 33：花序开花部分宽度

花序宽度测量最宽处。

性状 35：花序花冠颜色随年龄变化

当单个花序上有 1/2 到 2/3 的花都开放时，比较最近开花的花序。

1

无或弱

2

中

3

强

性状 36：花冠宽度

性状 37：花冠裂片内侧颜色

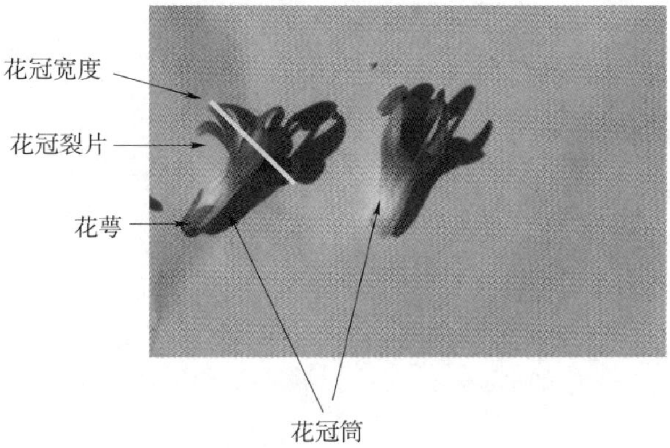

性状 40：植株花序数量

当花序 50% 的花开放时观测。

扫码下载原文

如扫描二维码无法下载指南原文，可能是指南版本有更新，可扫描本书封底二维码查看与本文对应的指南版本

TG/287/1
原文：英文
日期：2013-03-20

国际植物新品种保护联盟
植物品种特异性、一致性和稳定性
测试指南

多须草属

UPOV 代码：LOMAN

（*Lomandra* Labill.）

互用名称 *

植物学名称	英文	法文	德文	西班牙文
Lomandra Labill.	Lomandra, Mat Rush	Lomandra	Lomandra	Lomandra

* 这些名称在指南开始使用时是正确的，但随后可能会修改更新。读者可登录 UPOV 网站（www.upov.int），获取最新资料。

1 指南适用范围

本指南适用于多须草属（*Lomandra* Labill.）的所有品种。

2 繁殖材料要求

2.1 待测品种繁殖材料的数量和质量要求以及提交的时间和地点由主管机构决定。申请人从测试所在国境外提交繁殖材料的，还应符合海关规定并满足相关植物检疫的要求。

2.2 繁殖材料以第一生长周期可以表现相关性状的植株形式提交。

2.3 申请人提交用于测试的植物材料的最小数量为 10 个植株。

2.4 所提供的植物材料应明显健康有活力，且没有受到任何严重病虫害的影响。

2.5 提交的繁殖材料不得进行任何可能影响品种性状表达的处理，除非主管机构允许或要求进行这种处理。如果材料已经处理，必须提供相关处理的详细说明。

3 测试方法

3.1 生长周期

测试的最少周期数量通常为 1 个生长周期。

3.2 测试地点

测试通常在 1 个地点进行。在 1 个以上地点进行测试时，TGP/9《特异性测试》提供了有关指导。

3.3 测试条件

3.3.1 测试的条件应能满足品种正常生长的需要，以确保品种相关性状充分表达和测试的顺利开展。

3.3.2 由于日光变化的原因，在利用比色卡确定颜色时应在一个合适的由人工光源照明的小室或中午无阳光直射的房间内进行。人工光源的光谱分布应该符合 CIE“理想日光标准 D6500”，且在《英国标准 950：第 1 部分》规定的允许范围内。植株部位的颜色测定需在白色背景下进行。所使用的比色卡和版本应在品种描述中指定。

3.4 试验设计

3.4.1 每个试验应确保至少有 10 个植株。

3.4.2 试验设计应保证因测量或计数等需要，从小区取走部分植株或植株部位后，不影响生长周期结束前的所有观测。

3.5 附加测试

为测试有关性状，可以进行附加测试。

4 特异性、一致性和稳定性评价

4.1 特异性

4.1.1 一般建议

对于本指南的使用者而言，在判定特异性前参照总则特异性判定的一般原则十分重要。但为进一步说明和强调特异性判定，本指南特列出后续特异性判定的要点。

4.1.2 一致的差异

当观测到的品种之间的差异非常明显时，则没有必要种植 1 个以上生长周期。此外，在某些情况下，环境的影响并不意味着需要 1 个以上的生长周期来保证品种间观察到的差异是足够一致的。为确保在种植试验中所观测到的性状差异是足够一致的，可以对性状进行至少 2 个独立生长周期的测试。

4.1.3 明显的差异

两个品种间的差异是否明显取决于很多因素，特别应考虑所测性状的表达类型，即该性状是质量性状、数量性状还是假质量性状。因此，在做出关于特异性的判定前，本测试指南的使用者应熟悉总则中的建议。

4.1.4 植株 / 植株部位的观测数量

除非另有说明，在判定特异性时，对于单株的观测，应观测 9 个植株或分别从 9 个植株取下的植株部位；对于其他观测，应观测试验中的所有植株。观测时应将异型株排除在外。

4.1.5 观测方法

性状表第二列以如下符号（见 TGP/9《特异性测试》第 4 部分“性状观测”）的形式列出了特异性判定时推荐的性状观测方法。

MG：对一批植株或植株部位进行单次测量。

MS：对一定数量的植株或植株部位进行逐一测量。

VG：对一批植株或植株部位进行单次目测。

VS：对一定数量的植株或植株部位进行逐一目测。

观测类型：目测（V）或测量（M）。

目测（V）是一种基于专家判断的观测方法。本文中的目测是指专家的感官观察，因此，也包括闻、尝和触摸。目测也包括专家使用参照物（例如图表，标准品种，并排比较）或非线性的图表（例如比色卡）的观测。测量（M）是一种基于校准的、线性尺度的客观观测，例如使用尺、秤、色度计、日期和计数等进行观测。

记录类型：群体记录（G）或个体记录（S）。

以特异性为目的的观测，可被记录为一批植株或植株部位的单个记录（G），或者记录为一定数量的单个植株或植株部位的个体记录（S）。多数情况下，群体记录为一个品种提供一个单个记录，因此不可能或者不必要通过逐个植株的统计分析来判定特异性。

如果性状表中提供了不止一种观测方法（如 VG/MG），可以参考 TGP/9《特异性测试》的 4.2 部分选择合适的观测方法。

4.2 一致性

4.2.1 对于本指南的使用者而言，在判定一致性前参照总则一致性判定的一般原则十分重要。但为进一步说明和强调一致性判定，本指南特列出后续一致性判定的要点。

4.2.2 评价一致性时，应采用 1% 的群体标准和至少 95% 的接受概率。当样本量为 10 个时，允许有 1 个异型株。

4.3 稳定性

4.3.1 在实际操作中，通常不像测试特异性和一致性那样对稳定性进行测试以得到明确结果。经验表明，对许多类型的品种来说，当一个品种表现一致时，可认为其是稳定的。

4.3.2 适当情况下或者有疑问时，可以通过测试新的库存植株的一致性表现，看其性状表现是否与之前提交的初始材料表现相同。

5 品种分组和试验组织

5.1 使用分组性状可以帮助选择与申请品种一起进行种植试验的已知品种，以及对这些品种进行合适分组以便进行特异性评价。

5.2 分组性状表达状态的数据即使来自不同地点，也可以单独或者与其他此类性状联合使用。

（a）用于特异性测试中筛选排除那些不需要安排在种植试验中的已知品种。

（b）用于组织安排种植试验，使近似品种种植在一起。

5.3 以下性状已被确认为有用的分组性状。

（a）植株：生长习性（性状 1）。

（b）叶片：宽度（性状 6）。

（c）叶：表面蜡粉（性状 11）。

（d）叶：上部主色（性状 12），有以下 7 组。

第一组：黄色。

第二组：黄绿色。

第三组：浅绿色。

第四组：中绿色。

第五组：深绿色。

第六组：蓝绿色。

第七组：棕绿色。

（e）叶：上部次色（第二颜色）（性状 13），有以下 7 组。

第一组：黄色。

第二组：黄绿色。

第三组：浅绿色。

第四组：中绿色。

第五组：深绿色。

第六组：蓝绿色。

第七组：棕绿色。

5.4 总则和 TGP/9《特异性测试》中提供了在特异性审查过程中使用分组性状的指导。

6 性状表介绍

6.1 性状类型

6.1.1 标准指南性状

标准指南性状是 UPOV 已同意用于 DUS 审查的性状，UPOV 成员可以从中选择与其特定环境相适应的性状。

6.1.2 星号性状

星号性状（用“*”标记）是测试指南中对于形成国际统一的品种描述十分重要的性状，所有 UPOV 成员都应将其用于 DUS 测试并包含在品种描述中，除非前序性状的表达或区域环境条件所限使其无法测试。

6.2 表达状态及相应代码

6.2.1 为定义性状和统一描述，将每个性状划分为一系列表达状态。每个表达状态赋予一个相应的数字代码，以便于数据记录，以及品种性状描述的建立和交流。

6.2.2 对于质量性状和假质量性状（6.3），性状表中列出了所有表达状态。但对于有 5 个或 5 个以上表达状态的数量性状，可以采用缩略尺度的方法，以缩短性状表格。例如，对于有 9 个表达状态的数量性状，在测试指南的性状表中可采用以下缩略形式。

表达状态	代码
小	3
中	5
大	7

但是应该指出的是，以下 9 个表达状态都是存在的，应采用适宜的表达状态用于品种的描述。

表达状态	代码
极小	1
极小到小	2
小	3
小到中	4
中	5
中到大	6
大	7
大到极大	8
极大	9

6.2.3 TGP/7《测试指南的研制》中提供了表达状态和代码的更详尽的介绍。

6.3 表达类型

总则中对性状表达类型（质量性状、数量性状和假质量性状）进行了解释。

6.4 标准品种

适当时，测试指南中提供了标准品种用于校正性状的表达状态。

6.5 注释

（*）星号性状（6.1.2）。

QL：质量性状（6.3）。

QN：数量性状（6.3）。

PQ：假质量性状（6.3）。

VG、MG：观测方法（4.1.5）。

（a）～（d）性状表解释（8.1）。

（+）性状表解释（8.2）。

7 性状表

性状编号	观测方法	英文	中文	标准品种	代码
1. （*） （+） PQ	VG （a）	**Plant: habit**	**植株：生长习性**		
		upright	直立	Merlom Ruby	1
		semi upright	半直立	Katrinus Deluxe	2
		spreading	散开	Stormy Seas	3
2. （*） （+） QN	VG/ MG （a）	**Plant: height of foliage**	**植株：枝叶高度**		
		short	矮	Merlom Ruby	3
		medium	中	Stormy Seas	5
		tall	高	Katrinus Deluxe	7
3. （*） QN	VG （a）	**Plant: density of foliage**	**植株：枝叶密度**		
		very sparse	极稀		1
		sparse	稀	SIR5	3
		medium	中	Stormy Seas	5
		dense	密	Katrinus	7
		very dense	极密	LM400	9

续表

性状编号	观测方法	英文	中文	标准品种	代码
4. (*) (+) **PQ**	**VG** (b)	**Leaf：attitude of upper third**	**叶：倒三叶姿态**		
		erect	直立		1
		semi-erect	半直立		2
		drooping	下弯		3
5. (*) **QN**	**VG/MG** (b)	**Leaf blade：length**	**叶片：长度**		
		very short	极短	Joey	1
		short	短	LMF500	3
		medium	中	Katrinus Deluxe, Merlom Ruby	5
		long	长	Katrinus	7
		very long	极长		9
6. (*) **QN**	**VG/MG** (b)	**Leaf blade：width**	**叶片：宽度**		
		very narrow	极窄	LM300	1
		narrow	窄	Merlom Ruby	3
		medium	中	Stormy Seas	5
		broad	宽	Cassica	7
		very broad	极宽		9
7. (*) (+) **QN**	**VG** (b) (c)	**Leaf：profile in cross section**	**叶：横截面轮廓**		
		flat to slightly concave	平到微凹	Katrinus	1
		moderately concave	中等凹陷	Merlom Ruby	2
		strongly concave	强度凹陷		3
		inrolled	内卷		4
8. (*) (+) **QL**	**VG** (b)	**Leaf：type of apex**	**叶：先端形状**		
		entire	完整	Silver Falls	1
		toothed	齿状		2
9. (*) (+) **QN**	**VG** (b)	**Leaf：length of middle tooth**	**叶：中齿长度**		
		very short	极短	LM300	1
		short	短	Merlom Ruby	3
		medium	中	Katrinus	5
		long	长	LM400	7
		very long	极长		9
10. (*) **QN**	**VG** (b) (c)	**Leaf：texture**	**叶：质地**		
		smooth	光滑	Stormy Seas	1
		medium	中等	Merlom Ruby	2
		rough	粗糙		3
11. (*) **QN**	**VG** (b) (c)	**Leaf：glaucosity of upper side**	**叶：表面蜡粉**		
		very weak	极弱	Lime Tuff	1
		weak	弱	Katrinus	3
		medium	中	Merlom Ruby	5
		strong	强	SIR5	7
		very strong	极强	Stormy Seas	9
12. (*) (+) **QN**	**VG** (b) (c)	**Leaf：main color of upper side**	**叶：上部主色**		
		RHS Colour Chart (indicate reference number)	RHS 比色卡 (注明参考色号)		

续表

性状编号	观测方法	英文	中文	标准品种	代码
13. (+) PQ	**VG (b) (c)**	**Leaf：secondary color of upper side**	**叶：上部次色（第二颜色）**		
		RHS Colour Chart (indicate reference number)	RHS 比色卡 （注明参考色号）		
14. QN	**VG (b) (c)**	**Leaf：glossiness of upper side**	**叶：上部光泽度**		
		absent or weak	无或弱		1
		medium	中	Katrinus Deluxe	2
		strong	强		3
15. (+) QN	**VG (b) (c)**	**Leaf：pliability**	**叶：柔韧性**		
		weak	弱	SIR5	1
		medium	中	Merlom Ruby	2
		strong	强	Katrinus	3
16. (*) (+) QN	**VG**	**Basal sheath：shredding of margin**	**基部叶鞘：边缘碎片**		
		absent or very weak	无或极弱	Lime Tuff	1
		weak	弱	Ll164	3
		medium	中	Ll264	5
		strong	强	LMF500	7
		very strong	极强		9
17. (*) (+) QN	**VG**	**Basal sheath：intensity of brown color**	**基部叶鞘：棕色强度**		
		light	浅	Lime Tuff	1
		medium	中	Katrinus	2
		dark	深	Stormy Seas	3
18. QN	**VG (d)**	**Inflorescence：position in relation to foliage**	**花序：相对于叶片的位置**		
		below	低于	Merlom Ruby	1
		level	等平	Lime Tuff	2
		above	高于	LHBYF	3
19. (+) QN	**VG (d)**	**Inflorescence：number of branches**	**花序：分枝数**		
		absent or very few	无或极少	Merlom Ruby	1
		few	少	LM300	3
		medium	中	Lime Tuff	5
		many	多	LHCOM	7
20. (+) QN	**VG/ MG (d)**	**Inflorescence：length of flowering part**	**花序：开花部分长度**		
		very short	极短	LM300	1
		short	短	LHCOM	3
		medium	中	Lime Tuff	5
		long	长	LHBYF	7
		very long	极长		9
21. (+) QN	**VG/ MG (d)**	**Peduncle：length**	**花梗：长度**		
		very short	极短	Merlom Ruby	1
		short	短	Seascape	3
		medium	中	LHCOM	5
		long	长	LM300，Lime Tuff	7
		very long	极长		9

续表

性状编号	观测方法	英文	中文	标准品种	代码
22. PQ	VG (d)	**Peduncle：color**	**花梗：颜色**		
		yellow green	黄绿色	Little Pal	1
		green	绿色		2
		orange brown	橙棕色	LM300	3
		red brown	红棕色		4
		brown	棕色	Seascape	5
23. (+) QN	VG/MS (d)	**Bract：length**	**苞叶：长度**		
		very short	极短	Seascape	1
		short	短	Silver Grace	3
		medium	中	Merlom Ruby	5
		long	长	Stormy Seas	7
		very long	极长	Katrinus Deluxe	9
24. (+) PQ	VG (d)	**Calyx：color**	**花萼：颜色**		
		white	白色	Bunyip	1
		yellow	黄色	LM300	2
		yellow green	黄绿色	LHCOM	3
		orange brown	橙棕色	Lime Tuff	4
		grey purple	灰紫色	Stormy Seas	5

8 性状表解释

8.1 对多个性状的解释

性状表第二列包含以下标注的性状应按照下述要求观测。

(a) 植物性状的观测应在植株活跃的营养生长结束时进行。

(b) 叶片观测应对完全展开的叶进行观测。

(c) 应观测中部 1/3。上表面是朝向轴的叶表面，近轴。

(d) 花序和花的观测应在主花穗。

8.2 对单个性状的解释

性状 1：植株生长习性

1
直立

2
半直立

3
散开

性状 2：植株枝叶高度

枝叶高度是从植株基部到枝叶顶端，花序除外。

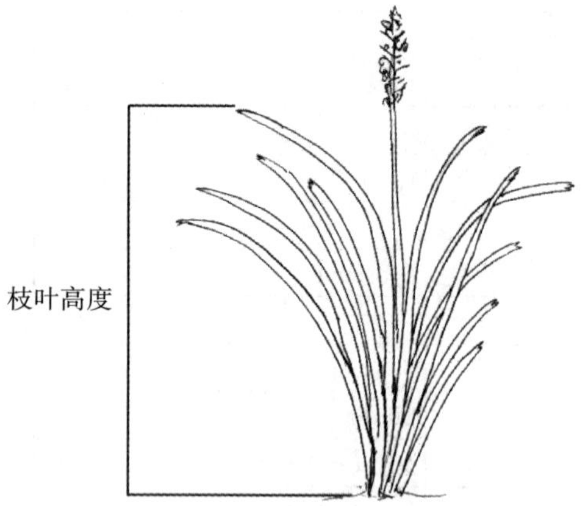

性状 4：叶片倒三叶姿态

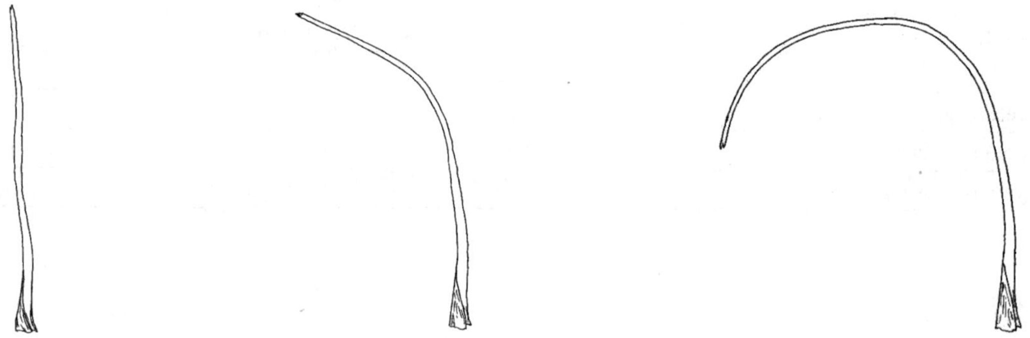

1	2	3
直立	半直立	下弯

性状 7：叶横截面轮廓

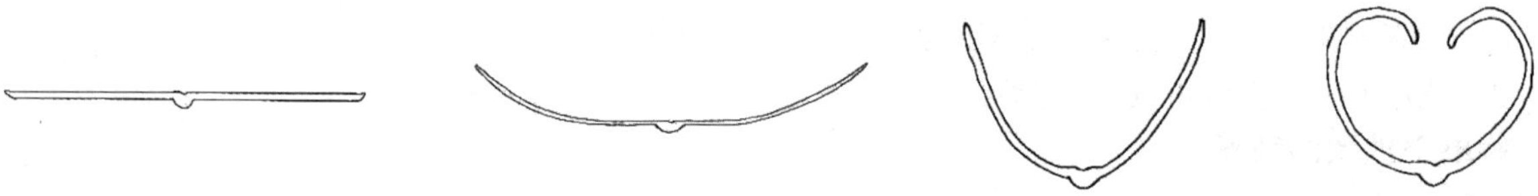

1	2	3	4
平到微凹	中等凹陷	强度凹陷	内卷

性状 8：叶先端形状

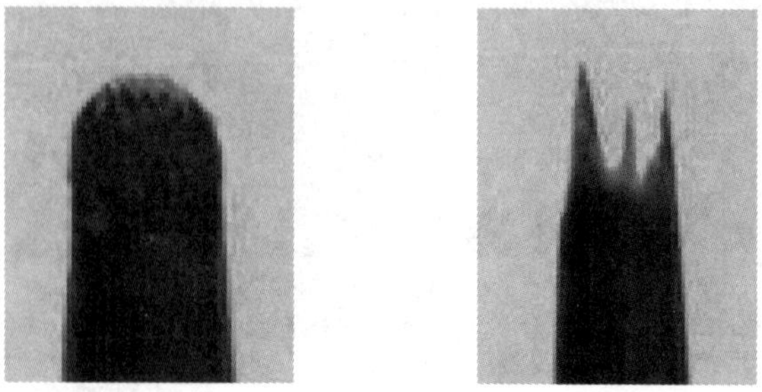

1	2
完整	齿状

性状 9：叶中齿长度

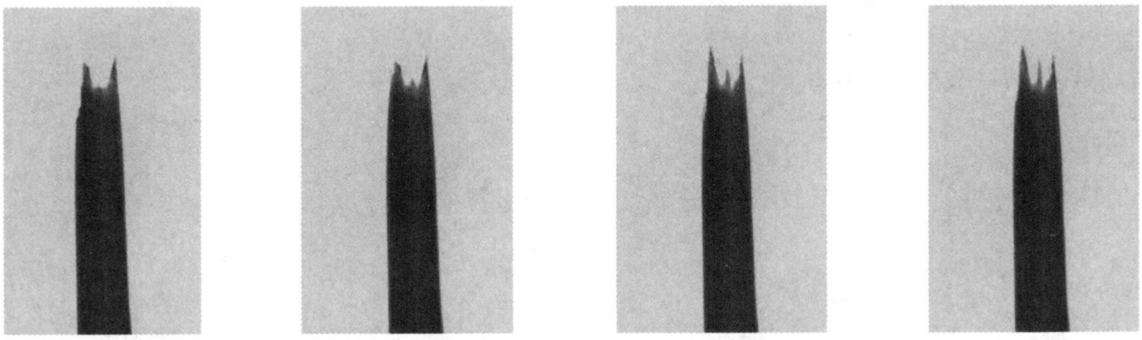

1 极短　3 短　5 中　7 长

性状 12：叶上部主色

性状 13：叶上部次色（第二颜色）

主色为面积最大的颜色。主色和次色在面积比较相似，不能依靠颜色面积的大小来决定哪个是主色时，较深的颜色被认定为主色。

有时叶片表面会覆盖有蓝色或白色的蜡粉层。观测叶片表面颜色前应擦除该蜡粉层。

性状 15：叶柔韧性

用食指折叠中剖倒三叶观察叶片分裂程度来评定叶片柔韧性。没有或很少分裂表明柔韧性强。

性状 16：基部叶鞘边缘碎片

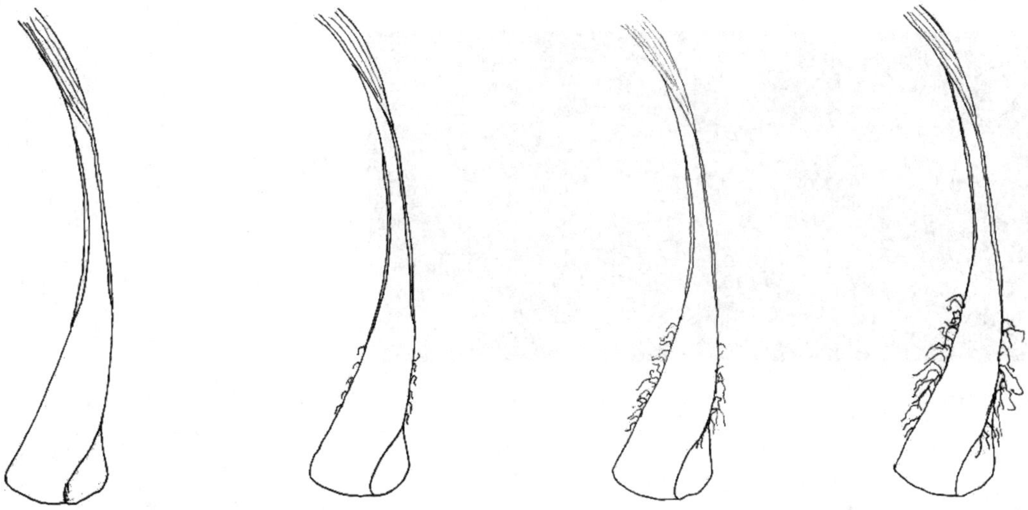

1 无或极弱　3 弱　5 中　7 强

性状 17：基部叶鞘棕色程度

如果存在，应将叶鞘基部的边缘碎片去除后观测。

性状 19：花序分枝数

有分枝的节点数和每个节点上的分枝数。

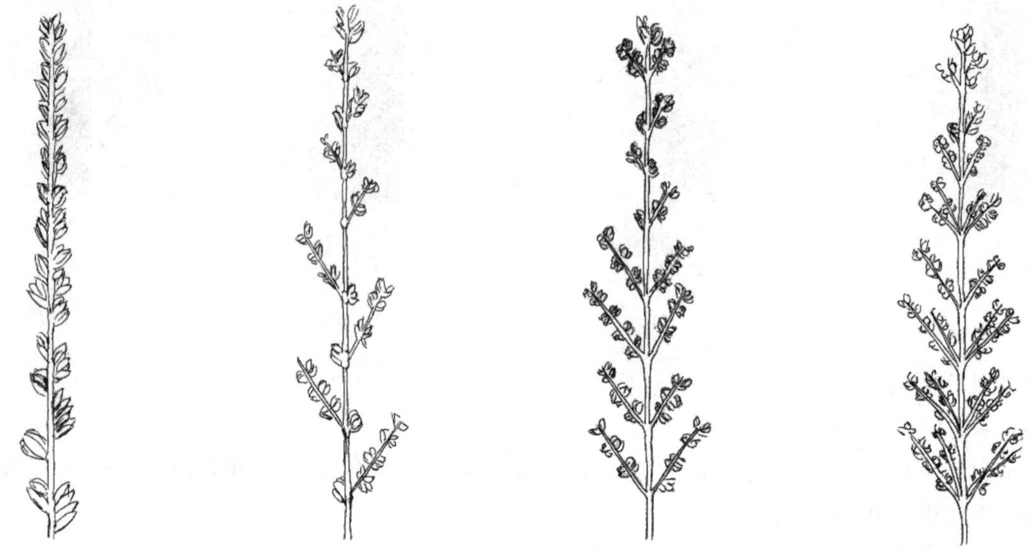

1	3	5	7
无或极少	少	中	多

性状 20：花序开花部分长度

性状 21：花梗长度

性状 23：苞叶长度

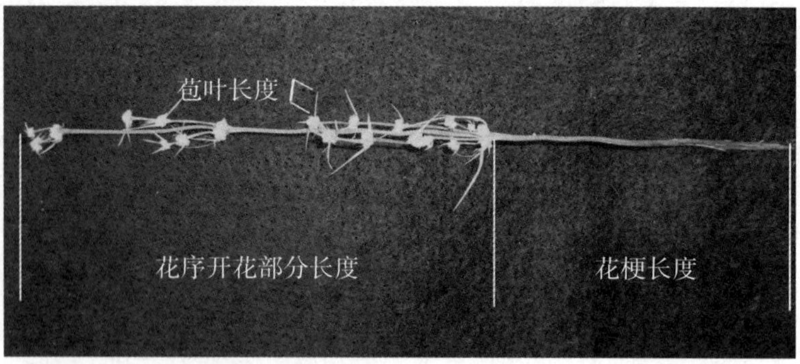

性状 24：花萼颜色

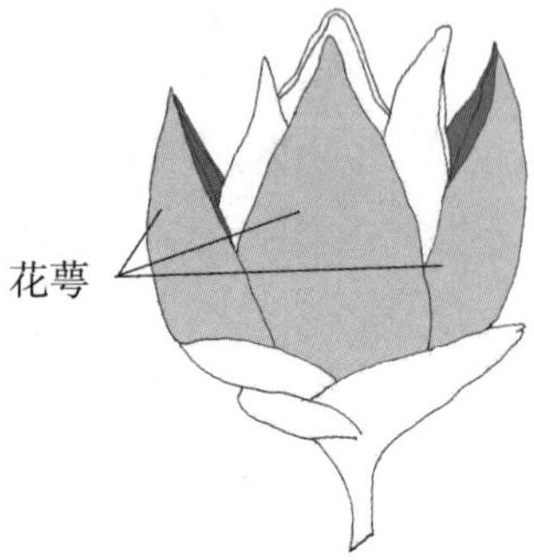

扫码下载原文

如扫描二维码无法下载指南原文，可能是指南版本有更新，可扫描本书封底二维码查看与本文对应的指南版本

TG/288/1
原文：英文
日期：2013-03-20

国际植物新品种保护联盟
植物品种特异性、一致性和稳定性
测试指南

山菅属

UPOV 代码：DIANE

（*Dianella* Lam. ex Juss.）

互用名称 *

植物学名称	英文	法文	德文	西班牙文
Dianella Lam. ex Juss.	Flax-lily, Dianella	Dianella	Flachslilie, Dianella	Dianella

* 这些名称在指南开始使用时是正确的，但随后可能会修改更新。读者可登录 UPOV 网站（www.upov.int），获取最新资料。

1 本指南适用范围

本指南适用于所有的山营属（*Dianella* Lam. ex Juss.）的所有品种。

2 繁殖材料要求

2.1 待测品种繁殖材料的数量和质量要求以及提交的时间和地点由主管机构决定。申请人从测试所在国境外提交繁殖材料的，还应符合海关规定并满足相关植物检疫的要求。

2.2 繁殖材料以植株的形式提交，在第一个生长周期中能够表达品种相关性状。

2.3 申请人提交繁殖材料的最小数量为 10 个植株。

2.4 提供的繁殖材料应外观健康有活力，未受到任何严重病虫害的影响。

2.5 提交的繁殖材料不得进行任何可能影响品种性状表达的处理，除非主管机构允许或要求进行这种处理。如果材料已经处理，必须提供相关处理的详细说明。

3 测试方法

3.1 生长周期

测试的最少周期数量通常为 1 个生长周期。

3.2 测试地点

测试通常在 1 个地点进行。在 1 个以上地点进行测试时，TGP/9《特异性测试》提供了有关指导。

3.3 测试条件

3.3.1 测试的条件应能满足品种正常生长的需要，以确保品种相关性状充分表达和测试的顺利开展。

3.3.2 由于日光变化的原因，在利用比色卡确定颜色时，应在一个合适的有人工光源照明的小室或中午无阳光直射的房间内进行。人工光源光谱分布应符合 CIE“理想日光标准 D6500”，且在《英国标准 950：第 1 部分》规定的允许范围之内。观测应将植株部位置于白背景下进行。品种描述中应指出比色卡及版本。

3.4 试验设计

3.4.1 每个试验应保证至少有 10 个植株。

3.4.2 试验设计应保证因测量或计数等需要，从小区取走部分植株或植株部位后，不影响生长周期结束前的所有观测。

3.5 附加测试

为测试有关性状，可以进行附加测试。

4 特异性、一致性和稳定性评价

4.1 特异性

4.1.1 一般建议

对于本指南的使用者而言，在判定特异性前参照总则特异性判定的一般原则十分重要。但为了进一步说明和强调特异性判定，本指南特列出特异性判定的要点。

4.1.2 一致的差异

当观测到的品种之间的差异非常明显时，则没有必要种植 1 个以上生长周期。此外，在某些情况下，环境的影响并不意味着需要 1 个以上的生长周期来保证品种间观测到的差异是足够一致的。为确保在种植试验中所观测到的性状差异是足够一致的，可以对性状进行至少 2 个独立生长周期的测试。

4.1.3 明显的差异

两个品种间的差异是否明显取决于很多因素，特别应考虑所测性状的表达类型，即该性状是质量性状、数量性状还是假质量性状。因此，在作出关于特异性的判定前，本测试指南的使用者应熟悉总则中的建议。

4.1.4 植株 / 植株部位的观测数量

除非另有说明，在判定特异性时，对于单株的观测，应观测 9 个植株或分别从 9 个植株取下的植株部位；对于其他观测，应观测试验中的所有植株。观测时应将异型株排除在外。

4.1.5 观测方法

性状表第二列以如下符号（见 TGP/9《特异性测试》第 4 部分“性状观测”）的形式列出了特异性判定时推荐的性状观测方法。

MG：对一批植株或植株部位进行单次测量。

MS：对一定数量的植株或植株部位进行逐一测量。

VG：对一批植株或植株部位进行单次目测。

VS：对一定数量的植株或植株部位进行逐一目测。

观测类型：目测（V）或测量（M）。

目测（V）是一种基于专家判断的观测方法。本文中的目测是指专家的感官观察，因此，也包括闻、尝和触摸。目测也包括专家使用参照物（例如图表，标准品种，并排比较）或非线性的图表（例如比色卡）的观测。测量（M）是一种基于校准的、线性尺度的客观观测，例如使用尺、秤、色度计、日期和计数等进行观测。

记录类型：群体记录（G）或个体记录（S）。

以特异性为目的的观测，可被记录为一批植株或植株部位的单个记录（G），或者记录为一定数量的单个植株或植株部位的个体记录（S）。多数情况下，群体记录为一个品种提供一个单个记录，因此不可能或者不必要通过逐个植株的统计分析来判定特异性。

如果性状表中提供了不止一种观测方法（如 VG/MG），可以参考 TGP/9《特异性判定》的 4.2 部分选择合适的观测方法。

4.2 一致性

4.2.1 对于本指南的使用者而言，在判定一致性前参照总则一致性判定的一般原则十分重要。但为进一步说明和强调一致性判定，本指南特列出一致性判定的要点。

4.2.2 评价一致性时，应采用 1% 的群体标准和至少 95% 的接受概率。当样本量为 10 个时，允许有 1 个异型株。

4.3 稳定性

4.3.1 在实际操作中，通常不像测试特异性和一致性那样对稳定性进行测试以得到明确结果。经验表明，对许多类型的品种来说，当一个品种表现一致时，可认为其是稳定的。

4.3.2 适当情况下或者有疑问时，稳定性的测试通过测试一批新的植株，看其性状表现是否与之前提交的材料表现相同。

5 品种分组和试验组织

5.1 使用分组性状可以帮助选择与申请品种一起进行田间种植试验的已知品种，以及对这些品种进行合适分组以便进行特异性评价。

5.2 分组性状表达状态的数据即使来自不同地点，也可以单独或者与其他此类性状联合使用。

（a）用于特异性测试中筛选排除那些不需要安排在种植试验中的已知品种。

（b）用于组织安排种植试验，使近似品种种植在一起。

5.3 以下性状已被确认为有用的分组性状。

(a)叶：上表面蜡质（性状 8）。

(b)叶：色斑（性状 9）。

(c)叶片：形状（性状 14）。

(d)叶：边缘刺（性状 17）。

(e)基部鞘：花青苷显色（性状 22）。

5.4 总则和 TGP/9《特异性测试》中提供了在特异性审查过程中使用分组性状的指导。

6 性状表介绍

6.1 性状类型

6.1.1 标准指南性状是 UPOV 已同意用于 DUS 审查的性状，UPOV 成员可以从中选择与其特定环境相适应的性状。

6.1.2 星号性状

星号性状（用“*”标记）是测试指南中对于形成国际统一的品种描述十分重要的性状，所有 UPOV 成员都应将其用于 DUS 测试并包含在品种描述中，除非前序性状的表达或区域环境条件所限使其无法测试。

6.2 表达状态及相应代码

6.2.1 为定义性状和统一描述，将每个性状划分为一系列表达状态。每个表达状态赋予 1 个相应的数字代码，以便于数据记录，以及品种性状描述的建立和交流。

6.2.2 对于质量性状和假质量性状（6.3），性状表中列出了所有表达状态。但对于有 5 个或 5 个以上表达状态的数量性状，可以采用缩略尺度的方法，以缩短性状表格。例如，对于有 9 个表达状态的数量性状，在测试指南的性状表中可采用以下缩略形式。

表达状态	代码
小	3
中	5
大	7

但是应指出的是，以下 9 个表达状态都是存在的，应采用适宜的表达状态用于品种的描述。

表达状态	代码
极小	1
极小到小	2
小	3
小到中	4
中	5
中到大	6
大	7
大到极大	8
极大	9

6.2.3 TGP/7《测试指南的研制》中提供了表达状态和代码的更详尽的介绍。

6.3 表达类型

总则中对性状表达类型（质量性状、数量性状和假质量性状）进行了解释。

6.4 标准品种

适当时，测试指南中提供了标准品种用于校正性状的表达状态。

6.5 注释

（*）星号性状（6.1.2）。

QL：质量性状（6.3）。

QN：数量性状（6.3）。

PQ：假质量性状（6.3）。

MG、MS、VG、VS：观测方法（4.1.5）。

（a）～（c）性状表解释（8.1）。

（+）性状表解释（8.2）。

7 性状表

性状编号	观测方法	英文	中文	标准品种	代码
1. （*） QN	**VG/ MG （a）**	**Plant：height（excluding inflorescence）**	**植株：高度（花序除外）**		
		very short	极矮	Dinky Di	1
		short	矮		3
		medium	中	Little Devil	5
		tall	高	REV101	7
		very tall	极高	Goddess	9
2. （*） （+） QN	**VG （a）**	**Plant：density**	**植株：密度**		
		very sparse	极疏		1
		sparse	疏	LHC1	3
		medium	中	Rainbow	5
		dense	密	Little Devil	7
		very dense	极密	Dinky Di	9
3. （+） QN	**VG/ MG （a）**	**Stem：internode length**	**茎：节间长度**		
		very short	极短	TAS300	1
		short	短	TR20	3
		medium	中		5
		long	长	Goddess	7
		very long	极长		9
4. （*） （+） QN	**VG （b）**	**Leaf：attitude of basal third**	**叶：基部 1/3 处姿态**		
		erect	直立	Little Devil	1
		erect to semi-erect	直立到半直立	Rainbow	2
		semi-erect	半直立	TAS300	3
5. （*） （+） QN	**VG （b）**	**Leaf：curvature of upper third**	**叶：顶部 1/3 处弯曲程度**		
		absent or very weak	无或极弱	LHC1	1
		weak	弱	TAS300	3
		medium	中	TAS100	5
		strong	强	DT23	7
		very strong	极强		9
6. QN	**VG/ MS （b）**	**Leaf：length**	**叶：长度**		
		short	短	DTN03	3
		medium	中	Allyn-Citation	5
		long	长		7

续表

性状编号	观测方法	英文	中文	标准品种	代码
7. (*) QN	VG/ MS (b)	**Leaf: width**	**叶：宽度**		
		narrow	窄	Little Devil	3
		medium	中	TAS100	5
		wide	宽	Goddess	7
8. (*) (+) QN	VG (b)	**Leaf: glaucosity of upper side**	**叶：上表面蜡质**		
		absent or very weak	无或极弱	Goddess，TR20	1
		weak	弱	DT23	2
		medium	中	Little Devil	3
		strong	强	DR5000	4
9. (*) QL	VG (b)	**Leaf: variegation**	**叶：色斑**		
		absent	无	Splice	1
		present	有	Rainbow	9
10. (*) PQ	VG (b)	**Leaf: main color of upper side**	**叶：上表面主色**		
		yellow	黄色	Rainbow	1
		yellow green	黄绿色	DCMP01	2
		light green	浅绿色	TR20	3
		medium green	中等绿色	DR 2006	4
		dark green	深绿色	TAS300	5
		blue green	蓝绿色		6
		brown green	棕绿色		7
11. (*) (+) PQ	VG (b)	**Leaf: secondary color of upper side**	**叶：上表面次色**		
		whitish	泛白色	Border Silver	1
		whitish yellow	泛白黄色	Darwin Gold	2
		yellow	黄色	Rainbow	3
		yellow green	黄绿色		4
		light green	浅绿色		5
		medium green	中等绿色		6
		dark green	深绿色		7
		blue green	蓝绿色		8
		brown green	棕绿色		9
12. PQ	VG (b)	**Leaf: distribution of secondary color on upper side**	**叶：上表面次色分布**		
		marginal	边缘		1
		between margin and midrib	边缘和中脉之间		2
		midrib	中脉		3
13. (*) PQ	VG (b)	**Leaf: main color of lower side**	**叶：下表面主色**		
		yellow	黄色	Rainbow	1
		yellow green	黄绿色	DCMP01	2
		light green	浅绿色	TR20	3
		medium green	中等绿色	DR 2006	4
		dark green	深绿色	DTN03	5
		blue green	蓝绿色		6
		brown green	棕绿色		7
		grey green	灰绿色	TAS300	8

续表

性状编号	观测方法	英文	中文	标准品种	代码
14. (*) (+) PQ	VG (b)	**Leaf blade：shape**	**叶片：形状**		
		ligulate	舌形	Dinky Di	1
		linear	线形	TAS300	2
		ensiform	剑形	Border Silver	3
15. (*) (+) PQ	VG (b)	**Leaf：shape of apex**	**叶：先端形状**		
		acute	锐尖	Dinky Di	1
		acuminate	渐尖	Goddess	2
		apiculate	细尖	Rainbow	3
16. (+) QN	VG (b)	**Leaf：profile in cross section**	**叶：横切面形状**		
		flat	平直		1
		slightly convex	微凸	TR20	2
		medium convex	中等凸	Goddess	3
		strongly convex	强凸	DCMP01	4
		revolute	外卷		5
17. (*) QL	VG (b)	**Leaf：spines on margin**	**叶：边缘刺**		
		absent	无	REV101	1
		present	有	Rainbow	9
18. (+) QN	VG (b)	**Leaf：prominence of spines on margin**	**叶：边缘刺程度**		
		weak	弱	Little Devil	1
		medium	中	Rainbow	2
		strong	强		3
19. QL	VG (b)	**Leaf：color on margin**	**叶：边缘颜色**		
		green	绿色	Goddess	1
		red	红色	Rainbow	2
20. (*) (+) QL	VG (b)	**Leaf midrib：spines on lower side**	**叶中脉：下表面刺**		
		absent	无	REV101	1
		present	有	Goddess	9
21. (+) QN	VG (b)	**Leaf midrib：prominence of spines on lower side**	**叶中脉：下表面刺程度**		
		weak	弱	DTN03	1
		medium	中	Goddess	2
		strong	强	DT23	3
22. (*) (+) PQ	VG (b)	**Basal sheath：anthocyanin coloration**	**基部鞘：花青苷显色**		
		light red purple	浅红紫色	Goddess，Dinky Di	1
		medium red purple	中等红紫色	LHC1	2
		dark red purple	深红紫色	Little Devil，TAS300	3
		light red brown	浅红棕色	REV101	4
		medium red brown	中等红棕色		5
		dark red brown	深红棕色	TR20	6
		brown	棕色		7
23. (+) QN	VG (c)	**Inflorescence：position in relation to foliage**	**花序：与叶的相对位置**		
		above	高于	Little Devil	1
		same level	平齐		2
		below	低于	Border Silver	3

续表

性状编号	观测方法	英文	中文	标准品种	代码
24. PQ	**VG (c)**	**Flowering stem: color of middle third**	**花茎：中部 1/3 处颜色**		
		RHS Colour Chart (indicate reference number)	RHS 比色卡（注明参考色号）		
25. QN	**VG/ MS (c)**	**Flowering stem: length of flowering part**	**花茎：开花部分长度**		
		short	短		3
		medium	中		5
		long	长		7
26. QN	**VG (c)**	**Inflorescence: density of flowers**	**花序：花密度**		
		sparse	疏		3
		medium	中		5
		dense	密		7
27. QN	**VG/ MG (c)**	**Perianth: diameter**	**花被：直径**		
		small	小		1
		medium	中		2
		large	大		3
28. PQ	**VG (c)**	**Perianth: color**	**花被：颜色**		
		RHS Colour Chart (indicate reference number)	RHS 比色卡（注明参考色号）		
29. PQ	**VG (c)**	**Anther: color**	**花药：颜色**		
		yellow	黄色	Border Silver	1
		orange	橙色	Splice	2
		brown	棕色	Goddess	3
30. (+) PQ	**VG (c)**	**Immature fruit: color**	**未成熟果实：颜色**		
		RHS Colour Chart (indicate reference number)	RHS 比色卡（注明参考色号）		
31. (+) PQ	**VG (c)**	**Mature fruit: color**	**成熟果实：颜色**		
		RHS Colour Char t (indicate reference number)	RHS 比色卡（注明参考色号）		

8 性状表解释

8.1 对多个性状的解释

性状表第二列包含以下标注的性状应按照下述要求观测。

（a）植株、芽和茎性状的观测应在营养生长旺盛期结束之前进行。

（b）叶性状的观测应在完全展开的最幼叶的任意一侧上进行。蜡质品种叶片颜色观测应在擦除蜡质层后进行。主色是覆盖面积最大的颜色。如果主色和次色面积大小很接近，无法确定哪个颜色覆盖面积最大，较深的颜色为主色。上表面是指朝向轴、近轴的叶面，下表面是远离轴、离轴的叶面。

（c）花序、花和果实性状的观测应在主花序上进行。

8.2 对单个性状的解释

性状 2：植株密度

植株密度通过观测叶整体密度获得。

性状 3：茎节间长度

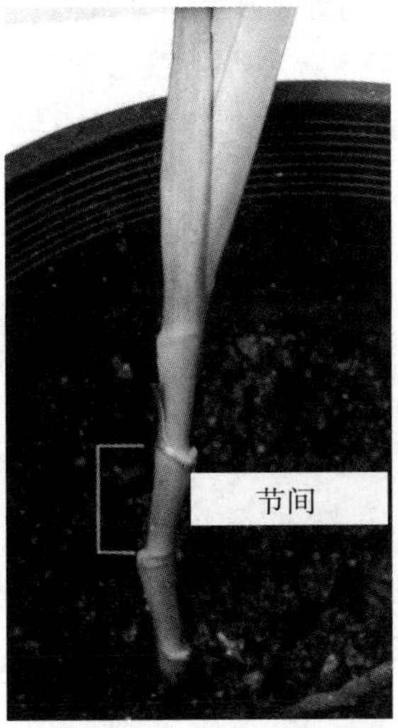

性状 4：叶基部 1/3 处姿态

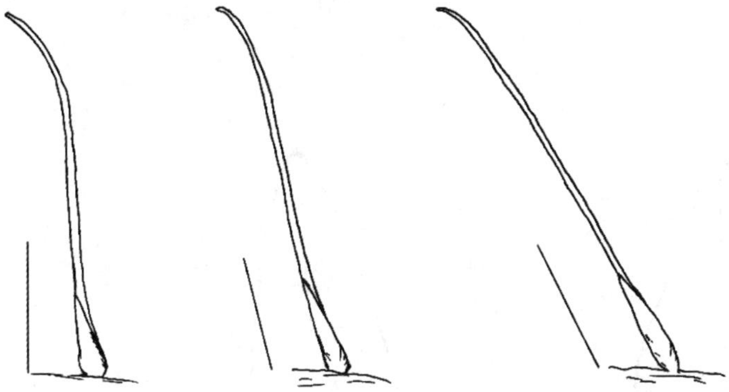

1 直立　　2 直立到半直立　　3 半直立

性状 5：叶顶部 1/3 处弯曲程度

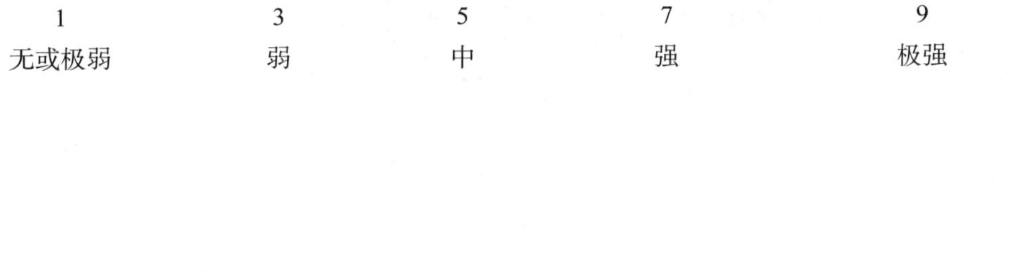

1 无或极弱　　3 弱　　5 中　　7 强　　9 极强

性状 8：叶上表面蜡质

蜡质是覆盖在叶片表面的蜡质层，一般会使叶片呈现泛蓝色或泛白色。蜡质层可以被擦除去掉。蜡质性状的观测应在叶片上表面中部 1/3 处进行。

性状 11：叶上表面次色

次色是面积第二大的颜色，通常在叶片上表面表现为轮廓分明的图案。对于具蜡质的品种，应去除蜡质层后观测。次色是面积第二大的颜色。

性状 14：叶片类型

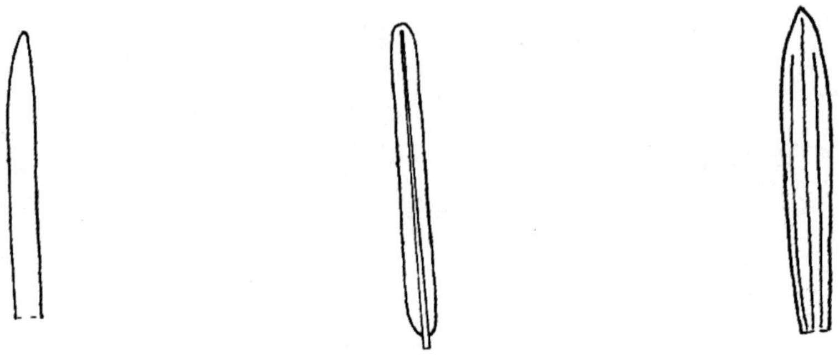

1
舌形
大部分长度沿侧边缘平行，顶端逐渐变细，呈带状

2
线形
全部长度沿侧缘平行直到尖端

3
剑形
最宽点在中部以上，成剑形

性状 15：叶先端形状

1
锐尖

2
渐尖

3
细尖

性状 16：叶横切面形状

应在完全展开叶片中部 1/3 处进行观测。

1
平直

2
微凸

3
中等凸

4
强凸

5
外卷

性状 18：叶边缘刺程度

性状 20：叶中脉下表面刺

性状 21：叶中脉下表面刺程度

刺的突出程度通过肉眼观测和触摸进行判定。如果肉眼容易看到，达到一定长度，其突出程度判定为极强。如果看不到但通过食指沿着叶片逆向滑动可以感受到，其突出程度判定为极弱。

性状 22：基部鞘花青苷显色

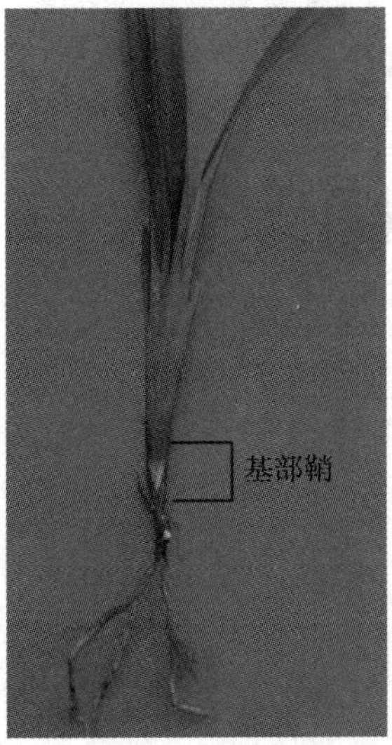

性状 23：花序与叶的相对位置

1 高于　　2 平齐　　3 低于

性状 30：未成熟果实颜色

应在果实足够大且不会再变大时进行观测。

性状 31：成熟果实颜色

应在果实着色完全并且没有衰退之前进行观测。

扫码下载原文

如扫描二维码无法下载指南原文，可能是指南版本有更新，可扫描本书封底二维码查看与本文对应的指南版本

TG/290/1
原文：英文
日期：2013-03-20

国际植物新品种保护联盟
植物品种特异性、一致性和稳定性
测试指南

金橘属

UPOV 代码：FORTU

（*Fortunella* Swingle）

互用名称 *

植物学名称	英文	法文	德文	西班牙文
Fortunell Swingle	Kumquat	Kumquat	Kumquat	Kumquat

* 这些名称在指南开始使用时是正确的，但随后可能会修改更新。读者可登录 UPOV 网站（www.upov.int），获取最新资料。

1 指南适用范围

本指南适用于金橘属（*Fortunella* Swingle）的所有品种。

2 繁殖材料要求

2.1 待测品种繁殖材料的数量和质量要求以及提交的时间和地点由主管机构决定。申请人从测试所在国境外提交繁殖材料的，还应符合海关规定并满足相关植物检疫的要求。

2.2 繁殖材料以芽条（需有足够繁殖 5 棵植株的芽）、休眠枝（需嫁接于测试主管机构所选砧木上）或一年生植株（需嫁接于测试主管机构所选砧木上）的形式提交。

2.3 申请人提交繁殖材料的最小数量为 5 个芽条、5 个休眠枝或 5 个一年生植株。

2.4 提供的繁殖材料应外观健康有活力，未受到任何严重病虫害的影响。

2.5 提交的繁殖材料不得进行任何可能影响品种性状表达的处理，除非主管机构允许或要求进行这种处理。如果材料已经处理，必须提供相关处理的详细说明。

3 测试方法

3.1 生长周期

3.1.1 测试的最少周期数量通常为 2 个生长周期。

3.1.2 植株需要在 2 个生长周期中的每个生长周期均结出令人满意的果实。

3.1.3 生长周期是指从萌芽、开花、果实收获到休眠期结束，新的芽膨大的 1 个生长季。

3.2 测试地点

测试通常在 1 个地点进行。在 1 个以上地点进行测试时，TGP/9《特异性测试》提供了有关指导。

3.3 测试条件

测试的条件应能满足品种正常生长的需要，以确保品种相关性状充分表达和测试的顺利开展。

3.4 试验设计

3.4.1 每个试验应保证至少有 5 个植株。

3.4.2 试验设计应保证因测量或计数等需要，从小区取走部分植株或植株部位后，不影响生长周期结束前的所有观测。

3.5 附加测试

为测试有关性状，可以进行附加测试。

4 特异性、一致性和稳定性评价

4.1 特异性

4.1.1 一般建议

对于本指南的使用者而言，在判定特异性前参照总则特异性判定的一般原则十分重要。但为进一步说明和强调特异性判定，本指南特列出特异性判定的要点。

4.1.2 一致的差异

当观测到的品种之间的差异非常明显时，则没有必要种植 1 个以上生长周期。此外，在某些情况下，环境的影响并不意味着需要 1 个以上的生长周期来保证品种间观察到的差异是足够一致的。为确保在种植试验中所观测到的性状差异是足够一致的，可以对性状进行至少 2 个独立生长周期的测试。

4.1.3 明显的差异

两个品种间的差异是否明显取决于很多因素，特别应考虑所测性状的表达类型，即该性状是质量性状、数量性状还是假质量性状。因此，在作出关于特异性的判定前，本测试指南的使用者应熟悉总则中的建议。

4.1.4 植株 / 植株部位的观测数量

除非另有说明，在判定特异性时，对于单株的观测，应观测 5 个植株或分别从 5 个植株取下的植株部位。观测从单个植株取下的植株部位时，应分别从每个植株上取下 2 个植株部位。

4.1.5 观测方法

性状表第二列以如下符号（见 TGP/9《特异性测试》第 4 部分“性状观测”）的形式列出了特异性判定时推荐的性状观测方法。

MG：对一批植株或植株部位进行单次测量。

MS：对一定数量的植株或植株部位进行逐一测量。

VG：对一批植株或植株部位进行单次目测。

VS：对一定数量的植株或植株部位进行逐一目测。

观测类型：目测（V）或测量（M）。

目测（V）是一种基于专家判断的观测方法。本文中的目测是指专家的感官观察，因此，也包括闻、尝和触摸。目测也包括专家使用参照物（例如图表，标准品种，并排比较）或非线性的图表（例如比色卡）的观测。测量（M）是一种基于校准的、线性尺度的客观观测，例如使用尺、秤、色度计、日期和计数等进行观测。

记录类型：群体记录（G）或个体记录（S）。

以特异性为目的的观测，可被记录为一批植株或植株部位的单个记录（G），或者记录为一定数量的单个植株或植株部位的个体记录（S）。多数情况下，群体记录为一个品种提供一个单个记录，因此不可能或者不必要通过逐个植株的统计分析来判定特异性。

如果性状表中提供了不止一种观测方法（如 VG/MG），可以参考 TGP/9《特异性测试》的 4.2 部分选择合适的观测方法。

4.2 一致性

4.2.1 对于本指南的使用者而言，在判定一致性前参照总则一致性判定的一般原则十分重要。但为进一步说明和强调一致性判定，本指南特列出一致性判定的要点。

4.2.2 评价一致性时，应采用 1% 的群体标准和至少 95% 的接受概率。当样本量为 5 个时，不允许有异型株。

4.3 稳定性

4.3.1 在实际操作中，通常不像测试特异性和一致性那样对稳定性进行测试以得到明确结果。经验表明，对许多类型的品种来说，当一个品种表现一致时，可认为其是稳定的。

4.3.2 适当情况下或者有疑问时，自交系和开放性授粉品种的稳定性可以采用如下方法测试：测试该品种新的一批植株材料，看其性状表现是否与提交的初始材料表现相同。

5 品种分组和试验组织

5.1 使用分组性状可以帮助选择与申请品种一起进行田间种植试验的已知品种，以及对这些品种进行合适分组以便进行特异性评价。

5.2 分组性状表达状态的数据即使来自不同地点，也可以单独或者与其他此类性状联合使用。

（a）用于特异性测试中筛选排除那些不需要安排在种植试验中的已知品种。

（b）用于组织安排种植试验，使近似品种种植在一起。

5.3 以下性状已被确认为有用的分组性状。

（a）果实：重量（性状 18）。

（b）果实：形状（性状 19）。

（c）果实：果皮颜色（性状 20）。

（d）果实始熟期（性状 29）。

5.4 总则和 TGP/9《特异性测试》中提供了在特异性审查过程中使用分组性状的指导。

6 性状表介绍

6.1 性状类型

6.1.1 标准指南性状

标准指南性状是 UPOV 已同意用于 DUS 审查的性状，UPOV 成员可以从中选择与其特定环境相适应的性状。

6.1.2 星号性状

星号性状（用“*”标记）是测试指南中对于形成国际统一的品种描述十分重要的性状，所有 UPOV 成员都应将其用于 DUS 测试并包含在品种描述中，除非前序性状的表达或区域环境条件所限使其无法测试。

6.2 表达状态及相应代码

6.2.1 为定义性状和统一描述，将每个性状划分为一系列表达状态。每个表达状态赋予一个相应的数字代码，以便于数据记录，以及品种性状描述的建立和交流。

6.2.2 对于质量性状和假质量性状（6.3），性状表中列出了所有表达状态。但对于有 5 个或 5 个以上表达状态的数量性状，可以采用缩略尺度的方法，以缩短性状表格。例如，对于有 9 个表达状态的数量性状，在测试指南的性状表中可采用以下缩略形式。

表达状态	代码
小	3
中	5
大	7

但是应该指出的是，以下 9 个表达状态都是存在的，应采用适宜的表达状态用于品种的描述。

表达状态	代码
极小	1
极小到小	2
小	3
小到中	4
中	5
中到大	6
大	7
大到极大	8
极大	9

6.2.3 TGP/7《测试指南的研制》中提供了表达状态和代码的更详尽的介绍。

6.3 表达类型

总则中对性状表达类型（质量性状、数量性状和假质量性状）进行了解释。

6.4 标准品种

适当时，测试指南中提供了标准品种用于校正性状的表达状态。

6.5 注释

（*）星号性状（6.1.2）。

QL：质量性状（6.3）。

QN：数量性状（6.3）。

PQ：假质量性状（6.3）。

MG、MS、VG、VS：观测方法（4.1.5）。

（a）～（e）性状表解释（8.1）。

（+）性状表解释（8.2）。

7 性状表

性状编号	观测方法	英文	中文	标准品种	代码
1. （*） （+） QN	**VG （a）**	**Plant: growth habit**	**植株：生长习性**		
		upright	直立	Nagami	1
		semi upright	半直立	Meiwa	2
		spreading	平展	Fukushu	3
2. （*） （+） QN	**VG （a）**	**Plant: density of branches**	**植株：分枝密度**		
		sparse	稀	Tetraploid-Meiwa	3
		medium	中	Meiwa	5
		dense	密	Marumi	7
3. （*） QN	**VG/ MS （b）**	**One-year-old shoot: length**	**一年生枝：长度**		
		short	短	Nagami	3
		medium	中	Meiwa	5
		long	长	Tetraploid-Meiwa	7
4. （*） QN	**VG/ MS （b）**	**One-year-old shoot: thickness**	**一年生枝：粗细**		
		thin	细	Marumi	1
		medium	中	Nagami	3
		thick	粗	Meiwa	5
5. （*） QN	**VG/ MS （b）**	**One-year-old shoot: length of internode**	**一年生枝：节间长度**		
		short	短	Nagami	3
		medium	中	Meiwa	5
		long	粗	Tetraploid-Meiwa	7
6. （*） QN	**VG （b）**	**One-year-old shoot: number of spines**	**一年生枝：刺数量**		
		none or very few	无或极少	Nagami，Fukushu	1
		few	少	Marumi	3
		medium	中	Meiwa	5
		many	多	Tetraploid-Meiwa	7

续表

性状编号	观测方法	英文	中文	标准品种	代码
7. (*) QN	VG/ MS (b)	**Leaf blade: length**	**叶片：长度**		
		short	短	Meiwa	3
		medium	中	Tetraploid-Meiwa	5
		long	长	Nagami	7
8. (*) QN	VG/ MS (c)	**Leaf blade: width**	**叶片：宽度**		
		narrow	窄	Meiwa	1
		medium	中	Tetraploid-Meiwa	3
		broad	宽	Fukushu	5
9. (*) (+) PQ	VG (c)	**Leaf blade: shape**	**叶片：形状**		
		lanceolate	倒披针形	Nagami	1
		narrow elliptic	窄椭圆形	Meiwa	2
		broad elliptic	宽椭圆形	Fukushu	3
10. (*) (+) PQ	VG (c)	**Leaf blade: shape of apex**	**叶片：先端形状**		
		obtuse	钝尖	Fukushu	1
		acute	锐尖		2
		acuminate	渐尖	Meiwa	3
11. (*) (+) QN	VG (c)	**Leaf blade: shape of base**	**叶片：基部形状**		
		acute	锐尖	Nagami	1
		right angled	直角	Meiwa	2
		obtuse	钝尖	Fukushu	3
12. (*) QN	VG (c)	**Leaf blade: undulation of margin**	**叶片：边缘波状程度**		
		weak	弱	Marumi	1
		medium	中	Meiwa	2
		strong	强	Nagami	3
13. (*) QN	VG/ MS (c)	**Leaf: length of petiole**	**叶：叶柄长度**		
		short	短	Fukushu	1
		medium	中	Marumi	3
		long	长	Nagami	5
14. (*) (+) QN	VG/ MS (d)	**Flower: diameter**	**花：直径**		
		small	小	Meiwa	1
		medium	中		3
		large	大	Tetraploid-Meiwa	5
15. (*) QN	VG (d)	**Flower: number of filaments**	**花：花丝数量**		
		few	少	Tetraploid-Meiwa	1
		medium	中	Nagami	3
		many	多	Meiwa	5
16. (*) QN	VG/ MS (e)	**Fruit: length**	**果实：长度**		
		short	短	Marumi	1
		medium	中	Meiwa	3
		long	长	Nagami	5

续表

性状编号	观测方法	英文	中文	标准品种	代码
17. (＊) QN	VG/ MS (e)	**Fruit：diameter**	**果实：直径**		
		small	小	Marumi	1
		medium	中	Meiwa	3
		large	大	Fukushu	5
18. (＊) (+) QN	MG (e)	**Fruit：weight**	**果实：重量**		
		low	低	Nagami	3
		medium	中	Tetraploid-Meiwa	5
		high	高	Fukushu	7
19. (＊) (+) PQ	VG (e)	**Fruit：shape**	**果实：形状**		
		circular	圆形	Marumi	1
		elliptic	椭圆形	Meiwa	2
		obovate	卵圆形	Fukushu，Nagami	3
20. (＊) PQ	VG (e)	**Fruit：color of skin**	**果实：果皮颜色**		
		yellowish orange	泛黄橙色	Nagami	1
		medium orange	中等橙色	Meiwa	2
		dark orange	深橙色		3
21. (＊) (+) QN	VG/ MS (e)	**Fruit：thickness of skin**	**果实：果皮厚度**		
		thin	薄	Marumi	1
		medium	中	Meiwa	3
		thick	厚	Tetraploid-Meiwa	5
22. (＊) (+) QN	MG (e)	**Fruit：sweetness of flesh**	**果实：果肉甜度**		
		low	低	Nagami	3
		medium	中	Meiwa	5
		high	高	Tetraploid-Meiwa	7
23. (＊) (+) QN	MG (e)	**Fruit：acidity of flesh**	**果实：果肉酸度**		
		low	低	Tetraploid-Meiwa	3
		medium	中	Meiwa	5
		high	高	Nagami	7
24. (＊) (+) QN	MG (e)	**Fruit：sweetness of skin**	**果实：果皮甜度**		
		low	低	Nagami	3
		medium	中	Meiwa	5
		high	高	Tetraploid-Meiwa	7
25. (＊) (+) QN	VG (e)	**Fruit：juiciness**	**果实：果汁含量**		
		low	低	Marumi	3
		medium	中	Meiwa	5
		high	高	Fukushu	7
26. (＊) QN	MS (e)	**Fruit：number of fully developed seeds**	**果实：完全发育的种子数量**		
		none or few	无或少	Nagami	1
		medium	中	Marumi	2
		many	多	Meiwa	3

续表

性状编号	观测方法	英文	中文	标准品种	代码
27. (*) (+) **QL**	**VG** (e)	**Seed：embryony**	**种子：胚**		
		monoembryonic	单胚	Nagami	1
		polyembryonic	多胚	Meiwa	2
28. (+) **QN**	**MG** (d)	Time of beginning of flowering	**始花期**		
		early	早		3
		medium	中		5
		late	晚		7
29. (*) (+) **QN**	**MG** (e)	Time of beginning of fruit ripening	**果实始熟期**		
		early	早	Fukushu	3
		medium	中	Meiwa	5
		late	晚	Nagami	7

8 性状表解释

8.1 对多个性状的解释

性状表第二列包含以下标注的性状应按照下述要求观测。

（a）植株：对植株的观测应在冬季进行。

（b）一年生枝：对一年生枝的观测应在植株外侧中部发育良好的枝条（排除水生枝条）上进行。

（c）叶片：对叶片的观测应在完全发育的叶上进行。叶应从一年生枝中部 1/3 处采集。

（d）花：对花的观测应在主花上进行。

（e）果实：对果实的观测应在已达到食用成熟的第一个果实上进行。

8.2 对单个性状的解释

性状 1：植株生长习性

1
直立

2
半直立

3
平展

性状 2：植株分枝密度

植株应只在定植当年进行修剪，以确保分枝生长良好。

性状 9：叶片形状

	←最宽部位→	
	中部以下	位于中部
宽← 宽度 →窄	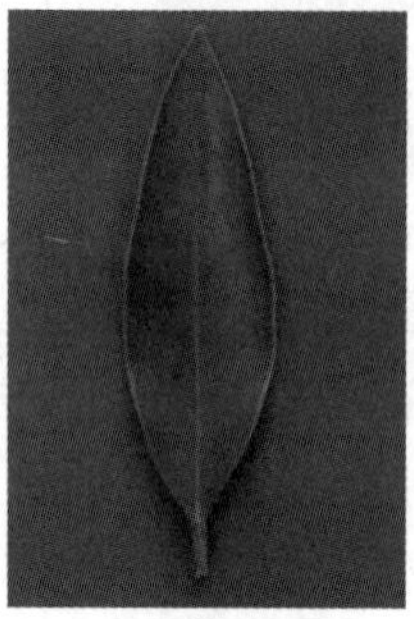 1 倒披针形	
		 2 窄椭圆形
		 3 宽椭圆形

性状 10：叶片先端形状

1

钝尖

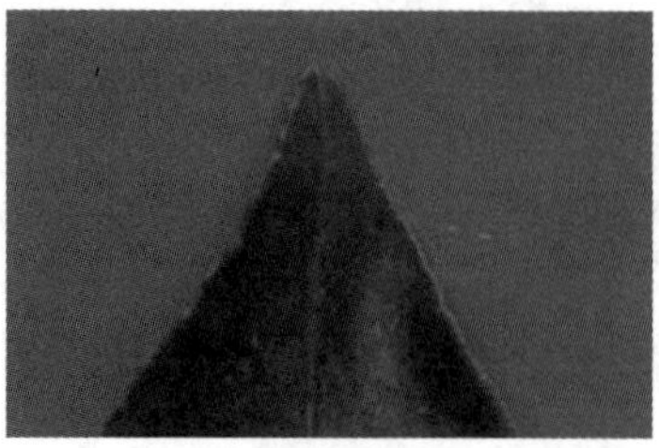

2

锐尖

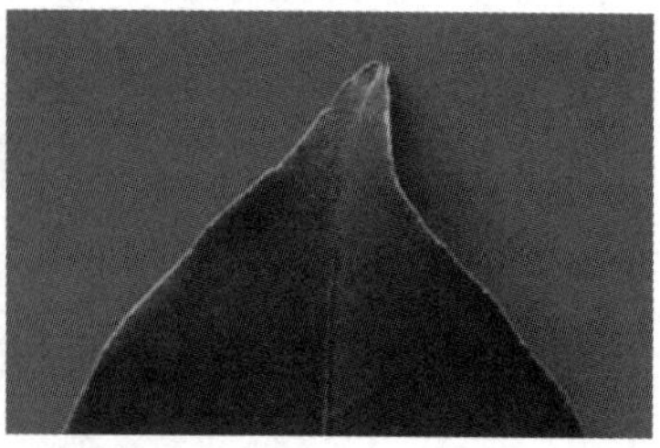

3

渐尖

性状 11：叶片基部形状

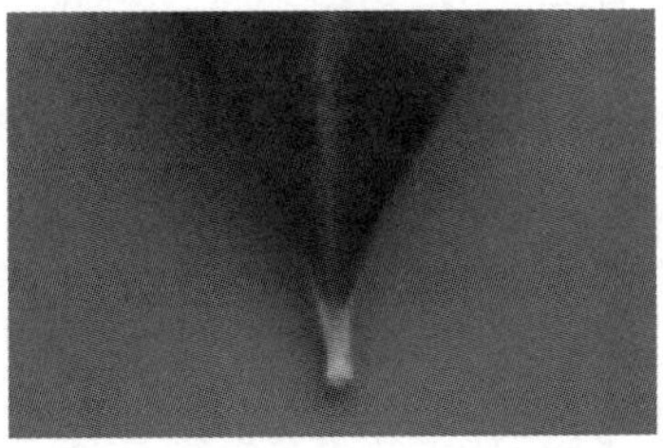

1
锐尖

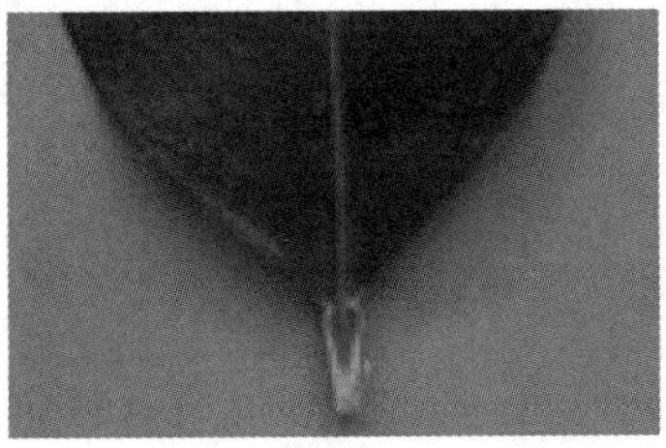

2
直角

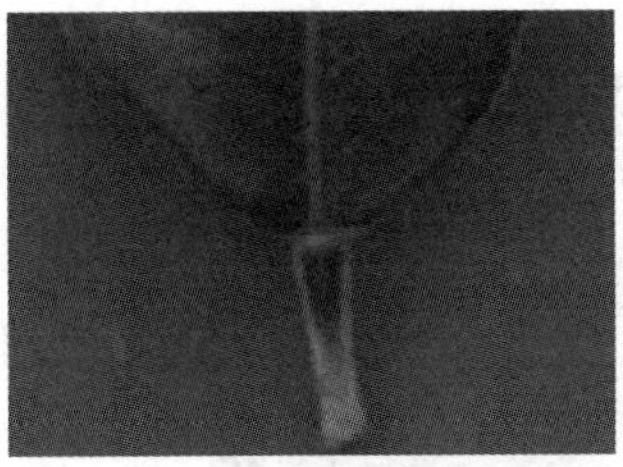

3
钝尖

性状 14：花直径

花的直径指盛花期主花最宽处。

性状 18：果实重量

应观测 10 个果实的重量。

性状 19：果实形状

近顶部 ←最宽处→ 中部

形状	
压缩的 ↔ 拉长的	
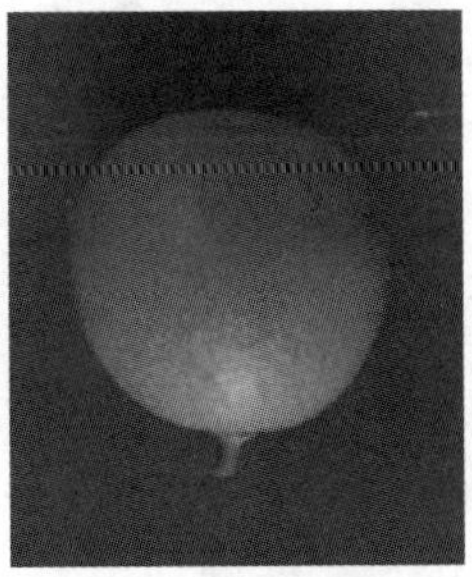 1 圆形	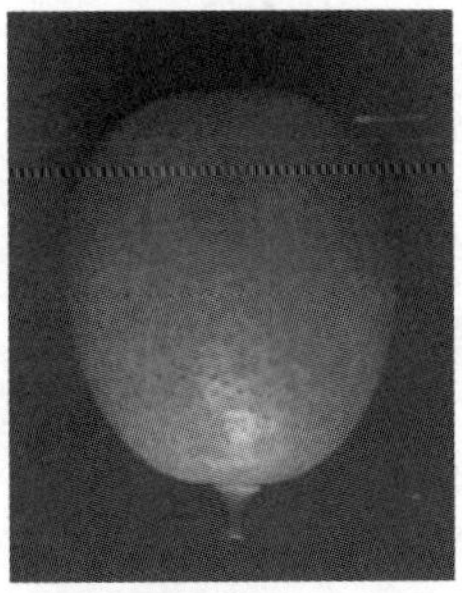 2 椭圆形
	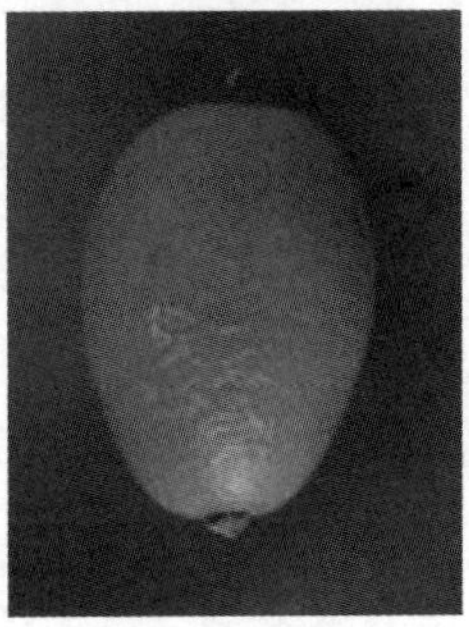 3 卵圆形

性状 21：果实果皮厚度

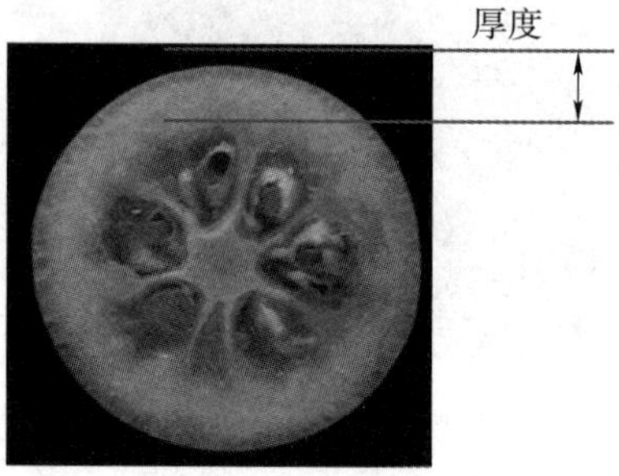

性状 22：果实果肉甜度

甜度以可溶性固形物含量计，用折射仪测定。

性状 23：果实果肉酸度

酸度以游离酸含量计，用滴定法测定。

性状 24：果实果皮甜度

甜度以果皮中部汁液中的可溶性固形物含量计，用折射仪测定。

性状 25：果实果汁含量

通过挤压从中部横切的果实，观测果汁含量。

性状 27：种子胚

去除种皮后进行确定。

性状 28：始花期

10% 完全开放时视为始花期。

性状 29：果实始熟期

10% 的果实达到食用成熟时视为果实始熟期。

TG/293/1
原文：英文
日期：2013-03-20

国际植物新品种保护联盟
植物品种特异性、一致性和稳定性
测试指南

半边莲属

UPOV 代码：LOBEL_ALS；
LOBEL_ERI；LOBEL_VAL；
LOBEL_AER；LOBEL_EVA；
（*Lobelia alsinoides* Lam.；*Lobelia erinus* L.；
Lobelia valida L. Bolus；
Lobelia erinus 和 *Lobelia alsinoides* 的杂交种；
Lobelia erinus 和 *Lobelia valida* 的杂交种）

互用名称 *

植物学名称	英文	法文	德文	西班牙文
Lobelia alsinoides Lam.				
Lobelia erinus L.	Lobelia, Edging Lobelia, Garden Lobelia, Trailing Lobelia	Lobélie, Lobélie des jardins	Lobelie, Männertreu	Lobelia
Lobelia valida L. Bolus				
Hybrids between *Lobelia erinus* and *Lobelia alsinoides*				
Hybrids between *Lobelia erinus* and *Lobelia valida*				

* 这些名称在指南开始使用时是正确的，但随后可能会修改更新。读者可登录 UPOV 网站（www.upov.int），获取最新资料。

1 指南适用范围

本指南适用于短柄半边莲（*Lobelia alsinoides* Lam.）、六倍利（*Lobelia erinus* L.）、粗壮半边莲（*Lobelia valida* L. Bolus）六倍利和短柄半边莲的杂交种，以及六倍利和粗壮半边莲的杂交种的所有品种。

2 繁殖材料要求

2.1 待测品种繁殖材料的数量和质量要求以及提交的时间和地点由主管机构决定。申请人从测试所在国境外提交繁殖材料的，还应符合海关规定并满足相关植物检疫的要求。

2.2 待测品种繁殖材料以幼苗或种子的形式提供。

2.3 申请人提交繁殖材料的最小数量：无性繁殖品种为 15 个无根扦插条，种子繁殖品种为种子数量足以保证长成 30 个植株。

提交的种子应满足主管机构规定的发芽率、纯度、健康程度和含水量的最低要求。

2.4 提供的繁殖材料应外观健康有活力，未受到任何严重病虫害影响。

2.5 提交的繁殖材料不得进行任何可能影响品种性状表达的处理，除非主管机构允许或要求进行这种处理。如果材料已经处理，必须提供相关处理的详细说明。

3 测试方法

3.1 生长周期

测试的最少周期数量通常为 1 个生长周期。

3.2 测试地点

测试通常在 1 个地点进行。在 1 个以上地点进行测试时，TGP/9《特异性测试》提供了有关指导。

3.3 测试条件

3.3.1 测试的条件应能满足品种正常生长的需要，以确保品种相关性状充分表达和测试的顺利开展。性状应在盛花期进行测试。

3.3.2 由于日光变化的原因，在利用比色卡确定颜色时，应在一个合适的有人工光源照明的小室或中午无阳光直射的房间内进行。人工光源光谱分布应符合 CIE“理想日光标准 D6500”，且在《英国标准 950：第 1 部分》规定的允许范围之内。观测应将植株部位置于白背景下进行。品种描述中应指出比色卡及版本。

3.4 试验设计

3.4.1 无性繁殖品种：试个实验应保证至少有 15 个植株。

3.4.2 种子繁殖品种：试个实验应保证至少有 30 个植株。

3.4.3 试验设计应保证因测量或计数等需要，从小区取走部分植株或植株部位后，不影响生长周期结束前的所有观测。

3.5 附加测试

为测试有关性状，可以进行附加测试。

4 特异性、一致性和稳定性评价

4.1 特异性

4.1.1 一般建议

对于本指南的使用者而言，在判定特异性前参照总则特异性判定的一般原则十分重要。但为进一步说明和强调特异性判定，本指南特列出特异性判定的要点。

4.1.2 一致的差异

当观测到的品种之间的差异非常明显时，则没有必要种植 1 个以上生长周期。此外，在某些情况下，环境的影响并不意味着需要 1 个以上的生长周期来保证品种间观测到的差异是足够一致的。为确保在种植试验中所观测到的性状差异是足够一致的，可以对性状进行至少 2 个独立生长周期的测试。

4.1.3 明显的差异

两个品种间的差异是否明显取决于很多因素，特别应考虑所测性状的表达类型，即该性状是质量性状、数量性状还是假质量性状。因此，在作出关于特异性的判定前，本测试指南的使用者应熟悉总则中的建议。

4.1.4 植株 / 植株部位的观测数量

对于植物繁殖品种：除非另有说明，在判定特异性时，对于单株的观测，应观测 10 个植株或分别从 10 个植株取下的植株部位；对于其他观测，应观测试验中的所有植株。观测时应将异型株排除在外。

对于种子繁殖品种：除非另有说明，在判定特异性时，对于单株的观测，应观测 20 个植株或分别从 20 个植株取下的植株部位；对于其他观测，应观测试验中的所有植株。观测时应将异型株排除在外。

4.1.5 观测方法

性状表第二列以如下符号（见 TGP/9《特异性测试》第 4 部分“性状观测”）的形式列出了特异性判定时推荐的性状观测方法。

MG：对一批植株或植株部位进行单次测量。

MS：对一定数量的植株或植株部位进行逐一测量。

VG：对一批植株或植株部位进行单次目测。

VS：对一定数量的植株或植株部位进行逐一目测。

观测类型：目测（V）或测量（M）。

目测（V）是一种基于专家判断的观测方法。本文中的目测是指专家的感官观测，因此，也包括闻、尝和触摸。目测也包括专家使用参照物（例如图表，标准品种，并排比较）或非线性的图表（例如比色卡）的观测。测量（M）是一种基于校准的、线性尺度的客观观测，例如使用尺、秤、色度计、日期和计数等进行观测。

记录类型：群体记录（G）或个体记录（S）。

以特异性为目的的观测，可被记录为一批植株或植株部位的单个记录（G），或者记录为一定数量的单个植株或植株部位的个体记录（S）。多数情况下，群体记录为一个品种提供一个单个记录，因此不可能或者不必要通过逐个植株的统计分析来判定特异性。

如果性状表中提供了不止一种观测方法（如 VG/MG），可以参考 TGP/9《特异性测试》的 4.2 部分选择合适的观测方法。

4.2 一致性

4.2.1 对于本指南的使用者而言，在判定一致性前参照总则一致性判定的一般原则十分重要。但为进一步说明和强调一致性判定，本指南特列出一致性判定的要点。

4.2.2 无性繁殖品种评价一致性时，应采用 1% 的群体标准和至少 95% 的接受概率。当样本量为

15 个时，允许有 1 个异型株。

4.2.3 种子繁殖品种评价一致性时，应采用 1% 的群体标准和 95% 的接受概率。当样本量为 30 个时，允许有 1 个异型株。

4.3 稳定性

4.3.1 在实际操作中，通常不像测试特异性和一致性那样对稳定性进行测试以得到明确结果。经验表明，对许多类型的品种来说，当一个品种表现一致时，可认为其是稳定的。

4.3.2 适当情况下或者有疑问时，可通过一批新的种子或植株进一步判定稳定性，观测其性状表达是否与提供的初始材料的性状表达一致。

4.3.3 适当情况下或者有疑问时，杂交品种的稳定性除直接对杂交种本身进行测试外，还可以通过对其亲本系的一致性和稳定性进行测试来评估。

5 品种分组和试验组织

5.1 使用分组性状可以帮助选择与申请品种一起进行田间种植试验的已知品种，以及对这些品种进行合适分组以便进行特异性评价。

5.2 分组性状表达状态的数据即使来自不同地点，也可以单独或者与其他此类性状联合使用。

（a）用于特异性测试中筛选排除那些不需要安排在种植试验中的已知品种。

（b）用于组织安排种植试验，使近似品种种植在一起。

5.3 以下性状已被确认为有用的分组性状。

（a）植株：枝姿态（性状 1）。

（b）花：类型（性状 16）。

（c）下唇瓣：上表面主色（白色区域除外）（性状 25），有以下 4 组。

第一组：白色。

第二组：浅蓝色。

第三组：中等 / 深蓝色到紫罗兰色。

第四组：红色 / 紫色。

（d）下唇瓣：上表面白色区域（性状 27）。

（e）下唇瓣：印（性状 29）。

5.4 总则和 TGP/9《特异性测试》中提供了在特异性审查过程中使用分组性状的指导。

6 性状表介绍

6.1 性状类型

6.1.1 标准指南性状

标准指南性状是 UPOV 已同意用于 DUS 审查的性状，UPOV 成员可以从中选择与其特定环境相适应的性状。

6.1.2 星号性状

星号性状（用“*”标记）是测试指南中对于形成国际统一的品种描述十分重要的性状，所有 UPOV 成员都应将其用于 DUS 测试并包含在品种描述中，除非前序性状的表达或区域环境条件所限使其无法测试。

6.2 表达状态及相应代码

6.2.1 为定义性状和统一描述，将每个性状划分为一系列表达状态。每个表达状态赋予一个相应的数字代码，以便于数据记录，以及品种性状描述的建立和交流。

6.2.2 对于质量性状和假质量性状（6.3），性状表中列出了所有表达状态。但对于有 5 个或 5 个以上

表达状态的数量性状，可以采用缩略尺度的方法，以缩短性状表格。例如，对于有 9 个表达状态的数量性状，在测试指南的性状表中可采用以下缩略形式。

表达状态	代码
小	3
中	5
大	7

但是应指出的是，以下 9 个表达状态都是存在的，应采用适宜的表达状态用于品种的描述。

表达状态	代码
极小	1
极小到小	2
小	3
小到中	4
中	5
中到大	6
大	7
大到极大	8
极大	9

6.2.3 TGP/7《测试指南的研制》中提供了表达状态和代码的更详尽的介绍。

6.3 表达类型

总则中对性状表达类型（质量性状、数量性状和假质量性状）进行了解释。

6.4 标准品种

适当时，测试指南中提供了标准品种用于校正性状的表达状态。

6.5 注释

（*）星号性状（6.1.2）。

QL：质量性状（6.3）。

QN：数量性状（6.3）。

PQ：假质量性状（6.3）。

MG、MS、VG、VS：观测方法（4.1.5）。

（a）～（e）性状表解释（8.1）。

（+）性状表解释（8.2）。

7 性状表

性状编号	观测方法	英文	中文	标准品种	代码
1. （*） （+） QN	VG	**Plant：attitude of shoots**	**植株：嫩枝姿态**		
		upright	直立	Lobetis	1
		semi-upright	半直立	Tech Hevio，USLOB13	3
		horizontal	水平	Tec Hewhitt，Wesloti	5
		semi drooping	半下弯	Wespinstar	7
		drooping	下弯		9

续表

性状编号	观测方法	英文	中文	标准品种	代码
2. (+) QN	VG/ MS	**Plant: height**	**植株：高度**		
		short	矮	GRÜLO 01	3
		medium	中	Lobmounwi	5
		tall	高	Tec Travio	7
3. QN	VG/ MS	**Shoot: length**	**嫩枝：长度**		
		short	短	Lobmounwi	3
		medium	中	Wesstar	5
		long	长	Lobmounlila	7
4. QN	VG/ MS (a)	**Shoot: length of internodes**	**嫩枝：节间长度**		
		short	短	Weslosu	3
		medium	中	Tech Elebule	5
		long	长		7
5. (*) QN	VG (a)	**Shoot: thickness**	**嫩枝：粗度**		
		very thin	极细	Loboudtis	1
		thin	细	Lobmounwi	2
		medium	中	Weslosu	3
		thick	粗	DANANAB 8	4
		very thick	极粗		5
6. (*) QN	VG (a)	**Shoot: intensity of green color**	**嫩枝：绿色程度**		
		light	浅	Wesloti	1
		medium	中	Tec Travio	2
		dark	深	Loboudtis	3
7. (*) QN	VG (b)	**Shoot: anthocyanin coloration**	**嫩枝：花青苷显色**		
		absent or very weak	无或极弱	Weslosu	1
		weak	弱	Tech Elebule	3
		medium	中	Wespinstar	5
		strong	强	Wespurstar	7
8. (*) QN	VG (a)	**Shoot: pubescence**	**嫩枝：茸毛**		
		absent or very sparse	无或极稀		1
		sparse	稀		2
		medium	中		3
		dense	密		4
		very dense	极密		5
9. (*) QN	VG/ MS (c)	**Leaf: length**	**叶：长度**		
		short	短		3
		medium	中	Lobtrawi	5
		long	长	Tech Heplib	7
10. (*) QN	VG/ MS (c)	**Leaf: width**	**叶：宽度**		
		narrow	窄		3
		medium	中	Tech Elebule	5
		broad	宽	Weslowei	7
11. (*) QN	VG (c)	**Leaf: incisions of margin**	**叶：边缘缺刻**		
		absent or very shallow	无或极浅		1
		shallow	浅	Wespinstar	3
		medium	中	Tech Hevio	5
		deep	深	Lobstrahob	7
		very deep	极深		9

续表

性状编号	观测方法	英文	中文	标准品种	代码
12. (+) PQ	VG (c)	**Leaf：shape**	**叶：形状**		
		broad ovate	阔卵圆形		1
		elliptic	椭圆形		2
		circular	圆形		3
		oblanceolate	倒披针形		4
		obovate	倒卵圆形		5
		spatulate	匙形		6
13. QN	VG (c)	**Leaf：intensity of green color on upper side**	**叶：上表面绿色程度**		
		light	浅	Lobmounlila	1
		medium	中	Tech Travio	2
		dark	深	Weslowei	3
14. (+) QN	VG (c)	**Leaf：anthocyanin coloration on lower side**	**叶：下表面花青苷显色**		
		absent or very weak	无或极弱	Kirilo-LV63	1
		weak	弱	Lobtramidblu	2
		medium	中	Tech Heplib	3
		strong	强	Regatta Midnight Blue	4
15. QN	VG (c)	**Leaf：pubescence on upper side**	**叶：上表面茸毛**		
		absent or very sparse	无或极稀	Riviera Lilac	1
		sparse	稀	Lobmounlila	2
		medium	中		3
		dense	密	USLOB13	4
		very dense	极密		5
16. (*) (+) QL	VG	**Flower：type**	**花：类型**		
		single	单瓣	KLELE08621	1
		double	重瓣	Kathleen Mallard	2
17. QN	VG/ MS	**Only varieties with flower type：double： Flower：diameter**	**花：直径（仅适用于重瓣品种）**		
		small	小		3
		medium	中		5
		large	大		7
18. PQ	VG	**Only varieties with flower type：double： Flower：color**	**花：颜色（仅适用于重瓣品种）**		
		RHS Colour Chart (indicate reference number)	RHS 比色卡 (注明参考色号)		
19 (*) (+) QN	VG/ MS (d)	**Corolla：length**	**花冠：长度**		
		short	短	Lobmounwi	3
		medium	中	Tech Elebule	5
		long	长		7
20. (+) PQ	VG (d)	**Upper lip：shape of lobes**	**上唇瓣：裂片形状**		
		elliptic	椭圆形	Lobantis	1
		oblanceolate	倒披针形	Lobmounwi	2
		obovate	倒卵圆形	Balwalila	3
		obtriangular	倒三角形	Regatta Sapphire	4
21. PQ	VG (d)	**Upper lip：color of inner side**	**上唇瓣：内侧颜色**		
		RHS Colour Chart (indicate reference number)	RHS 比色卡 (注明参考色号)		

续表

性状编号	观测方法	英文	中文	标准品种	代码
22. (＊) (+) QN	VG/ MS (d)	**Lower lip：length**	**下唇瓣：长度**		
		very short	极短	Loboudtis	1
		short	短	Lobtrawi	2
		medium	中		3
		long	长	Wespurstar	4
		very long	极长	Tech Hewhitt	5
23. (＊) (+) QN	VG/ MS (d)	**Lower lip：width**	**下唇瓣：宽度**		
		narrow	窄	Lobmounwi	3
		medium	中	Tech Elebule	5
		broad	宽	Weslosu	7
24. (＊) (+) QN	VG/ MS (d)	**Lower lip：width of middle lobe**	**下唇瓣：中裂片宽度**		
		narrow	窄	Loboudtis	1
		medium	中	Tech Elebule	2
		broad	宽	Tec Hewhitt	3
25. (＊) (+) PQ	VG (d)	**Lower lip：main color of upper side (excluding white zone)**	**下唇瓣：上表面主色（白色区域除外）**		
		RHS Colour Chart (indicate reference number)	RHS 比色卡 （注明参考色号）		
26. (+) PQ	VG (d)	**Lower lip：secondary color of upper side (excluding white zone)**	**下唇瓣：上表面次色（白色区域除外）**		
		RHS Colour Chart (indicate reference number)	RHS 比色卡 （注明参考色号）		
27. (＊) (+) QN	VG (d)	**Lower lip：white zone on upper side**	**下唇瓣：上表面白色区域**		
		absent or very small	无或极小	Riviera Lilac	1
		small	小	Loboudtis	3
		medium	中	Tech Hevio	5
		large	大	Tech Heplib	7
		very large	极大		9
28. (+) PQ	VG (d)	**Lower lip：shape of white zone on upper side**	**下唇瓣：上表面白色区域形状**		
		elongated only	细长形		1
		elongated and rounded	细长形和圆形		2
		rounded only	圆形		3
		irregular	不规则		4
29. (＊) (+) QL	VG (d) (e)	**Lower lip：markings**	**下唇瓣：斑纹**		
		absent	无	Tech Hepdab	1
		present	有	Balwalila	9
30. QN	VG (d) (e)	**Lower lip：size of markings**	**下唇瓣：斑纹大小**		
		small	小	Azuro	1
		medium	中	Lobstrahob	2
		large	大	LOBZ0001	3
31. PQ	VG (d)	**Lower lip：color of lower side**	**下唇瓣：下表面颜色**		
		RHS Colour Chart (indicate reference number)	RHS 比色卡 （注明参考色号）		

续表

性状编号	观测方法	英文	中文	标准品种	代码
32. (+) QN	VG (d)	**Lower lip: arrangement of lobes**	**下唇瓣：裂片着生方式**		
		free	分离	KLELE08621	1
		touching	相接	Regatta Sapphire	2
		overlapping	重叠	Lobtrawi	3
33. PQ	VG (d)	**Corolla tube: color of outer side**	**花冠筒：外侧颜色**		
		RHS Colour Chart (indicate RHS reference number)	RHS 比色卡 (注明参考色号)		

8 性状表解释

8.1 对多个性状的解释

性状表第二列包含以下标注的性状应按照下述要求观测。

(a) 嫩枝性状的观测应在嫩枝中部 1/3 处进行。

(b) 嫩枝花青苷显色性状的观测应在上部 1/3 处进行。

(c) 叶性状的观测应在开花前嫩枝下部 1/3 处发育完全的叶片上进行。

(d) 仅适用于观测单瓣品种类型。

(e) 下唇瓣上的斑纹不包括从喉部延伸出来的白色区域或黄色印。

8.2 对单个性状的解释

性状 1：植株嫩枝姿态

1
直立

3
半直立

5
水平

9
下弯

性状 2：植株高度

植株高度应从生长基质表面起观测。

性状 12：叶形状

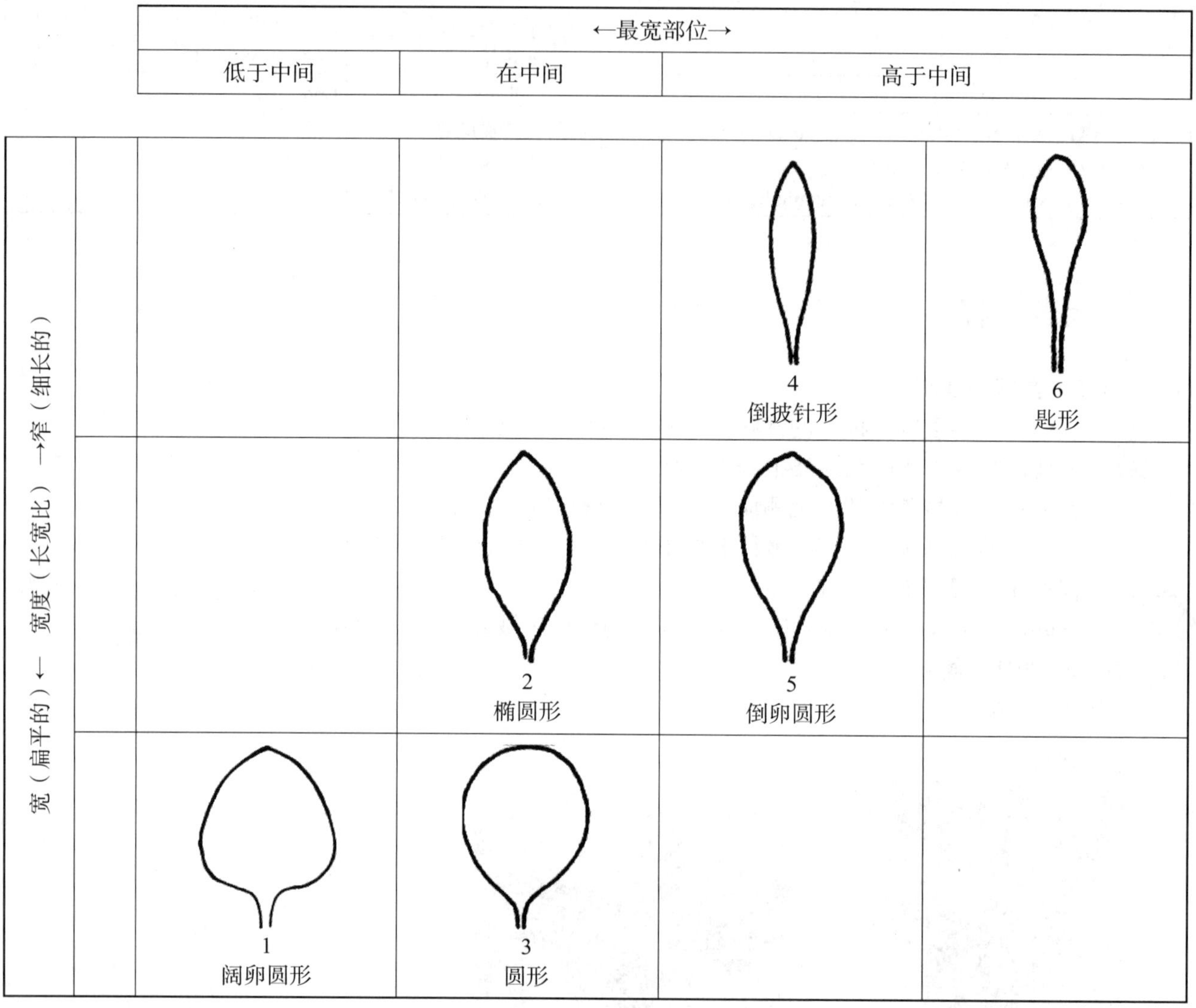

性状 14：叶下表面花青苷显色

1 无或极弱　　4 强

性状 16：花类型

1
单瓣（仅有 5 片裂片）

2
重瓣

性状 19：花冠长度

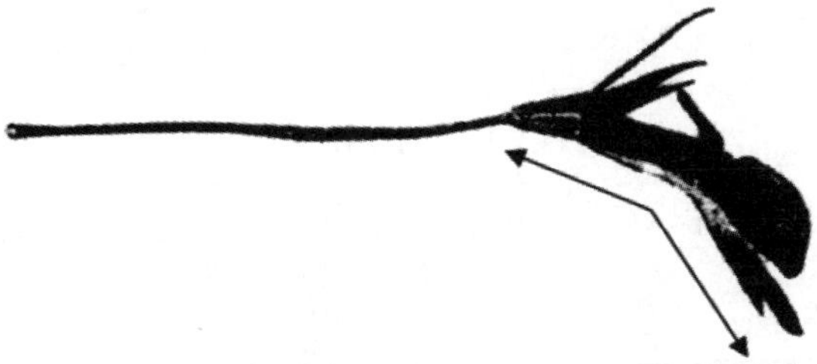

需估算的长度应该是实际长度，而不是自然长度。有强烈转折的花应被压平。

性状 20：上唇瓣裂片形状

宽（扁平的）← 宽度（长宽比）→窄（细长的）	←最宽部位→		
	中间	高于中间	
		 2 倒披针形	
	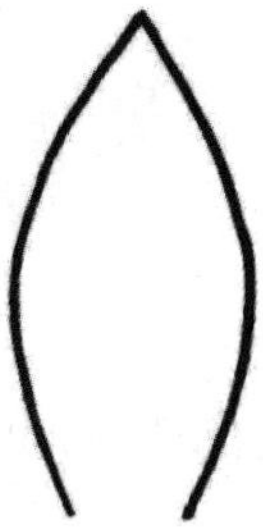 1 椭圆形	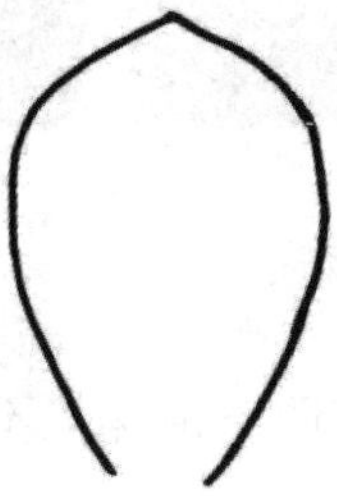 3 倒卵圆形	 4 倒三角形

性状 22：下唇瓣长度

性状 23：下唇瓣宽度

性状 24：下唇瓣中裂片宽度

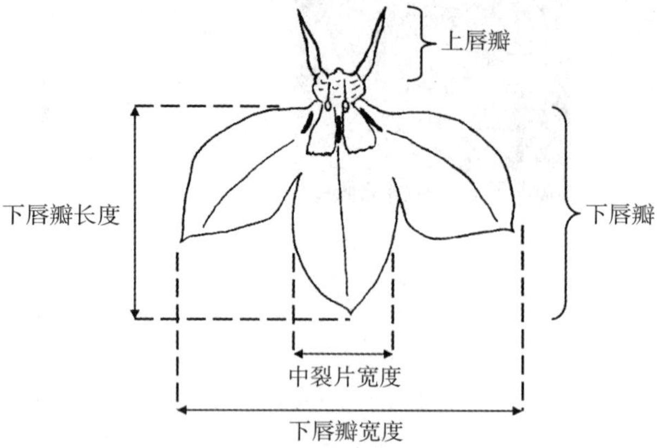

性状 25：下唇瓣上表面主色（白色区域除外）

性状 26：下唇瓣上表面次色（白色区域除外）

主色是分布面积最大的颜色，次色（若存在）是分布面积第二大的颜色。

性状 27：下唇瓣上表面白色区域

1 无　　2 有

对于白色品种，白色区域记录为无。

性状 28：下唇瓣上表面白色区域形状

1 细长形　　3 圆形　　4 不规则

代码 2（细长形和圆形）意思是在同一植株上不同花的下唇瓣有细长形的白色区域和圆形的白色区域。

性状 29：下唇瓣斑纹

1
无

9
有

性状 32：下唇瓣裂片着生方式

观测应在侧裂片和中裂片之间没有融合的部位。

1
分离

2
相接

3
重叠

TG/296/1
原文： 英文
日期： 2013-03-20

国际植物新品种保护联盟
植物品种特异性、一致性和稳定性
测试指南

桉属

UPOV 代码：EUCAL

（*Eucalyptus* L'Hér.
Sub-genus *Symphyomyrtus*
Sections *Transversaria, Maidenaria, Exsertaria*）

互用名称 *

植物学名称	英文	法文	德文	西班牙文
Eucalyptus tusL'Hér. (Sub-genus *Symphyomyrtus*) (Sections *Transversaria, Maidenaria, Exsertaria*)	Eucalyptus	Eucalyptus	Eukalyptus	Eucalipto

* 这些名称在指南开始使用时是正确的，但随后可能会修改更新。读者可登录 UPOV 网站（www.upov.int），获取最新资料。

1 指南适用范围

本测试指南适用于桉（*Eucalyptus* L'Hér）、双蒴盖亚属（*sub-genus Symphyomyrtus*）*Transversaria* 组、蓝桉组（*Maidenaria*）和 *Exsertaria* 组的所有品种。

2 繁殖材料要求

2.1 待测品种繁殖材料的数量和质量要求以及提交的时间和地点由主管机构决定。申请人从测试所在国境外提交繁殖材料的，还应符合海关规定并满足相关植物检疫的要求。

2.2 繁殖材料以 4～6 个月大的幼苗形式提交。

2.3 申请人提交繁殖材料的最小数量为 7 株幼苗。

2.4 提供的繁殖材料应外观健康有活力，未受到任何严重病虫害的影响。

2.5 提交的繁殖材料不得进行任何可能影响品种性状表达的处理，除非主管机构允许或要求进行这种处理。如果材料已经处理，必须提供相关处理的详细说明。

3 测试方法

3.1 生长周期

测试的最少周期数量通常为 1 个生长周期。

3.2 测试地点

测试通常在 1 个地点进行。在 1 个以上地点进行测试时，TGP/9《特异性测试》提供了有关指导。

3.3 测试条件

测试的条件应能满足品种正常生长的需要，以确保品种相关性状充分表达和测试的顺利开展。

3.4 试验设计

3.4.1 每个试验设计应保证至少有 7 个植株。

3.4.2 试验设计应保证因测量或计数等需要，从小区取走部分植株或植株部位后，不影响生长周期结束前的所有观测。

3.5 附加测试

为测试有关性状，可以进行附加测试。

4 特异性、一致性和稳定性评价

4.1 特异性

4.1.1 一般建议

对于本指南的使用者而言，在判定特异性前参照总则特异性判定的一般原则十分重要。但为进一步说明和强调特异性判定，本指南特列出特异性判定的要点。

4.1.2 一致的差异

当观测到的品种之间的差异非常明显时，则没有必要种植 1 个以上生长周期。此外，在某些情况下，环境的影响并不意味着需要 1 个以上的生长周期来保证品种间观察到的差异是足够一致的。为确保在种植试验中所观测到的性状差异是足够一致的，可以对性状进行至少 2 个独立生长周期的测试。

4.1.3 明显的差异

两个品种间的差异是否明显取决于很多因素，特别应考虑所测性状的表达类型，即该性状是质量性状、数量性状还是假质量性状。因此，在作出关于特异性的判定前，本测试指南的使用者应熟悉总则中的建议。

4.1.4 植株 / 植株部位的观测数量

除非另有说明，在判定特异性时，对于单株的观测，应观测 5 个植株或分别从 5 个植株取下的植株部位；对于其他观测，应观测试验中的所有植株，异型株除外。

4.1.5 观测方法

性状表第二列以如下符号（见 TGP/9《特异性测试》第 4 部分“性状观测”）的形式列出了特异性判定时推荐的性状观测方法。

MG：对一批植株或植株部位进行单次测量。

MS：对一定数量的植株或植株部位进行逐一测量。

VG：对一批植株或植株部位进行单次目测。

VS：对一定数量的植株或植株部位进行逐一目测。

观测类型：目测（V）或测量（M）。

目测（V）是一种基于专家判断的观测方法。本文中的目测是指专家的感官观察，因此，也包括闻、尝和触摸。目测也包括专家使用参照物（例如图表，标准品种，并排比较）或非线性的图表（例如比色卡）的观测。测量（M）是一种基于校准的、线性尺度的客观观测，例如使用尺、秤、色度计、日期和计数等进行观测。

记录类型：群体记录（G）或个体记录（S）。

以特异性为目的的观测，可被记录为一批植株或植株部位的单个记录（G），或者记录为一定数量的单个植株或植株部位的个体记录（S）。多数情况下，群体记录为一个品种提供一个单个记录，因此不可能或者不必要通过逐个植株的统计分析来判定特异性。

如果性状表中提供了不止一种观测方法（如 VG/MG），可以参考 TGP/9《特异性测试》的第 4 部分选择合适的观测方法。

4.2 一致性

4.2.1 对于本指南的使用者而言，在判定一致性前参照总则一致性判定的一般原则十分重要。但为进一步说明和强调一致性判定，本指南特列出一致性判定的要点。

4.2.2 评价无性繁殖品种的一致性时，应采用 1% 的群体标准和至少 95% 的接受概率。当样本量为 7 个时，允许有 1 个异型株。

4.3 稳定性

4.3.1 在实际操作中，通常不像测试特异性和一致性那样对稳定性进行测试以得到明确结果。经验表明，对许多类型的品种来说，当一个品种表现一致时，可认为其是稳定的。

4.3.2 适当情况下或者有疑问时，稳定性可以采用如下方法测试：测试一批该品种的新材料，看其性状表现是否与之前提交的材料表现相同。

5 品种分组和试验组织

5.1 使用分组性状可以帮助选择与申请品种一起进行田间种植试验的已知品种，以及对这些品种进行合适分组以便进行特异性评价。

5.2 分组性状表达状态的数据即使来自不同地点，也可以单独或者与其他此类性状联合使用。

（a）用于特异性测试中筛选排除那些不需要安排在种植试验中的已知品种。

（b）用于组织安排种植试验，使近似品种种植在一起。

5.3 以下性状已被确认为有用的分组性状。

（a）叶片：上表面蜡质（性状 2）。

（b）叶：叶柄（性状 4）。

（c）主枝：着生类型（性状 13）。

（d）花：类型（性状 45）。

（e）伞形花序花：花蕾数（仅适用于有花品种）（性状 46）。

（f）果实：形状（性状 51）。

5.4 总则中提供了在特异性审查过程中使用分组性状的指导。

6 性状表介绍

6.1 性状类型

6.1.1 标准指南性状

标准指南性状是 UPOV 已同意用于 DUS 审查的性状，UPOV 成员可以从中选择与其特定环境相适应的性状。

6.1.2 星号性状

星号性状（用“*”标记）是测试指南中对于形成国际统一的品种描述十分重要的性状，所有 UPOV 成员都应将其用于 DUS 测试并包含在品种描述中，除非前序性状的表达或区域环境条件所限使其无法测试。

6.2 表达状态及相应代码

6.2.1 为定义性状和统一描述，将每个性状划分为一系列表达状态。每个表达状态赋予一个相应的数字代码，以便于数据记录，以及品种性状描述的建立和交流。

6.2.2 对于质量性状和假质量性状（6.3），性状表中列出了所有表达状态。但对于有 5 个或 5 个以上表达状态的数量性状，可以采用缩略尺度的方法，以缩短性状表格。例如，对于有 9 个表达状态的数量性状，在测试指南的性状表中可采用以下缩略形式。

表达状态	代码
小	3
中	5
大	7

但是应该指出的是，以下 9 个表达状态都是存在的，应采用适宜的表达状态用于品种的描述。

表达状态	代码
极小	1
极小到小	2
小	3
小到中	4
中	5
中到大	6
大	7
大到极大	8
极大	9

6.2.3 TGP/7《测试指南的研制》中提供了表达状态和代码的更详尽的介绍。

6.3 表达类型

总则中对性状表达类型（质量性状、数量性状和假质量性状）进行了解释。

6.4 标准品种

适当时，测试指南中提供了标准品种用于校正性状的表达状态。

6.5 注释

（*）星号性状（6.1.2）。

QL：质量性状（6.3）。

QN：数量性状（6.3）。

PQ：假质量性状（6.3）。

MG、MS、VG、VS：观测方法（4.1.5）。

（a）～（d）性状表解释（8.1）。

（+）性状表解释（8.2）。

7 性状表

性状编号	观测方法	英文	中文	标准品种	代码
1. （+） QN	VG （a）	**Branch：attitude**	**分枝：姿态**		
		erect	直立		1
		semi-erect	半直立		2
		horizontal	水平		3
2. （*） QN	VG （a）	**Leaf：waxiness of upper side**	**叶：上表面蜡质**		
		absent or weak	无或弱	IPB3，IPB4，SUZSP0619	1
		medium	中	VM08	2
		strong	强	VT06	3
3. QN	VG （a）	**Leaf：anthocyanin coloration**	**叶：花青苷显色**		
		absent or very weak	无或极弱	SEAGR46，SEAGR47，SUZBA9318	1
		weak	弱	AEC 1528	3
		medium	中	IPB2，VT01	5
		strong	强		7
		very strong	极强		9
4. （*） （+） QL	VG （a）	**Leaf：petiole**	**叶：叶柄**		
		absent	无		1
		present	有		9
5. （*） （+） PQ	VG （a）	**Only varieties without petiole：Leaf：attachment**	**叶：附属物（仅适用于无叶柄品种）**		
		connate	合生		1
		amplexicaul	抱茎		2
		decurrent	下延		3
6. （*） （+） QN	VG/ MS （a）	**Leaf blade：length**	**叶片：长度**		
		short	短		3
		medium	中	ARA 6075，SUZSP0530	5
		long	长	ARA 6011，ARA 6061	7
7. （*） （+） QN	VG/ MS （a）	**Leaf blade：width**	**叶片：宽度**		
		narrow	窄	SUZMA2015	3
		medium	中	ARA1967，IPB2，VT01	5
		broad	宽	SUZSPO619，SUZSP1002，VT07	7

续表

性状编号	观测方法	英文	中文	标准品种	代码
8. **(*)** **(+)** **QN**	**VG/MS** **(a)**	**Leaf blade：ratio length/width**	**叶片：长宽比**		
		low	低	SUZMA2015，VT09	3
		medium	中	ARA1967，IPB2，VT01	5
		high	高	SUZSP0530，VM08	7
9. **QN**	**VG** **(a)**	**Leaf blade：position of broadest part**	**叶片：最宽处位置**		
		towards base	近基部		1
		at middle	中部		2
		towards top	近顶部		3
10. **(*)** **(+)** **PQ**	**VG** **(a)**	**Leaf blade：shape of base**	**叶片：基部形状**		
		sagittate	箭头形		1
		hastate	戟形		2
		auriculate	耳形		3
		cordate	心形		4
		obtuse	钝尖		5
		cuneate	楔形		6
		attenuate	渐细		7
		oblique	偏斜		8
11. **(*)** **(+)** **PQ**	**VG** **(a)**	**Leaf blade：shape of apex**	**叶片：先端形状**		
		rounded	圆形		1
		obtuse	钝尖		2
		acute	锐尖		3
		subulate	锥形		4
12. **(*)** **(+)** **PQ**	**VG** **(a)**	**Leaf blade：tip**	**叶片：尖端**		
		none	无		1
		apiculate	细尖		2
		acuminate	渐尖		3
		cirrhous	卷须状		4
		mucronate	短尖		5
		aristate	具芒		6
		emarginate	微缺		7
		obcordate	倒心形		8
13. **(*)** **(+)** **QL**	**VG** **(b)**	**Primary branch：type of insertion in main stem**	**主枝：着生类型**		
		inverted “V”	倒“V”形		1
		circular	圆形		2
14. **(+)** **QN**	**VG** **(b)**	**Leaf：attitude**	**叶片：姿态**		
		erect	直立		1
		horizontal	水平		2
		downwards	向下		3
15. **(*)** **QN**	**VG** **(b)**	**Leaf：waxiness of upper side**	**叶：上表面蜡质**		
		absent or weak	无或弱	IPB5，SEAGR47，SUZSP0628，SUZBA9318	1
		medium	中	ARA6011，ARA6061，ARA11097	2
		strong	强	ARA1967，VT01	3

续表

性状编号	观测方法	英文	中文	标准品种	代码
16. (*) (+) QL	VG (b)	**Leaf：petiole**	**叶：叶柄**		
		absent	无		1
		present	有		9
17. (*) (+) QN	VG/ MS (b)	**Leaf blade：length**	**叶片：长度**		
		short	短		3
		medium	中	ARA 6075，SUZSP0530	5
		long	长	ARA 6011，ARA 6061	7
18. (*) (+) QN	VG/ MS (b)	**Leaf blade：width**	**叶片：宽度**		
		narrow	窄	SUZMA2015	3
		medium	中	ARA1967，IPB2，VT01	5
		broad	宽	SUZSPO619，SUZSP1002，VT07	7
19. (*) (+) QN	VG/ MS (b)	**Leaf blade：ratio length/width**	**叶片：长宽比**		
		low	低		3
		medium	中		5
		high	高		7
20. QN	VG (b)	**Leaf blade：position of broadest part**	**叶片：最宽处位置**		
		towards base	近基部		1
		at middle	中部		2
		towards top	近顶部		3
21. (*) (+) PQ	VG (b)	**Leaf blade：shape of base**	**叶片：基部形状**		
		sagittate	箭头形		1
		hastate	戟形		2
		auriculate	耳形		3
		cordate	心形		4
		obtuse	钝尖		5
		cuneate	楔形		6
		attenuate	渐细		7
		oblique	偏斜		8
22. (*) (+) PQ	VG (b)	**Leaf blade：shape of apex**	**叶片：先端形状**		
		rounded	圆形		1
		obtuse	钝尖		2
		acute	锐尖		3
		subulate	锥形		4
23. (*) (+) PQ	VG (b)	**Leaf blade：tip**	**叶片：尖端**		
		none	无		1
		apiculate	细尖		2
		acuminate	渐尖		3
		cirrhous	卷须状		4
		mucronate	短尖		5
		aristate	具芒		6
		emarginate	微缺		7
		obcordate	倒心形		8

续表

性状编号	观测方法	英文	中文	标准品种	代码
24. QN	**VG (c)**	**Trunk: waxiness (excluding rhytidome)**	**树干：蜡质（不包括落皮层）**		
		absent or weak	无或弱		1
		medium	中		2
		strong	强		3
25. (+) QN	**VG (c)**	**Leaf: attitude**	**叶：姿态**		
		erect	直立		1
		horizontal	水平		2
		downwards	向下		3
26. QN	**VG (c)**	**Leaf: intensity of color of upper side in relation to lower side**	**叶：上表面与下表面颜色强度比较**		
		same or slightly darker	相同或略深		1
		moderately darker	中等深		2
		much darker	更深		3
27. QN	**VG (c)**	**Leaf: waxiness of upper side**	**叶：上表面蜡质**		
		absent or weak	无或弱	IPB1，IPB2，IPB3	1
		medium	中	VT01，VT02，VT05	2
		strong	强		3
28. (*) (+) QL	**VG (c)**	**Leaf: petiole**	**叶：叶柄**		
		absent	无		1
		present	有		9
29. (*) (+) QN	**VG/ MS (c)**	**Leaf blade: length**	**叶片：长度**		
		short	短		3
		medium	中	ARA 6075，SUZSP0530	5
		long	长	ARA 6011，ARA 6061	7
30. (*) (+) QN	**VG/ MS (c)**	**Leaf blade: width**	**叶片：宽度**		
		narrow	窄	SUZMA2015	3
		medium	中	ARA1967，IPB2，VT01	5
		broad	宽	SUZSPO619，SUZSP1002，VT07	7
31. (+) QN	**VG/ MS (c)**	**Leaf blade: ratio length/width**	**叶片：长宽比**		
		low	低		3
		medium	中		5
		high	高		7
32. QN	**VG (c)**	**Leaf blade: position of broadest part**	**叶片：最宽处位置**		
		towards base	近基部		1
		at middle	中部		2
		towards top	近顶部		3
33. (+) PQ	**VG (c)**	**Leaf blade: shape of base**	**叶片：基部形状**		
		sagittate	箭头形		1
		hastate	戟形		2
		auriculate	耳形		3
		cordate	心形		4
		obtuse	钝尖		5
		cuneate	楔形		6
		attenuate	渐细		7
		oblique	偏斜		8

续表

性状编号	观测方法	英文	中文	标准品种	代码
34. (+) **PQ**	**VG** (c)	**Leaf blade：shape of apex**	**叶片：先端形状**		
		rounded	圆形		1
		obtuse	钝尖		2
		acute	锐尖		3
		subulate	锥形		4
35. (+) **PQ**	**VG** (c)	**Leaf blade：tip**	**叶片：尖端**		
		none	无		1
		apiculate	细尖		2
		acuminate	渐尖		3
		cirrhous	卷须状		4
		mucronate	短尖		5
		aristate	具芒		6
		emarginate	微缺		7
		obcordate	倒心形		8
36. (*) (+) **QL**	**VG** (d)	**Trunk：rhytidome**	**树干：落皮层**		
		absent	无		1
		present	有		9
37. (+) **QN**	**VG** (d)	**Trunk：texture of basal rhytidome**	**树干：基部落皮层质地**		
		compact	致密		1
		moderately fibrous	中等纤维状		2
		very fibrous	极纤维状		3
38. (+) **QN**	**VG** (d)	**Trunk：extension of rhytidome**	**树干：落皮层延伸**		
		up to lower third	下部 1/3 处		1
		up to mid-third	中部 1/3 处		2
		up to upper third	上部 1/3 处		3
39. (+) **QN**	**MG** (d)	**Trunk：density of wood**	**树干：木材密度**		
		low	低		3
		medium	中		5
		high	高		7
40. **PQ**	**VG** (d)	**Trunk：color of rhytidome**	**树干：落皮层颜色**		
		green	绿色		1
		grey	灰色	ARA11097	2
		brown	棕色		3
41. (*) **PQ**	**VG** (d)	**Trunk：color（excluding rhytidome）**	**树干：颜色（不包括落皮层）**		
		brownish white	泛棕白色		1
		green	绿色	VM 11	2
		bluish green	泛棕绿色	ARA 6075，IPB4	3
		grey	灰色	SUZMA 2001，VM08	4
		brown	棕色	IPB7，VT01，VT02，	5
42. (+) **QL**	**VG** (d)	**Primary branch：type of insertion in main stem**	**主枝：着生类型**		
		inverted "V"	倒"V"形		1
		circular	圆形		2

续表

性状编号	观测方法	英文	中文	标准品种	代码
43. (*) (+) QL	VG (d)	**Leaf: petiole**	**叶：叶柄**		
		absent	无		1
		present	有		9
44. QN	MG (d)	Time of first flowering	始花期		
		early	早	IPB1, IPB2, IPB5, SEAGR46, SUZSP0530, VT01	1
		medium	中	ARA6011, ARA6061	2
		late	晚	VT04	3
45. (+) QL	VG (d)	**Flower: type**	**花：类型**		
		solitary	单生花		1
		umbel	伞形花序		2
46. QL	MG (d)	**Only varieties with flower type: umbel: Flower: number of buds**	**伞形花序花：花蕾数（仅适用于有花品种）**		
		three	3个		1
		seven	7个		2
		nine	9个		3
		eleven	11个		4
		more than eleven	多于11个		5
47. (+) PQ	VG (d)	**Flower bud: shape of operculum**	**花蕾：蒴盖形状**		
		rostrate	喙状		1
		hemispherical	半球形		2
		hemispherical apiculate	具细尖半球形		3
		flattened with a prominent pointed tip	扁平具突起		4
		horn-shaped	角形		5
		elongated	细长形		6
		conical	圆锥形		7
48. QN	VG/ MS (d)	**Only varieties with flower type: umbel: Peduncle: length**	**伞形花序花梗：长度（仅适用于有花品种）**		
		short	短		3
		medium	中	AEC 1528, ARA6061	5
		long	长	IPB5, SEAGR47, SUZBA9318	7
49. (+) QN	VG (d)	**Peduncle: shape in cross section**	**花梗：横截面形状**		
		rounded	圆形		1
		rounded to flattened	圆形到扁平		2
		flattened	扁平		3
50. QN	VG/ MS (d)	**Fruit: width**	**果实：宽度**		
		narrow	窄		3
		medium	中		5
		broad	宽		7
51. (+) PQ	VG (d)	**Fruit: shape**	**果实：形状**		
		conical	圆锥形		1
		cylindrical	圆柱形		2
		ovoid	卵圆形		3
		urceolate	瓮形		4
		globose	球形		5
		pyriform	梨形		6
		campanulate	钟形		7
		hemispherical	半球形		8

续表

性状编号	观测方法	英文	中文	标准品种	代码
52. (+) QL	VG (d)	**Fruit：texture of surface**	**果实：表面质地**		
		smooth	光滑		1
		rough	粗糙		2
53. (+) QN	VG (d)	**Fruit：disc position**	**果实：盘窝位置**		
		descending	向下		1
		same level	同一水平		2
		ascending	向上		3
54. (+) QN	VG (d)	**Fruit：position of valve**	**果实：裂片位置**		
		sunken	下沉		1
		rim level	边缘水平		2
		above rim	边缘以上		3
55. (+) QL	VG (d)	**Fruit：pedicel**	**果实：果柄**		
		absent	无		1
		present	有		9
56. QN	VG/ MS (d)	**Fruit pedicel：length relative to calyx**	**果柄：相对于果托长度**		
		shorter	较短		1
		equal	相等		2
		longer	较长		3

8 性状表解释

8.1 对多个性状的解释

性状表第二列包含以下标注的性状应按照下述要求观测。

（a）在树龄 10～12 个月时观测。

（b）在树龄 20～22 个月时观测。

（c）在树龄 42～44 个月时观测。

（d）在树龄 64～66 个月时观测。

叶片应观测位于树梢末端生长活跃的叶。

8.2 对单个性状的解释

性状 1：分枝姿态

1
直立

2
半直立

3
水平

性状 4、性状 16、性状 28 和性状 43：叶柄

1
无

9
有

性状 5：叶附属物（仅适用于无叶柄品种）

1
合生

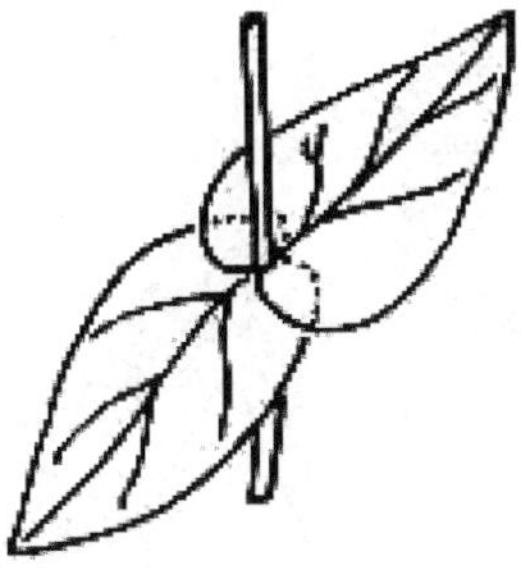

2
抱茎

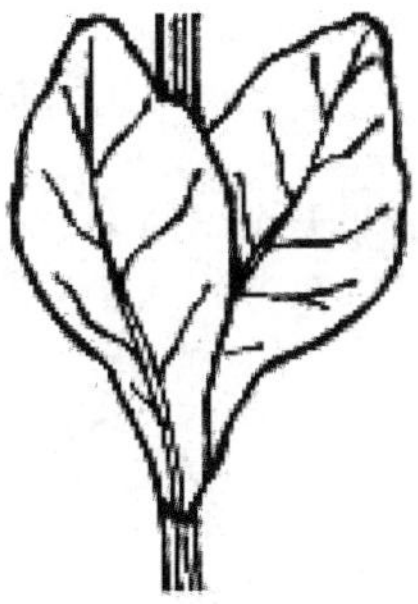

3
下延

性状 6、性状 17 和性状 29：叶片长度

长度测量位于树冠上 1/3 处分枝的最大叶片。

性状 7、性状 18 和性状 30：叶片宽度

应选择与性状 28 相同的叶进行观测。观测叶片最宽处。

性状 8、性状 19 和性状 31：叶片长宽比

3
低

5
中

7
高

性状 10、性状 21 和性状 33：叶片基部形状

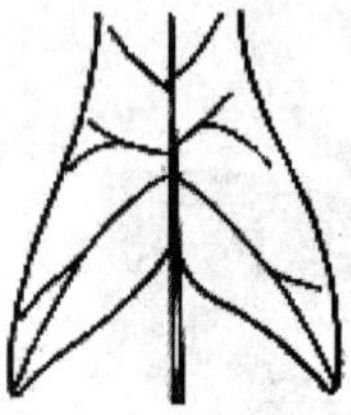
1
箭头形

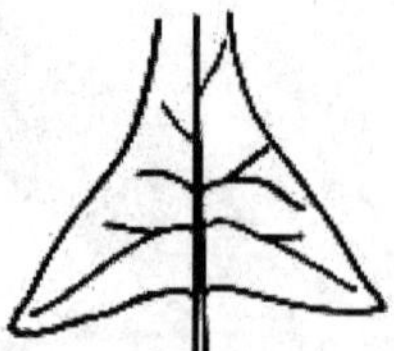
2
戟形

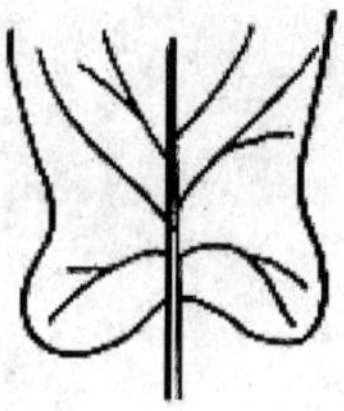
3
耳形

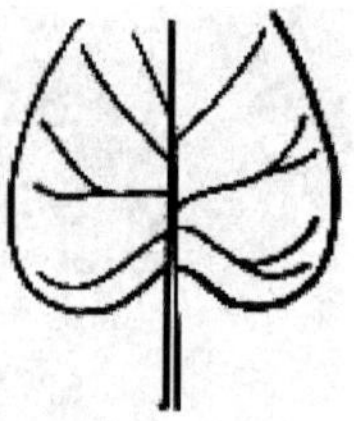
4
心形

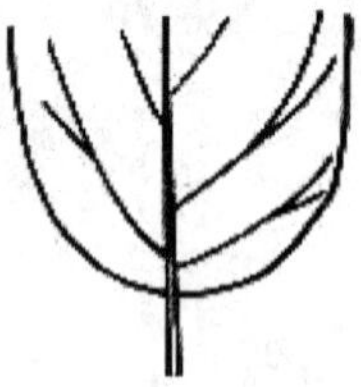
5
钝尖

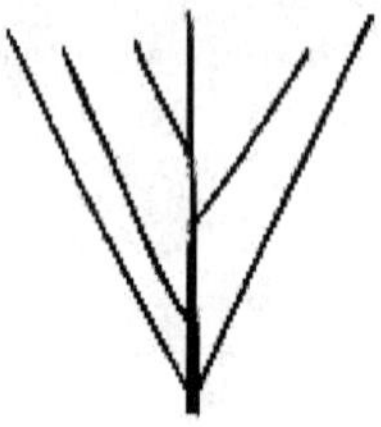
6
楔形

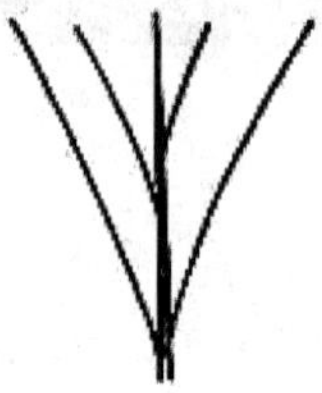
7
渐细

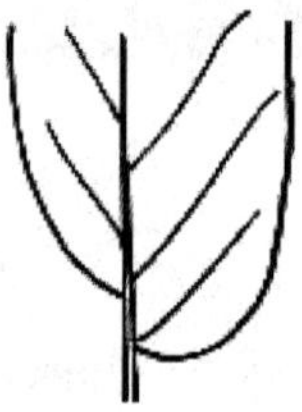
8
偏斜

性状 11、性状 22 和性状 34：叶片先端形状

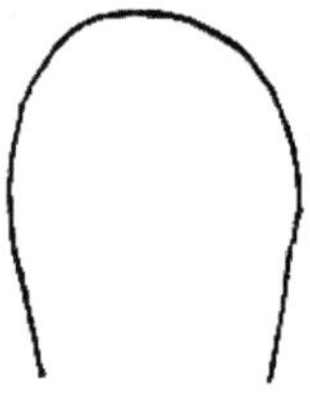
1
圆形

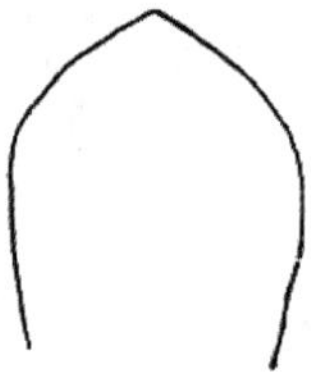
2
钝尖

3
锐尖

4
锥形

性状 12、性状 23 和性状 35：叶片尖端

1
无

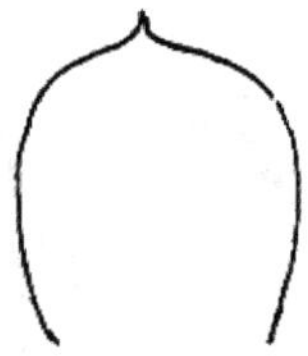
2
细尖

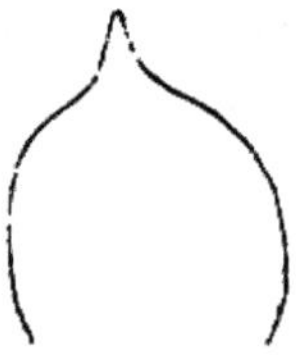
3
渐尖

4
卷须状

5
短尖

6
具芒

7
微缺

8
倒心形

性状 13 和性状 42：主枝着生类型

1
倒“V”形

2
圆形

性状 14 和性状 25：叶姿态

这个性状应在垂直方向的分枝上观测。

1
直立

2
水平

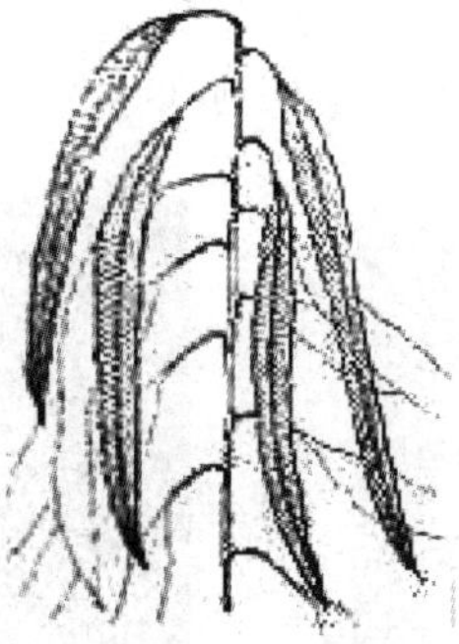

3
向下

性状 36：树干落皮层

对于某些品种，随着树木的直径增大，树皮组织被拉伸并最终破裂。一种新的木栓层在韧皮部产生，在新层外面的组织死亡和干燥后，形成树的外部粗糙树皮的一部分，这种树皮被称为落皮层。

1
无

9
有

性状 37：树干基部落皮层质地

1
致密

3
极纤维状

性状 38：树干落皮层延伸

1
下部 1/3 处

2
中部 1/3 处

3
上部 1/3 处

性状 39：树干木材密度

根据 TAPPI Norm #T258 om- 94（纸浆和造纸工业技术协会）的数据，在木材体积的基础上，通过流体静力平衡方法对密度进行评估。

性状 45：花类型

1
单生花

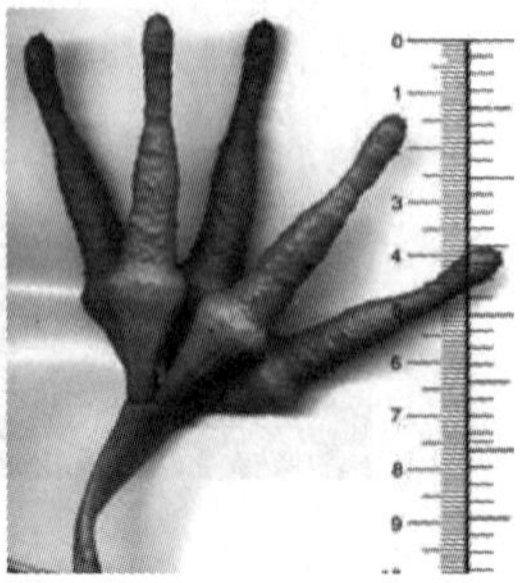

2
伞形花序

性状 47：花蕾萌盖形状

1
喙状

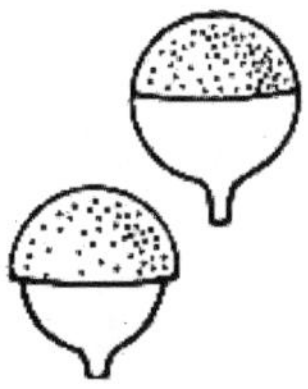
2
半球形

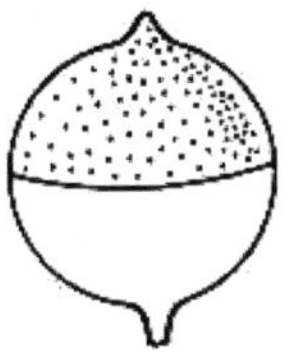
3
具细尖半球形

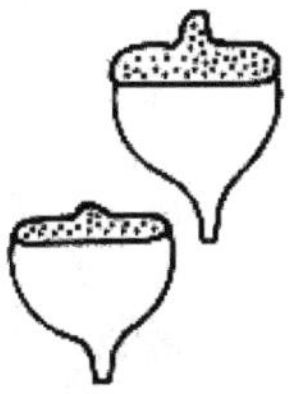
4
扁平具突起

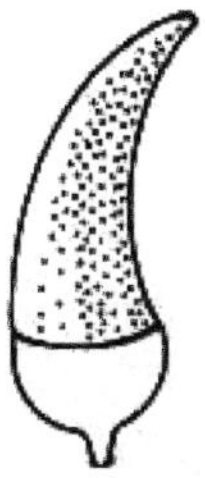
5
角形

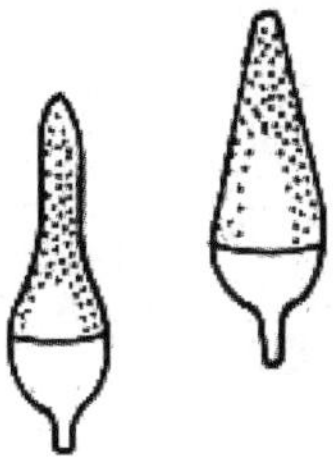
6
细长形

7
圆锥形

性状 49：花梗横截面形状

1
圆形

3
扁平

性状 51：果实形状

1
圆锥形

2
圆柱形

3
卵圆形

4
瓮形

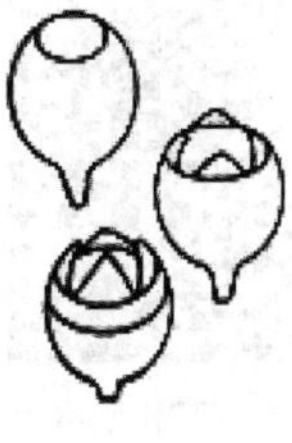
5
球形

6
梨形

7
钟形

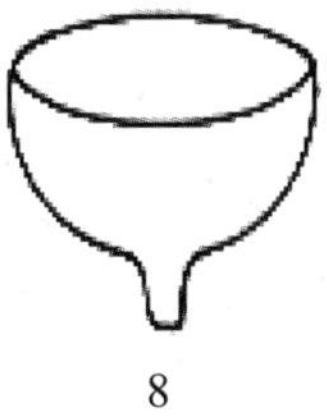
8
半球形

性状 52：果实表面质地

应该观测当季果实。

性状 53：果实盘窝位置

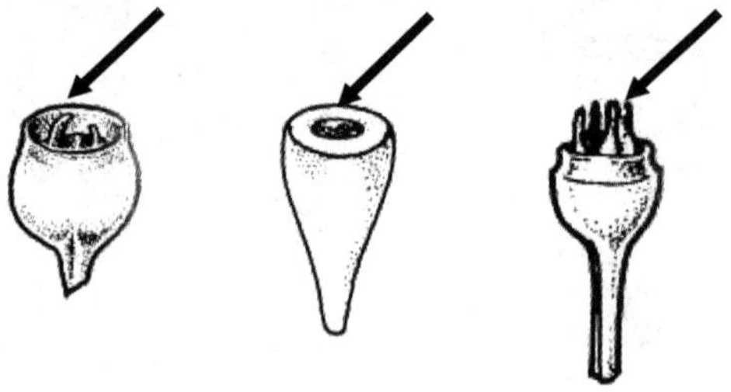

1 向下　　2 同一水平　　3 向上

性状 54：果实果片位置

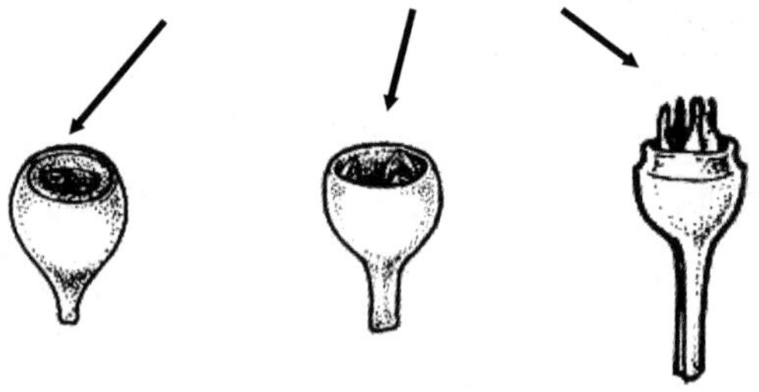

1 下沉　　2 边缘水平　　3 边缘以上

性状 55：果实果柄

1 无　　9 有

TG/297/1
原文：英文
日期：2013-03-20

国际植物新品种保护联盟
植物品种特异性、一致性和稳定性
测试指南

牡丹

UPOV 代码：PAEON_DEL；PAEON_JIS；PAEON_LUD；
PAEON_OST；PAEON_QIU；PAEON_ROC；PAEON_SUF

［*Paeonia delavayi* Franch.；*Paeonia jishanensis* T. Hong & W. Z. Zhao；
Paeonia ludlowii (Stern & Taylor) D. Y. Hong；
Paeonia ostii T. Hong & J. X. Zhang；*Paeonia qiui Y.* L. Pei & D. Y. Hong；
Paeonia rockii (S. G. Haw & Lauener) T. Hong & J. J. Li ex D. Y. Hong；
Paeonia suffruticosa Andrews］

互用名称 *

植物学名称	英文	法文	德文	西班牙文
Paeonia delavayi Franch.	Tree Peony, Yellow Tree Peony	Pivoine arbustive	Delavays Strauchpfingstrose, Gelbe Pfingstrose	
Paeonia jishanensis T. Hong & W. Z. Zhao				
Paeonia ludlowii (Stern & Taylor) D. Y. Hong				
Paeonia ostii T. Hong & J. X. Zhang				
Paeonia qiui Y. L. Pei & D. Y. Hong				
Paeonia rockii (S. G. Haw & Lauener) T. Hong & J. J. Li ex D. Y. Hong			Gefleckte Strauchpfingstrose	
Paeonia suffruticosa Andrews, *Paeonia moutan* Sims	Tree Peony, Moutan Peony	Pivoine arbustive	Strauchpäonie	Peonia

* 这些名称在指南开始使用时是正确的，但随后可能会修改更新。读者可登录 UPOV 网站（www.upov.int），获取最新资料。

1 指南适用范围

本指南适用于牡丹（*Paeonia suffruticosa* Andrews）、矮牡丹（*Paeonia jishanensis* T. Hong & W. Z. Zhao）、凤丹（*Paeonia ostii* T. Hong & J. X. Zhang）、紫斑牡丹 [*Paeonia rockii*（S. G. Haw & Lauener）T. Hong & J. J. Li ex D. Y. Hong]、滇牡丹（*Paeonia delavayi* Franch.）、卵叶牡丹（*Paeonia qiui* Y. L. Pei & D. Y. Hong）和大黄牡丹 [*Paeonia ludlowii*（Stern & Taylor）D. Y. Hong.] 的所有品种。

2 繁殖材料要求

2.1 待测品种繁殖材料的数量和质量要求以及提交的时间和地点由主管机构决定。申请人从测试所在国境外提交繁殖材料的，还应符合海关规定并满足相关植物检疫的要求。

2.2 繁殖材料以嫁接到砧木的一年生植株的形式提交。

2.3 申请人提交繁殖材料的最小数量为 5 个植株。

2.4 提供的繁殖材料应外观健康有活力，未受到任何严重病虫害的影响。提供繁殖材料时应对砧木命名。主管机构可以指定嫁接品种的砧木。

2.5 提交的繁殖材料不得进行任何可能影响品种性状表达的处理，除非主管机构允许或要求进行这种处理。如果材料已经处理，必须提供相关处理的详细说明。

3 测试方法

3.1 生长周期

最短测试时间通常应为 1 个生长周期。

3.2 测试地点

测试通常在 1 个地点进行。在 1 个以上地点进行测试时，TGP/9《特异性测试》提供了有关指导。

3.3 测试条件

3.3.1 测试的条件应能满足品种正常生长的需要，以确保品种相关性状充分表达和测试的顺利开展。

3.3.2 由于日光变化的原因，在利用比色卡确定颜色时应在一个合适的由人工光源照明的小室或中午无阳光直射的房间内进行。人工光源光谱分布应符合 CIE “理想日光标准 D6500”，且在《英国标准 950：第 1 部分》规定的允许范围内。在鉴定颜色时，应将植株部位置于白色背景上。在品种描述中应明确使用的比色卡和版本。

3.4 试验设计

3.4.1 每个试验设计为总数至少有 5 个植株。

3.4.2 试验设计应保证因测量或计数等需要，从小区取走部分植株或植株部位后，不影响生长周期结束前的所有观测。

3.5 附加测试

为测试有关性状，可以进行附加测试。

4 特异性、一致性和稳定性评价

4.1 特异性

4.1.1 一般建议

对于本指南的使用者而言，在判定特异性前参照总则特异性判定的一般原则十分重要。但为进一步说明和强调特异性判定，本指南特列出特异性判定的要点。

4.1.2 一致的差异

当观测到的品种之间的差异非常明显时，则没有必要种植 1 个以上生长周期。此外，在某些情况下，环境的影响并不意味着需要 1 个以上的生长周期来保证品种间观察到的差异是足够一致的。为确保在种植试验中所观测到的性状差异是足够一致的，可以对性状进行至少 2 个独立生长周期的测试。

4.1.3 明显的差异

两个品种间的差异是否明显取决于很多因素，特别应考虑所测性状的表达类型，即该性状是质量性状、数量性状还是假质量性状。因此，在作出关于特异性的判定前，本测试指南的使用者应熟悉总则中的建议。

4.1.4 植株 / 植株部位的观测数量

除非另有说明，评价一致性时，应对所有 5 个植株或对 5 个植株中的每个部位进行观测，在观测单个植株部位时，从每个植株取样的部位数量为 2 个。

4.1.5 观测方法

性状表第二列以如下符号（见 TGP/9《特异性测试》第 4 部分“性状观测”）的形式列出了特异性判定时推荐的性状观测方法。

MG：对一批植株或植株部位进行单次测量。

MS：对一定数量的植株或植株部位进行逐一测量。

VG：对一批植株或植株部位进行单次目测。

VS：对一定数量的植株或植株部位进行逐一目测。

观测类型：目测（V）或测量（M）。

目测（V）是一种基于专家判断的观测方法。本文中的目测是指专家的感官观察，因此，也包括闻、尝和触摸。目测也包括专家使用参照物（例如图表，标准品种，并排比较）或非线性的图表（例如比色卡）的观测。测量（M）是一种基于校准的、线性尺度的客观观测，例如使用尺、秤、色度计、日期和计数等进行观测。

记录类型：群体记录（G）或个体记录（S）。

以特异性为目的的观测，可被记录为一批植株或植株部位的单个记录（G），或者记录为一定数量的单个植株或植株部位的个体记录（S）。多数情况下，群体记录为一个品种提供一个单个记录，因此不可能或者不必要通过逐个植株的统计分析来判定特异性。

如果性状表中提供了不止一种观测方法（如 VG/MG），可以参考 TGP/9《特异性测试》的第 4 部分选择合适的观测方法。

4.2 一致性

4.2.1 对于本指南的使用者而言，在判定一致性前参照总则一致性判定的一般原则十分重要。但为进一步说明和强调一致性判定，本指南特列出一致性判定的要点。

4.2.2 评价一致性时，应采用 1% 的群体标准和至少 95% 的接受概率。当样本量为 5 个时，不允许有异型株。

4.3 稳定性

4.3.1 在实际操作中，通常不像测试特异性和一致性那样对稳定性进行测试以得到明确结果。经验表明，对许多类型的品种来说，当一个品种表现一致时，可认为其是稳定的。

4.3.2 适当情况下或者有疑问时，可以通过测试新提交的植株对稳定性进行测试，以确保它们表现出和以前提供的测试材料相同的性状。

5 品种分组和试验组织

5.1 使用分组性状可以帮助选择与申请品种一起进行田间种植试验的已知品种，以及对这些品种进行合适分组以便进行特异性评价。

5.2 分组性状表达状态的数据即使来自不同地点，也可以单独或者与其他此类性状联合使用。

（a）用于特异性测试中筛选排除那些不需要安排在种植试验中的已知品种。

（b）用于组织安排种植试验，使近似品种种植在一起。

5.3 以下性状已被确认为有用的分组性状。

（a）植株：生长习性（性状 1）。

（b）植株：高度（性状 6）。

（c）叶：类型（性状 9）。

（d）侧小叶：缺刻深度（性状 16）。

（e）花：类型（性状 22）。

（f）花：主色（性状 23），如下分组。

第一组：白色。

第二组：绿色。

第三组：黄色。

第四组：橙色。

第五组：粉红色。

第六组：红色。

第七组：紫色。

第八组：深红紫色。

（g）花瓣：斑块（性状 28）。

（h）花瓣：斑块长度（性状 29）。

（i）始花期（性状 49）。

5.4 总则和 TGP/9《特异性测试》中提供了在特异性审查过程中使用分组性状的指导。

6 性状表介绍

6.1 性状类型

6.1.1 标准指南性状

标准指南性状是 UPOV 已同意用于 DUS 审查的性状，UPOV 成员可以从中选择与其特定环境相适应的性状。

6.1.2 星号性状

星号性状（用“*”标记）是测试指南中对于形成国际统一的品种描述十分重要的性状，所有 UPOV 成员都应将其用于 DUS 测试并包含在品种描述中，除非前序性状的表达或区域环境条件所限使其无法测试。

6.2 表达状态及相应代码

6.2.1 为定义性状和统一描述，将每个性状划分为一系列表达状态。每个表达状态赋予一个相应的数字代码，以便于数据记录，以及品种性状描述的建立和交流。

6.2.2 对于质量性状和假质量性状（6.3），性状表中列出了所有表达状态。但对于有 5 个或 5 个以上表达状态的数量性状，可以采用缩略尺度的方法，以缩短性状表格。例如，对于有 9 个表达状态的数量性状，在测试指南的性状表中可采用以下缩略形式。

表达状态	代码
小	3
中	5
大	7

但是应该指出的是，以下 9 个表达状态都是存在的，应采用适宜的表达状态用于品种的描述。

表达状态	代码
极小	1
极小到小	2
小	3
小到中	4
中	5
中到大	6
大	7
大到极大	8
极大	9

6.2.3 TGP/7《测试指南的研制》中提供了表达状态和代码的更详尽的介绍。

6.3 表达类型

总则中对性状表达类型（质量性状、数量性状和假质量性状）进行了解释。

6.4 标准品种

适当时，测试指南中提供了标准品种用于校正性状的表达状态。

6.5 注释

（*）星号性状（6.1.2）。

QL：质量性状（6.3）。

QN：数量性状（6.3）。

PQ：假质量性状（6.3）。

MG、MS、VG、VS：观测方法（4.1.5）。

（a）～（d）性状表解释（8.1）。

（+）性状表解释（8.2）。

7 性状表

性状编号	观测方法	英文	中文	标准品种	代码
1. **(*)** **(+)** **QN**	**VG**	**Plant：growth habit**	**植株：生长习性**		
		upright	直立	Kao，Shichifukujin	1
		semi-upright	半直立	Wu Long Peng Sheng	2
		spreading	平展	Zhao Fen	3
2. **(*)** **(+)** **QN**	**VG/MG**	**One-year-old branch：length**	**一年生枝条：长度**		
		short	短	Shan Hu Tai，Ying Luo Bao Zhu	3
		medium	中	Luo Yang Hong，Zhao Fen	5
		long	长	Tian Xiang Zhan Lu，Zi Die Ying Feng	7
3. **(+)** **QN**	**VG** **(a)**	**Mixed bud：shape in lateral view**	**混合芽：侧视形状**		
		narrow ovate	窄卵形	Qing Long Wo MO Chi，Rou Fu Rong	1
		medium ovate	中等卵形	LuoYang Hong	3
		broad ovate	阔卵形	Cai Xia，Cong zhong xiao	5

续表

性状编号	观测方法	英文	中文	标准品种	代码
4. **PQ**	**VG** **(a)**	**Mixed bud: color**	**混合芽：颜色**		
		yellow brown	黄棕色	Yang Huang	1
		green	绿色	Cui Ye Zi，Zhi Hong，	2
		red	红色	Hu Hong，Zhu Sha Lei	3
		purple	紫色	Kao	4
5. **(*)** **QN**	**VG**	**Two-year-old branch: number of flowering branches**	**二年生枝条：花枝数量**		
		one	1个	Shou An Hong	1
		two	2个	Hanakisoi，Zhu Sha Lei	2
		more than two	大于2个	Taiyo	3
6. **(*)** **(+)** **QN**	**VG/** **MS**	**Plant: height**	**植株：高度**		
		short	矮	Shan Hu Tai	3
		medium	中	Kao，Luo Yang Hong	5
		tall	高	Hanakisoi	7
7. **(+)** **PQ**	**VG**	**Very young shoot: color**	**嫩梢：颜色**		
		yellow green	黄绿色	San Qing Bai	1
		medium green	中等绿色	Bai Hua Du，Shinjitsugetu	2
		pink	粉色	Lu He Hong	3
		purple red	紫红色	Si He Lian	4
		brown red	棕红色	Shou An Hong	5
8. **(+)** **QN**	**VG** **(b)**	**Leaf: attitude in relation to the stem**	**叶：相对于茎姿态**		
		erect	直立	Kinkaku	1
		semi-erect	半直立	Cang Zhi Hong，Shou An Hong	2
		horizontal	水平	Dou Lv，Zi Hong Zheng Yan	3
9. **(*)** **(+)** **QL**	**VG** **(b)**	**Leaf: type**	**叶：类型**		
		pinnate	一回羽状复叶		1
		bipinnate	二回羽状复叶		2
		tripinnate	三回羽状复叶		3
10. **(*)** **(+)** **QN**	**MS** **(b)**	**Leaf: length**	**叶：长度**		
		short	短	Mei Ren Hong	3
		medium	中	Luo Yang Hong	5
		long	长	Rou Fu Rong	7
11. **(*)** **(+)** **QN**	**MS** **(b)**	**Leaf: width**	**叶：宽度**		
		narrow	窄	Yin Hong Qiao Dui	3
		medium	中	Luo Yang Hong	5
		broad	宽	Rou Fu Rong	7
12. **(+)** **PQ**	**VG**	**Leaf: color of upper side**	**叶：上表面颜色**		
		yellow green	黄绿色	Zhao Fen	1
		medium green	中等绿色	Dou Lv	2
		dark green	深绿色	Guan Shi Mo Yu，Zhuang Yuan Hong	3
		grey green	灰绿色	Mo Kui	4
13. **QN**	**VG** **(b)**	**Leaf: anthocyanin coloration on upper side**	**叶：上表面花青苷显色**		
		absent or weak	无或弱	Bai Hua Du	1
		medium	中等	Hu Hong	2
		strong	强	Dan Lu Yan	3

续表

性状编号	观测方法	英文	中文	标准品种	代码
14. (*) QN	VG (b)	**Leaf：pubescence on lower side**	**叶：下表面茸毛**		
		absent or weak	无或弱	Yin Fen Jin Lin	1
		medium	中等		2
		strong	强	Dou Lv	3
15. (*) (+) PQ	VG (b)	**Lateral leaflets：shape**	**侧小叶：形状**		
		lanceolate	披针形		1
		narrow ovate	窄卵圆形		2
		narrow elliptic	窄椭圆形		3
		broad elliptic	阔椭圆形		4
		broad ovate	阔卵圆形		5
16. (*) (+) QN	VG (b)	**Lateral leaflets：depth of sinus**	**侧小叶：缺刻深度**		
		absent or very shallow	无或极浅		1
		shallow	浅		3
		medium	中		5
		deep	深		7
		very deep	极深		9
17. (*) (+) QN	VG/ MS (b)	**Petiole：length**	**叶柄：长度**		
		short	短	Mei Ren Hong，Yi Pin Zhu Yi	3
		medium	中	Luo Yang Hong	5
		long	长	Yu Ji Yan Zhuang	7
18. (*) (+) PQ	VG (c)	**Flower bud：shape in lateral view**	**花芽：侧视形状**		
		narrow ovate	窄卵圆形	Yu Mian Tao Hua	1
		broad ovate	阔卵圆形	Zhu Sha Lei	2
		circular	圆形	Shan Hu TAi	3
		oblate	扁圆形	Shou An Hong	4
19. (*) (+) QN	VG (c)	**Plant：attitude of flowers**	**植株：花姿态**		
		erect	直立	Kao	1
		horizontal	水平	Rou Fu Rong	2
		drooping	下弯	Dou Lv	3
20. (*) (+) QN	MG (c)	**Only varieties with flower form：Crown，Globular or Proliferate form：Flower：height of petaloid stamens（in relation to petals）**	**花：雄蕊瓣化瓣高度（相对于花瓣，仅适用于花类型为皇冠型、绣球型和台阁型品种）**		
		short	矮	Dou Lv	1
		medium	中	Shou An Hong	2
		tall	高	Zi Rong Qiu	3
21. (*) QN	VG/ MS (c)	**Flower：diameter**	**花：直径**		
		small	小	Pan Zhong Qu Guo	3
		medium	中	Luo Yang Hong	5
		large	大	Bai He Liang Chi，Xian Tao	7
22. (*) (+) PQ	VG (c)	**Flower：form**	**花：类型**		
		single form	单瓣型	Shu Sheng Peng Mo	1
		golden stamen form	金蕊型	Yao Huang	2
		anemone form	托桂型	Yin Si Guan Ding	3
		lotus form	荷花型	Yu Ban Bai	4
		chrysanthemum form	菊花型	Cong Zhong Xiao，Ru Hua Si Yu	5

续表

性状编号	观测方法	英文	中文	标准品种	代码
22. (*) (+) PQ	VG (c)	rose form	蔷薇型	Luo Yang Hong	6
		golden circle form	金环型	Fen Mian Tao Hua	7
		crown form	皇冠型	Shou An Hong	8
		globular form	绣球型	Fen Yu Qiu	9
		proliferate form	台阁型	Jun Yan Hong，Xian Tao	10
23. (*) (+) PQ	VG	**Flower：main color**	**花：主色**		
		RHS Colour Chart (indicate reference number)	RHS 比色卡 (注明参考色号)		
24. (*) (+) PQ	VG	**Flower：secondary color**	**花：次色**		
		RHS Colour Chart (indicate reference number)	RHS 比色卡 (注明参考色号)		
25. (*) (+) PQ	VG (c)	**Flower：distribution of secondary color**	**花：次色分布**		
		none	无	Luo Yang Hong	1
		stripes	条纹状	He Pin Hua Er Qiao	2
		blocks	块状	Hua Er Qiao	3
		at center	在中心	Yuan Yang Pu	4
		ring	环状	Tao Yang Jin	5
		at edge	沿边缘		6
26. (+) PQ	VG (c)	**Petal：shape (excluding petaloid)**	**花瓣：形状（瓣化瓣除外）**		
		elliptic	椭圆形		1
		circular	圆形		2
		oblate	扁圆形		3
27. (+) QN	VG (c)	**Petal：incision of apex (excluding petaloid)**	**花瓣：先端缺刻（瓣化瓣除外）**		
		absent or very weak	无或极弱	Cong Zhong Xiao	1
		medium	中	Luo Yang Hong	3
		very strong	极强	Zi Rong Jian Rong	5
28. (*) (+) QL	VG (c) (d)	**Petal：blotch**	**花瓣：斑块**		
		absent	无	Zhao Fen	1
		present	有	Luo Yang Hong	9
29. (*) (+) QN	VG (d)	**Petal：length of blotch**	**花瓣：斑块长度**		
		very short	极短	Hu Hong	1
		short	短	Luo Yang Hong	2
		medium	中	Cong Zhong Xiao	3
		long	长	Shu Sheng Peng Mo	4
		very long	极长	Zhong Ban Bai	5
30. (*) (+) PQ	VG (d)	**Petal：width of blotch**	**花瓣：斑块宽度**		
		very narrow	极窄	Chi Tang Xiao Yue	1
		narrow	窄	Lan Hai Bi Bo	2
		medium	中	Cong Zhong Xiao	3
		broad	宽	Shu Sheng Peng Mo	4
		very broad	极宽	Zhong Ban Bai	5

续表

性状编号	观测方法	英文	中文	标准品种	代码
31. (*) PQ	VG (d)	**Petal: color of blotch**	**花瓣：斑块颜色**		
		white	白色	Zheng Chun	1
		red	红色	High Noon	2
		purple red	紫红色	Xue Hai Dan Xin	3
		red brown	红褐色	Xue Hai Yin Zhen	4
		dark purple or black	深紫色或黑色	Zi Die Ying Feng	5
32. (+) QN	VG (d)	**Petal: white line in the center of the blotch**	**花瓣：斑块中心白线**		
		absent or very inconspicuous	无或极不明显		1
		moderately conspicuous	中等明显		2
		very conspicuous	非常明显		3
33. (*) QN	MG/ VG (c)	**Flower: petaloid stamens**	**花：雄蕊瓣化瓣**		
		none or very few	无或极少	Renkaku	1
		few	少	Yu Ban Bai	2
		medium	中	Luo Yang Hong	3
		many	多	Kun Shan Ye Guang	4
		very many	极多	Tao Hong Xian Mei	5
34. PQ	VG (c)	**Stamen: color of filaments**	**雄蕊：花丝颜色**		
		white	白色	Renkaku	1
		light yellow	浅黄色	Xue Lian	2
		pink	粉色	Zhao Fen	3
		light purple	浅紫色	Luo Yang Hong	4
		dark purple	深紫色	Yan Long Zi Zhu Pan	5
35. (*) (+) QL	VG (c)	**Only varieties with petaloid stamens: Petaloid stamen: type**	**雄蕊瓣化瓣：类型（仅适用于雄蕊瓣化品种）**		
		stamen-like	雄蕊状		1
		petal like	花瓣状		2
36. (+) QN	VG (c)	**Only varieties with petaloid stamens: Flower: conspicuousness of anthers**	**花：花药明显程度（仅适用于雄蕊瓣化品种）**		
		inconspicuous	不明显		1
		moderately conspicuous	中等明显		2
		very conspicuous	非常明显		3
37. QN	MG (c)	**Pistil: number**	**雌蕊：数量**		
		few	少	Shou An Hong	1
		medium	中	Zi Die Ying Feng	2
		many	多	Luo Yang Hong	3
38. (*) PQ	VG (c)	**Pistil: color of stigma**	**雌蕊：柱头颜色**		
		light yellow	浅黄色	Renkaku，Yu Ban Bai	1
		pink	粉色	Zhao Fen	2
		red	红色	Guo Qi Hong	3
		purple red	紫红色	Luo Yang Hong	4
		purplish black	泛紫黑色	Ye Guang Bei	5
		black	黑色	Yan Long Zi Zhu Pan	6

续表

性状编号	观测方法	英文	中文	标准品种	代码
39. (*) (+) QN	VG (c)	**Pistil: openness of disc**	**雌蕊：花盘开放性**		
		closed	闭合		1
		partly open	部分开放		2
		fully open	完全开放		3
40. (*) QN	VG (c)	**Pistil: pubescence of carpels**	**雌蕊：心皮茸毛**		
		absent or sparse	无或疏	Hua Xia Hong	1
		medium	中	High Noon	2
		dense	密	Luo Yang Hong	3
41. (+) PQ	VG (c)	**Fleshiness of disc**	**花盘肉质**		
		weak	弱	Luo Yang Hong	1
		medium	中	Hua Xia Yi Pin Huang	2
		strong	强	Hua Xia Hong	3
42. (*) PQ	VG (c)	**Pistil: color of disc**	**雌蕊：花盘颜色**		
		yellowish white	泛黄白色	Renkaku，Xue Lian	1
		yellow	黄色	Hua Xia Yi Pin Huang	2
		pink	粉色	Zhao Fen	3
		purple red	紫红色	Xue Hai Dan Xin	4
		dark purple	深紫色	Yan Long Zi Zhu Pan	5
43. (*) (+) QL	VG (c)	**Petaloid pistil**	**雌蕊瓣化瓣**		
		absent	无		1
		present	有		9
44. (*) (+) PQ	VG (c)	**Petaloid pistil: type**	**雌蕊瓣化瓣：类型**		
		only stigma	仅柱头瓣化		1
		partly petaloid	部分瓣化		2
		completely petaloid	完全瓣化		3
45. (*) PQ	VG (c)	**Petaloid pistil: color**	**雌蕊瓣化瓣：颜色**		
		white only	仅白色	Zhi Hong Zheng Yan	1
		green and white	绿色和白色	Yan Zhi Dian Cui	2
		green only	仅绿色	Kun Shan Ye Guang	3
		green and red	绿色和红色	Wu Long Peng Sheng	4
46. (*) QN	VG (c)	**Flower: fragrance**	**花：香味**		
		weak	弱	Yu Ban Bai	1
		medium	中	Luo Yang Hong	2
		strong	强	Guan Qun Fang	3
47. (*) QN	VG (c)	**Flowering stem: lateral flowers**	**花枝：侧花**		
		none	无	Luo Yang Hong	1
		one or two	1 朵或 2 朵	Zi Mei You Chun	2
		more than two	大于 2 朵	High Noon	3
48. (*) (+) QN	VG (c)	**Plant: position of flower in relation to foliage**	**植株：花相对于叶簇位置**		
		within	里面	Cang Zhi Hong	1
		same level or nearly same level	等高或近高	Cong Zhong xiao	3
		above	上面	Kao	5
49. (*) (+) QN	MG	**Time of beginning of flowering**	**始花期**		
		early	早	Huo Lian Jin Dan	3
		medium	中	Luo Yang Hong	5
		late	晚	High Noon	7

8 性状表解释

8.1 对多个性状的解释

性状表第二列包含以下标注的性状应按照下述要求观测。

（a）对混合芽形状和颜色的观测应在秋季落叶后，在当年生花枝上的顶端第一个侧芽进行观测。

（b）除叶片颜色外，对叶柄、叶、小叶的观测应在当年生花枝基部生长 3～4 年完全成熟的叶片进行。

（c）对花、花瓣、雄蕊和雌蕊的观测，应在主要花枝上的顶生花上进行。对花瓣的观测应在花完全开放时进行。对花型的观测应观测花的复杂类型中的大部分。

（d）对斑块的观测应在花完全开放时，对第一和第二内轮花瓣进行观测。斑块为内侧花瓣基部形状不规则的大小斑点。

8.2 对单个性状的解释

性状 1：植株生长习性

观测应在冬天落叶后进行。

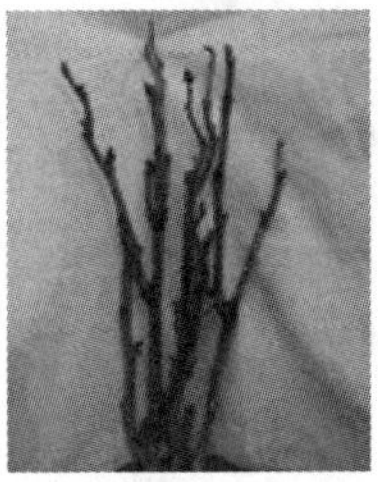

1
直立

2
半直立

3
平展

性状 2：一年生枝条长度

观测当年生枝条，叶片掉落时观测，基部嫩枝除外。

性状 3：混合芽侧视形状

1
窄卵形

3
中等卵形

5
阔卵形

性状 6：植株高度

植株开花时观测。

性状 7：嫩梢颜色

嫩梢指枝条长度小于 10 cm 的枝条，嫩梢颜色不包括花芽。

性状 8：叶相对于茎姿态

1
直立

2
半直立

3
水平

性状 9：叶类型

1
一回羽状复叶

2
二回羽状复叶

3
三回羽状复叶

性状 10：叶长度

性状 11：叶宽度

性状 17：叶柄长度

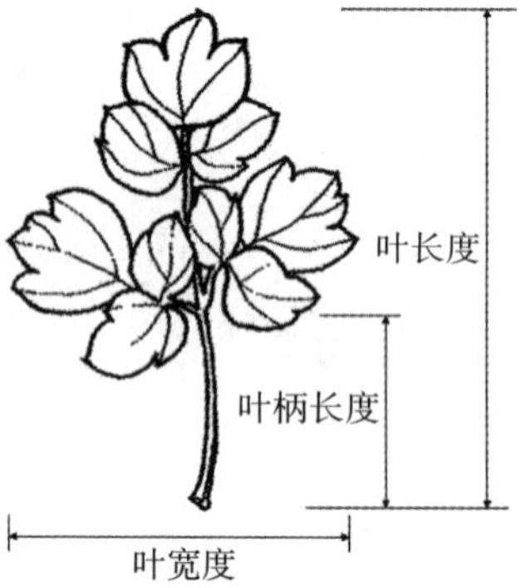

性状 12：叶上表面颜色

在始花期观测。

性状 15：侧小叶形状

性状 16：侧小叶缺刻深度

观测小叶轮廓形状。

 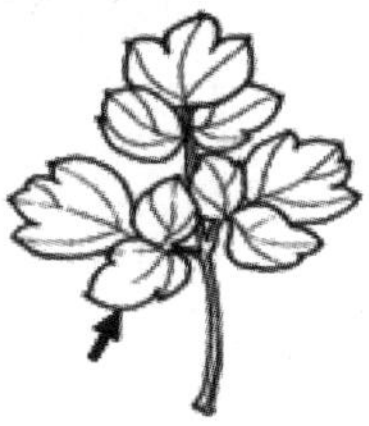 

观测的侧小叶位置

性状 15：侧小叶形状

	←最宽处部分→	
	中下部	中间
宽（压缩）← 宽（长宽比）→窄（伸长）	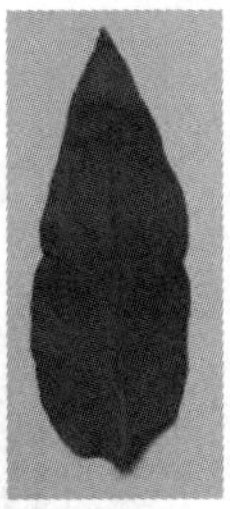 1 披针形	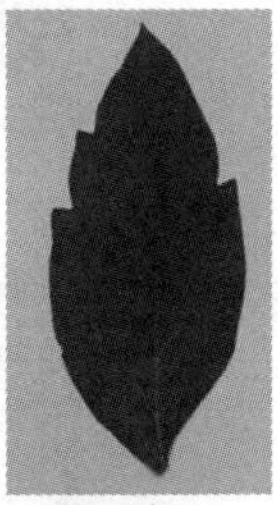 2 窄卵圆形
	 3 窄椭圆形	 4 阔椭圆形
	 5 阔卵圆形	

性状 16：侧小叶缺刻深度

缺刻是小叶凹痕，凹痕可能延伸到中脉，形成裂片。为避免混淆，小叶有叶柄，但裂片没有叶柄。

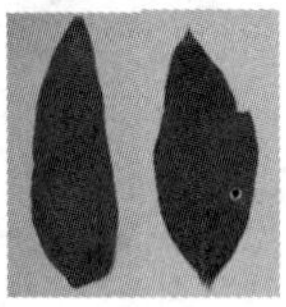				
1 无或极浅	3 浅	5 中	7 深	9 极深

性状 18：花芽侧视形状

花芽侧视形状应在花芽发育成熟，但开始转色之前观测。

<table>
<tr><td rowspan="4">宽（低）← 宽（长宽比）→窄（高）</td><td colspan="2">←最宽处部分→</td></tr>
<tr><td>中下部</td><td>中间</td></tr>
<tr><td>
1
窄卵圆形</td><td></td></tr>
<tr><td>
2
阔卵圆形</td><td>
3
圆形</td></tr>
<tr><td></td><td></td><td>
4
扁圆形</td></tr>
</table>

性状 19：植株花姿态

1 直立	2 水平	3 下弯

性状 20：花雄蕊瓣化瓣高度（相对于花瓣，仅适用于花类型为皇冠型、绣球型和台阁型品种）

性状 22：花类型

最复杂类型是花瓣和 / 或瓣化瓣数量最多的花。

花类型	代码	轮数	雄蕊瓣化瓣	雌蕊瓣化瓣	图解
单瓣型	1	1~3 轮	无	无	
金蕊型	2	2~3 轮	无雄蕊瓣化瓣，但雄蕊在中间大而亮丽，花药较大且花丝扁平	无	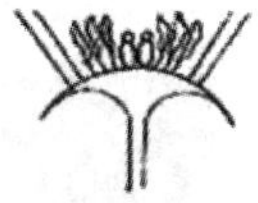
托桂型	3	2~3 轮	几乎所有都有雄蕊瓣化瓣，明显比正常花瓣小	无或退化	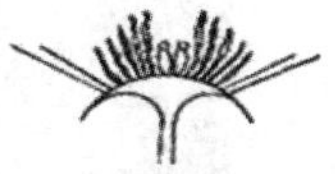
荷花型	4	4~5 轮	无	无	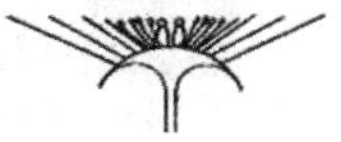
菊花型	5	6 轮，花瓣向中心逐渐变小	少量雄蕊瓣化瓣，在花中间	无	
蔷薇型	6	超过 6 轮，花瓣从外面至花中心变得越来越小	少量雄蕊瓣化瓣，多数雄蕊消失	无或少量或退化	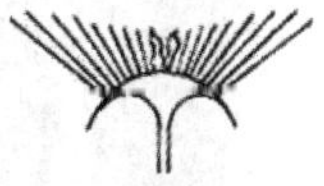
金环型	7	2~3 层	很多雄蕊瓣化瓣，正常残余的雄蕊在花瓣内侧和外侧围成一个黄色的圆圈	无或少量或退化	
皇冠型	8	1~3 轮	很多雄蕊瓣化瓣，从外面到里面完全瓣化，与一些不完全瓣化的雄蕊混合在一起，花中心高，呈皇冠型	少量，退化或消失	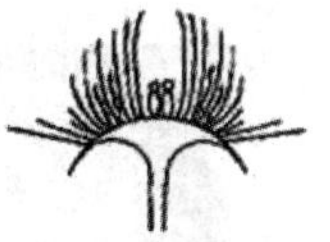
绣球型	9	1~3 轮	全部雄蕊瓣化瓣，完全瓣化，与正常花瓣相似，呈绣球型	全部雌蕊瓣化瓣，退化或消失	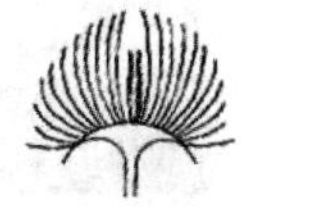
台阁型	10	1~3/4/5/6 轮	无雄蕊瓣化瓣，许多或全部雄蕊瓣化瓣	无，许多雌蕊瓣化瓣，完全瓣化或消失	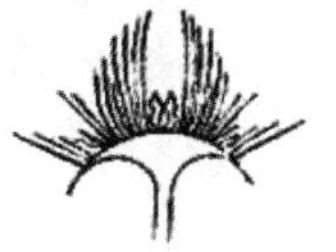

1
单瓣型

2
金蕊型

3
银莲花型 / 托桂型

4
荷花型

5
菊花型

6
蔷薇型

7
金环型

8
皇冠型

9
绣球型

10
台阁型

性状 23：花主色

性状 24：花次色

花主色指表面积最大的颜色，花次色指表面积第二大的颜色。如果主色和次色的区域面积相似，不能确定哪个是最大区域，那么较深的颜色被认为是主色。

主色不包括斑点和基部颜色。

性状 25：花次色分布

2

条纹状

3

块状

4

在中心

5

环状

6

沿边缘

代码 2 为条纹状（次色与雄蕊瓣化瓣有关，条纹呈现从基部到尖端）。

代码 3 为块状。

代码 4 为在中心。

代码 5 为环状（沿大多数花轮，不包括外轮，以圆形形式呈现）。

代码 6 为沿边缘。

性状 26：花瓣形状（瓣化瓣除外）

		←最宽处部分→
		在中间
宽（低）← 宽（长宽比）→窄（高）		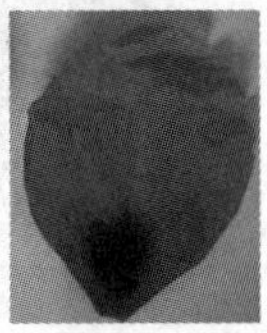 1 椭圆形
		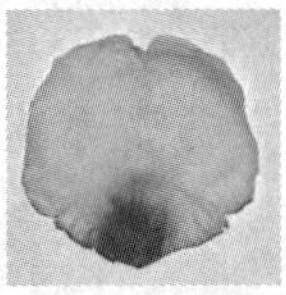 2 圆形
		 3 扁圆形

性状 27：花瓣尖端缺刻（瓣化瓣除外）

1
无或极弱

3
中

5
极强

性状 28：花瓣斑块

1
无

9
有

性状 29：花瓣斑块长度
极短（代码 1）小于花瓣长度的 1/8。
短（代码 2）花瓣长度的 1/8 至 1/4。
中（代码 3）花瓣长度的 1/4 至 3/8。
长（代码 4）花瓣长度的 3/8 至 1/2。
极长（代码 5）超过花瓣长度的 1/2。
性状 30：花瓣斑块宽度
斑块宽度指花瓣最宽处部分。
性状 32：花瓣斑块中心白线

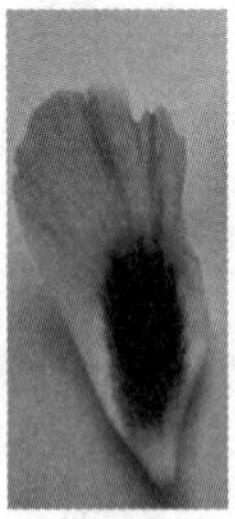
1
无或极不明显

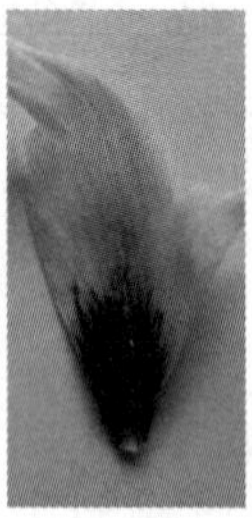
2
中等明显

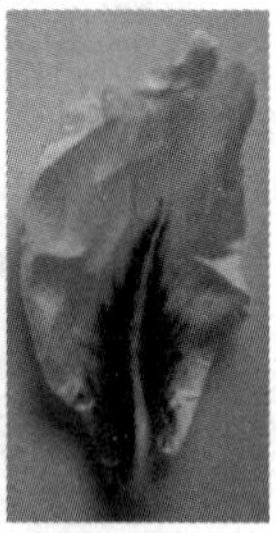
3
非常明显

性状 35：雄蕊瓣化瓣类型（仅适用于雄蕊瓣化品种）

1
雄蕊状

2
花瓣状

性状 36：花药明显程度（仅适用于雄蕊瓣化品种）

1
不明显

2
中等明显

3
非常明显

性状 39：雌蕊花盘开放性

花盘开放性通过心皮可见性评估。

闭合（代码 1）：心皮被花盘完全封闭，且不可见。

部分开放（代码 2）：心皮被花盘部分封闭，且部分可见。

完全开放（代码 3）：心皮仅基部被花盘封闭，且完全露出。

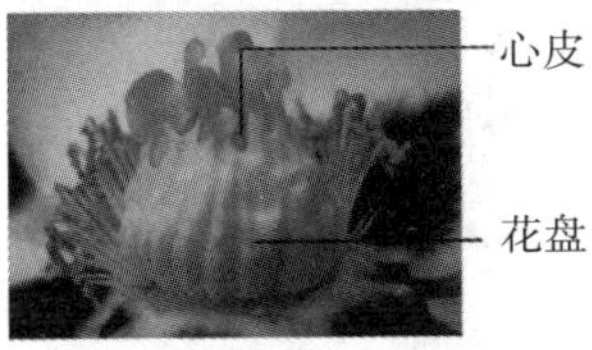

1
闭合

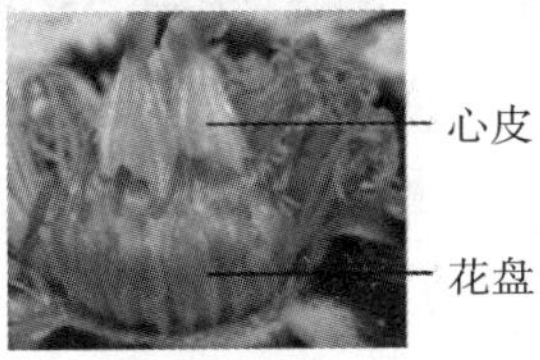

2
部分开放

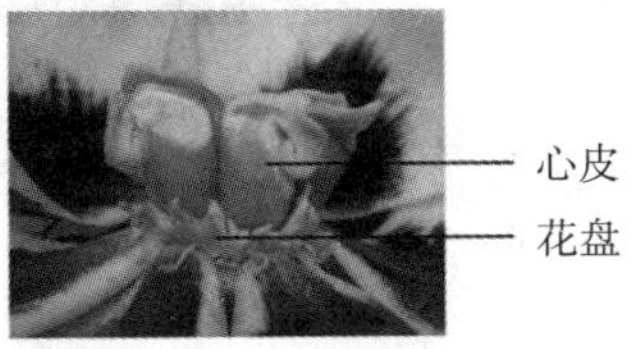

3
完全开放

性状 41：花盘肉质

1
弱

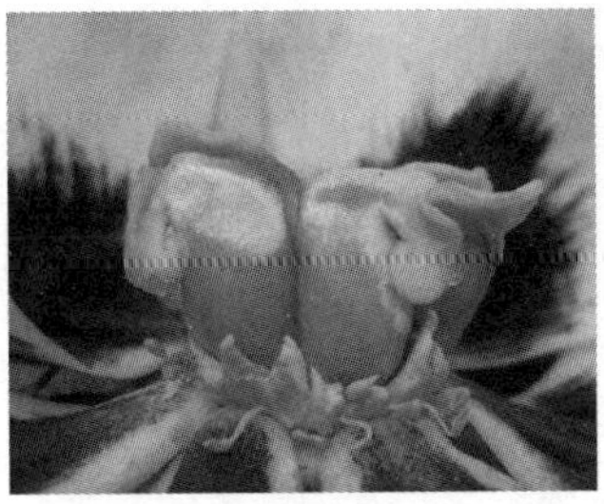
2
中

3
强

性状 43：雌蕊瓣化瓣

1
无

9
有

性状 44：雌蕊瓣化瓣类型

1
仅柱头瓣化

2
部分瓣化

3
完全瓣化

性状 48：植株花相对于叶簇位置

1
里面

3
等高或近高

5
上面

性状 49：始花期

始花期指第一次开花时有 10% 的花芽开放。

扫码下载原文

如扫描二维码无法下载指南原文，可能是指南版本有更新，可扫描本书封底二维码查看与本文对应的指南版本

TG/298/1
原文：英文
日期：2014-04-09

国际植物新品种保护联盟
植物品种特异性、一致性和稳定性
测试指南

飘香藤

UPOV 代码：MANDE_SAN；MANDE_AMA

［*Mandevilla sanderi* (Hemsl.) Woodson；
Mandevilla xamabilis (Backh. & Backh. f.) Dress］

互用名称＊

植物学名称	英文	法文	德文	西班牙文
Mandevilla sanderi (Hemsl.) Woodson, *Dipladenia sanderi* Hemsl., *Dipladenia xamoena* T. Moore	Brazilian-jasmine	Dipladénia, Mandevilla	Brasiljasmin	
Mandevilla xamabilis (Backh. & Backh. f.) Dress, *Dipladenia xamabilis* Backh. & Backh. f.				

＊ 这些名称在指南开始使用时是正确的，但随后可能会修改更新。读者可登录 UPOV 网站（www.upov.int），获取最新资料。

1 指南适用范围

本指南适用于飘香藤［*Mandevilla sanderi*（Hemsl.）Woodson］和杂交种双腺藤［*Mandevilla* × *amabilis*（Backh. & Backh. f.）Dress.］的所有品种。

2 繁殖材料要求

2.1 待测品种繁殖材料的数量和质量要求以及提交的时间和地点由主管机构决定。申请人从测试所在国境外提交繁殖材料的，还应符合海关规定并满足相关植物检疫的要求。

2.2 繁殖材料以幼小植株的形式提交，所提交的植株必须在第一个生长周期就能表达出该品种的所有相关性状。

2.3 申请人提交繁殖材料的最小数量为 10 个植株。

2.4 提供的繁殖材料应外观健康有活力，未受到任何严重病虫害的影响。

2.5 提交的繁殖材料不得进行任何可能影响品种性状表达的处理，除非主管机构允许或要求进行这种处理。如果材料已经处理，必须提供相关处理的详细说明。

3 测试方法

3.1 生长周期

测试的最少周期数量通常为 1 个生长周期。

3.2 测试地点

测试通常在 1 个地点进行。在 1 个以上地点进行测试时，TGP/9《特异性测试》提供了有关指导。

3.3 测试条件

测试的条件应能满足品种正常生长的需要，以确保品种相关性状充分表达和测试的顺利开展。

3.4 试验设计

3.4.1 每个试验应保证至少有 10 个植株。

3.4.2 试验设计应保证因测量或计数等需要，从小区取走部分植株或植株部位后，不影响生长周期结束前的所有观测。

3.5 附加测试

为测试有关性状，可以进行附加测试。

4 特异性、一致性和稳定性评价

4.1 特异性

4.1.1 一般建议

对于本指南的使用者而言，在判定特异性前参照总则特异性判定的一般原则十分重要。但为进一步说明和强调特异性判定，本指南特列出特异性判定的要点。

4.1.2 一致的差异

当观测到的品种之间的差异非常明显时，则没有必要种植 1 个以上生长周期。此外，在某些情况下，环境的影响并不意味着需要 1 个以上的生长周期来保证品种间观察到的差异是足够一致的。为确保在种植试验中所观测到的性状差异是足够一致的，可以对性状进行至少 2 个独立生长周期的测试。

4.1.3 明显的差异

两个品种间的差异是否明显取决于很多因素，特别应考虑所测性状的表达类型，即该性状是质量性状、数量性状还是假质量性状。因此，在作出关于特异性的判定前，本测试指南的使用者应熟悉总则中的建议。

4.1.4 植株 / 植株部位的观测数量

除非另有说明，在判定特异性时，对于单株的观测，应观测 9 个植株或分别从 9 个植株取下的植株部位；对于其他观测，应观测试验中的所有植株。观测时应将异型株排除在外。

4.1.5 观测方法

性状表第二列以如下符号（见 TGP/9《特异性测试》第 4 部分“性状观测”）的形式列出了特异性判定时推荐的性状观测方法。

MG：对一批植株或植株部位进行单次测量。

MS：对一定数量的植株或植株部位进行逐一测量。

VG：对一批植株或植株部位进行单次目测。

VS：对一定数量的植株或植株部位进行逐一目测。

观测类型：目测（V）或测量（M）。

目测（V）是一种基于专家判断的观测方法。本文中的目测是指专家的感官观察，因此，也包括闻、尝和触摸。目测也包括专家使用参照物（例如图表，标准品种，并排比较）或非线性的图表（例如比色卡）的观测。测量（M）是一种基于校准的、线性尺度的客观观测，例如使用尺、秤、色度计、日期和计数等进行观测。

记录类型：群体记录（G）或个体记录（S）。

以特异性为目的的观测，可被记录为一批植株或植株部位的单个记录（G），或者记录为一定数量的单个植株或植株部位的个体记录（S）。多数情况下，群体记录为一个品种提供一个单个记录，因此不可能或者不必要通过逐个植株的统计分析来判定特异性。

如果性状表中提供了不止一种观测方法（如 VG/MG），可以参考 TGP/9《特异性测试》4.2 部分选择合适的观测方法。

4.2 一致性

4.2.1 对于本指南的使用者而言，在判定一致性前参照总则一致性判定的一般原则十分重要。但为进一步说明和强调一致性判定，本指南特列出一致性判定的要点。

4.2.2 评价一致性时，应采用 1% 的群体标准和至少 95% 的接受概率。当样本量为 10 个时，允许有 1 个异型株。

4.3 稳定性

4.3.1 在实际操作中，通常不像测试特异性和一致性那样对稳定性进行测试以得到明确结果。经验表明，对许多类型的品种来说，当一个品种表现一致时，可认为其是稳定的。

4.3.2 适当情况下或者有疑问时，可以采用种植该品种的新的一批种苗对其稳定性进行测试，看其性状表现是否与之前提交的材料表现相同。

5 品种分组和试验组织

5.1 使用分组性状可以帮助选择与申请品种一起进行田间种植试验的已知品种，以及对这些品种进行合适分组以便进行特异性评价。

5.2 分组性状表达状态的数据即使来自不同地点，也可以单独或者与其他此类性状联合使用。

（a）用于特异性测试中筛选排除那些不需要安排在种植试验中的已知品种。

（b）用于组织安排种植试验，使近似品种种植在一起。

5.3 以下性状已被确认为有用的分组性状。

（a）植株：卷须数量（性状 2）。

（b）茎：节间长度（性状 5）。

（c）叶片：叶脉间皱褶（性状 21）。

（d）花冠：直径（性状 36）。

（e）花冠喉：形状（性状 41）。

（f）花冠裂片：上表面主色（性状 48），分组如下。

第一组：白色。

第二组：黄色。

第三组：粉色。

第四组：红色。

第五组：紫红色。

5.4 总则和 TGP/9《特异性测试》中提供了在特异性审查过程中使用分组性状的指导。

6 性状表介绍

6.1 性状类型

6.1.1 标准指南性状

标准指南性状是 UPOV 已同意用于 DUS 审查的性状，UPOV 成员可以从中选择与其特定环境相适应的性状。

6.1.2 星号性状

星号性状（用“*”标记）是测试指南中对于形成国际统一的品种描述十分重要的性状，所有 UPOV 成员都应将其用于 DUS 测试并包含在品种描述中，除非前序性状的表达或区域环境条件所限使其无法测试。

6.2 表达状态及相应代码

6.2.1 为定义性状和统一描述，将每个性状划分为一系列表达状态。每个表达状态赋予一个相应的数字代码，以便于数据记录，以及品种性状描述的建立和交流。

6.2.2 对于质量性状和假质量性状（6.3），性状表中列出了所有表达状态。但对于有 5 个或 5 个以上表达状态的数量性状，可以采用缩略尺度的方法，以缩短性状表格。例如，对于有 9 个表达状态的数量性状，在测试指南的性状表中可采用以下缩略形式。

表达状态	代码
小	3
中	5
大	7

但是应该指出的是，以下 9 个表达状态都是存在的，应采用适宜的表达状态用于品种的描述。

表达状态	代码
极小	1
极小到小	2
小	3
小到中	4
中	5

续表

表达状态	代码
中到大	6
大	7
大到极大	8
极大	9

6.2.3 TGP/7《测试指南的研制》中提供了表达状态和代码的更详尽的介绍。

6.3 表达类型

总则中对性状表达类型（质量性状、数量性状和假质量性状）进行了解释。

6.4 标准品种

适当时，测试指南中提供了标准品种用于校正性状的表达状态。

6.5 注释

（*）星号性状（6.1.2）。

QL：质量性状（6.3）。

QN：数量性状（6.3）。

PQ：假质量性状（6.3）。

MG、MS、VG、VS：观测方法（4.1.5）。

（a）～（d）性状表解释（8.1）。

（+）性状表解释（8.2）。

7 性状表

性状编号	观测方法	英文	中文	标准品种	代码
1. QN	VG	**Plant: density of foliage**	**植株：叶的密度**		
		sparse	疏		3
		medium	中	Scarlet Pimpernel	5
		dense	密	Red Fantasy	7
2. （*） QN	VG/ MS	**Plant: number of climbing tendrils**	**植株：卷须数量**		
		none or few	无或少	Scarlet Pimpernel	1
		medium	中	Sunmandecrim	2
		many	多	Sunmandetomi	3
3. QN	VG （a）	**Young stem: intensity of green color**	**嫩茎：绿色程度**		
		light	浅		1
		medium	中		2
		dark	深		3
4. （*） QN	VG （a）	**Young stem: anthocyanin coloration**	**嫩茎：花青苷显色**		
		absent or very weak	无或极弱	Sunparacoho	1
		weak	弱	Alegnuflor 704	2
		moderate	中	Cotton Candy	3
		strong	强	Gendipred	4
5. （*） （+） QN	VG/ MS	**Stem: length of internode**	**茎：节间长度**		
		short	短	Cotton Candy	3
		medium	中	Lanoregon	5
		long	长	Sunpararenga	7

续表

性状编号	观测方法	英文	中文	标准品种	代码
6. (*) QL	VG	**Stem: pubescence**	**茎：茸毛**		
		absent	无	Sunparacoho	1
		present	有	Scarlet Velvet	9
7. (*) (+) QL	VG (b)	**Leaf: arrangement**	**叶：排列**		
		opposite	对生	Julie	1
		decussate	交互对生	Sunmandetomi	2
8. QN	VG/ MS (b)	**Petiole: length**	**叶柄：长度**		
		short	短	Cotton Candy	1
		medium	中	Sunparacoho	2
		long	长	Sunpararenga	3
9. QN	VG (b)	**Petiole: intensity of green color**	**叶柄：绿色程度**		
		light	浅		1
		medium	中		2
		dark	深		3
10. (*) QN	VG (b)	**Petiole: anthocyanin coloration**	**叶柄：花青苷显色**		
		absent or very weak	无或极弱	Sunparacoho	1
		weak	弱	Lanoregon	2
		moderate	中	Laniowa	3
		strong	强	Gendipdured	4
11. (*) QL	VG (b)	**Petiole: pubescence**	**叶柄：茸毛**		
		absent	无	Crimson Silk	1
		present	有	Scarlet Velvet	9
12. QN	VG/ MS (b)	**Leaf blade: length**	**叶片：长度**		
		short	短	Lannevada	3
		medium	中	Lanoregon	5
		long	长	Cotton Candy	7
13. QN	VG/ MS (b)	**Leaf blade: width**	**叶片：宽度**		
		narrow	窄	Lanoregon	3
		medium	中	Sunparamiho	5
		broad	宽	Gendiprote	7
14. (+) QN	VG/ MS (b)	**Leaf blade: ratio length/width**	**叶片：长宽比**		
		low	低		1
		medium	中		2
		high	高		3
15. QN	VG (b)	**Leaf blade: position of broadest part**	**叶片：最宽处的位置**		
		towards base	近基部		1
		at middle	中部		2
		towards apex	近先端		3
16. (*) (+) PQ	VG (b)	**Leaf blade: shape of apex**	**叶片：先端形状**		
		acuminate	渐尖	Sunparacoho	1
		acute	锐尖	Monrey	2
		rounded	圆形	Lancalifornia	3
17. (+) PQ	VG (b)	**Leaf blade: shape of base**	**叶片：基部形状**		
		acute	锐尖	Summer Dress	1
		rounded	圆形	Sunmandeho	2
		cordate	心形	Rose Giant	3

续表

性状编号	观测方法	英文	中文	标准品种	代码
18. PQ	VG (b) (d)	**Leaf blade: main color**	**叶片：主色**		
		whitish yellow	泛白黄色		1
		yellow green	黄绿色		2
		light green	浅绿色		3
		medium green	中等绿色	Cotton Candy	4
		dark green	深绿色	Gendipred	5
19. PQ	VG (b) (d)	**Leaf blade: secondary color**	**叶片：次色**		
		none	无		1
		whitish yellow	泛白黄色		2
		yellow green	黄绿色		3
		light green	浅绿色		4
		medium green	中等绿色		5
		dark green	深绿色		6
20. QN	VG (b)	**Leaf blade: glossiness of upper side**	**叶片：上表面光泽**		
		weak	弱		1
		medium	中	Celine	2
		strong	强	Lanoregon	3
21. (*) (+) QN	VG (b)	**Leaf blade: bulging between veins**	**叶片：叶脉间皱褶**		
		absent or very weak	无或极弱	Alegnuflor 704	1
		weak	弱	Gendiprote	2
		medium	中	Sunparacopapi	3
		strong	强	Cotton Candy	4
22. QL	VG (b)	**Leaf blade: pubescence of upper side**	**叶片：上表面茸毛**		
		absent	无	Crimson Silk	1
		present	有	Scarlet Velvet	9
23. QN	VG (b)	**Leaf blade: intensity of green color of lower side**	**叶片：下表面绿色程度**		
		light	浅	Cotton Candy	1
		medium	中	Celine	2
		dark	深	Gendiprote	3
24. (*) QL	VG (b)	**Leaf blade: pubescence of lower side**	**叶片：下表面茸毛**		
		absent	无	Celine	1
		present	有		9
25. (+) QN	VG (b)	**Leaf blade: shape in cross section**	**叶片：横切面形状**		
		incurving	内弯	Crimson Silk	1
		straight	平展	Lanwisconsin	2
		recurving	外弯		3
26. (*) QN	VG (b)	**Leaf blade: undulation of margin**	**叶片：边缘波状**		
		absent or very weak	无或极弱	Laniowa	1
		weak	弱	Lanidaho	2
		medium	中	Sunpararenga	3
		strong	强		4
27. QN	VG/ MS (c)	**Pedicel: length**	**花梗：长度**		
		short	短	Sunpararenga	1
		medium	中	Lanarizona	2
		long	长	Sunparacoho	3

续表

性状编号	观测方法	英文	中文	标准品种	代码
28. QN	VG (c)	**Pedicel: intensity of green color**	**花梗：绿色程度**		
		light	浅	Crimson Silk	1
		medium	中	Lanmissouri	2
		dark	深		3
29. (*) QN	VG (c)	**Pedicel: anthocyanin coloration**	**花梗：花青苷显色**		
		absent or weak	无或弱	Cotton Candy	1
		medium	中	Lanmissouri	2
		strong	强	Scarlet Velvet	3
30. (*) QL	VG (c)	**Pedicel: pubescence**	**花梗：茸毛**		
		absent	无	Cotton Candy	1
		present	有		9
31. (*) (+) PQ	VG (c)	**Flower bud: shape**	**花蕾：形状**		
		trullate	盾形		1
		rhombic	菱形		2
		obtrullate	倒盾形	Alegnuflor 711	3
32. (*) (+) QL	VG (c)	**Flower: type**	**花：类型**		
		single	单瓣		1
		double	重瓣		2
33. QN	VG/ MS (c)	**Calyx: length**	**花萼：长度**		
		short	短	Sunparacoho	1
		medium	中	Laniowa	2
		long	长		3
34. PQ	VG (c) (d)	**Calyx: main color of basal half**	**花萼：基部 1/2 主色**		
		light green	浅绿色	Laniowa	1
		medium green	中等绿色	Crimson Silk	2
		dark green	深绿色		3
		light red	浅红色		4
		medium red	中等红色		5
		dark red	深红色		6
35. (*) PQ	VG (c) (d)	**Calyx: main color of distal half**	**花萼：上半部主色**		
		light green	浅绿色	Sunparacoho	1
		medium green	中等绿色	Lanminesota	2
		dark green	深绿色		3
		light red	浅红色	Lanwisconsin	4
		medium red	中等红色	Lanmissouri	5
		dark red	深红色		6
36. (*) (+) QN	VG/ MS (c)	**Corolla: diameter**	**花冠：直径**		
		small	小	Cotton Candy	3
		medium	中	Lanmissouri	5
		large	大	Scarlet Velvet	7
37. (+) QN	VG/ MS (c)	**Corolla tube: length**	**花冠筒：长度**		
		short	短	Cotton Candy	1
		medium	中	Alegnuflor 711	2
		long	长	Laniowa	3

续表

性状编号	观测方法	英文	中文	标准品种	代码
38. (*) (+) PQ	VG (c)	**Corolla tube：color of outer side**	**花冠筒：外侧颜色**		
		RHS Colour Chart (indicate reference number)	RHS 比色卡 (注明参考色号)		
39. (*) (+) QN	VG/ MS (c)	**Corolla throat：length**	**花冠喉：长度**		
		short	短	Sunparacoho	1
		medium	中	Lannevada	2
		long	长	Lanwisconsin	3
40. (+) QN	VG/ MS (c)	**Corolla throat：width of distal part**	**花冠喉：远基端宽度**		
		narrow	窄	Sunparacoho	1
		medium	中	Cotton Candy	2
		broad	宽	Scarlet Velvet	3
41. (*) (+) PQ	VG (c)	**Corolla throat：shape**	**花冠喉：形状**		
		funnel-shaped	漏斗形		1
		campanulate	钟形		2
		tubular	管形		3
42. PQ	VG (c)	**Corolla throat：color of basal half of outer side**	**花冠喉：外侧基部 1/2 颜色**		
		RHS Colour Chart (indicate reference number)	RHS 比色卡 (注明参考色号)		
43. (*) PQ	VG (c)	**Corolla throat：color of distal half of outer side**	**花冠喉：外侧远基端 1/2 颜色**		
		RHS Colour Chart (indicate reference number)	RHS 比色卡 (注明参考色号)		
44. PQ	VG (c)	**Corolla throat：color of basal half of inner side**	**花冠喉：内侧基部 1/2 颜色**		
		RHS Colour Chart (indicate reference number)	RHS 比色卡 (注明参考色号)		
45. (*) PQ	VG (c)	**Corolla throat：color of distal half of inner side**	**花冠喉：内侧远基端 1/2 颜色**		
		RHS Colour Chart (indicate reference number)	RHS 比色卡 (注明参考色号)		
46. (*) (+) QN	VG (c)	**Corolla lobe：symmetry**	**花冠裂片：对称性**		
		symmetric or slightly asymmetric	对称或微不对称		1
		moderately asymmetric	中度不对称		2
		strongly asymmetric	极度不对称		3
47. (*) (+) PQ	VG (c)	**Corolla lobe：shape of apex**	**花冠裂片：先端形状**		
		acuminate	渐尖	Crimson Silk	1
		acute	锐尖	Lanarizona	2
		rounded	圆形		3
48. (*) PQ	VG (c) (d)	**Corolla lobe：main color of upper side**	**花冠裂片：上表面主色**		
		RHS Colour Chart (indicate reference number)	RHS 比色卡 (注明参考色号)		
49. (*) PQ	VG (c) (d)	**Corolla lobe：secondary color of upper side**	**花冠裂片：上表面次色**		
		none	无		1
		RHS Colour Chart (indicate reference number)	RHS 比色卡 (注明参考色号)		

续表

性状编号	观测方法	英文	中文	标准品种	代码
50. QN	**VG (c)**	**Corolla lobe: recurving of margin**	**花冠裂片：边缘外弯**		
		weak	弱		3
		medium	中	Red Fantasy	5
		strong	强	Sunmandecrim	7
51. QN	**VG (c)**	**Corolla lobe: undulation of margin**	**花冠裂片：边缘波状**		
		weak	弱	Lanoregon	1
		medium	中	Crimson Silk	2
		strong	强	Lanmissouri	3
52. (+) QN	**VG (c)**	**Corolla lobe: shape of distal part in longitudinal section**	**花冠裂片：远基端纵切面形状**		
		concave	凹	Crimson Silk	1
		straight	平	Lanmontana	2
		convex	凸	Alegnuflor 711	3
53. PQ	**VG (c)**	**Filament: color**	**花丝：颜色**		
		yellowish white	泛黄白色	Scarlet Velvet	1
		light yellow	浅黄色	Lanwisconsin	2
		medium yellow	中等黄色	Gendipred	3
		light green	浅绿色	Lanarizona	4
		medium green	中等绿色		5
54. PQ	**VG (c)**	**Anther: color**	**花药：颜色**		
		white	白色	Gendipred	1
		light yellow	浅黄色	Lanmissouri	2
		light green	浅绿色	Gendipros	3
55. PQ	**VG (c)**	**Ovary: color**	**子房：颜色**		
		white	白色		1
		light yellow	浅黄色		2
		light green	浅绿色	Cotton Candy	3

8 性状表解释

8.1 对多个性状的解释

当第三个总状花序 50% 的花开放时进行植株和茎的观测。

性状表第二列包含以下标注的性状应按照下述要求观测。

（a）嫩茎是指非木质化的茎。

（b）叶的观测应在完全展开的叶上进行。

（c）花和花梗的观测应在完全开放的花上进行。

（d）主色是指覆盖面积最大的颜色。次色（如果存在）是指覆盖面积第二大的颜色。当主色与次色的区域十分相近很难区分哪一种颜色区域最大时，最浅的颜色被认为是主色。

8.2 对单个性状的解释

性状 5：茎节间长度

节间长度应观测植株中部 1/3 处。

性状 7：叶排列

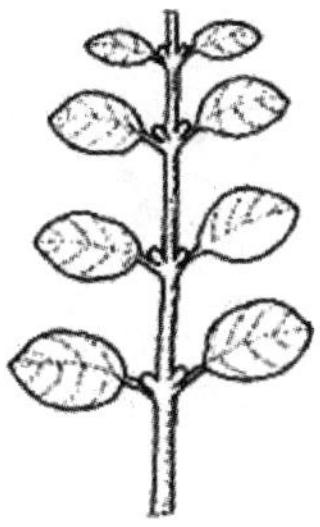

1
对生

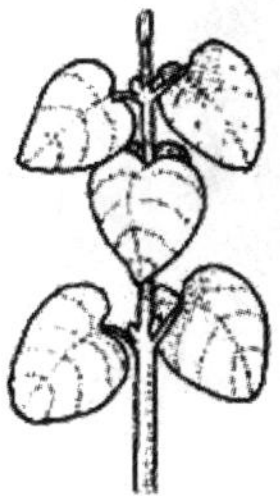

2
交互对生

性状 14：叶片长宽比

1
低

2
中

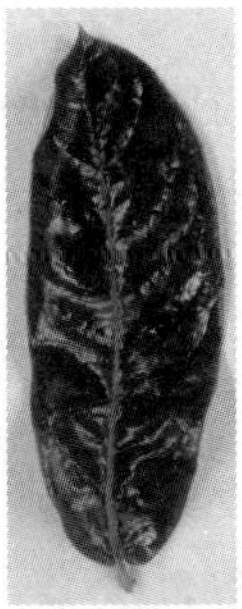

3
高

性状 16：叶片先端形状

1
渐尖

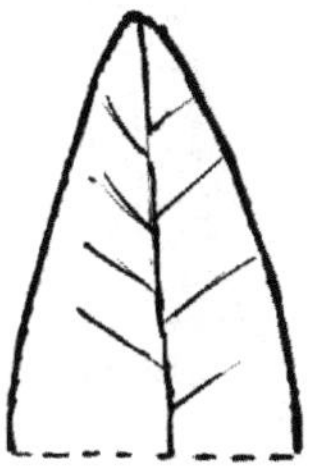

2
锐尖

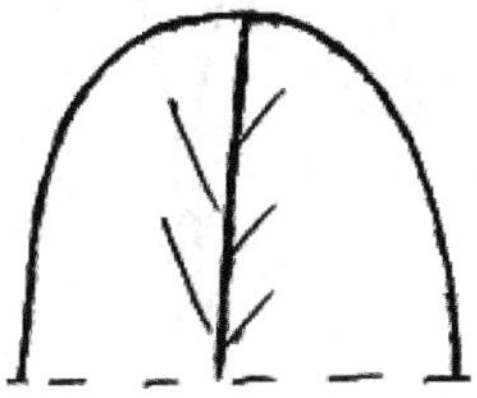

3
圆形

性状 17：叶片基部形状

1 锐尖　2 圆形　3 心形

性状 21：叶片叶脉间褶皱

1 无或极弱　2 弱　3 中　4 强

性状 25：叶片横切面形状

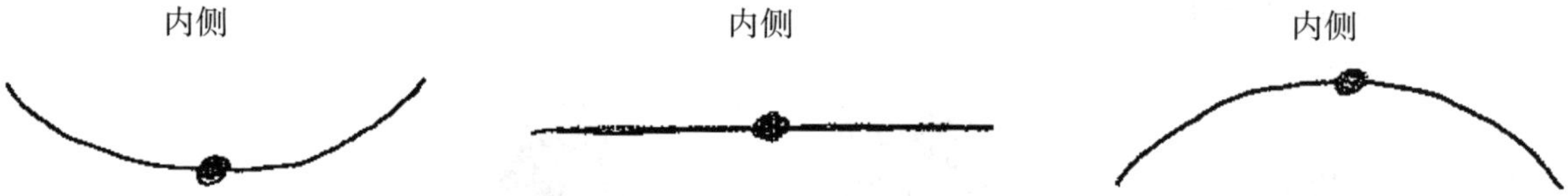

1 内弯　2 平展　3 外弯

性状 31：花蕾形状

花的观测应在花即将开放前进行。

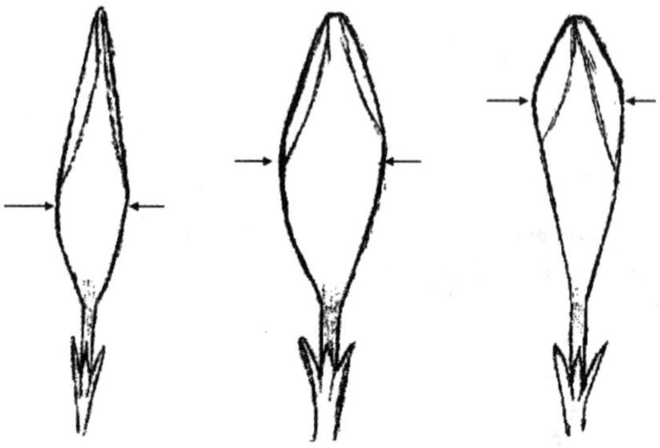

1 盾形　2 菱形　3 倒盾形

性状 32：花类型

重瓣品种是指具似花瓣的退化雄蕊的品种。

1
单瓣

2
重瓣

性状 36：花冠直径

性状 37：花冠筒长度

性状 38：花冠筒外侧颜色

性状 39：花冠喉长度

性状 40：花冠喉远基端宽度

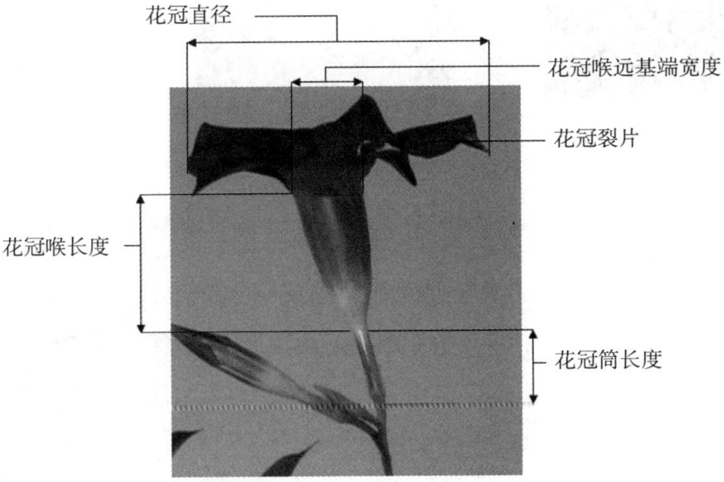

性状 41：花冠喉形状

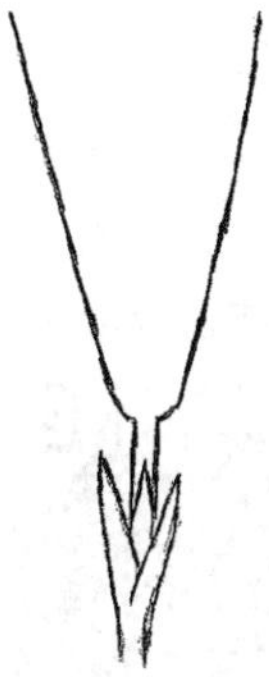

1
漏斗形

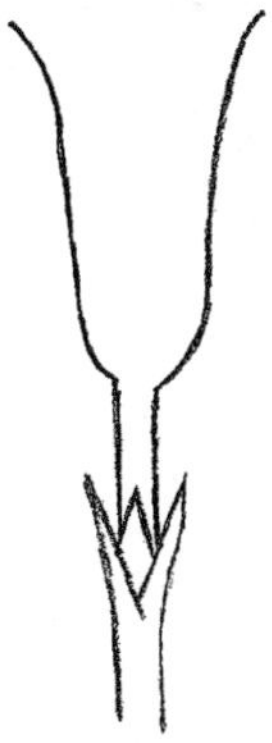

2
钟形

3
管形

性状 46：花冠裂片对称性

1
对称或微不对称

2
中度不对称

3
极度不对称

性状 47：花冠裂片先端形状

1
渐尖

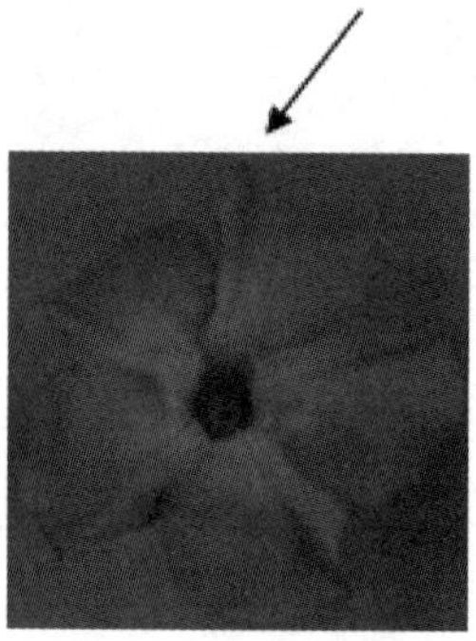

2
锐尖

3
圆形

性状 52：花冠裂片远基端纵切面形状

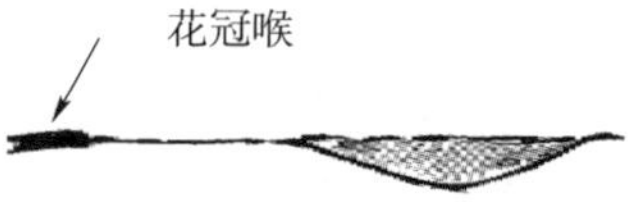

1
凹

2
平

3
凸

扫码下载原文

如扫描二维码无法下载指南原文，可能是指南版本有更新，可扫描本书封底二维码查看与本文对应的指南版本

TG/299/1
原文： 英文
日期： 2014-04-09

国际植物新品种保护联盟
植物品种特异性、一致性和稳定性
测试指南

玉簪属

UPOV 代码：HOSTA

（*Hosta* Tratt.）

互用名称 *

植物学名称	英文	法文	德文	西班牙文
Hosta Tratt.	Funkia, Hosta, Plantain Lily	Funkia, Hémérocalle du Japon	Funkie	Hosta

* 这些名称在指南开始使用时是正确的，但随后可能会修改更新。读者可登录 UPOV 网站（www.upov.int），获取最新资料。

1 指南适用范围

本指南适用于玉簪属（*Hosta* Tratt.）的所有品种。

2 繁殖材料要求

2.1 待测品种繁殖材料的数量和质量要求以及提交的时间和地点由主管机构决定。申请人从测试所在国境外提交繁殖材料的，还应符合海关规定并满足相关植物检疫的要求。

2.2 繁殖材料以两年生植株的形式提供，植株即将开花且能够在第一年测试时表达所有性状。

2.3 申请人提交繁殖材料的最小数量为 20 个植株。

2.4 提供的繁殖材料应外观健康有活力，未受到任何严重病虫害影响。

2.5 提交的繁殖材料不得进行任何可能影响品种性状表达的处理，除非主管机构允许或要求进行这种处理。如果材料已经处理，必须提供相关处理的详细说明。

3 测试方法

3.1 生长周期

测试的最少周期数量通常为 2 个生长周期。

3.2 测试地点

测试通常在 1 个地点进行。在 1 个以上地点进行测试时，TGP/9《特异性测试》提供了有关指导。

3.3 测试条件

3.3.1 测试的条件应能满足品种正常生长的需要，以确保品种相关性状充分表达和测试的顺利开展。

3.3.2 由于日光变化的原因，在利用比色卡确定颜色时，应在一个合适的有人工光源照明的小室或中午无阳光直射的房间内进行。人工光源光谱分布应符合 CIE“理想日光标准 D6500”，且在《英国标准 950：第 1 部分》规定的允许范围之内。观测应将植株部位置于白背景下进行。品种描述中应指出比色卡及版本。

3.4 试验设计

3.4.1 每个试验应保证至少有 20 个植株。

3.4.2 试验设计应保证因测量或计数等需要，从小区取走部分植株或植株部位后，不影响生长周期结束前的所有观测。

3.5 附加测试

为测试有关性状，可以进行附加测试。

4 特异性、一致性和稳定性评价

4.1 特异性

4.1.1 一般建议

对于本指南的使用者而言，在判定特异性前参照总则特异性判定的一般原则十分重要。但为了进一步说明和强调特异性判定，本指南特列出特异性判定的要点。

4.1.2 一致的差异

当观测到的品种之间的差异非常明显时，则没有必要种植 1 个以上生长周期。此外，在某些情况下，环境的影响并不意味着需要 1 个以上的生长周期来保证品种间观测到的差异是足够一致的。为确保在种植试验中所观测到的性状差异是足够一致的，可以对性状进行至少 2 个独立生长周期的测试。

4.1.3 **明显的差异**

两个品种间的差异是否明显取决于很多因素，特别应考虑所测性状的表达类型，即该性状是质量性状、数量性状还是假质量性状。因此，在作出关于特异性的判定前，本测试指南的使用者应熟悉总则中的建议。

4.1.4 **植株 / 植株部位的观测数量**

除非另有说明，在判定特异性时，对于单株的观测，应观测 10 个植株或分别从 10 个植株取下的植株部位；对于其他观测，应观测试验中的所有植株。观测时应将异型株排除在外。

4.1.5 **观测方法**

性状表第二列以如下符号（见 TGP/9《特异性测试》第 4 部分“性状观测”）的形式列出了特异性判定时推荐的性状观测方法。

MG：对一批植株或植株部位进行单次测量。

MS：对一定数量的植株或植株部位进行逐一测量。

VG：对一批植株或植株部位进行单次目测。

VS：对一定数量的植株或植株部位进行逐一目测。

观测类型：目测（V）或测量（M）。

目测（V）是一种基于专家判断的观测方法。本文中的目测是指专家的感官观测，因此，也包括闻、尝和触摸。目测也包括专家使用参照物（例如图表，标准品种，并排比较）或非线性的图表（例如比色卡）的观测。测量（M）是一种基于校准的、线性尺度的客观观测，例如使用尺、秤、色度计、日期和计数等进行观测。

记录类型：群体记录（G）或个体记录（S）。

以特异性为目的的观测，可被记录为一批植株或植株部位的单个记录（G），或者记录为一定数量的单个植株或植株部位的个体记录（S）。多数情况下，群体记录为一个品种提供一个单个记录，因此不可能或者不必要通过逐个植株的统计分析来判定特异性。

如果性状表中提供了不止一种观测方法（如 VG/MG），可以参考 TGP/9 的 4.2《特异性测试》部分选择合适的观测方法。

4.2 **一致性**

4.2.1 对于本指南的使用者而言，在判定一致性前参照总则一致性判定的一般原则十分重要。但为进一步说明和强调一致性判定，本指南特列出一致性判定的要点。

4.2.2 评价一致性时，应采用 1% 的群体标准和至少 95% 的接受概率。当样本量为 20 个时，允许有 1 个异型株。

4.3 **稳定性**

4.3.1 在实际操作中，通常不像测试特异性和一致性那样对稳定性进行测试以得到明确结果。经验表明，对许多类型的品种来说，当一个品种表现一致时，可认为其是稳定的。

4.3.2 适当情况下或者有疑问时，稳定性的测试通过测试一批新的植株，看其性状表现是否与之前提交的材料表现相同。

5 品种分组和试验组织

5.1 使用分组性状可以帮助选择与申请品种一起进行田间种植试验的已知品种，以及对这些品种进行合适分组以便进行特异性评价。

5.2 分组性状表达状态的数据即使来自不同地点，也可以单独或者与其他此类性状联合使用。

（a）用于特异性测试中筛选排除那些不需要安排在种植试验中的已知品种。

（b）用于组织安排种植试验，使近似品种种植在一起。

5.3 以下性状已被确认为有用的分组性状。

（a）叶片：形状（性状 11）。

（b）叶片：主色，有以下 8 组。

第一组：白色。

第二组：浅黄色。

第三组：中等黄色。

第四组：深黄色。

第五组：浅绿色。

第六组：中等绿色。

第七组：深绿色。

第八组：蓝绿色。

（c）叶片：次色，有以下 8 组。

第一组：白色。

第二组：浅黄色。

第三组：中等黄色。

第四组：深黄色。

第五组：浅绿色。

第六组：中等绿色。

第七组：深绿色。

第八组：蓝绿色。

5.4 总则和 TGP/9《特异性测试》中提供了在特异性审查过程中使用分组性状的指导。

6 性状表介绍

6.1 性状类型

6.1.1 标准指南性状

标准指南性状是 UPOV 已同意用于 DUS 审查的性状，UPOV 成员可以从中选择与其特定环境相适应的性状。

6.1.2 星号性状

星号性状（用“*”标记）是测试指南中对于形成国际统一的品种描述十分重要的性状，所有 UPOV 成员都应将其用于 DUS 测试并包含在品种描述中，除非前序性状的表达或区域环境条件所限使其无法测试。

6.2 表达状态及相应代码

6.2.1 为定义性状和统一描述，将每个性状划分为一系列表达状态。每个表达状态赋予一个相应的数字代码，以便于数据记录，以及品种性状描述的建立和交流。

6.2.2 对于质量性状和假质量性状（6.3），性状表中列出了所有表达状态。但对于有 5 个或 5 个以上表达状态的数量性状，可以采用缩略尺度的方法，以缩短性状表格。例如，对于有 9 个表达状态的数量性状，在测试指南的性状表中可采用以下缩略形式。

表达状态	代码
小	3
中	5
大	7

但是应指出的是，以下 9 个表达状态都是存在的，应采用适宜的表达状态用于品种的描述。

表达状态	代码
极小	1
极小到小	2
小	3
小到中	4
中	5
中到大	6
大	7
大到极大	8
极大	9

6.2.3 TGP/7《测试指南的研制》中提供了表达状态和代码的更详尽的介绍。

6.3 表达类型

总则中对性状表达类型（质量性状、数量性状和假质量性状）进行了解释。

6.4 标准品种

适当时，测试指南中提供了标准品种用于校正性状的表达状态。

6.5 注释

（*）星号性状（6.1.2）。

QL：质量性状（6.3）。

QN：数量性状（6.3）。

PQ：假质量性状（6.3）。

MG、MS、VG、VS：观测方法（4.1.5）。

（a）～（e）性状表解释（8.1）。

（+）性状表解释（8.2）。

7 性状表

性状编号	观测方法	英文	中文	标准品种	代码
1. （*） （+） PQ	**VG （a）**	**Plant：color of first scaly leaves**	**植株：第一片鳞叶颜色**		
		green	绿色	Sagae	1
		purple	紫色	El Capitan	2
		brown	棕色	Fenmans Fascination	3
2. （*） QN	**VG/ MG/ MS （a）**	**Plant：height of foliage**	**植株：叶簇高度**		
		short	矮	Great Escape	3
		medium	中	Paradise Island	5
		tall	高	Fragrant Queen	7
3. QN	**VG/ MG/ MS （a）**	**Plant：width**	**植株：宽度**		
		very narrow	极窄	Desert Mouse，Pandora's Box	1
		narrow	窄	Secret Ambition	3
		medium	中	Paradise Island	5
		broad	宽		7
		very broad	极宽	Big Boy	9

续表

性状编号	观测方法	英文	中文	标准品种	代码
4. (＊) QN	VG/ MG/ MS (a)	**Petiole：length**	**叶柄：长度**		
		very short	极短	Desert Mouse	1
		short	短	Time Tunnel	3
		medium	中	Earth Angel	5
		long	长	Blue Circle	7
		very long	极长	Big Boy，Flower Power，Green Acres	9
5. (＊) (+) PQ	VG (a)	**Petiole：shape of inner side in cross section**	**叶柄：横切面内侧形状**		
		flat	平直		1
		V-shape	“V” 形		2
		U-shape	“U” 形		3
6. PQ	VG (a)	**Petiole：color**	**叶柄：颜色**		
		yellow	黄色	White Christmas	1
		yellow green	黄绿色	Desert Mouse	2
		light green	浅绿色	Fragrant Queen	3
		medium green	中等绿色	Stirfry	4
		dark green	深绿色	Devon Green	5
		blue green	蓝绿色	Bressingham Blue	6
		blue grey	蓝灰色	Grand Marquee	7
7. PQ	VG (a)	**Petiole：pattern of anthocyanin coloration**	**叶柄：花青苷显色类型**		
		absent	无	Desert Mouse	1
		flush	晕	Pilgrim	2
		spotted	斑点	Paradise Island	3
8. (＊) QN	VG/ MG/ MS (a)	**Leaf blade：length**	**叶片：长度**		
		very short	极短	Desert Mouse	1
		short	短	Little Treasure，Secret Ambition	3
		medium	中	Heat Wave	5
		long	长	Blue Circle	7
		very long	极长	Big Boy	9
9. (＊) QN	VG/ MG/ MS (a)	**Leaf blade：width**	**叶片：宽度**		
		very narrow	极窄	Desert Mouse	1
		narrow	窄	Secret Ambition	3
		medium	中	Risky Business	5
		broad	宽		7
		very broad	极宽	Big Boy，Sum and Substance	9
10. (+) QN	VG (a)	**Leaf blade：position of broadest part**	**叶片：最宽处位置**		
		at middle	中部		1
		slightly towards base	略向基部		2
		moderately towards base	向基部		3
		strongly towards base	极向基部		4

续表

性状编号	观测方法	英文	中文	标准品种	代码
11. (*) (+) PQ	VG (a)	**Leaf blade：shape**	**叶片：形状**		
		broad ovate	阔卵圆形	Sum and Substance	1
		medium ovate	中等卵圆形	Desert Mouse，Sagae	2
		narrow ovate	窄卵圆形		3
		very narrow ovate	极窄卵圆形	Stiletto	4
		transverse elliptic	横向椭圆形		5
		circular	圆形	Abiqua Drinking Gourd	6
		medium elliptic	中等椭圆形	Pineapple Poll	7
		narrow elliptic	窄椭圆形	Saishu Jima	8
		very narrow elliptic	极窄椭圆形		9
12. (*) (+) PQ	VG (a)	**Leaf blade：shape of base**	**叶片：基部形状**		
		acute	锐尖	Saishu Jima，Sea Octopus	1
		obtuse	钝尖	Hoosier Harmony	2
		truncate	平截		3
		cordate	心形	Minnie Klopping，Pacific Blue Edger	4
13. (*) (+) PQ	VG (a)	**Leaf blade：shape of apex（excluding tip）**	**叶片：先端形状（尖端除外）**		
		acute	锐尖	Otome-no-ka	1
		obtuse	钝尖	Oriana	2
		rounded	圆形	Aureonebulosa，Great Expectations，Tokudama	3
14. (*) (+) PQ	VG (a) (b)	**Leaf blade：color1**	**叶片：颜色 1**		
		RHS Colour Chart (indicate reference number)	RHS 比色卡 （注明参考色号）		
15. (*) (+) PQ	VG (a)	**Leaf blade：color1：distribution**	**叶片：颜色 1 分布**		
		at basal zone	基部		1
		at center	中间		2
		at top	顶部		3
		at marginal zone	边缘		4
		irregular	不规则		5
		throughout	整片		6
16. (+) PQ	VG (a)	**Leaf blade：color1：pattern**	**叶片：颜色 1 图形**		
		flamed	火焰状		1
		striped	条状		2
		spotted	斑点		3
		in sectors	区块状		4
		marbled	大理石纹		5
		marginated	有边缘的		6
		solid or nearly solid	均匀或近均匀		7
17. (*) (+) QN	VG (a)	**Leaf blade：color1：total area**	**叶片：颜色 1 总面积**		
		small	小		3
		medium	中		5
		large	大		7

续表

性状编号	观测方法	英文	中文	标准品种	代码
18. (*) (+) PQ	VG (a) (b)	**Leaf blade: color2 (if present)**	**叶片：颜色 2（若存在）**		
		RHS Colour Chart (indicate reference number)	RHS 比色卡 （注明参考色号）		
19. (*) (+) PQ	VG (a)	**Leaf blade: color2: distribution**	**叶片：颜色 2 分布**		
		none	无		1
		at basal zone	基部		2
		at center	中间		3
		at top	顶部		4
		at marginal zone	边缘		5
		irregular	不规则		6
		throughout	全部		7
20. (+) PQ	VG (a)	**Leaf blade: color2: pattern**	**叶片：颜色 2 图形**		
		flamed	火焰状		1
		striped	条状		2
		spotted	斑点		3
		in sectors	区块状		4
		marbled	大理石纹		5
		marginated	有边缘的		6
		solid or nearly solid	均匀或近均匀		7
21. (*) (+) QN	VG (a)	**Leaf blade: color2: total area**	**叶片：颜色 2 总面积**		
		small	小		3
		medium	中		5
		large	大		7
22. (*) (+) PQ	VG (a) (b)	**Leaf blade: color3 (if present)**	**叶片：颜色 3（若存在）**		
		RHS Colour Chart (indicate reference number)	RHS 比色卡 （注明参考色号）		
23. (*) (+) PQ	VG (a)	**Leaf blade: color3: distribution**	**叶片：颜色 3 分布**		
		none	无		1
		at basal zone	基部		2
		at center	中间		3
		at top	顶部		4
		at marginal zone	边缘		5
		irregular	不规则		6
		throughout	全部		7
24. (+) PQ	VG (a)	**Leaf blade: color3: pattern**	**叶片：颜色 3 图形**		
		flamed	火焰状		1
		striped	条状		2
		spotted	斑点		3
		in sectors	区块状		4
		marbled	大理石纹		5
		marginated	有边缘的		6
		solid or nearly solid	均匀或近均匀		7
25. (*) (+) QN	VG (a)	**Leaf blade: color3: total area**	**叶片：颜色 3 总面积**		
		small	小		3
		medium	中		5
		large	大		7

续表

性状编号	观测方法	英文	中文	标准品种	代码
26. (*) (+) **PQ**	**VG** (a) (b)	**Leaf blade：color4（if present）**	**叶片：颜色 4（若存在）**		
		RHS Colour Chart （indicate reference number）	RHS 比色卡 （注明参考色号）		
27. (*) (+) **PQ**	**VG** (a)	**Leaf blade：color4：distribution**	**叶片：颜色 4 分布**		
		none	无		1
		at basal zone	基部		2
		at center	中间		3
		at top	顶部		4
		at marginal zone	边缘		5
		irregular	不规则		6
		throughout	全部		7
28. (+) **PQ**	**VG** (a)	**Leaf blade：color4：pattern**	**叶片：颜色 4 图形**		
		flamed	火焰状		1
		striped	条状		2
		spotted	斑点		3
		in sectors	区块状		4
		marbled	大理石纹		5
		marginated	有边缘的		6
		solid or nearly solid	均匀或近均匀		7
29. (*) (+) **QN**	**VG** (a)	**Leaf blade：color4：total area**	**叶片：颜色 4 总面积**		
		small	小		3
		medium	中		5
		large	大		7
30. (*) (+) **PQ**	**VG** (a) (b)	**Leaf blade：color5（if present）**	**叶片：颜色 5（若存在）**		
		RHS Colour Chart （indicate reference number）	RHS 比色卡 （注明参考色号）		
31. (*) (+) **PQ**	**VG** (a)	**Leaf blade：color5：distribution**	**叶片：颜色 5 分布**		
		none	无		1
		at basal zone	基部		2
		at center	中间		3
		at top	顶部		4
		at marginal zone	边缘		5
		irregular	不规则		6
		throughout	全部		7
32. (+) **PQ**	**VG** (a)	**Leaf blade：color5：pattern**	**叶片：颜色 5 图形**		
		flamed	火焰状		1
		striped	条状		2
		spotted	斑点		3
		in sectors	区块状		4
		marbled	大理石纹		5
		marginated	有边缘的		6
		solid or nearly solid	均匀或近均匀		7
33. (*) (+) **QN**	**VG** (a)	**Leaf blade：color5：total area**	**叶片：颜色 5 总面积**		
		small	小		3
		medium	中		5
		large	大		7

续表

性状编号	观测方法	英文	中文	标准品种	代码
34. QN	**VG (a)**	**Leaf blade: profile in cross section**	**叶片：横切面形状**		
		convex	凸	Big Daddy	1
		flat	平	Aphrodite, White Feather	2
		moderately concave	微凹	Desert Mouse	3
		strongly concave	强凹	Love Pat	4
35. (*) (+) QN	**VG (a)**	**Leaf blade: number of parallel veins**	**叶片：平行脉数量**		
		few	少	Fragrant Queen	1
		medium	中	Frosted Mouse, Heat Wave	2
		many	多	Blue Circle	3
36. (+) QN	**VG (a)**	**Leaf blade: degree of bulging**	**叶片：褶皱深度**		
		absent or very weak	无或极弱	Peter Pan	1
		weak	弱	Hyacinthina	2
		medium	中	Blue Circle	3
		strong	强	Ground Master	4
		very strong	极强	Pizzazz	5
37. (+) QN	**VG (a)**	**Leaf blade: blistering**	**叶片：泡状突起**		
		absent or weak	无或弱	Fragrant Queen	1
		medium	中	Sea Dream	2
		strong	强	Midas Touch	3
38. QN	**VG (a)**	**Leaf blade: undulation of margin**	**叶片：边缘波状程度**		
		absent or weak	无或弱	Silvery Slugproof	1
		medium	中	American Sweetheart	2
		strong	强	Sparky	3
39. (+) QN	**VG (a)**	**Leaf blade: twisting**	**叶片：扭曲程度**		
		absent or weak	无或弱	Devon Green, Earth Angel	1
		moderate	中	Blue Angel, Pizzazz	2
		strong	强	Green Power, White Christmas	3
40. (*) (+) QN	**VG/ MS (c)**	**Inflorescence: length**	**花序：长度**		
		short	短		3
		medium	中		5
		long	长		7
41. (*) QN	**VG/ MG (c)**	**Inflorescence: number of flowers**	**花序：花的数量**		
		few	少	Paradise Island	3
		medium	中	Secret Ambition	5
		many	多	Moonstruck	7
42. QN	**VG (c)**	**Inflorescence: attitude of flowers**	**花序：花的姿态**		
		erect	直立		1
		horizontal	水平	Diamond Tiara	2
		drooping	下弯	Halcyon, George Smith	3
43. PQ	**VG (c)**	**Peduncle: color**	**花梗：颜色**		
		RHS Colour Chart (indicate reference number)	RHS 比色卡（注明参考色号）		

续表

性状编号	观测方法	英文	中文	标准品种	代码
44. (*) **QL**	**VG** (c) (e)	**Inflorescence: presence of bracts**	**花序：苞片**		
		absent	无		1
		present	有	Moonstruck	9
45. **QN**	**VG/ MS** (c) (e)	**Bract: length**	**苞片：长度**		
		short	短	Paradise Island	3
		medium	中	Grand Marquee	5
		long	长	Secret Ambition	7
46. **QN**	**VG/ MS** (c) (e)	**Bract: width**	**苞片：宽度**		
		narrow	窄	American Sweetheart	3
		medium	中	Risky Business	5
		broad	宽	Earth Angel	7
47. **QN**	**VG** (c) (e)	**Bract: shape in cross section**	**苞片：横切面形状**		
		concave	凹	Desert Mouse	1
		flat	平		2
		convex	凸		3
48. (*) **PQ**	**VG** (c) (e)	**Bract: color of outer side**	**苞片：外侧颜色**		
		RHS Colour Chart (indicate reference number)	RHS 比色卡（注明参考色号）		
49. (+) **QN**	**VG/ MG** (e)	**Pedicel: length**	**花梗：长度**		
		short	短	Desert Mouse	3
		medium	中	Grand Marquee	5
		long	长	Earth Angel	7
50. **PQ**	**VG** (c)	**Pedicel: color**	**花梗：颜色**		
		RHS Colour Chart (indicate reference number)	RHS 比色卡（注明参考色号）		
51. (*) (+) **QN**	**VG** (c)	**Flower: type**	**花：类型**		
		single	单瓣	Halcyon, Tropical Dancer	1
		semi-double	半重瓣		2
		double	重瓣		3
52. (+) **QN**	**VG/ MG/ MS** (c)	**Perianth: length**	**花被：长度**		
		short	短	Desert Mouse	3
		medium	中	Secret Ambition	5
		long	长	Atlantis	7
53. (+) **QN**	**VG/ MG/ MS** (c)	**Perianth: width**	**花被：宽度**		
		narrow	窄	Paradise Island	3
		medium	中	Secret Ambition	5
		broad	宽		7
54. (+) **PQ**	**VG** (c)	**Perianth: shape in lateral view**	**花被：侧面形状**		
		tubular	管状		1
		flared	喇叭状		2
		funnel	漏斗状		3
		campanulate	钟状		4

续表

性状编号	观测方法	英文	中文	标准品种	代码
55. (+) QN	VG/ MG/ MS (c)	**Corolla tube：length**	**花冠筒：长度**		
		short	短		3
		medium	中	Great Escape	5
		long	长	American Sweetheart	7
56. (*) PQ	VG (c)	**Corolla tube：color of outer side**	**花冠筒：外侧颜色**		
		RHS Colour Chart (indicate reference number)	RHS 比色卡 (注明参考色号)		
57. (+) QN	VG/ MG/ MS (c)	**Corolla：length of outer lobes**	**花冠：外裂片长度**		
		short	短	Earth Angel	3
		medium	中	Risky Business	5
		long	长	American Sweetheart	7
58. (+) PQ	VG (c)	**Corolla：shape of outer lobes**	**花冠：外裂片形状**		
		broad ovate	阔卵圆形		1
		medium ovate	中等卵圆形	Desert Mouse，Lucky Mouse	2
		narrow ovate	窄卵圆形		3
		very narrow ovate	极窄卵圆形		4
		broad elliptic	阔椭圆形		5
		circular	圆形		6
		medium elliptic	中等椭圆形	Atlantis	7
		narrow elliptic	窄椭圆形		8
59. (*) PQ	VG (c)	**Corolla：color on outer side of outer lobes**	**花冠：外裂片外侧颜色**		
		RHS Colour Chart (indicate reference number)	RHS 比色卡 (注明参考色号)		
60. (*) PQ	VG (c)	**Corolla：shape of apex of outer lobes**	**花冠：外裂片先端形状**		
		acute	锐尖	Atlantis，Fragrant Queen	1
		obtuse	钝尖		2
		rounded	圆形		3
61. (+) QN	VG/ MG/ MS (c)	**Corolla：length of inner lobes**	**花冠：内裂片长度**		
		short	短	Secret Ambition	3
		medium	中	Risky Business	5
		long	长		7
62. (+) PQ	VG (c)	**Corolla：shape of inner lobes**	**花冠：内裂片形状**		
		broad ovate	阔卵圆形		1
		medium ovate	中等卵圆形	Atlantis，Lucky Mouse	2
		narrow ovate	窄卵圆形		3
		very narrow ovate	极窄卵圆形		4
		broad elliptic	阔椭圆形		5
		circular	圆形	Risky Business	6
		medium elliptic	中等椭圆形		7
		narrow elliptic	窄椭圆形		8
63. (+) PQ	VG (c)	**Corolla：color of outer side of inner lobes**	**花冠：内裂片外侧颜色**		
		RHS Colour Chart (indicate reference number)	RHS 比色卡 (注明参考色号)		

续表

性状编号	观测方法	英文	中文	标准品种	代码
64. PQ	**VG (c)**	**Corolla：shape of apex of inner lobes**	**花冠：内裂片先端形状**		
		acute	锐尖		1
		obtuse	钝尖		2
		rounded	圆形	Atlantis，Desert Mouse	3
65. QN	**VG/ MG/ MS (c)**	**Filament：length**	**花丝：长度**		
		short	短	Heat Wave	3
		medium	中	Earth Angel	5
		long	长	American Sweetheart	7
66. PQ	**VG (c)**	**Filament：color**	**花丝：颜色**		
		white or whitish	白色或泛白色	Atlantis	1
		light green	浅绿色	Roxsanne，Tattoo	2
		medium green	中等绿色		3
67. (*) PQ	**VG (c)**	**Anther：color**	**花药：颜色**		
		yellow	黄色	Tattoo	1
		yellow with purple	黄色带紫色	Golden Meadows	2
		yellow brown	黄棕色	Desert Mouse	3
		purple	紫色	Atlantis，Secret Love	4
		brown purple	棕紫色	Paradise Island，Risky Business	5
68. PQ	**VG (c)**	**Pollen：color**	**花粉：颜色**		
		medium yellow	中等黄色	Fragrant Queen，Secret Ambition	1
		dark yellow	深黄色	Roxsanne	2
		yellow orange	黄橙色	Earth Angel，Heat Wave	3
		orange	橙色	Atlantis，Desert Mouse	4
69. QN	**VG/ MG/ MS (c)**	**Style：length**	**花柱：长度**		
		short	短	Desert Mouse	3
		medium	中	Secret Ambition	5
		long	长	American Sweetheart	7
70. PQ	**VG (c)**	**Style：color**	**花柱：颜色**		
		white or whitish	白色或泛白色	Atlantis	1
		light green	浅绿色	Golden Meadows，Paradise Joyce	2
		medium green	中等绿色	Paradise Power	3
71. PQ	**VG (c)**	**Style：color of stigma**	**花柱：柱头颜色**		
		white or whitish	白色或泛白色	Atlantis，Desert Mouse	1
		light green	浅绿色	Last Dance，Liberty Hosta	2
		medium green	中等绿色	Roxsanne	3
		light yellow	浅黄色		4
		light purple	浅紫色	Liberty Hosta	5
		light violet blue	浅紫罗兰蓝色	WAR 101	6

8 性状表解释

8.1 对多个性状的解释

性状表第二列包含以下标注的性状应按照下述要求观测。

（a）植株、叶柄和叶性状的观测应在开花前进行。

（b）当性状涉及颜色 1、颜色 2 等时，以颜色在 RHS 比色卡上出现的顺序记录即颜色 1 指色号数值最小的颜色，颜色 2 指色号数值第二小的颜色，以此类推。例如，如果叶是绿色 137A，斑点为白色 155A，绿色 137A 是颜色 1，白色 155A 是颜色 2。如果两种颜色在比色卡同一页上，例如绿色 137A 和绿色 137D，137A 是较小数值颜色。应注意，在该系统下，排序未考虑面积大小，因此面积最大的颜色可能是颜色 3 或颜色 4。本指南中最多可列 5 种颜色，如果颜色数多于 5 种，不考虑面积最小的颜色。

（c）花序性状的观测应在第一批花开放时进行。

（d）花梗长度性状的观测应在所有花都开放时进行。

（e）苞片性状的观测应在花序上第一朵花的苞片上进行。

叶照片提供时应附上描述，以明确颜色分布和 / 或图案。照片上应有提示，说明照片的主要用途是展示植株部位上颜色分布和 / 或图案，而非真实颜色。照片上呈现的颜色可能受相机技术和照片展示设备（打印机、高射投影仪等）影响而出现差异。

8.2 对单个性状的解释

性状 1：植株第一片鳞叶颜色

性状应在第一批芽露出且叶片即将展开前进行。

性状 5：叶柄内侧横切面形状

性状 10：叶片最宽处位置

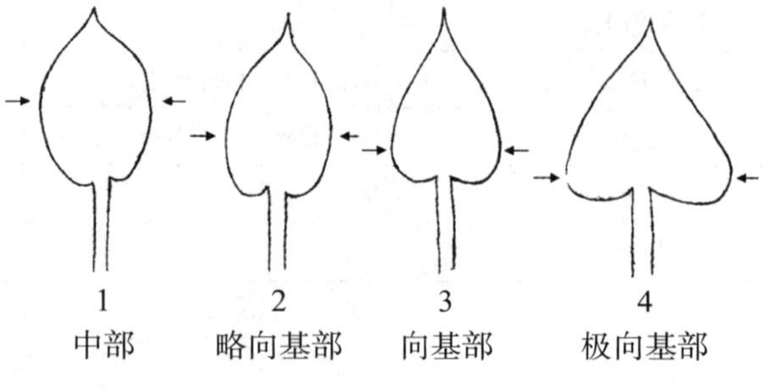

性状 11：叶片形状

宽（低）← 宽（长宽比）→窄（高）	←最宽处→	
	低于中间	在中间
	 4 极窄卵圆形	 9 极窄椭圆形
	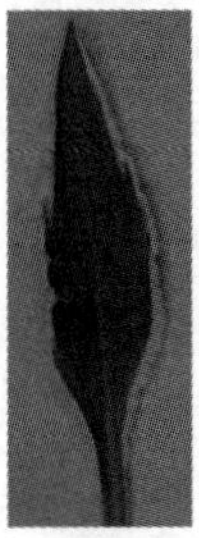 3 窄卵圆形	 8 窄椭圆形
	 2 中等卵圆形	 7 中等椭圆形
	 1 阔卵圆形	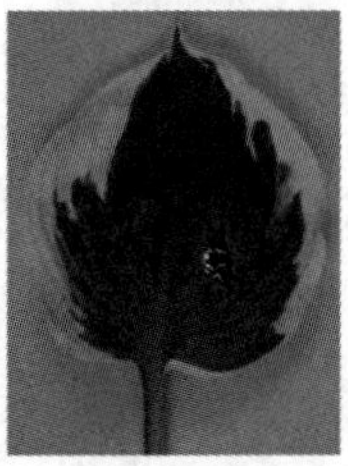 6 圆形
		 5 横向椭圆形

性状 12：叶片基部形状

1
锐尖

2
钝尖

3
平截

4
心形

性状 13：叶片先端形状（尖端除外）

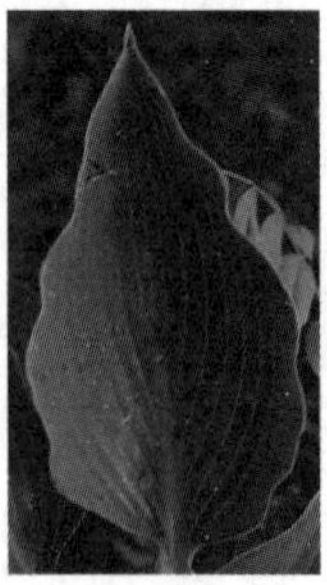

1
锐尖

2
钝尖

3
圆形

性状 15：叶片颜色 1 分布
性状 19：叶片颜色 2 分布
性状 23：叶片颜色 3 分布
性状 27：叶片颜色 4 分布
性状 31：叶片颜色 5 分布

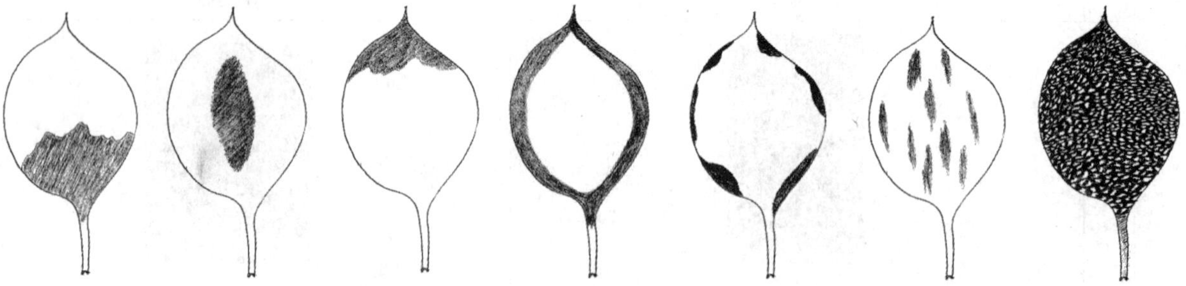

2 基部　3 中心　4 顶部　5 边缘　6 不规则　7 整片

性状 16：叶片颜色 1 图形
性状 20：叶片颜色 2 图形
性状 24：叶片颜色 3 图形
性状 28：叶片颜色 4 图形
性状 32：叶片颜色 5 图形

1
火焰状（绿色）

2
条状（淡黄色）

3
斑点（淡黄色）

4
区块状（淡黄色）

5
大理石纹（灰绿色）

6
有边缘的（白色）

性状 17：叶片颜色 1 总面积
性状 21：叶片颜色 2 总面积
性状 25：叶片颜色 3 总面积
性状 29：叶片颜色 4 总面积
性状 33：叶片颜色 5 总面积
该面积应与叶片表面整个面积进行比较。
为说明记录方法，下文提供了两个样例。样例 1 为叶仅有 1 种颜色，样例 2 为叶有几种颜色。
样例 1：叶片只有 1 种颜色

性状编号	性状名称	表达状态（代码）
性状 14	叶片：颜色 1	144A 深绿色
性状 15	叶片：颜色 1 分布	整片（6）
性状 16	叶片：颜色 1 图形	均匀或近均匀（7）
性状 17	叶片：颜色 1 总面积	极大（9）
性状 18	叶片：颜色 2	不适用
性状 19	叶片：颜色 2 分布	无（1）
性状 20	叶片：颜色 2 图形	不适用
性状 21	叶片：颜色 2 总面积	不适用
性状 22	叶片：颜色 3	不适用
性状 23	叶片：颜色 3 分布	无（1）
性状 24	叶片：颜色 3 图形	不适用
性状 25	叶片：颜色 3 总面积	不适用
性状 26	叶片：颜色 4	不适用
性状 27	叶片：颜色 4 分布	无（1）
性状 28	叶片：颜色 4 图形	不适用
性状 29	叶片：颜色 4 总面积	不适用
性状 30	叶片：颜色 5	不适用
性状 31	叶片：颜色 5 分布	无（1）
性状 32	叶片：颜色 5 图形	不适用
性状 33	叶片：颜色 5 总面积	不适用

样例 2：叶片有多种颜色

性状编号	性状名称	表达状态（代码）
性状 14	叶片：颜色 1	144A 深绿色
性状 15	叶片：颜色 1 分布	边缘（4）
性状 16	叶片：颜色 1 图形	均匀或近均匀（7）
性状 17	叶片：颜色 1 总面积	中（5）
性状 18	叶片：颜色 2	151A 绿棕色
性状 19	叶片：颜色 2 分布	不规则（6）
性状 20	叶片：颜色 2 图形	区块状（4）

续表

性状编号	性状名称	表达状态（代码）
性状 21	叶片：颜色 2 总面积	小（3）
性状 22	叶片：颜色 3	155A 白色
性状 23	叶片：颜色 3 分布	中间（3）
性状 24	叶片：颜色 3 图形	火焰状（1）
性状 25	叶片：颜色 3 总面积	小到中（4）
性状 26	叶片：颜色 4	不适用
性状 27	叶片：颜色 4 分布	无（1）
性状 28	叶片：颜色 4 图形	不适用
性状 29	叶片：颜色 4 总面积	不适用
性状 30	叶片：颜色 5	不适用
性状 31	叶片：颜色 5 分布	无（1）
性状 32	叶片：颜色 5 图形	不适用
性状 33	叶片：颜色 5 总面积	不适用

性状 35：叶片平行脉数量

1
少

3
多

性状 36：叶片褶皱深度

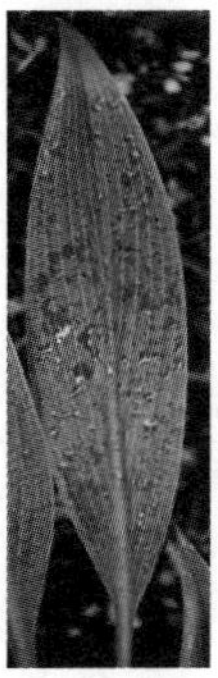

1
无或极弱

5
极强

性状 37：叶片泡状突起

1 无或弱　　2 中　　3 强

性状 39：叶片扭曲程度

1 无或弱　　2 中　　3 强

性状 40：花序长度

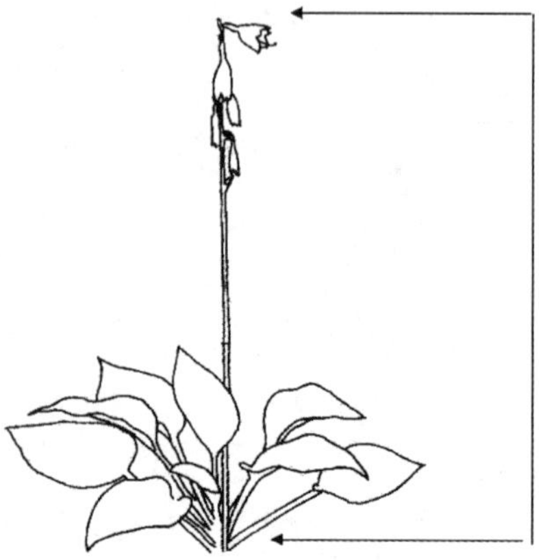

性状 49：花柄长度
性状 55：花冠筒长度
性状 57：花冠外裂片长度
性状 61：花冠内裂片长度
性状 63：花冠内裂片外侧颜色

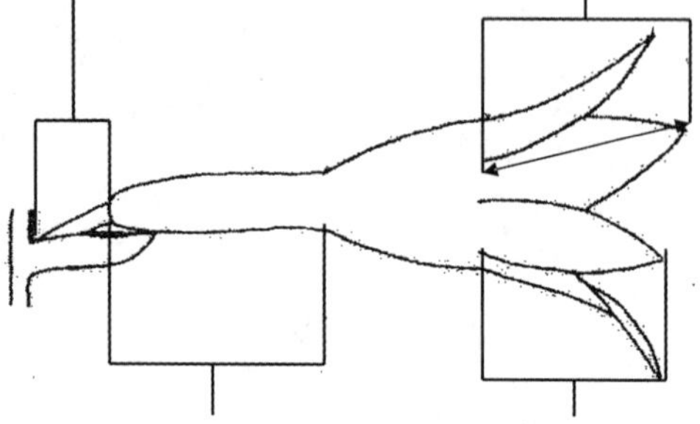

性状 51：花类型

单瓣（代码 1）：6 片花冠裂片；

半重瓣（代码 2）：7～11 片花冠裂片；

重瓣（代码 3）：12 片花冠裂片以上。

性状 52：花被长度

性状 53：花被宽度

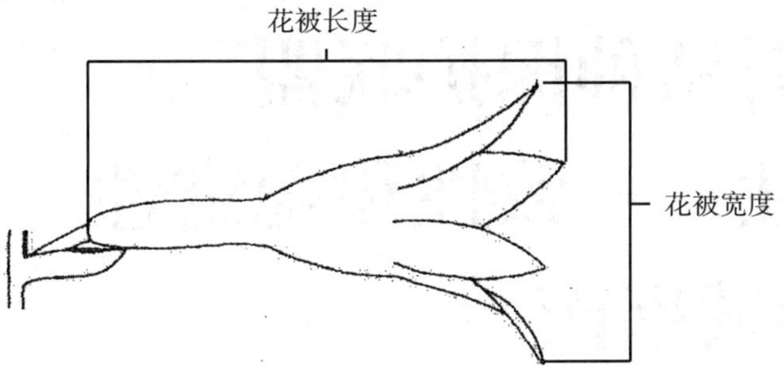

性状 54：花被侧面形状

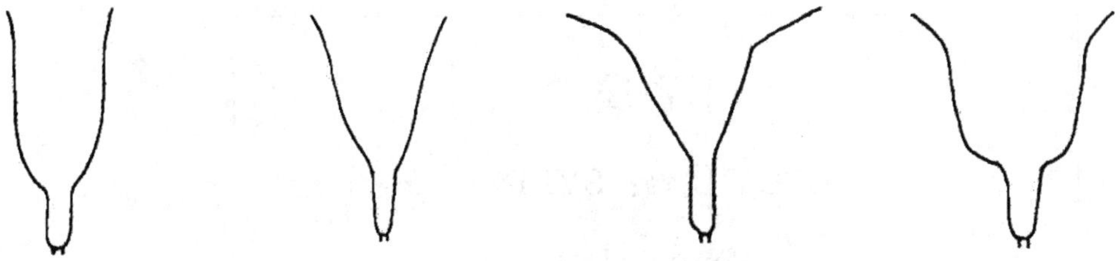

1	2	3	4
管状	喇叭状	漏斗状	钟状

性状 58：花冠外裂片形状

性状 62：花冠内裂片形状

TG/301/1
原文：英文
日期：2014-04-09

国际植物新品种保护联盟
植物品种特异性、一致性和稳定性
测试指南

丁香属

UPOV 代码：SYRIN

（*Syringa* L.）

互用名称 *

植物学名称	英文	法文	德文	西班牙文
Syringa L.	Lilac	Lilas	Flieder	Lila

* 这些名称在指南开始使用时是正确的，但随后可能会修改更新。读者可登录 UPOV 网站（www.upov.int），获取最新资料。

1 指南适用范围

本指南适用于丁香属（*Syringa* L.）的所有品种。

2 繁殖材料要求

2.1 待测品种繁殖材料的数量和质量要求以及提交的时间和地点由主管机构决定。申请人从测试所在国境外提交繁殖材料的，还应符合海关规定并满足相关植物检疫的要求。

2.2 繁殖材料以植株的形式提交，植株在第一个生长周期就可以开花且该品种的所有相关性状都能表达。

2.3 申请人提交繁殖材料的最小数量为 9 个植株。

2.4 提供的繁殖材料应外观健康有活力，未受到任何严重病虫害的影响。

2.5 提交的繁殖材料不得进行任何可能影响品种性状表达的处理，除非主管机构允许或要求进行这种处理。如果材料已经处理，必须提供相关处理的详细说明。

3 测试方法

3.1 测试周期

测试的最少周期数量通常为 1 个生长周期。

3.2 测试地点

测试通常在 1 个地点进行。在 1 个以上地点进行测试时，TGP/9《特异性测试》提供了有关指导。

3.3 测试条件

3.3.1 测试的条件应能满足品种正常生长的需要，以确保品种相关性状充分表达和测试的顺利开展。

3.3.2 由于日光变化的原因，在利用比色卡确定颜色时应在一个合适的有人工光源照明的小室或中午无阳光直射的房间内进行。人工光源的光谱分布应符合 CIE“理想日光标准 D6500”，且在《英国标准 950：第 1 部分》规定的允许范围内。在鉴定颜色时，应将植株部位置于白色背景前。使用的比色卡及其版本应在品种描述中说明。

3.4 试验设计

3.4.1 每个试验应保证至少有 9 个植株。

3.4.2 试验设计应保证因测量或计数等需要，从小区取走部分植株或植株部位后，不影响生长周期结束前的所有观测。

3.5 附加测试

为测试有关性状，可以进行附加测试。

4 特异性、一致性和稳定性评价

4.1 特异性

4.1.1 一般建议

对于本指南的使用者而言，在判定特异性前参照总则特异性判定的一般原则十分重要。但为进一步说明和强调特异性判定，本指南特列出特异性判定的要点。

4.1.2 一致的差异

当观测到的品种之间的差异非常明显时，则没有必要种植 1 个以上生长周期。此外，在某些情况下，环境的影响并不意味着需要 1 个以上的生长周期来保证品种间观察到的差异是足够一致的。为确保在种植试验中所观测到的性状差异是足够一致的，可以对性状进行至少 2 个独立生长周期的测试。

4.1.3 明显的差异

两个品种间的差异是否明显取决于很多因素，特别应考虑所测性状的表达类型，即该性状是质量性状、数量性状还是假质量性状。因此，在作出关于特异性的判定前，本测试指南的使用者应熟悉总则中的建议。

4.1.4 植株 / 植株部位的观测数量

除非另有说明，在判定特异性时，对于单株的观测，应观测 5 个植株或分别从 5 个植株取下的植株部位；对于其他观测，应观测试验中的所有植株。观测时应将异型株排除在外。

4.1.5 观测方法

性状表第二列以如下符号（见 TGP/9《特异性测试》第 4 部分“性状观测”）的形式列出了特异性判定时推荐的性状观测方法。

MG：对一批植株或植株部位进行单次测量。

MS：对一定数量的植株或植株部位进行逐一测量。

VG：对一批植株或植株部位进行单次目测。

VS：对一定数量的植株或植株部位进行逐一目测。

观测类型：目测（V）或测量（M）。

目测（V）是一种基于专家判断的观测方法。本文中的目测是指专家的感官观察，因此，也包括闻、尝和触摸。目测也包括专家使用参照物（例如图表，标准品种，并排比较）或非线性的图表（例如比色卡）的观测。测量（M）是一种基于校准的、线性尺度的客观观测，例如使用尺、秤、色度计、日期和计数等进行观测。

记录类型：群体记录（G）或个体记录（S）。

以特异性为目的的观测，可被记录为一批植株或植株部位的单个记录（G），或者记录为一定数量的单个植株或植株部位的个体记录（S）。多数情况下，群体记录为一个品种提供一个单个记录，因此不可能或者不必要通过逐个植株的统计分析来判定特异性。

如果性状表中提供了不止一种观测方法（如 VG/MG），可以参考 TGP/9《特异性测试》4.2 部分选择合适的观测方法。

4.2 一致性

4.2.1 对于本指南的使用者而言，在判定一致性前参照总则一致性判定的一般原则十分重要。但为进一步说明和强调一致性判定，本指南特列出一致性判定的要点。

4.2.2 评价一致性时，应采用 1% 的群体标准和至少 95% 的接受概率。当样本量为 9 个时，允许有 1 个异型株。

4.3 稳定性

4.3.1 在实际操作中，通常不像测试特异性和一致性那样对稳定性进行测试以得到明确结果。经验表明，对许多类型的品种来说，当一个品种表现一致时，可认为其是稳定的。

4.3.2 适当情况下或者有疑问时，可以采用种植该品种的新的一批种苗对其稳定性进行测试，看其性状表现是否与之前提交的材料表现相同。

5 品种分组和试验组织

5.1 使用分组性状可以帮助选择与申请品种一起进行田间种植试验的已知品种，以及对这些品种进行合适分组以便进行特异性评价。

5.2 分组性状表达状态的数据即使来自不同地点，也可以单独或者与其他此类性状联合使用。

（a）用于特异性测试中筛选排除那些不需要安排在种植试验中的已知品种。

（b）用于组织安排种植试验，使近似品种种植在一起。

5.3 以下性状已被确认为有用的分组性状。

（a）叶：形状（性状 9）。
（b）花：类型（性状 19）。
（c）花冠裂片：内表面主色（性状 28），有以下分组。
第一组：白色。
第二组：黄色。
第三组：粉色。
第四组：紫色。
第五组：紫罗兰色。

5.4　总则和 TGP/9《特异性测试》中提供了在特异性审查过程中使用分组性状的指导。

6　性状表介绍

6.1　性状类型

6.1.1　标准指南性状

标准指南性状是 UPOV 已同意用于 DUS 审查的性状，UPOV 成员可以从中选择与其特定环境相适应的性状。

6.1.2　星号性状

星号性状（用“*”标记）是测试指南中对于形成国际统一的品种描述十分重要的性状，所有 UPOV 成员都应将其用于 DUS 测试并包含在品种描述中，除非前序性状的表达或区域环境条件所限使其无法测试。

6.2　表达状态及相应代码

6.2.1　为定义性状和统一描述，将每个性状划分为一系列表达状态。每个表达状态赋予一个相应的数字代码，以便于数据记录，以及品种性状描述的建立和交流。

6.2.2　对于质量性状和假质量性状（6.3），性状表中列出了所有表达状态。但对于有 5 个或 5 个以上表达状态的数量性状，可以采用缩略尺度的方法，以缩短性状表格。例如，对于有 9 个表达状态的数量性状，在测试指南的性状表中可采用以下缩略形式。

表达状态	代码
小	3
中	5
大	7

但是应该指出的是，以下 9 个表达状态都是存在的，应采用适宜的表达状态用于品种的描述。

表达状态	代码
极小	1
极小到小	2
小	3
小到中	4
中	5
中到大	6
大	7
大到极大	8
极大	9

6.2.3 TGP/7《测试指南的研制》中提供了表达状态和代码的更详尽的介绍。

6.3 表达类型

总则中对性状表达类型（质量性状、数量性状和假质量性状）进行了解释。

6.4 标准品种

适当时，测试指南中提供了标准品种用于校正性状的表达状态。

6.5 注释

（*）星号性状（6.1.2）。

QL：质量性状（6.3）。

QN：数量性状（6.3）。

PQ：假质量性状（6.3）。

MG、MS、VG、VS：观测方法（4.1.5）。

（a）~（b）性状表解释（8.1）。

（+）性状表解释（8.2）。

7 性状表

性状编号	观测方法	英文	中文	标准品种	代码
1. （+） QN	VG	**Plant: growth habit**	**植株：生长习性**		
		upright	直立		1
		upright to spreading	直立到平展		2
		spreading	平展		3
2. QN	VG	**Plant: height**	**植株：高度**		
		short	矮	Palibin	3
		medium	中	Excellens，Xiang Xue	5
		tall	高	Luo Lan Zi	7
3. （+） QN	VG	**Plant: density of branches**	**植株：分枝密度**		
		sparse	疏		1
		medium	中		3
		dense	密		5
4. QN	VG	**Plant: number of inflorescences**	**植株：花序数量**		
		few	少	Chang Tong Bai，Zi Yun	3
		medium	中	Luo Lan Zi	5
		many	多	Si Ji Lan	7
5. PQ	VG	**One-year-old shoot: color**	**一年生枝条：颜色**		
		grey brown	灰棕色	Ami Schott	1
		light brown	浅棕色	Maiden's Blush	2
		medium brown	中等棕色	Fantasy	3
		red brown	红棕色	Agnes Smith	4
6. （*） （+） QL	VG （a）	**Leaf: type**	**叶：类型**		
		simple	单叶	Luo Lan Zi	1
		compound	复叶		2
7. （+） QN	VG （a）	**Only varieties with leaf type: simple: Leaf: depth of sinus**	**叶：裂刻深度（仅适用于单叶品种）**		
		absent or very shallow	无或极浅	Luo Lan Zi	1
		shallow	浅	Alba-plena	2
		medium	中		3
		deep	深	Kabul	4

续表

性状编号	观测方法	英文	中文	标准品种	代码
8. (+) PQ	VG (a)	**Only varieties with leaf type：simple： Leaf：number of sinuses**	**叶：裂刻数量（仅适用于单叶品种）**		
		none	无		1
		one	1 个		2
		two	2 个		3
		more than two	多于 2 个		4
9. (*) (+) PQ	VG (a)	**Leaf：shape**	**叶：形状**		
		broad ovate	阔卵圆形		1
		medium ovate	中等卵圆形		2
		narrow ovate	窄卵圆形		3
		medium elliptic	中等椭圆形		4
		narrow elliptic	窄椭圆形		5
		obovate	倒卵形		6
10. (+) PQ	VG (a)	**Leaf：shape of base**	**叶：基部形状**		
		cuneate	楔形		1
		truncate	平截		2
		cordate	心形		3
11. (*) (+) PQ	VG (a)	**Leaf：main color of upper side**	**叶：上表面主色**		
		yellow	黄色	Aurea，Lutens	1
		yellowish green	黄绿色	Beauty of Heaven	2
		light green	浅绿色		3
		medium green	中等绿色	Marengo，Martha	4
		dark green	深绿色		5
12. (*) (+) PQ	VG (a)	**Leaf：secondary color of upper side**	**叶：上表面次色**		
		none	无		1
		white	白色	Chantilly Lace	2
		yellow	黄色	Golden Eclipse	3
		light green	浅绿色		4
13. (+) PQ	VG (b)	**Flower bud：color**	**花苞：颜色**		
		RHS Colour Chart (indicate reference number)	RHS 比色卡 （注明参考色号）		
14. (+) PQ	VG (b)	**Inflorescence：attitude**	**花序：姿态**		
		upright	直立	Prince Notger	1
		semi-upright	半直立	Marie Frances	2
		drooping	下弯	Nodding	3
15. (*) (+) QN	VG/ MG (b)	**Inflorescence：length**	**花序：长度**		
		short	短	Si Ji Lan	1
		medium	中	Ethiopia，Xiang Xue	3
		long	长		5
16. (*) (+) QN	VG (b)	**Inflorescence：shape**	**花序：形状**		
		conic	圆锥形	Chang Tong Bai，Erzherzog Johann	1
		conic to cylindric	圆锥形到圆柱形		2
		cylindric	圆柱形	Night	3

续表

性状编号	观测方法	英文	中文	标准品种	代码
17. (*) (+) QN	VG (b)	**Inflorescence: density of flowers**	**花序：小花密度**		
		very sparse	极疏		1
		sparse	疏	Bretschneiden, Chang Tong Bai	3
		medium	中	Olive May Cummings	5
		dense	密	Buffon	7
		very dense	极密	Dawn	9
18. QN	VG (b)	**Flower: fragrance**	**花：香味**		
		absent or weak	无或弱	Luo Lan Zi	1
		moderate	中	Chang Tong Bai	2
		strong	强	Xiang Xue	3
19. (*) (+) QL	VG (b)	**Flower: type**	**花：类型**		
		single	单瓣	Chang Tong Bai, Edith Braun	1
		double	重瓣	Magellan	2
20. QN	VG (b)	**Flower: diameter of corolla**	**花：花冠直径**		
		small	小	Si Ji Lan	1
		medium	中	Wan Hua Zi	3
		large	大	Agincourt Beauty	5
21. (*) (+) QN	VG (b)	**Only varieties with flower type: double: Flower: number of corolla lobes**	**花：花冠裂片数量（仅适用于重瓣品种）**		
		few	少	Magellan	1
		medium	中	Fritz	3
		many	多	Leon Gambetta Luo Lan Zi	5
22. (*) (+) QN	VG (b)	**Only varieties with flower type: double: Flower: distance between whorls**	**花：花轮间距（仅适用于重瓣品种）**		
		short	短	Jewel, Luo Lan Zi	1
		medium	中		2
		long	长	Anne Tighe	3
23. (*) (+) PQ	VG (b)	**Corolla lobe: attitude**	**花冠裂片：姿态**		
		semi-erect	半直立	Minuet	1
		horizontal	水平	Excel	2
		recurved	外弯	Fraser	3
24. (+) PQ	VG (b)	**Corolla lobe: shape**	**花冠裂片：形状**		
		broad elliptic	阔椭圆形		1
		narrow elliptic	窄椭圆形		2
		obovate	倒卵圆形		3
25. (*) (+) QN	VG (b)	**Corolla lobe: undulation**	**花冠裂片：波状**		
		absent or weak	无或弱	Heather, Alba Grandiflora	1
		medium	中		2
		strong	强	Edith Braun, Wan Hua Zi	3
26. (*) (+) QN	VG (b)	**Corolla lobe: incurving of margin**	**花冠裂片：边缘内弯**		
		absent or very weak	无或极弱	Helena Agathe Keessen	1
		weak	弱	Carley	2
		medium	中	Edith Braun, Frank Paterson	3
		strong	强	Bailbelle	4

续表

性状编号	观测方法	英文	中文	标准品种	代码
27. (+) PQ	VG (b)	**Corolla lobe：shape of apex**	**花冠裂片：先端形状**		
		acuminate	渐尖		1
		acute	锐尖		2
		rounded	圆形		3
		emarginate	微缺		4
28. (*) (+) PQ	VG (b)	**Corolla lobe：main color of inner side**	**花冠裂片：内表面主色**		
		RHS Colour Chart (indicate reference number)	RHS 比色卡 (注明参考色号)		
29. (+) PQ	VG (b)	**Corolla lobe：secondary color of inner side**	**花冠裂片：内表面次色**		
		RHS Colour Chart (indicate reference number)	RHS 比色卡 (注明参考色号)		
30. PQ	VG (b)	**Corolla tube：color of outer side**	**花冠筒：外表面颜色**		
		RHS Colour Chart (indicate reference number)	RHS 比色卡 (注明参考色号)		
31. (*) QL	VG (b)	**Anther：color**	**花药：颜色**		
		yellow	黄色	Audrey，Wan Hua Zi	1
		purple	紫色	Si Ji Lan	2
32. (+) QN	MG	**Time of beginning of flowering**	**始花期**		
		early	早	Chang Tong Bai	3
		medium	中	Leonore	5
		late	晚	Ivory Silk	7

8 性状表解释

8.1 对多个性状的解释

性状表第二列包含以下标注的性状应按照下述要求观测。

（a）叶的观测应在当年生枝条的中部 1/3 处的叶上进行。

（b）花序的观测应当 50% 的花序的花全部开放时，在中上部枝条的花序上进行。花的观测应在花序中部的花上进行。重瓣花冠裂片的观测应在顶部花的第二轮裂片上进行。

8.2 对单个性状的解释

性状 1：植株生长习性

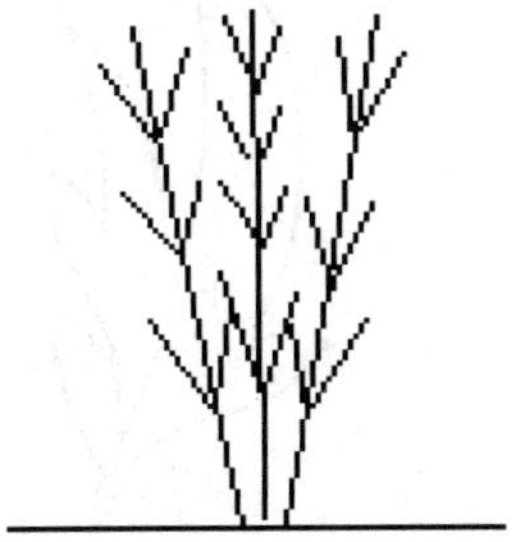

1 直立

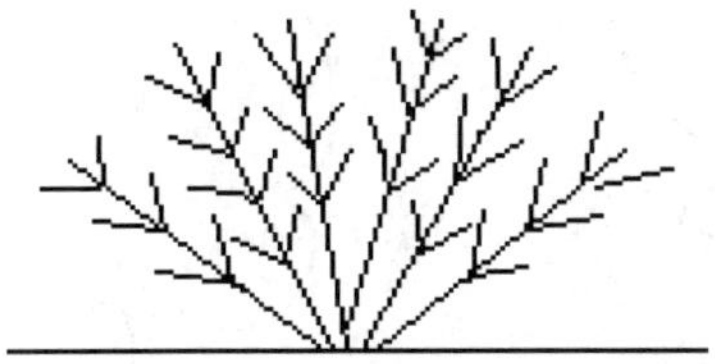

2 直立到平展

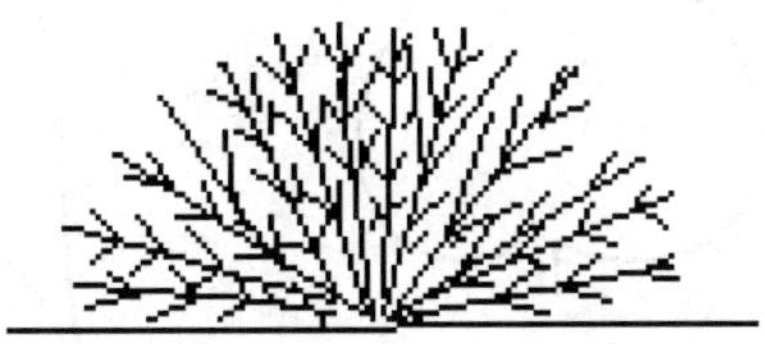

3 平展

性状 3：植株分枝密度

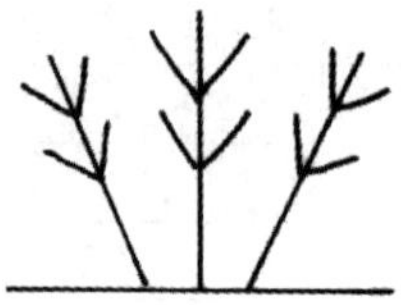

1
疏

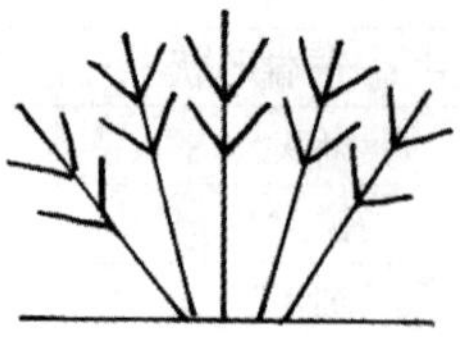

3
中

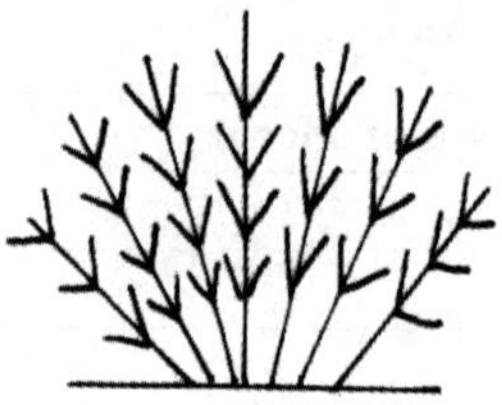

5
密

性状 6：叶类型

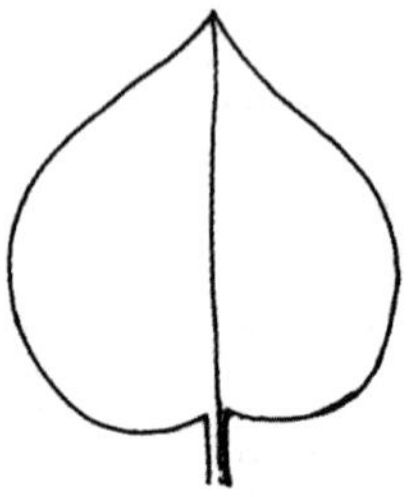

1
单叶

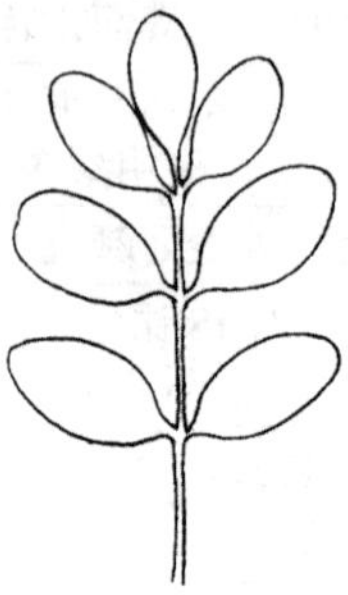

2
复叶

性状 7：叶裂刻深度（仅适用于单叶品种）

1
无或极浅

2
浅

3
中

4
深

性状 8：叶裂刻数量（仅适用于单叶品种）

1
无

2
1 个

3
2 个

4
多于 2 个

性状 9：叶形状

对于复叶，应观测边缘延长线虚构的轮廓。

	←最宽处位置→		
宽（低）← 宽度（长度/宽度比值）→窄（高）	中部以下	中部	中部以上
	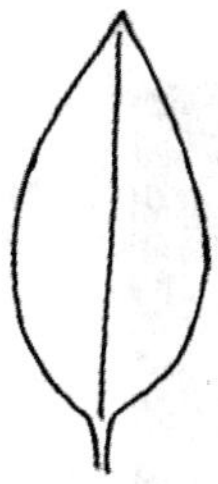 3 窄卵圆形	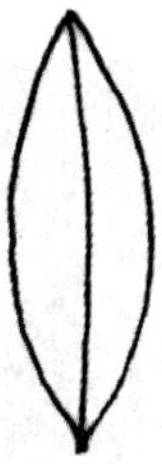 5 窄椭圆形	
	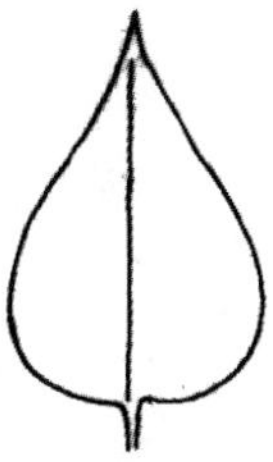 2 中等卵形	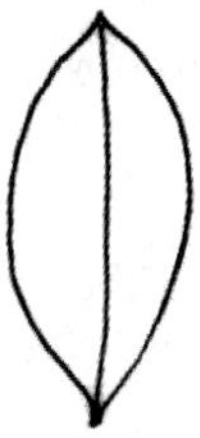 4 中等椭圆形	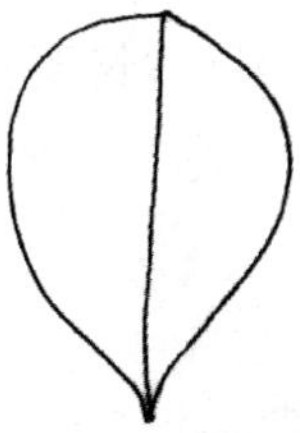 6 倒卵圆形
	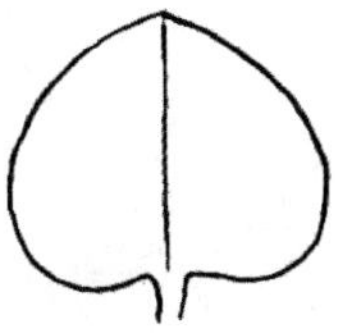 1 阔卵圆形		

性状 10：叶基部形状

对于复叶，应观测末端小叶。

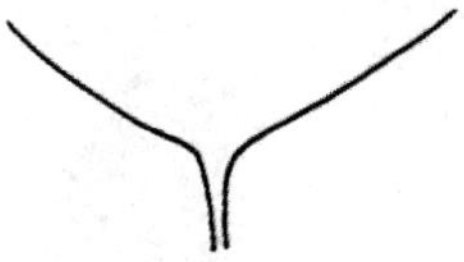
1
楔形

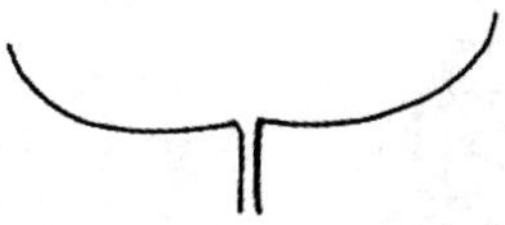
2
平截

3
心形

性状 11：叶上表面主色

性状 12：叶上表面次色

主色是指覆盖面最大部分的颜色。次色（如果存在）是指覆盖面第二大部分的颜色。当主色与次色的面积十分相近很难区分哪一种颜色区域最大时，较深的颜色被认为是主色。

性状 13：花苞颜色

花苞的观测应在其绽放前进行。

性状 14：花序姿态

1 直立

2 半直立

3 下弯

性状 15：花序长度

花序的自然长度应当其完全开放时测量最低处的花至顶部花之间的长度。

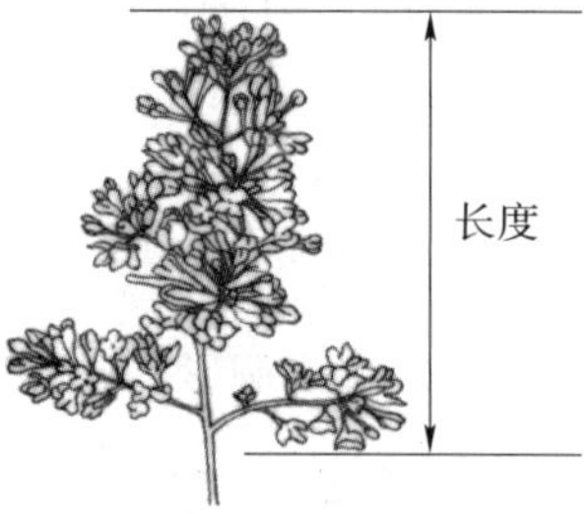

性状 16：花序形状

1 圆锥形

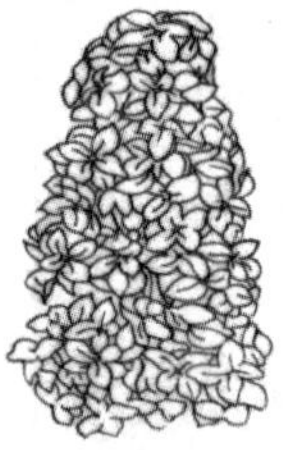

2 圆锥形到圆柱形

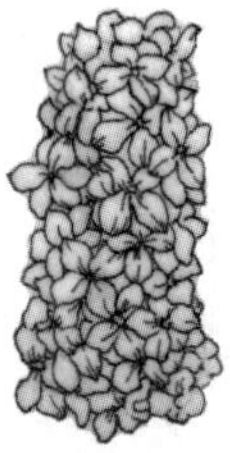

3 圆柱形

性状 17：花序小花密度

1 极疏

3 疏

5 中

7 密

9 极密

性状 19：花类型

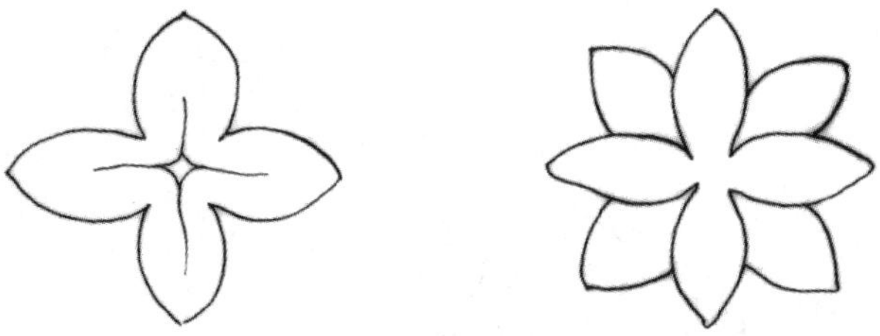

1　　2

单瓣　　重瓣

性状 21：花冠裂片数量（仅适用于重瓣品种）

代码 1 表达状态为少，其内侧的裂片是未完全展开的。

1　　3　　5

少　　中　　多

性状 22：花轮间距（仅适用于重瓣品种）

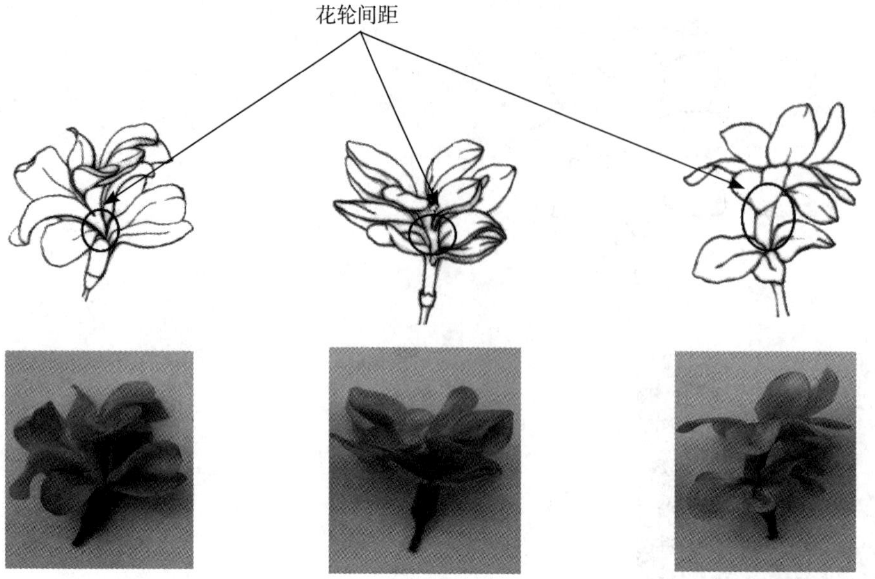

1	2	3
短	中	长

性状 23：花冠裂片姿态

1	2	3
半直立	水平	外弯

性状 24：花冠裂片形状

	←最宽处位置→	
	在中部	中部以上
宽（低）← 宽度（长度/宽度比值）→窄（高）	 2 窄椭圆形	
	 1 阔椭圆形	 3 倒卵圆形

性状 25：花冠裂片波状

1 无或弱　2 中　3 强

性状 26：花冠裂片边缘内弯

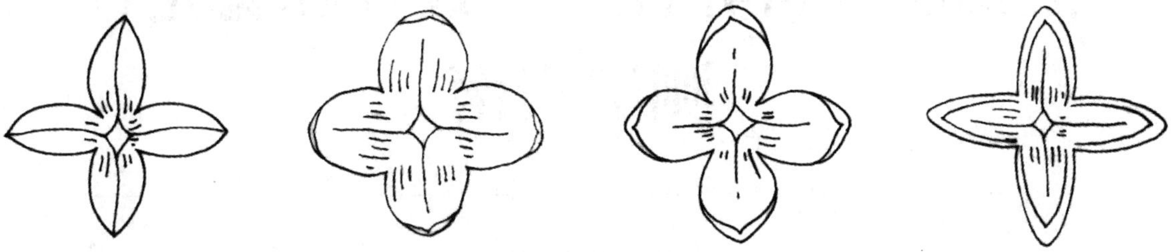

1 无或极弱　2 弱　3 中　4 强

性状 27：花冠裂片顶端形状

1 渐尖　2 锐尖　3 圆形　4 微缺

性状 28：花冠裂片内表面主色

性状 29：花冠裂片内表面次色

主色是指覆盖面积最大的颜色。次色是指覆盖面积第二大的颜色。当主色与次色的面积十分相近很难区分哪一种颜色区域最大时，较深的颜色被认为是主色。

性状 32：始花期

当所有植株的 5% 的花开放即为始花期。

扫码下载原文

如扫描二维码无法下载指南原文，可能是指南版本有更新，可扫描本书封底二维码查看与本文对应的指南版本

TG/303/1
原文：英文
日期：2014-04-09

国际植物新品种保护联盟
植物品种特异性、一致性和稳定性
测试指南

香荚兰

UPOV 代码：VANIL_PLA；VANIL_POD；
VANIL_PBA；VANIL_PPO；VANIL_PPH；VANIL_PTA

（*Vanillaplanifolia* Jacks.；
Vanilla planifolia Jacks. × *Vanilla odorata*；
Vanilla planifolia Jacks. × *Vanilla bahiana*；
Vanilla planifolia Jacks. × *Vanilla pompona*；
Vanilla planifolia Jacks. × *Vanilla phaeantha*；
Vanilla planifolia Jacks. × *Vanilla tahitensis*）

互用名称 *

植物学名称	英文	法文	德文	西班牙文
Vanilla planifolia Jacks.	Vanille	Vanillier	Vanille	Vainilla, Xanath
V. planifolia Jacks. × *V. odorata*				
V. planifolia Jacks. × *V. bahiana*				
V. planifolia Jacks. × *V. pompona*				
V. planifolia Jacks. × *V. phaeantha*				
V. planifolia Jacks. × *V. tahitensis*				

* 这些名称在指南开始使用时是正确的，但随后可能会修改更新。读者可登录 UPOV 网站（www.upov.int），获取最新资料。

1 指南适用范围

本指南适用于扁叶香荚兰（*Vanilla planifolia* Jacks.），以及扁叶香荚兰（*Vanilla planifolia* Jacks.）与 *Vanilla odorata*、*Vanilla bahiana*、*Vanilla pompona*、*Vanilla phaeantha*、*Vanilla tahitensis* 种间杂交种的所有品种。

2 繁殖材料要求

2.1 待测品种繁殖材料的数量和质量要求以及提交的时间和地点由主管机构决定。申请人从测试所在国境外提交繁殖材料的，还应符合海关规定并满足相关植物检疫的要求。

2.2 繁殖材料以茎蔓的形式提交，至少带有 2 个茎节或提交一年生的植株。

2.3 申请人提交繁殖材料的最小数量为 10 条茎蔓或 10 个植株。

2.4 提供的繁殖材料应外观健康有活力，未受到任何严重病虫害的影响。

2.5 提交的繁殖材料不得进行任何可能影响品种性状表达的处理，除非主管机构允许或要求进行这种处理。如果材料已经处理，必须提供相关处理的详细说明。

3 测试方法

3.1 测试周期

3.1.1 测试的最少周期数量通常为 2 个生长周期。尤其重要的是，2 个生长周期的每个周期，这些植株必须有良好的果实产出。

3.1.2 生长周期为从开始活跃的营养生长或始花、经过活跃的营养生长或开花、果实发育至果实收获的整个阶段。

3.2 测试地点

测试通常在 1 个地点进行。在 1 个以上地点进行测试时，TGP/9《特异性测试》提供了有关指导。

3.3 测试条件

测试的条件应能满足品种正常生长的需要，以确保品种相关性状充分表达和测试的顺利开展。

3.4 试验设计

3.4.1 每个试验应保证至少有 10 个植株。

3.4.2 试验设计应保证因测量或计数等需要，从小区取走部分植株或植株部位后，不影响生长周期结束前的所有观测。

3.5 附加测试

为测试有关性状，可以进行附加测试。

4 特异性、一致性和稳定性评价

4.1 特异性

4.1.1 一般建议

对于本指南的使用者而言，在判定特异性前参照总则特异性判定的一般原则十分重要。但为进一步说明和强调特异性判定，本指南特列出特异性判定的要点。

4.1.2 一致的差异

当观测到的品种之间的差异非常明显时，则没有必要种植 1 个以上生长周期。此外，在某些情况下，环境的影响并不意味着需要 1 个以上的生长周期来保证品种间观察到的差异是足够一致的。为确保在种植试验中所观测到的性状差异是足够一致的，可以对性状进行至少 2 个独立生长周期的测试。

4.1.3 明显的差异

两个品种间的差异是否明显取决于很多因素，特别应考虑所测性状的表达类型，即该性状是质量性状、数量性状还是假质量性状。因此，在作出关于特异性的判定前，本测试指南的使用者应熟悉总则中的建议。

4.1.4 植株 / 植株部位的观测数量

除非另有说明，在判定特异性时，对于单株的观测，应观测 9 个植株或分别从 9 个植株取下的植株部位；对于其他观测，应观测试验中的所有植株。观测时应将异型株排除在外。

观测对象为植株部位时，每个植株取样的植株部位数量为 2 个。

4.1.5 观测方法

性状表第二列以如下符号（见 TGP/9《特异性测试》第 4 部分“性状观测”）的形式列出了特异性判定时推荐的性状观测方法。

MG：对一批植株或植株部位进行单次测量。

MS：对一定数量的植株或植株部位进行逐一测量。

VG：对一批植株或植株部位进行单次目测。

VS：对一定数量的植株或植株部位进行逐一目测。

观测类型：目测（V）或测量（M）。

目测（V）是一种基于专家判断的观测方法。本文中的目测是指专家的感官观察，因此，也包括闻、尝和触摸。目测也包括专家使用参照物（例如图表，标准品种，并排比较）或非线性的图表（例如比色卡）的观测。测量（M）是一种基于校准的、线性尺度的客观观测，例如使用尺、秤、色度计、日期和计数等进行观测。

记录类型：群体记录（G）或个体记录（S）。

以特异性为目的的观测，可被记录为一批植株或植株部位的单个记录（G），或者记录为一定数量的单个植株或植株部位的个体记录（S）。多数情况下，群体记录为一个品种提供一个单个记录，因此不可能或者不必要通过逐个植株的统计分析来判定特异性。

如果性状表中提供了不止一种观测方法（如 VG/MG），可以参考 TGP/9《特异性测试》4.2 部分选择合适的观测方法。

4.2 一致性

4.2.1 对于本指南的使用者而言，在判定一致性前参照总则一致性判定的一般原则十分重要。但为进一步说明和强调一致性判定，本指南特列出一致性判定的要点。

4.2.2 评价一致性时，应采用 1% 的群体标准和至少 95% 的接受概率。当样本量为 10 个时，允许有 1 个异型株。

4.3 稳定性

4.3.1 在实际操作中，通常不像测试特异性和一致性那样对稳定性进行测试以得到明确结果。经验表明，对许多类型的品种来说，当一个品种表现一致时，可认为其是稳定的。

4.3.2 适当情况下或者有疑问时，种植该品种的下一批茎蔓测试其稳定性，看其性状表现是否与之前提交的繁殖材料表现相同。

5 品种分组和试验组织

5.1 使用分组性状可以帮助选择与申请品种一起进行田间种植试验的已知品种，以及对这些品种进行合适分组以便进行特异性评价。

5.2 分组性状表达状态的数据即使来自不同地点，也可以单独或者与其他此类性状联合使用。

（a）用于特异性测试中筛选排除那些不需要安排在种植试验中的已知品种。

（b）用于组织安排种植试验，使近似品种种植在一起。

5.3 以下性状已被确认为有用的分组性状。

（a）茎：绿色程度（性状 1）。

（b）叶片：斑块（性状 12）。

（c）叶片：绿色程度（性状 13）。

（d）叶片：形状（性状 20）。

（e）荚果：长度（性状 27）。

5.4 总则和 TGP/9《特异性测试》中提供了在特异性审查过程中使用分组性状的指导。

6 性状表介绍

6.1 性状类型

6.1.1 标准指南性状

标准指南性状是 UPOV 已同意用于 DUS 审查的性状，UPOV 成员可以从中选择与其特定环境相适应的性状。

6.1.2 星号性状

星号性状（用“*”标记）是测试指南中对于形成国际统一的品种描述十分重要的性状，所有 UPOV 成员都应将其用于 DUS 测试并包含在品种描述中，除非所述性状的表达或区域环境条件所限使其无法测试。

6.2 表达状态及相应代码

6.2.1 为定义性状和统一描述，将每个性状划分为一系列表达状态。每个表达状态赋予一个相应的数字代码，以便于数据记录，以及品种性状描述的建立和交流。

6.2.2 对于质量性状和假质量性状（6.3），性状表中列出了所有表达状态。但对于有 5 个或 5 个以上表达状态的数量性状，可以采用缩略尺度的方法，以缩短性状表格。例如，对于有 9 个表达状态的数量性状，在测试指南的性状表中可采用以下缩略形式。

表达状态	代码
小	3
中	5
大	7

但是应该指出的是，以下 9 个表达状态都是存在的，应采用适宜的表达状态进行品种的描述。

表达状态	代码
极小	1
极小到小	2
小	3
小到中	4
中	5
中到大	6
大	7
大到极大	8
极大	9

6.2.3 TGP/7《测试指南的研制》中提供了表达状态和代码的更详尽的介绍。

6.3 表达类型

总则中对性状表达类型（质量性状、数量性状和假质量性状）进行了解释。

6.4 标准品种

适当时，测试指南中提供了标准品种用于校正性状的表达状态。

6.5 注释

（*）星号性状（6.1.2）。

QL：质量性状（6.3）。

QN：数量性状（6.3）。

PQ：假质量性状（6.3）。

MG、MS、VG、VS：观测方法（4.1.5）。

（a）～（c）性状表解释（8.1）。

（+）性状表解释（8.2）。

7 性状表

性状编号	观测方法	英文	中文	标准品种	代码
1. （*） QN	VG （a）	**Stem：intensity of green color**	**茎：绿色程度**		
		light	浅	Acamaya	1
		medium	中	Oreja de Burro，Princesa，Totonaku	2
		dark	深	Amarela，Espada	3
2. QL	VG （a）	**Stem：variegation**	**茎：扭曲**		
		absent	无	Totonaku	1
		present	有	Acamaya	9
3. （+） PQ	VG	**Stem：shape in cross section**	**茎：横截面形状**		
		round	圆形	Acamaya，Totonaku	1
		round to angular	圆形至有棱		2
		angular	有棱		3
4. QN	VG/ MS （a）	**Stem：diameter**	**茎：直径**		
		small	小	Acamaya，Princesa	3
		medium	中	Totonaku	5
		large	大	Amarela	7
5. （*） QN	VG/ MS （a）	**Stem：internode length**	**茎：节间长度**		
		short	短	Acamaya，Princesa	3
		medium	中	Amarela，Totonaku	5
		long	长	Oreja de Burro	7
6. QN	VG （a）	**Leaf：surface**	**茎：表面**		
		smooth	光滑	Acamaya，Totonaku	1
		medium	中等	Amarela	2
		rough	粗糙		3
7. （*） （+） QL	VG （a）	**Stem：texture**	**茎：质地**		
		smooth	光滑	Princesa，Totonaku	1
		rough	粗糙	Espada，Oreja de Burro	2

续表

性状编号	观测方法	英文	中文	标准品种	代码
8. (*) (+) QN	**VG (a)**	**Leaf: conspicuousness of main vein**	**叶：主脉凸显程度**		
		weak	弱	Princesa, Totonaku	1
		medium	中		2
		strong	强		3
9. (*) (+) PQ	**VG (a)**	**Leaf: shape of apex**	**叶：先端形状**		
		acute	锐尖	Acamaya, Oreja de Burro	1
		obtuse	钝尖	Princesa, Totonaku	2
		rounded	圆形	Espada	3
10. (*) QN	**VG/ MS (a)**	**Leaf: petiole length**	**叶：叶柄长度**		
		short	短	Princesa	1
		medium	中	Acamaya, Totonaku	2
		long	长		3
11. (*) (+) QL	**VG (a)**	**Leaf: base**	**叶：基部**		
		clasping	抱柄状	Oreja de Burro, Totonaku	1
		tapering	锥状	Acamaya, Princesa	2
12. (*) (+) QL	**VG (a)**	**Leaf: variegation**	**叶：斑块**		
		absent	无	Oreja de Burro, Totonaku	1
		present	有	Acamaya	9
13. (*) QN	**VG (a)**	**Leaf: intensity of green color**	**叶：绿色程度**		
		light	浅	Oreja de Burro	1
		medium	中	Totonaku	2
		dark	深	Amarela	3
14. (*) QN	**VG/ MS (a)**	**Leaf blade: length**	**叶片：长度**		
		short	短	Acamaya	3
		medium	中	Princesa, Totonaku	5
		long	长	Oreja de Burro	7
15. QN	**VG/ MS (a)**	**Leaf blade: width**	**叶片：宽度**		
		narrow	窄	Acamaya	3
		medium	中	Princesa, Totonaku	5
		broad	宽	Oreja de Burro	7
16. (+) QN	**VG/ MS (a)**	**Leaf blade: ratio length/width**	**叶片：长宽比**		
		low	低	Amarela	3
		medium	中	Oreja de Burro, Totonaku	5
		high	高	Espada	7
17. QN	**VG (a)**	**Leaf: symmetry**	**叶：对称性**		
		symmetric or slightly asymmetric	对称的或轻度不对称	Princesa, Totonaku	1
		moderately asymmetric	中度不对称	Espada	2
		strongly asymmetric	极不对称		3
18. (*) QN	**VG/ MS (a)**	**Leaf: thickness**	**叶：厚度**		
		thin	薄	Acamaya	1
		medium	中	Princesa, Totonaku	2
		thick	厚	Oreja de Burro	3

续表

性状编号	观测方法	英文	中文	标准品种	代码
19. (+) QN	VG (a)	**Leaf: shape in cross section**	**叶：横截面形状**		
		flat or slightly concave	平展或轻度内凹	Acamaya，Totonaku	1
		moderately concave	中度内凹	Espada	2
		strongly concave	极内凹	Oreja de Burro	3
20. (*) (+) PQ	VG (a)	**Leaf: shape**	**叶：形状**		
		narrow ovate	窄卵圆形	Espada	1
		medium ovate	卵圆形		2
		elliptic	椭圆形	Princesa	3
		oblong	长椭圆形	Acamaya，Totonaku	4
		obovate	倒卵圆形	Oreja de Burro	5
21. (*) QN	VG/ MG (b)	**Inflorescence: number of flowers**	**花序：花朵数量**		
		few	少	Acamaya	3
		medium	中	Oreja de Burro，Princesa	5
		many	多	Totonaku	7
22. (+) QN	VG/ MS (b)	**Flower: length of gynandrium**	**花：合蕊柱长度**		
		short	短		1
		medium	中		2
		long	长		3
23. QN	VG/ MS (b)	**Petal: length**	**花瓣：长度**		
		short	短		1
		medium	中	Oreja de Burro，Totonaku	2
		long	长		3
24. QN	VG/ MS (b)	**Petal: width**	**花瓣：宽度**		
		narrow	窄		1
		medium	中		2
		broad	宽		3
25. (+) PQ	VG (c)	**Fruit: shape**	**果荚：形状**		
		ovate	卵圆形		1
		oblong	长椭圆形	Totonaku	2
		obovate	倒卵圆形	Amarela	3
26. (+) PQ	VG (c)	**Fruit: shape in cross section**	**果荚：横截面形状**		
		triangular	三角形	Amarela	1
		broad ovate	阔卵圆形		2
		medium ovate	中等卵圆形		3
		trullate	楔形		4
		circular	圆形		5
		elliptic	椭圆形		6
27. (*) QN	VG/ MS (c)	**Fruit: length**	**果荚：长度**		
		short	短	Acamaya	3
		medium	中	Totonaku	5
		long	长	Amarela	7
28. QN	VG (c)	**Fruit: grooves**	**果荚：凹痕**		
		absent or slightly visible	无或轻微可见	Oreja de Burro，Princesa，Totonaku	1
		moderately visible	中等可见		2
		clearly visible	明显可见		3

续表

性状编号	观测方法	英文	中文	标准品种	代码
29. (+) **QN**	**MS** (c)	**Fruit: vanillin content**	**果荚：香草醛含量**		
		very low	极低	Parahurahu	1
		low	低	Tahiti	3
		medium	中	Ordinaire	5
		high	高		7
		very high	极高	A55	9
30. (+) **QN**	**MS** (c)	**Fruit: anisic alcohol content**	**果荚：茴香醇含量**		
		very low	极低	Ordinaire	1
		low	低		3
		medium	中	Parahurahu	5
		high	高	Tahiti	7

8 性状表解释

8.1 对多个性状的解释

性状表第二列包含以下标注的性状应按照下述要求观测。

（a）茎和叶：应在第一个果荚发育成熟时进行观测。对于茎的观测应在其中部进行。对于叶片的观测应在茎中部 1/3 处的完全展开叶片上进行。

（b）花序和花：应在完全抽出的花序和第一朵刚开放的新鲜的花上进行观测。

（c）果荚：应在生理成熟时进行观测。

8.2 对单个性状的解释

性状 3：茎横截面形状

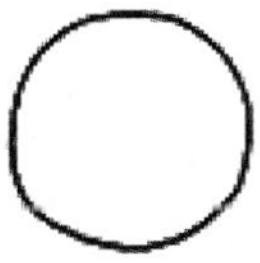

1
圆形

2
圆形至有棱

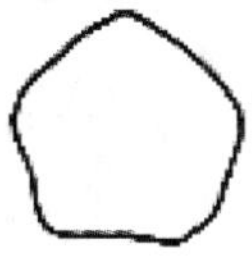

3
有棱

性状 7：茎质地

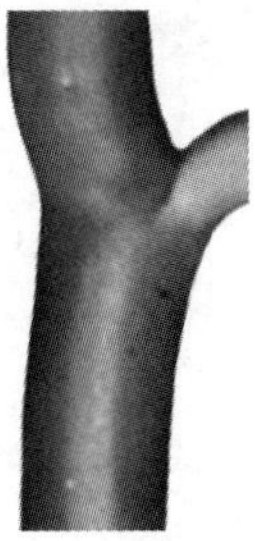

1
光滑

2
粗糙

性状 8：叶主脉凸显程度

1
弱

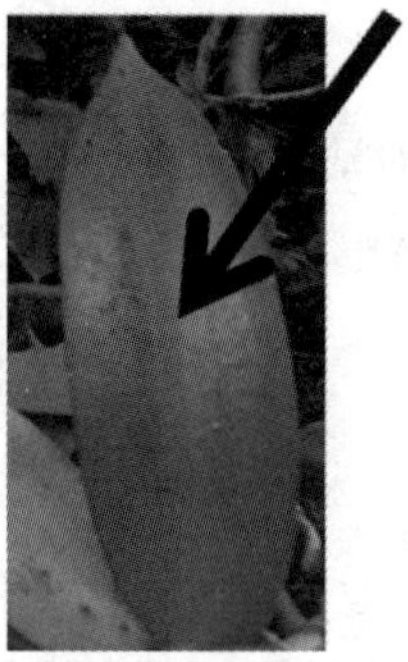

2
中

3
强

性状 9：叶先端形状

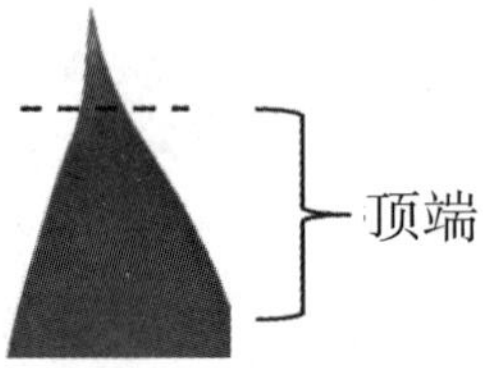

1
锐尖

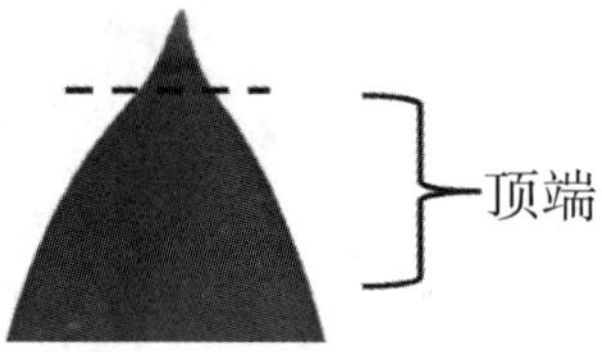

2
钝尖

3
圆形

性状 11：叶基部

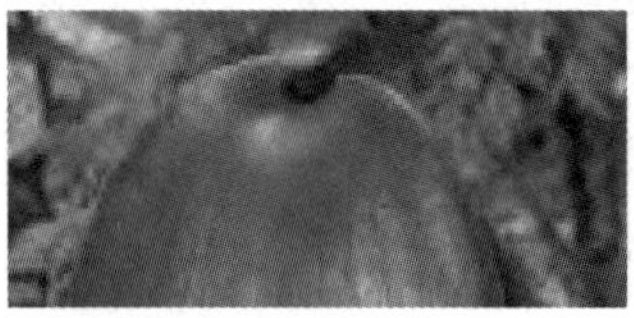

1
抱柄状

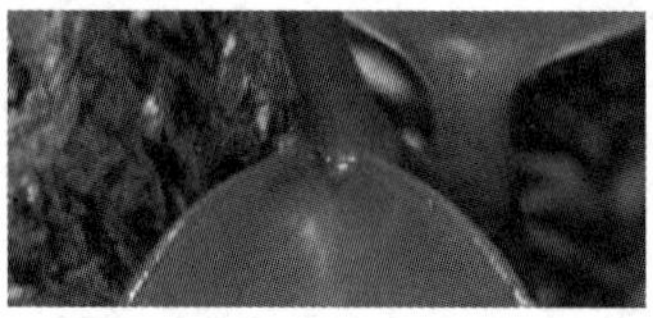

2
锥状

性状 12：叶斑块

1
无

9
有

性状 16：叶片长宽比

	←最宽处位置→	
	在中部	中部以上
宽（低）← 宽度（长度/宽度比值）→窄（高）		 7 高
		 5 中
	 3 低	

性状 19：叶横截面形状

1
平展或轻度内凹

2
中度内凹

3
极内凹

性状 20：叶形状

		←最宽处的位置→			
		中部以下		中部	中部以上
侧面轮廓	平面两侧平行			 4 长椭圆形	
	近圆的	 1 窄卵圆形	 2 卵圆形	 3 椭圆形	 5 倒卵圆形

性状 22：花合蕊柱长度

为了展示花的内部结构，去掉了花的一些部位（1 片花瓣和花萼）。

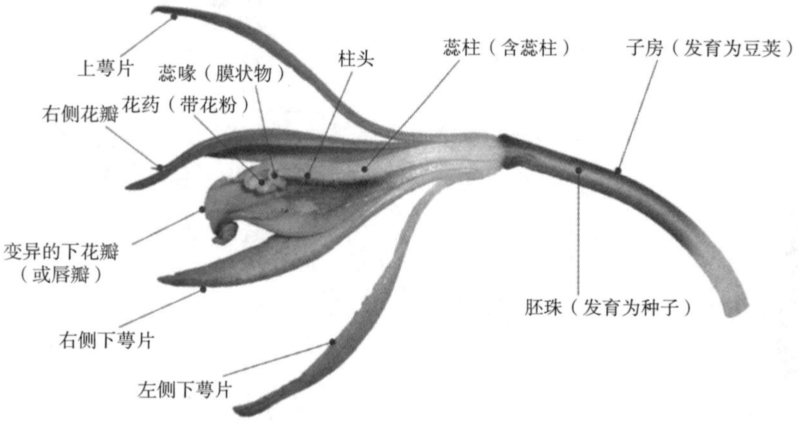

性状 25：果荚形状

1
卵圆形

2
长椭圆形

3
倒卵圆形

性状 26：果荚横截面形状

宽（低）← 宽度（长度/宽度之比）→窄（高）

←最宽处位置→		
中部以下		在中部
 3 中等卵圆形	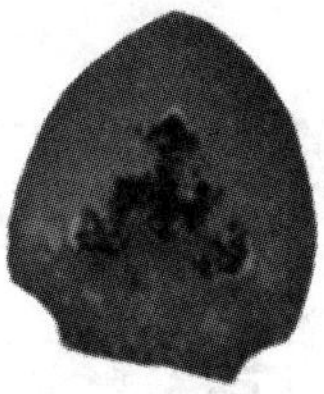 4 楔形	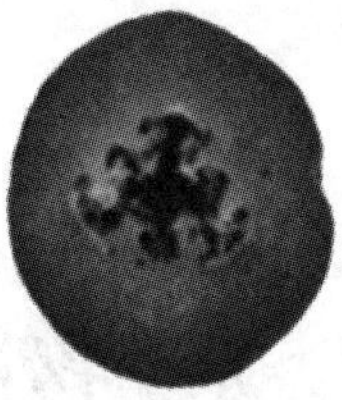 6 椭圆形
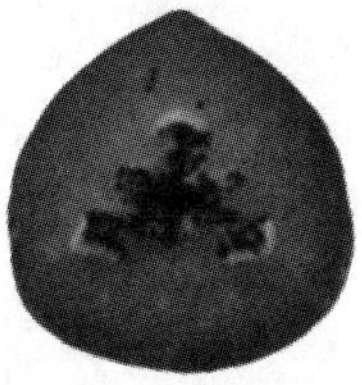 2 阔卵圆形		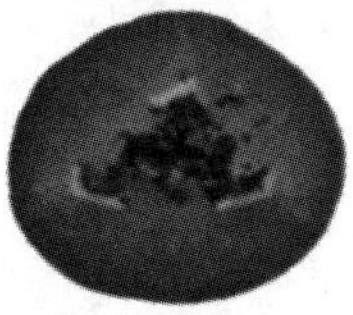 5 圆形
 1 三角形		

性状 29：果荚香草醛含量

性状 30：果荚茴香醇含量

香荚兰成熟荚果香气化合物物质分析方法

（1）样本收集

从 10 个不同植株中采集至少 5 个成熟荚果（授粉后约 8 个月，绿色 / 黄色）作为混合样本，分别进行分析。豆荚称重后 -80 ℃保存，然后将它们冷冻干燥并重新称重，以评估其含水量。

（2）提取

取 500 mg 干粉悬浮于 10 mL 水中。加入 0.5 mL 硫酸（18 M）后，将悬浮液充分混合并置于 70 ℃的蒸汽浴中 4 h。将混合物冷却至室温，加入 1mL 氢氧化钾（9.4 M）中和混合物。

（3）高效液相色谱（HPLC）分析

根据 ISO 5565—2：1999（http://www.iso.org）的方法，用高效液相色谱法测定每种提取物中香兰醛和茴香醇的含量。

TG/304/1
原文：英文
日期：2015-03-25

国际植物新品种保护联盟
植物品种特异性、一致性和稳定性
测试指南

秋英属

UPOV 代码：COSMO

（*Cosmos* Cav.）

互用名称 *

植物学名称	英文	法文	德文	西班牙文
Cosmos Cav.	Cosmos	Cosmos	Kosmee, Schmuckkörbchen	Cosmos, Mirasol

* 这些名称在指南开始使用时是正确的，但随后可能会修改更新。读者可登录 UPOV 网站（www.upov.int），获取最新资料。

1 指南适用范围

本指南适用于秋英属（*Cosmos* Cav.）的所有品种。

2 繁殖材料要求

2.1 待测品种繁殖材料的数量和质量要求以及提交的时间和地点由主管机构决定。申请人从测试所在国境外提交繁殖材料的，还应符合海关规定并满足相关植物检疫的要求。

2.2 繁殖材料以种子或幼苗的形式提交。

2.3 申请人提交繁殖材料的最小数量：种子繁殖品种为足够产生 50 个植株的种子，无性繁殖品种为 10 株幼苗。

提交种子的情况下，种子应满足主管机构规定的发芽率、纯度、健康程度和含水量的最低要求。

2.4 提供的繁殖材料应外观健康有活力，未受到任何严重病虫害的影响。

2.5 提交的繁殖材料不得进行任何可能影响品种性状表达的处理，除非主管机构允许或要求进行这种处理。如果材料已经处理，必须提供相关处理的详细说明。

3 测试方法

3.1 测试周期

测试的最少周期数量通常为 1 个生长周期。

3.2 测试地点

测试通常在 1 个地点进行。在 1 个以上地点进行测试时，TGP/9《特异性审查》提供了有关指导。

3.3 测试条件

3.3.1 测试的条件应能满足品种正常生长的需要，以确保品种相关性状充分表达和测试的顺利开展。

3.3.2 由于日光会发生变化，在利用比色卡确定颜色时，应在一个合适的有人工光源照明的小室或中午无阳光直射的房间内进行。人工光源光谱分布应符合 CIE“理想日光标准 D6500”，且在《英国标准 950：第 1 部分》的允许范围之内。在鉴定颜色时，应将植株部位置于白色背景上。使用的比色卡及版本应在品种描述中注明。

3.4 试验设计

3.4.1 对于种子繁殖品种，每个试验应保证至少有 50 个植株；对于无性繁殖品种，每个试验应保证至少有 10 个植株。

3.4.2 试验设计应保证因测量或计数等需要，从小区取走部分植株或植株部位后，不影响生长周期结束前的所有观测。

3.5 附加测试

为测试有关性状，可以进行附加测试。

4 特异性、一致性和稳定性评价

4.1 特异性

4.1.1 一般建议

对于本指南的使用者而言，在判定特异性前参照总则特异性判定的一般原则十分重要。但为进一步说明和强调特异性判定，本指南特列出特异性判定的要点。

4.1.2 一致的差异

当观测到的品种之间的差异非常明显时，则没有必要种植 1 个以上生长周期。此外，在某些情况下，环境的影响并不意味着需要 1 个以上的生长周期来保证品种间观察到的差异是足够一致的。为确保在种植试验中所观测到的性状差异是足够一致的，可以对性状进行至少 2 个独立生长周期的测试。

4.1.3 明显的差异

两个品种间的差异是否明显取决于很多因素，特别应考虑所测性状的表达类型，即该性状是质量性状、数量性状还是假质量性状。因此，在作出关于特异性的判定前，本测试指南的使用者应熟悉总则中的建议。

4.1.4 植株 / 植株部位的观测数量

除非另有说明，在判定特异性时，对于单株的观测，种子繁殖品种应观测 20 个植株或分别从 20 个植株取下的植株部位，无性繁殖品种应观测 9 个植株或分别从 9 个植株取下的植株部位；对于其他观测，应观测试验中的所有植株。观测时应将异型株排除在外。

4.1.5 观测方法

性状表第二列以如下符号（见 TGP/9《特异性审查》第 4 部分“性状观测”）的形式列出了特异性判定时推荐的性状观测方法。

MG：对一批植株或植株部位进行单次测量。

MS：对一定数量的植株或植株部位进行逐一测量。

VG：对一批植株或植株部位进行单次目测。

VS：对一定数量的植株或植株部位进行逐一目测。

观测类型：目测（V）或测量（M）。

目测（V）是一种基于专家判断的观测方法。本文中的目测是指专家的感官观察，因此，也包括闻、尝和触摸。目测也包括专家使用参照物（例如图表，标准品种，并排比较）或非线性的图表（例如比色卡）的观测。测量（M）是一种基于校准的、线性尺度的客观观测，例如使用尺、秤、色度计、日期和计数等进行观测。

记录类型：群体记录（G）或个体记录（S）。

以特异性为目的的观测，可被记录为一批植株或植株部位的单个记录（G），或者记录为一定数量的单个植株或植株部位的个体记录（S）。多数情况下，群体记录为一个品种提供一个单个记录，因此不可能或者不必要通过逐个植株的统计分析来判定特异性。

如果性状表中提供了不止一种观测方法（如 VG/MG），可以参考 TGP/9《特异性测试》的第 4 部分选择合适的观测方法。

4.2 一致性

对于本指南的使用者而言，在判定一致性前参照总则一致性判定的一般原则十分重要。但为进一步说明和强调一致性判定，本指南特列出一致性判定的要点。

（a）种子繁殖品种

一致性的评价应参考总则中对异花授粉品种的建议。

（b）无性繁殖品种

一致性的评价，应采用 1% 的群体标准和至少 95% 的接受概率。当样本量为 10 个时，允许有 1 个异型株。

4.3 稳定性

4.3.1 在实际操作中，通常不像测试特异性和一致性那样对稳定性进行测试以得到明确结果。经验表明，对许多类型的品种来说，当一个品种表现一致时，可认为其是稳定的。

4.3.2 适当情况下或者有疑问时，稳定性可以采用如下方法测试：测试一批新种子或新植株，看其性状表现是否与之前提交的材料表现相同。

5 品种分组和试验组织

5.1 使用分组性状可以帮助选择与申请品种一起进行田间种植试验的已知品种，以及对这些品种进行合适分组以便进行特异性评价。

5.2 分组性状表达状态的数据即使来自不同地点，也可以单独或者与其他此类性状联合使用。

（a）用于特异性测试中筛选排除那些不需要安排在种植试验中的已知品种。

（b）用于组织安排种植试验，使近似品种种植在一起。

5.3 以下性状已被确认为有用的分组性状。

（a）头状花序：花心类型（性状 13）。

（b）头状花序：领瓣（性状 14）。

（c）舌状小花：类型（性状 19）。

（d）舌状小花：内表面主色（性状 25），共有以下分组。

第一组：白色。

第二组：黄色。

第三组：橙色。

第四组：粉色。

第五组：红色。

第六组：红紫色。

第七组：红棕色。

（e）舌状小花：内表面次色（性状 26），共有以下分组。

第一组：白色。

第二组：黄色。

第三组：橙色。

第四组：粉色。

第五组：红色。

第六组：红紫色。

第七组：红棕色。

5.4 总则和 TGP/9《特异性审查》中提供了在特异性审查过程中使用分组性状的指导。

6 性状表介绍

6.1 性状类型

6.1.1 标准指南性状

标准指南性状是 UPOV 已同意用于 DUS 审查的性状，UPOV 成员可以从中选择与其特定环境相适应的性状。

6.1.2 星号性状

星号性状（用“*”标记）是测试指南中对于形成国际统一的品种描述十分重要的性状，所有 UPOV 成员都应将其用于 DUS 测试和品种描述中，除非前序性状的表达状态或区域环境条件所限使其无法测试。

6.2 表达状态及相应代码

6.2.1 为定义性状和统一描述，将每个性状划分为一系列表达状态。每个表达状态赋予一个相应的数字代码，以便于数据记录，以及品种性状描述的建立和交流。

6.2.2 对于质量性状和假质量性状（6.3），性状表中列出了所有表达状态。但对于有 5 个或 5 个以上

表达状态的数量性状，可以采用缩略尺度的方法，以缩短性状表格。例如，对于有 9 个表达状态的数量性状，在测试指南的性状表中可采用以下缩略形式。

表达状态	代码
小	3
中	5
大	7

但是应该指出的是，以下 9 个表达状态都是存在的，应采用适宜的表达状态用于品种的描述。

表达状态	代码
极小	1
极小到小	2
小	3
小到中	4
中	5
中到大	6
大	7
大到极大	8
极大	9

6.2.3 TGP/7《测试指南的研制》中提供了表达状态和代码的更详尽的介绍。

6.3 表达类型

总则中对性状表达类型（质量性状、数量性状和假质量性状）进行了解释。

6.4 标准品种

必要时，提供标准品种以明确每一性状的不同表达状态。

6.5 注释

（*）星号性状（6.1.2）。

QL：质量性状（6.3）。

QN：数量性状（6.3）。

PQ：假质量性状（6.3）。

MG、MS、VG、VS：观测方法（4.1.5）。

（a）～（c）性状表解释（8.1）。

（+）性状表解释（8.2）。

7 性状表

性状编号	观测方法	英文	中文	标准品种	代码
1. （+） QN	VG	**Plant: growth habit**	**植株：生长习性**		
		upright	直立		1
		semi upright	半直立		2
		spreading	平展		3

续表

性状编号	观测方法	英文	中文	标准品种	代码
2. (*) QN	VG/ MS	**Plant：height**	**植株：高度**		
		short	矮	Sunny Yellow	3
		medium	中	Sunset	5
		tall	高	Sensation Radiance	7
3. (+) QN	VG/ MS	**Stem：number of primary branches**	**茎：一级分枝数**		
		few	少	Sunset	3
		medium	中		5
		many	多	Sensation Radiance	7
4. (*) QN	VG	**Stem：anthocyanin coloration**	**茎：花青苷显色**		
		absent or very weak	无或极弱	Sunny Yellow	1
		weak	弱	Sunrise	2
		medium	中	Sunset	3
		strong	强		4
5. QN	VG	**Stem：pubescence**	**茎：茸毛**		
		absent or sparse	无或疏	Sunrise	1
		medium	中	Orange Flare	2
		dense	密		3
6. (*) (+) QN	VG/ MS (a)	**Leaf：length**	**叶：长度**		
		short	短	Sunrise	3
		medium	中	Sensation Radiance	5
		long	长		7
7. (*) (+) QN	VG/ MS (a)	**Leaf：width**	**叶：宽度**		
		narrow	窄	Sunrise	3
		medium	中	Orange Flare	5
		broad	宽	Sensation Radiance	7
8. QN	VG (a)	**Leaf：intensity of green color**	**叶：绿色程度**		
		light	浅		1
		medium	中	Sunset	2
		dark	深	Orange Flare	3
9. (+) QN	VG (a)	**Leaf：number of lobes**	**叶：裂片数**		
		absent or very few	无或极少		1
		few	少		2
		medium	中		3
		many	多		4
		very many	极多		5
10. (+) QN	VG/ MS (a)	**Leaf：width of terminal lobe（if present）**	**叶：顶端裂片宽度（如果存在）**		
		narrow	窄	Sunny Yellow	3
		medium	中	Sunrise	5
		broad	宽		7
11. QN	VG/ MS	**Peduncle：length**	**花梗：长度**		
		short	短	Sunny Yellow	3
		medium	中	Sunrise	5
		long	长	Sunset	7

续表

性状编号	观测方法	英文	中文	标准品种	代码
12. (+) **QN**	**VG**	**Flower head：attitude**	**头状花序：姿态**		
		upwards	向上		1
		outwards	向外		2
		downwards	向下		3
13. (*) (+) **QL**	**VG**	**Flower head：disc type**	**头状花序：花心类型**		
		daisy	非托桂型		1
		anemone	托桂型	Bridal Bouquet COS	2
14. (*) (+) **QL**	**VG**	**Flower head：collar segments**	**头状花序：领瓣**		
		absent	无		1
		present	有	Red Illusion	9
15. (*) (+) **QN**	**VG/ MS**	**Flower head：number of ray florets**	**头状花序：舌状小花数目**		
		very few	极少		1
		few	少	Sunset	2
		medium	中		3
		many	多	Double Click	4
		very many	极多		5
16. (*) (+) **QN**	**VG/ MS**	**Flower head：diameter**	**头状花序：直径**		
		small	小	Sunrise	3
		medium	中		5
		large	大	Sensation Radiance	7
17. (+) **QN**	**VG/ MS**	**Flower head：disc diameter**	**头状花序：花心直径**		
		very small	极小		1
		small	小	Sensation Radiance	2
		medium	中		3
		large	大	Bridal Bouquet COS	4
		very large	极大		5
18. (*) (+) **QN**	**VG/ MS**	**Flower head：disc diameter relative to flower head diameter**	**头状花序：相对于头状花序的花心直径大小**		
		very small	极小		1
		small	小	Sensation Radiance	2
		medium	中		3
		large	大	Bridal Bouquet COS	4
		very large	极大		5
19. (*) (+) **PQ**	**VG**	**Ray floret：type**	**舌状小花：类型**		
		ligulate	舌状		1
		ligulate and tubular	舌状和管状		2
		tubular	管状		3
20. (+) **QN**	**VG** (b)	**Ray floret：longitudinal axis**	**舌状小花：纵轴弯曲**		
		strongly incurved	强烈内弯		1
		moderately incurved	中等内弯		2
		weakly incurved	略内弯		3
		straight	直		4
		weakly reflexed	微外翻		5
		moderately reflexed	中等外翻		6
		strongly reflexed	强外翻		7

续表

性状编号	观测方法	英文	中文	标准品种	代码
21. (+) PQ	VG (b)	**Ray floret：curved part of axis**	**舌状小花：轴弯曲部位**		
		none	无		1
		tip	尖端		2
		distal half	远基端 1/2		3
		distal three quarters	远基端 3/4		4
		entire length	整个长度		5
22. (*) (+) QN	VG/ MS (b)	**Ray floret：length**	**舌状小花：长度**		
		short	短	Sunset	3
		medium	中		5
		long	长	Sensation Radiance	7
23. (*) (+) QN	VG/ MS (b)	**Ray floret：width**	**舌状小花：宽度**		
		narrow	窄	Sunset	3
		medium	中	Sensation Radiance	5
		broad	宽		7
24. (*) (+) QN	VG/ MS (b)	**Ray floret：ratio length/width**	**舌状小花：长宽比**		
		low	低		3
		medium	中	Sensation Radiance	5
		high	高	Happy Ring	7
25. (*) PQ	VG (b) (c)	**Ray floret：main color of inner side**	**舌状小花：内表面主色**		
		RHS Colour Chart (indicate reference number)	RHS 比色卡 (注明参考色号)		
26. (*) PQ	VG (b) (c)	**Ray floret：secondary color of inner side**	**舌状小花：内表面次色**		
		RHS Colour Chart (indicate reference number)	RHS 比色卡 (注明参考色号)		
27. (*) (+) PQ	VG (b) (c)	**Ray floret：distribution of secondary color of inner side**	**舌状小花：内表面次色分布**		
		none	无		1
		basal zone	基部区域		2
		basal quarter	基部 1/4		3
		basal half	基部 1/2		4
		distal half	远基端 1/2		5
		distal quarter	远基端 1/4		6
		tip	尖端		7
		band	带状		8
		marginal zone	边缘区域		9
		central zone	中心区域		10
		throughout	全部		11
28. PQ	VG (b) (c)	**Ray floret：pattern of secondary color of inner side**	**舌状小花：内表面次色图案**		
		solid or nearly solid	均匀或近均匀		1
		flushed	冲洗纹		2
		striped	条纹		3
29. PQ	VG (b) (c)	**Ray floret：tertiary color of inner side**	**舌状小花：内表面第三种颜色**		
		RHS Colour Chart (indicate reference number)	RHS 比色卡 (注明参考色号)		

续表

性状编号	观测方法	英文	中文	标准品种	代码
30. (+) PQ	VG (b) (c)	**Ray floret: distribution of tertiary color of inner side**	**舌状小花：内表面第三种颜色分布**		
		none	无		1
		basal zone	基部区域		2
		basal quarter	基部 1/4		3
		basal half	基部 1/2		4
		distal half	远基端 1/2		5
		distal quarter	远基端 1/4		6
		tip	尖端		7
		band	带状		8
		marginal zone	边缘区域		9
		central zone	中心区域		10
		throughout	全部		11
31. PQ	VG (b) (c)	**Ray floret: pattern of tertiary color of inner side**	**舌状小花：内表面第三种颜色图案**		
		solid or nearly solid	均匀或近均匀		1
		flushed	冲洗纹		2
		striped	条纹		3
32. (*) PQ	VG (b) (c)	**Ray floret: main color of outer side**	**舌状小花：外表面主色**		
		RHS Colour Chart (indicate reference number)	RHS 比色卡 (注明参考色号)		
33. (*) (+) QN	VG (b)	**Ray floret: incisions of apex**	**舌状小花：先端缺刻**		
		absent or very shallow	无或极浅		1
		shallow	浅		3
		medium	中	Sensation Radiance，Sunset	5
		deep	深		7
34. (*) (+) PQ	VG	**Disc: main color**	**花心：主色**		
		RHS Colour Chart (indicate reference number)	RHS 比色卡 (注明参考色号)		

8 性状表解释

8.1 对多个性状的解释

性状表第二列包含以下标注的性状应按照下述要求观测。

除非另有说明，所有的观测应在盛花期进行。

(a) 应观测茎中间 1/3 部分的叶片。

(b) 应观测最外轮的舌状小花。

(c) 主色指覆盖面积最大的颜色，不包括任何可能出现的斑点。次色是覆盖面积第二大的颜色，不包括任何可能出现的斑点。第三颜色是覆盖面积第三大的颜色。对于主色和次色面积相近而难以确定何种颜色面积较大的情形，将较深的颜色确定为主色。对于次色和第三颜色面积相近而难以确定何种颜色面积较大的情形，将较深的颜色确定为次色。

8.2 对单个性状的解释

性状 1：植株生长习性

1
直立

2
半直立

3
平展

性状 3：茎一级分枝数

一级分枝见下图中的箭头所示。

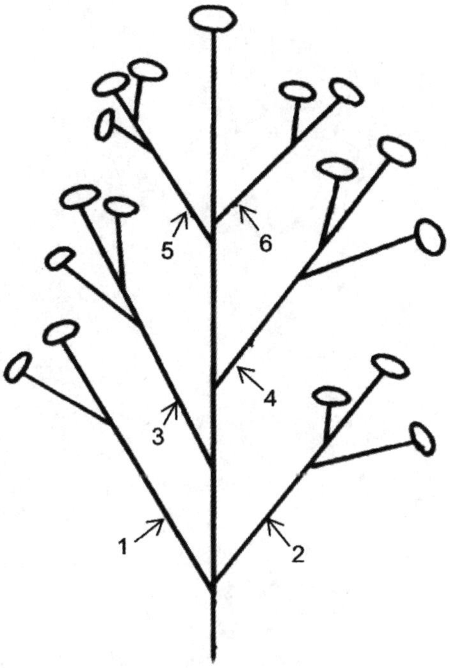

性状 6：叶长度

性状 7：叶宽度

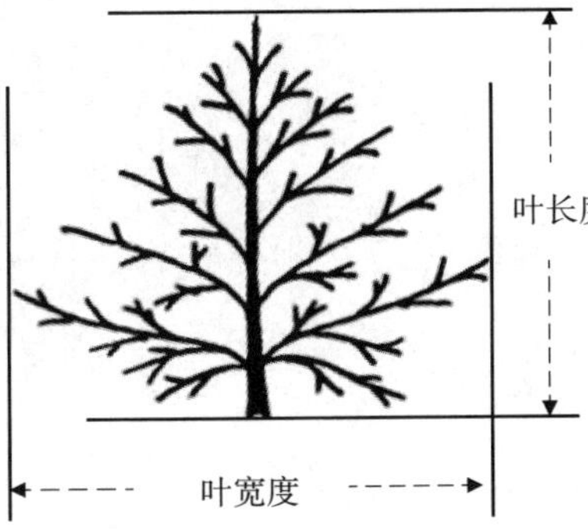

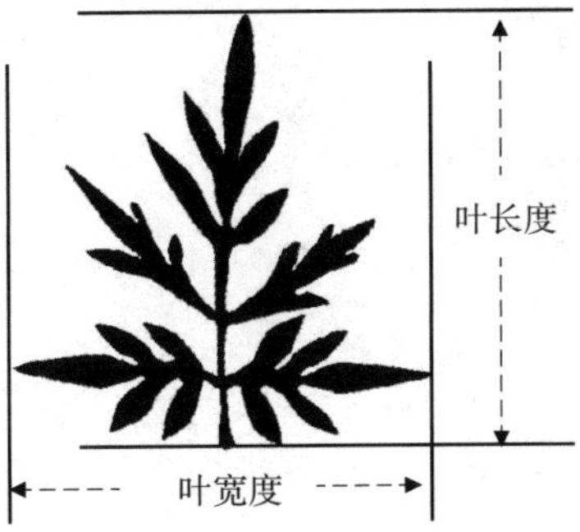

性状 9：叶裂片数

对于变异较大的品种应观测最常见的裂片数目。

1
无或极少

2
少

3
中

4
多

5
极多

性状 10：叶顶端裂片宽度（如果存在）

性状 12：头状花序姿态

1
向上

2
向外

3
向下

性状 13：头状花序花心类型

1
非托桂型

2
托桂型

性状 14：头状花序领瓣

性状 15：头状花序舌状小花数目

对于具有领瓣的品种，观测舌状小花数目应排除领瓣。

性状 16：头状花序直径

性状 17：头状花序花心直径

性状 18：头状花序相对于头状花序的花心直径大小

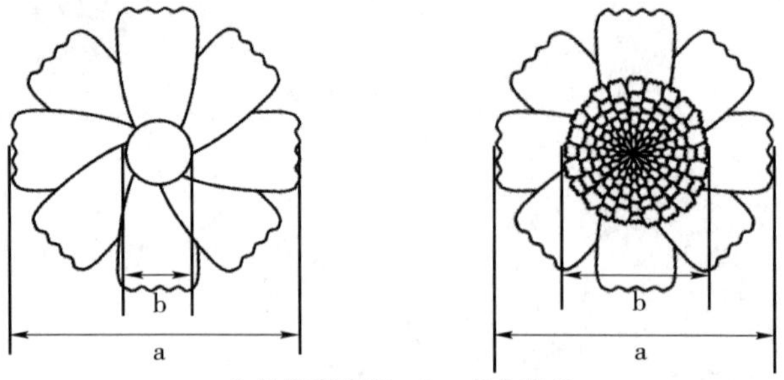

a—头状花序直径；b—花心直径。

性状 17：头状花序花心直径

对于具有领瓣的品种，测量花心直径应排除领瓣。

性状 19：舌状小花类型

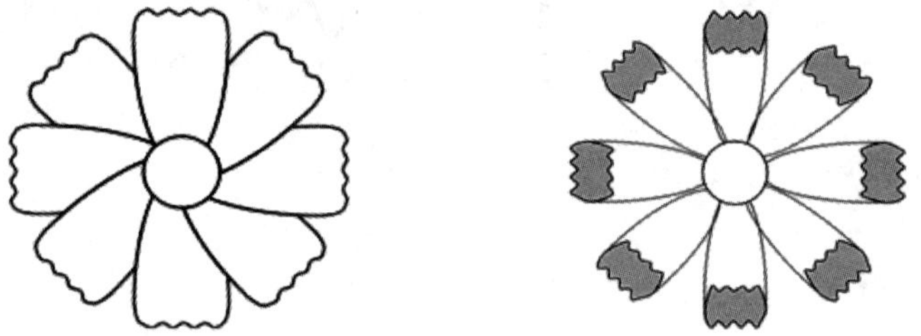

1 舌状　　3 管状

性状 20：舌状小花纵轴弯曲

1 强烈内弯　　2 中等内弯　　3 略内弯　　4 直

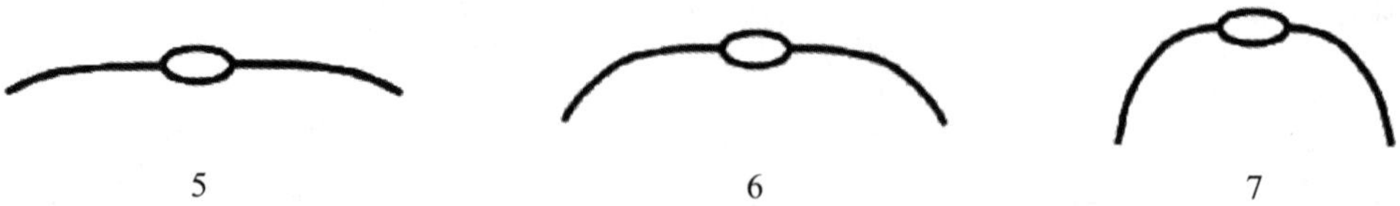

5 微外翻　　6 中等外翻　　7 强外翻

性状 21：舌状小花轴弯曲部位

1
无

2
尖端

3
远基端 1/2

4
远基端 3/4

5
整个长度

性状 22：舌状小花长度
性状 23：舌状小花宽度

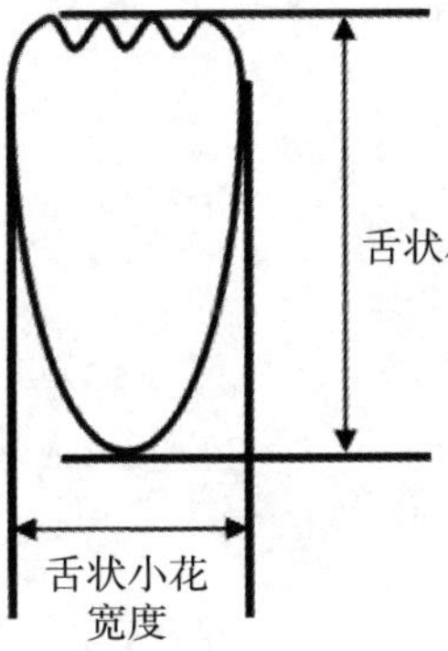

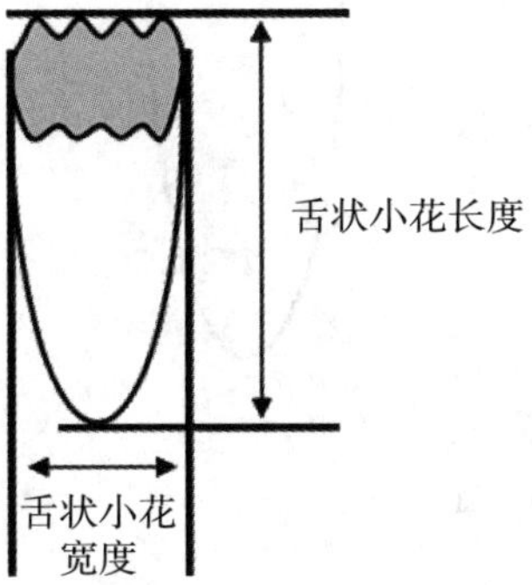

性状 24：舌状小花长宽比

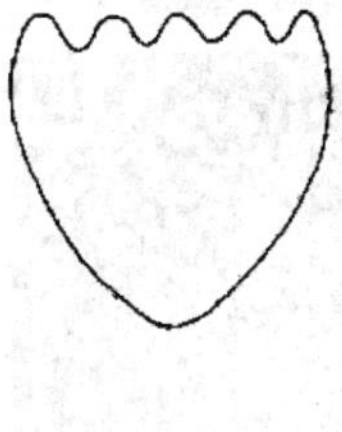

3
低

5
中

7
高

性状 27：舌状小花内表面次色分布

性状 30：舌状小花内表面第三颜色分布

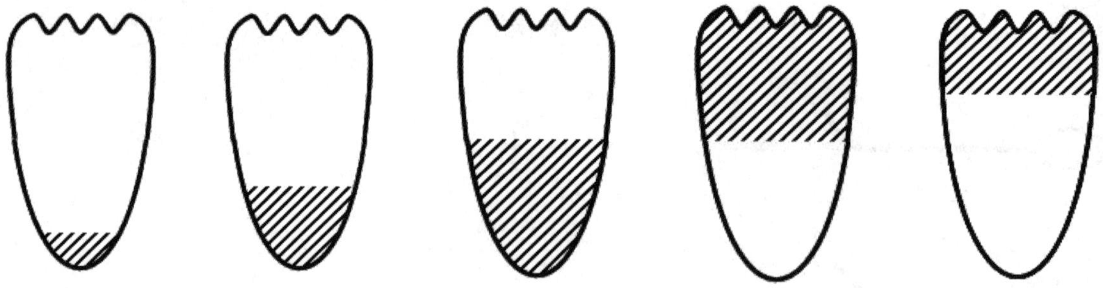

2 基部区域　3 基部 1/4　4 基部 1/2　5 远基端 1/2　6 远基端 1/4

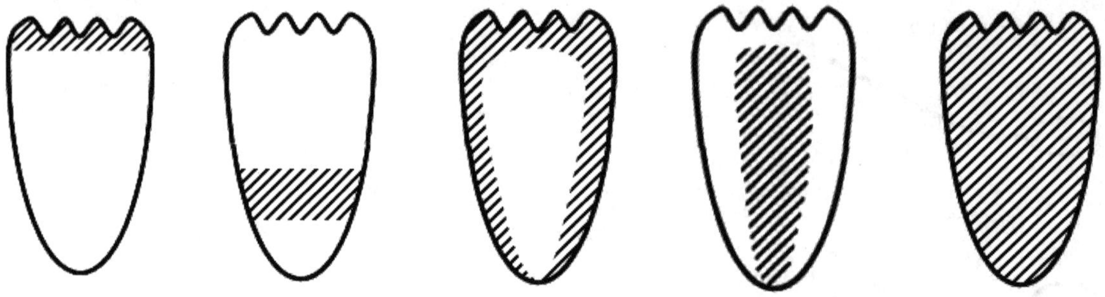

7 尖端　8 带状　9 边缘区域　10 中心区域　11 全部

性状 33：舌状小花先端缺刻

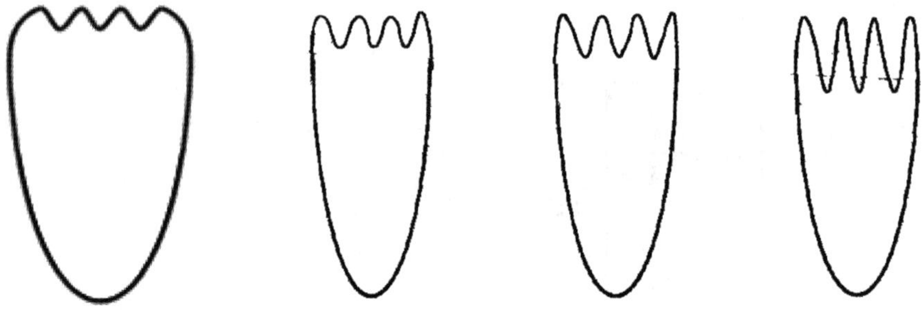

3 浅　5 中　7 深

性状 34：花心主色

非托桂型花应在花药开裂前观察花心主色，托桂型花应在盛花期观测。

扫码下载原文

如扫描二维码无法下载指南原文，可能是指南版本有更新，可扫描本书封底二维码查看与本文对应的指南版本

TG/305/1
原文： 英文
日期： 2015-03-25

国际植物新品种保护联盟
植物品种特异性、一致性和稳定性
测试指南

风铃草属

UPOV 代码：CAMPA

（*Campanula* L.）

互用名称 *

植物学名称	英文	法文	德文	西班牙文
Campanula L.	Campanula， Bell flower	Campanule	Glockenblume	Campánula

* 这些名称在指南开始使用时是正确的，但随后可能会修改更新。读者可登录 UPOV 网站（www.upov.int），获取最新资料。

1 指南适用范围

本指南适用于风铃草属（*Campanula* L.）的所有品种。

2 繁殖材料要求

2.1 待测品种繁殖材料的数量和质量要求以及提交的时间和地点由主管机构决定。申请人从测试所在国境外提交繁殖材料的，还应符合海关规定并满足相关植物检疫的要求。

2.2 繁殖材料以幼苗的形式提交。

2.3 申请人提交繁殖材料的最小数量为 10 株幼苗。

2.4 提供的繁殖材料应外观健康有活力，未受到任何严重病虫害的影响。

2.5 提交的繁殖材料不得进行任何可能影响品种性状表达的处理，除非主管机构允许或要求进行这种处理。如果材料已经处理，必须提供相关处理的详细说明。

3 测试方法

3.1 测试周期

测试的最少周期数量通常为 1 个生长周期。

3.2 测试地点

测试通常在 1 个地点进行。在 1 个以上地点进行测试时，TGP/9《特异性测试》提供了有关指导。

3.3 测试条件

3.3.1 测试的条件应能满足品种正常生长的需要，以确保品种相关性状充分表达和测试的顺利开展。植株应种植在适合观察植株生长习性（性状 1）的容器中。

3.3.2 由于日光会发生变化，在利用比色卡确定颜色时，应在一个合适的有人工光源照明的小室或中午无阳光直射的房间内进行。人工光源光谱分布应符合 CIE“理想日光标准 D6500”，且在《英国标准 950：第 1 部分》的允许范围之内。在鉴定颜色时，应将植株部位置于白色背景上。使用的比色卡及版本应在品种描述中注明。

3.4 试验设计

3.4.1 每个试验应保证至少有 10 个植株。

3.4.2 试验设计应保证因测量或计数等需要，从小区取走部分植株或植株部位后，不影响生长周期结束前的所有观测。

3.5 附加测试

为测试有关性状，可以进行附加测试。

4 特异性、一致性和稳定性评价

4.1 特异性

4.1.1 一般建议

对于本指南的使用者而言，在判定特异性前参照总则特异性判定的一般原则十分重要。但为进一步说明和强调特异性判定，本指南特列出特异性判定的要点。

4.1.2 一致的差异

当观测到的品种之间的差异非常明显时，则没有必要种植 1 个以上生长周期。此外，在某些情况下，环境的影响并不意味着需要 1 个以上的生长周期来保证品种间观察到的差异是足够一致的。为确

保在种植试验中所观测到的性状差异是足够一致的，可以对性状进行至少 2 个独立生长周期的测试。

4.1.3 明显的差异

两个品种间的差异是否明显取决于很多因素，特别应考虑所测性状的表达类型，即该性状是质量性状、数量性状还是假质量性状。因此，在作出关于特异性的判定前，本测试指南的使用者应熟悉总则中的建议。

4.1.4 植株 / 植株部位的观测数量

除非另有说明，在判定特异性时，对于单株的观测，应观测 9 个植株或分别从 9 个植株取下的植株部位；对于其他观测，应观测试验中的所有植株。观测时应将异型株排除在外。

4.1.5 观测方法

性状表第二列以如下符号（见 TGP/9《特异性测试》第 4 部分“性状观测”）的形式列出了特异性判定时推荐的性状观测方法。

MG：对一批植株或植株部位进行单次测量。

MS：对一定数量的植株或植株部位进行逐一测量。

VG：对一批植株或植株部位进行单次目测。

VS：对一定数量的植株或植株部位进行逐一目测。

观测类型：目测（V）或测量（M）。

目测（V）是一种基于专家判断的观测方法。本文中的目测是指专家的感官观察，因此，也包括闻、尝和触摸。目测也包括专家使用参照物（例如图表，标准品种，并排比较）或非线性的图表（例如比色卡）的观测。测量（M）是一种基于校准的、线性尺度的客观观测，例如使用尺、秤、色度计、日期和计数等进行观测。

记录类型：群体记录（G）或个体记录（S）。

以特异性为目的的观测，可被记录为一批植株或植株部位的单个记录（G），或者记录为一定数量的单个植株或植株部位的个体记录（S）。多数情况下，群体记录为一个品种提供一个单个记录，因此不可能或者不必要通过逐个植株的统计分析来判定特异性。

如果性状表中提供了不止一种观测方法（如 VG/MG），可以参考 TGP/9《特异性测试》的第 4 部分选择合适的观测方法。

4.2 一致性

4.2.1 对于本指南的使用者而言，在判定一致性前参照总则一致性判定的一般原则十分重要。但为进一步说明和强调一致性判定，本指南特列出一致性判定的要点。

4.2.2 评价无性繁殖品种的一致性时，应采用 1% 的群体标准和至少 95% 的接受概率。当样本量为 10 个时，允许有 1 个异型株。

4.3 稳定性

4.3.1 在实际操作中，通常不像测试特异性和一致性那样对稳定性进行测试以得到明确结果。经验表明，对许多类型的品种来说，当一个品种表现一致时，可认为其是稳定的。

4.3.2 适当情况下或者有疑问时，稳定性可以采用如下方法测试：测试一批新植株，看其性状表现是否与之前提交的材料表现相同。

5 品种分组和试验组织

5.1 使用分组性状可以帮助选择与申请品种一起进行田间种植试验的已知品种，以及对这些品种进行合适分组以便进行特异性评价。

5.2 分组性状表达状态的数据即使来自不同地点，也可以单独或者与其他此类性状联合使用。

（a）用于特异性测试中筛选排除那些不需要安排在种植试验中的已知品种。

（b）用于组织安排种植试验，使近似品种种植在一起。

5.3 以下性状已被确认为有用的分组性状。

（a）植株：生长习性（性状 1）。

（b）植株：高度（性状 2）。

（c）叶片：主色（性状 13）。

（d）花：姿态（性状 20）。

（e）花：类型（性状 21）。

（f）花冠：轮数（性状 25）。

（g）花冠：外表面主色（性状 28），有以下分组。

第一组：白色。

第二组：粉色。

第三组：红紫色。

第四组：紫色。

第五组：蓝色。

（h）花冠：内表面主色（性状 34），有以下分组。

第一组：白色。

第二组：粉色。

第三组：红紫色。

第四组：紫色。

第五组：蓝色。

（i）花冠：内表面斑点（性状 37）。

5.4 总则和 TGP/9《特异性测试》中提供了在特异性审查过程中使用分组性状的指导。

6 性状表介绍

6.1 性状类型

6.1.1 标准指南性状

标准指南性状是 UPOV 已同意用于 DUS 审查的性状，UPOV 成员可以从中选择与其特定环境相适应的性状。

6.1.2 星号性状

星号性状（用“*”标记）是测试指南中对于形成国际统一的品种描述十分重要的性状，所有 UPOV 成员都应将其用于 DUS 测试和品种描述中，除非前序性状的表达状态或区域环境条件所限使其无法测试。

6.2 表达状态及相应代码

6.2.1 为定义性状和统一描述，将每个性状划分为一系列表达状态。每个表达状态赋予一个相应的数字代码，以便于数据记录，以及品种性状描述的建立和交流。

6.2.2 对于质量性状和假质量性状（6.3），性状表中列出了所有表达状态。但对于有 5 个或 5 个以上表达状态的数量性状，可以采用缩略尺度的方法，以缩短性状表格。例如，对于有 9 个表达状态的数量性状，在测试指南的性状表中可采用以下缩略形式。

表达状态	代码
小	3
中	5
大	7

但是应该指出的是，以下 9 个表达状态都是存在的，应采用适宜的表达状态用于品种的描述。

表达状态	代码
极小	1
极小到小	2
小	3
小到中	4
中	5
中到大	6
大	7
大到极大	8
极大	9

6.2.3 TGP/7《测试指南的研制》中提供了表达状态和代码的更详尽的介绍。

6.3 表达类型

总则中对性状表达类型（质量性状、数量性状和假质量性状）进行了解释。

6.4 标准品种

必要时，提供标准品种以明确每一性状的不同表达状态。

6.5 注释

（*）星号性状（6.1.2）。

QL：质量性状（6.3）。

QN：数量性状（6.3）。

PQ：假质量性状（6.3）。

MG、MS、VG、VS：观测方法（4.1.5）。

（a）～（c）性状表解释（8.1）。

（+）性状表解释（8.2）。

7 性状表

性状编号	观测方法	英文	中文	标准品种	代码
1.（*）（+）PQ	**VG**	**Plant：growth habit**	**植株：生长习性**		
		upright	直立	La Bello	1
		semi-upright	半直立	Sarastro	2
		spreading	平展	PKMP05	3
		horizontal	水平	Blue Rivulet	4
		drooping	下弯	Camp trailbule	5
2.（*）（+）QN	**VG/MG/MS**	**Plant：height**	**植株：高度**		
		extremely short	超矮	Puck	1
		very short	极矮	Samantha	3
		short	矮	Caroline	5
		medium	中	Sarastro	7
		tall	高	Kent Belle	9
		very tall	极高		11
		extremely tall	超高	Aida	13

续表

性状编号	观测方法	英文	中文	标准品种	代码
3. (+) QN	VG/ MG/ MS	**Plant: width**	**植株：株幅**		
		very narrow	极窄		1
		narrow	窄	Napoli Blue	3
		medium	中	PKMP05	5
		broad	宽	Sarastro	7
		very broad	极宽	Blue Rivulet	9
4. (+) QN	VG	**Plant: density**	**植株：疏密程度**		
		very sparse	极疏	PKM01	1
		sparse	疏	Caroline	3
		medium	中	Samantha	5
		dense	密	PKMP05	7
		very dense	极密	PKMP01	9
5. (+) PQ	VG	**Stem: color**	**茎：颜色**		
		yellow green	黄绿色	Blue Eyed Blonde	1
		light green	浅绿色	PKMP05	2
		medium green	中等绿色	Sarastro	3
		dark green	深绿色	PKM01	4
		grey green	灰绿色	PKMFOR168	5
		green tinged with red purple	绿色略带红紫色	Blue Rivulet	6
		red purple	红紫色	Silver Bells	7
6. (*) QN	VG/ MG/ MS (a)	**Leaf blade: length**	**叶片：长度**		
		very short	极短	PKMP05	1
		short	短	Napoli Blue	3
		medium	中	Blue Rivulet	5
		long	长	Caroline	7
		very long	极长	Elizabeth	9
7. (*) (+) QN	VG/ MG/ MS (a)	**Leaf blade: width**	**叶片：宽度**		
		very narrow	极窄	Pink Octopus	1
		narrow	窄	Blue Eyed Blonde	3
		medium	中	Caroline	5
		broad	宽	Silver Bells	7
		very broad	极宽	Sarastro	9
8. (*) (+) QN	VG/ MG/ MS (a)	**Leaf blade: length/width ratio**	**叶片：长宽比**		
		low	低	Caroline	3
		medium	中	Pink Octopus	5
		high	高	Blue Eyed Blond	7
9. (+) QN	VG (a)	**Leaf blade: position of broadest part**	**叶片：最宽处位置**		
		strongly towards base	极近基部		1
		moderately towards base	近基部		2
		at middle	中部		3
		towards apex	近先端		4
10. (+) PQ	VG (a)	**Leaf blade: shape of apex**	**叶片：先端形状**		
		acuminate	渐尖		1
		acute	锐尖		2
		obtuse	钝尖		3

续表

性状编号	观测方法	英文	中文	标准品种	代码
11. (+) PQ	VG (a)	**Leaf blade：shape of base**	**叶片：基部形状**		
		attenuate	渐尖		1
		acute	锐尖		2
		obtuse	钝尖		3
		rounded	圆形		4
		truncate	平截		5
		cordate	心形		6
12. (*) QL	VG (a)	**Leaf blade：variegation**	**叶片：色斑**		
		absent	无	Pink Octopus	1
		present	有	Kifu	9
13. (*) (+) PQ	VG (a)	**Leaf blade：main color**	**叶片：主色**		
		whitish	泛白色		1
		yellow	黄色	Kifu	2
		yellow green	黄绿色	Bluc Eyed Blonde	3
		light green	浅绿色	Caroline	4
		medium green	中等绿色	Sarastro	5
		dark green	深绿色	PKM01	6
		grey green	灰绿色	Silver Bells	7
		green tinged with purplish red	绿色略带泛紫红色	Blue Rivulet	8
14. QN	VG (a)	**Leaf blade：rugosity**	**叶片：粗糙度**		
		absent or very weak	无或极弱	PKM01	1
		weak	弱	Pink Octopus	2
		medium	中	Sarastro	3
		strong	强	Elizabeth	4
		very strong	极强	Hot Lips	5
15. QN	VG (a)	**Leaf blade：glossiness**	**叶片·光泽度**		
		absent or very weak	无或极弱	PKM01	1
		weak	弱	Pink Octopus	2
		medium	中	Caroline	3
		strong	强	Silver Bells	4
16. (*) QN	VG (a)	**Leaf blade：pubescence**	**叶片：茸毛密度**		
		absent or very sparse	无或极疏	PKM01	1
		sparse	疏	Pink Octopus	2
		medium	中	Sarastro	3
		dense	密	Caroline	4
		very dense	极密	PKMFOR168	5
17. (+) QN	VG (a)	**Leaf blade：indentations of margin**	**叶片：边缘锯齿**		
		absent or very few	无或极少	PKM01	1
		few	少	Napoli Blue	2
		medium	中	Sarastro	3
		many	多	Caroline	4
		very many	极多	Elizabeth	5

续表

性状编号	观测方法	英文	中文	标准品种	代码
18. (+) QN	VG (a)	**Leaf blade: depth of indentations of margin**	**叶片：边缘锯齿深度**		
		very shallow	极浅	PKM01	1
		shallow	浅	Caroline	2
		medium	中	Pink Octopus	3
		deep	深	Camp trailbule	4
		very deep	极深	Sarastro	5
19. (+) QN	VG (a)	**Leaf blade: undulation of margin**	**叶片：边缘波状**		
		absent or very weak	无或极弱	Sarastro	1
		weak	弱	Caroline	2
		medium	中	Elizabeth	3
		strong	强	PKMFOR168	4
		very strong	极强	Hot Lips	5
20. (*) (+) QN	VG (b)	**Flower: attitude**	**花：姿态**		
		upwards	向上	Samantha	1
		slightly outwards	轻微向外	PKMP05	2
		strongly outwards	强烈向外	Blue Eyed Blonde	3
		slightly downwards	轻微向下	Pink Octopus	4
		strongly downwards	强烈向下	Sarastro	5
21. (*) (+) PQ	VG (b)	**Flower: type**	**花：类型**		
		tubular	管状	Sarastro	1
		campanulate	钟状	PKMH01	2
		rotate	辐射状	Samantha	3
		stellate (with strapshaped lobes)	星状（具带状裂片）	Pink Octopus	4
22. (*) (+) QL	VG (b)	**Calyx: petaloid lobes**	**花萼：瓣化裂片**		
		absent	无	Kent Belle	1
		present	有	Pantaloons	9
23. PQ	VG (b)	**Only varieties with calyx: petaloid lobes present: Calyx lobe: color of outer side**	**萼片：外表面颜色（仅适用于有花萼品种）**		
		RHS Colour Chart (indicate reference number)	RHS 比色卡 （注明参考色号）		
24. (+) QN	VG (b)	**Calyx: position of lobes**	**花萼：裂片位置**		
		adpressed to corolla	紧贴花冠		1
		moderately spreading	适度平展		3
		horizontal	水平		5
		moderately reflexed	中等反折		7
		strongly reflexed	强烈反折		9
25. (*) (+) QN	VG (b)	**Corolla: number of whorls**	**花冠：轮数**		
		very few	极少	PKMH01	1
		few	少	Havidb701	2
		medium	中	White Ball	3
		many	多	La Bello	4

续表

性状编号	观测方法	英文	中文	标准品种	代码
26. （*） （+） QN	**VG/ MG/ MS （b）**	**Corolla：length**	**花冠：长度**		
		very short	极短	Blue Rivulet	1
		short	短	Jelly Bells	3
		medium	中	Caroline	5
		long	长	Pantaloons	7
		very long	极长	Sarastro	9
27. （*） （+） QN	**VG/ MG/ MS （b）**	**Corolla：diameter**	**花冠：直径**		
		very small	极小		1
		small	小	PKMP05	3
		medium	中	Sarastro	5
		large	大	Blue Eyed Blonde	7
		very large	极大	Pink Octopus	9
28. （*） PQ	**VG （b） （c）**	**Corolla：main color of outer side**	**花冠：外表面主色**		
		RHS Colour Chart （indicate reference number）	RHS 比色卡 （注明参考色号）		
29. （+） PQ	**VG （b） （c）**	**Corolla：distribution of secondary color of outer side**	**花冠：外表面次色分布**		
		none	无		1
		distal quarter	顶部 1/4		2
		basal half	基部 1/2		3
		basal quarter	基部 1/4		4
		at base	基部		5
		marginal zone	边缘区域		6
		midribs	中脉		7
		midribs and marginal zone	中脉和边缘区域		8
		along veins	沿脉		9
30. （*） PQ	**VG （b） （c）**	**Corolla：secondary color of outer side**	**花冠：外表面次色**		
		RHS Colour Chart （indicate reference number）	RHS 比色卡 （注明参考色号）		
31. （*） QL	**VG （b）**	**Corolla：spots on outer side**	**花冠：外表面斑点**		
		absent	无	Sarastro	1
		present	有	Pink Chimes	9
32. （+） PQ	**VG （b）**	**Corolla：distribution of spots on outer side**	**花冠：外表面斑点分布**		
		mainly in basal quarter	主要在基部 1/4		1
		mainly in basal half	主要在基部 1/2		2
		mainly in basal three quarters	主要在基部 3/4		3
		throughout	全部		4
		mainly along basal quarter of midribs	主要沿中脉基部 1/4		5
		mainly along basal half of midribs	主要沿中脉基部 1/2		6
		mainly along basal three quarters of mid-ribs	主要沿中脉基部 3/4		7
		mainly along entire length of midribs	主要沿中脉全长		8

续表

性状编号	观测方法	英文	中文	标准品种	代码
33. QN	VG (b)	**Corolla: density of spots on outer side**	**花冠：外表面斑点密度**		
		very sparse	极疏		1
		sparse	疏	Silver Bells	3
		medium	中	Elizabeth	5
		dense	密	Pink Chimes	7
		very dense	极密		9
34. (*) PQ	VG (b) (c)	**Corolla: main color of inner side**	**花冠：内表面主色**		
		RHS Colour Chart (indicate reference number)	RHS 比色卡 （注明参考色号）		
35. (+) PQ	VG (b) (c)	**Corolla: distribution of secondary color of inner side**	**花冠：内表面次色分布**		
		none	无		1
		distal quarter	顶部 1/4		2
		basal half	基部 1/2		3
		basal quarter	基部 1/4		4
		at base	基部		5
		marginal zone	边缘区域		6
		midribs	中脉		7
		longitudinal zone	纵向区域		8
		along veins	沿脉		9
36. (*) PQ	VG (b) (c)	**Corolla: secondary color of inner side**	**花冠：内表面次色**		
		RHS Colour Chart (indicate reference number)	RHS 比色卡 （注明参考色号）		
37. (*) QL	VG (b)	**Corolla: spots on inner side**	**花冠：内表面斑点**		
		absent	无	La Bello	1
		present	有	Pink Octopus	9
38. (+) PQ	VG (b)	**Corolla: distribution of spots on inner side**	**花冠：内表面斑点分布**		
		mainly in basal quarter	主要在基部 1/4		1
		mainly in basal half	主要在基部 1/2		2
		mainly in basal three quarters	主要在基部 3/4		3
		throughout	全部		4
		mainly along basal quarter of midribs	主要沿中脉基部 1/4		5
		mainly along basal half of midribs	主要沿中脉基部 1/2		6
		mainly along basal three quarters of mid-ribs	主要沿中脉基部 3/4		7
		mainly along entire length of midribs	主要沿中脉全长		8
39. QN	VG (b)	**Corolla: density of spots on inner side**	**花冠：内表面斑点密度**		
		very sparse	极疏		1
		sparse	疏	Silver Bells	3
		medium	中	Pink Octopus	5
		dense	密	Pink Chimes	7
		very dense	极密	Hot Lips	9
40. PQ	VG (b)	**Corolla: color of spots on inner side**	**花冠：内表面斑点颜色**		
		RHS Colour Chart (indicate reference number)	RHS 比色卡 （注明参考色号）		

续表

性状编号	观测方法	英文	中文	标准品种	代码
41. (＊) **QL**	**VG** (b)	**Corolla：pubescence of inner side**	**花冠：内表面茸毛**		
		absent	无	Caroline	1
		present	有	Pink Octopus	9
42. (＋) **QN**	**VG/** **MG/** **MS** (b)	**Corolla：length of fused part**	**花冠：合生部分长度**		
		absent or extremely short	无或极短	Pink Octopus	1
		very short	很短	PKM01	3
		short	短	Caroline	5
		medium	中	Kent Belle	7
		long	长	Pantaloons	9
		very long	很长	Elizabeth	11
		extremely long	极长	Sarastro	13
43. (＊) (＋) **QN**	**VG** (b)	**Corolla：relative length of fused part compared to total corolla length**	**花冠：合生部分相对于花冠总长的长度**		
		absent or very short	无或极短		1
		short	短		3
		medium	中		5
		long	长		7
		very long	极长		9
44. (＋) **QN**	**VG/** **MG/** **MS** (b)	**Corolla：diameter of fused part**	**花冠：合生部分直径**		
		absent or very small	无或极小	PKMP05	1
		small	小	Samantha	3
		medium	中	Elizabeth	5
		large	大		7
		very large	极大	Blue Eyed Blonde	9
45. (＊) (＋) **PQ**	**VG** (b)	**Corolla：profile of fused part in longitudinal section**	**花冠：合生部分纵剖面轮廓**		
		converging	收缩		1
		parallel	平行		2
		very weakly diverging	极轻微展开		3
		weakly diverging	轻微展开		4
		moderately diverging	中等展开		5
		strongly diverging	强烈展开		6
		very strongly diverging	极强烈展开		7
46. (＊) (＋) **PQ**	**VG** (b)	**Corolla lobe：shape**	**花冠裂片：形状**		
		triangular	三角形		1
		ovate	卵圆形		2
		elliptic	椭圆形		3
		oblong	矩形		4
47. (＊) (＋) **QN**	**VG/** **MG/** **MS** (b)	**Corolla lobe：length**	**花冠裂片：长度**		
		very short	极短	Jelly Bells	1
		short	短	PKMP05	3
		medium	中	Blue Eyed Blonde	5
		long	长		7
		very long	很长		9
		extremely long	极长	Pink Octopus	11

续表

性状编号	观测方法	英文	中文	标准品种	代码
48. **(+)** **QN**	**VG/** **MG/** **MS** **(b)**	**Corolla lobe：width**	**花冠裂片：宽度**		
		very narrow	极窄	Blue Rivulet	1
		narrow	窄	Caroline	3
		medium	中	Kent Belle	5
		broad	宽	La Bello	7
		very broad	极宽	Blue Eyed Blonde	9
49. **(*)** **(+)** **QN**	**VG** **(b)**	**Corolla lobe：curvature**	**花冠裂片：弯曲**		
		very weakly incurving	极轻微内弯		1
		straight	直		2
		very weakly reflexing	极轻微外翻		3
		weakly reflexing	轻微外翻		4
		moderately reflexing	中等外翻		5
		strongly reflexing	强烈外翻		6
		very strongly reflexing	极强烈外翻		7
50. **(+)** **PQ**	**VG** **(b)**	**Corolla lobe：shape of apex**	**花冠裂片：先端形状**		
		acuminate	渐尖		1
		acute	锐尖		2
		obtuse	钝尖		3
		rounded	圆形		4
		truncate	平截		5
51. **PQ**	**VG** **(b)**	**Pollen：color**	**花粉：颜色**		
		whitish	泛白色	Pink Octopus	1
		greenish	泛绿色		2
		yellowish	泛黄色	Caroline	3
		purplish	泛紫色	June Bell	4
		bluish	泛蓝色	PKM01	5

8 性状表解释

8.1 对多个性状的解释

应在盛花期进行观测。性状表第二列包含以下标注的性状应按照下述要求观测。

（a）对叶片的观测应选择开花的茎的中间 1/3 部分（不包括花序）着生的完全展开的叶片。不可观察植株的基生叶。除非另有说明，应始终观察叶片上表面。

（b）对花萼和花冠的观测应选择刚开放的花。

（c）主色指覆盖面积最大的颜色，不包括任何可能出现的斑点。次色是覆盖面积第二大的颜色，不包括任何可能出现的斑点。对于主色和次色面积相近而难以确定何种颜色面积较大的情形，将较深的颜色确定为主色。该指南提供了有两种颜色时的观测原则；如果有更多的颜色，则不观察面积最小的颜色。

8.2 对单个性状的解释

性状 1：植株生长习性

植株应种植在能够观测植株生长习性的容器中。

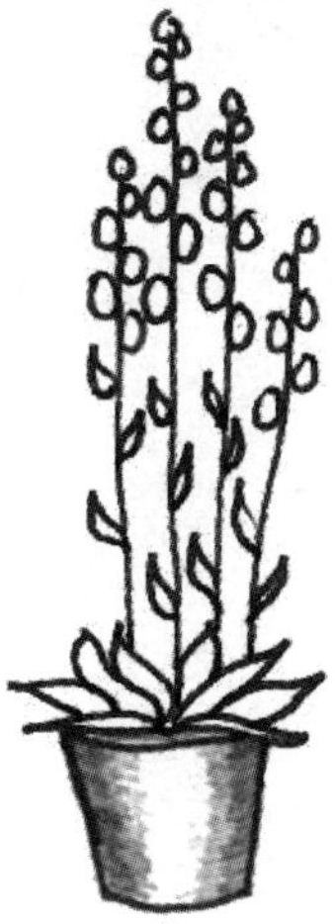

1
直立

2
半直立

3
平展

4
水平

5
下弯

性状 2：植株高度

性状 3：植株株幅

植株自然高度应从生长介质表面开始测量。应观测植株的自然株幅。

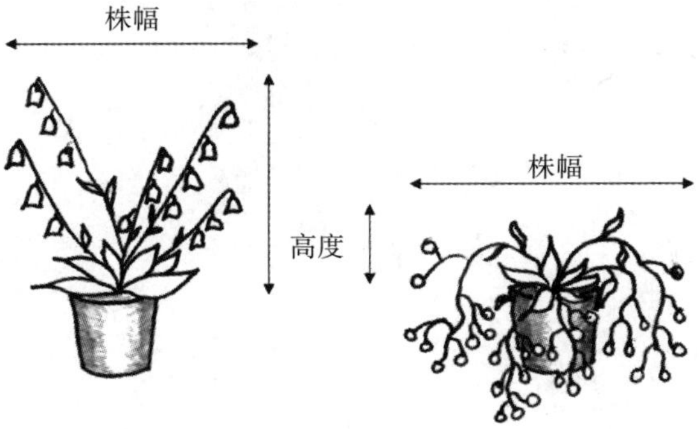

性状 4：植株疏密程度

植株的疏密程度是对包括花和叶子在内的整个植株密度的全面评估。

性状 5：茎颜色

观测开花的茎中间 1/3 部分，不包括花序。

性状 7：叶片宽度

测量叶片的最宽处。

性状 8：叶片长宽比

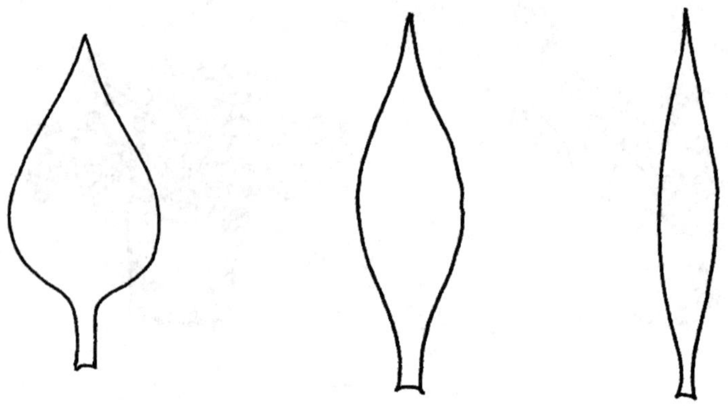

3	5	7
低	中	高

性状 9：叶片最宽处位置

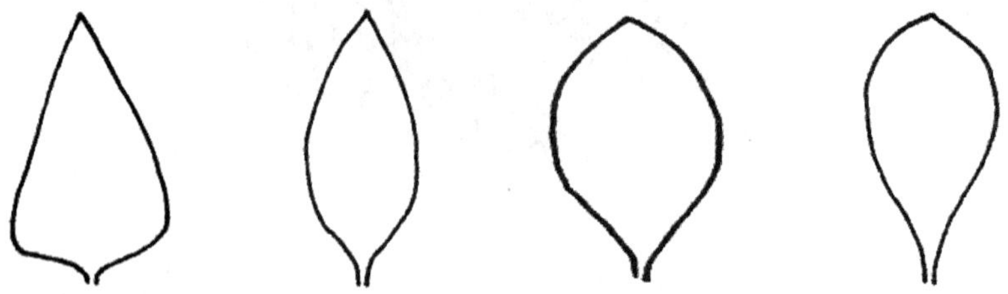

1	2	3	4
极近基部	近基部	中部	近先端

性状 10：叶片先端形状

1	2	3
渐尖	锐尖	钝尖

性状 11：叶片基部形状

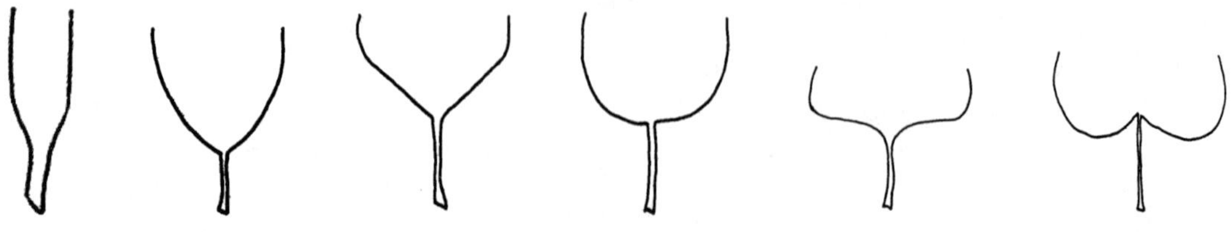

1	2	3	4	5	6
渐尖	锐尖	钝尖	圆形	平截	心形

性状 13：叶片主色

主色指覆盖面积最大的颜色。对于主色和次色面积相近而难以确定何种颜色面积较大的情形，将最深的颜色确定为主色。

性状 17：叶片边缘锯齿

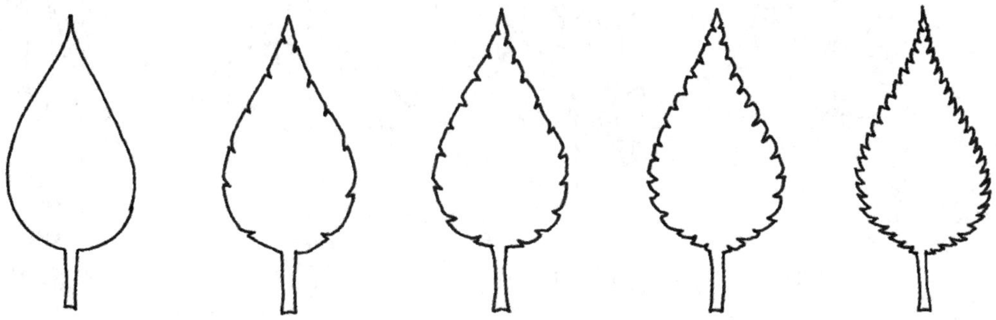

1 无或极少　2 少　3 中　4 多　5 极多

性状 18：叶片边缘锯齿深度

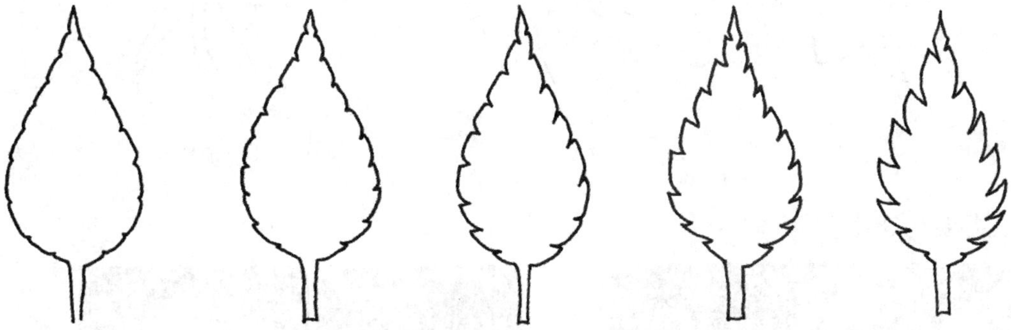

1 极浅　2 浅　3 中　4 深　5 极深

性状 19：叶片边缘波状

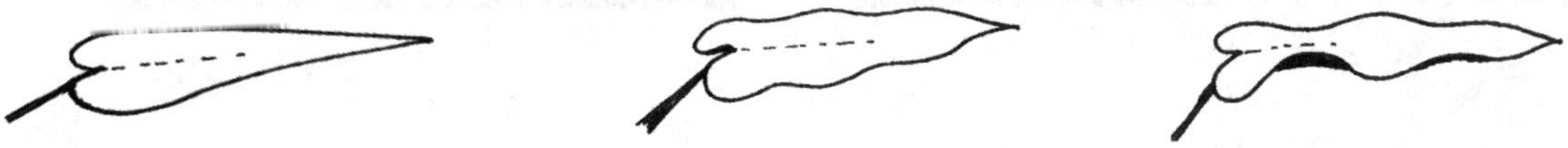

1 无或极弱　2 弱　3 中

4 强　5 极强

性状 20：花姿态

应观察花冠的自然姿态，不考虑花梗的角度。

1 向上　2 轻微向外　3 强烈向外　4 轻微向下　5 强烈向下

性状 21：花类型

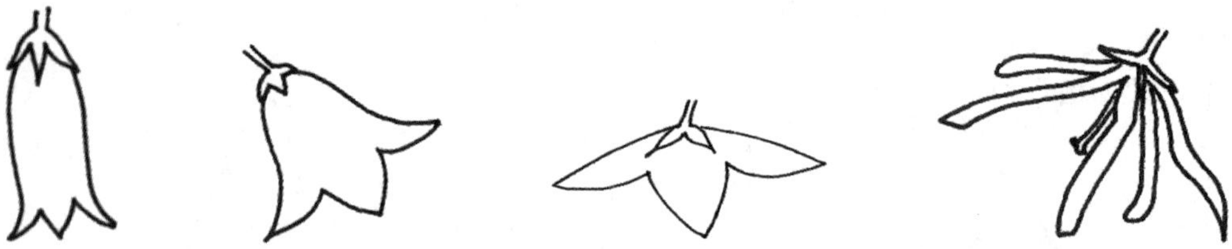

1 管状　2 钟状　3 辐射状　4 星状（具带状裂片）

性状 22：花萼瓣化裂片

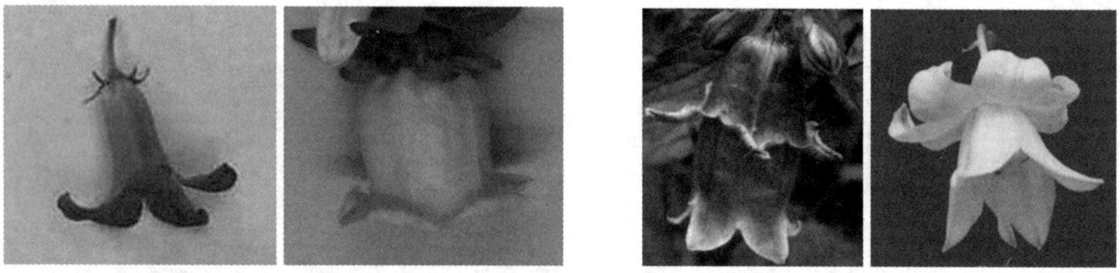

1 无　9 有

性状 24：花萼裂片位置

应观测花萼裂片，排除可能存在于裂片之间的任何附属物。

1 紧贴花冠　3 适度平展　5 水平　7 中等反折　9 强烈反折

性状 25：花冠轮数

花冠轮数不包括瓣化的花萼。

1
极少

2
少

3
中

4
多

性状 26：花冠长度

性状 27：花冠直径

测量花冠最低点到最高点的自然长度，以及花冠最宽处的直径。

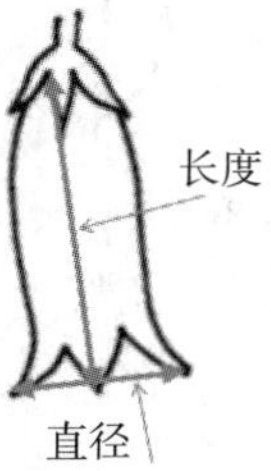

花冠类型：管状

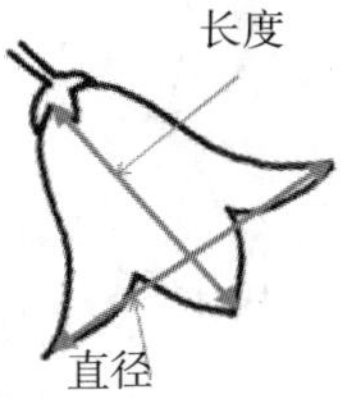

花冠类型：钟状

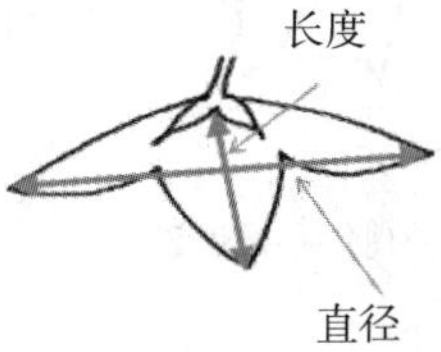

花冠类型：辐射状

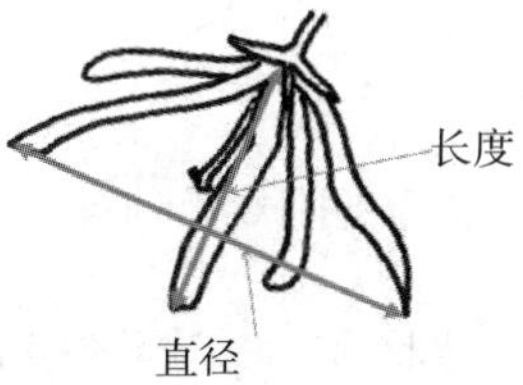

花冠类型：星状（具带状裂片）

性状 29：花冠外表面次色分布

1
无

2
顶部 1/4

3
基部 1/2

4
基部 1/4

5
基部

6
边缘区域

7
中脉

8
中脉和边缘区域

9
沿脉（包括中脉）

性状 32：花冠外表面斑点分布

1
主要在基部 1/4

2
主要在基部 1/2

3
主要在基部 3/4

4
全部

5
主要沿中脉基部 1/4

6
主要沿中脉基部 1/2

7
主要沿中脉基部 3/4

8
主要沿中脉全长

性状 35：花冠内表面次色分布

1
无

2
顶部 1/4

3
基部 1/2

4
基部 1/4

5
基部

6
边缘区域

7
中脉

8
纵向区域（裂片弯曲处至基部）

9
沿脉

性状 38：花冠内表面斑点分布

1 主要在基部 1/4　2 主要在基部 1/2　3 主要在基部 3/4　4 全部

5 主要沿中脉基部 1/4　6 主要沿中脉基部 1/2　7 主要沿中脉基部 3/4　8 主要沿中脉全长

性状 42：花冠合生部分长度

性状 43：花冠合生部分相对于花冠总长的长度

花冠合生部分长度可以用性状 42 的绝对值表示，也可以用性状 43 的相对于花冠总长度的相对值表示。这两个性状的表达是独立的，见下面的两个例子。

例 1

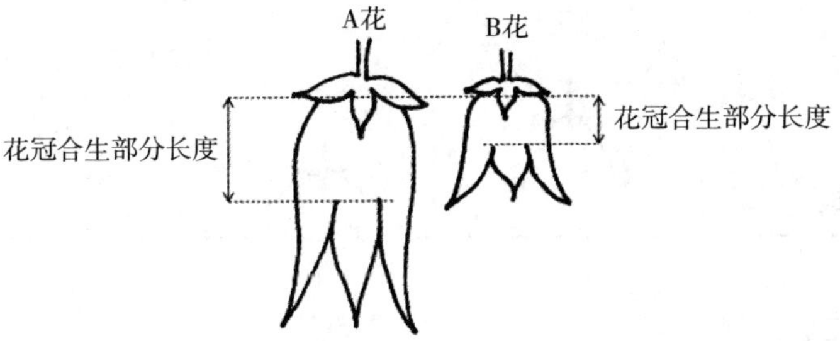

性状 42——A 花花冠合生部分的绝对长度的观测值是 B 花的两倍。

性状 43——A 花和 B 花的观测代码相同，因为两者花冠合生部分占总长度的比例均为中等。

例 2

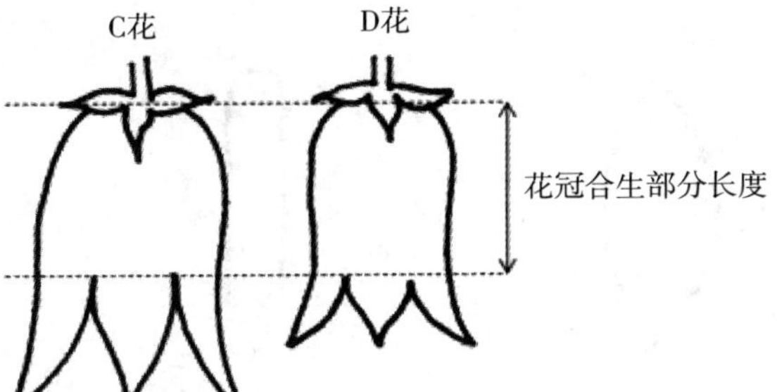

性状 42——C 花和 D 花花冠合生部分的绝对长度的观测值相同。
性状 43——C 花的观测代码为 5（中），D 花为 7（长），因为合生部分占花冠总长度的比例不同。
性状 43：花冠合生部分相对于花冠总长的长度

1	3	5	7	9
无或极短	短	中	长	极长

性状 44：花冠合生部分直径
性状 47：花冠裂片长度
性状 48：花冠裂片宽度

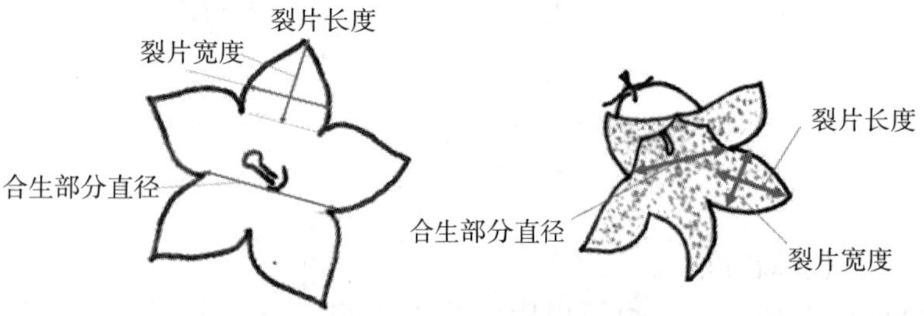

性状 45：花冠合生部分纵剖面轮廓
仅适用于性状 43 花冠，合生部分相对于总长的相对长度观测代码为 5 或 5 以上的品种。
应避免观测裂片的角度。

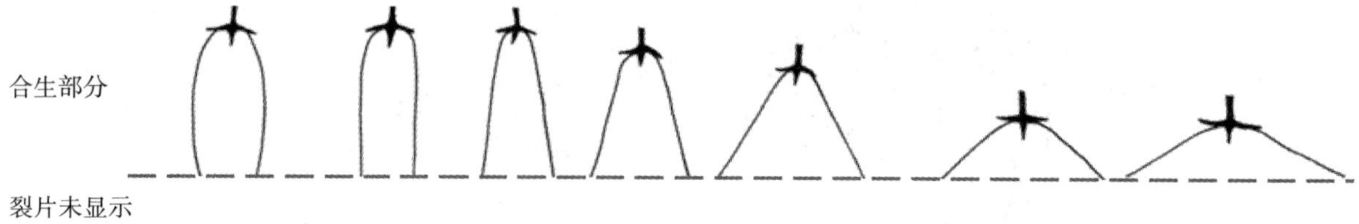

1	2	3	4	5	6	7
收缩	平行	极轻微展开	轻微展开	中等展开	强烈展开	极强烈展开

性状 46：花冠裂片形状
花冠裂片指花冠不联合的部分。

1	2	3	4
三角形	卵圆形	椭圆形	矩形

性状 49：花冠裂片弯曲

1	2	3	4	5	6	7
极轻微内弯	直	极轻微外翻	轻微外翻	中等外翻	强烈外翻	极强烈外翻

性状 50：花冠裂片先端形状

1	2	3	4	5
渐尖	锐尖	钝尖	圆形	平截

扫码下载原文

如扫描二维码无法下载指南原文，可能是指南版本有更新，可扫描本书封底二维码查看与本文对应的指南版本

TG/307/1
原文：英文
日期：2015-03-25

国际植物新品种保护联盟
植物品种特异性、一致性和稳定性
测试指南

翠菊

UPOV 代码：CALSP_CHI

［*Callistephus chinensis* (L.) Nees］

互用名称 *

植物学名称	英文	法文	德文	西班牙文
Callistephus chinensis (L.) Nees	China Aster，Annual Aster	Aster, Aster de Chine，Reine-marguerite	Sommeraster	Aster de China

* 这些名称在指南开始使用时是正确的，但随后可能会修改更新。读者可登录 UPOV 网站（www.upov.int），获取最新资料。

1 指南适用范围

本指南适用于翠菊 [*Callistephus chinensis*（L.）Nees] 的所有品种。

2 繁殖材料要求

2.1 待测品种繁殖材料的数量和质量要求以及提交的时间和地点由主管机构决定。申请人从测试所在国境外提交繁殖材料的，还应符合海关规定并满足相关植物检疫的要求。

2.2 繁殖材料以种子的形式提交。

2.3 申请人提交繁殖材料的最小数量应为能长出 40 个植株的种子量。

提交的种子应满足主管机构规定的发芽率、纯度、健康程度和含水量的最低要求。当种子用于保藏时，申请人应尽可能提供发芽率高的种子并注明发芽率。

2.4 提供的繁殖材料应外观健康有活力，未受到任何严重病虫害的影响。

2.5 提交的繁殖材料不得进行任何可能影响品种性状表达的处理，除非主管机构允许或要求进行这种处理。如果材料已经处理，必须提供相关处理的详细说明。

3 测试方法

3.1 测试周期

测试的最少周期数量通常为 1 个生长周期。

3.2 测试地点

测试通常在 1 个地点进行。在 1 个以上地点进行测试时，TGP/9《特异性测试》提供了有关指导。

3.3 测试条件

3.3.1 测试的条件应能满足品种正常生长的需要，以确保品种相关性状充分表达和测试的顺利开展。

3.3.2 为避免日光变化的影响，在利用比色卡确定颜色时，应在一个合适的有人工光源照明的小室或中午无阳光直射的房间内进行。人工光源光谱分布应符合 CIE “理想日光标准 D6500”，且在《英国标准 950：第 1 部分》的允许范围之内。在确定颜色时，应将植株部位置于白色背景上。在品种描述中应注明所用比色卡及版本。

3.4 试验设计

3.4.1 每个试验应保证至少有 40 个植株。

3.4.2 试验设计应保证因测量或计数等需要，从小区取走部分植株或植株部位后，不影响生长周期结束时的性状观测。

3.5 附加测试

为测试有关性状，可以进行附加测试。

4 特异性、一致性和稳定性评价

4.1 特异性

4.1.1 一般建议

对于本指南的使用者而言，在判定特异性前参照总则特异性判定的一般原则十分重要。但为进一步说明和强调特异性判定，本指南特列出特异性判定的要点。

4.1.2 一致的差异

当观测到的品种之间的差异非常明显时，则没有必要种植 1 个以上生长周期。此外，在某些情况

下，环境的影响并不意味着需要 1 个以上的生长周期来保证品种间观察到的差异是足够一致的。为确保在种植试验中所观测到的性状差异是足够一致的，可以对性状进行至少 2 个独立生长周期的测试。

4.1.3 明显的差异

两个品种间的差异是否明显取决于很多因素，特别应考虑所测性状的表达类型，即该性状是质量性状、数量性状还是假质量性状。因此，在作出关于特异性的判定前，本测试指南的使用者应熟悉总则中的建议。

4.1.4 植株 / 植株部位的观测数量

除非另有说明，对于单株的观测，应观测 20 个植株或分别从 20 个植株取下的植株部位；对于其他观测，应观测试验中的所有植株，但异型株除外。

4.1.5 观测方法

性状表第二列以如下符号（见 TGP/9《特异性测试》第 4 部分“性状观测”）的形式列出了特异性判定时推荐的性状观测方法。

MG：对一批植株或植株部位进行单次测量。

MS：对一定数量的植株或植株部位进行逐一测量。

VG：对一批植株或植株部位进行单次目测。

VS：对一定数量的植株或植株部位进行逐一目测。

观测类型：目测（V）或测量（M）。

目测（V）是一种基于专家判断的观测方法。本文中的目测是指专家的感官观察，因此，也包括闻尝和触摸。目测也包括专家使用参照物（例如图表，标准品种，并排比较）或非线性的图表（例如比色卡）的观测。测量（M）是一种基于校准的、线性尺度的客观观测，例如使用尺、秤、色度计、日期和计数等进行观测。

记录类型：群体记录（G）或个体记录（S）。

以特异性为目的的观测，可被记录为一批植株或植株部位的单个记录（G），或者记录为一定数量的单个植株或植株部位的个体记录（S）。多数情况下，群体记录为一个品种提供一个单个记录，因此不可能或者不必要通过逐个植株的统计分析来判定特异性。

如果性状表中提供了不止一种观测方法（如 VG/MG），可以参考 TGP/9《特异性测试》的第 4 部分选择合适的观测方法。

4.2 一致性

4.2.1 对于本指南的使用者而言，在判定一致性前参照总则一致性判定的一般原则十分重要。但为进一步说明和强调一致性判定，本指南特列出一致性判定的要点。

4.2.2 评价主要为自花授粉品种的一致性时，应采用 1% 的群体标准和至少 95% 的接受概率。当样本量为 40 个时，允许有 2 个异型株。

4.2.3 评价种子繁殖的杂交品种的一致性，应参考总则中对杂交种的建议。

4.3 稳定性

4.3.1 在实际操作中，通常不像测试特异性和一致性那样对稳定性进行测试以得到明确结果。经验表明，对许多类型的品种来说，当一个品种表现一致时，可认为其是稳定的。

4.3.2 适当情况下或有疑问时，稳定性可以采用如下方法测试：种植该品种的下一代或者测试一批新种子，看其性状是否与之前提交的材料表现相同。

4.3.3 适当情况下或有疑问时，杂交种的稳定性除直接对杂交种本身进行测试外，还可以通过对其亲本系的一致性和稳定性进行测试来评价。

5 品种分组和试验组织

5.1 使用分组性状可以帮助选择与申请品种一起进行田间种植试验的已知品种，以及对这些品种进行合适分组以便进行特异性评价。

5.2 分组性状表达状态的数据即使来自不同地点，也可以单独或者与其他此类性状联合使用。

（a）用于特异性测试中筛选排除那些不需要安排在种植试验中的已知品种。

（b）用于组织安排种植试验，使近似品种种植在一起。

5.3 以下性状已被确认为有用的分组性状。

（a）植株：高度（性状 1）。

（b）头状花序：类型（性状 15）。

（c）头状花序：直径（性状 17）。

（d）外围舌状小花：形状（性状 22）。

（e）外围舌状小花：内表面主色（性状 25），有以下分组。

第一组：白色。

第二组：黄色。

第三组：橙色。

第四组：粉红色。

第五组：红色。

第六组：紫色。

第七组：紫罗兰色。

（f）花心：类型（性状 36）。

5.4 总则和 TGP/9《特异性测试》中提供了在特异性审查过程中使用分组性状的指导。

6 性状表介绍

6.1 性状类型

6.1.1 标准指南性状

标准指南性状是 UPOV 已同意用于 DUS 审查的性状，UPOV 成员可以从中选择与其特定环境相适应的性状。

6.1.2 星号性状

星号性状（用“*”标记）是测试指南中对于形成国际统一的品种描述十分重要的性状，所有 UPOV 成员都应将其用于 DUS 测试和品种描述中，除非前序性状的表达状态或区域环境条件所限使其无法测试。

6.2 表达状态及相应代码

6.2.1 为定义性状和统一描述，将每个性状划分为一系列表达状态。每个表达状态赋予一个相应的数字代码，以便于数据记录，以及品种性状描述的建立和交流。

6.2.2 对于质量性状和假质量性状（6.3），性状表中列出了所有表达状态。但对于有 5 个或 5 个以上表达状态的数量性状，可以采用缩略尺度的方法，以缩短性状表格。例如，对于有 9 个表达状态的数量性状，在测试指南的性状表中可采用以下缩略形式。

表达状态	代码
小	3
中	5
大	7

但是应该指出的是，以下 9 个表达状态都是存在的，应采用适宜的表达状态用于品种的描述。

表达状态	代码
极小	1
极小到小	2
小	3
小到中	4
中	5
中到大	6
大	7
大到极大	8
极大	9

6.2.3 TGP/7《测试指南的研制》中提供了表达状态和代码的更详尽的介绍。

6.3 表达类型

总则中对性状表达类型（质量性状、数量性状和假质量性状）进行了解释。

6.4 标准品种

必要时，提供标准品种以明确每一性状的不同表达状态。

6.5 注释

（*）星号性状（6.1.2）。

QL：质量性状（6.3）。

QN：数量性状（6.3）。

PQ：假质量性状（6.3）。

MG、MS、VG、VS：观测方法（4.1.5）。

（a）～（f）性状表解释（8.1）。

（+）性状表解释（8.2）。

7 性状表

性状编号	观测方法	英文	中文	标准品种	代码
1. （*） （+） **QN**	**VG/MS**	**Plant：height**	**植株：高度**		
		short	矮	Gyokurei Rose	3
		medium	中	Petit White	5
		tall	高	Sanhana Purple	7
2. **QN**	**VG/MS**	**Plant：width**	**植株：株幅**		
		narrow	窄	Sanhana Purple	3
		medium	中	San Petit Purple	5
		broad	宽	Koma Purple	7
3. （+） **QN**	**VG/MS**	**Plant：number of primary lateral shoots**	**植株：一级分枝数**		
		few	少	Fukuhogyoku	3
		medium	中	Ariake Murasaki	5
		many	多	Chikuma Aka	7
4. （+） **QN**	**VG/MS**	**Plant：number of secondary lateral shoots**	**植株：二级分枝数**		
		few	少	Fukuhogyoku	3
		medium	中	Shigyoku	5
		many	多	Chikuma Aka	7

续表

性状编号	观测方法	英文	中文	标准品种	代码
5. (+) **PQ**	**VG**	**Plant: distribution of primary lateral shoots**	**植株：一级分枝分布**		
		mainly on lower part	主要在下部	Siena Pink	1
		throughout	全部	Stellar Blue	2
		mainly on upper part	主要在上部	Chikuma Light Pink	3
6. (+) **QN**	**VG/MS**	**Stem: number of nodes**	**茎：节数**		
		few	少	Fukunohikari	3
		medium	中	Petit Scarlet	5
		many	多	Sanhana Purple	7
7. (*) **QN**	**VG**	**Stem: anthocyanin coloration**	**茎：花青苷显色**		
		absent or very weak	无或极弱	Ariake Shiro	1
		weak	弱	Fukuyo	2
		medium	中	Shigyoku	3
		strong	强	Aoitori	4
8. **QN**	**VG/MS** (a)	**Primary lateral shoot: length**	**一级侧枝：长度**		
		short	短	Mochizuki Blue	3
		medium	中	Siena Pink	5
		long	长	Koma Pink	7
9. (+) **QN**	**VG** (a)	**Primary lateral shoot: angle in relation to stem**	**一级侧枝：相对主茎角度**		
		small	小	Sanhana Purple	1
		medium	中	Stellar Red	3
		large	大	San Petit Purple	5
10. (+) **QN**	**VG/MS** (b)	**Petiole: length**	**叶柄：长度**		
		short	短	Chikuma Light Blue	3
		medium	中	Siena Carmine Red	5
		long	长	Matsumoto Top Rose	7
11. (*) (+) **QN**	**VG/MS** (b)	**Leaf blade: length**	**叶片：长度**		
		short	短	Fukunohikari	3
		medium	中	Stellar Red	5
		long	长	Koma Purple	7
12. (*) (+) **QN**	**VG/MS** (b)	**Leaf blade: width**	**叶片：宽度**		
		narrow	窄	Fukunohikari	3
		medium	中	Stellar Blue	5
		broad	宽	Stellar Red	7
13. (+) **QN**	**VG/MS** (b)	**Leaf blade: ratio length/width**	**叶片：长宽比**		
		low	低	Siena Light Blue	3
		medium	中	Fukunokagayaki	5
		high	高	Stellar Red	7
14. **QN**	**VG** (b)	**Leaf blade: intensity of green color**	**叶片：绿色程度**		
		light	浅	Matsumoto Mid Blue	1
		medium	中	Ariake Shiro，Kurenai	2
		dark	深	Athena Purple Flash	3

续表

性状编号	观测方法	英文	中文	标准品种	代码
15. (*) (+) QL	VG (c)	**Flower head: type**	**头状花序：类型**		
		without ray floret	无舌状小花	Hulk	1
		single	单瓣	Siena Pink	2
		double	重瓣	Miss Europe，Stellar Blue	3
16. (*) QN	VG/MS (c)	**Flower head: number of ray florets**	**头状花序：舌状小花数量**		
		few	少	Stellar Carmine	3
		medium	中	SAKAST045	5
		many	多	Racy Rose Red	7
17. (*) QN	VG/MS (c)	**Flower head: diameter**	**头状花序：直径**		
		small	小	Stellar Red	3
		medium	中	Fukunokagayaki	5
		large	大	Koma Pink	7
18. (*) (+) QN	VG/MS (c)	**Flower head: height**	**头状花序：高度**		
		short	矮	Stellar Carmine	3
		medium	中	SAKAST044	5
		tall	高	Racy Rose Red	7
19. (*) QN	VG/MS (c) (e)	**Outer ray floret: length**	**外层舌状小花：长度**		
		short	短	Stellar Carmine	3
		medium	中	Siena Light Blue	5
		long	长	Racy Rose Red	7
20. (*) QN	VG/MS (c) (e)	**Outer ray floret: width**	**外层舌状小花：宽度**		
		narrow	窄	SAKAST042	3
		medium	中	Fukunohikari	5
		broad	宽	Koma Pink	7
21. (+) QN	VG/MS (c) (e)	**Outer ray floret: ratio length/width**	**外层舌状小花：长宽比**		
		low	低	Fukunokagayaki	3
		medium	中	Stellar Carmine	5
		high	高	Racy Rose Red	7
22. (*) (+) PQ	VG (c) (e)	**Outer ray floret: shape**	**外层舌状小花：形状**		
		ligulate	舌状		1
		spatulate	匙状		2
		tubular	管状		3
23. (*) (+) QN	VG (c) (e)	**Outer ray floret: curvature of longitudinal axis**	**外层舌状小花：纵向弯曲度**		
		incurved	内弯		1
		straight	平直		2
		recurved	外弯		3
24. (*) (+) PQ	VG (c) (e)	**Outer ray floret: profile in cross section**	**外层舌状小花：横切面形状**		
		concave	凹		1
		flat	平		2
		convex	凸		3
		oblong	长圆形		4
		circular	圆形		5
		rhombic	菱形		6

续表

性状编号	观测方法	英文	中文	标准品种	代码
25. **(*)** **PQ**	**VG** **(c)** **(e)** **(f)**	**Outer ray floret：main color of inner side**	**外层舌状小花：内表面主色**		
		RHS Colour Chart (indicate reference number)	RHS 比色卡 (注明参考色号)		
26. **(*)** **PQ**	**VG** **(c)** **(e)** **(f)**	**Outer ray floret：secondary color of inner side**	**外层舌状小花：内表面次色**		
		RHS Colour Chart (indicate reference number)	RHS 比色卡 (注明参考色号)		
27. **(+)** **PQ**	**VG** **(c)** **(e)** **(f)**	**Outer ray floret：distribution of secondary color of inner side**	**外层舌状小花：内表面次色分布**		
		none	无		1
		basal part	基部		2
		apical part	顶部		3
		on margin	边缘		4
		central bar	中脉带		5
28. **PQ**	**VG** **(c)** **(e)** **(f)**	**Outer ray floret：main color of outer side**	**外层舌状小花：外表面主色**		
		RHS Colour Chart (indicate reference number)	RHS 比色卡 (注明参考色号)		
29. **(*)** **(+)** **PQ**	**VG** **(c)**	**Only varieties with：flower head：type：double：Inner ray floret：shape**	**内侧舌状小花：形状（仅适用于头状花序类型为重瓣的品种）**		
		ligulate	舌状		1
		spatulate	匙状		2
		tubular	管状		3
30. **(*)** **(+)** **QN**	**VG** **(c)**	**Only varieties with：flower head：type：double：Inner ray floret：curvature of longitudinal axis**	**内侧舌状小花：纵向卷曲度（仅适用于头状花序类型为重瓣的品种）**		
		incurved	内弯		1
		straight	平直		2
		recurved	外弯		3
31. **(*)** **(+)** **PQ**	**VG** **(c)**	**Only varieties with：flower head：type：double：Inner ray floret：profile in cross section**	**内侧舌状小花：横切面形状（仅适用于头状花序类型为重瓣的品种）**		
		concave	凹		1
		flat	平		2
		convex	凸		3
		oblong	长圆形		4
		circular	圆形		5
		rhombic	菱形		6
32. **(*)** **PQ**	**VG** **(c)** **(f)**	**Only varieties with：flower head：type：double：Inner ray floret：main color of inner side**	**内侧舌状小花：内表面主色（仅适用于头状花序类型为重瓣的品种）**		
		RHS Colour Chart (indicate reference number)	RHS 比色卡 (注明参考色号)		
33. **(*)** **PQ**	**VG** **(c)** **(f)**	**Only varieties with：flower head：type：double：Inner ray floret：secondary color of inner side**	**内侧舌状小花：内表面次色（仅适用于头状花序类型为重瓣的品种）**		
		RHS Colour Chart (indicate reference number)	RHS 比色卡 (注明参考色号)		

续表

性状编号	观测方法	英文	中文	标准品种	代码
34. (+) **PQ**	**VG** (c) (f)	**Only varieties with: flower head: type: double: Inner ray floret: distribution of secondary color of inner side**	**内侧舌状小花：内表面次色分布（仅适用于头状花序类型为重瓣的品种）**		
		none	无		1
		basal part	基部		2
		apical part	顶部		3
		on margin	边缘		4
		central bar	中脉带		5
35. **PQ**	**VG** (c) (f)	**Only varieties with: flower head: type: double: Inner ray floret: main color of outer side**	**内侧舌状小花：外表面主色（仅适用于头状花序类型为重瓣的品种）**		
		RHS Colour Chart (indicate reference number)	RHS 比色卡 （注明参考色号）		
36. (*) (+) **QL**	**VG** (c) (d)	**Disc: type**	**花心：类型**		
		daisy	非托桂型	Siena Pink	1
		anemone	托桂型	Chikuma Siro	2
37. (*) (+) **QN**	**VG/MS** (c) (d)	**Disc: diameter**	**花心：直径**		
		very small	极小		1
		small	小	Stellar Carmine	2
		medium	中	Umenomai	3
		large	大	Kairyo Kurenai	4
		very large	极大		5
38. (+) **PQ**	**VG** (c) (d)	**Disc: color of central part**	**花心：中心区颜色**		
		white	白色		1
		yellow	黄色	Stellar Blue	2
		yellowish green	泛黄绿色	Petit Fancy Pink	3
		green	绿色		4
39. (+) **PQ**	**VG** (c) (d)	**Disc floret: color**	**花心小花：颜色**		
		RHS Colour Chart (indicate reference number)	RHS 比色卡 （注明参考色号）		
40. (*) (+) **QN**	**VG/MS** (c)	**Involucre: diameter**	**总苞：直径**		
		small	小	Sanhana Purple	3
		medium	中	Stellar Carmine	5
		large	大	Chikuma Light Pink	7
41. (+) **QN**	**VG/MS** (c)	**Involucre: size in relation to flower head diameter**	**总苞：相对于头状花序直径大小**		
		smaller	小于	Taiyo	1
		same	相等	Fukuhogyoku	2
		larger	大于	Chikuma Light Pink	3
42. (+) **QN**	**VG/** **MG**	**Time of beginning of flowering**	**始花期**		
		early	早	Athena Scarlet	3
		medium	中	Stellar Blue	5
		late	晚	Chikuma Light Pink	7

8 性状表解释

8.1 对多个性状的解释

性状表第二列中有以下标注的性状应按照下述要求观测。

（a）观测最长的一级侧枝。

（b）观测最长一级侧枝上发育完全的典型叶片上表面。

（c）观测典型的末端头状花序。

（d）在外侧 3～4 轮花心小花的花药裂开时观测。

（e）应观测最外一轮的舌状小花。

（f）主色是指覆盖面积最大的颜色，次色是指覆盖面积第二大的颜色。当主色和次色面积相当难以区分时，以颜色较深的为主色。

8.2　对单个性状的解释

性状 1：植株高度

地面到植株顶部（包括花序）的距离。

性状 3：植株一级分枝数

性状 4：植株二级分枝数

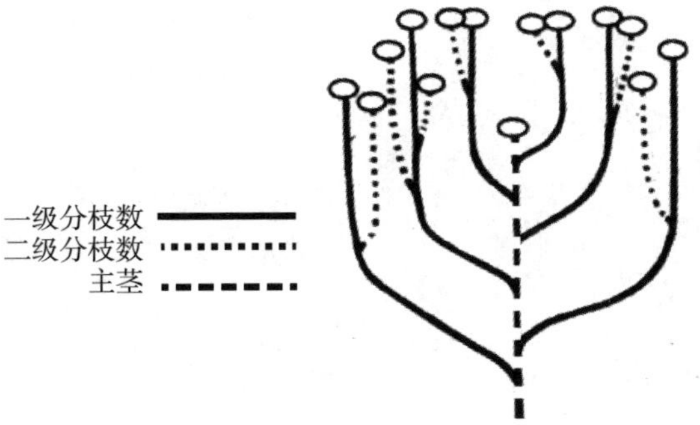

性状 5：植株一级分枝分布

1	2	3
主要在下部	全部	主要在上部

性状 6：茎节数

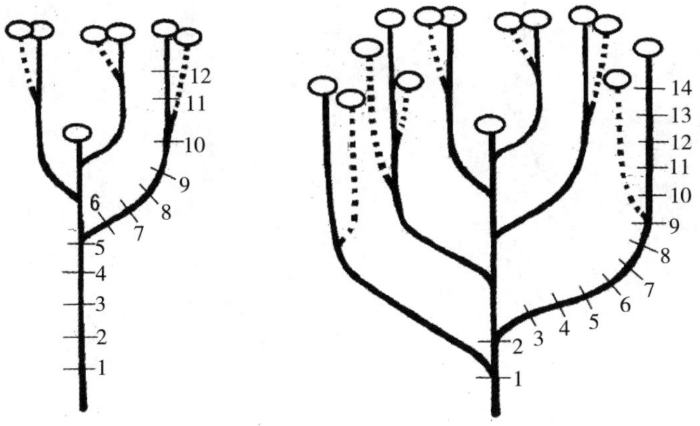

应测量从根部到最长一级分枝顶端之间的节数。

性状 9：一级侧枝相对主茎角度

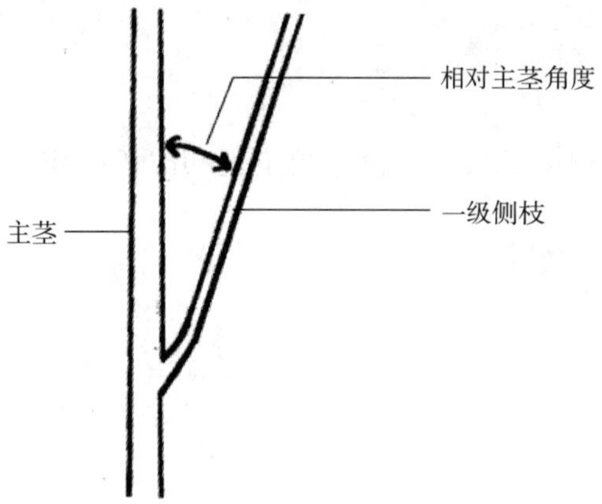

性状 10：叶柄长度
性状 11：叶片长度
性状 12：叶片宽度

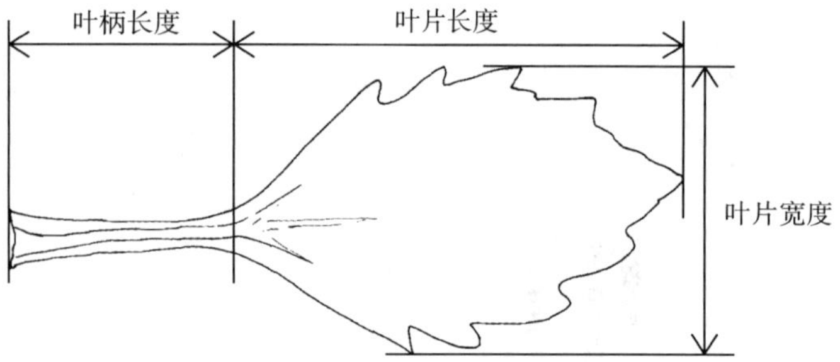

性状 13：叶片长宽比

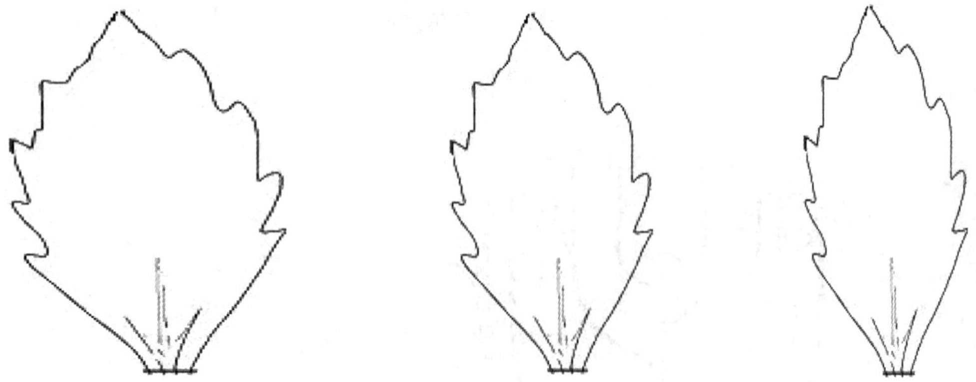

3	5	7
低	中	高

性状 15：头状花序类型

1
无舌状小花

2
单瓣

3
重瓣

代码 1 为无舌状小花，头状花序中无舌状小花。
代码 2 为单瓣，头状花序中有一轮舌状小花。
代码 3 为重瓣，头状花序中不止一轮舌状小花。

性状 18：头状花序高度

性状 21：外层舌状小花长宽比

3
低

5
中

7
高

性状 22：外层舌状小花形状
性状 29：内侧舌状小花形状（仅适用于头状花序类型为重瓣的品种）

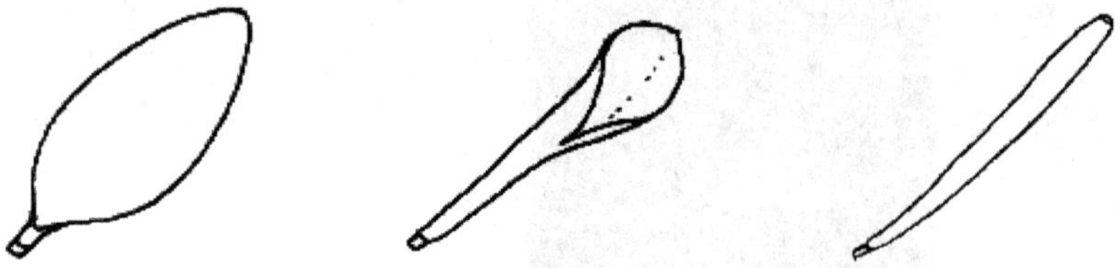

1 舌状　2 匙状　3 管状

性状 23：外层舌状小花纵向弯曲度
性状 30：内侧舌状小花纵向弯曲度（仅适用于头状花序类型为重瓣的品种）

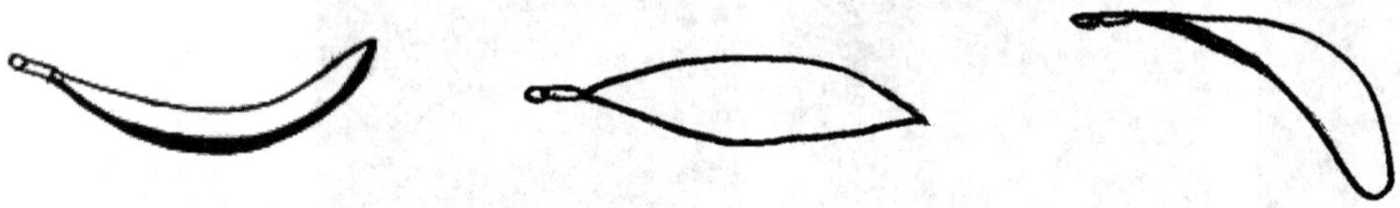

1 内弯　2 平直　3 外弯

性状 24：外层舌状小花横切面形状
性状 31：内侧舌状小花横切面形状（仅适用于头状花序类型为重瓣的品种）
应观测舌状小花最宽处。

1 凹　2 平　3 凸

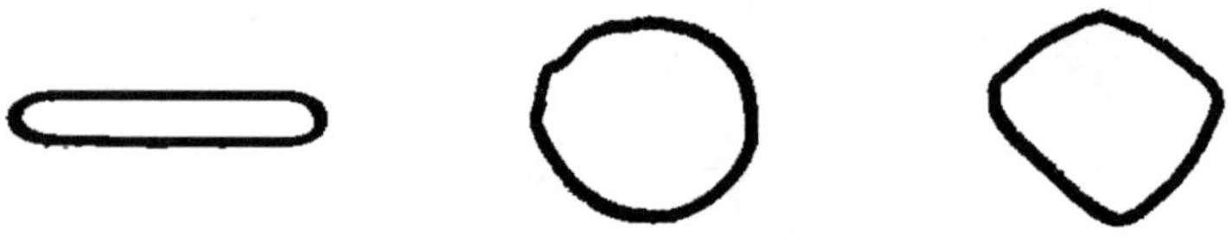

4 长圆形　5 圆形　6 菱形

性状 27：外层舌状小花内表面次色分布
性状 34：内侧舌状小花内表面次色分布（仅适用于头状花序类型为重瓣的品种）

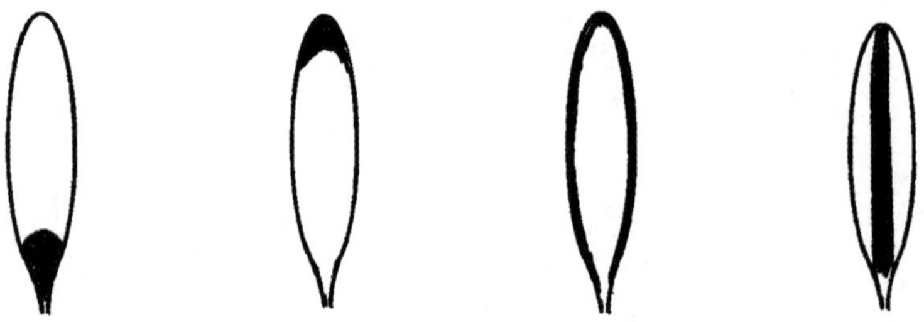

2 基部　3 顶部　4 边缘　5 中脉带

性状 36：花心类型

性状 37：花心直径

托桂型花心由大的匙状或管状小花构成。非托桂型花心由小的小花构成。

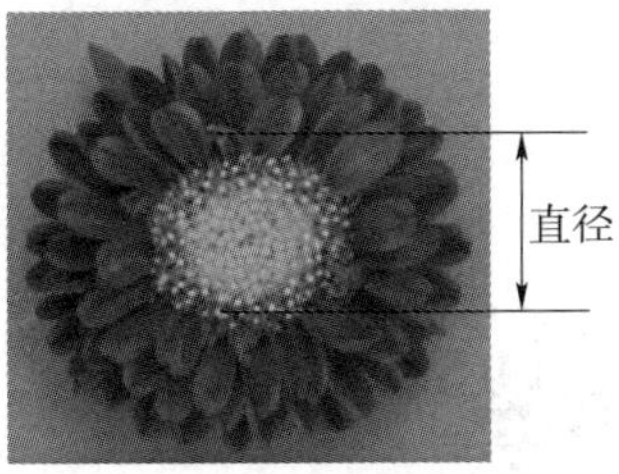

1

非托桂型

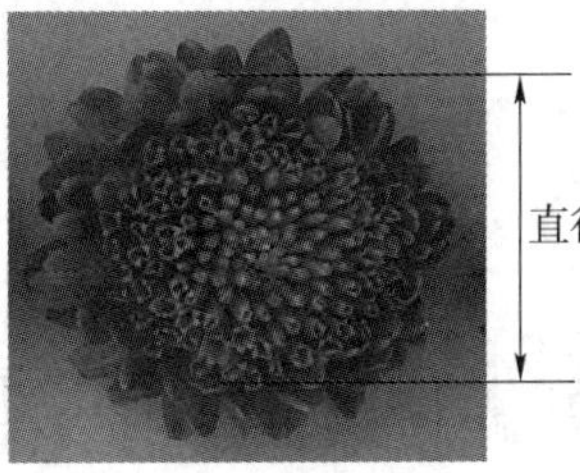

2

托桂型

性状 38：花心中心区颜色

应观测除外围 3～4 轮花药已经开裂的小花外的中心区。

性状 39：花心小花颜色

应观测外围第三轮或第四轮花心小花。

性状 40：总苞直径

性状 41：总苞相对于头状花序直径大小

1

小于

2

相等

3

大于

性状 42：始花期

50% 的植株至少有 1 个头状花序完全开放的时间。

扫码下载原文

如扫描二维码无法下载指南原文，可能是指南版本有更新，可扫描本书封底二维码查看与本文对应的指南版本

TG/315/1
原文：英文
日期：2016-03-16

国际植物新品种保护联盟
植物品种特异性、一致性和稳定性
测试指南

马刺花属

UPOV 代码：PLECT

马刺花属（*Plectranthus* L'Hér.）
不包括锦紫苏（*P. Scutellarioides*）

互用名称 *

植物学名称	英文	法文	德文	西班牙文
Plectranthus L'Hér.， *Coleus* Lour.， *Plectranthus* L'Herit.	Plectranthus， Spurflower	Plectranthe	Harfenstrauch	Plectranthus

* 这些名称在指南开始使用时是正确的，但随后可能会修改更新。读者可登录 UPOV 网站（www.upov.int），获取最新资料。

1 指南适用范围

本指南适用于除了锦紫苏（*P. scutellarioides*）外马刺花属（*Plectranthus* L'Hér.）的所有品种。

2 繁殖材料要求

2.1 待测品种繁殖材料的数量和质量要求以及提交的时间和地点由主管机构决定。申请人从测试所在国境外提交繁殖材料的，还应符合海关规定并满足相关植物检疫的要求。

2.2 待测品种材料以植株的形式提供，植株能在第一个生长周期表达品种所有相关性状。

2.3 申请人提交繁殖材料的最小数量为 10 个植株。

2.4 提供的繁殖材料应外观健康有活力，未受到任何严重病虫害的影响。

2.5 提交的繁殖材料不得进行任何可能影响品种性状表达的处理，除非主管机构允许或要求进行这种处理。如果材料已经处理，必须提供相关处理的详细说明。

3 测试方法

3.1 测试周期

测试的最少周期数量通常为 1 个生长周期。

3.2 测试地点

测试通常在 1 个地点进行。在 1 个以上地点进行测试时，TGP/9《特异性测试》提供了有关指导。

3.3 测试条件

3.3.1 测试的条件应能满足品种正常生长的需要，以确保品种相关性状充分表达和测试的顺利开展。

3.3.2 由于日光变化的原因，在利用比色卡确定颜色时，应在一个合适的有人工光源照明的小室或中午无阳光直射的房间内进行。人工光源光谱分布应符合 CIE “理想日光标准 D6500”，且在《英国标准 950：第 1 部分》规定的允许范围之内。观测应将植株部位置于白背景下进行。品种描述中应指出比色卡及版本。

3.4 试验设计

3.4.1 每个试验应保证至少有 10 个植株。

3.4.2 试验设计应保证：当因测量或计数等需要，从小区取走部分植株或植株部位后，不影响生长周期结束前的所有观测。

3.5 附加测试

为测试有关性状，可以进行附加测试。

4 特异性、一致性和稳定性评价

4.1 特异性

4.1.1 一般建议

对于本指南的使用者而言，在判定特异性前参照总则特异性判定的一般原则十分重要。但为进一步说明和强调特异性判定，本指南特列出特异性判定的要点。

4.1.2 一致的差异

当观测到的品种之间的差异非常明显时，则没有必要种植 1 个以上生长周期。此外，在某些情况下，环境的影响并不意味着需要 1 个以上的生长周期来保证品种间观测到的差异是足够一致的。为确保在种植试验中所观测到的性状差异是足够一致的，可以对性状进行至少 2 个独立生长周期的测试。

4.1.3 明显的差异

两个品种间的差异是否明显取决于很多因素，特别应考虑所测性状的表达类型，即该性状是质量性状、数量性状还是假质量性状。因此，在作出关于特异性的判定前，本测试指南的使用者应熟悉总则中的建议。

4.1.4 植株 / 植株部位的观测数量

除非另有说明，在判定特异性时，对于单株的观测，应观测 5 个植株或分别从 5 个植株取下的植株部位；对于其他观测，应观测试验中的所有植株。观测时应将异型株排除在外。对于从单株上取下植株部位进行观测的情形，每个植株上可取的植株部位数量应为 1 个。

4.1.5 观测方法

性状表第二列以如下符号（见 TGP/9《特异性测试》第 4 部分"性状观测"）的形式列出了特异性判定时推荐的性状观测方法。

MG：对一批植株或植株部位进行单次测量。

MS：对一定数量的植株或植株部位进行逐一测量。

VG：对一批植株或植株部位进行单次目测。

VS：对一定数量的植株或植株部位进行逐一目测。

观测类型：目测（V）或测量（M）。

目测（V）是一种基于专家判断的观测方法。本文中的目测是指专家的感官观测，因此，也包括闻、尝和触摸。目测也包括专家使用参照物（例如图表，标准品种，并排比较）或非线性的图表（例如比色卡）的观测。测量（M）是一种基于校准的、线性尺度的客观观测，例如使用尺、秤、色度计、日期和计数等进行观测。

记录类型：群体记录（G）或个体记录（S）。

以特异性为目的的观测，可被记录为一批植株或植株部位的单个记录（G），或者记录为一定数量的单个植株或植株部位的个体记录（S）。多数情况下，群体记录为一个品种提供一个单个记录，因此不可能或者不必要通过逐个植株的统计分析来判定特异性。

如果性状表中提供了不止一种观测方法（如 VG/MG），可以参考 TGP/9《特异性测试》的 4.2 部分选择合适的观测方法。

4.2 一致性

4.2.1 对于本指南的使用者而言，在判定一致性前参照总则一致性判定的一般原则十分重要。但为进一步说明和强调一致性判定，本指南特列出一致性判定的要点。

4.2.2 评价一致性时，应采用 1% 的群体标准和至少 95% 的接受概率。当样本量为 10 个时，允许有 1 个异型株。

4.3 稳定性

4.3.1 在实际操作中，通常不像测试特异性和一致性那样对稳定性进行测试以得到明确结果。经验表明，对许多类型的品种来说，当一个品种表现一致时，可认为其是稳定的。

4.3.2 适当情况下或者有疑问时，可通过一批新的植株进一步判定稳定性，观测其性状表达是否与以前提供的材料性状表达一致。

5 品种分组和试验组织

5.1 使用分组性状可以帮助选择与申请品种一起进行田间种植试验的已知品种，以及对这些品种进行合适分组以便进行特异性评价。

5.2 分组性状表达状态的数据即使来自不同地点，也可以单独或者与其他此类性状联合使用。

（a）用于特异性测试中筛选排除那些不需要安排在种植试验中的已知品种。

（b）用于组织安排种植试验，使近似品种种植在一起。

5.3 以下性状已被确认为有用的分组性状。

（a）植株：高度（性状 2）。

（b）叶片：色斑（性状 12）。

（c）叶片：下表面花青苷显色（性状 15）。

（d）花：主色（性状 24），有以下分组。

第一组：白色。

第二组：粉色。

第三组：泛红紫色。

第四组：紫色。

第五组：紫罗兰色。

第六组：紫罗兰蓝色。

5.4 总则中提供了在特异性审查过程中使用分组性状的指导。

6 性状表介绍

6.1 性状类型

6.1.1 标准指南性状

标准指南性状是 UPOV 已同意用于 DUS 审查的性状，UPOV 成员可以从中选择与其特定环境相适应的性状。

6.1.2 星号性状

星号性状（用“*”标记）是测试指南中对于形成国际统一的品种描述十分重要的性状，所有 UPOV 成员都应将其用于 DUS 测试并包含在品种描述中，除非前序性状的表达或区域环境条件所限使其无法测试。

6.2 表达状态及相应代码

6.2.1 为定义性状和统一描述，将每个性状划分为一系列表达状态。每个表达状态赋予一个相应的数字代码，以便于数据记录，以及品种性状描述的建立和交流。

6.2.2 对于质量性状和假质量性状（6.3），性状表中列出了所有表达状态。但对于有 5 个或 5 个以上表达状态的数量性状，可以采用缩略尺度的方法，以缩短性状表格。例如，对于有 9 个表达状态的数量性状，在测试指南的性状表中可采用以下缩略形式。

表达状态	代码
小	3
中	5
大	7

但是应指出的是，以下 9 个表达状态都是存在的，应采用适宜的表达状态用于品种的描述。

表达状态	代码
极小	1
极小到小	2
小	3
小到中	4
中	5

续表

表达状态	代码
中到大	6
大	7
大到极大	8
极大	9

6.2.3 TGP/7《测试指南的研制》中提供了表达状态和代码的更详尽的介绍。

6.3 表达类型

总则中对性状表达类型（质量性状、数量性状和假质量性状）进行了解释。

6.4 标准品种

适当时，测试指南中提供了标准品种用于校正性状的表达状态。

6.5 注释

（*）星号性状（6.1.2）。

QL：质量性状（6.3）。

QN：数量性状（6.3）。

PQ：假质量性状（6.3）。

MG、MS、VG、VS：观测方法（4.1.5）。

（a）～（c）性状表解释（8.1）。

（+）性状表解释（8.2）。

7 性状表

性状编号	观测方法	英文	中文	标准品种	代码
1. （+） QN	**VG**	**Plant：growth habit**	**植株：生长习性**		
		upright	直立	Erma	1
		semi-upright	半直立	Cloud Nine	3
		spreading	平展	Amanda，Verandah Jacaranda	5
		semi-trailing	半蔓生		7
		trailing	蔓生	Variegated Cape GC	9
2. （*） （+） QN	**MS/ VG**	**Plant：height**	**植株：高度**		
		short	矮	Hadi Variegated	3
		medium	中	Chimanimani	5
		tall	高	Erma	7
3. QN	**MS/ VG**	**Plant：width**	**植株：宽度**		
		narrow	窄	Hadi Variegated	3
		medium	中	Chimanimani	5
		broad	宽	Variegated Cape GC	7
4. QN	**MS/ VG （a）**	**Petiole：length**	**叶柄：长度**		
		short	短	Jazz Pink	1
		medium	中	Variegated Cape GC	2
		long	长	Verandah Jacaranda	3

续表

性状编号	观测方法	英文	中文	标准品种	代码
5. (*) QN	MS/ VG (a)	**Leaf blade：length**	**叶片：长度**		
		short	短	Chimanimani	3
		medium	中	Jaws	5
		long	长	Erma，Trish	7
6. (*) QN	MS / VG (a)	**Leaf blade：width**	**叶片：宽度**		
		very narrow	极窄		1
		narrow	窄	Chimanimani	3
		medium	中	Jazz Purple	5
		broad	宽	Erma	7
		very broad	极宽	Trish	9
7. (+) QN	VG (a)	**Leaf blade：ratio length/width**	**叶片：长宽比**		
		low	小	Chimanimani	1
		medium	中	Jazz Purple	2
		high	大	Tommy White	3
8. QN	VG (a)	**Leaf blade：thickness**	**叶片：厚度**		
		thin	薄	Erma	1
		medium	中	Jazz White	2
		thick	厚	Verandah Jacaranda	3
9. (*) (+) PQ	VG (a)	**Leaf blade：shape of base**	**叶片：基部形状**		
		acute	锐尖	Amanda，Erma	1
		obtuse	钝尖	Plepalila	2
		rounded	圆形	Cloud Nine，Jazz Purple	3
		truncate	平截	Coral Cloud，Jaws	4
10. (*) (+) PQ	VG (a)	**Leaf blade：shape of apex**	**叶片：先端形状**		
		acute	锐尖	Guru’s Choice	1
		obtuse	钝尖	Coral Cloud	2
		rounded	圆形	Amanda，Trish	3
11. QN	VG (a)	**Leaf blade：position of broadest part**	**叶片：最宽处位置**		
		at middle	中部	P 00 06 07	1
		slightly towards base	微向基部	Jazz Purple	2
		moderately towards base	向基部	Variegated Cape GC	3
12. (*) QL	VG (a)	**Leaf blade：variegation**	**叶片：色斑**		
		absent	无	Jaws，Jazz Purple	1
		present	有	Variegated Cape GC	9
13. (*) (+) QN	VG (a)	**Leaf blade：intensity of green color of upper side**	**叶片：上表面绿色程度**		
		light	浅	Easy Gold，Jaws	1
		medium	中	Amanda	2
		dark	深	Erma	3
14. QN	VG (a)	**Leaf blade：anthocyanin coloration of upper side**	**叶片：上表面花青苷显色**		
		absent or weak	无或弱		1
		medium	中		2
		strong	强		3

续表

性状编号	观测方法	英文	中文	标准品种	代码
15. (*) QN	**VG (a)**	**Leaf blade：anthocyanin coloration of lower side**	**叶片：下表面花青苷显色**		
		absent or very weak	无或极弱	Cloud Nine	1
		weak	弱	Tommy White	3
		medium	中	Jazz Blush Pink	5
		strong	强	Jazz Purple	7
		very strong	极强		9
16. (*) PQ	**VG (a)**	**Leaf blade：distribution of anthocyanin coloration of lower side**	**叶片：下表面花青苷显色分布**		
		between veins	叶脉间	Verandah Jacaranda	1
		on veins only	沿叶脉	Coral Cloud	2
		throughout	整片	Amanda，P 00 06 07	3
17. (*) (+) PQ	**VG (a)**	**Leaf blade：type of incisions of margin**	**叶片：边缘缺刻类型**		
		biserrate	重锯齿状	Tommy White	1
		serrate	锯齿状	Erma	2
		serrate to dentate	锯齿状到齿状	Jazz Blush Pink	3
		dentate	齿状	Variegated Cape GC	4
		dentate to crenate	齿状到圆齿状	Amanda	5
		crenate	圆齿状	Cloud Nine	6
18. (*) (+) QN	**VG (a)**	**Leaf blade：depth of incisions of margin**	**叶片：边缘缺刻深度**		
		very shallow	极浅	Hadi Variegated	1
		shallow	浅	Erma	2
		medium	中	Variegated Cape GC	3
		deep	深	Tommy White	4
		very deep	极深	Jaws	5
19. QN	**VG (a)**	**Leaf blade：blistering**	**叶片：泡状程度**		
		weak	弱	Coral Cloud	1
		medium	中	Amanda	2
		strong	强	Jazz Purple	3
20. (*) QN	**VG (a)**	**Leaf blade：pubescence**	**叶片：茸毛**		
		absent or very sparse	无或极稀	Erma	1
		sparse	稀	P 00 06 07	2
		medium	中	Tommy White	3
		dense	密	Plepalila	4
		very dense	极密	Jaws	5
21. QN	**VG (b)**	**Flowering branch：density of flowers**	**花枝：花密度**		
		very sparse	极稀	Jazz Pink	1
		sparse	稀	Jazz Purple	3
		medium	中	Jazz Variegated White	5
		dense	密	Chimanimani	7
		very dense	极密		9

续表

性状编号	观测方法	英文	中文	标准品种	代码
22. (*) QN	VG (b)	**Flowering branch: pubescence**	**花枝：茸毛**		
		absent or very sparse	无或极稀	Jazz Purple	1
		sparse	稀	Chimanimani	2
		medium	中	Variegated Cape GC	3
		dense	密		4
		very dense	极密	Jaws	5
23. QN	VG (b)	**Flowering branch: anthocyanin coloration**	**花枝：花青苷显色**		
		absent or very weak	无或极弱	Guru's Choice	1
		weak	弱		2
		medium	中	Coral Cloud	3
		strong	强		4
		very strong	极强	Amanda	5
24. (*) (+) PQ	VG (c) (d)	**Flower: main color**	**花：主色**		
		white	白色	Jazz Variegated White	1
		pink	粉色	Jazz Blush Pink	2
		reddish purple	泛红紫色	P 00 06 07	3
		purple	紫色	Amanda	4
		violet	紫罗兰色	Jazz Purple	5
		violet blue	紫罗兰蓝色	Hadi Variegated	6
25. (*) (+) QN	MS/ VG (d)	**Corolla: length**	**花冠：长度**		
		very short	极短	Chimanimani	1
		short	短	Jazz Variegated White	3
		medium	中	Jazz Blush Pink	5
		long	长	Jazz Purple	7
		very long	极长		9
26. (+) QN	MS/ VG (d)	**Corolla: height**	**花冠：高度**		
		low	低		1
		medium	中		3
		high	高		5
27. (*) (+) QN	MS/ VG (d)	**Corolla tube: length**	**花冠筒：长度**		
		very short	极短	Coral Cloud	1
		short	短	Amanda	3
		medium	中	Guru's Choice	5
		long	长	Cloud Nine	7
		very long	极长		9
28. (*) (+) QN	MS/ VG (d)	**Corolla tube: height**	**花冠筒：高度**		
		very low	极低	Chimanimani	1
		low	低	Coral Cloud, Jazz Variegated White	3
		medium	中	Jazz Pink	5
		high	高	Guru's Choice	7
		very high	极高		9

续表

性状编号	观测方法	英文	中文	标准品种	代码
29. (*) (+) QN	VG (d)	**Corolla tube: ratio length/height**	**花冠筒：长高比**		
		low	低		1
		medium	中		2
		high	高		3
30. (+) QN	VG (d)	**Corolla tube: longitudinal curving**	**花冠筒：纵向弯曲程度**		
		absent or weak	无或弱	Cloud Nine	1
		medium	中	Variegated Cape GC	2
		strong	强	Guru's Choice	3
31. (*) PQ	VG (c) (d)	**Corolla tube: main color of outer side**	**花冠筒：外侧主色**		
		RHS Colour Chart (indicate reference number)	RHS 比色卡 (注明参考色号)		
32. (*) (+) PQ	VG (c) (d)	**Upper corolla lobe: main color of outer side**	**上花冠裂片：外侧主色**		
		RHS Colour Chart (indicate reference number)	RHS 比色卡 (注明参考色号)		
33. (*) (+) PQ	VG (c) (d)	**Upper corolla lobe: main color of inner side**	**上花冠裂片：内侧主色**		
		RHS Colour Chart (indicate reference number)	RHS 比色卡 (注明参考色号)		
34. (*) (+) QN	VG (d)	**Upper corolla lobe: prominence of purple spots or markings**	**上花冠裂片：紫色斑点或印痕**		
		absent or weak	无或弱		
		medium	中		
		strong	强		
35. (*) (+) PQ	VG (c) (d)	**Lower corolla lobe: main color of outer side**	**下花冠裂片：外侧主色**		
		white	白色	Guru's Choice	1
		pink	粉色	Jazz Blush Pink	2
		reddish purple	泛红紫色	P 00 06 07	3
		purple	紫色	Amanda	4
		violet	紫罗兰色	Coral Cloud, Jazz Purple	5
		violet blue	紫罗兰蓝色	Hadi Variegated	6
36. (+) QN	MG	**Time of beginning of flowering**	**始花期**		
		early	早		3
		medium	中		5
		late	晚		7

8 性状表解释

8.1 对多个性状的解释

除非另有说明，所有的性状观测都应在盛花期。

性状表第二列包含以下标注的性状应按照下述要求观测。

(a) 对叶性状的观测应在植株中部发育完全的叶片上进行。

(b) 对开花枝性状的观测应在最高开花枝条上进行，开花枝茸毛和花青苷显色性状的观测应在花轴中部 1/3 处进行。

（c）主色是覆盖面积最大的颜色。次色是覆盖面积第二大的颜色，覆盖面积第三大的颜色是第三色。如果主要和次色面积大小很接近，无法确定哪个颜色面积最大，较深的颜色为主色。

（d）对花和花部位性状的观测应在刚好完全盛开的花上进行。

8.2　对单个性状的解释

性状 1：植株生长习性

1 直立　3 半直立　5 平展　9 蔓生

性状 2：植株高度

性状 7：叶片长宽比

1 小　2 中　3 大

性状 9：叶片基部形状

1 锐尖　2 钝尖　3 圆形　4 平截

性状 10：叶片先端形状

1	2	3
锐尖	钝尖	圆形

性状 13：叶片上表面绿色程度
观测不包括色斑。
性状 17：叶片边缘缺刻类型

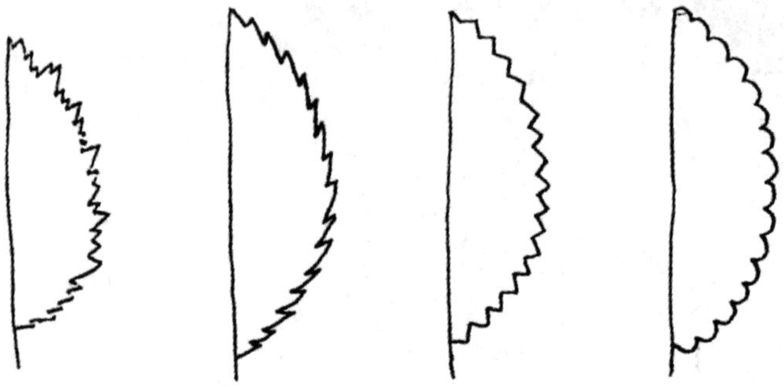

1	2	4	6
重锯齿状	锯齿状	齿状	圆齿状

性状 18：叶片边缘缺刻深度

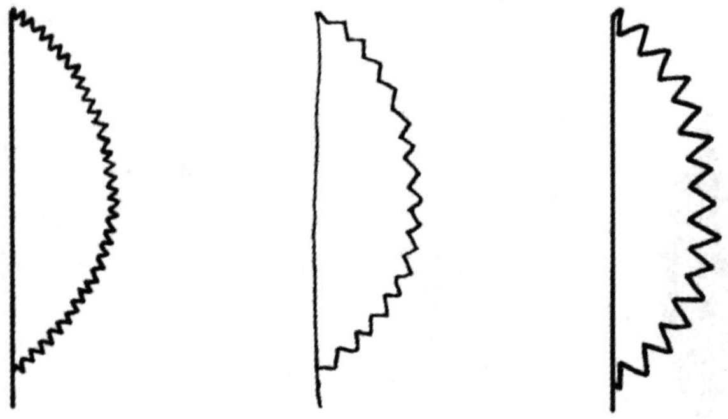

2	3	4
浅	中	深

性状 24：花主色
该性状指花整体颜色，应在距离植株 1～2 步的位置上观测。
性状 25：花冠长度
性状 26：花冠高度

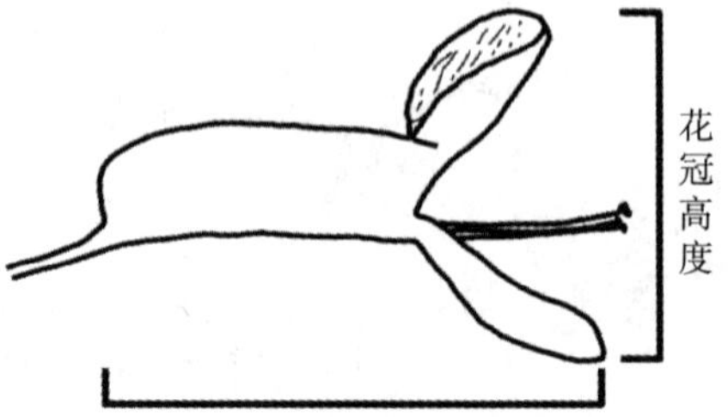

性状 27：花冠筒长度

性状 28：花冠筒高度

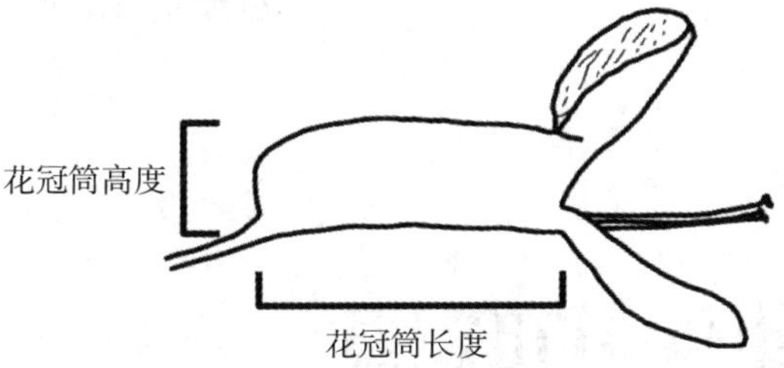

性状 29：花冠筒长高比

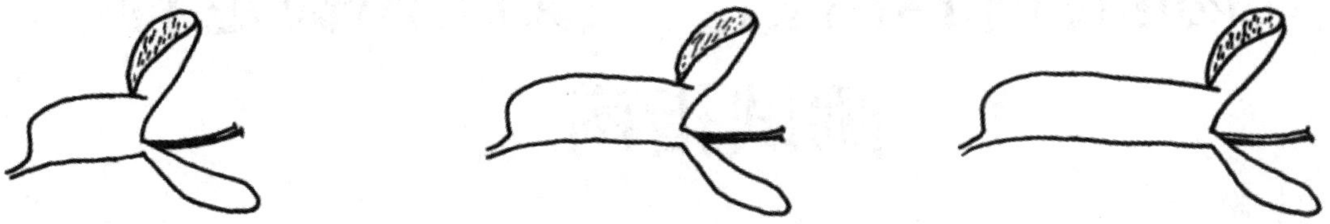

1	2	3
低	中	高

性状 30：花冠筒纵向弯曲程度

1	2	3
无或弱	中	强

性状 32：上花冠裂片外侧主色

性状 33：上花冠裂片内侧主色

性状 35：下花冠裂片外侧主色

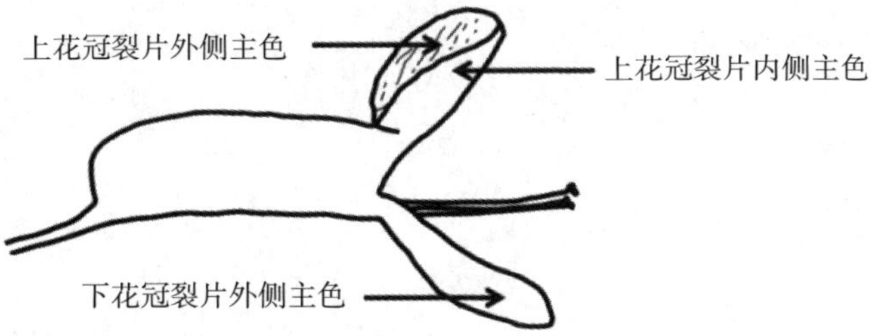

性状 34：上花冠裂片紫色斑点或印痕

通过颜色对比判定明显程度。

性状 36：始花期

始花期是所有的植株都至少有 1 朵开放的花。

TG/316/1
原文：英文
日期：2016-03-16

国际植物新品种保护联盟
植物品种特异性、一致性和稳定性
测试指南

鼠尾草属

UPOV 代码：SALVI

（*Salvia* L.）

互用名称 *

植物学名称	英文	法文	德文	西班牙文
Salvia L.	Salvia， Sage	Sauge	Sauge	Salvia

* 这些名称在指南开始使用时是正确的，但随后可能会修改更新。读者可登录 UPOV 网站（www.upov.int），获取最新资料。

1 指南适用范围

本指南适用于鼠尾草属（*Salvia* L.）的所有品种。

本指南中的性状用于区别观赏品种，也可用于区别草本类型，但可能需要增加性状和表达状态。

2 繁殖材料要求

2.1 待测品种繁殖材料的数量和质量要求以及提交的时间和地点由主管机构决定。申请人从测试所在国境外提交繁殖材料的，还应符合海关规定并满足相关植物检疫的要求。

2.2 待测品种材料以植株或种子的形式提供。

2.3 申请人提交繁殖材料的最小数量：无性繁殖品种为 10 个植株，种子繁殖品种为种子数量足以保证长成 40 个植株。

提交的种子应满足主管机构规定的发芽率、纯度、健康程度和含水量的最低要求。当种子用于保藏时，申请人应尽可能提供发芽率高的种子并注明发芽率。

2.4 提供的繁殖材料应外观健康有活力，未受到任何严重病虫害的影响。

2.5 提交的繁殖材料不得进行任何可能影响品种性状表达的处理，除非主管机构允许或要求进行这种处理。如果材料已经处理，必须提供相关处理的详细说明。

3 测试方法

3.1 测试周期

测试的最少周期数量通常为 1 个生长周期。

3.2 测试地点

测试通常在 1 个地点进行。在 1 个以上地点进行测试时，TGP/9《特异性测试》提供了有关指导。

3.3 测试条件

3.3.1 测试的条件应能满足品种正常生长的需要，以确保品种相关性状充分表达和测试的顺利开展。

3.3.2 由于日光变化的原因，在利用比色卡确定颜色时，应在一个合适的有人工光源照明的小室或中午无阳光直射的房间内进行。人工光源光谱分布应符合 CIE“理想日光标准 D6500”，且在《英国标准 950：第 1 部分》规定的允许范围之内。观测应将植株部位置于白背景下进行。品种描述中应指出比色卡及版本。

3.4 试验设计

3.4.1 无性繁殖品种：每个试验应保证至少有 10 个植株。

3.4.2 种子繁殖品种：每个试验应保证至少有 40 个植株。

3.4.3 试验设计应保证因测量或计数等需要，从小区取走部分植株或植株部位后，不影响生长周期结束前的所有观测。

3.5 附加测试

为测试有关性状，可以进行附加测试。

4 特异性、一致性和稳定性评价

4.1 特异性

4.1.1 一般建议

对于本指南的使用者而言，在判定特异性前参照总则特异性判定的一般原则十分重要。但为进一步说明和强调特异性判定，本指南特列出特异性判定的要点。

4.1.2　一致的差异

当观测到的品种之间的差异非常明显时，则没有必要种植 1 个以上生长周期。此外，在某些情况下，环境的影响并不意味着需要 1 个以上的生长周期来保证品种间观测到的差异是足够一致的。为确保在种植试验中所观测到的性状差异是足够一致的，可以对性状进行至少 2 个独立生长周期的测试。

4.1.3　明显的差异

两个品种间的差异是否明显取决于很多因素，特别应考虑所测性状的表达类型，即该性状是质量性状、数量性状还是假质量性状。因此，在作出关于特异性的判定前，本测试指南的使用者应熟悉总则中的建议。

4.1.4　植株 / 植株部位的观测数量

4.1.4.1　在无性繁殖品种的情况下，除非另有说明，在判定特异性时，对于单株的观测，应观测 9 个植株或分别从 9 个植株取下的植株部位；对于其他观测，应观测试验中的所有植株。观测时应将异型株排除在外。

4.1.4.2　在种子繁殖品种的情况下，除非另有说明，在判定特异性时，对于单株的观测，应观测 20 个植株或分别从 20 个植株取下的植株部位；对于其他观测，应观测试验中的所有植株。观测时应将异型株排除在外。

4.1.5　观测方法

性状表第二列以如下符号（见 TGP/9《特异性测试》第 4 部分“性状观测”）的形式列出了特异性判定时推荐的性状观测方法。

MG：对一批植株或植株部位进行单次测量。

MS：对一定数量的植株或植株部位进行逐一测量。

VG：对一批植株或植株部位进行单次目测。

VS：对一定数量的植株或植株部位进行逐一目测。

观测类型：目测（V）或测量（M）。

目测（V）是一种基于专家判断的观测方法。本文中的目测是指专家的感官观测，因此，也包括闻、尝和触摸。目测也包括专家使用参照物（例如图表，标准品种，并排比较）或非线性的图表（例如比色卡）的观测。测量（M）是一种基于校准的、线性尺度的客观观测，例如使用尺、秤、色度计、日期和计数等进行观测。

记录类型：群体记录（G）或个体记录（S）。

以特异性为目的的观测，可被记录为一批植株或植株部位的单个记录（G），或者记录为一定数量的单个植株或植株部位的个体记录（S）。多数情况下，群体记录为一个品种提供一个单个记录，因此不可能或者不必要通过逐个植株的统计分析来判定特异性。

如果性状表中提供了不止一种观测方法（如 VG/MG），可以参考 TGP/9《特异性测试》的 4.2 部分选择合适的观测方法。

4.2　一致性

4.2.1　对于本指南的使用者而言，在判定一致性前参照总则一致性判定的一般原则十分重要。但为进一步说明和强调一致性判定，本指南特列出一致性判定的要点。

4.2.2　当判定无性繁殖品种的一致性时，应采用 1% 的群体标准和至少 95% 的接受概率，当样本量为 10 个时，最多可以允许有 1 个异型株。

4.2.3　当判定自花授粉的种子繁殖品种的一致性时，应采用 1% 的群体标准和至少 95% 的接受概率，当样本量为 40 个植株时，最多可以允许有 2 个异型株。

4.2.4　当判定异花授粉的种子繁殖品种的一致性时，应酌情参考总则中对异花授粉品种的建议。

4.3　稳定性

4.3.1　在实际操作中，通常不像测试特异性和一致性那样对稳定性进行测试以得到明确结果。经验表明，对许多类型的品种来说，当一个品种表现一致时，可认为其是稳定的。

4.3.2 适当情况下或者有疑问时，可通过一批新的种子或植株进一步判定稳定性，观测其性状表达是否与以前提供的繁殖材料的性状表达一致。

5 品种分组及试验安排

5.1 使用分组性状可以帮助选择与申请品种一起进行田间种植试验的已知品种，以及对这些品种进行合适分组以便进行特异性评价。

5.2 分组性状表达状态的数据即使来自不同地点，也可以单独或者与其他此类性状联合使用。

（a）用于特异性测试中筛选排除那些不需要安排在种植试验中的已知品种。

（b）用于组织安排种植试验，使近似品种种植在一起。

5.3 以下性状已被确认为有用的分组性状。

（a）植株：生长习性（性状 1）。

（b）植株：高度（性状 2）。

（c）叶片：色斑（性状 15）。

（d）花序：每节上小花数量（性状 25）。

（e）花冠筒：外侧主色（性状 37），有以下 9 组。

第一组：白色。

第二组：绿色。

第三组：黄色。

第四组：橙色。

第五组：粉色。

第六组：红色。

第七组：紫色。

第八组：紫罗兰色。

第九组：蓝色。

（f）下唇瓣：内侧主色（性状 43），有以下 9 组。

第一组：白色。

第二组：绿色。

第三组：黄色。

第四组：橙色。

第五组：粉色。

第六组：红色。

第七组：紫色。

第八组：紫罗兰色。

第九组：蓝色

（g）下唇瓣：内侧次色（性状 44），有以下 10 组。

第一组：无。

第二组：白色。

第三组：绿色。

第四组：黄色。

第五组：橙色。

第六组：粉色。

第七组：红色。

第八组：紫色。
第九组：紫罗兰色。
第十组：蓝色。

5.4 总则和 TGP/9《特异性测试》中提供了在特异性审查过程中使用分组性状的指导。

6 性状表介绍

6.1 性状类型

6.1.1 标准指南性状

标准指南性状是 UPOV 已同意用于 DUS 审查的性状，UPOV 成员可以从中选择与其特定环境相适应的性状。

6.1.2 星号性状

星号性状（用“*”标记）是测试指南中对于形成国际统一的品种描述十分重要的性状，所有 UPOV 成员都应将其用于 DUS 测试并包含在品种描述中，除非前序性状的表达或区域环境条件所限使其无法测试。

6.2 表达状态及相应代码

6.2.1 为定义性状和统一描述，将每个性状划分为一系列表达状态。每个表达状态赋予一个相应的数字代码，以便于数据记录，以及品种性状描述的建立和交流。

6.2.2 对于质量性状和假质量性状（6.3），性状表中列出了所有表达状态。但对于有 5 个或 5 个以上表达状态的数量性状，可以采用缩略尺度的方法，以缩短性状表格。例如，对于有 9 个表达状态的数量性状，在测试指南的性状表中可采用以下缩略形式。

表达状态	代码
小	3
中	5
大	7

但是应指出的是，以下 9 个表达状态都是存在的，应采用适宜的表达状态用于品种的描述。

表达状态	代码
极小	1
极小到小	2
小	3
小到中	4
中	5
中到大	6
大	7
大到极大	8
极大	9

6.2.3 TGP/7《测试指南的研制》中提供了表达状态和代码的更详尽的介绍。

6.3 表达类型

总则中对性状表达类型（质量性状、数量性状和假质量性状）进行了解释。

6.4 标准品种

适当时，测试指南中提供了标准品种用于校正性状的表达状态。

6.5 注释

（*）星号性状（6.1.2）。

QL：质量性状（6.3）。

QN：数量性状（6.3）。

PQ：假质量性状（6.3）。

MG、MS、VG、VS：观测方法（4.1.5）。

（a）～（d）性状表解释（8.1）。

（+）性状表解释（8.2）。

7 性状表

性状编号	观测方法	英文	中文	标准品种	代码
1. （*） （+） PQ	**VG**	**Plant: growth habit**	**植株：生长习性**		
		upright	直立	Yellow Majesty	1
		semi-upright	半直立	Sunsaruki	2
		spreading	平展	Santa Barbara	3
		trailing	蔓生		4
2. （*） （+） QN	**VG/ MS/ MG**	**Plant: height**	**植株：高度**		
		very short	极矮	Haeumanarc	1
		short	矮	Hot Jazz	3
		medium	中	Lady in Red	5
		tall	高		7
		very tall	极高	Yellow Majesty	9
3. QN	**VG/ MS/ MG**	**Plant: width**	**植株：宽度**		
		narrow	窄	Hot Jazz	3
		medium	中	Lady in Red	5
		broad	宽	Santa Barbara	7
4. QN	**VG**	**Plant: density of shoots**	**植株：枝密度**		
		sparse	稀	Artemis	1
		medium	中	Lady in Red	3
		dense	密	Santa Barbara	5
5. QN	**VG （a）**	**Stem: anthocyanin coloration**	**茎：花青苷显色**		
		absent or very weak	无或极弱	West Texas Form	1
		weak	弱		2
		medium	中	Lady in Red	3
		strong	强		4
		very strong	极强	Caradonna	5
6. QN	**VG （a）**	**Stem: pubescence**	**茎：茸毛**		
		absent or very sparse	无或极稀	Hot Jazz	1
		sparse	稀		2
		medium	中		3
		dense	密		4
		very dense	极密	Santa Barbara	5

续表

性状编号	观测方法	英文	中文	标准品种	代码
7. (+) QL	VG (a)	**Leaf: type**	**叶：类型**		
		simple	单叶		1
		compound	复叶		2
8. (+) QN	VG/ MS/ MG (a)	**Petiole: length**	**叶柄：长度**		
		absent or very short	无或极短		1
		short	短	Sunsaruki	3
		medium	中		5
		long	长	Yellow Majesty	7
9. (*) (+) QN	VG/ MS/ MG (a)	**Leaf blade: length**	**叶片：长度**		
		short	短	Sunsaruki	3
		medium	中	Lady in Red	5
		long	长	Yellow Majesty	7
10. (*) (+) QN	VG/ MS/ MG (a)	**Leaf blade: width**	**叶片：宽度**		
		narrow	窄	Sunsaruki	3
		medium	中	Lady in Red	5
		broad	宽	Yellow Majesty	7
11. (*) (+) QN	VG/ MS/ MG (a)	**Leaf blade: ratio length/width**	**叶片：长宽比**		
		low	小		3
		medium	中		5
		high	大	Santa Barbara	7
		very high	极大	West Texas Form	9
12. (+) QN	VG (a)	**Leaf blade: position of broadest part**	**叶片：最宽处位置**		
		strongly towards base	极近基部		1
		moderately towards base	近基部		2
		at middle	中部		3
		moderately towards apex	近先端		4
13. (+) PQ	VG (a)	**Leaf blade: shape of base**	**叶片：基部形状**		
		acute	锐尖		1
		obtuse	钝尖		2
		rounded	圆形		3
		truncate	平截		4
		cordate	心形		5
14. (+) PQ	VG (a)	**Leaf blade: shape of apex**	**叶片：先端形状**		
		acuminate	渐尖		1
		acute	锐尖		2
		obtuse	钝尖		3
		rounded	圆形		4
15. (*) QL	VG (a)	**Leaf blade: variegation**	**叶片：色斑**		
		absent	无	Hot Jazz	1
		present	有	Dancing Flame	9
16. PQ	VG (a) (b)	**Leaf blade: main color**	**叶片：主色**		
		white	白色		1
		yellowish white	泛黄白色		2
		yellow	黄色	Dancing Flame	3

续表

性状编号	观测方法	英文	中文	标准品种	代码
16. PQ	**VG (a) (b)**	yellow green	黄绿色	Golden Delicious	4
		light green	浅绿色		5
		medium green	中等绿色	Lady in Red	6
		dark green	深绿色	Hot Jazz	7
		grey green	灰绿色		8
		purplish green	泛紫绿色		9
		purple	紫色		10
17. PQ	**VG (a) (b)**	**Leaf blade: secondary color**	**叶片：次色**		
		white	白色		1
		yellowish white	泛黄白色		2
		yellow	黄色		3
		yellow green	黄绿色		4
		light green	浅绿色		5
		medium green	中等绿色		6
		dark green	深绿色		7
		grey green	灰绿色		8
		purplish green	泛紫绿色		9
		purple	紫色		10
18. (+) PQ	**VG (a) (b)**	**Leaf blade: distribution of secondary color**	**叶片：次色分布**		
		marginal zone	边缘区域	Caramba	1
		central zone	中心区域		2
		throughout	整片	Dancing Flame	3
19. QN	**VG (a)**	**Leaf blade: pubescence**	**叶片：茸毛**		
		absent or very sparse	无或极稀	Hot Jazz	1
		sparse	稀		2
		medium	中		3
		dense	密		4
		very dense	极密	Artemis	5
20. (+) QN	**VG (a)**	**Leaf blade: rugosity**	**叶片：褶皱**		
		absent or very weak	无或极弱		1
		weak	弱	Lady in Red	2
		medium	中		3
		strong	强		4
		very strong	极强	Omaha Gold	5
21. (*) (+) QN	**VG (a)**	**Leaf blade: incisions of margin**	**叶片：边缘缺刻**		
		absent or very shallow	无或极浅		1
		shallow	浅		2
		medium	中	Hot Jazz	3
		deep	深		4
		very deep	极深		5
22. (+) QN	**VG (a)**	**Leaf blade: undulation of margin**	**叶片：边缘波状程度**		
		absent or weak	无或极弱		1
		medium	中		2
		strong	强		3

续表

性状编号	观测方法	英文	中文	标准品种	代码
23. (*) (+) QN	VG/ MS/ MG (c)	**Inflorescence：length**	**花序：长度**		
		short	短		3
		medium	中	Lady in Red	5
		long	长	Santa Barbara	7
24. (*) (+) QN	VG/ MS/ MG (c)	**Inflorescence：length of internode**	**花序：节间长度**		
		short	短	Heatwave Glimmer，Hot Jazz	3
		medium	中	Insalgosca	5
		long	长	Wendys Wish	7
25. (*) (+) QN	VG (c)	**Inflorescence：number of florets per node**	**花序：每节上小花数量**		
		few	少	Hot Lips	1
		medium	中		2
		many	多	Yellow Majesty	3
26. QN	VG (c)	**Inflorescence：number of lateral branches**	**花序：侧枝数量**		
		absent or very few	无或极少	Insalgosca	1
		few	少	Wendys Wish	2
		medium	中	Haeumanarc	3
		many	多	Blaukönigin	4
		very many	极多	Schneehügel	5
27. (+) QN	VG (c)	**Inflorescence：attitude of tip**	**花序：尖端姿态**		
		erect	直立	Caradonna，Yellow Majes-ty	1
		semi-erect	半直立	Haeumanarc	2
		outwards	向外		3
		semi-downwards	半向下	Insalgosca	4
		downwards	向下	Wendys Wish	5
28. (+) QN	VG	**Bract：persistence**	**苞片：持久性**		
		absent or very weak	无或极弱		1
		weak	极弱	Insalgosca	2
		medium	中	Wendys Wish	3
		strong	强		4
		very strong	极强	Haeumanarc	5
29. (+) QN	VG/ MS/ MG	**Bract：length**	**苞片：长度**		
		very short	极短		1
		short	短	Haeumanarc	2
		medium	中	Insalgosca	3
		long	长		4
		very long	极长		5
30. (*) (+) PQ	VG (b)	**Bract：main color of outer side**	**苞片：外侧主色**		
		RHS Colour Chart (indicate reference number)	RHS 比色卡 （注明参考色号）		
31. (*) (+) QN	VG/ MS/ MG	**Calyx：length**	**花萼：长度**		
		short	短		1
		medium	中		3
		long	长		5

续表

性状编号	观测方法	英文	中文	标准品种	代码
32. **(*)** **PQ**	**VG** **(b)**	**Calyx: main color of outer side**	**花萼：外侧主色**		
		RHS Colour Chart (indicate reference number)	RHS 比色卡 (注明参考色号)		
33. **QN**	**VG**	**Calyx: pubescence on outer side**	**花萼：外侧茸毛**		
		absent or very sparse	无或极稀	Lady in Red	1
		sparse	稀		2
		medium	中		3
		dense	密		4
		very dense	极密	Santa Barbara	5
34. **(*)** **(+)** **QN**	**VG/** **MS/** **MG** **(d)**	**Corolla: length**	**花冠：长度**		
		very short	极短	Haeumanarc	1
		short	短	Mainacht	3
		medium	中	Heatwave Glimmer	5
		long	长	Hot Jazz, Yellow Majesty	7
		very long	极长	Wendys Wish	9
35. **(*)** **(+)** **QN**	**VG/** **MS/** **MG** **(d)**	**Corolla: height**	**花冠：高度**		
		short	矮	Mainacht	3
		medium	中	Wendys Wish	5
		tall	高		7
36. **(*)** **(+)** **QN**	**VG/** **MS/** **MG** **(d)**	**Corolla tube: length**	**花冠筒：长度**		
		short	短		1
		medium	中	Lady in Red	3
		long	长	Hot Jazz	5
37. **(*)** **PQ**	**VG** **(b)** **(d)**	**Corolla tube: main color of outer side**	**花冠筒：外侧主色**		
		RHS Colour Chart (indicate reference number)	RHS 比色卡 (注明参考色号)		
38. **(*)** **PQ**	**VG** **(b)** **(d)**	**Upper lip: main color of outer side**	**上唇瓣：外侧主色**		
		RHS Colour Chart (indicate reference number)	RHS 比色卡 (注明参考色号)		
39. **PQ**	**VG** **(b)** **(d)**	**Upper lip: secondary color of outer side**	**上唇瓣：外侧次色**		
		RHS Colour Chart (indicate reference number)	RHS 比色卡 (注明参考色号)		
40. **QN**	**VG** **(d)**	**Upper lip: pubescence on outer side**	**上唇瓣：外侧茸毛**		
		absent or very sparse	无或极稀		1
		sparse	稀	Hot Jazz	2
		medium	中		3
		dense	密		4
		very dense	极密	Santa Barbara	5
41. **(*)** **(+)** **QN**	**VG/** **MS/** **MG** **(d)**	**Lower lip: width**	**下唇瓣：宽度**		
		narrow	窄	Haeumanarc	1
		medium	中	Dansalfun 1, Lady in Red	3
		broad	宽	Heatwave Blast	5

续表

性状编号	观测方法	英文	中文	标准品种	代码
42. (+) **QN**	**VG** (d)	**Lower lip: attitude relative to corolla tube**	**下唇瓣：相对于花冠筒的姿态**		
		parallel	平行		1
		moderately downwards	向下		2
		strongly downwards	强向下		3
		moderately reflexed	反折		4
		strongly reflexed	强反折		5
43. (*) **PQ**	**VG** (b) (d)	**Lower lip: main color of inner side**	**下唇瓣：内侧主色**		
		RHS Colour Chart (indicate reference number)	RHS 比色卡 (注明参考色号)		
44. (*) **PQ**	**VG** (b) (d)	**Lower lip: secondary color of inner side**	**下唇瓣：内侧次色**		
		RHS Colour Chart (indicate reference number)	RHS 比色卡 (注明参考色号)		
45. (*) (+) **PQ**	**VG** (b) (d)	**Lower lip: distribution of secondary color of inner side**	**下唇瓣：内侧次色分布**		
		at base	基部		1
		basal third	基部 1/3 处	Hot Lips	2
		central zone	中间区域		3
		at margin	边缘		4
		throughout	整片	Pinafore Purplestream	5
46. (+) **QN**	**VG** (d)	**Lower lip: undulation of margin**	**下唇瓣：边缘波状程度**		
		absent or weak	无或弱		1
		medium	中		2
		strong	强		3

8 性状表解释

8.1 对多个性状的解释

除非另有说明，所有的性状观测都应在盛花期。

性状表第二列包含以下标注的性状应按照下述要求观测。

（a）对茎和叶性状的观测应在开花茎中部 1/3 处（花序除外）进行，对叶片性状的观测应在叶片上表面进行。

（b）主色是覆盖面积最大的颜色。次色是覆盖面积第二大的颜色。如果主要和次色面积大小很接近，无法确定哪个颜色面积最大，较深的颜色为主色。

（c）对花序性状的观测应在花序最底端小花消失前进行。

（d）对花冠性状的观测应在刚好完全盛开的花上进行。

8.2 对单个性状的解释

性状 1：植株生长习性

2
半直立

3
平展

4
蔓生

性状 2：植株高度

植株高度为生长基质表面至植株顶部的高度，包括花序。

性状 7：叶类型

1
单叶

2
复叶

性状 8：叶柄长度

性状 9：叶片长度

性状 10：叶片宽度

性状 11：叶片长宽比

3
小

5
中

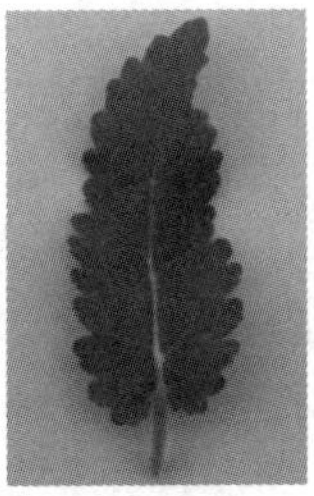

7
大

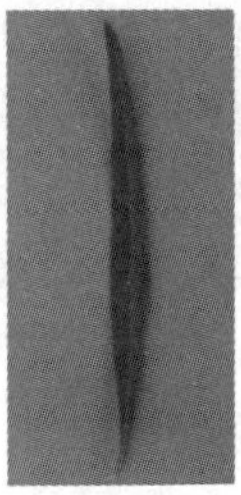

9
极大

性状 12：叶片最宽处位置

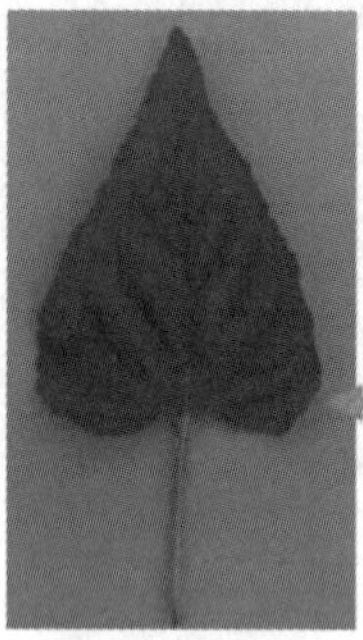

1
极近基部

2
近基部

3
中部

性状 13：叶片基部形状

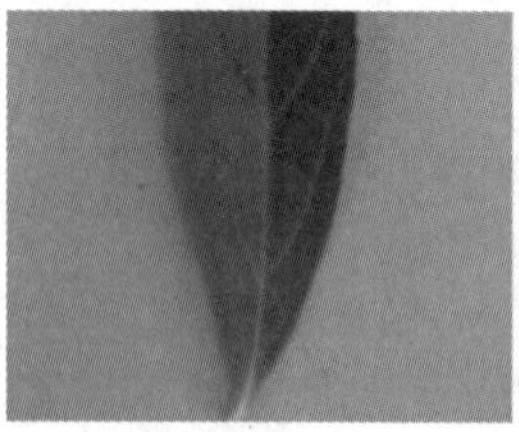

1
锐尖

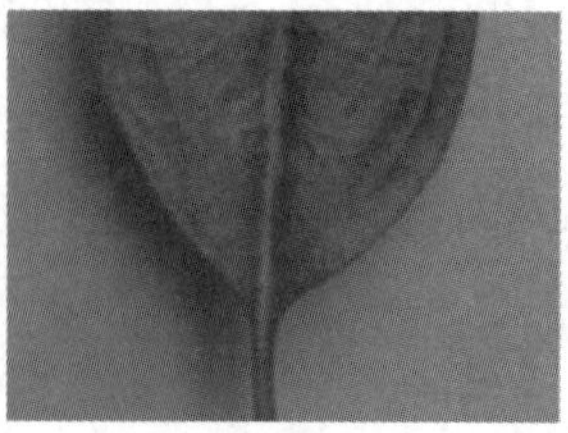

2
钝尖

3
圆形

4
平截

性状 14：叶片先端形状

1
渐尖

2
锐尖

3
钝尖

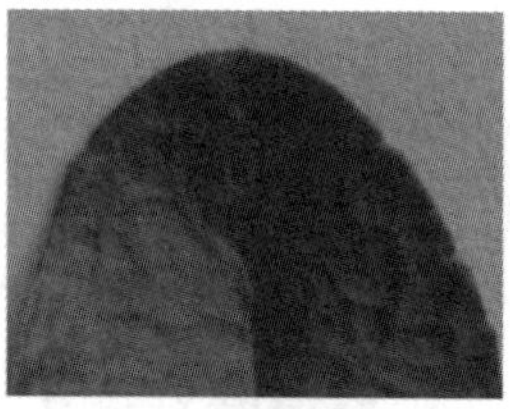

4
圆形

性状 18：叶片次色分布

1
边缘区域

3
整片

性状 20：叶片褶皱

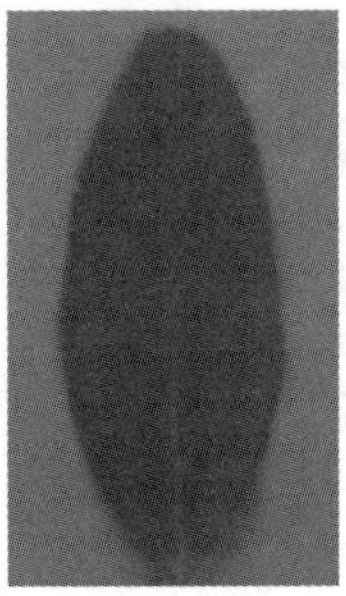

1
无或极弱

2
弱

3
中

5
极强

性状 21：叶片边缘缺刻

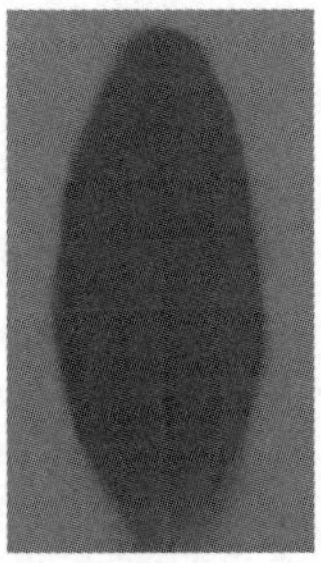

1
无或极浅

2
浅

3
中

4
深

性状 22：叶片边缘波状程度

1
无或极弱

3
强

性状 23：花序长度

应对花序的自然长度进行观测。

性状 24：花序节间长度

对节间的观测应在花序中间 1/3 处进行。

性状 25：花序每节上小花数量

对小花数量的观测应在花序中间 1/3 处的 1 个节点上进行。

1 少

2 中

3 多

性状 27：花序尖端姿态

1 直立

2 半直立

性状 28：苞片持久性

苞片持久性的观测在花期苞片从花序上脱落时进行。苞片持久性较强的品种在花序开花期间较长时间地保留苞片。苞片持久性较弱的品种在开花早期苞片脱落。

性状 29：苞片长度

苞片长度的观测应在花序上保留的最下端的苞片上进行。

性状 30：苞片外侧主色

观测应在朝向花序末端的苞片上进行。

性状 31：花萼长度

性状 34：花冠长度

性状 36：花冠筒长度

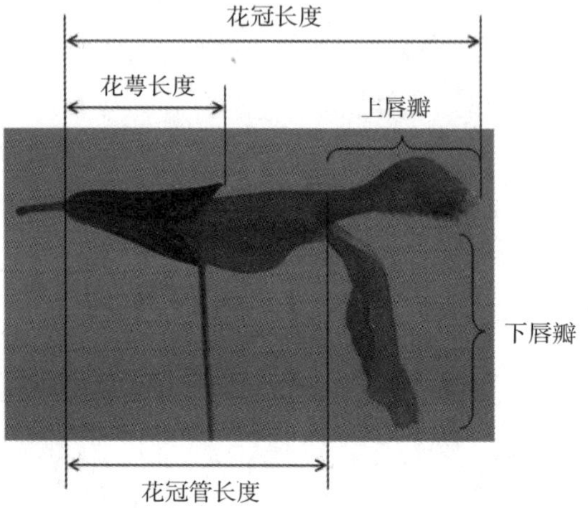

性状 35：花冠高度

性状 41：下唇瓣宽度

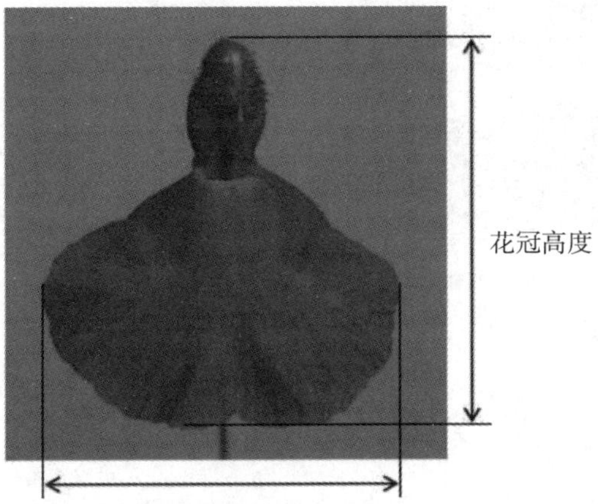

性状 42：下唇瓣相对于花冠筒的姿态

1
平行

2
向下

3
强向下

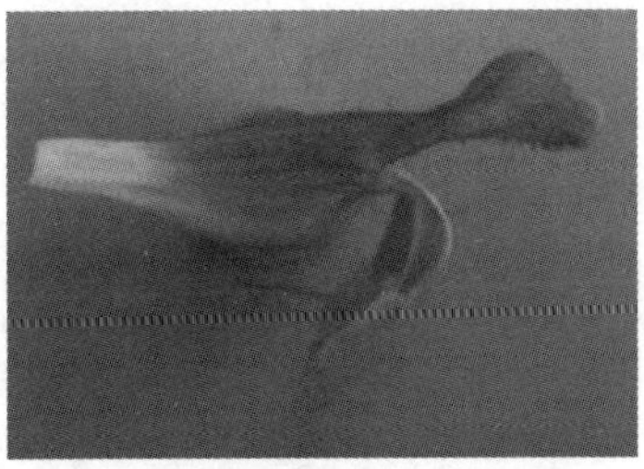

4
反折

5
强反折

性状 45：下唇瓣内侧次色分布

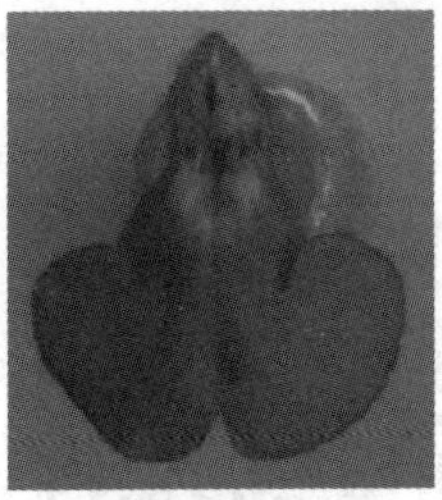

1
基部

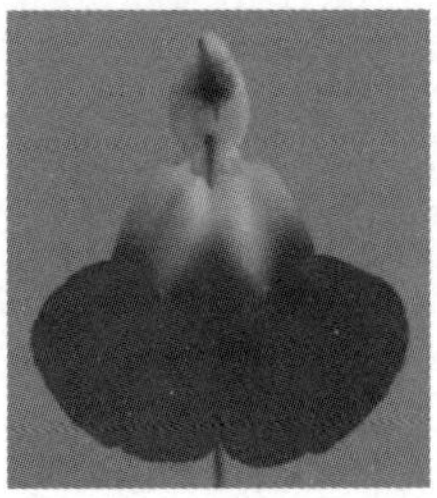

2
基部 1/3 处

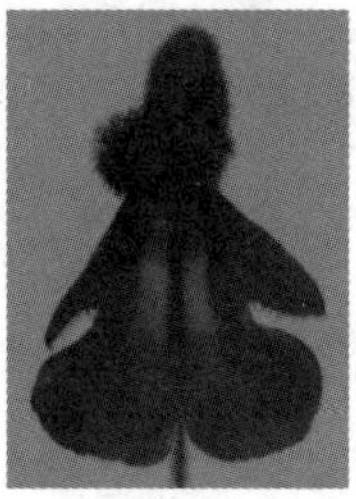

3
中间区域

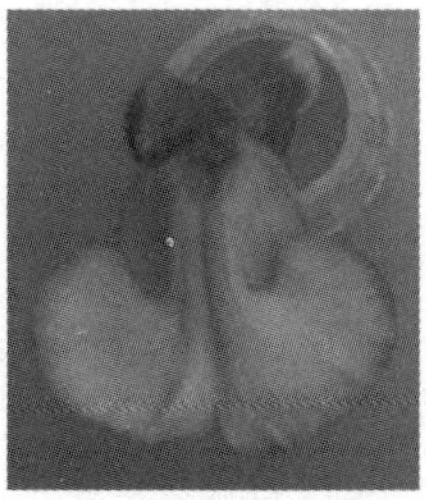

4
边缘

5
整片

性状 46：下唇瓣边缘波状程度

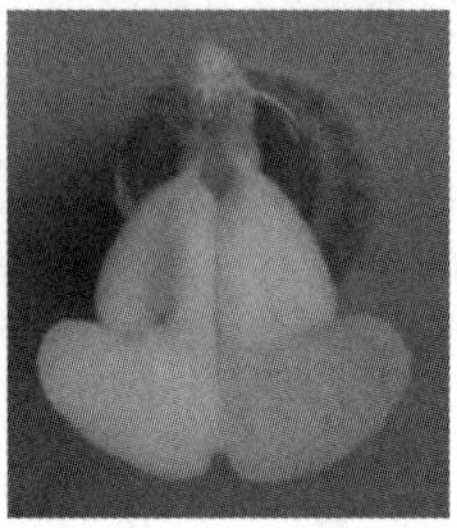

1
无或弱

2
中

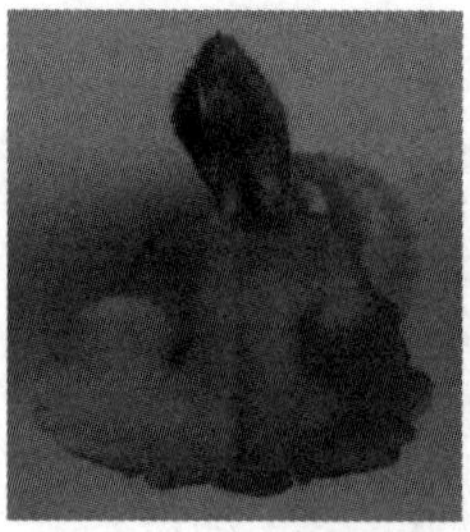

3
强

扫码下载原文

如扫描二维码无法下载指南原文，可能是指南版本有更新，可扫描本书封底二维码查看与本文对应的指南版本

TG/317/1
原文：英文
日期：2016-03-16

国际植物新品种保护联盟
植物品种特异性、一致性和稳定性
测试指南

朱蕉属

UPOV 代码：CORDY

朱蕉属（*Cordyline* Comm. ex Juss.）
不包括（*C. brasiliensis* Planch.）和
朱蕉［*C. fruticosa*（L.）A. Chev.］

互用名称 *

植物学名称	英文	法文	德文	西班牙文
Cordyline Comm. ex Juss., *Cordyline* Comm. ex R. Br.	Cordyline， Cabbage Tree， Torquay Palm	Cordyline	Cordyline， Keulenbaum， Keulenlilie	Cordyline

* 这些名称在指南开始使用时是正确的，但随后可能会修改更新。读者可登录 UPOV 网站（www.upov.int），获取最新资料。

1 指南适用范围

本指南适用于除 *C. brasiliesis*（*C. brasiliensis* Planch.）和朱蕉［*Cordyline fruticosa*（L.）A. Chev.］外朱蕉属（*Cordyline* Comm. ex Juss.）的所有品种。

2 繁殖材料要求

2.1 待测品种繁殖材料的数量和质量要求以及提交的时间和地点由主管机构决定。申请人从测试所在国境外提交繁殖材料的，还应符合海关规定并满足相关植物检疫的要求。
2.2 繁殖材料以植株的形式提交，在第一个生长周期中能够表达品种相关性状。
2.3 申请人提交繁殖材料的最小数量为 8 个植株。
2.4 提供的繁殖材料应外观健康有活力，未受到任何严重病虫害影响。
2.5 提交的繁殖材料不得进行任何可能影响品种性状表达的处理，除非主管机构允许或要求进行这种处理。如果材料已经处理，必须提供相关处理的详细说明。

3 测试方法

3.1 测试周期

测试的最少周期数量通常为 1 个生长周期。

3.2 测试地点

测试通常在 1 个地点进行。在 1 个以上地点进行测试时，TGP/9《特异性测试》提供了有关指导。

3.3 测试条件

3.3.1 测试的条件应能满足品种正常生长的需要，以确保品种相关性状充分表达和测试的顺利开展。
3.3.2 由于日光变化的原因，在利用比色卡确定颜色时，应在一个合适的有人工光源照明的小室或中午无阳光直射的房间内进行。人工光源光谱分布应符合 CIE“理想日光标准 D6500”，且在《英国标准 950：第 1 部分》规定的允许范围之内。观测应将植株部位置于白背景下进行。品种描述中应指出比色卡及版本。

3.4 试验设计

每个试验应保证至少有 8 个植株。

3.5 附加测试

为测试有关性状，可以进行附加测试。

4 特异性、一致性和稳定性评价

4.1 特异性

4.1.1 一般建议

对于本指南的使用者而言，在判定特异性前参照总则特异性判定的一般原则十分重要。但为进一步说明和强调特异性判定，本指南特列出特异性判定的要点。

4.1.2 一致的差异

当观测到的品种之间的差异非常明显时，则没有必要种植 1 个以上生长周期。此外，在某些情况下，环境的影响并不意味着需要 1 个以上的生长周期来保证品种间观测到的差异是足够一致的。为确保在种植试验中所观测到的性状差异是足够一致的，可以对性状进行至少 2 个独立生长周期的测试。

4.1.3 明显的差异

两个品种间的差异是否明显取决于很多因素，特别应考虑所测性状的表达类型，即该性状是质量性状、数量性状还是假质量性状。因此，在作出关于特异性的判定前，本测试指南的使用者应熟悉总则中的建议。

4.1.4 植株 / 植株部位的观测数量

除非另有说明，在判定特异性时，对于单株的观测，应观测 7 个植株或分别从 7 个植株取下的植株部位；对于其他观测，应观测试验中的所有植株。观测时应将异型株排除在外。在观测植株的器官或部位时，每个植株取样数量应为 2 个。

4.1.5 观测方法

性状表第二列以如下符号（见 TGP/9《特异性测试》第 4 部分“性状观测”）的形式列出了特异性判定时推荐的性状观测方法。

MG：对一批植株或植株部位进行单次测量。

MS：对一定数量的植株或植株部位进行逐一测量。

VG：对一批植株或植株部位进行单次目测。

VS：对一定数量的植株或植株部位进行逐一目测。

观测类型：目测（V）或测量（M）。

目测（V）是一种基于专家判断的观测方法。本文中的目测是指专家的感官观测，因此，也包括闻、尝和触摸。目测也包括专家使用参照物（例如图表，标准品种，并排比较）或非线性的图表（例如比色卡）的观测。测量（M）是一种基于校准的、线性尺度的客观观测，例如使用尺、秤、色度计、日期和计数等进行观测。

记录类型：群体记录（G）或个体记录（S）。

以特异性为目的的观测，可被记录为一批植株或植株部位的单个记录（G），或者记录为一定数量的单个植株或植株部位的个体记录（S）。多数情况下，群体记录为一个品种提供一个单个记录，因此不可能或者不必要通过逐个植株的统计分析来判定特异性。

如果性状表中提供了不止一种观测方法（如 VG/MG），可以参考 TGP/9《特异性测试》的 4.2 部分选择合适的观测方法。

4.2 一致性

4.2.1 对于本指南的使用者而言，在判定一致性前参照总则一致性判定的一般原则十分重要。但为进一步说明和强调一致性判定，本指南特列出一致性判定的要点。

4.2.2 评价一致性时，应采用 1% 的群体标准和至少 95% 的接受概率。当样本量为 8 个时，允许有 1 个异型株。

4.3 稳定性

4.3.1 在实际操作中，通常不像测试特异性和一致性那样对稳定性进行测试以得到明确结果。经验表明，对许多类型的品种来说，当一个品种表现一致时，可认为其是稳定的。

4.3.2 适当情况下或者有疑问时，稳定性的测试通过测试一批新的植株，看其性状表现是否与之前提交的材料表现相同。

5 品种分组和试验组织

5.1 使用分组性状可以帮助选择与申请品种一起进行田间种植试验的已知品种，以及对这些品种进行合适分组以便进行特异性评价。

5.2 分组性状表达状态的数据即使来自不同地点，也可以单独或者与其他此类性状联合使用。

（a）用于特异性测试中筛选排除那些不需要安排在种植试验中的已知品种。

（b）用于组织安排种植试验，使近似品种种植在一起。

5.3 以下性状已被确认为有用的分组性状。

(a) 植株：高宽比（性状 3）。

(b) 植株：基部分枝（性状 4）。

(c) 叶片：宽度（性状 16）。

(d) 叶：主色（性状 19），有以下 7 组。

第一组：白色。

第二组：黄色。

第三组：绿色。

第四组：红色。

第五组：紫色。

第六组：棕色。

第七组：泛黑色。

(e) 叶：次色（性状 20），有以下 7 组。

第一组：白色。

第二组：黄色。

第三组：绿色。

第四组：红色。

第五组：紫色。

第六组：棕色。

第七组：泛黑色。

5.4 总则和 TGP/9《特异性测试》中提供了在特异性审查过程中使用分组性状的指导。

6 性状表介绍

6.1 性状类型

6.1.1 标准指南性状

标准指南性状是 UPOV 已同意用于 DUS 审查的性状，UPOV 成员可以从中选择与其特定环境相适应的性状。

6.1.2 星号性状

星号性状（用“*”标记）是测试指南中对于形成国际统一的品种描述十分重要的性状，所有 UPOV 成员都应将其用于 DUS 测试并包含在品种描述中，除非前序性状的表达或区域环境条件所限使其无法测试。

6.2 表达状态及相应代码

6.2.1 为定义性状和统一描述，将每个性状划分为一系列表达状态。每个表达状态赋予一个相应的数字代码，以便于数据记录，以及品种性状描述的建立和交流。

6.2.2 对于质量性状和假质量性状（6.3），性状表中列出了所有表达状态。但对于有 5 个或 5 个以上表达状态的数量性状，可以采用缩略尺度的方法，以缩短性状表格。例如，对于有 9 个表达状态的数量性状，在测试指南的性状表中可采用以下缩略形式。

表达状态	代码
小	3
中	5
大	7

但是应指出的是，以下 9 个表达状态都是存在的，应采用适宜的表达状态用于品种的描述。

表达状态	代码
极小	1
极小到小	2
小	3
小到中	4
中	5
中到大	6
大	7
大到极大	8
极大	9

6.2.3 TGP/7《测试指南的研制》中提供了表达状态和代码的更详尽的介绍。

6.3 表达类型

总则中对性状表达类型（质量性状、数量性状和假质量性状）进行了解释。

6.4 标准品种

适当时，测试指南中提供了标准品种用于校正性状的表达状态。

6.5 注释

(*) 星号性状（6.1.2）。

QL：质量性状（6.3）。

QN：数量性状（6.3）。

PQ：假质量性状（6.3）。

MG、MS、VG、VS：观测方法（4.1.5）。

(a)～(e) 性状表解释（8.1）。

(+) 性状表解释（8.2）。

7 性状表

性状编号	观测方法	英文	中文	标准品种	代码
1. (+) QN	**VG**	**Plant: height**	**植株：高度**		
		short	矮	Tana	3
		medium	中	Red Fountain	5
		tall	高	Jel01	7
2. QN	**VG**	**Plant: width**	**植株：宽度**		
		narrow	窄	Pink Champagne	3
		medium	中	Red Star	5
		broad	宽	Can Can	7
		very broad	极宽	Red Fountain	9
3. (*) (+) QN	**MG/ VG**	**Plant: height/width ratio**	**植株：高宽比**		
		low	小	Red Fountain	1
		medium	中	Tana	3
		high	大	Southern Splendour	5

续表

性状编号	观测方法	英文	中文	标准品种	代码
4. (*) (+) QL	VG	**Plant: basal shoots**	**植株：基部分枝**		
		absent	无	Southern Splendour	1
		present	有	Tana	9
5. (+) QN	VG	**Plant: number of basal shoots**	**植株：基部分枝数量**		
		few	少	Green Goddess	1
		medium	中	Tana	2
		many	多	Red Fountain	3
6. (*) PQ	VG (b) (c) (e)	**Young leaf: main color**	**幼叶：主色**		
		RHS Colour Chart (indicate reference number)	RHS 比色卡 (注明参考色号)		
7. PQ	VG (b) (c) (e)	**Young leaf: secondary color**	**幼叶：次色**		
		RHS Colour Chart (indicate reference number)	RHS 比色卡 (注明参考色号)		
8. PQ	VG (b) (c) (e)	**Young leaf: tertiary color**	**幼叶：第三色**		
		RHS Colour Chart (indicate reference number)	RHS 比色卡 (注明参考色号)		
9. (*) PQ	VG (a) (e)	**Petiole: main color of upper side**	**叶柄：上表面主色**		
		RHS Colour Chart (indicate reference number)	RHS 比色卡 (注明参考色号)		
10. (*) (+) QN	VG/ MS (a)	**Petiole: length**	**叶柄：长度**		
		very short	极短	Cardinal	1
		short	短	Tana	3
		medium	中	Jel01	5
		long	长	Purple Sensation	7
		very long	极长	Red Fountain	9
11. (+) QN	VG/ MG (a)	**Petiole: width at narrowest part**	**叶柄：最窄部分宽度**		
		narrow	窄	Red Fountain	1
		medium	中	Cardinal	2
		broad	宽	Red Star	3
12. (*) (+) QN	VG (a)	**Petiole: profile in cross section**	**叶柄：横切面形状**		
		flat or slightly concave	平直或微凹	Cardinal	1
		moderately concave	中等凹	Purple Sensation	2
		strongly concave	强凹	Red Fountain	3
13. (*) (+) QN	VG (d)	**Leaf: curvature**	**叶：弯曲程度**		
		absent or very weak	无或极弱	Pink Champagne	1
		weak	弱	Green Goddess	3
		medium	中	Albertii	5
		strong	强	Can Can	7
14. (+) QN	VG (d)	**Leaf: attitude of basal third**	**叶：基部 1/3 处姿态**		
		upwards	直立	Pink Champagne	1
		upwards and outwards	直立和向外	Albertii	2
		outwards	向外	Red Fountain	3
15. (*) (+) QN	MG/ VG (d)	**Leaf blade: length**	**叶片：长度**		
		very short	极短	Karo Kiri	1
		short	短	Pink Champagne	3
		medium	中	Tana	5
		long	长	Purple Sensation	7
		very long	极长	RedFountain	9

续表

性状编号	观测方法	英文	中文	标准品种	代码
16. (*) QN	VG/ MS (d)	**Leaf blade：width**	**叶片：宽度**		
		narrow	窄	Pink Champagne	1
		medium	中	Purple Sensation	3
		broad	宽	Green Goddess	5
17. (+) QL	VG (d)	**Leaf：venation**	**叶：叶脉**		
		parallel	平行	Albertii，Red Fountain	1
		pinnate	羽状	Tana	2
18. QN	VG (c) (d)	**Leaf：glossiness**	**叶：光泽度**		
		absent or weak	无或弱	Green Goddess	1
		medium	中	Albertii	2
		strong	强	Red Fountain，Tana	3
19. (*) PQ	VG (c) (d) (e)	**Leaf：main color**	**叶：主色**		
		RHS Colour Chart (indicate reference number)	RHS 比色卡 (注明参考色号)		
20. (*) PQ	VG (c) (d) (e)	**Leaf：secondary color**	**叶：次色**		
		RHS Colour Chart (indicate reference number)	RHS 比色卡 (注明参考色号)		
21. PQ	VG (c) (d) (e)	**Leaf：distribution of secondary color**	**叶：次色分布**		
		mostly middle part	主要在中部区域	Purple Sensation	1
		margin and middle part	边缘区域和中部区域	Pink Champagne，Red Star	2
		mostly margin	主要在边缘区域	Southern Splendour	3
22. PQ	VG (c) (d) (e)	**Leaf：tertiary color**	**叶：第三色**		
		RHS Colour Chart (indicate reference number)	RHS 比色卡 (注明参考色号)		
23. (*) PQ	VG (d) (e)	**Leaf：main color of lower side**	**叶：下表面主色**		
		RHS Colour Chart (indicate reference number)	RHS 比色卡 (注明参考色号)		

8 性状表解释

8.1 对多个性状的解释

性状表第二列包含以下标注的性状应按照下述要求观测。

(a) 叶柄性状的观测应在茎秆中部 1/3 处成熟叶片上进行。

(b) 幼叶性状的观测应在茎秆顶部进行。

(c) 叶颜色和光泽度性状的观测应在叶片上表面上进行

(d) 叶和叶片性状的观测应在茎秆下部成熟叶片上进行。

(e) 主色是面积最大的颜色。次色是面积第二大的颜色，面积第三大的颜色是第三色。如果主色和次色面积大小很接近，无法确定哪个颜色面积最大，较深的颜色为主色。

8.2 对单个性状的解释

性状 1：植株高度

植株高度在生长周期即将结束时进行观测。

性状 3：植株高宽比

1 3 5

小 中 大

性状 4：植株基部分枝

性状 5：植株基部分枝数量

应在生长周期即将结束时进行观测。

1 9

无 有

性状 10：叶柄长度

性状 11：叶柄最窄部分宽度

叶柄开始于与茎秆相连的地方，结束于叶片的开始处，此开始处是叶片开始变宽处。

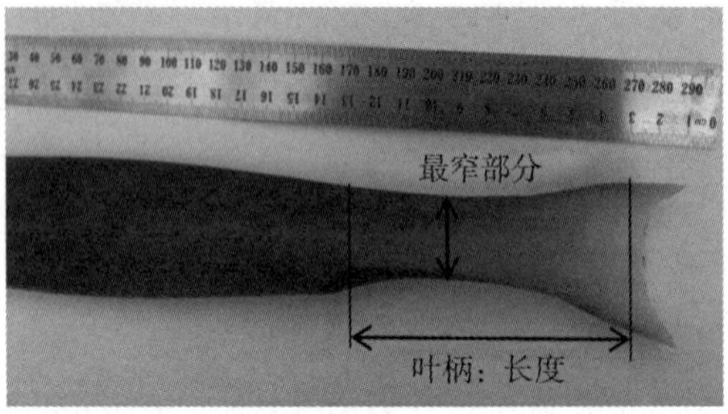

性状 12：叶柄横切面形状

应在叶柄中部 1/3 处进行观测。

1 2 3

平直或微凹 中等凹 强凹

性状 13：叶弯曲程度

1
无或极弱

3
弱

5
中

7
强

性状 14：叶基部 1/3 处姿态

1
直立

2
直立和向外

3
向外

性状 15：叶片长度

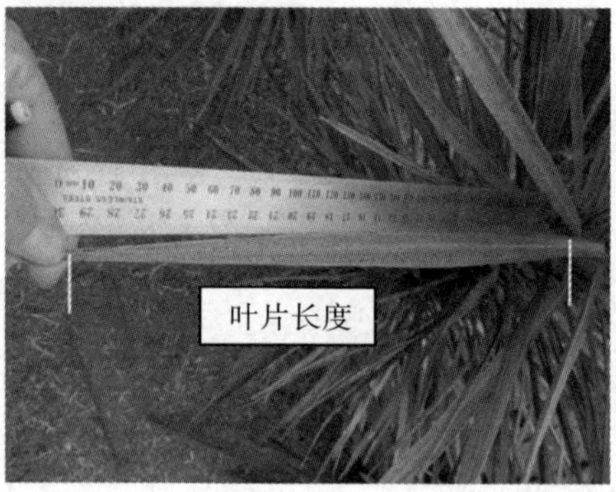

叶片的长度为顶端到叶柄处。叶片基部和叶柄的开始可以通过叶片截面的形状和宽度的变化来确定。

性状 17：叶脉

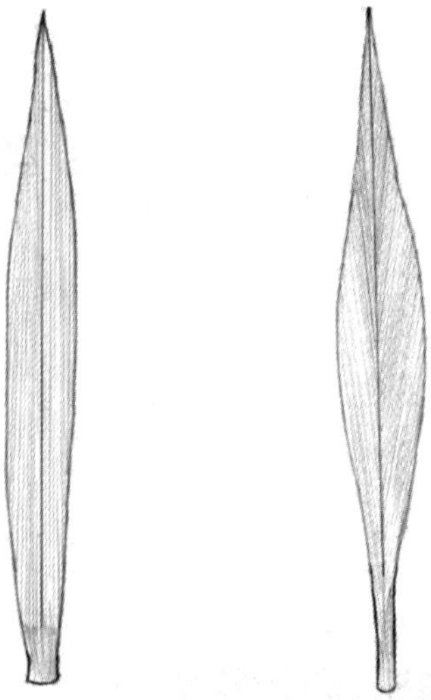

1 平行　2 羽状

TG/323/1
原文：英文
日期：2017-04-05

国际植物新品种保护联盟
植物品种特异性、一致性和稳定性
测试指南

广东万年青属

UPOV 代码：AGLAO

（*Aglaonema* Schott）

互用名称 *

植物学名称	英文	法文	德文	西班牙文
Aglaonema Schott	Chinese evergreen	Aglaonema	Aglaonema	Aglaonema

* 这些名称在指南开始使用时是正确的，但随后可能会修改更新。读者可登录 UPOV 网站（www.upov.int），获取最新资料。

1 指南适用范围

本指南适用于广东万年青属（*Aglaonema* Schott）的所有品种。

2 繁殖材料要求

2.1 待测品种繁殖材料的数量和质量要求以及提交的时间和地点由审批机构决定。申请人从测试所在国境外提交繁殖材料的，还应符合海关规定并满足相关植物检疫的要求。

2.2 繁殖材料以植株的形式提交，能够在第一个生长周期中表达该品种所有性状特征。

2.3 申请人提交繁殖材料的最小数量应为 10 株小苗。

2.4 提供的繁殖材料应外观健康有活力，未受到任何严重病虫害的影响。

2.5 提交的繁殖材料不得进行任何可能影响品种性状表达的处理，除非审批机构允许或要求进行这种处理。如果材料已经处理，必须提供相关处理的详细说明。

3 测试方法

3.1 测试周期

测试的最少周期数量通常为 1 个生长周期。

3.2 测试地点

测试通常在 1 个地点进行。在 1 个以上地点进行测试时，TGP/9《特异性测试》提供了有关指导。

3.3 测试条件

3.3.1 测试的条件应能满足品种正常生长的需要，以确保品种相关性状充分表达和测试的顺利开展。

3.3.2 由于日光变化的原因，在利用比色卡确定颜色时，应在一个合适的有人工光源照明的小室或中午无阳光直射的房间内进行。人工光源光谱分布应符合 CIE“理想日光标准 D6500”，且在《英国标准 950：第 1 部分》的允许范围之内。观测在白背景下进行，品种描述中应指出比色卡及版本。

3.4 试验设计

3.4.1 每个试验应保证至少有 10 个植株。

3.4.2 试验设计应保证因测量或计数等需要，从小区取走部分植株或植株部位后，不影响生长周期结束前的所有观测。

3.5 附加测试

为测试有关性状，可以进行附加测试。

4 特异性、一致性和稳定性测试

4.1 特异性

4.1.1 一般建议

对于本指南的使用者而言，在判定特异性前参照总则特异性判定的一般原则十分重要。但为进一步说明和强调特异性判定，本指南特列出特异性判定的要点。

4.1.2 一致的差异

当观测到的品种之间的差异非常明显时，则没有必要种植 1 个以上生长周期。此外，在某些情况下，环境的影响并不意味着需要 1 个以上的生长周期来保证品种间观测到的差异是足够一致的。为确保在种植试验中所观测到的性状差异是足够一致的，可以对性状进行至少 2 个独立生长周期的测试。

4.1.3 明显的差异

两个品种间的差异是否明显取决于很多因素，特别应考虑所测性状的表达类型，即该性状是质量性状、数量性状还是假质量性状。因此，在作出关于特异性的判定前，本测试指南的使用者应熟悉总则中的建议。

4.1.4 植株 / 植株部位的观测数量

除非另有说明，在判定特异性时，对于单株的观测，应观测 9 个植株或分别从 9 个植株取下的植株部位；对于其他观测，应观测试验中的所有植株，观测时应将异型株排除在外。

观测植株部位时，单个植物取样数量应为 1 个。

4.1.5 观测方法

性状表第二列以如下符号（见 TGP/9《特异性测试》第 4 部分“性状观测”）的形式列出了特异性判定时推荐的性状观测方法。

MG：对一批植株或植株部位进行单次测量。

MS：对一定数量的植株或植株部位进行逐一测量。

VG：对一批植株或植株部位进行单次目测。

VS：对一定数量的植株或植株部位进行逐一目测。

观测类型：目测（V）或测量（M）。

目测（V）是一种基于专家判断的观测方法。本指南中的目测是指专家的感官观测，因此，也包括闻、尝和触摸。目测也包括专家使用参照物（例如图表，标准品种，并排比较）或非线性的图表（例如比色卡）的观测。测量（M）是一种基于校准的、线性尺度的客观观测，例如使用尺、秤、色度计、日期和计数等进行观测。

记录类型：群体记录（G）或个体记录（S）。

以特异性为目的的观测，可被记录为一批植株或植株部位的单个记录（G），或者记录为一定数量的单个植株或植株部位的个体记录（S）。多数情况下，群体记录为一个品种提供一个单个记录，因此不可能或者不必要通过逐个植株的统计分析来判定特异性。

如果性状表中提供了不止一种观测方法（如 VG/MG），可以参考 TGP/9《特异性测试》的 4.2 部分选择合适的观测方法。

4.2 一致性

4.2.1 对于本指南的使用者而言，在判定一致性前参照总则 致性判定的一般原则十分重要。但为进一步说明和强调一致性判定，本指南特列出一致性判定的要点。

4.2.2 本指南适用于无性繁殖品种。对于其他繁殖类型的品种，应参照总则和 TGP/13《新的植物类型和种的指导》的 4.5 部分一致性测试。

4.2.3 对于无性繁殖品种一致性判定，应采用 1% 的群体标准和至少 95% 的接受概率。当样本量为 10 个时，允许有 1 个异型株。

4.3 稳定性

4.3.1 在实际操作中，通常不像测试特异性和一致性那样对稳定性进行测试以得到明确结果。经验表明，对许多类型的品种来说，当一个品种表现一致时，可认为其是稳定的。

4.3.2 适当情况下或者有疑问时，稳定性的测试通过测试一批新的种子或植株，看其性状表现是否与之前提交的材料表现相同。

5 品种分组和试验组织

5.1 使用分组性状可以帮助选择与申请品种一起进行田间种植试验的已知品种，以及对这些品种进行合适分组以便进行特异性测试。

5.2 分组性状表达状态的数据即使来自不同地点，也可以单独或者与其他此类性状联合使用。

（a）用于特异性测试中筛选排除那些不需要安排在种植试验中的已知品种。
（b）用于组织安排种植试验，使近似品种种植在一起。
5.3 以下性状已被确认为有用的分组性状。
（a）叶片：长度（性状 9）。
（b）叶片：宽度（性状 10）。
（c）叶片：上表面主色，分组如下。
第一组：白色。
第二组：绿色。
第三组：灰绿色。
第四组：黄色。
第五组：红色。
第六组：红紫色。
（d）叶片：上表面次色，分组如下。
第一组：白色。
第二组：绿色。
第三组：灰绿色。
第四组：黄色。
第五组：红色。
第六组：红紫色。
5.4 总则和 TGP/9《特异性测试》中提供了在特异性审查过程中使用分组性状的指导。

6 性状表介绍

6.1 性状类型

6.1.1 标准指南性状

标准指南性状是 UPOV 已同意用于 DUS 审查的性状，UPOV 成员可以从中选择与其特定环境相适应的性状。

6.1.2 星号性状

星号性状（用“*”标记）是测试指南中对于形成国际统一的品种描述十分重要的性状，所有 UPOV 成员都应将其用于 DUS 测试，并包含在品种描述中，除非前序性状的表达状态或区域环境条件所限使其无法测试。

6.2 表达状态及相应代码

6.2.1 为定义性状和统一描述，将每个性状划分为一系列表达状态。每个表达状态赋予一个相应的数字代码，以便于数据记录，以及品种性状描述的建立和交流。

6.2.2 对于质量性状和假质量性状（6.3），性状表中列出了所有表达状态。但对于有 5 个或 5 个以上表达状态的数量性状，可以采用缩略尺度的方法，以缩短性状表格。例如，对于有 9 个表达状态的数量性状，在测试指南的性状表中可采用以下缩略形式。

表达状态	代码
小	3
中	5
大	7

但是应该指出的是，以下 9 个表达状态都是存在的，应采用适宜的表达状态用于品种的描述。

表达状态	代码
极小	1
极小到小	2
小	3
小到中	4
中	5
中到大	6
大	7
大到极大	8
极大	9

6.2.3 TGP/7《测试指南的研制》中提供了表达状态和代码的更详尽的介绍。

6.3 表达类型

总则中对性状表达类型（质量性状、数量性状和假质量性状）进行了解释。

6.4 标准品种

适当时，标准品种用于明确每一性状不同表达状态。

6.5 注释

性状编号	星号性状	英文		中文		标准品种	代码
1	2	3	4	5	6		
		Name of characteristics in English		**性状名称**			
		states of expression		表达状态			

表中 1 为性状编号。

表中 2 为（*）星号性状（6.1.2）。

表中 3 为表达类型：

QL：质量性状（6.3）；

QN：数量性状（6.3 ）；

PQ：假质量性状（6.3）。

表中 4 为观测方法（和小区类型）：MG、MS、VG、VS（4.1.5）。

表中 5 为（+）（8.2 性状表解释 ）。

表中 6 为（a）～（f）（8.1 性状表解释）。

7 性状表

性状编号	性号性状	英文		中文		标准品种	代码
1.		**QN**	**MG/VG**				
		Plant: height		**植株：高度**			
		short		矮		Subrungrueng	3
		medium		中		Chalit's Pride	5
		tall		高		Thep Ranjuan	7

续表

性状编号	性号性状	英文		中文		标准品种	代码
2.		QN	MG/VG	(+)			
		Plant: number of basal shoot		**植株：分蘖数**			
		absent or few		无或少		Cassic	1
		medium		中		Katharngen	2
		many		多		Chaowang	3
3.	(*)	QN	MS/VG	(+)			
		Leaf sheath: length		**叶鞘：长度**			
		absent or very short		无或极短		World Heritage	1
		short		短		Bebadary	3
		medium		中		Pritty	5
		long		长		Katharngen	7
4.		QN	VG	(+)			
		Leaf sheath: shoulder shape		**叶鞘：肩形状**			
		strongly curved		极弯曲		Katharngen	1
		weakly curved		微弯曲			2
		squared		方形		Supmongkon	3
		weakly pointed		微尖			4
		strongly pointed		极尖		Saisamorn	5
5.	(*)	PQ	VG		(a)		
		Leaf sheath: main color of outer side		**叶鞘：外侧主色**			
		RHS Colour Chart (Indicate reference number)		RHS 比色卡 (注明参考色号)			
6.		QN	MS/VG	(+)			
		Petiole: length		**叶柄：长度**			
		short		短			3
		medium		中		Chalit's Pride	5
		long		长		Katharngen	7
7.		PQ	VG		(a)		
		Petiole: main color		**叶柄：主色**			
		RHS Colour Chart (Indicate reference number)		RHS 比色卡 (注明参考色号)			
8.	(*)	PQ	VG		(a)		
		Petiole: secondary color (if present)		**叶柄：次色（若有）**			
		RHS Colour Chart (Indicate reference number)		RHS 比色卡 (注明参考色号)			
9.	(*)	QN	MS/VG	(+)			
		Leaf blade: length		**叶片：长度**			
		short		短		Black Beauty	3
		medium		中		Tiara	5
		long		长		Thep Ranjuan	7
10.	(*)	QN	MS/VG	(+)			
		Leaf blade: width		**叶片：宽度**			
		narrow		窄		Thep Ranjuan	3
		medium		中		Katharngen	5
		broad		宽		World Heritage	7

续表

性状编号	性号性状	英文		中文		标准品种	代码
11.		**QN**	**MS/VG**	(+)			
		Leaf blade：ratio length/width		**叶片：长宽比**			
		low		低		Parumruay	3
		medium		中		Katharngen	5
		high		高			7
12.	(*)	**QN**	**VG**	(+)			
		Leaf blade：position of broadest part		**叶片：最宽处位置**			
		toward base		近基部		Ribbon Evergreen	1
		at middle		中部		Pride of Sumatra	2
		toward apex		近先端		Ik Q San	3
13.		**QN**	**VG**	(+)			
		Leaf blade：shape of apex		**叶片：先端形状**			
		strongly acute		极锐尖			1
		moderately acute		中度锐尖			2
		obtuse		钝尖			3
14.	(*)	**PQ**	**VG**	(+)			
		Leaf blade：shape of base		**叶片：基部形状**			
		attenuate		渐尖		Thep Ranjuan	1
		acute		锐尖			2
		obtuse		钝尖		Chalit's Pride	3
		truncate		平截			4
		cordate		心形		World Heritage	5
15.	(*)	**PQ**	**VG**		(b)(c)		
		Leaf blade：color 1		**叶片：颜色 1**			
		RHS Colour Chart (Indicate reference number)		RHS 比色卡 (注明参考色号)			
16.	(*)	**PQ**	**VG**		(b)(c)(d)		
		Leaf blade：distribution of color 1		**叶片：颜色 1 分布**			
		single colored		单色			1
		along midrib		沿中脉			2
		at margin		边缘			3
		between midrib and margin		中脉和边缘间			4
		along veins		沿叶脉			5
		between veins		叶脉间			6
		throughout		整片			7
		along midrib and at margin		沿中脉和边缘			8
		along midrib and along veins		沿中脉和叶脉			9
		along midrib and throughout		沿中脉和整片			10
		along veins and between veins		沿叶脉和叶脉间			11
		at margin and throughout		边缘和整片			12
		along midrib，along veins and throughout		沿中脉，沿叶脉和整片			13
		along midrib，along veins and between veins		沿中脉，沿叶脉和叶脉间			14
		along midrib，at margin and along veins		沿中脉，边缘和沿叶脉			15

续表

性状编号	性号性状	英文		中文		标准品种	代码
17.	(*)	PQ	VG		(b)(c)(e)		
		Leaf blade: pattern of color 1		**叶片：颜色 1 图案**			
		blotches		斑状			1
		central bar		中央条状			2
		stripes		条纹状			3
		margin zone		边缘区域			4
		solid or nearly solid		无或近无			5
		blotches and central bar		斑状和中央条状			6
		blotches and stripes		斑状和条纹状			7
		blotches and margin zone		斑状和边缘区域			8
		central bar and stripes		中央条状和条纹状			9
		central bar and margin zone		中央条状和边缘区域			10
18.	(*)	QN	VG		(b)(f)		
		Leaf blade: color 1: size of blotches		**叶片：颜色 1 斑大小**			
		small		小			1
		medium		中			2
		large		大			3
19.	(*)	QN	VG		(b)(c)		
		Leaf blade: total area of color 1		**叶片：颜色 1 总面积**			
		small		小			3
		medium		中			5
		large		大			7
20.	(*)	PQ	VG		(b)(c)		
		Leaf blade: color 2		**叶片：颜色 2**			
		RHS Colour Chart (Indicate reference number)		RHS 比色卡 (注明参考色号)			
21.	(*)	PQ	VG		(b)(c)(d)		
		Leaf blade: distribution of color 2		**叶片：颜色 2 分布**			
		none		无			1
		along midrib		沿中脉			2
		at margin		边缘			3
		between midrib and margin		中脉和边缘间			4
		along veins		沿叶脉			5
		between veins		叶脉间			6
		throughout		整片			7
		along midrib and at margin		沿中脉和边缘			8
		along midrib and along veins		沿中脉和叶脉			9
		along midrib and throughout		沿中脉和整片			10
		along veins and between veins		沿叶脉和叶脉间			11
		at margin and throughout		边缘和整片			12
		along midrib, along veins and throughout		沿中脉，沿叶脉和整片			13
		along midrib, along veins and between veins		沿中脉，沿叶脉和叶脉间			14
		along midrib, at margin and along veins		沿中脉，边缘和沿叶脉			15

续表

性状编号	性号性状	英文		中文		标准品种	代码
22.	(*)	**PQ**	**VG**		**(b)(c)(e)**		
		Leaf blade: pattern of color 2		**叶片：颜色 2 图案**			
		blotches		斑状			1
		central bar		中央条状			2
		stripes		条纹状			3
		margin zone		边缘区域			4
		solid or nearly solid		无或近无			5
		blotches and central bar		斑状和中央条状			6
		blotches and stripes		斑状和条纹状			7
		blotches and margin zone		斑状和边缘区域			8
		central bar and stripes		中央条状和条纹状			9
		central bar and margin zone		中央条状和边缘区域			10
23.	(*)	**QN**	**VG**		**(b)(f)**		
		Leaf blade: color 2: size of blotches		**叶片：颜色 2 斑大小**			
		small		小			1
		medium		中			2
		large		大			3
24.	(*)	**QN**	**VG**		**(b)(c)**		
		Leaf blade: total area of color 2		**叶片：颜色 2 总面积**			
		small		小			3
		medium		中			5
		large		大			7
25.	(*)	**PQ**	**VG**		**(b)(c)**		
		Leaf blade: color 3		**叶片：颜色 3**			
		RHS Colour Chart (Indicate reference number)		RHS 比色卡 (注明参考色号)			
26.	(*)	**PQ**	**VG**		**(b)(c)(d)**		
		Leaf blade: distribution of color 3		**叶片：颜色 3 分布**			
		none		无			1
		along midrib		沿中脉			2
		at margin		边缘			3
		between midrib and margin		中脉和边缘间			4
		along veins		沿叶脉			5
		between veins		叶脉间			6
		throughout		整片			7
		along midrib and at margin		沿中脉和边缘			8
		along midrib and along veins		沿中脉和叶脉			9
		along midrib and throughout		沿中脉和整片			10
		along veins and between veins		沿叶脉和叶脉间			11
		at margin and throughout		边缘和整片			12
		along midrib, along veins and throughout		沿中脉，沿叶脉和整片			13
		along midrib, along veins and between veins		沿中脉，沿叶脉和叶脉间			14
		along midrib, at margin and along veins		沿中脉，边缘和沿叶脉			15

续表

性状编号	性号性状	英文		中文		标准品种	代码
27.	（*）	**PQ**	**VG**		**（b）（c）（e）**		
		Leaf blade：pattern of color 3		**叶片：颜色 3 图案**			
		blotches		斑状			1
		central bar		中央条状			2
		stripes		条纹状			3
		margin zone		边缘区域			4
		solid or nearly solid		均匀或近均匀			5
		blotches and central bar		斑状和中央条状			6
		blotches and stripes		斑状和条纹状			7
		blotches and margin zone		斑状和边缘区域			8
		central bar and stripes		中央条状和条纹状			9
		central bar and margin zone		中央条状和边缘区域			10
28.	（*）	**QN**	**VG**		**（b）（f）**		
		Leaf blade：color 3：size of blotches		**叶片：颜色 3 斑大小**			
		small		小			1
		medium		中			2
		large		大			3
29.	（*）	**QN**	**VG**		**（b）（c）**		
		Leaf blade：total area of color 3		**叶片：颜色 3 总面积**			
		small		小			3
		medium		中			5
		large		大			7
30.	（*）	**PQ**	**VG**		**（b）（c）**		
		Leaf blade：color 4		**叶片：颜色 4**			
		RHS Colour Chart （Indicate reference number）		RHS 比色卡 （注明参考色号）			
31.	（*）	**PQ**	**VG**		**（b）（c）（d）**		
		Leaf blade：distribution of color 4		**叶片：颜色 4 分布**			
		none		无			1
		along midrib		沿中脉			2
		at margin		边缘			3
		between midrib and margin		中脉和边缘间			4
		along veins		沿叶脉			5
		between veins		叶脉间			6
		throughout		整片			7
		along midrib and at margin		沿中脉和边缘			8
		along midrib and along veins		沿中脉和叶脉			9
		along midrib and throughout		沿中脉和整片			10
		along veins and between veins		沿叶脉和叶脉间			11
		at margin and throughout		边缘和整片			12
		along midrib，along veins and throughout		沿中脉，沿叶脉和整片			13
		along midrib，along veins and between veins		沿中脉，沿叶脉和叶脉间			14
		along midrib，at margin and along veins		沿中脉，边缘和沿叶脉			15

续表

性状编号	性号性状	英文		中文		标准品种	代码
32.	(*)	**PQ**	**VG**		**(b)(c)(e)**		
		Leaf blade: pattern of color 4		**叶片：颜色 4 图案**			
		blotches		斑状			1
		central bar		中央条状			2
		stripes		条纹状			3
		margin zone		边缘区域			4
		solid or nearly solid		均匀或近均匀			5
		blotches and central bar		斑状和中央条状			6
		blotches and stripes		斑状和条纹状			7
		blotches and margin zone		斑状和边缘区域			8
		central bar and stripes		中央条状和条纹状			9
		central bar and margin zone		中央条状和边缘区域			10
33.	(*)	**QN**	**VG**		**(b)(f)**		
		Leaf blade: color 4: size of blotches		**叶片：颜色 4 斑大小**			
		small		小			1
		medium		中			2
		large		大			3
34.	(*)	**QN**	**VG**		**(b)(c)**		
		Leaf blade: total area of color 4		**叶片：颜色 4 总面积**			
		small		小			3
		medium		中			5
		large		大			7
35.	(*)	**PQ**	**VG**		**(c)**		
		Leaf blade: color 1 on lower side		**叶片：下表面颜色 1**			
		RHS Colour Chart (Indicate reference number)		RHS 比色卡 (注明参考色号)			
36.	(*)	**PQ**	**VG**		**(c)(d)**		
		Leaf blade: distribution of color 1 on lower side		**叶片：下表面颜色 1 分布**			
		single colored		单色			1
		along midrib		沿中脉			2
		at margin		边缘			3
		between midrib and margin		中脉和边缘间			4
		along veins		沿叶脉			5
		between veins		叶脉间			6
		throughout		整片			7
		along midrib and at margin		沿中脉和边缘			8
		along midrib and along veins		沿中脉和叶脉			9
		along midrib and throughout		沿中脉和整片			10
		along veins and between veins		沿叶脉和叶脉间			11
		at margin and throughout		边缘和整片			12
		along midrib, along veins and throughout		沿中脉，沿叶脉和整片			13
		along midrib, along veins and between veins		沿中脉，沿叶脉和叶脉间			14
		along midrib, at margin and along veins		沿中脉，边缘和沿叶脉			15

续表

性状编号	性号性状	英文	中文	标准品种	代码
37.	(*)	PQ VG	(c)(e)		
		Leaf blade: pattern of color 1 on lower side	**叶片：下表面颜色 1 图案**		
		blotches	斑状		1
		central bar	中央条状		2
		stripes	条纹状		3
		margin zone	边缘区域		4
		solid or nearly solid	均匀或近均匀		5
		blotches and central bar	斑状和中央条状		6
		blotches and stripes	斑状和条纹状		7
		blotches and margin zone	斑状和边缘区域		8
		central bar and stripes	中央条状和条纹状		9
		central bar and margin zone	中央条状和边缘区域		10
38.	(*)	QN VG	(f)		
		Leaf blade: color 1 on lower side: size of blotches	**叶片：下表面颜色 1 斑大小**		
		small	小		1
		medium	中		2
		large	大		3
39.	(*)	QN VG	(c)		
		Leaf blade: total area of color 1 on lower side	**叶片：下表面颜色 1 总面积**		
		small	小		3
		medium	中		5
		large	大		7
40.	(*)	PQ VG	(c)		
		Leaf blade: color 2 on lower side	**叶片：下表面颜色 2**		
		RHS Colour Chart (Indicate reference number)	RHS 比色卡 （注明参考色号）		
41.	(*)	PQ VG	(c)(d)		
		Leaf blade: distribution of color 2 on lower side	**叶片：下表面颜色 2 分布**		
		none	无		1
		along midrib	沿中脉		2
		at margin	边缘		3
		between midrib and margin	中脉和边缘间		4
		along veins	沿叶脉		5
		between veins	叶脉间		6
		throughout	整片		7
		along midrib and at margin	沿中脉和边缘		8
		along midrib and along veins	沿中脉和叶脉		9
		along midrib and throughout	沿中脉和整片		10
		along veins and between veins	沿叶脉和叶脉间		11
		at margin and throughout	边缘和整片		12
		along midrib, along veins and throughout	沿中脉，沿叶脉和整片		13
		along midrib, along veins and between veins	沿中脉，沿叶脉和叶脉间		14
		along midrib, at margin and along veins	沿中脉，边缘和沿叶脉		15

续表

性状编号	性号性状	英文		中文		标准品种	代码
42.	(*)	**PQ**	**VG**		**(c)(e)**		
		Leaf blade: pattern of color 2 on lower side		**叶片：下表面颜色 2 图案**			
		blotches		斑状			1
		central bar		中央条状			2
		stripes		条纹状			3
		margin zone		边缘区域			4
		solid or nearly solid		均匀或近均匀			5
		blotches and central bar		斑状和中央条状			6
		blotches and stripes		斑状和条纹状			7
		blotches and margin zone		斑状和边缘区域			8
		central bar and stripes		中央条状和条纹状			9
		central bar and margin zone		中央条状和边缘区域			10
43.	(*)	**QN**	**VG**		**(f)**		
		Leaf blade: color 2 on lower side: size of blotches		**叶片：下表面颜色 2 斑大小**			
		small		小			1
		medium		中			2
		large		大			3
44.	(*)	**QN**	**VG**		**(c)**		
		Leaf blade: total area of color 2 on lower side		**叶片：下表面颜色 2 总面积**			
		small		小			3
		medium		中			5
		large		大			7
45.	(*)	**PQ**	**VG**		**(c)**		
		Leaf blade: color 3 on lower side		**叶片：下表面颜色 3**			
		RHS Colour Chart (Indicate reference number)		RHS 比色卡（注明参考色号）			
46.	(*)	**PQ**	**VG**		**(c)(d)**		
		Leaf blade: distribution of color 3 on lower side		**叶片：下表面颜色 3 分布**			
		none		无			1
		along midrib		沿中脉			2
		at margin		边缘			3
		between midrib and margin		中脉和边缘间			4
		along veins		沿叶脉			5
		between veins		叶脉间			6
		throughout		整片			7
		along midrib and at margin		沿中脉和边缘			8
		along midrib and along veins		沿中脉和叶脉			9
		along midrib and throughout		沿中脉和整片			10
		along veins and between veins		沿叶脉和叶脉间			11
		at margin and throughout		边缘和整片			12
		along midrib, along veins and throughout		沿中脉，沿叶脉和整片			13
		along midrib, along veins and between veins		沿中脉，沿叶脉和叶脉间			14
		along midrib, at margin and along veins		沿中脉，边缘和沿叶脉			15

续表

性状编号	性号性状	英文		中文		标准品种	代码
47.	(*)	**PQ**	**VG**		**(c)(e)**		
		Leaf blade: pattern of color 3 on lower side		**叶片：下表面颜色 3 图案**			
		blotches		斑状			1
		central bar		中央条状			2
		stripes		条纹状			3
		margin zone		边缘区域			4
		solid or nearly solid		无或近无			5
		blotches and central bar		斑状和中央条状			6
		blotches and stripes		斑状和条纹状			7
		blotches and margin zone		斑状和边缘区域			8
		central bar and stripes		中央条状和条纹状			9
		central bar and margin zone		中央条状和边缘区域			10
48.	(*)	**QN**	**VG**		**(f)**		
		Leaf blade: color 3 on lower side: size of blotches		**叶片：下表面颜色 3 斑大小**			
		small		小			1
		medium		中			2
		large		大			3
49.	(*)	**QN**	**VG**		**(c)**		
		Leaf blade: total area of color 3 on lower side		**叶片：下表面颜色 3 总面积**			
		small		小			3
		medium		中			5
		large		大			7
50.	(*)	**QN**	**VG**		**(b)**		
		Leaf blade: glossiness		**叶片：光泽度**			
		absent or weak		无或弱		Katharngen	1
		medium		中			2
		strong		强		Black Beauty	3
51.	(*)	**QN**	**VG**	(+)			
		Leaf blade: blistering		**叶片：泡状凸起**			
		absent or weak		无或弱		Katharngen	1
		medium		中		Tiara	2
		strong		强			3
52.	(*)	**QN**	**VG**				
		Leaf blade: undulation of margin		**叶片：边缘波状**			
		absent or very weak		无或极弱		Chalit’s Pride	1
		weak		弱		Katharngen	2
		medium		中		Saisamorn	3
		strong		强			4
		very strong		极强		Black Beauty	5
53.	(*)	**QN**	**VG**	(+)			
		Leaf blade: profile in cross section		**叶片：横切面形状**			
		flat		平		Katharngen	1
		slightly concave		微凹			2
		moderately concave		中度凹		Tiara	3

续表

性状编号	性号性状	英文		中文		标准品种	代码
54.	(*)	**QN**	**MS/VG**	(+)			
		Leaf blade：number of veins		**叶片：叶脉数量**			
		few		少		Black Beauty	1
		medium		中			2
		many		多		Kwakngen	3
55.	(*)	**QN**	**VG**	(+)			
		Leaf blade：position of midrib		**叶片：中脉位置**			
		raised		凸		Legacy	1
		level		平		Katharngen	2
		sunken		凹		Russamithong	3

8　性状表解释

8.1　涉及多个性状的解释

除非另有说明，观测中部 1/3 处发育完全叶。

性状表中有以下标注的性状应按照下述要求观测。

（a）主色指面积最大的颜色。若主色和次色面积相近难以确定哪个颜色面积最大，则颜色较深者为颜色。

（b）观测叶上表面。

（c）根据 RHS 比色卡色号记录颜色 1、颜色 2 等，即颜色 1 色号值最小，颜色 2 色号值第二小，以此类推。例如叶片绿色 137A 和白色 155A，绿色 137A 为颜色 1，白色 155A 为颜色 2。若两种颜色在相同的色号值中，例如绿色 137A 和绿色 137D，137A 视为色号值较小的颜色。在该系统下，颜色顺序与面积无关，因此，面积最大的颜色可能被归为颜色 3 或颜色 4。指南中记录了 4 种颜色，若多于 4 种，面积最小的颜色可忽略不计。

万年青叶常有几种不同图案的颜色，叶色是品种整体外观重要的性状。指南要求对 4 种以内颜色的 RHS 比色卡色号、颜色分布、颜色图案和覆盖面积进行描述。在使用“颜色 1”“颜色 2”“颜色 3”“颜色 4”时，该顺序与显色程度或面积无关。如上所述，颜色观测顺序由 RHS 比色卡色号出现顺序决定。由于本指南允许的观测组合数量大于所看到的组合数量，这种情况下，所有表达状态对应标准品种可能引起误会，因此，叶色性状标准品种未提供。为说明记录方法，提供以下实例。

例 1：Pride of Sumatra（三叶色品种）

性状编号	性状名称	表达状态（代码）
性状 15	叶片：颜色 1	红色 50A
性状 16	叶片：颜色 1 分布	沿中脉和边缘（8）
性状 17	叶片：颜色 1 图案	中央条状和边缘区域（10）
性状 18	叶片：颜色 1 斑大小	不适用
性状 19	叶片：颜色 1 总面积	极小（1）
性状 20	叶片：颜色 2	绿色 138A
性状 21	叶片：颜色 2 分布	整片（7）
性状 22	叶片：颜色 2 图案	均匀或近均匀（5）
性状 23	叶片：颜色 2 斑大小	不适用
性状 24	叶片：颜色 2 总面积	大（7）
性状 25	叶片：颜色 3	黄绿色 145C
性状 26	叶片：颜色 3 分布	沿叶脉（5）
性状 27	叶片：颜色 3 图案	条纹状（3）
性状 28	叶片：颜色 3 斑大小	不适用
性状 29	叶片：颜色 3 总面积	极小（1）
性状 30	叶片：颜色 4	不适用
性状 31	叶片：颜色 4 分布	无（1）
性状 32	叶片：颜色 4 图案	不适用
性状 33	叶片：颜色 4 斑大小	不适用
性状 34	叶片：颜色 4 总面积	不适用

例 2：Spotted Evergreen（三叶色品种）

性状编号	性状名称	表达状态及代码
性状 15	叶片：颜色 1	绿色 N137A
性状 16	叶片：颜色 1 分布	整片（7）
性状 17	叶片：颜色 1 图案	均匀或近均匀（5）
性状 18	叶片：颜色 1 斑大小	不适用

续表

性状编号	性状名称	表达状态及代码
性状 19	叶片：颜色 1 总面积	大（7）
性状 20	叶片：颜色 2	黄绿色 151B
性状 21	叶片：颜色 2 分布	整片（7）
性状 22	叶片：颜色 2 图案	斑状（1）
性状 23	叶片：颜色 2 斑大小	小（1）
性状 24	叶片：颜色 2 总面积	极小（1）
性状 25	叶片：颜色 3	白色 NN155B
性状 26	叶片：颜色 3 分布	沿中脉（2）
性状 27	叶片：颜色 3 图案	中央条状（2）
性状 28	叶片：颜色 3 斑大小	不适用
性状 29	叶片：颜色 3 总面积	极小（1）
性状 30	叶片：颜色 4	不适用
性状 31	叶片：颜色 4 分布	无（1）
性状 32	叶片：颜色 4 图案	不适用
性状 33	叶片：颜色 4 斑大小	不适用
性状 34	叶片：颜色 4 总面积	不适用

例 3：Pride of Sumatra（下表面两叶色品种）

性状编号	性状名称	表达状态及代码
性状 15	叶片：下表面颜色 1	红紫色 64C
性状 16	叶片：下表面颜色 1 分布	沿中脉，沿叶脉和叶脉间（14）
性状 17	叶片：下表面颜色 1 图案	中央条状和条纹状（9）
性状 18	叶片：下表面颜色 1 斑大小	不适用
性状 19	叶片：下表面颜色 1 总面积	小到中（4）
性状 20	叶片：下表面颜色 2	灰紫色 N186B
性状 21	叶片：下表面叶色 2 分布	整片（7）
性状 22	叶片：下表面颜色 2 图案	均匀或近均匀（5）
性状 23	叶片：下表面颜色 2 斑大小	不适用

续表

性状编号	性状名称	表达状态及代码
性状 24	叶片：下表面颜色 2 总面积	中（5）
性状 25	叶片：下表面颜色 3	不适用
性状 26	叶片：下表面颜色 3 分布	无（1）
性状 27	叶片：下表面颜色 3 图案	不适用
性状 28	叶片：下表面颜色 3 斑大小	不适用
性状 29	叶片：下表面颜色 3 总面积	不适用

（d）叶片：观测颜色分布如图所示。沿中脉的表达状态包括在中脉的表达状态。叶脉指一级侧脉。沿叶脉可能不包括所有主脉。

1 单色 / 无　2 沿中脉　3 边缘　4 中脉和边缘间　5 沿叶脉　6 叶脉间　7 整片　8 沿中脉和边缘

9 沿中脉和叶脉　10 沿中脉和整片　11 沿叶脉和叶脉间　12 边缘和整片　13 沿中脉，沿叶脉和整片　14 沿中脉，沿叶脉和叶脉间　15 沿中脉，边缘和沿叶脉

（e）叶片颜色图案根据下图观测。

1 斑状 灰绿色　2 中央条状 白色　3 条纹状 灰绿色　4 边缘区域 深绿色　5 均匀或近均匀 深绿色

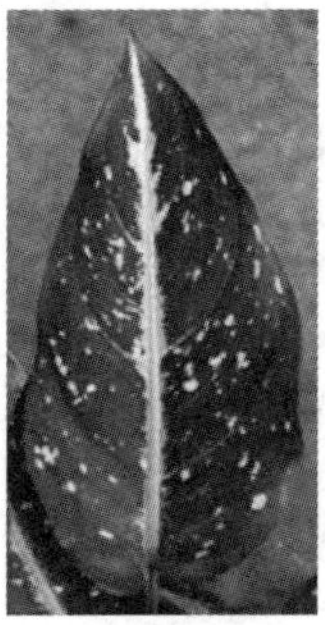

6
斑状和中央条状
白色

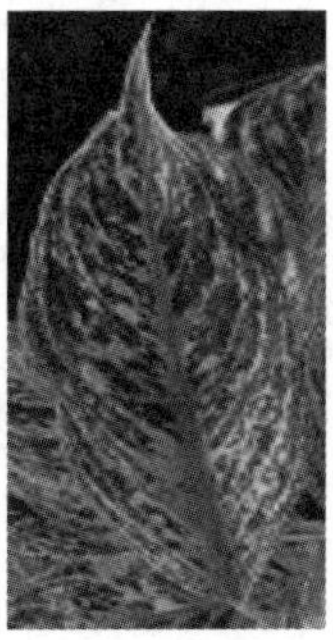

7
斑状和条纹状
粉红色

8
斑状和边缘区域
绿色

9
中央条状和条纹状
红色

10
中央条状和边缘区域
红色

（f）叶片：颜色图案斑大小根据下图观测。

1
小
绿色斑

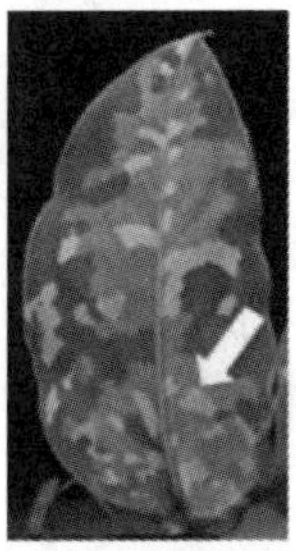

2
中
灰绿色斑

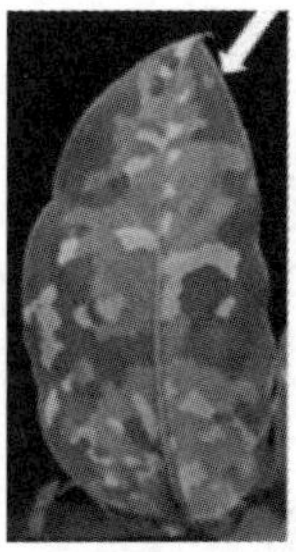

3
大
深绿色斑

8.2 对单个性状的解释

性状 2：植株分蘖数

1
无或少

2
中

3
多

性状 3：叶鞘长度

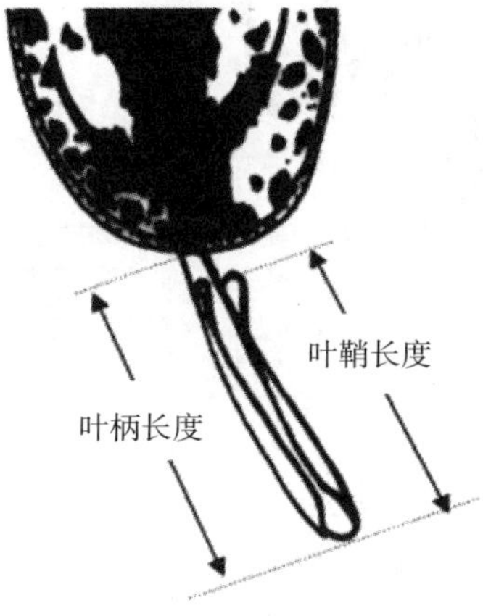

性状 4：叶鞘肩形状

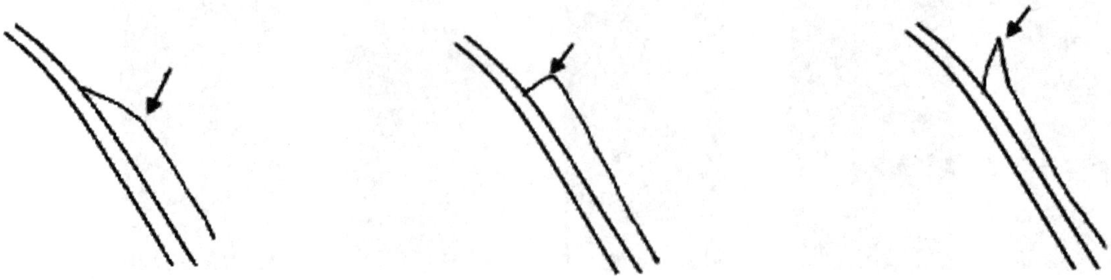

1 极弯曲　　3 方形　　5 极尖

性状 6：叶柄长度
见性状 3。

性状 9：叶片长度

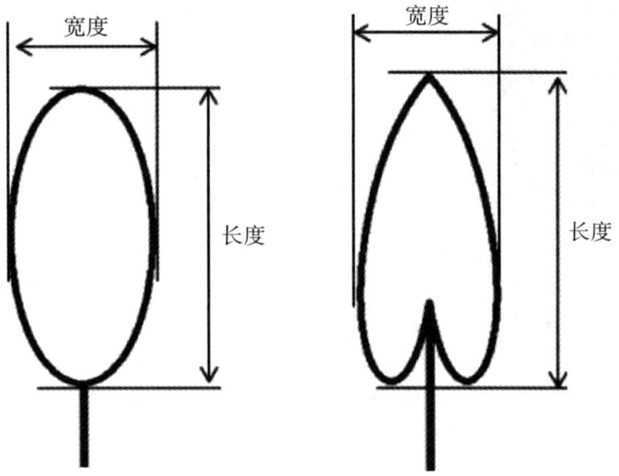

性状 10：叶片宽度
见性状 9。

性状 11：叶片长宽比

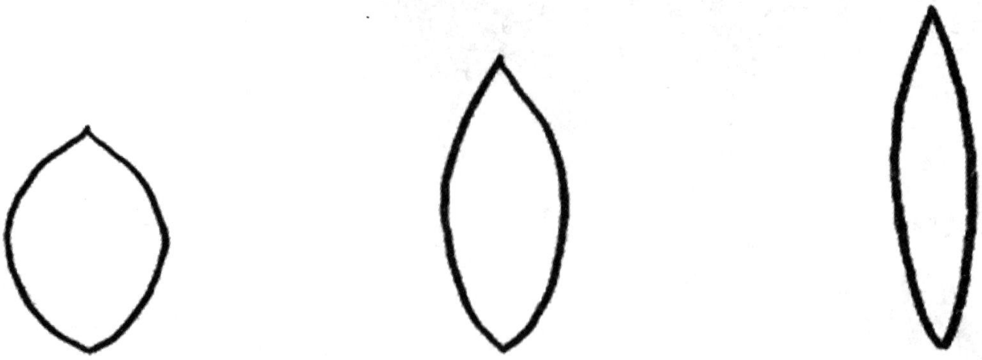

3 低　　5 中　　7 高

性状 12：叶片最宽处位置

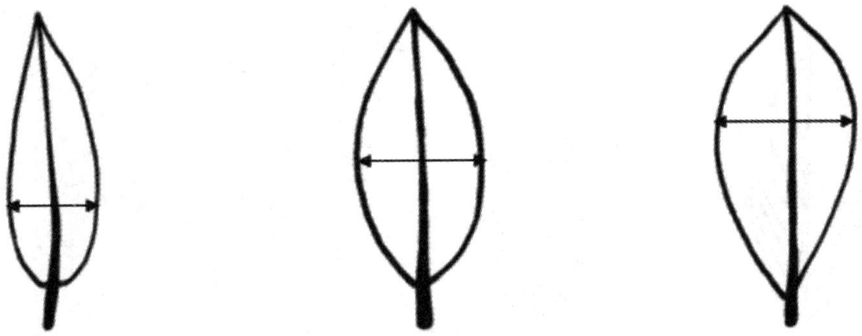

1 近基部 2 中部 3 近先端

性状 13：叶片先端形状

1 极锐尖 2 中度锐尖 3 钝尖

性状 14：叶片基部形状

1 渐尖 2 锐尖 3 钝尖 4 平截 5 心形

性状 51：叶片泡状凸起
下图展示叶片纵切面。

1 无或弱 2 中 3 强

性状 53：叶片横切面形状

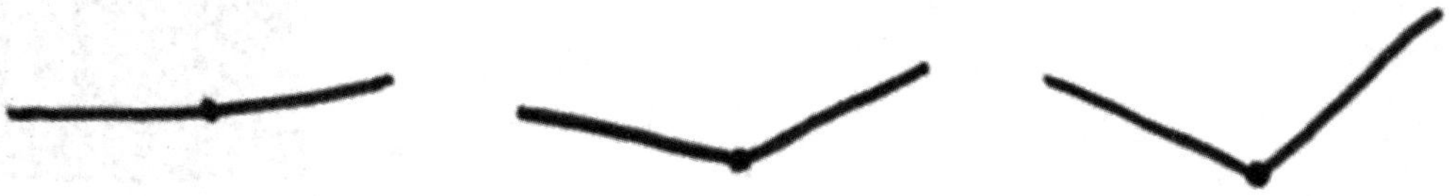

1 平 2 微凹 3 中度凹

性状 54：叶片叶脉数量

观测叶下表面。

1 少　　2 中　　3 多

性状 55：叶片中脉位置

1 凸　　2 平　　3 凹

扫码下载原文

如扫描二维码无法下载指南原文，可能是指南版本有更新，可扫描本书封底二维码查看与本文对应的指南版本

TG/325/1
原文：英文
日期：2018-09-20

国际植物新品种保护联盟
植物品种特异性、一致性和稳定性
测试指南

银桦属

UPOV 代码：GREVI

（*Grevillea* R. Br. Corr. R. Br.）

互用名称 *

植物学名称	英文	法文	德文	西班牙文
Grevillea R. Br. Corr. R. Br., *Grevillea* Hybrid, *Grevillea* R. Br	Grevillea	Grevillea	Grevillea	Grevillea

* 这些名称在指南开始使用时是正确的，但随后可能会修改更新。读者可登录 UPOV 网站（www.upov.int），获取最新资料。

1 指南适用范围

本指南适用于银桦属（*Grevillea* R. Br. Corr. R. Br.）的所有品种。

2 繁殖材料要求

2.1 待测品种繁殖材料的数量和质量要求以及提交的时间和地点由审批机构决定。申请人从测试所在国境外提交繁殖材料的，还应符合海关规定并满足相关植物检疫的要求。

2.2 繁殖材料以植株的形式提交，能够在第一个生长周期中表达该品种相关性状。

2.3 申请人提交繁殖材料的最少数量应为 10 个植株。

2.4 提供的繁殖材料应外观健康有活力，未受到任何严重病虫害的影响。

2.5 提交的繁殖材料不得进行任何可能影响品种性状表达的处理，除非审批机构允许或要求进行这种处理。如果材料已经处理，必须提供相关处理的详细说明。

3 测试方法

3.1 生长周期

测试的最少周期数量通常为 1 个生长周期。

3.2 测试地点

测试通常在 1 个地点进行。在 1 个以上地点进行测试时，TGP/9《特异性测试》提供了有关指导。

3.3 测试条件

测试的条件应能满足品种正常生长的需要，以确保品种相关性状充分表达和测试的顺利开展。

3.4 试验设计

3.4.1 每个试验应保证至少有 10 个植株。

3.4.2 试验设计应保证因测量或计数等需要，从小区取走部分植株或植株部位后，不影响生长周期结束前的所有观测。

3.5 附加测试

为测试有关性状，可以进行附加测试。

4 特异性、一致性和稳定性测试

4.1 特异性

4.1.1 一般建议

对于本指南的使用者而言，在判定特异性前参照总则特异性判定的一般原则十分重要。但为进一步说明和强调特异性判定，本指南特列出特异性判定的要点。

4.1.2 一致的差异

当观测到的品种之间的差异非常明显时，则没有必要种植 1 个以上生长周期。此外，在某些情况下，环境的影响并不意味着需要 1 个以上的生长周期来保证品种间观测到的差异是足够一致的。为确保在种植试验中所观测到的性状差异是足够一致的，可以对性状进行至少 2 个独立生长周期的测试。

4.1.3 明显的差异

两个品种间的差异是否明显取决于很多因素，特别应考虑所测性状的表达类型，即该性状是质量性状、数量性状还是假质量性状。因此，在作出关于特异性的判定前，本测试指南的使用者应熟悉总则中的建议。

4.1.4 植株 / 植株部位的观测数量

除非另有说明，在判定特异性时，对于单株的观测，应观测 9 个植株或分别从 9 个植株取下的植株部位；对于其他观测，应观测试验中的所有植株，观测时应将异型株排除在外。

4.1.5 观测方法

性状表第二列以如下符号（见 TGP/9《特异性测试》第 4 部分“性状观测”）的形式列出了特异性判定时推荐的性状观测方法。

MG：对一批植株或植株部位进行单次测量。

MS：对一定数量的植株或植株部位进行逐一测量。

VG：对一批植株或植株部位进行单次目测。

VS：对一定数量的植株或植株部位进行逐一目测。

观测类型：目测（V）或测量（M）。

目测（V）是一种基于专家判断的观测方法。本文中的目测是指专家的感官观测，因此，也包括闻、尝和触摸。目测也包括专家使用参照物（例如图表，标准品种，并排比较）或非线性的图表（例如比色卡）的观测。测量（M）是一种基于校准的、线性尺度的客观观测，例如使用尺、秤、色度计、日期和计数等进行观测。

记录类型：群体记录（G）或个体记录（S）。

以特异性为目的的观测，可被记录为一批植株或植株部位的单个记录（G），或者记录为一定数量的单个植株或植株部位的个体记录（S）。多数情况下，群体记录为一个品种提供一个单个记录，因此不可能或者不必要通过逐个植株的统计分析来判定特异性。

如果性状表中提供了不止一种观测方法（如 VG/MG），可以参考 TGP/9《特异性测试》4.2 部分选择合适的观测方法。

4.2 一致性

4.2.1 对于本指南的使用者而言，在判定一致性前参照总则一致性判定的一般原则十分重要。但为进一步说明和强调一致性判定，本指南特列出一致性判定的要点。

4.2.2 本指南适用于无性繁殖品种。对于其他繁殖类型的品种，应参照总则和 TGP/13《新类型和种的指导》的 4.5 部分一致性测试。

4.2.3 对于无性繁殖品种一致性判定，应采用 1% 的群体标准和至少 95% 的接受概率。当样本量为 10 个时，允许有 1 个异型株。

4.3 稳定性

4.3.1 在实际操作中，通常不像测试特异性和一致性那样对稳定性进行测试以得到明确结果。经验表明，对许多类型的品种来说，当一个品种表现一致时，可认为其是稳定的。

4.3.2 适当情况下或者有疑问时，稳定性的测试通过测试一批新的种子或植株，看其性状表现是否与之前提交的材料表现相同。

5 品种分组和试验组织

5.1 使用分组性状可以帮助选择与申请品种一起进行田间种植试验的已知品种，以及对这些品种进行合适分组以便进行特异性测试。

5.2 分组性状表达状态的数据即使来自不同地点，也可以单独或者与其他此类性状联合使用。

（a）用于特异性测试中筛选排除那些不需要安排在种植试验中的已知品种。

（b）用于组织安排种植试验，使近似品种种植在一起。

5.3 以下性状已被确认为有用的分组性状。

（a）植株：生长习性（性状 1）。

（b）花序：类型（性状 29）。

（c）花序：主色（性状 31）。

（d）花被：颜色（性状 46）。

5.4 总则和 TGP/9《特异性测试》中提供了在特异性审查过程中使用分组性状的指导。

6 性状表介绍

6.1 性状类型

6.1.1 标准指南性状

标准指南性状是 UPOV 已同意用于 DUS 审查的性状，UPOV 成员可以从中选择与其特定环境相适应的性状。

6.1.2 星号性状

星号性状（用“*”标记）是测试指南中对于形成国际统一的品种描述十分重要的性状，所有 UPOV 成员都应将其用于 DUS 测试，并包含在品种描述中，除非前序性状的表达状态或区域环境条件所限使其无法测试。

6.2 表达状态及相应代码

6.2.1 为定义性状和统一描述，将每个性状划分为一系列表达状态。每个表达状态赋予一个相应的数字代码，以便于数据记录，以及品种性状描述的建立和交流。

6.2.2 对于质量性状和假质量性状（6.3），性状表中列出了所有表达状态。但对于有 5 个或 5 个以上表达状态的数量性状，可以采用缩略尺度的方法，以缩短性状表格。例如，对于有 9 个表达状态的数量性状，在测试指南的性状表中可采用以下缩略形式。

表达状态	代码
小	3
中	5
大	7

但是应该指出的是，以下 9 个表达状态都是存在的，应采用适宜的表达状态用于品种的描述。

表达状态	代码
极小	1
极小到小	2
小	3
小到中	4
中	5
中到大	6
大	7
大到极大	8
极大	9

6.2.3 TGP/7《测试指南的研制》中提供了表达状态和代码更详尽的介绍。

6.3 表达类型

总则中对性状表达类型（质量性状、数量性状和假质量性状）进行了解释。

6.4 标准品种

适当时，标准品种用于明确每一性状不同表达状态。

6.5 格式

性状编号	星号性状	英文		中文		标准品种	代码
1	2	3	4	5	6		
		Name of characteristics in English		**性状名称**			
		states of expression		表达状态			

表中 1 为性状编号。

表中 2 为（*）星号性状（见 6.1.2）。

表中 3 为表达类型。

QL：质量性状（6.3）。

QN：数量性状（6.3 ）。

PQ：假质量性状（6.3）。

表中 4 为观测方法（和小区类型）：MG、MS、VG、VS（4.1.5）。

表中 5 为（+）（8.2 性状表解释）。

表中 6 为（a）～（c）（8.1 性状表解释）。

7 性状表

性状编号	星号性状	英文		中文		标准品种	代码
1.	（*）	**PQ**	**VG**	（+）	**（a）**		
		Plant：habit		**植株：生长习性**			
		upright		直立		Callum's Gold	1
		semi upright		半直立		Honey Gem	2
		spreading		平展		Ninderry-Sunrise	3
		prostrate		匍匐		Raptor	4
2.	（*）	**QN**	**MG/VG**		**（a）**		
		Plant：height		**植株：高度**			
		short		矮		Jelly Baby	3
		medium		中		LowstenoGL	5
		tall		高		Cream Passion	7
3.		**QN**	**VG**		**（a）**		
		Plant：density of foliage		**植株：叶密度**			
		sparse		疏		Raptor	1
		medium		中		Callum's Gold	2
		dense		密		Billy Bonkers	3
4.		**PQ**	**VG**	（+）			
		Young stem：color		**幼茎：颜色**			
		green		绿色		Coastal Prestige，Fireworks	1
		yellow green		黄绿色		Honey Gem	2
		orange		橙色		Callum's Gold	3
		purple		紫色		Raptor	4
		brown		棕色		Autumn Waterfall	5

续表

性状编号	星号性状	英文		中文		标准品种	代码
5.	(*)	**PQ**	**VG**	(+)	(a)		
		Stem: color		**茎：颜色**			
		green		绿色		Burke 3	1
		yellow green		黄绿色		New Blood	2
		orange		橙色		Ninderry-Sunrise	3
		purple		紫色		Callum's Gold	4
		brown		棕色		Honey Gem	5
6.	(*)	**QN**	**VG**		(a)		
		Leaf: attitude relative to stem		**叶：相对于茎姿态**			
		erect		直立		Raptor	1
		semi erect		半直立		Callum's Gold	2
		horizontal		水平		Prostrate Yellow	3
7.	(*)	**QL**	**VG**	(+)	(a)		
		Leaf: type of division of blade		**叶：裂刻类型**			
		entire		无		Raptor	1
		primary		一级		Autumn Waterfall	2
		secondary		二级		Callum's Gold	3
		tertiary		三级		Fire Cracker	4
8.	(*)	**PQ**	**VG**	(+)	(a)		
		Only varieties with Leaf: type of division of blade: entire: Leaf: blade shape		**叶：叶片形状（仅适用于叶无裂刻品种）**			
		ovate		卵形		Burke 3	1
		lanceolate		披针形		H22	2
		circular		圆形			3
		rhombic		菱形		Molly	4
		elliptic		椭圆形		TWD01	5
		oblong		长圆形			6
		linear		线形		Fire Cracker	7
		obovate		倒卵形			8
9.		**PQ**	**VG**	(+)	(a)		
		Only varieties with Leaf: type of division of blade: entire: Leaf: shape of apex		**叶：先端形状（仅适用于叶无裂刻品种）**			
		apiculate		凸尖		New Blood	1
		mucronate		棘		H22	2
		acute		锐尖		Littly Honey	3
		obtuse		钝尖			4
		truncate		平截			5
10.		**QN**	**VG**		(a)		
		Leaf: undulation of margin		**叶：边缘波状**			
		weak		弱		Callum's Gold	3
		medium		中		Raptor	5
		strong		强		Entrée	7

续表

性状编号	星号性状	英文		中文		标准品种	代码
11.		**QN**	**VG**	(+)	(a)		
		Leaf: depth of sinus of primary division		**叶：一级裂刻深度**			
		shallow		浅		Bedspread	1
		medium		中		Callum's Gold	2
		deep		深			3
12.		**QN**	**MS/VG**	(+)	(a)		
		Leaf: width of sinus of primary division		**叶：一级裂刻宽度**			
		narrow		窄			3
		medium		中		Billy Bonkers	5
		broad		宽		Callum's Gold	7
13.		**QN**	**VG**	(+)	(a)		
		Leaf: attitude of primary lobes in relation to midrib		**叶：一级裂片相对于中脉姿态**			
		erect		直立			1
		semi-erect		半直立		Callum's Gold	2
		horizontal		水平			3
14.		**PQ**	**VG**	(+)	(a)		
		Leaf: shape of apex of sinus of primary division		**叶：先端一级裂刻凹缺形状**			
		pointed		尖		Ninderry-Sunrise	1
		rounded		圆形			2
		truncated		平截			3
15.	(*)	**QN**	**MS/VG**	(+)	(a)		
		Leaf: length of lobe of primary division		**叶：一级裂刻裂片长度**			
		short		短		Autumn Waterfall	3
		medium		中		Billy Bonkers	5
		long		长		Callum's Gold	7
16.	(*)	**QN**	**MS/VG**	(+)	(a)		
		Leaf: width of lobe of primary division		**叶：一级裂刻裂片宽度**			
		narrow		窄		Callum's Gold	3
		medium		中		Ivory Whip	5
		broad		宽		Bedspread	7
17.		**PQ**	**VG**	(+)	(a)		
		Leaf: profile in cross section		**叶：横切面形状**			
		flat or slightly recurved		直或微外弯		Raptor	1
		strongly recurved		强外弯		Callum's Gold	2
		angularly revolute to the mid vein		有角度地外卷到中脉			3
		smoothly revolute to the mid vein		平滑地外卷到中脉		Littly Honey	4
18.		**QN**	**VG**		(a)		
		Leaf: intensity of green color of upper side		**叶：上表面绿色程度**			
		light		浅		Autumn Waterfall	1
		medium		中		Raptor	2
		dark		深		Callum's Gold	3

续表

性状编号	星号性状	英文		中文		标准品种	代码
19.		**PQ**	**VG**	(+)	(a)		
		Leaf: color of lower side		**叶：下表面颜色**			
		white		白色		Callum's Gold	1
		light green		浅绿色		Raptor	2
		medium green		中等绿色		Ninderry-Sunrise	
		dark green		深绿色		Entrée	3
20.		**QN**	**VG**		(a)		
		Leaf: hairiness of upper side		**叶：上表面茸毛**			
		weak		弱		Ninderry-Sunrise	1
		medium		中		Callum's Gold	2
		strong		强			3
21.		**QN**	**VG**		(a)		
		Leaf: hairiness of lower side		**叶：下表面茸毛**			
		weak		弱		Littly Honey	1
		medium		中		Blood Orange	2
		strong		强		Ninderry-Sunrise	3
22.		**QL**	**VG**		(a)		
		Leaf: color of hairs on lower side		**叶：下表面茸毛颜色**			
		white		白色		Callum's Gold	1
		red brown		红棕色		Honey Gem	2
23.		**QN**	**MS/VG**	(+)	(a)		
		Leaf: length of petiole		**叶：叶柄长度**			
		short		短		Raptor	3
		medium		中		Callum's Gold	5
		long		长		Red Rover	7
24.		**QL**	**VG**		(b)		
		Flowering branch: position of inflorescence		**花枝：花序位置**			
		terminal only		仅终端		Ninderry-Sunrise	1
		both terminal and axillary		终端和叶腋		Callum's Gold	2
		axillary only		仅叶腋			3
25.	(*)	**QN**	**VG**	(+)	(b)		
		Inflorescence: attitude		**花序：姿态**			
		erect		直立		Littly Honey, Red Rover	1
		semi-erect		半直立		Blood Orange, Honey Gem	2
		horizontal		水平		Callum's Gold, Ninderry-Sunrise	3
		drooping		下弯		Entrée	4
26.		**QN**	**VG**		(a)(b)		
		Inflorescence: branching		**花序：分枝**			
		absent or very weak		无或极弱		Ninderry-Sunrise	1
		weak		弱		Red Rover	2
		medium		中		Autumn Waterfall	3
		strong		强			4
		very strong		极强			5

续表

性状编号	星号性状	英文		中文		标准品种	代码
27.	(*)	**QN**	**MS/VG**	(+)	(b)		
		Inflorescence: length		**花序：长度**			
		short		短		Raptor	1
		medium		中		Callum's Gold	2
		long		长		Autumn Waterfall	3
28.	(*)	**QN**	**MS/VG**		(b)		
		Inflorescence: width		**花序：宽度**			
		narrow		窄		Raptor	1
		medium		中		Callum's Gold	2
		broad		宽		Red Rover	3
29.	(*)	**PQ**	**VG**	(+)	(b)		
		Inflorescence: type		**花序：类型**			
		secund		偏向一边		Ninderry-Sunrise	1
		irregular		不规则		LadyO	2
		cylindrical		圆柱形		Callum's Gold	3
		triangular		三角形		Fireworks	4
		umbellate		伞形			5
		ovoid		卵形			6
		domed		半球形		H22	7
30.	(*)	**QL**	**VG**	(+)	(b)		
		Inflorescence: sequence of flower opening		**花序：开花顺序**			
		acropetal		向顶部		Callum's Gold	1
		synchronous		同步		Coastal Prestige	2
		basipetal		向基部		Knockout	3
31.	(*)	**PQ**	**VG**		(b)		
		Inflorescence: predominant color		**化序：主色**			
		white		白色		Ivory Whip	1
		green		绿色			2
		yellow		黄色		Callum's Gold	3
		orange		橙色		Ninderry-Sunrise	4
		pink		粉色		Blood Orange	5
		red		红色		Raptor	6
32.		**QN**	**VG**		(b)		
		Inflorescence: density of flowers		**花序：花密度**			
		sparse		疏		Coastal Dawn	3
		medium		中		Honey Gem	5
		dense		密		Callum's Gold	7
33.		**QN**	**MS/VG**		(b)		
		Inflorescence: number of flowers		**花序：花数量**			
		few		少		Fire Cracker	3
		medium		中		Raptor	5
		many		多		Red Rover	7

续表

性状编号	星号性状	英文		中文		标准品种	代码
34.		QN	MS/VG		(b)		
		Inflorescence: length of rachis		**花序：花轴长度**			
		short		短		Raptor	3
		medium		中		Callum's Gold	5
		long		长		Honey Gem	7
35.		QN	VG	(+)	(b)(c)		
		Pedicel: attitude in relation to rachis		**花梗：相对于花轴姿态**			
		leaning toward the apex		向先端倾斜		Callum's Gold	1
		perpendicular		垂直		Ninderry-Sunrise	2
		leaning toward the base		向基部倾斜		Autumn Waterfall	3
36.		QN	VG		(b)(c)		
		Pedicel: length		**花梗：长度**			
		very short		极短			1
		short		短		Callum's Gold	2
		medium		中		Billy Bonkers	3
		long		长		Autumn Waterfall	4
		very long		极长			5
37.		QN	VG	(+)	(b)(c)		
		Flower bud: attitude of limb in relation to longitudinal axis of bud		**花蕾：分枝相对于芽纵轴姿态**			
		upright		直立			1
		horizontal		水平		Callum's Gold	2
		drooping		下弯		Billy Bonkers	3
38.	(*)	PQ	VG		(b)(c)		
		Flower bud: color of limb		**花蕾：分枝颜色**			
		green		绿色		Callum's Gold	1
		yellow		黄色		Honey Gem	2
		orange		橙色		Sylvia	3
		pink		粉色		Winter Delight	4
		red		红色		Raptor	5
		brown		棕色		New Blood	7
39.	(*)	PQ	VG		(b)(c)		
		Flower bud: perianth color		**花蕾：花被颜色**			
		white		白色		Ivory Whip	1
		green		绿色		Ninderry-Sunrise	2
		yellow		黄色		Callum's Gold	3
		orange		橙色		Entrée	4
		pink		粉色		Molly	5
		red		红色		Raptor	6
40.	(*)	QN	MS/VG		(b)(c)		
		Perianth: length		**花被：长度**			
		short		短		Raptor	3
		medium		中		Callum's Gold	5
		long		长		Red Rover	7

续表

性状编号	星号性状	英文		中文		标准品种	代码
41.	(*)	**QN**	**MS/VG**		(b)(c)		
		Perianth: width		**花被：宽度**			
		narrow		窄		Callum's Gold	3
		medium		中		Ninderry-Sunrise	5
		broad		宽		Entrée	7
42.	(*)	**QN**	**VG**	(+)	(b)(c)		
		Perianth: hairiness		**花被：茸毛**			
		absent or very weak		无或极弱		Ninderry-Sunrise	1
		weak		弱		Honey Gem	2
		medium		中		Raptor	3
		strong		强		Callum's Gold	4
		very strong		极强			5
43.		**QL**	**VG**		(b)(c)		
		Perianth: hair color		**花被：茸毛颜色**			
		white		白色		Raptor	1
		red brown		红棕色		Callum's Gold	2
44.		**QN**	**VG**	(+)	(b)(c)		
		Perianth: coherence of tepals on dorsal side		**花被：背侧花被片黏着**			
		less than one third		低于 1/3		Ninderry-Sunrise	1
		one third to two thirds		1/3 到 2/3		Molly	2
		greater than two thirds		高于 2/3		Callum's Gold	3
45.		**QN**	**VG**	(+)	(b)(c)		
		Perianth: coherence of tepals on ventral side		**花被：腹侧花被片黏着**			
		less than one third		低于 1/3		Ninderry-Sunrise	1
		one third to two thirds		1/3 到 2/3		Molly	2
		greater than two thirds		高于 2/3		Callum's Gold	3
46.	(*)	**PQ**	**VG**	(+)	(b)(c)		
		Perianth: color		**花被：颜色**			
		white		白色		Ivory Whip	1
		green		绿色		Sandra Gordon	2
		yellow		黄色		Callum's Gold	3
		orange		橙色		Ninderry-Sunrise	4
		pink		粉色		Blood Orange	5
		red		红色		Raptor	6
47.		**QN**	**VG**		(b)(c)		
		Pistil: length		**雌蕊：长度**			
		short		短		Knockout	3
		medium		中		Ninderry-Sunrise	5
		long		长		Callum's Gold	7
48.		**QN**	**VG**		(b)(c)		
		Pistil: length in relation to length of perianth		**雌蕊：相对于花被长度**			
		same length		等长			1
		moderately longer		稍长		Ivory Whip	2
		much longer		长许多		Callum's Gold	3

续表

性状编号	星号性状	英文		中文		标准品种	代码
49.		**QN**	**VG**		**(b)(c)**		
		Ovary: hairiness		**子房：茸毛**			
		absent or very weak		无或极弱		Knockout	1
		weak		弱		Jubilee	2
		medium		中		Raptor	3
		strong		强		Callum's Gold	4
		very strong		极强			5
50.		**PQ**	**VG**		**(b)(c)**		
		Ovary: color		**子房：颜色**			
		white		白色		Raptor	1
		green		绿色		Callum's Gold	2
		yellow		黄色		Honey Gem	3
		orange		橙色			4
		pink		粉色		Goldfever	5
		red		红色			6
51.		**PQ**	**VG**	(+)	**(b)(c)**		
		Style: curvature		**花柱：弯曲度**			
		straight		直		Callum's Gold	1
		curved		弯曲		Ninderry-Sunrise	2
		reflexed		外翻		Pink Surprise	3
52.		**QN**	**VG**		**(b)(c)**		
		Style: hairiness		**花柱：茸毛**			
		absent or weak		无或弱		Callum's Gold, Ivory Whip	1
		medium		中		Entrée	2
		strong		强			3
53.		**QN**	**VG**		**(b)(c)**		
		Style: distribution of hair		**花柱：茸毛分布**			
		concentrated towards style end		集中于花柱末端			1
		evenly distributed along length		均匀分布		Entrée	2
		concentrated towards ovary end		集中于子房末端		Ninderry-Sunrise	3
54.	(*)	**PQ**	**VG**		**(b)(c)**		
		Style: color		**花柱：颜色**			
		white		白色		Ivory Whip	1
		green		绿色		Misty Pink	2
		yellow		黄色		Golden Yul-lo	3
		orange		橙色		Callum's Gold	4
		pink		粉色		Knockout	5
		red		红色		Raptor	6
55.		**PQ**	**VG**		**(b)(c)**		
		Stigma: color		**柱头：颜色**			
		white		白色		Knockout	1
		green		绿色		Raptor	2
		yellow		黄色		Callum's Gold	3
		orange		橙色		Jubilee	4
		pink		粉色		Billy Bonkers	5
		red		红色		Red Rover	6

续表

性状编号	星号性状	英文		中文		标准品种	代码
56.	（*）	**PQ**	**VG**	（+）	（b）（c）		
		Pollen presenter：attitude to style		**花药囊：相对于花柱姿态**			
		lateral		侧接		Honey Gem	1
		oblique		斜接		Callum's Gold	2
		transverse		横接			3
57.	（*）	**PQ**	**VG**	（+）	（b）（c）		
		Pollen presenter：shape		**花药囊：形状**			
		domed		半圆形		Callum's Gold	1
		flat		平形		LadyO	2
		conic		锥形		Raptor	3
		cylindric		圆柱形		Honey Gem	4
58.	（*）	**PQ**	**VG**		（b）（c）		
		Pollen presenter：color		**花药囊：颜色**			
		white		白色		Billy Bonkers	1
		green		绿色		Raptor	2
		yellow		黄色		Callum's Gold	3
		orange		橙色		Autumn Waterfall	4
		pink		粉色		Fireworks	5
		red		红色		LadyO	6
59.		**PQ**	**VG**		（b）		
		Pollen：color		**花粉：颜色**			
		white		白色		Littly Honey	1
		yellow		黄色		Callum's Gold	2
		purple		紫色		Raptor	3

8 性状表解释

8.1 涉及多个性状的解释

性状表中有以下标注的性状应按照下述要求观测。

（a）营养生长盛期结束时进行观测。

（b）观测主花枝最宽处。

（c）

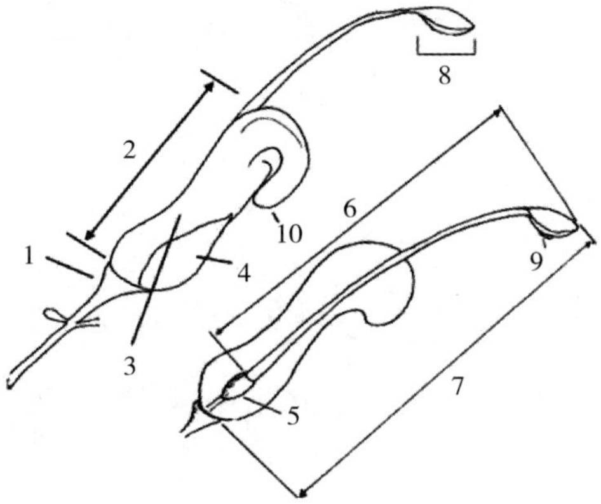

1—花梗；2—花被；3—背侧花被片；4—腹侧花被片；5—子房；6—花柱；7—雌蕊；8—花药囊；9—柱头；10—冠檐。

8.2 对单个性状的解释

性状 1：植株生长习性

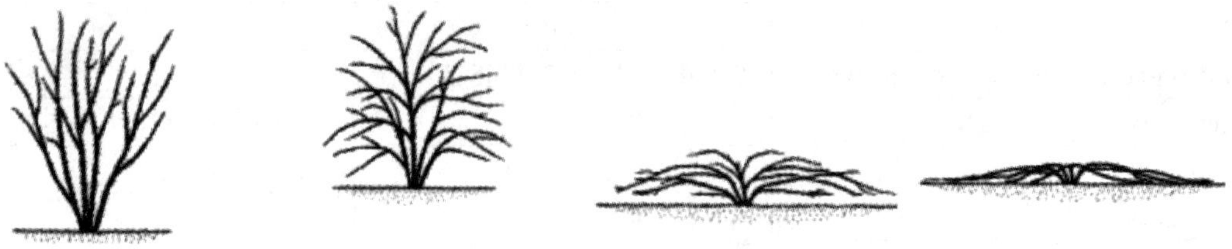

1	2	3	4
直立	半直立	平展	匍匐

性状 4：幼茎颜色

观测营养生长盛期开始时芽顶部以下幼茎。有时茎表面有一层蓝色或白色的蜡质，观测茎颜色前，擦去该层蜡质。

性状 5：茎颜色

观测时背阳。有时茎表面有一层蓝色或白色的蜡质，观测茎颜色前，擦去该层蜡质。

性状 7：叶裂刻类型

叶包括以下术语。

裂刻——叶片分裂到中脉 1/4 及以上（一级裂刻）。各部分可以进一步分为二级裂刻或再次形成三级裂刻。

裂片——叶裂刻的一部分。

凹缺——叶裂刻两个部分间的间隙。

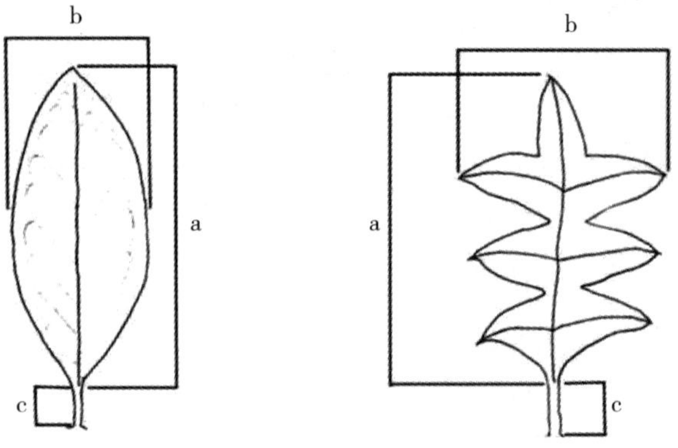

1	2
无	一级

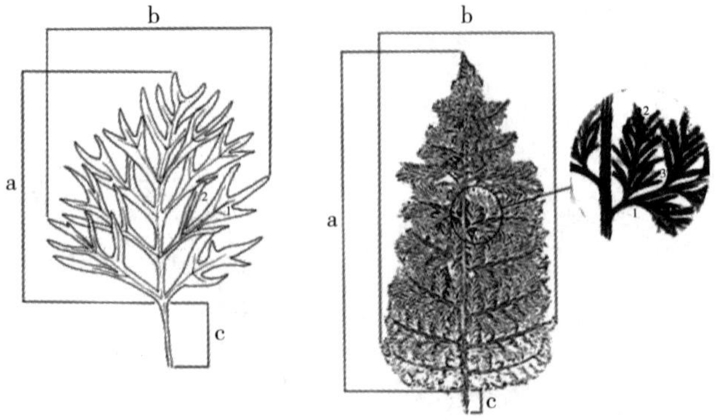

3	4
二级	三级

a—叶片长度，不包括叶柄；b—叶片宽度，观测最宽处；c—叶柄长度。

一级—一级裂刻；二级—二级裂刻；三级—三级裂刻。

性状 8：叶片形状（仅适用于叶无裂刻品种）

仅观测无裂刻叶。

宽度（长宽比）	←最宽处部位→ 中部以下	中部	中部以上
窄（高）		 7 线形	
中（中）	 2 披针形	 6 长圆形	
	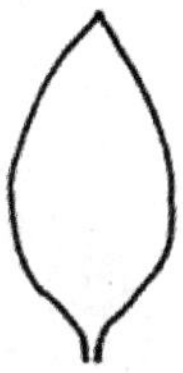 1 卵形	 5 椭圆形	 8 倒卵形
宽（低）		 3 圆形 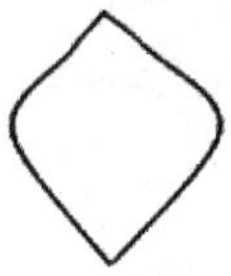 4 菱形	

性状 9：叶先端形状（仅适用于叶无裂刻品种）

1 凸尖　2 棘　3 锐尖　4 钝尖　5 平截

性状 11：叶一级裂刻深度

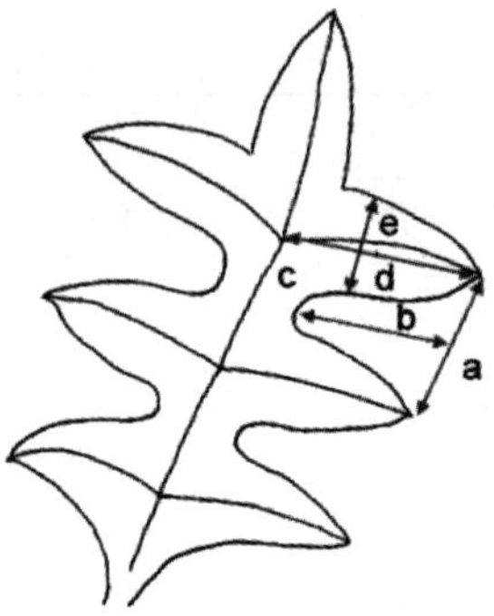

a—凹缺宽度；b—凹缺深度；c—中脉；d—裂片长；e—裂片宽。

性状 12：叶一级裂刻宽度

见性状 11。观测仅有一级裂刻品种，最宽处。

性状 13：叶一级裂片相对于中脉姿态

观测一级裂刻裂片，不包括二级裂刻和三级裂刻。

1	2	3
直立	半直立	水平

性状 14：叶先端一级裂刻凹缺形状

观测位置紧挨叶顶部一级裂刻，不包括二级裂刻和三级裂刻。

1	2	3
尖	圆	平截

性状 15：叶一级裂刻裂片长度

见性状 11。观测位置紧挨叶顶部一级裂刻，不包括二级裂刻和三级裂刻。

性状 16：叶一级裂刻裂片宽度

见性状 11。观测位置紧挨叶顶部一级裂刻，不包括二级裂刻和三级裂刻。

性状 17：叶横切面形状

观测无裂刻和具一级裂刻的叶类型。

1	2	3	4
直或微外弯	强外弯	有角度地外卷到中脉	平滑地外卷到中脉

性状 19：叶下表面颜色

包括茸毛的整体颜色。

性状 23：叶柄长度

见性状 7。

性状 25：花序姿态

观测自然位置。

性状 27：花序长度

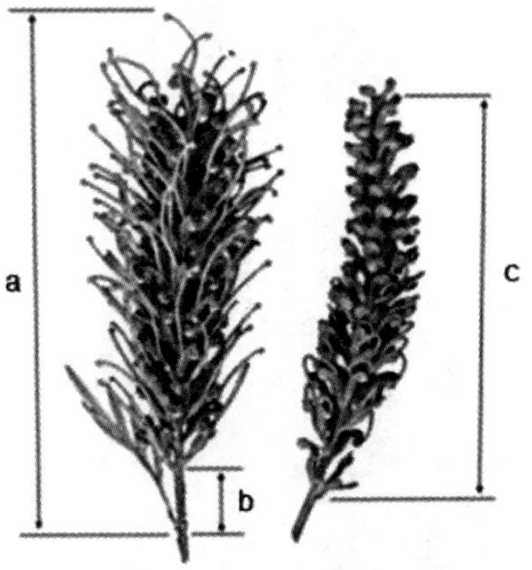

a—花序；b—花梗；c—花轴。

性状 29：花序类型

不规则类型是松散的不对称花序。

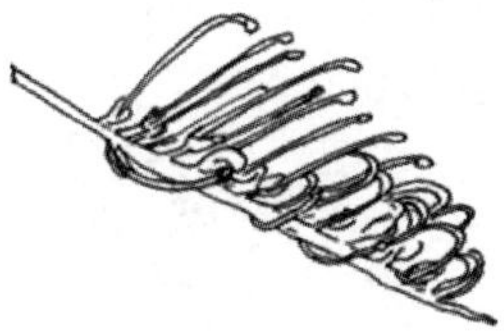

1
偏向一边

2
不规则

3
圆柱形

4
三角形

5
伞形

6
卵形

7
半球形

性状 30：花序开花顺序

向顶部（代码 1）为花依次向花序顶部开放，向基部（代码 3）为花依次向花序基部开放，同步（代码 2）为花在整个花序同步开放。

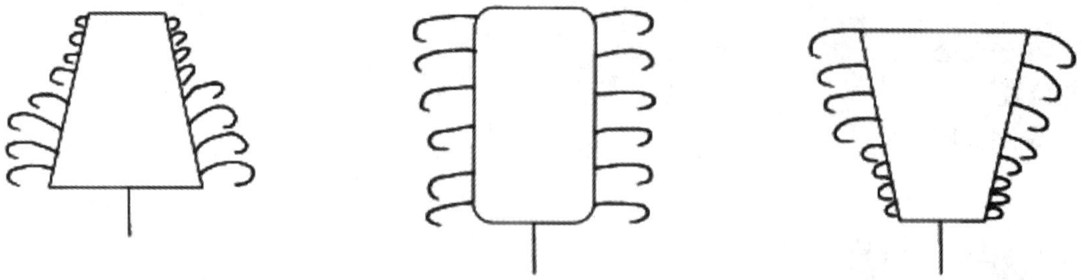

1	2	3
向顶部	同步	向基部

性状 35：花梗相对于花轴姿态

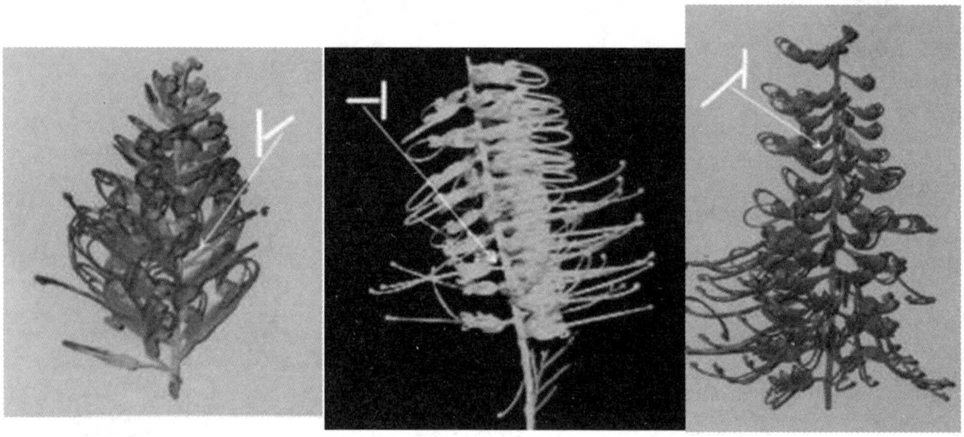

1	2	3
向先端倾斜	垂直	向基部倾斜

性状 37：花蕾分枝相对于芽纵轴姿态

开花前的花蕾晚期观测试。

性状 42：花被茸毛

观测花被外侧，包括花被冠瓣。

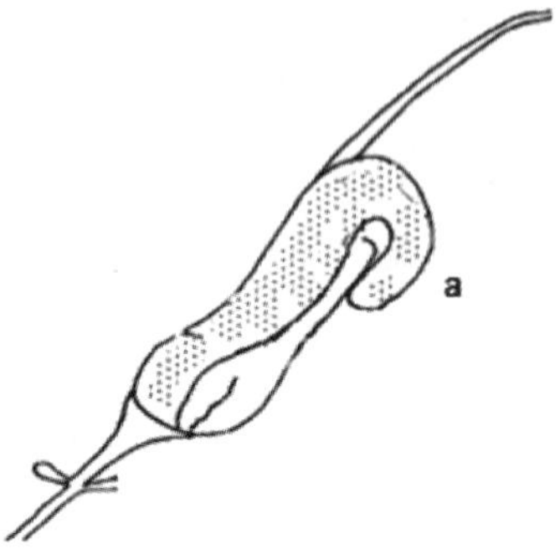

a—花被冠檐。

性状 44：花被背侧花被片黏着
观测花瓣黏到（未融合）花被的长度。
性状 45：花被腹侧花被片黏着
见性状 44。
性状 46：花被颜色
观测开放的花。
性状 51：花柱弯曲度
开花后花被开裂前进行观测。

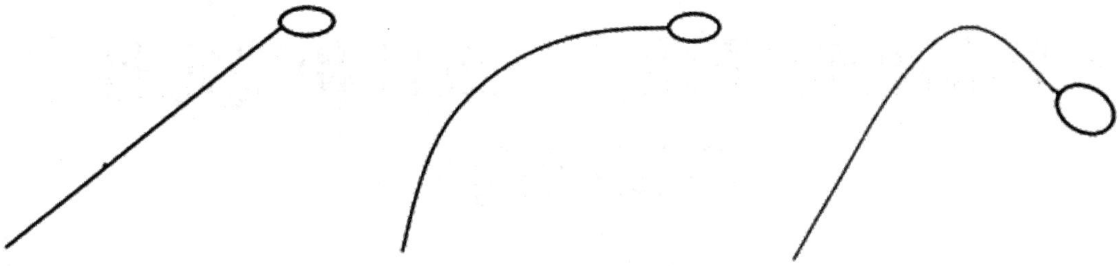

1	2	3
直	弯曲	外翻

性状 56：花药囊相对于花柱姿态

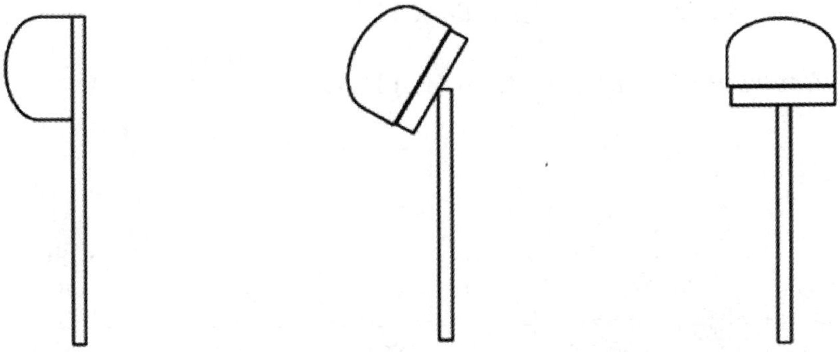

1	2	3
侧接	斜接	横接

性状 57：花药囊形状

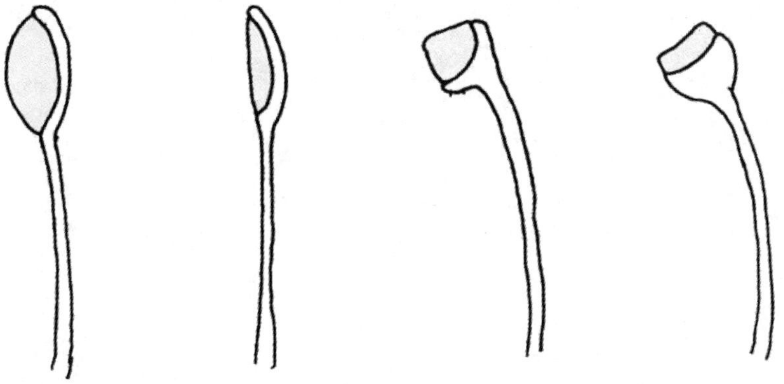

1	2	3	4
半圆形	平形	锥形	圆柱形

TG/327/1
原文：英文
日期：2018-09-20

国际植物新品种保护联盟
植物品种特异性、一致性和稳定性
测试指南

彩叶草

UPOV 代码：PLECT_SCU

［*Plectranthus scutellarioides* (L.) R. Br.］

互用名称 *

植物学名称	英文	法文	德文	西班牙文
Plectranthus scutellarioides (L.) R. Br., *Coleus blumei* Benth., *Solenostemon scutellarioides*(L.) Codd	Coleus, Painted-nettle	Coléus, Coliole	Buntblatt, Buntnessel	Coleus, Macho, Nene

* 这些名称在指南开始使用时是正确的，但随后可能会修改更新。读者可登录 UPOV 网站（www.upov.int），获取最新资料。

1 指南适用范围

本指南适用于彩叶草 [*Plectranthus scutellarioides*（L.）R. Br.] 的所有品种。

2 繁殖材料要求

2.1 待测品种繁殖材料的数量和质量要求以及提交的时间和地点由审批机构决定。申请人从测试所在国境外提交繁殖材料的，还应符合海关规定并满足相关植物检疫的要求。

2.2 繁殖材料以带根扦插苗或种子的形式提供。

2.3 申请人提交繁殖材料的最小数量：无性繁殖品种应为 10 株带根扦插苗；种子繁殖品种应为足够长成 30 个植株的种子量。

2.4 提供的繁殖材料应外观健康有活力，未受到任何严重病虫害的影响。

2.5 提交的繁殖材料不得进行任何可能影响品种性状表达的处理，除非审批机构允许或要求进行这种处理。如果材料已经处理，必须提供相关处理的详细说明。

3 测试方法

3.1 生长周期

测试的最少周期数量通常为 1 个生长周期。

3.2 测试地点

测试通常在 1 个地点进行。在 1 个以上地点进行测试时，TGP/9《特异性测试》提供了有关指导。

3.3 测试条件

3.3.1 测试的条件应能满足品种正常生长的需要，以确保品种相关性状充分表达和测试的顺利开展。

3.3.2 由于日光变化的原因，在利用比色卡确定颜色时，应在一个合适的有人工光源照明的小室或中午无阳光直射的房间内进行。人工光源光谱分布应符合 CIE“理想日光标准 D6500”，且在《英国标准 950：第 1 部分》的允许范围之内。观测应将植株部位置于白背景下进行，品种描述中应指出比色卡及版本。

3.4 试验设计

3.4.1 无性繁殖品种：每个试验应保证至少有 10 个植株。

3.4.2 种子繁殖品种：每个试验应保证至少有 30 个植株。

3.5 附加测试

为测试有关性状，可以进行附加测试。

4 特异性、一致性和稳定性测试

4.1 特异性

4.1.1 一般建议

对于本指南的使用者而言，在判定特异性前参照总则特异性判定的一般原则十分重要。但为进一步说明和强调特异性判定，本指南特列出特异性判定的要点。

4.1.2 一致的差异

当观测到的品种之间的差异非常明显时，则没有必要种植 1 个以上生长周期。此外，在某些情况下，环境的影响并不意味着需要 1 个以上的生长周期来保证品种间观测到的差异是足够一致的。为确保在种植试验中所观测到的性状差异是足够一致的，可以对性状进行至少 2 个独立生长周期的测试。

4.1.3 明显的差异

两个品种间的差异是否明显取决于很多因素，特别应考虑所测性状的表达类型，即该性状是质量性状、数量性状还是假质量性状。因此，在作出关于特异性的判定前，本测试指南的使用者应熟悉总则中的建议。

4.1.4 植株 / 植株部位的观测数量

对于无性繁殖品种，除非另有说明，在判定特异性时，对于单株的观测，应观测 9 个植株或分别从 9 个植株取下的植株部位；对于其他观测，应观测试验中的所有植株，观测时应将异型株排除在外。

对于种子繁殖品种，除非另有说明，在判定特异性时，对于单株的观测，应观测 20 个植株或分别从 20 个植株取下的植株部位；对于其他观测，应观测试验中的所有植株，观测时应将异型株排除在外。

4.1.5 观测方法

性状表第二列以如下符号（见 TGP/9《特异性测试》第 4 部分“性状观测”）的形式列出了特异性判定时推荐的性状观测方法。

MG：对一批植株或植株部位进行单次测量。

MS：对一定数量的植株或植株部位进行逐一测量。

VG：对一批植株或植株部位进行单次目测。

VS：对一定数量的植株或植株部位进行逐一目测。

观测类型：目测（V）或测量（M）。

目测（V）是一种基于专家判断的观测方法。本文中的目测是指专家的感官观测，因此，也包括闻、尝和触摸。目测也包括专家使用参照物（例如图表，标准品种，并排比较）或非线性的图表（例如比色卡）的观测。测量（M）是一种基于校准的、线性尺度的客观观测，例如使用尺、秤、色度计、日期和计数等进行观测。

记录类型：群体记录（G）或个体记录（S）。

以特异性为目的的观测，可被记录为一批植株或植株部位的单个记录（G），或者记录为一定数量的单个植株或植株部位的个体记录（S）。多数情况下，群体记录为一个品种提供一个单个记录，因此不可能或者不必要通过逐个植株的统计分析来判定特异性。

如果性状表中提供了不止一种观测方法（如 VG/MG），可以参考 TGP/9《特异性测试》的 4.2 部分选择合适的观测方法。

4.2 一致性

4.2.1 对于本指南的使用者而言，在判定一致性前参照总则一致性判定的一般原则十分重要。但为进一步说明和强调一致性判定，本指南特列出一致性判定的要点。

4.2.2 本指南无性繁殖和异花授粉品种。对于其他繁殖类型的品种，应参照总则和 TGP/13《新类型和种的指导》的 4.5 部分一致性测试。

4.2.3 对于无性繁殖品种一致性判定，应采用 1% 的群体标准和至少 95% 的接受概率。当样本量为 10 个时，允许有 1 个异型株。

4.2.4 对于种子繁殖品种一致性判定，应参照总则中异花授粉品种建议。

4.3 稳定性

4.3.1 在实际操作中，通常不像测试特异性和一致性那样对稳定性进行测试以得到明确结果。经验表明，对许多类型的品种来说，当一个品种表现一致时，可认为其是稳定的。

4.3.2 适当情况下或者有疑问时，稳定性的测试通过测试一批新种子或新植株，看其性状表现是否与之前提交的材料表现相同。

5 品种分组和试验组织

5.1 使用分组性状可以帮助选择与申请品种一起进行田间种植试验的已知品种，以及对这些品种进行合适分组以便进行特异性测试。

5.2 分组性状表达状态的数据即使来自不同地点，也可以单独或者与其他此类性状联合使用。

（a）用于特异性测试中筛选排除那些不需要安排在种植试验中的已知品种。

（b）用于组织安排种植试验，使近似品种种植在一起。

5.3 以下性状已被确认为有用的分组性状。

（a）植株：生长习性（性状 1）。

（b）植株：高度（性状 2）。

（c）叶片：边缘缺刻深度（性状 35）。

（d）叶片：主色，分组如下。

第一组：白色。

第二组：绿色。

第三组：黄绿色。

第四组：浅黄色。

第五组：中等黄色。

第六组：橙色 。

第七组：粉色。

第八组：红色。

第九组：紫红色。

第十组：紫色。

第十一组：棕色。

（e）叶片：次色，分组如下。

第一组：白色。

第二组：绿色。

第三组：黄绿色。

第四组：浅黄色。

第五组：中等黄色。

第六组：橙色 。

第七组：粉色。

第八组：红色。

第九组：紫红色。

第十组：紫色。

第十一组：棕色。

5.4 总则和 TGP/9《特异性测试》中提供了在特异性审查过程中使用分组性状的指导。

6 性状表介绍

6.1 性状类型

6.1.1 标准指南性状

标准指南性状是 UPOV 已同意用于 DUS 审查的性状，UPOV 成员可以从中选择与其特定环境相适应的性状。

6.1.2 星号性状

星号性状（用“*”标记）是测试指南中对于形成国际统一的品种描述十分重要的性状，所有UPOV成员都应将其用于DUS测试，并包含在品种描述中，除非前序性状的表达状态或区域环境条件所限使其无法测试。

6.2 表达状态及相应代码

6.2.1 为定义性状和统一描述，将每个性状划分为一系列表达状态。每个表达状态赋予一个相应的数字代码，以便于数据记录，以及品种性状描述的建立和交流。

6.2.2 对于质量性状和假质量性状（6.3），性状表中列出了所有表达状态。但对于有5个或5个以上表达状态的数量性状，可以采用缩略尺度的方法，以缩短性状表格。例如，对于有9个表达状态的数量性状，在测试指南的性状表中可采用以下缩略形式。

表达状态	代码
小	3
中	5
大	7

但是应该指出的是，以下9个表达状态都是存在的，应采用适宜的表达状态用于品种的描述。

表达状态	代码
极小	1
极小到小	2
小	3
小到中	4
中	5
中到大	6
大	7
大到极大	8
极大	9

6.2.3 TGP/7《测试指南的研制》中提供了表达状态和代码的更详尽的介绍。

6.3 表达类型

总则中对性状表达类型（质量性状、数量性状和假质量性状）进行了解释。

6.4 标准品种

适当时，标准品种用于明确每一性状不同表达状态。

6.5 注释

性状编号	星号性状	英文		中文		标准品种	代码
1	2	3	4	5	6		
		Name of characteristics in English		**性状名称**			
		states of expression		表达状态			

表中1为性状编号。

表中2为（*）星号性状（6.1.2）。

表中3为表达类型。

QL：质量性状（6.3）。

QN：数量性状（6.3）。
PQ：假质量性状（6.3）。
表中 4 为观测方法（和小区类型）：MG、MS、VG、VS（4.1.5）。
表中 5 为（+）（8.2 性状表解释）。
表中 6 为（a）～（d）（8.1 性状表解释）。

7 性状表

性状编号	星号性状	英文		中文		标准品种	代码
1.	（*）	PQ	VG	（+）			
		Plant：growth habit		**植株：生长习性**			
		upright		直立			1
		semi-upright		半直立			2
		spreading		平展			3
		trailing		蔓生			4
2.	（*）	QN	MG/MS/VG	（+）			
		Plant：height		**植株：高度**			
		short		矮		Highway mosaic	3
		medium		中		COL-06-076C	5
		tall		高		Grecom Orange Marmalade	7
3.	（*）	QN	MG/MS/VG	（+）			
		Plant：width		**植株：宽度**			
		narrow		窄		COL-06-076C	3
		medium		中		Splash Yellow	5
		broad		宽		Grecom Orange Marmalade	7
4.		PQ	VG	（+）			
		Stem：color		**茎：颜色**			
		RHS Colour Chart （Indicate reference number）		RHS 比色卡 （注明参考色号）			
5.		QN	MG/MS/VG	（+）	（a）		
		Petiole：length		**叶柄：长度**			
		short		短		Balaublach	3
		medium		中		Versa Lime	5
		long		长			7
6.	（*）	QN	MG/MS/VG	（+）	（a）		
		Leaf blade：length		**叶片：长度**			
		short		短		Carefree White	3
		medium		中		Wizard Scarlet	5
		long		长		Grecom Orange Marmalade	7
7.	（*）	QN	MG/MS/VG	（+）	（a）		
		Leaf blade：width		**叶片：宽度**			
		narrow		窄		Balaublach	3
		medium		中		Versa Lime	5
		broad		宽		Grecom Orange Marmalade	7
8.		QN	MG/MS/VG	（+）	（a）		
		Leaf blade：ratio length/width		**叶片：长宽比**			
		low		小			3
		medium		中			5
		high		大			7

续表

性状编号	星号性状	英文		中文		标准品种	代码
9.	(*)	**PQ**	**VG**		**(a)(b)**		
		Leaf blade: color one		**叶片：颜色 1**			
		RHS Colour Chart (Indicate reference number)		RHS 比色卡 (注明参考色号)			
10.	(*)	**PQ**	**VG**		**(a)(c)**		
		Leaf blade: color one: distribution		**叶片：颜色 1 分布**			
		single colored		单色			1
		along veins		沿叶脉			2
		between veins		叶脉间			3
		marginal zone		边缘			4
		central zone		中部			5
		basal zone		基部			6
		between midrib and margin		中脉和边缘间			7
		throughout		整片			8
11.	(*)	**PQ**	**VG**		**(a)(d)**		
		Leaf blade: color one: pattern		**叶片：颜色 1 图案**			
		flushed		晕状			1
		blotched		斑点状			2
		irregular		不规则			3
		solid or nearly solid		均匀或近均匀			4
12.	(*)	**QN**	**VG**		**(a)**		
		Leaf blade: color one: total area		**叶片：颜色 1 总面积**			
		small		小			3
		medium		中			5
		large		大			7
13.	(*)	**PQ**	**VG**		**(a)(b)**		
		Leaf blade: color two		**叶片：颜色 2**			
		RHS Colour Chart (Indicate reference number)		RHS 比色卡 (注明参考色号)			
14.	(*)	**PQ**	**VG**		**(a)(c)**		
		Leaf blade: color two: distribution		**叶片：颜色 2 分布**			
		none		无			1
		along veins		沿叶脉			2
		between veins		叶脉间			3
		marginal zone		边缘			4
		central zone		中部			5
		basal zone		基部			6
		between midrib and margin		中脉和边缘间			7
		throughout		整片			8
15.	(*)	**PQ**	**VG**		**(a)(d)**		
		Leaf blade: color two: pattern		**叶片：颜色 2 图案**			
		flushed		晕状			1
		blotched		斑点状			2
		irregular		不规则			3
		solid or nearly solid		均匀或近均匀			4

续表

性状编号	星号性状	英文		中文		标准品种	代码
16.	(*)	**QN**	**VG**		**(a)**		
		Leaf blade: color two: total area		**叶片：颜色 2 总面积**			
		small		小			3
		medium		中			5
		large		大			7
17.	(*)	**PQ**	**VG**		**(a)(b)**		
		Leaf blade: color three		**叶片：颜色 3**			
		RHS Colour Chart (Indicate reference number)		RHS 比色卡 (注明参考色号)			
18.	(*)	**PQ**	**VG**		**(a)(c)**		
		Leaf blade: color three: distribution		**叶片：颜色 3 分布**			
		none		无			1
		along veins		沿叶脉			2
		between veins		叶脉间			3
		marginal zone		边缘			4
		central zone		中部			5
		basal zone		基部			6
		between midrib and margin		中脉和边缘间			7
		throughout		整片			8
19.	(*)	**PQ**	**VG**		**(a)(d)**		
		Leaf blade: color three: pattern		**叶片：颜色 3 图案**			
		flushed		晕状			1
		blotched		斑点状			2
		irregular		不规则			3
		solid or nearly solid		均匀或近均匀			4
20.	(*)	**QN**	**VG**		**(a)**		
		Leaf blade: color three: total area		**叶片：颜色 3 总面积**			
		small		小			3
		medium		中			5
		large		大			7
21.	(*)	**PQ**	**VG**		**(a)(b)**		
		Leaf blade: color four		**叶片：颜色 4**			
		RHS Colour Chart (Indicate reference number)		RHS 比色卡 (注明参考色号)			
22.	(*)	**PQ**	**VG**		**(a)(c)**		
		Leaf blade: color four: distribution		**叶片：颜色 4 分布**			
		none		无			1
		along veins		沿叶脉			2
		between veins		叶脉间			3
		marginal zone		边缘			4
		central zone		中部			5
		basal zone		基部			6
		between midrib and margin		中脉和边缘间			7
		throughout		整片			8

续表

性状编号	星号性状	英文		中文		标准品种	代码
23.	(*)	PQ	VG		(a)(d)		
		Leaf blade: color four: pattern		**叶片：颜色 4 图案**			
		flushed		晕状			1
		blotched		斑点状			2
		irregular		不规则			3
		solid or nearly solid		均匀或近均匀			4
24.	(*)	QN	VG		(a)		
		Leaf blade: color four: total area		**叶片：颜色 4 总面积**			
		small		小			3
		medium		中			5
		large		大			7
25.		PQ	VG		(a)(b)		
		Leaf blade: color one of lower side		**叶片：下表面颜色 1**			
		RHS Colour Chart (Indicate reference number)		RHS 比色卡（注明参考色号）			
26.		PQ	VG		(a)(c)		
		Leaf blade: color one: distribution on lower side		**叶片：颜色 1 下表面分布**			
		single colored		单色			1
		along veins		沿叶脉			2
		between veins		叶脉间			3
		marginal zone		边缘			4
		central zone		中部			5
		basal zone		基部			6
		between midrib and margin		中脉和边缘间			7
		throughout		整片			8
27.		PQ	VG		(a)(d)		
		Leaf blade: color one: pattern on lower side		**叶片：颜色 1 下表面图案**			
		flushed		晕状			1
		blotched		斑点状			2
		irregular		不规则			3
		solid or nearly solid		均匀或近均匀			4
28.		QN	VG		(a)		
		Leaf blade: color one: total area on lower side		**叶片：颜色 1 下表面总面积**			
		small		小			3
		medium		中			5
		large		大			7
29.		PQ	VG		(a)(b)		
		Leaf blade: color two of lower side		**叶片：下表面颜色 2**			
		RHS Colour Chart (Indicate reference number)		RHS 比色卡（注明参考色号）			

续表

性状编号	星号性状	英文		中文		标准品种	代码
30.		**PQ**	**VG**		(a)(c)		
		Leaf blade: color two: distribution on lower side		**叶片：颜色 2 下表面分布**			
		none		无			1
		along veins		沿叶脉			2
		between veins		叶脉间			3
		marginal zone		边缘			4
		central zone		中部			5
		basal zone		基部			6
		between midrib and margin		中脉和边缘间			7
		throughout		整片			8
31.		**PQ**	**VG**		(a)(d)		
		Leaf blade: color two: pattern on lower side		**叶片：颜色 2 下表面图案**			
		flushed		晕状			1
		blotched		斑点状			2
		irregular		不规则			3
		solid or nearly solid		均匀或近均匀			4
32.		**QN**	**VG**		(a)		
		Leaf blade: color two: total area on lower side		**叶片：颜色 2 下表面总面积**			
		small		小			3
		medium		中			5
		large		大			7
33.	(*)	**PQ**	**VG**	(+)	(a)		
		Leaf blade: shape of base		**叶片：基部形状**			
		acute		锐尖			1
		obtuse		钝尖			2
		truncate		平截			3
		shallow cordate		浅心形			4
		deep cordate		深心形			5
34.	(*)	**PQ**	**VG**	(+)	(a)		
		Leaf blade: shape of apex		**叶片：先端形状**			
		acuminate		渐尖			1
		acute		锐尖			2
		obtuse		钝尖			3
		rounded		圆形			4
35.	(*)	**QN**	**VG**	(+)	(a)		
		Leaf blade: depth of incisions of margin		**叶片：边缘缺刻深度**			
		very shallow		极浅			1
		shallow		浅			3
		medium		中			5
		deep		深			7
		very deep		极深			9

续表

性状编号	星号性状	英文	中文	标准品种	代码
36.		**QN** **VG**	**(a)**		
		Leaf blade: undulation of margin	**叶片：边缘波状**		
		absent or very weak	无或极弱	Wizard Scarlet	1
		weak	弱	Zigzag	2
		medium	中	UF0843	3
		strong	强		4
		very strong	极强		5

8 性状表解释

8.1 涉及多个性状的解释

性状表中有以下标注的性状应按照下述要求观测。

（a）观测茎中部 1/3 处完全展开叶。

（b）根据 RHS 比色卡色号记录颜色 1、颜色 2 等，即颜色 1 色号值最小，颜色 2 色号值第二小，以此类推。例如叶片绿色 137A 和白色 155A，绿色 137A 为颜色 1，白色 155A 为颜色 2。若两种颜色在相同的色号值中，例如绿色 137A 和绿色 137D，137A 视为色号值较小的颜色。在该系统下，颜色顺序与面积无关，因此，面积最大的颜色可能被归为颜色 3 或颜色 4。指南中记录了 4 种颜色，若多于 4 种，面积最小的颜色可忽略不计。

（c）颜色分布。

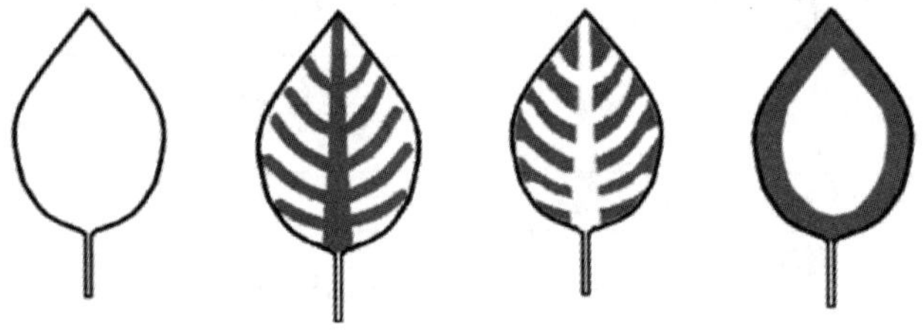

1 单色或无　2 沿叶脉　3 叶脉间　4 边缘

5 中部　6 基部　7 中脉和边缘间　8 整片

（d）颜色图案。

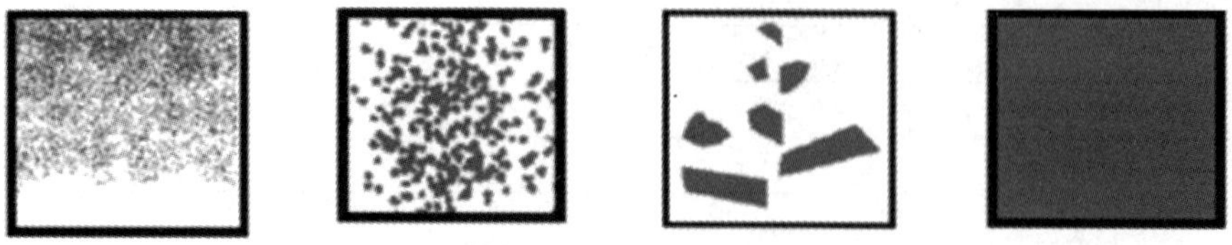

1 晕状　2 斑点状　3 不规则　4 均匀或近均匀

8.2 对单个性状的解释

性状 1：植株生长习性

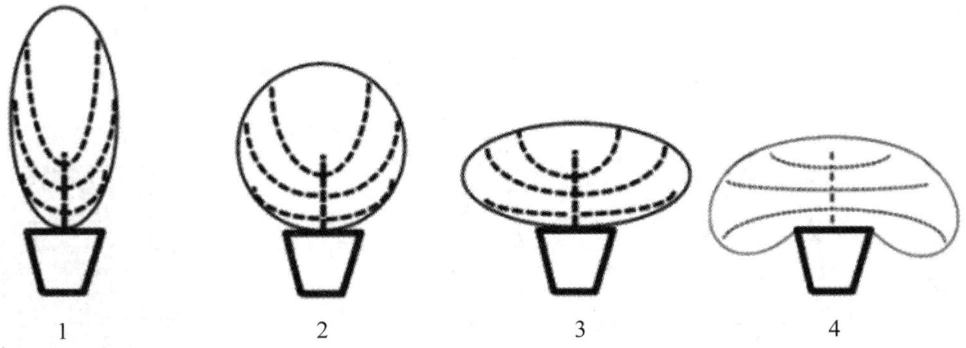

性状 2：植株高度

a—植株高度；b—植株宽度。

性状 3：植株宽度

见性状 2。

性状 4：茎颜色

观测生长旺盛的茎中部 1/3 处。

性状 5：叶柄长度

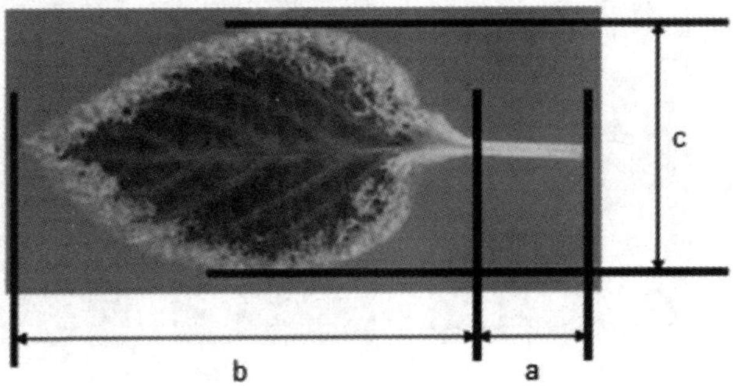

a—叶柄长度；b—叶片长度；c—叶片宽度。

性状 6：叶片长度

见性状 5。

性状 7：叶片宽度

见性状 5。

性状 8：叶片长宽比

3 小　　5 中　　7 大

性状 33：叶片基部形状

1 锐尖　　2 钝尖　　3 平截　　4 浅心形　　5 深心形

性状 34：叶片先端形状

1 渐尖　　2 锐尖　　3 钝尖　　4 圆形

性状 35：叶片边缘缺刻深度

1 极浅　　3 浅　　5 中　　7 深　　9 极深

TG/330/1
原文： 英文
日期： 2018-10-30

国际植物新品种保护联盟
植物品种特异性、一致性和稳定性
测试指南

老鹳草属

UPOV 代码：GERAN

（*Geranium* L.）

互用名称 *

植物学名称	英文	法文	德文	西班牙文
Geranium L.	Hardy Geranium, Crane'Bill	Géranium	Storchschnabel	Geranio

* 这些名称在指南开始使用时是正确的，但随后可能会修改更新。读者可登录 UPOV 网站（www.upov.int），获取最新资料。

1 指南适用范围

本指南适用于老鹳草属（*Geranium* L.）的所有品种。

2 繁殖材料要求

2.1 待测品种繁殖材料的数量和质量要求以及提交的时间和地点由审批机构决定。申请人从测试所在国境外提交繁殖材料的，还应符合海关规定并满足相关植物检疫的要求。

2.2 繁殖材料以幼苗的形式提供。

2.3 申请人提交繁殖材料的最小数量应为 10 个植株。

2.4 提供的繁殖材料应外观健康有活力，未受到任何严重病虫害的影响。

2.5 提交的繁殖材料不得进行任何可能影响品种性状表达的处理，除非审批机构允许或要求进行这种处理。如果材料已经处理，必须提供相关处理的详细说明。

3 测试方法

3.1 生长周期

测试的最少周期数量通常为 1 个生长周期。

3.2 测试地点

测试通常在 1 个地点进行。在 1 个以上地点进行测试时，TGP/9《特异性测试》提供了有关指导。

3.3 测试条件

3.3.1 测试的条件应能满足品种正常生长的需要，以确保品种相关性状充分表达和测试的顺利开展。

3.3.2 由于日光变化的原因，在利用比色卡确定颜色时，应在一个合适的有人工光源照明的小室或中午无阳光直射的房间内进行。人工光源光谱分布应符合 CIE“理想日光标准 D6500”，且在《英国标准 950：第 1 部分》的允许范围之内。观测应将植株部位置于白背景下进行，品种描述中应指出比色卡及版本。

3.4 试验设计

3.4.1 每个测试应保证至少有 10 个植株。

3.4.2 试验设计应保证因测量或计数等需要，从小区取走部分植株或植株部位后，不影响生长周期结束前的所有观测。

3.5 附加测试

为测试有关性状，可以进行附加测试。

4 特异性、一致性和稳定性测试

4.1 特异性

4.1.1 一般建议

对于本指南的使用者而言，在判定特异性前参照总则特异性判定的一般原则十分重要。但为进一步说明和强调特异性判定，本指南特列出特异性判定的要点。

4.1.2 一致的差异

当观测到的品种之间的差异非常明显时，则没有必要种植 1 个以上生长周期。此外，在某些情况下，环境的影响并不意味着需要 1 个以上的生长周期来保证品种间观测到的差异是足够一致的。为确保在种植试验中所观测到的性状差异是足够一致的，可以对性状进行至少 2 个独立生长周期的测试。

4.1.3 明显的差异

两个品种间的差异是否明显取决于很多因素，特别应考虑所测性状的表达类型，即该性状是质量性状、数量性状还是假质量性状。因此，在作出关于特异性的判定前，本测试指南的使用者应熟悉总则中的建议。

4.1.4 植株 / 植株部位的观测数量

除非另有说明，在判定特异性时，对于单株的观测，应观测 9 个植株或分别从 9 个植株取下的植株部位；对于其他观测，应观测试验中的所有植株，观测时应将异型株排除在外。

观测植株部位时，单个植物取样数量应为 2 个。

4.1.5 观测方法

性状表第二列以如下符号（见 TGP/9《特异性测试》第 4 部分“性状观测”）的形式列出了特异性判定时推荐的性状观测方法。

MG：对一批植株或植株部位进行单次测量。

MS：对一定数量的植株或植株部位进行逐一测量。

VG：对一批植株或植株部位进行单次目测。

VS：对一定数量的植株或植株部位进行逐一目测。

观测类型：目测（V）或测量（M）。

目测（V）是一种基于专家判断的观测方法。本文中的目测是指专家的感官观测，因此，也包括闻、尝和触摸。目测也包括专家使用参照物（例如图表，标准品种，并排比较）或非线性的图表（例如比色卡）的观测。测量（M）是一种基于校准的、线性尺度的客观观测，例如使用尺、秤、色度计、日期和计数等进行观测。

记录类型：群体记录（G）或个体记录（S）。

以特异性为目的的观测，可被记录为一批植株或植株部位的单个记录（G），或者记录为一定数量的单个植株或植株部位的个体记录（S）。多数情况下，群体记录为一个品种提供一个单个记录，因此不可能或者不必要通过逐个植株的统计分析来判定特异性。

如果性状表中提供了不止一种观测方法（如 VG/MG），可以参考 TGP/9《特异性测试》4.2 部分选择合适的观测方法。

4.2 一致性

4.2.1 对于本指南的使用者而言，在判定一致性前参照总则一致性判定的一般原则十分重要。但为进一步说明和强调一致性判定，本指南特列出一致性判定的要点。

4.2.2 本指南适用于无性繁殖品种。对于其他繁殖类型的品种，应参照总则和 TGP/13《新类型和种的指导》4.5 部分一致性测试。

4.2.3 对于无性繁殖品种一致性判定，应采用 1% 的群体标准和至少 95% 的接受概率。当样本量为 10 个时，允许有 1 个异型株。

4.3 稳定性

4.3.1 在实际操作中，通常不像测试特异性和一致性那样对稳定性进行测试以得到明确结果。经验表明，对许多类型的品种来说，当一个品种表现一致时，可认为其是稳定的。

4.3.2 适当情况下或者有疑问时，稳定性的测试通过测试一批新植株，看其性状表现是否与之前提交的材料表现相同。

5 品种分组和试验组织

5.1 使用分组性状可以帮助选择与申请品种一起进行田间种植试验的已知品种，以及对这些品种进行合适分组以便进行特异性测试。

5.2 分组性状表达状态的数据即使来自不同地点，也可以单独或者与其他此类性状联合使用。

（a）用于特异性测试中筛选排除那些不需要安排在种植试验中的已知品种。

（b）用于组织安排种植试验，使近似品种种植在一起。

5.3 以下性状已被确认为有用的分组性状。

（a）植株：生长习性（性状 1）。

（b）植株：高度（性状 3）。

（c）叶：主色（性状 8），分组如下。

第一组：白色。

第二组：绿色。

第三组：紫色或棕绿色。

第四组：黄绿色。

第五组：黄色。

第六组：紫色。

第七组：棕紫色。

第八组：棕色。

第九组：红棕色。

（d）花：姿态（性状 29）。

（e）花：类型（性状 30）。

（f）花瓣：主色（性状 39），分组如下。

第一组：白色。

第二组：浅粉色。

第三组：中等粉色。

第四组：深粉色。

第五组：橙红色。

第六组：红紫色。

第七组：紫色。

第八组：紫罗兰色。

第九组：蓝色。

第十组：红棕色。

5.4 总则和 TGP/9《特异性测试》中提供了在特异性审查过程中使用分组性状的指导。

6 性状表介绍

6.1 性状类型

6.1.1 标准指南性状

标准指南性状是 UPOV 已同意用于 DUS 审查的性状，UPOV 成员可以从中选择与其特定环境相适应的性状。

6.1.2 星号性状

星号性状（用“*”标记）是测试指南中对于形成国际统一的品种描述十分重要的性状，所有 UPOV 成员都应将其用于 DUS 测试，并包含在品种描述中，除非前序性状的表达状态或区域环境条件所限使其无法测试。

6.2 表达状态及相应代码

6.2.1 为定义性状和统一描述，将每个性状划分为一系列表达状态。每个表达状态赋予一个相应的数字代码，以便于数据记录，以及品种性状描述的建立和交流。

6.2.2 对于质量性状和假质量性状（6.3），性状表中列出了所有表达状态。但对于有 5 个或 5 个以上

表达状态的数量性状，可以采用缩略尺度的方法，以缩短性状表格。例如，对于有 9 个表达状态的数量性状，在测试指南的性状表中可采用以下缩略形式。

表达状态	代码
小	3
中	5
大	7

但是应该指出的是，以下 9 个表达状态都是存在的，应采用适宜的表达状态用于品种的描述。

表达状态	代码
极小	1
极小到小	2
小	3
小到中	4
中	5
中到大	6
大	7
大到极大	8
极大	9

6.2.3 TGP/7《测试指南的研制》中提供了表达状态和代码的更详尽的介绍。

6.3 表达类型

总则中对性状表达类型（质量性状、数量性状和假质量性状）进行了解释。

6.4 标准品种

适当时，标准品种用于明确每一性状不同表达状态。

6.5 注释

性状编号	星号性状	英文		中文		标准品种	代码
1	2	3	4	5	6		
		Name of characteristics in English		**性状名称**			
		states of expression		表达状态			

表中 1 为性状编号。

表中 2 为（*）星号性状（6.1.2）。

表中 3 为表达类型。

QL：质量性状（6.3）。

QN：数量性状（6.3）。

PQ：假质量性状（6.3）。

表中 4 为观测方法（和小区类型）：MG、MS、VG、VS（4.1.5）。

表中 5 为（+）（8.2 性状表解释 ）。

表中 6 为（a）～（f）（8.1 性状表解释 ）。

7 性状表

性状编号	星号性状	英文		中文		标准品种	代码
1.	(*)	**PQ**	**VG**	(+)			
		Plant: habit		**植株：生长习性**			
		upright		直立			1
		semi-upright		半直立		Midnightlyona	2
		spreading		散开		Gerwat	3
		horizontal		水平		Noorthava	4
2.		**QN**	**VG**				
		Plant: density		**植株：密度**			
		very sparse		极疏			1
		sparse		疏		Melody	2
		medium		中		Gerwat	3
		dense		密		Thunder Cloud	4
		very dense		极密			5
3.	(*)	**QN**	**MG/MS/VG**				
		Plant: height		**植株：高度**			
		very short		极矮		Thunder Cloud	1
		short		矮		Noorthava	3
		medium		中		Catherine Deneuve	5
		tall		高		Samobor	7
		very tall		极高			9
4.		**QN**	**MG/MS/VG**	(+)			
		Stem: internode length		**茎：节间长度**			
		very short		极短		Blushing Turtle	1
		short		短		Thunder Cloud	2
		medium		中		Bremdra	3
		long		长		Catherine Deneuve	4
		very long		极长			5
5.	(*)	**QN**	**MG/MS/VG**	(+)	(a)		
		Leaf: length		**叶：长度**			
		very short		极短		Melody	1
		short		短		Blushing Turtle	3
		medium		中		Noorthava	5
		long		长		Catherine Deneuve	7
		very long		极长			9
6.	(*)	**QN**	**MG/MS/VG**	(+)	(a)		
		Leaf: width		**叶：宽度**			
		very narrow		极窄		Melody	1
		narrow		窄		Blushing Turtle	3
		medium		中		Noorthava	5
		broad		宽			7
		very broad		极宽		Catherine Deneuve	9

续表

性状编号	星号性状	英文		中文		标准品种	代码
7.	(*)	**QN**	**MG/MS/VG**	(+)			
		Leaf: length/width ratio		**叶：长宽比**			
		very low		极小			1
		low		小			2
		medium		中			3
		high		大			4
		very high		极大			5
8.	(*)	**PQ**	**VG**		(a)(b)(c)		
		Leaf: main color		**叶：主色**			
		RHS Colour Chart (Indicate reference number)		RHS 比色卡 (注明参考色号)			
9.	(*)	**PQ**	**VG**		(a)(b)		
		Leaf: secondary color		**叶：次色**			
		none		无			1
		whitish		白色		Jester's Jacket	2
		light green		浅绿色		Noorthava	3
		medium green		中等绿色		Springtime	4
		dark green		深绿色			5
		yellow green		黄绿色		Margaret Wilson	6
		grey green		灰绿色			7
		yellow		黄色		Spring Fling	8
		pink		粉色			9
		red		红色			10
		purple		紫色			11
		brownish purple		棕紫色			12
		brownish		棕色		Samobor	13
		reddish brown		红棕色		Katherine Adele	14
10.	(*)	**PQ**	**VG**	(+)	(a)(b)		
		Leaf: distribution of secondary color		**叶：次色分布**			
		on margin		边缘			1
		marginal zone		边缘区域		Springtime	2
		central zone		中心区域		Katherine Adele	3
		intermediate zone		中间区域		Samobor	4
		at sinus		凹缺处			5
		throughout		整片		Jester's Jacket	6
11.	(*)	**PQ**	**VG**	(+)	(a)(b)		
		Leaf: pattern of secondary color		**叶：次色图案**			
		solid or nearly solid		无或近无			1
		flushed		晕状			2
		blotched		斑点状			3
		veined		脉状			4
		irregular sectors		不规则状			5

续表

性状编号	星号性状	英文		中文		标准品种	代码
12.		PQ	VG		(a)(b)		
		Leaf: tertiary color		**叶：第三颜色**			
		none		无			1
		whitish		白色			2
		light green		浅绿色			3
		medium green		中等绿色			4
		dark green		深绿色			5
		yellow green		黄绿色			6
		grey green		灰绿色			7
		yellow		黄色			8
		pink		粉色		Jester's Jacket	9
		red		红色		Spring Fling	10
		purple		紫色			11
		brownish purple		棕紫色			12
		brownish		棕色			13
		reddish brown		红棕色			14
13.		PQ	VG	(+)	(a)(b)		
		Leaf: distribution of tertiary color		**叶：第三颜色分布**			
		on margin		边缘			1
		marginal zone		边缘区域			2
		central zone		中心区域			3
		intermediate zone		中间区域			4
		at sinus		凹缺处			5
		throughout		整片			6
14.		PQ	VG	(+)	(a)(b)		
		Leaf: pattern of tertiary color		**叶：第三颜色图案**			
		solid or nearly solid		均匀或近均匀			1
		flushed		晕状			2
		blotched		斑点状			3
		veined		脉状			4
		irregular sectors		不规则状			5
15.		QN	VG		(a)		
		Leaf: pubescence		**叶：茸毛**			
		absent or very weak		无或极少		Clos du Coudray	1
		weak		少		Thunder Cloud	2
		medium		中		Bremdream	3
		strong		多		Purple Passion	4
		very strong		极多			5
16.		QN	VG		(a)		
		Leaf: glossiness		**叶：光泽度**			
		absent or very weak		无或极弱		Noorthava	1
		weak		弱		Blushing Turtle	2
		medium		中		Purple Passion	3
		strong		强		Thunder Cloud	4
		very strong		极强		Clos du Coudray	5

续表

性状编号	星号性状	英文		中文		标准品种	代码
17.	(*)	**QN**	**VG**		(a)		
		Leaf: rugosity		**叶：皱褶程度**			
		absent or very weak		无或极弱		Melody	1
		weak		弱			2
		medium		中		Bremdream	3
		strong		强		Catherine Deneuve	4
		very strong		极强		Philippe Vapelle	5
18.	(*)	**QN**	**VG**	(+)	(a)(c)		
		Leaf: depth of sinus		**叶：凹缺深度**			
		absent or very shallow		无或极浅		Melody	1
		shallow		浅			3
		medium		中		Bremdream	5
		deep		深		Catherine Deneuve	7
		very deep		极深		Philippe Vapelle	9
19.		**QN**	**MG/VG**	(+)	(a)(c)		
		Leaf: width of lobe		**叶：裂片宽度**			
		very narrow		极窄		Blushing Turtle	1
		narrow		窄		Thunder Cloud	3
		medium		中		Noorthava	5
		broad		宽		Catherine Deneuve	7
		very broad		极宽			9
20.		**PQ**	**VG**	(+)	(a)(c)		
		Leaf: margin of lobe		**叶：裂片边缘**			
		diverging		分开			1
		straight		平行			2
		converging		靠拢			3
		overlapping		重叠			4
21.		**PQ**	**VG**	(+)	(a)(c)		
		Leaf: shape of lobe apex		**叶：裂片先端形状**			
		acute		锐尖			1
		obtuse		钝尖			2
		rounded		圆形			3
		truncate		平截			4
22.		**PQ**	**VG**	(+)	(a)		
		Leaf: basal lobes		**叶：基部裂片**			
		strongly diverging		显著分开			1
		moderately diverging		中度分开			2
		weakly diverging		微分开			3
		straight		平行			4
		overlapping		重叠			5
23.	(*)	**QN**	**VG**	(+)	(a)		
		Leaf: numbers of incisions of margin		**叶：边缘缺刻数量**			
		few		少			3
		medium		中			5
		many		多			7

续表

性状编号	星号性状	英文		中文		标准品种	代码
24.	(*)	**QN**	**VG**	(+)	(a)		
		Leaf: depth of incisions of margin		**叶：边缘缺刻深度**			
		shallow		浅			3
		medium		中			5
		deep		深			7
25.	(*)	**QL**	**VG**	(+)			
		Flower stem: branching habit		**花茎：分枝习性**			
		lateral branching both sides		两侧			1
		lateral branching one side only		仅一侧			2
26.		**PQ**	**VG**				
		Flower stem: color		**花茎：颜色**			
		green		绿色		Bremdream	1
		yellow green		黄绿色			2
		orange red		橙红色		Rise and Shine	3
		red		红色		Thunder Cloud	4
		purplish or brownish green		紫色或棕绿色		Blushing Turtle	5
		purple		紫色			6
		brownish purple		棕紫色		Midnightlyona	7
		reddish brown		红棕色			8
27.		**QN**	**MG/MS/VG**				
		Inflorescence: peduncle length		**花序：花梗长度**			
		short		短		Rise and Shine	3
		medium		中		Blushing Turtle	5
		long		长		Noorthava	7
28.		**QN**	**MG/MS/VG**				
		Flower: length of pedicel		**花：花梗长度**			
		short		短		Blushing Turtle	3
		medium		中		Noorthava	5
		long		长		Bremdream	7
29.	(*)	**QN**	**VG**	(+)	(d)		
		Flower: attitude		**花：姿态**			
		upwards		向上			1
		slightly outwards		微向外		Gerwat	2
		strongly outwards		显著向外		Midnightlyona	3
		dounwards		向下			4
30.	(*)	**QL**	**VG**	(+)	(d)		
		Flower: type		**花：类型**			
		single		单瓣		Gerwat	1
		double		重瓣		Gernic	2
31.	(*)	**QN**	**MG/MS/VG**		(d)		
		Flower: diameter		**花：直径**			
		small		小		Melody	3
		medium		中		Noorthava	5
		large		大		Ivan	7

续表

性状编号	星号性状	英文		中文		标准品种	代码
32.	(*)	**QN**	**VG**	(+)	(d)		
		Only varieties with flower type: single: Flower: profile in cross section		**花：横切面形状（仅适用于单瓣花类型品种）**			
		strongly concave		强内凹			1
		moderately concave		中度内凹			2
		weakly concave		微内凹			3
		flat		平			4
		weakly convex		微外凸			5
		moderately convex		中度外凸			6
		strongly convex		强外凸			7
33.	(*)	**QN**	**VG**	(+)	(d)(e)		
		Petal: arrangement		**花瓣：排列**			
		moderately separate		中度离生			1
		weakly separate		微离生			2
		touching		接触			3
		weakly overlapping		微重叠			4
		moderately overlapping		中度重叠			5
34.		**QN**	**VG**	(+)	(d)(e)		
		Petal: curvature		**花瓣：弯曲度**			
		moderately incurving		中度内弯			1
		weakly incurving		微内弯			2
		straight		平直			3
		weakly reflexing		微外翻			4
		moderately reflexing		中度外翻			5
35.	(*)	**QN**	**MG/MS/VG**		(d)(e)		
		Petal: length		**花瓣：长度**			
		short		短		Purple Passion	3
		medium		中		Midnightlyona	5
		long		长		Philippe Vapelle	7
36.	(*)	**QN**	**MG/MS/VG**		(d)(e)		
		Petal: width		**花瓣：宽度**			
		narrow		窄		Catherine Deneuve	3
		medium		中		Midnightlyona	5
		broad		宽		Ivan	7
37.	(*)	**QN**	**MG/MS/VG**	(+)	(d)(e)		
		Petal: length/width ratio		**花瓣：长宽比**			
		low		小			3
		medium		中			5
		high		大			7
38.	(*)	**PQ**	**VG**	(+)	(d)(e)		
		Petal: shape of apex		**花瓣：先端形状**			
		acute		锐尖			1
		obtuse		钝尖			2
		rounded		圆形			3
		truncate		平截			4
		cordate		心形			5
		laciniate		锯齿形			6

续表

性状编号	星号性状	英文		中文		标准品种	代码
39.	(*)	**PQ**	**VG**		**(d)(e)(f)**		
		Petal: main color		**花瓣：主色**			
		RHS Colour Chart (Indicate reference number)		RHS 比色卡 (注明参考色号)			
40.	(*)	**PQ**	**VG**	(+)	**(d)(e)(f)**		
		Petal: distribution of secondary color		**花瓣：次色分布**			
		none		无			1
		marginal zone		边缘			2
		distal quarter		远基端 1/4			3
		distal half		远基端 1/2			4
		basal half		基部 1/2			5
		basal quarter		基部 1/4			6
		at base		基部			7
		transverse band		横带			8
		throughout		整片			9
41.	(*)	**PQ**	**VG**		**(d)(e)(f)**		
		Petal: secondary color		**花瓣：次色**			
		RHS Colour Chart (Indicate reference number)		RHS 比色卡 (注明参考色号)			
42.		**PQ**	**VG**	(+)	**(d)(e)(f)**		
		Petal: pattern of secondary color		**花瓣：次色图案**			
		solid or nearly solid		均匀近均匀			1
		flushed		晕状			2
		speckled and striped		斑点状和条纹状			3
43.		**PQ**	**VG**	(+)	**(d)(e)(f)**		
		Petal: distribution of tertiary color		**花瓣：第三颜色分布**			
		none		无			1
		marginal zone		边缘			2
		distal quarter		远基端 1/4			3
		basal quarter		基部 1/4			4
		at base		基部			5
		transverse band		中部横带			6
		throughout		整片			7
44.		**PQ**	**VG**		**(d)(e)(f)**		
		Petal: tertiary color		**花瓣：第三颜色**			
		RHS Colour Chart (Indicate reference number)		RHS 比色卡 (注明参考色号)			
45.		**PQ**	**VG**	(+)	**(d)(e)(f)**		
		Petal: pattern of tertiary color		**花瓣：第三颜色图案**			
		solid or nearly solid		均匀近均匀			1
		flushed		晕状			2
		speckled and striped		斑点状和条纹状均等			3

续表

性状编号	星号性状	英文		中文		标准品种	代码
46.	(*)	**QN**	**VG**	(+)	**(d)(e)**		
		Petal: conspicuousness of veins		**花瓣：脉明显程度**			
		very weak		极弱			1
		weak		弱			2
		medium		中			3
		strong		强			4
		very strong		极强			5
47.		**PQ**	**VG**	(+)	**(d)(e)**		
		Petal: distribution of conspicuousness veins		**花瓣：明显脉分布**			
		distal quarter		远基端 1/4			1
		distal half		远基端 1/2			2
		distal three quarter		远基端 3/4			3
		middle part		中部			4
		basal three quarter		基部 3/4			5
		basal half		基部 1/2			6
		basal quarter		基部 1/4			7
		throughout		整片			8
48.	(*)	**PQ**	**VG**	(+)	**(d)(e)**		
		Petal: color of veins		**花瓣：叶脉颜色**			
		light pink		浅粉色			1
		medium pink		中等粉色			2
		dark pink		深粉色			3
		red		红色			4
		light red purple		浅红紫色			5
		medium red purple		中等红紫色			6
		dark red purple		深红紫色			7
		light purple		浅紫色			8
		medium purple		中等紫色			9
		dark purple		深紫色			10
		violet blue		紫蓝色			11
		blue		蓝色			12
		blackish		黑色			13

8 性状表解释

8.1 涉及多个性状的解释

盛花期进行观测。

性状表中有以下标注的性状应按照下述要求观测。

（a）观测花茎中部 1/3 处完全展开叶，不包含花序。

（b）观测时，忽略叶茸毛颜色。主色指面积最大的颜色，次色面积第二大，第三颜色面积第三大。若两者颜色面积相近难以确定哪个颜色面积最大，以颜色较深者为主色。

（c）观测顶部裂片。若无法区分顶部裂片，观测与叶柄着生点直接相对的裂片。

（d）观测新的完全开放花。

（e）观测重瓣品种外轮花瓣。

（f）观测内侧叶脉颜色之外的颜色。主色指面积最大的颜色，次色面积第二大，第三颜色面积第三大。若两者颜色面积相近难以确定哪个颜色面积最大，以颜色较深者为主色。指南中有三种颜色，若超过三种颜色，面积最小的颜色忽略不计。

8.2 对单个性状的解释

性状 1：植株生长习性

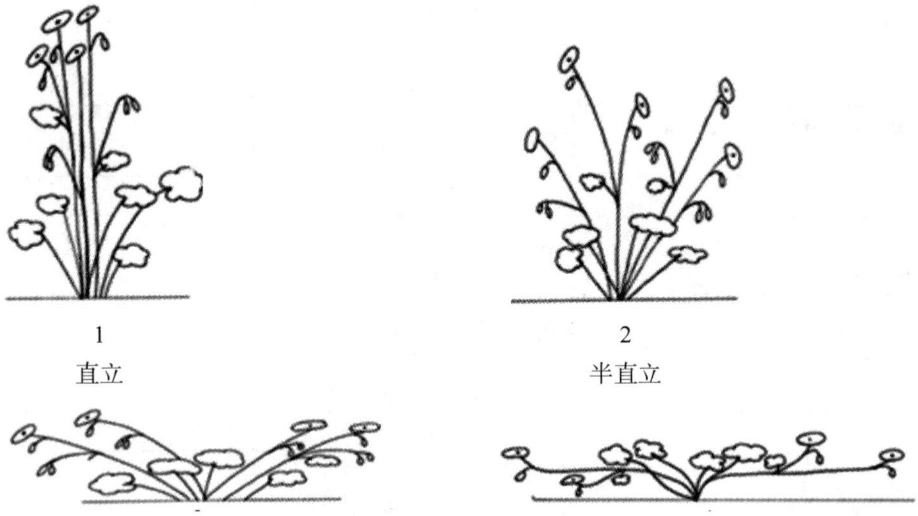

1 直立　2 半直立　3 散开　4 水平

性状 4：茎节间长度

观测茎 1/3 的中部。

性状 5：叶长度

观测叶最低点至最高点长度。

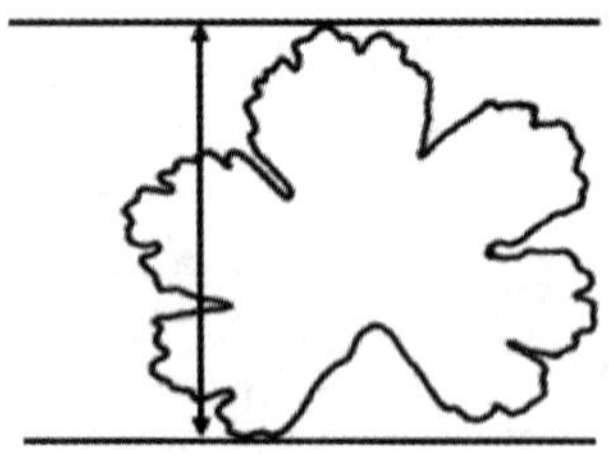

性状 6：叶宽度

观测叶最宽处。

性状 7：叶长宽比

2 小　3 中　4 大

性状 10：叶次色分布

1
边缘

2
边缘区域

3
中心区域

4
中间区域

5
凹缺处

6
整片

性状 11：叶次色图案

1
均匀或近均匀

2
晕状

3
斑点状

4
脉状

5
不规则状

性状 13：叶第三颜色分布

见性状 10。

性状 14：叶第三颜色图案

见性状 11。

性状 18：叶凹缺深度

1 无或极浅　3 浅　5 中　7 深　9 极深

性状 19：叶裂片宽度

性状 20：叶裂片边缘

1 分开　2 平行　3 靠拢　4 重叠

性状 21：叶裂片先端形状

1 锐尖　2 钝尖　3 圆形　4 平截

性状 22：叶基部裂片

1
显著分开

2
中度分开

3
微分开

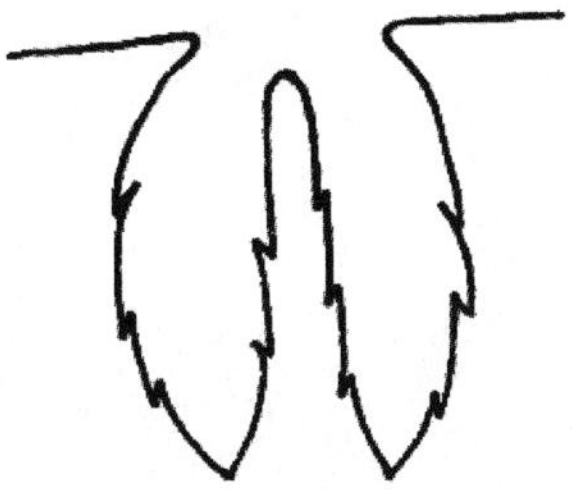

4
平行

5
重叠

性状 23：叶边缘缺刻数量

3
少

5
中

7
多

性状 24：叶边缘缺刻深度

3
浅

5
中

7
深

性状 25：花茎分枝习性

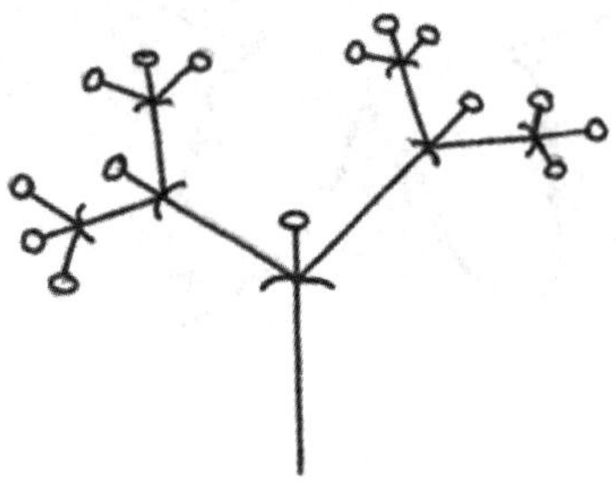

1
两侧

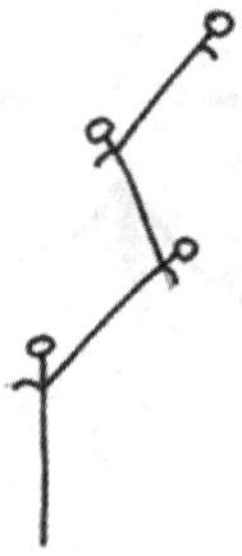

2
仅一侧

性状 29：花姿态

1
向上

2
微向外

3
显著向外

4
向下

性状 30：花类型

单瓣 1 轮包含 5 个花瓣，重瓣包含 1 轮以上花瓣或者花瓣外的瓣状器官。

1
单瓣

2
重瓣

性状 32：花横切面形状（仅适用于单瓣花类型品种）

1
强内凹

2
中度内凹

3
微内凹

4
平

5
微外凸

6
中度外凸

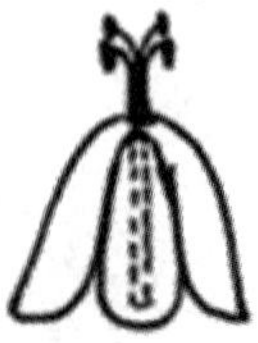

7
强外凸

性状 33：花瓣排列

1 中度离生　2 微离生　3 接触　4 微重叠　5 中度重叠

性状 34：花瓣弯曲度

1 中度内弯　2 微内弯　3 平直　4 微外翻　5 中度外翻

性状 37：花瓣长宽比

3 小　5 中　7 大

性状 38：花瓣先端形状

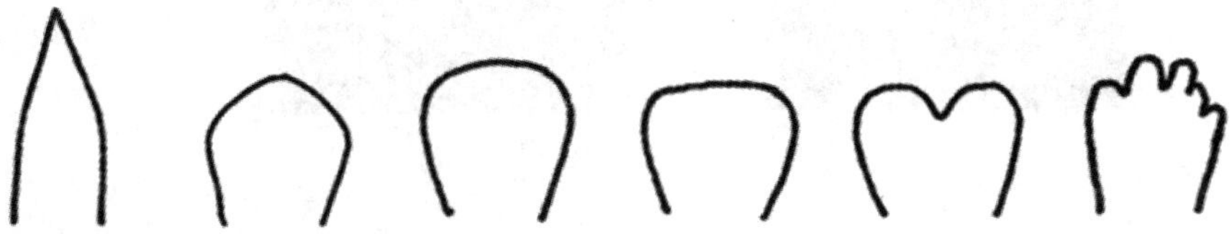

1 锐尖　2 钝尖　3 圆形　4 平截　5 心形　6 锯齿形

性状 40：花瓣次色分布

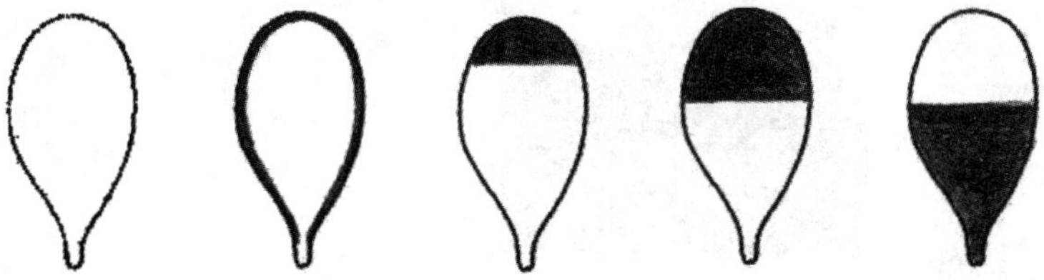

1 无　2 边缘　3 远基端 1/4　4 远基端 1/2　5 基部 1/2

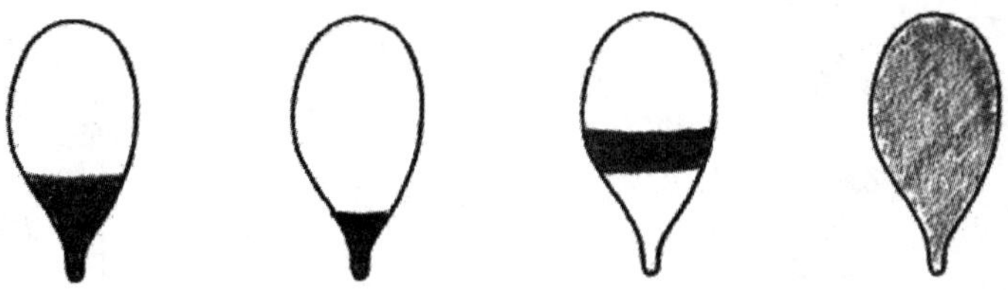

6 基部 1/4　7 基部　8 横带　9 整片

性状 42：花瓣次色图案

1 均匀或近均匀　　2 晕状　　3 斑点状和条纹状

性状 43：花瓣第三颜色分布

见性状 40。

性状 45：花瓣第三颜色图案

见性状 42。

性状 46：花瓣脉明显程度

花瓣颜色与叶脉颜色的对比度。对比度越大，叶脉颜色越明显。

1 极弱　　2 弱　　3 中

4 强　　5 极强

性状 47：花瓣明显脉分布

该性状仅适用于脉明显程度（性状 46）为弱或弱以上的情况。仅观测脉明显的部分。

1 远基端 1/4　2 远基端 1/2　3 远基端 3/4　4 中部

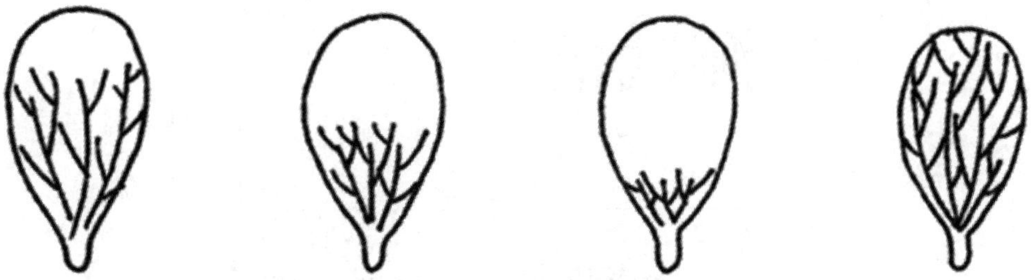

5 基部 3/4　6 基部 1/2　7 基部 1/4　8 整片

性状 48：花瓣叶脉颜色

该性状仅适用于脉明显程度（性状 46）为弱或弱以上情况。仅观测脉明显的部分。

扫码下载原文

如扫描二维码无法下载指南原文，可能是指南版本有更新，可扫描本书封底二维码查看与本文对应的指南版本

TG/331/1
原文： 英文
日期： 2019-10-29

国际植物新品种保护联盟
植物品种特异性、一致性和稳定性
测试指南

金盏花属

UPOV 代码：CALEN

（*Calendula* L.）

互用名称 *

植物学名称	英文	法文	德文	西班牙文
Calendula L.	Calendual	Calendual	Ringelblume	Caléndual, Mercadela

* 这些名称在指南开始使用时是正确的，但随后可能会修改更新。读者可登录 UPOV 网站（www.upov.int），获取最新资料。

1 指南适用范围

本指南适用于金盏花属（*Calendula* L.）的所有品种。

2 繁殖材料要求

2.1 待测品种繁殖材料的数量和质量要求以及提交的时间和地点由审批机构决定。申请人从测试所在国境外提交繁殖材料的，还应符合海关规定并满足相关植物检疫的要求。

2.2 繁殖材料以种子或带根扦插苗的形式提交。

2.3 申请人提交繁殖材料的最小数量应为：种子繁殖品种为足够长成 30 个植株的种子量；无性繁殖品种为 15 株带根扦插苗。

繁殖材料为种子时，提交的种子应满足审批机关规定的发芽率、纯度、健康和含水量等最低要求。当种子用于保藏时，申请人应尽可能提供发芽率高的种子并注明发芽率。

2.4 提供的繁殖材料应外观健康有活力，未受到任何严重病虫害的影响。

2.5 提交的繁殖材料不得进行任何可能影响品种性状表达的处理，除非审批机构允许或要求进行这种处理。如果材料已经处理，必须提供相关处理的详细说明。

3 测试方法

3.1 生长周期

测试的最少周期数量通常为 1 个生长周期。

3.2 测试地点

测试通常在 1 个地点进行。在 1 个以上地点进行测试时，TGP/9《特异性测试》提供了有关指导。

3.3 测试条件

3.3.1 测试的条件应能满足品种正常生长的需要，以确保品种相关性状充分表达和测试的顺利开展。

3.3.2 由于日光变化的原因，在利用比色卡确定颜色时，应在一个合适的有人工光源照明的小室或中午无阳光直射的房间内进行。人工光源光谱分布应符合 CIE“理想日光标准 D6500”，且在《英国标准 950：第 1 部分》的允许范围之内。观测应将植株部位置于白背景下进行，品种描述中应指出比色卡及版本。

3.4 试验设计

3.4.1 对于种子繁殖品种，每个试验应保证至少有 30 个植株。

3.4.2 对于无性繁殖品种，每个试验应保证至少有 15 个植株。

3.5 附加测试

为测试有关性状，可以进行附加测试。

4 特异性、一致性和稳定性测试

4.1 特异性

4.1.1 一般建议

对于本指南的使用者而言，在判定特异性前参照总则特异性判定的一般原则十分重要。但为进一步说明和强调特异性判定，本指南特列出特异性判定的要点。

4.1.2 一致的差异

当观测到的品种之间的差异非常明显时，则没有必要种植 1 个以上生长周期。此外，在某些情况

下，环境的影响并不意味着需要 1 个以上的生长周期来保证品种间观测到的差异是足够一致的。为确保在种植试验中所观测到的性状差异是足够一致的，可以对性状进行至少 2 个独立生长周期的测试。

4.1.3 明显的差异

两个品种间的差异是否明显取决于很多因素，特别应考虑所测性状的表达类型，即该性状是质量性状、数量性状还是假质量性状。因此，在作出关于特异性的判定前，本测试指南的使用者应熟悉总则中的建议。

4.1.4 植株 / 植株部位的观测数量

对于种子繁殖品种，除非另有说明，在判定特异性时，对于单株的观测，应观测 20 个植株或分别从 20 个植株取下的植株部位；对于其他观测，应观测试验中的所有植株，观测时应将异型株排除在外。

对于无性繁殖品种，除非另有说明，在判定特异性时，对于单株的观测，应观测 10 个植株或分别从 10 个植株取下的植株部位；对于其他观测，应观测试验中的所有植株，观测时应将异型株排除在外。

4.1.5 观测方法

性状表第二列以如下符号（见 TGP/9《特异性测试》第 4 部分“性状观测”）的形式列出了特异性判定时推荐的性状观测方法。

MG：对一批植株或植株部位进行单次测量。

MS：对一定数量的植株或植株部位进行逐一测量。

VG：对一批植株或植株部位进行单次目测。

VS：对一定数量的植株或植株部位进行逐一目测。

观测类型：目测（V）或测量（M）。

目测（V）是一种基于专家判断的观测方法。本文中的目测是指专家的感官观测，因此，也包括闻、尝和触摸。目测也包括专家使用参照物（例如图表，标准品种，并排比较）或非线性的图表（例如比色卡）的观测。测量（M）是一种基于校准的、线性尺度的客观观测，例如使用尺、秤、色度计、日期和计数等进行观测。

记录类型：群体记录（G）或个体记录（S）。

以特异性为目的的观测，可被记录为一批植株或植株部位的单个记录（G），或者记录为一定数量的单个植株或植株部位的个体记录（S）。多数情况下，群体记录为一个品种提供一个单个记录，因此不可能或者不必要通过逐个植株的统计分析来判定特异性。

如果性状表中提供了不止一种观测方法（如 VG/MG），可以参考 TGP/9《特异性测试》的 4.2 部分选择合适的观测方法。

4.2 一致性

4.2.1 对于本指南的使用者而言，在判定一致性前参照总则一致性判定的一般原则十分重要。但为进一步说明和强调一致性判定，本指南特列出一致性判定的要点。

4.2.2 本指南适用于异花授粉种子繁殖和无性繁殖品种。对于其他繁殖类型的品种，应参照总则和 TGP/13《新的植物类型和种的指导》的 4.5 部分一致性测试。

4.2.3 异花授粉品种一致性判定应参考总则中异花品种的建议。

4.2.4 对于无性繁殖品种一致性判定，应采用 1% 的群体标准和至少 95% 的接受概率。当样本量为 15 个时，允许有 1 个异型株。

4.3 稳定性

4.3.1 在实际操作中，通常不像测试特异性和一致性那样对稳定性进行测试以得到明确结果。经验表明，对许多类型的品种来说，当一个品种表现一致时，可认为其是稳定的。

4.3.2 适当情况下或者有疑问时，稳定性的测试通过测试一批新的种子或植株，看其性状是否与之前提交的材料表现相同。

5 品种分组和试验组织

5.1 使用分组性状可以帮助选择与申请品种一起进行田间种植试验的已知品种，以及对这些品种进行合适分组以便进行特异性测试。

5.2 分组性状表达状态的数据即使来自不同地点，也可以单独或者与其他此类性状联合使用。

（a）用于特异性测试中筛选排除那些不需要安排在种植试验中的已知品种。

（b）用于组织安排种植试验，使近似品种种植在一起。

5.3 以下性状已被确认为有用的分组性状。

（a）植株：生长习性（性状 1）。

（b）头状花序：类型（性状 14）。

（c）舌状小花：上表面主色（性状 23），有如下分组。

第一组：白色。

第二组：淡黄色。

第三组：中等黄色和深黄色。

第四组：黄橙色。

第五组：橙色。

第六组：橙红色。

（d）花心：类型（性状 33）。

（e）花心：主色（性状 35）。

5.4 总则和 TGP/9《特异性测试》中提供了在特异性审查过程中使用分组性状的指导。

6 性状表介绍

6.1 性状类型

6.1.1 标准指南性状

标准指南性状是 UPOV 已同意用于 DUS 审查的性状，UPOV 成员可以从中选择与其特定环境相适应的性状。

6.1.2 星号性状

星号性状（用“*”标记）是测试指南中对于形成国际统一的品种描述十分重要的性状，所有 UPOV 成员都应将其用于 DUS 测试，并包含在品种描述中，除非前序性状的表达状态或区域环境条件所限使其无法测试。

6.2 表达状态及相应代码

6.2.1 为定义性状和统一描述，将每个性状划分为一系列表达状态。每个表达状态赋予一个相应的数字代码，以便于数据记录，以及品种性状描述的建立和交流。

6.2.2 对于质量性状和假质量性状（6.3），性状表中列出了所有表达状态。但对于有 5 个或 5 个以上表达状态的数量性状，可以采用缩略尺度的方法，以缩短性状表格。例如，对于有 9 个表达状态的数量性状，在测试指南的性状表中可采用以下缩略形式。

表达状态	代码
小	3
中	5
大	7

但是应该指出的是，以下 9 个表达状态都是存在的，应采用适宜的表达状态用于品种的描述。

表达状态	代码
极小	1
极小到小	2
小	3
小到中	4
中	5
中到大	6
大	7
大到极大	8
极大	9

6.2.3 TGP/7《测试指南的研制》中提供了表达状态和代码的更详尽的介绍。

6.3 表达类型

总则中对性状表达类型（质量性状、数量性状和假质量性状）进行了解释。

6.4 标准品种

适当时，标准品种用于明确每一性状不同表达状态。

6.5 注释

性状编号	星号性状	英文		中文		标准品种	代码
1	2	3	4	5	6		
		Name of characteristics in English		**性状名称**			
		states of expression		表达状态			

表中 1 为性状编号。
表中 2 为（*）星号性状（6.1.2）。
表中 3 为表达类型：
QL：质量性状（6.3）。
QN：数量性状（6.3）。
PQ：假质量性状（6.3）。
表中 4 为观测方法（和小区类型）：MG、MS、VG、VS（4.1.5）。
表中 5 为（+）（8.2 性状表解释）。
表中 6 为（a）～（e）（8.1 性状表解释）。

7 性状表

性状编号	星号性状	英文		中文	标准品种	代码
1.	（*）	**QN**	**VG**	（+）		
		Plant: growth habit		**植株：生长习性**		
		upright		直立	Princess Golden	1
		Semi-upright		半直立	Orange Gem	2
		horizontal		水平	Winter Sun	3

续表

性状编号	星号性状	英文		中文		标准品种	代码
2.	(*)	**QN**	**MS/VG**	(+)			
		Plant: height		**植株：高度**			
		short		矮		Orange Gem	3
		medium		中		Sunset Buff	5
		tall		高		Princess Golden	7
3.	(*)	**QN**	**MG/MS/VG**	(+)			
		Plant: width		**植株：宽度**			
		narrow		窄		Alice Orange	3
		medium		中		Orange Gem	5
		broad		宽		Princess Golden	7
4.		**QN**	**MG/MS/VG**	(+)			
		Primary lateral shoot: length		**一级侧枝：长度**			
		short		短		Orange Gem	3
		medium		中		Sunset Buff	5
		tall		长		Princess Golden	7
5.		**QN**	**MS/VG**	(+)			
		Primary lateral shoot: length of internode		**一级侧枝：节间长度**			
		very short		极短		Alice Orange	1
		short		短		Orange Gem	2
		medium		中			3
		long		长		Princess Golden	4
		very long		极长			5
6.	(*)	**QN**	**MG/MS/VG**	(+)	(a)		
		Leaf: length		**叶：长度**			
		short		短		Fuyushirazu	3
		medium		中		Alice Orange	5
		long		长		Orange Gem	7
7.	(*)	**QN**	**MG/MS/VG**	(+)	(a)		
		Leaf: width		**叶：宽度**			
		narrow		窄		Fuyushirazu	3
		medium		中		Alice Orange	5
		broad		宽		Orange Gem	7
8.	(*)	**PQ**	**VG**	(+)	(a)		
		Leaf: shape		**叶：形状**			
		oblong		长圆形		Alice Orange	1
		oblanceolate		倒披针形		Sunset Buff	2
		spatulate		匙形		Princess Golden	3
9.		**PQ**	**VG**	(+)	(a)		
		Leaf: shape of apex		**叶：先端形状**			
		acute		锐尖		Gladden Orange Eye	1
		obtuse		钝尖			2
		rounded		圆形		Orange Gem	3

续表

性状编号	星号性状	英文		中文		标准品种	代码
10.		QN	VG		(a)		
		Leaf: intensity of green color of upper side		**叶：上表面绿色程度**			
		light		浅		Lemon Daisy	1
		medium		中		Orange Gem	2
		dark		深		Orea Neo	3
11.		QN	MS/VG	(+)			
		Primary lateral shoot: number of flower heads		**一级侧枝：头状花序数量**			
		very few		极少			1
		few		少		Princess Golden	2
		medium		中		Orange Gem	3
		many		多			4
		very many		极多		Orea Neo	5
12.		QN	MS/VG	(+)			
		Peduncle: length		**花梗：长度**			
		short		短		Orange Gem	3
		medium		中		Oren	5
		long		长		Princess Golden	7
13.		QN	VG	(+)	(b)		
		Involucre: diameter		**总苞：直径**			
		very small		极小		Fuyushirazu	1
		small		小			2
		medium		中		Orange Gem	3
		large		大		Princess Golden	4
		Very large		极大			5
14.	(*)	PQ	VG	(+)	(b)		
		Flower head: type		**头状花序：类型**			
		single		单瓣		Fuyushirazu	1
		semi-double		半重瓣		Sunset Buff	2
		double		重瓣		Orange Gem	3
15.	(*)	QN	MG/MS/VG		(b)		
		Flower head: diameter		**头状花序：直径**			
		small		小		Madoka Almond Milk	3
		medium		中		Lemon Daisy	5
		large		大		Princess Golden	7
16.	(*)	QN	MG/MS/VG		(b)		
		Only varieties with flower head: type: semi-double and double: Flower head: number of ray florets		**头状花序：舌状小花数量（仅适用于半重瓣和重瓣品种）**			
		few		少		Lemon Daisy	3
		medium		中		Orange Gem	5
		many		多		Alice Orange	7

续表

性状编号	星号性状	英文		中文		标准品种	代码
17.		**QN**	**VG**	（+）	**（b）（c）**		
		Ray floret：attitude of basal part		**舌状小花：基部着生姿态**			
		upward		向上		Orea Neo	1
		horizontal		水平		Orange Gem	2
		downward		向下			3
18.	（*）	**QN**	**MG/MS/VG**		**（b）（c）**		
		Ray floret：length		**舌状小花：长度**			
		short		短		Madoka Orange Baukuchen	3
		medium		中		Sunset Buff	5
		long		长		Princess Golden	7
19.	（*）	**QN**	**MG/MS/VG**		**（b）（c）**		
		Ray floret：width		**舌状小花：宽度**			
		very narrow		极窄		Madoka Orange Baukuchen	1
		narrow		窄			2
		medium		中		Alice Orange	3
		broad		宽		Princess Golden	4
		very broad		极宽			5
20.		**QN**	**MS/VG**	（+）	**（b）（c）**		
		Ray floret：ratio length/width		**舌状小花：长宽比**			
		very low		极小		Gladden Orange Eye	1
		low		小		Orange Gem	2
		medium		中			3
		high		大		Madoka Almond Milk	4
		very high		极大			5
21.		**QN**	**VG**	（+）	**（b）（c）**		
		Ray floret：longitudinal axis		**舌状小花：纵轴**			
		moderately incurved		中度内弯		Sunset Buff	1
		weakly incurved		微内弯			2
		straight		直		Orea Neo	3
		weakly reflexed		微外翻			4
		moderately reflexed		中度外翻			5
22.		**QN**	**VG**	（+）	**（b）（c）**		
		Ray floret：profile in cross section		**舌状小花：横切面形状**			
		moderately concave		中度凹			1
		weakly concave		微凹		Neon	2
		flat		平			3
		weakly convex		微凸			4
		moderately convex		中度凸		Orange Porcupine	5
23.	（*）	**PQ**	**VG**		**（b）（c）（d）**		
		Ray floret：main color of upper side		**舌状小花：上表面主色**			
		RHS Colour Chart （Indicate reference number）		RHS 比色卡 （注明参考色号）			

续表

性状编号	星号性状	英文		中文		标准品种	代码
24.	(*)	PQ	VG		(b)(c)(d)		
		Ray floret: secondary color of upper side		**舌状小花：上表面次色**			
		RHS Colour Chart (Indicate reference number)		RHS 比色卡（注明参考色号）			
25.	(*)	PQ	VG	(+)	(b)(c)(d)		
		Ray floret: distribution of secondary color of upper side		**舌状小花：上表面次色分布**			
		none		无			1
		basal quarter		基部 1/4			2
		basal half		基部 1/2			3
		distal half		远基端 1/2			4
		distal quarter		远基端 1/4			5
		tip		尖端			6
		band		中间横条			7
26.	(*)	PQ	VG		(b)(c)(d)		
		Ray floret: tertiary color of upper side		**舌状小花：上表面第三颜色分布**			
		RHS Colour Chart (Indicate reference number)		RHS 比色卡（注明参考色号）			
27.	(*)	PQ	VG	(+)	(b)(c)(d)		
		Ray floret: distribution of tertiary color of upper side		**舌状小花：上表面第三颜色分布**			
		none		无			1
		basal quarter		基部 1/4			2
		distal quarter		远基端 1/4			3
		tip		尖端			4
		band		中间横条			5
28.	(*)	PQ	VG		(b)(c)(d)		
		Ray floret: main color of lower side		**舌状小花：下表面主色**			
		RHS Colour Chart (Indicate reference number)		RHS 比色卡（注明参考色号）			
29.	(*)	PQ	VG		(b)(c)(d)		
		Ray floret: secondary color of lower side		**舌状小花：下表面次色**			
		RHS Colour Chart (Indicate reference number)		RHS 比色卡（注明参考色号）			
30.	(*)	PQ	VG	(+)	(b)(c)(d)		
		Ray floret: distribution of secondary color of lower side		**舌状小花：下表面次色分布**			
		none		无			1
		basal quarter		基部 1/4			2
		basal half		基部 1/2			3
		distal half		远基端 1/2			4
		distal quarter		远基端 1/4			5
		tip		尖端			6
		band		中间横条			7

续表

性状编号	星号性状	英文	中文	标准品种	代码
31.		**PQ** **VG**	(b)(c)(d)		
		Ray floret: tertiary color of lower side	**舌状小花：下表面第三颜色**		
		RHS Colour Chart (Indicate reference number)	RHS 比色卡（注明参考色号）		
32.		**PQ** **VG**	(+) (b)(c)(d)		
		Ray floret: distribution of tertiary color of lower side	**舌状小花：下表面第三颜色分布**		
		none	无		1
		basal quarter	基部 1/4		2
		distal quarter	远基端 1/4		3
		tip	尖端		4
		band	中间横条		5
33.	(*)	**QL** **VG**	(+) (b)(e)		
		Disc: type	**花心：类型**		
		daisy	非托桂型	Orange Gem	1
		anemone	托桂型	Princess Golden	2
34.	(*)	**QN** **MG/MS/VG**	(+) (b)(e)		
		Disc: diameter	**花心：直径**		
		absent or very small	无或极小		1
		small	小	Madoka Almond Milk	3
		medium	中	Lemon Daisy	5
		large	大	CL Tsunoda ATYB1	7
		very large	极大		9
35.	(*)	**QN** **MG/MS/VG**	(+) (b)(e)		
		Disc: main color	**花心：主色**		
		green	绿色		1
		yellow	黄色		2
		orange	橙色		3
		reddish purple	红紫色		4
		dark purple	深紫色		5
		brown	棕色		6
36.		**QN** **MG/VG**	(+)		
		Only seed-propagated varieties: Time of beginning of flowering	**始花期（仅适用于种子繁殖品种）**		
		early	早	Gladden Orange Eye	3
		medium	中	Princess Golden	5
		late	晚		7

8 性状表解释

8.1 涉及多个性状的解释

除非另有说明，所有观测应在 50% 的一级侧枝末端头状花序完全盛开时进行。

性状表中有以下标注的性状应按照下述要求观测。

（a）观测一级侧枝中部 1/3 处发育完全的叶。

（b）观测应在一级侧枝末端头状花序的 2～3 外轮花心小花花药开裂时进行。若未见花心，观测应在末端头状花序完全盛开且开始褪色前进行。

（c）观测最外轮舌状小花。

（d）主色指面积最大的颜色，次色面积第二大，第三颜色面积第三大。若主色和次色面积相近难以确定哪个颜色面积最大，以颜色较深者为主色。次色和第三颜色面积相近难以确定哪个颜色面积第二大，以颜色较深者为次色。

（e）仅在花心可见时进行观测。

8.2 对单个性状的解释

性状 1：植株生长习性

可以种植在地里或者花盆里，盆栽时，代码 3 的生长习性可能比水平下垂。

1 直立　　2 半直立　　3 水平

性状 2：植株高度

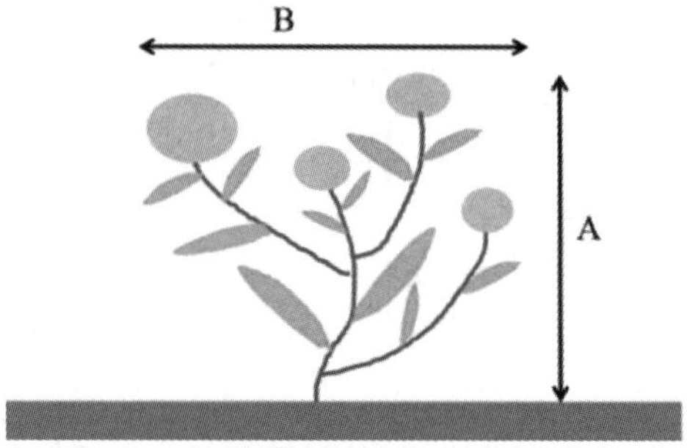

A—植株高度；B—植株宽度。

性状 3：植株宽度

见性状 2。

性状 4：一级侧枝长度。

观测最长一级侧枝。

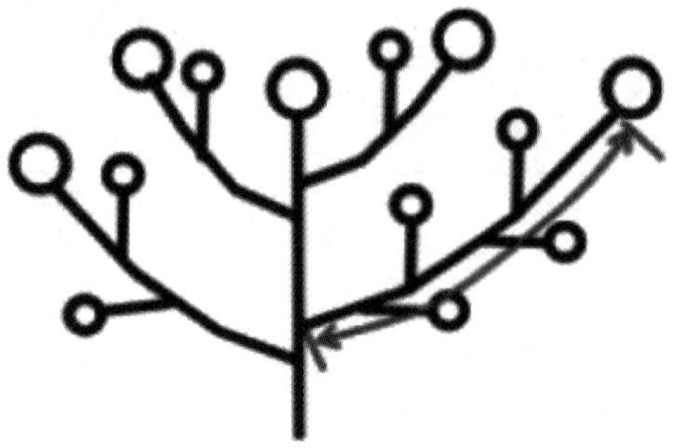

性状 5：一级侧枝节间长度

观测最长一级侧枝中间位置的节间。

性状 6：叶长度

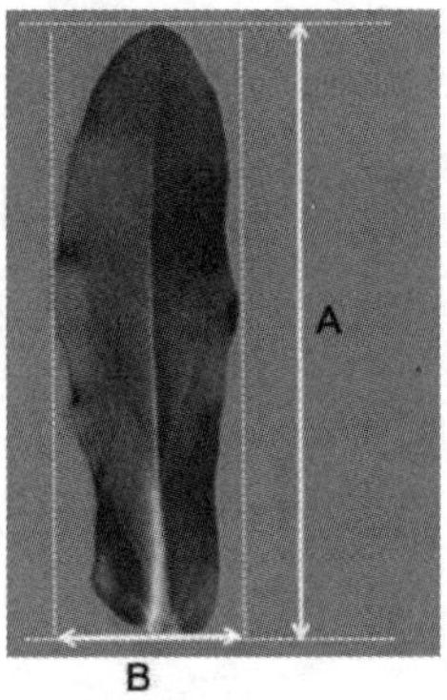

A—叶长度；B—叶宽度。

性状 7：叶宽度

见性状 6。

性状 8：叶形状

1 长圆形　2 倒披针形　3 匙形

性状 9：叶先端形状

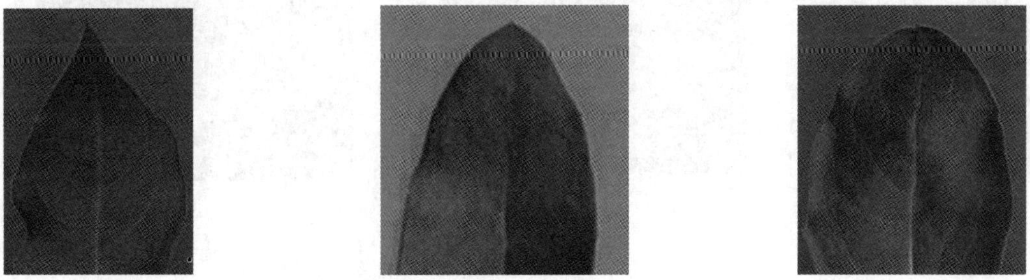

1 锐尖　2 钝尖　3 圆形

性状 11：一级侧枝头状花序数量

头状花序数量包括花蕾、开放的花及凋谢的花。观测最长一级侧枝。

性状 12：花梗长度

性状 13：总苞直径

性状 14：头状花序类型

1
单瓣

2
半重瓣

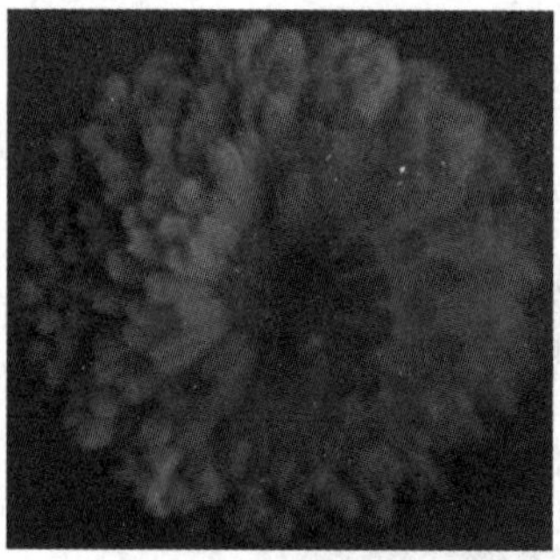

3
重瓣

代码 1 单瓣为头状花序有 1 轮舌状小花，代码 2 半重瓣为头状花序有 2 或 3 轮舌状小花，代码 3 重瓣为头状花序有 4 轮及以上舌状小花。

性状 17：舌状小花基部着生姿态

1
向上

2
水平

3
向下

性状 20：舌状小花长宽比

1	3	5
极小	中	极大

性状 21：舌状小花纵轴

1	2	3	4	5
中度内弯	微内弯	直	微外翻	中度外翻

性状 22：舌状小花横切面形状
观测中间位置。
性状 25：舌状小花上表面次色分布

1	2	3	4	5	6	7
无	基部 1/4	基部 1/2	远基端 1/2	远基端 1/4	尖端	中间横条

性状 27：舌状小花上表面第三颜色分布

1	2	3	4	5
无	基部 1/4	远基端 1/4	尖端	中间横条

性状 30：舌状小花下表面次色分布

见性状 25。

性状 32：舌状小花下表面第三颜色分布

见性状 27。

性状 33：花心类型

非托桂型花心有小的小花。

托桂型花心有大的花瓣状或管状小花。

1
非托桂型

2
托桂型

性状 34：花心直径

非托桂型

托桂型

性状 35：花心主色

当 2～3 外轮花心小花花药开裂时观测花心中间部位。

性状 36：始花期（仅适用于种子繁殖品种）

50% 的植株第一个头状花序完全盛开的时间。

TG/333/1
原文：英文
日期：2019-10-29

国际植物新品种保护联盟
植物品种特异性、一致性和稳定性
测试指南

勋章菊属

UPOV 代码：GAZAN

（*Gazania* Gaertn.）

互用名称 *

植物学名称	英文	法文	德文	西班牙文
Gazania Gaertn.	Gazania, Treasure Flower	Gazania	Gazania	Gazania

* 这些名称在指南开始使用时是正确的，但随后可能会修改更新。读者可登录 UPOV 网站（www.upov.int），获取最新资料。

1 指南适用范围

本指南适用于勋章菊属（*Gazania* Gaertn.）的所有品种。

2 繁殖材料要求

2.1 待测品种繁殖材料的数量和质量要求以及提交的时间和地点由审批机构决定。申请人从测试所在国境外提交繁殖材料的，还应符合海关规定并满足相关植物检疫的要求。

2.2 繁殖材料以植株的形式提供，能够在第一个生长周期中表达该品种所有性状特征。

2.3 申请人提交繁殖材料的最小数量应为 10 个植株。

2.4 提供的繁殖材料应外观健康有活力，未受到任何严重病虫害的影响。

2.5 提交的繁殖材料不得进行任何可能影响品种性状表达的处理，除非审批机关允许或要求进行这种处理。如果材料已经处理，必须提供相关处理的详细说明。

3 测试方法

3.1 生长周期

3.1.1 测试的最少周期数量通常为 1 个生长周期。

3.1.2 审批机关确认测试结果，该品种观测结束。

3.2 测试地点

测试通常在 1 个地点进行。在 1 个以上地点进行测试时，TGP/9《特异性测试》提供了有关指导。

3.3 测试条件

3.3.1 测试的条件应能满足品种正常生长的需要，以确保品种相关性状充分表达和测试的顺利开展。

3.3.2 由于日光变化的原因，在利用比色卡确定颜色时，应在一个合适的有人工光源照明的小室或中午无阳光直射的房间内进行。人工光源光谱分布应符合 CIE“理想日光标准 D6500”，且在《英国标准 950：第 1 部分》的允许范围之内。观测应将植株部位置于白背景下进行，品种描述中应指出比色卡及版本。

3.4 试验设计

每个测试应保证至少有 10 个植株。

3.5 附加测试

为测试有关性状，可以进行附加测试。

4 特异性、一致性和稳定性测试

4.1 特异性

4.1.1 一般建议

对于本指南的使用者而言，在判定特异性前参照总则特异性判定的一般原则十分重要。但为进一步说明和强调特异性判定，本指南特列出特异性判定的要点。

4.1.2 一致的差异

当观测到的品种之间的差异非常明显时，则没有必要种植 1 个以上生长周期。此外，在某些情况下，环境的影响并不意味着需要 1 个以上的生长周期来保证品种间观测到的差异是足够一致的。为确保在种植试验中所观测到的性状差异是足够一致的，可以对性状进行至少 2 个独立生长周期的测试。

4.1.3 明显的差异

两个品种间的差异是否明显取决于很多因素，特别应考虑所测性状的表达类型，即该性状是质量性状、数量性状还是假质量性状。因此，在作出关于特异性的判定前，本测试指南的使用者应熟悉总则中的建议。

4.1.4 植株 / 植株部位的观测数量

除非另有说明，在判定特异性时，对于单株的观测，应观测 9 个植株或分别从 9 个植株取下的植株部位；对于其他观测，应观测试验中的所有植株，观测时应将异型株排除在外。

4.1.5 观测方法

性状表第二列以如下符号（见 TGP/9《特异性测试》第 4 部分“性状观测”）的形式列出了特异性判定时推荐的性状观测方法。

MG：对一批植株或植株部位进行单次测量。

MS：对一定数量的植株或植株部位进行逐一测量。

VG：对一批植株或植株部位进行单次目测。

VS：对一定数量的植株或植株部位进行逐一目测。

观测类型：目测（V）或测量（M）。

目测（V）是一种基于专家判断的观测方法。本文中的目测是指专家的感官观测，因此，也包括闻、尝和触摸。目测也包括专家使用参照物（例如图表，标准品种，并排比较）或非线性的图表（例如比色卡）的观测。测量（M）是一种基于校准的、线性尺度的客观观测，例如使用尺、秤、色度计、日期和计数等进行观测。

记录类型：群体记录（G）或个体记录（S）。

以特异性为目的的观测，可被记录为一批植株或植株部位的单个记录（G），或者记录为一定数量的单个植株或植株部位的个体记录（S）。多数情况下，群体记录为一个品种提供一个单个记录，因此不可能或者不必要通过逐个植株的统计分析来判定特异性。

如果性状表中提供了不止一种观测方法（如 VG/MG），可以参考 TGP/9《特异性测试》的 4.2 部分选择合适的观测方法。

4.2 一致性

4.2.1 对于本指南的使用者而言，在判定一致性前参照总则一致性判定的一般原则十分重要。但为进一步说明和强调一致性判定，本指南特列出一致性判定的要点。

4.2.2 本指南适用于无性繁殖品种。对于其他繁殖类型的品种，应参照总则和 TGP/13《新类型和种的指导》的 4.5 部分一致性测试。

4.2.3 对于无性繁殖品种一致性判定，应采用 1% 的群体标准和至少 95% 的接受概率。当样本量为 10 个时，允许有 1 个异型株。

4.3 稳定性

4.3.1 在实际操作中，通常不像测试特异性和一致性那样对稳定性进行测试以得到明确结果。经验表明，对许多类型的品种来说，当一个品种表现一致时，可认为其是稳定的。

4.3.2 适当情况下或者有疑问时，稳定性的测试通过测试一批新植株，看其性状表现是否与之前提交的材料表现相同。

5 品种分组和试验组织

5.1 使用分组性状可以帮助选择与申请品种一起进行田间种植试验的已知品种，以及对这些品种进行合适分组以便进行特异性测试。

5.2 分组性状表达状态的数据即使来自不同地点，也可以单独或者与其他此类性状联合使用。

（a）用于特异性测试中筛选排除那些不需要安排在种植试验中的已知品种。

（b）用于组织安排种植试验，使近似品种种植在一起。

5.3 以下性状已被确认为有用的分组性状。

（a）植株：生长习性（性状 1）。
（b）植株：带裂的叶数（性状 4）。
（c）叶：斑颜色（性状 8）。
（d）头状花序：花心类型（性状 14）。
（e）舌状小花：上表面面积最大的颜色，分组如下。
第一组：白色。
第二组：黄色。
第三组：橙色。
第四组：粉红色。
第五组：红色。

5.4 总则和 TGP/9《特异性测试》中提供了在特异性审查过程中使用分组性状的指导。

6 性状表介绍

6.1 性状类型

6.1.1 标准指南性状

标准指南性状是 UPOV 已同意用于 DUS 审查的性状，UPOV 成员可以从中选择与其特定环境相适应的性状。

6.1.2 星号性状

星号性状（用“*”标记）是测试指南中对于形成国际统一的品种描述十分重要的性状，所有 UPOV 成员都应将其用于 DUS 测试，并包含在品种描述中，除非前序性状的表达状态或区域环境条件所限使其无法测试。

6.2 表达状态及相应代码

6.2.1 为定义性状和统一描述，将每个性状划分为一系列表达状态。每个表达状态赋予一个相应的数字代码，以便于数据记录，以及品种性状描述的建立和交流。

6.2.2 对于质量性状和假质量性状（6.3），性状表中列出了所有表达状态。但对于有 5 个或 5 个以上表达状态的数量性状，可以采用缩略尺度的方法，以缩短性状表格。例如，对于有 9 个表达状态的数量性状，在测试指南的性状表中可采用以下缩略形式。

表达状态	代码
小	3
中	5
大	7

但是应该指出的是，以下 9 个表达状态都是存在的，应采用适宜的表达状态用于品种的描述。

表达状态	代码
极小	1
极小到小	2
小	3
小到中	4
中	5
中到大	6
大	7
大到极大	8
极大	9

6.2.3 TGP/7《测试指南的研制》中提供了表达状态和代码的更详尽的介绍。

6.3 表达类型

总则中对性状表达类型（质量性状、数量性状和假质量性状）进行了解释。

6.4 标准品种

适当时，标准品种用于明确每一性状不同表达状态。

6.5 注释

性状编号	星号性状	英文		中文		标准品种	代码
1	2	3	4	5	6		
		Name of characteristics in English		**性状名称**			
		states of expression		表达状态			

表中 1 为性状编号。

表中 2 为（*）星号性状（6.1.2）。

表中 3 为表达类型：

QL：质量性状（6.3）。

QN：数量性状（6.3）。

PQ：假质量性状（6.3）。

表中 4 为观测方法（和小区类型）：MG、MS、VG、VS（4.1.5）。

表中 5 为（+）（8.2 性状表解释 ）。

表中 6 为（a）～（e）（8.1 性状表解释）。

7 性状表

性状编号	星号性状	英文		中文		标准品种	代码
1.	（*）	**PQ**	**VG**	（+）			
		Plant：growth habit		**植株：生长习性**			
		upright		直立			1
		Semi-upright		半直立			2
		spreading		散开		Malan’s Variegata	3
2.		**QN**	**MG/MS/VG**				
		Plant：height		**植株：高度**			
		short		矮		Malpin	3
		medium		中			5
		tall		高		Flogazsun	7
3.		**QN**	**MG/MS/VG**				
		Plant：width		**植株：宽度**			
		narrow		窄			3
		medium		中			5
		broad		宽			7
4.	（*）	**QN**	**VG**	（+）			
		Plant：number of leaves with lobing		**植株：带裂的叶数**			
		absent or very few		无或极少		Suga813	1
		few		少			2
		medium		中		Suga407	3
		many		多			4
		very many		极多		Suga602	5

续表

性状编号	星号性状	英文		中文		标准品种	代码
5.		**QN**	**MG/MS/VG**	(+)	(a)		
		Leaf: length		**叶：长度**			
		short		短		Gazte	3
		medium		中		G414	5
		long		长		Suga602	7
6.		**QN**	**MG/MS/VG**	(+)	(a)		
		Leaf: width		**叶：宽度**			
		narrow		窄		Gazte	3
		medium		中		NPN13	5
		broad		宽		G414	7
7.	(*)	**QN**	**VG**	(+)	(a)		
		Leaf: intensity of green color		**叶：绿色程度**			
		light		浅			1
		medium		中		Suga602	2
		dark		深		G414	3
8.	(*)	**PQ**	**VG**		(a)		
		Leaf: color of variegation		**叶：斑颜色**			
		none		无		G414	1
		whitish		泛白色		Gazte	2
		yellowish		泛黄色		Malan's Variegata	3
9.		**QN**	**VG**		(a)		
		Leaf: glossiness		**叶：光泽度**			
		absent or very weak		无或极弱		Suga602	1
		weak		弱			2
		medium		中		Malpin	3
		strong		强			4
		very strong		极强		Flogazsun	5
10.	(*)	**QN**	**VG**		(a)		
		Leaf: pubescence		**叶：茸毛**			
		absent or very weak		无或极弱		Flogazsun	1
		medium		中		Malpin, Suga602	3
		very strong		极强		Suga813	5
11.	(*)	**QN**	**MG/MS/VG**				
		Peduncle: length		**花梗：长度**			
		short		短		Malpin	3
		medium		中		G414	5
		long		长		Flogazsun	7
12.		**QN**	**VG**	(+)			
		Peduncle: anthocyanin coloration		**花梗：花青苷显色**			
		absent or very weak		无或极弱		Sunhara	1
		weak		弱			2
		medium		中		Flogazora, Flogazsun	3
		strong		强			4
		very strong		极强			5

续表

性状编号	星号性状	英文		中文		标准品种	代码
13.	(*)	**QN**	**MG/MS/VG**	(+)	(b)		
		Flower head: diameter		**头状花序：直径**			
		small		小		Flogazsun	3
		medium		中		Malpin，Suga602	5
		large		大		Suga813	7
14.	(*)	**QL**	**VG**	(+)	(b)		
		Flower head: disc type		**头状花序：花心类型**			
		daisy		非托桂型		Malpin	1
		anemone		托桂型		Suga407	2
15.		**QN**	**MS/VG**	(+)	(b)		
		Flower head: size of disc in relation to flower head		**头状花序：花心相对于头状花序大小**			
		very small		极小		New Day Clear Orange	1
		small		小			2
		medium		中		Malan's Variegata	3
		large		大			4
		very large		极大		G414	5
16.		**QN**	**MG/MS/VG**		(b)		
		Flower head: number of ray florets		**头状花序：舌状小花数量**			
		very few		极少		Gazte	1
		few		少			2
		medium		中		Suga407	3
		many		多			4
		very many		极多		G414	5
17.	(*)	**QN**	**MG/MS/VG**	(+)	(b)(c)		
		Ray florets: length		**舌状小花：长度**			
		very short		极短		Suga813	1
		short		短			2
		medium		中		G414	3
		long		长			4
		very long		极长		Suga407	5
18.	(*)	**QN**	**MG/MS/VG**	(+)	(b)(c)		
		Ray florets: width		**舌状小花：宽度**			
		very narrow		极窄		Suga813	1
		narrow		窄			2
		medium		中		Sugajale	3
		broad		宽			4
		very broad		极宽		NPN13	5
19.	(*)	**QN**	**MS/VG**	(+)	(b)(c)		
		Ray florets: ratio length/width		**舌状小花：长宽比**			
		very low		极小		New Day Clear Orange	1
		low		小			2
		medium		中		Sugaja	3
		high		大			4
		very high		极大		Big Kiss White	5

续表

性状编号	星号性状	英文		中文		标准品种	代码
20.		**QN**	**VG**	(+)	**(b)(c)**		
		Ray florets: profile in cross section		**舌状小花：横切面形状**			
		concave		凹		G414	1
		flat		平			2
		convex		凸		NPN13	3
21.	(*)	**QN**	**MS/VG**	(+)	**(b)(c)**		
		Ray florets: curvature of longitudinal axis		**舌状小花：纵向弯曲**			
		moderately incurving		中度内弯			1
		weakly incurving		微内弯		NPN13	2
		straight		直		G414	3
		weakly recurving		微外弯		Malpin, Suga407	4
		moderately recurving		中度外弯			5
22.	(*)	**PQ**	**VG**	(+)	**(b)(c)**		
		Ray florets: shape of apex		**舌状小花：先端形状**			
		acute		锐尖		Suga407	1
		obtuse		钝尖		NPN13	2
		rounded		圆形		Suga813	3
23.	(*)	**PQ**	**VG**		**(b)(c)(d)**		
		Ray florets: color one		**舌状小花：颜色 1**			
		RHS Colour Chart (Indicate reference number)		RHS 比色卡 (注明参考色号)			
24.	(*)	**PQ**	**VG**	(+)	**(b)(c)(d)**		
		Ray florets: distribution of color one		**舌状小花：颜色 1 分布**			
		at base		基部			1
		basal 1/3		基部 1/3			2
		basal 2/3		基部 2/3			3
		medium1/3		中部 1/3			4
		distal 2/3		远基端 2/3			5
		distal 1/3		远基端 1/3			6
		at apex		先端			7
		central stripe basal 1/3		基部 1/3 处中央条纹			8
		central stripe basal 2/3		基部 2/3 处中央条纹			9
		central stripe middle 1/3		中部 1/3 处中央条纹			10
		central stripe distal 2/3		远基端 2/3 处中央条纹			11
		central stripe distal 1/3		远基端 1/3 处中央条纹			12
		central stripe throughout		整片中央条纹			13
		basal spot		基部斑点			14
		lateral zone basal 1/3		侧边基部 1/3			15
		lateral zone basal 2/3		侧边基部 2/3			16
		lateral zone distal 2/3		侧边远基端 2/3			17
		lateral zone distal 1/3		侧边远基端 1/3			18
		lateral zone throughout		整片侧边			19
		marginal zone		边缘			20
		throughout		整片			21

续表

性状编号	星号性状	英文		中文		标准品种	代码
25.		**PQ**	**VG**		**（b）（c）（d）**		
		Ray florets：color two		**舌状小花：颜色 2**			
		RHS Colour Chart (Indicate reference number)		RHS 比色卡 （注明参考色号）			
26.		**PQ**	**VG**	**（+）**	**（b）（c）（d）**		
		Ray florets：distribution of color two		**舌状小花：颜色 2 分布**			
		at base		基部			1
		basal 1/3		基部 1/3			2
		basal 2/3		基部 2/3			3
		medium1/3		中部 1/3			4
		distal 2/3		远基端 2/3			5
		distal 1/3		远基端 1/3			6
		at apex		先端			7
		central stripe basal 1/3		基部 1/3 处中央条纹			8
		central stripe basal 2/3		基部 2/3 处中央条纹			9
		central stripe middle 1/3		中部 1/3 处中央条纹			10
		central stripe distal 2/3		远基端 2/3 处中央条纹			11
		central stripe distal 1/3		远基端 1/3 处中央条纹			12
		central stripe throughout		整片中央条纹			13
		basal spot		基部斑点			14
		lateral zone basal 1/3		侧边基部 1/3			15
		lateral zone basal 2/3		侧边基部 2/3			16
		lateral zone distal 2/3		侧边远基端 2/3			17
		lateral zone distal 1/3		侧边远基端 1/3			18
		lateral zone throughout		整片侧边			19
		marginal zone		边缘			20
		none		无			21
27.		**PQ**	**VG**		**（b）（c）（d）**		
		Ray florets：color three		**舌状小花：颜色 3**			
		RHS Colour Chart (Indicate reference number)		RHS 比色卡 （注明参考色号）			
28.		**PQ**	**VG**	**（+）**	**（b）（c）（d）**		
		Ray florets：distribution of color three		**舌状小花：颜色 3 分布**			
		at base		基部			1
		basal 1/3		基部 1/3			2
		basal 2/3		基部 2/3			3
		medium1/3		中部 1/3			4
		distal 2/3		远基端 2/3			5
		distal 1/3		远基端 1/3			6

续表

性状编号	星号性状	英文		中文		标准品种	代码
28.		at apex		先端			7
		central stripe basal 1/3		基部 1/3 处中央条纹			8
		central stripe basal 2/3		基部 2/3 处中央条纹			9
		central stripe middle 1/3		中部 1/3 处中央条纹			10
		central stripe distal 2/3		远基端 2/3 处中央条纹			11
		central stripe distal 1/3		远基端 1/3 处中央条纹			12
		central stripe throughout		整片中央条纹			13
		basal spot		基部斑点			14
		lateral zone basal 1/3		侧边基部 1/3			15
		lateral zone basal 2/3		侧边基部 2/3			16
		lateral zone distal 2/3		侧边远基端 2/3			17
		lateral zone distal 1/3		侧边远基端 1/3			18
		lateral zone throughout		整片侧边			19
		marginal zone		边缘			20
		none		无			21
29.		**PQ**	**VG**		**（b）（c）（d）**		
		Ray florets: color four		**舌状小花：颜色 4**			
		RHS Colour Chart （Indicate reference number）		RHS 比色卡 （注明参考色号）			
30.		**PQ**	**VG**	**（+）**	**（b）（c）（d）**		
		Ray florets: distribution of color four		**舌状小花：颜色 4 分布**			
		at base		基部			1
		basal 1/3		基部 1/3			2
		basal 2/3		基部 2/3			3
		medium1/3		中部 1/3			4
		distal 2/3		远基端 2/3			5
		distal 1/3		远基端 1/3			6
		at apex		先端			7
		central stripe basal 1/3		基部 1/3 处中央条纹			8
		central stripe basal 2/3		基部 2/3 处中央条纹			9
		central stripe middle 1/3		中部 1/3 处中央条纹			10
		central stripe distal 2/3		远基端 2/3 处中央条纹			11
		central stripe distal 1/3		远基端 1/3 处中央条纹			12
		central stripe throughout		整片中央条纹			13
		basal spot		基部斑点			14
		lateral zone basal 1/3		侧边基部 1/3			15
		lateral zone basal 2/3		侧边基部 2/3			16
		lateral zone distal 2/3		侧边远基端 2/3			17
		lateral zone distal 1/3		侧边远基端 1/3			18
		lateral zone throughout		整片侧边			19
		marginal zone		边缘			20
		none		无			21

续表

性状编号	星号性状	英文		中文		标准品种	代码
31.	（*）	**PQ**	**VG**		（b）（c）		
		Ray florets：basal spot eye-marking		**舌状小花：基部斑点眼状图案**			
		none		无		G414	1
		white		白色		Flogazhip	2
		yellow		黄色		Flogazsun	3
32.	（*）	**PQ**	**VG**	（+）	（b）		
		Only varieties with disc type：daisy：Disc：color		**花心：颜色（仅适用于非托桂型花心类型品种）**			
		yellow		黄色		Flogazsun	1
		orange		橙色		NPN13	2
		Red purple		红紫色		Takatu Red	3
33.	（*）	**QN**	**MG/MS/VG**	（+）	（b）（c）		
		Only varieties with disc type：anemone：Disc floret：length		**花心小花：长度（仅适用于托桂型花心类型品种）**			
		very short		极短		Suga415	1
		short		短			2
		medium		中		G414	3
		long		长			4
		very long		极长		Suga407	5
34.	（*）	**PQ**	**VG**		（b）		
		Only varieties with disc type：anemone：Disc floret：type		**花心小花：类型（仅适用于托桂型花心类型品种）**			
		predominantly funnel shaped		主要为漏斗状		Vesuvius	1
		equally funnel shaped and petaloid		漏斗状和花瓣状近等		G414，sunhara	2
		predominantly petaloid		主要为花瓣状		Suga407	3
35.	（*）	**PQ**	**VG**	（+）	（b）		
		Only varieties with disc type：anemone：Disc floret：main color		**花心小花：主色（仅适用于托桂型花心类型品种）**			
		RHS Colour Chart（Indicate reference number）		RHS 比色卡（注明参考色号）			

8 性状表解释

8.1 对多个性状的解释

性状表中有以下标注的性状应按照下述要求观测。

（a）观测植株中部完全发育的叶上表面。若仅有莲座叶，观测完全发育莲座叶。观测叶片颜色时，应去除表面茸毛。

（b）观测新鲜、完全开放的头状花序。

（c）观测最外轮舌状小花。

舌状小花部位如下图所示。

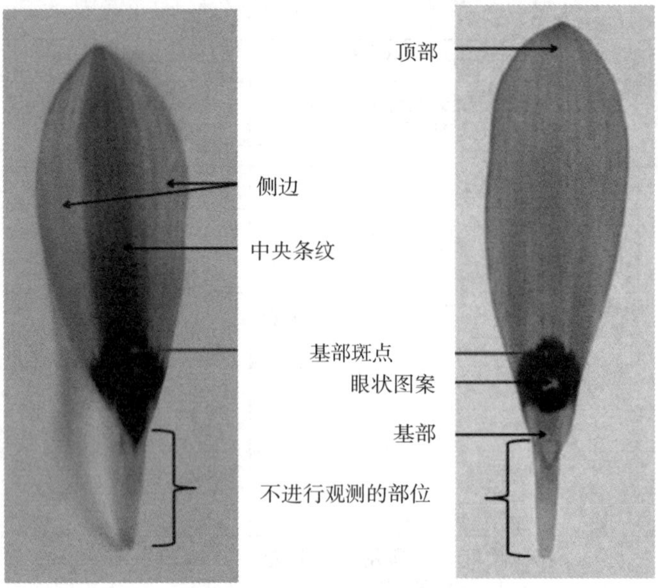

（d）对于多色品种，最多记录 4 种颜色，若多于 4 种，面积最小的颜色可忽略不计。基部斑点眼状图案同样也应排除。根据 RHS 比色卡色号记录颜色 1、颜色 2 等，即颜色 1 色号值最小，颜色 2 色号值第二小，以此类推。若两种颜色有相同数字编号，例如绿色 137A 和绿色 137D，137A 视为色号值较小的颜色。在该系统下，颜色顺序与面积无关，因此，面积最大的颜色可能被归为颜色 3 或颜色 4。

8.2 对单个性状的解释

性状 1：植株生长习性

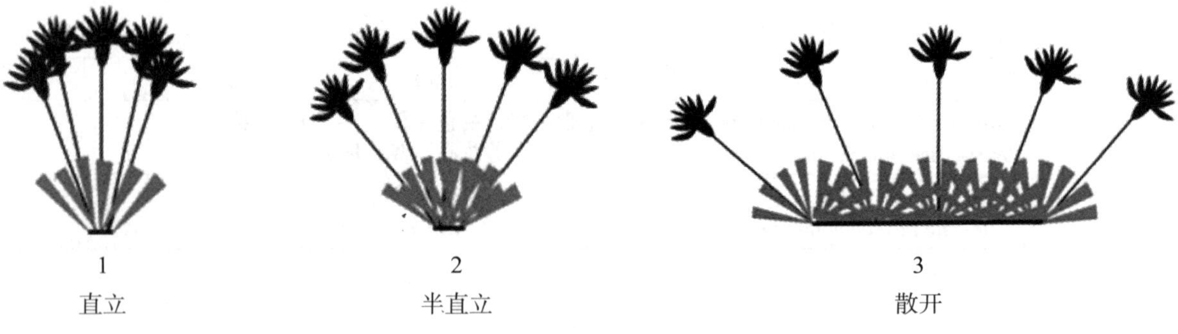

直立：多数叶和花序直立，着生于单个生长点。

半直立：多数叶和花序斜上，着生于单个或少数几个生长点。

散开：叶位置从水平到直立，多数花序斜上，着生于多个生长点。

性状 4：植株带裂的叶数

植株有带裂和不带裂的叶。

无或极少（代码 1）：每株带裂叶＜20%。

中（代码 3）：每株带裂叶 40%～60%。

极多（代码 5）：每株带裂叶＞80%。

性状 5：叶长度

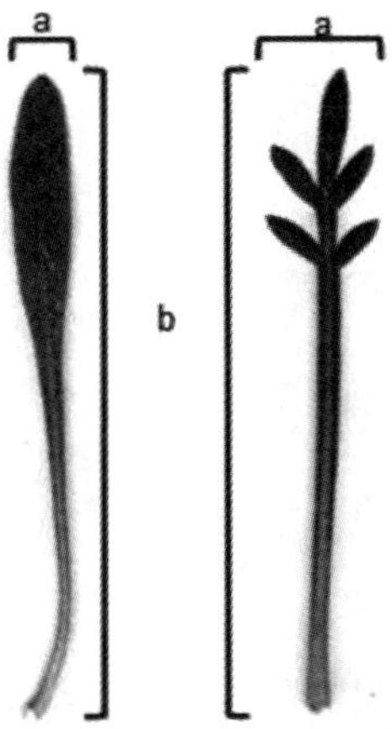

a—叶宽度；b—叶长度。

观测主要的叶类型。

性状 6：叶宽度

见性状 5。

性状 7：叶绿色程度

观测时排除斑颜色。

性状 12：花梗花青苷显色

观测花梗中部 1/3 处。

性状 13：头状花序直径

性状 14：头状花序花心类型

非托桂型：头状花序有明显的中部花心。

托桂型：头状花序花心小花在中部形成“隆起”（花心）。

性状 15：花心相对于头状花序大小

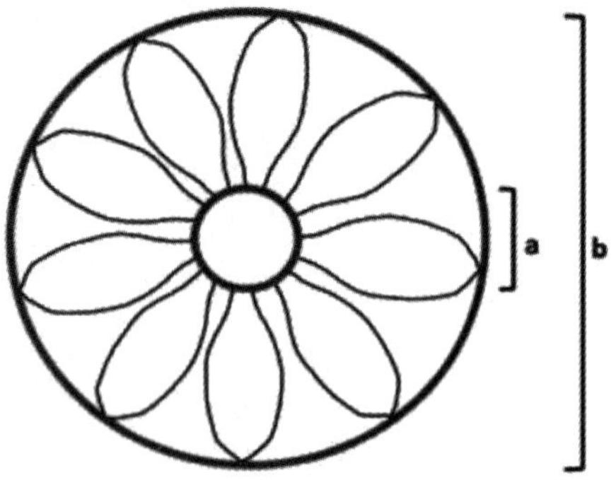

a—花心大小；b—头状花序大小。

1	3	5
极小	中	极大

性状 17：舌状小花长度

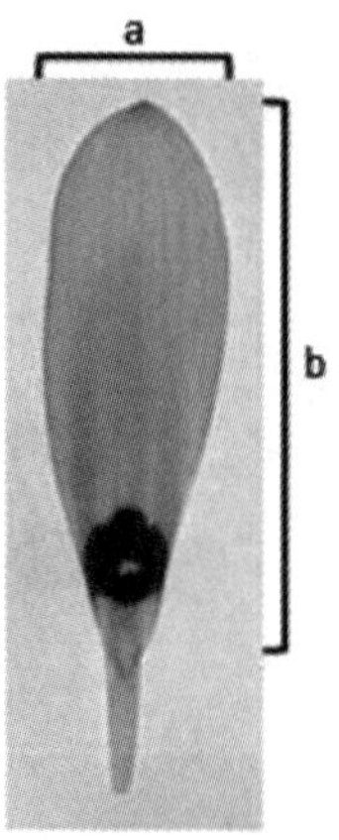

a—舌状小花宽度；b—舌状小花长度。

性状 18：舌状小花宽度

见性状 17。

性状 19：舌状小花长宽比

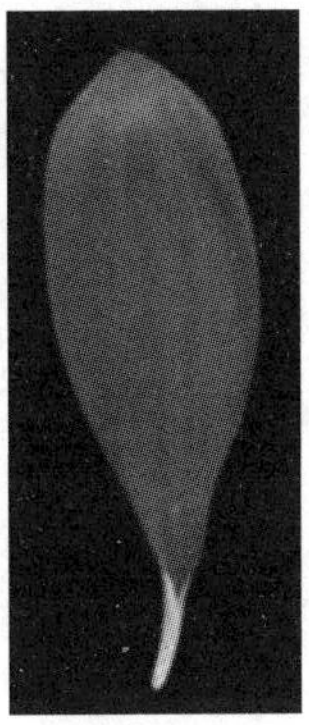

1
极小

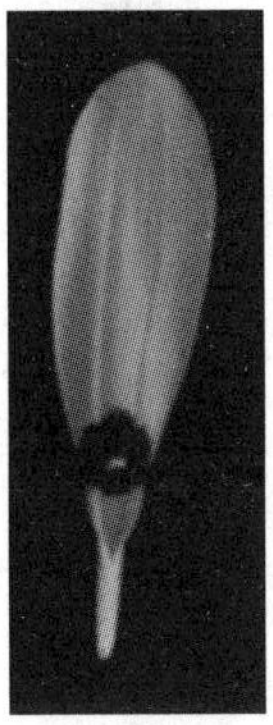

3
中

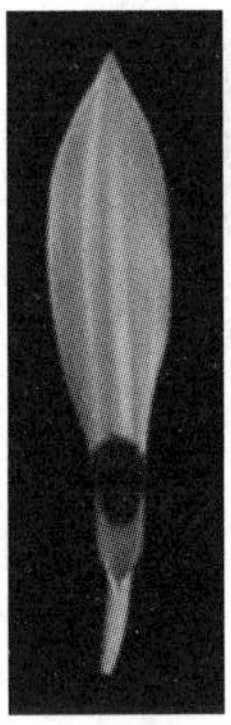

5
极大

性状 20：舌状小花横切面形状

观测舌状小花中部。

1
凹

3
平

5
凸

性状 21：舌状小花纵向弯曲

1
中度内弯

3
直

5
中度外弯

性状 22：舌状小花先端形状

1
锐尖

2
钝尖

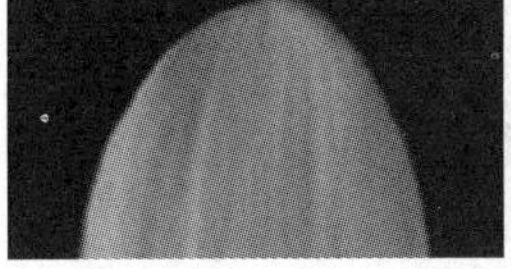

3
圆形

性状 24：舌状小花颜色 1 分布

1 基部　2 基部 1/3　3 基部 2/3　4 中部 1/3　5 远基端 2/3

6 远基端 1/3　7 先端　8 基部 1/3 处中央条纹　9 基部 2/3 处中央条纹　10 中部 1/3 处中央条纹

11 远基端 2/3 处中央条纹　12 远基端 1/3 处中央条纹　13 整片中央条纹　14 基部斑点　15 侧边基部 1/3

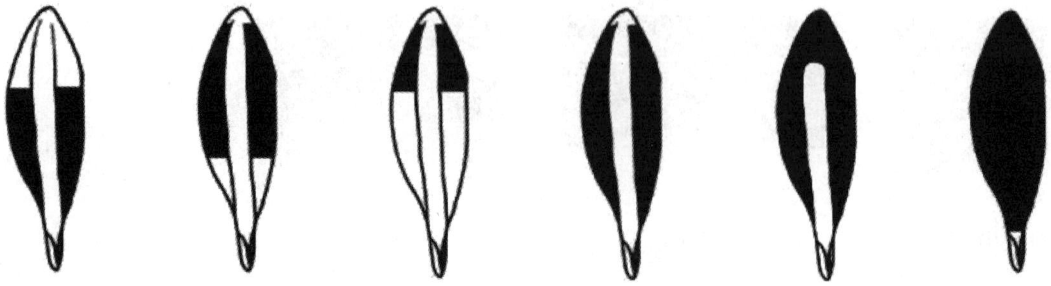

16 侧边基部 2/3　17 侧边远基端 2/3　18 侧边远基端 1/3　19 整片侧边　20 边缘　21 整片

性状 26：舌状小花颜色 2 分布

1 基部

2 基部 1/3

3 基部 2/3

4 中部 1/3

5 远基端 2/3

6 远基端 1/3

7 先端

8 基部 1/3 处中央条纹

9 基部 2/3 处中央条纹

10 中部 1/3 处中央条纹

11 远基端 2/3 处中央条纹

12 远基端 1/3 处中央条纹

13 整片中央条纹

14 基部斑点

15 侧边基部 1/3

16 侧边基部 2/3

17 侧边远基端 2/3

18 侧边远基端 1/3

19 整片侧边

20 边缘

性状 28：舌状小花颜色 3 分布

见性状 26。

性状 30：舌状小花颜色 4 分布

见性状 26。

性状 32：花心颜色（仅适用于非托桂型花心类型品种）

2～3 外轮花心小花花药开裂时观测。

性状 33：花心小花长度（仅适用于托桂型花心类型品种）

至少 75% 花心小花开放时，观测外轮花心小花。

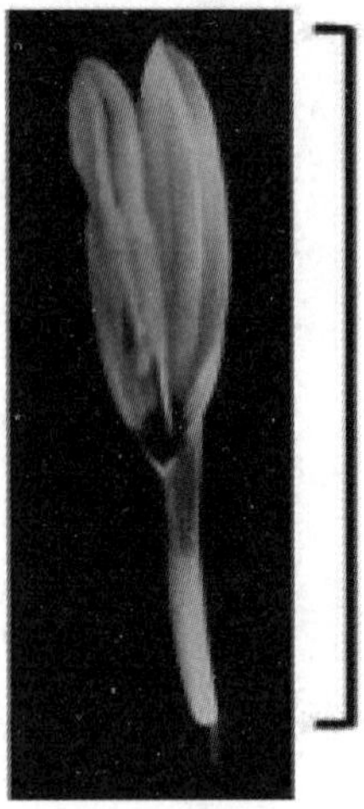

性状 35：花心小花主色（仅适用于托桂型花心类型品种）

观测面积最大的颜色。

TG/334/1
原文：英文
日期：2020-12-17

国际植物新品种保护联盟
植物品种特异性、一致性和稳定性
测试指南

花毛茛

UPOV 代码：RANUN_ASI；RANUN_COR；RANUN_ACO

（*Ranunculus asiaticus* L.；*Ranunculus asiaticus* L. 和 *Ranunculus cortusifolius* Willd. 的杂交种）

互用名称 *

植物学名称	英文	法文	德文	西班牙文
Ranunculus asiaticus L.	Garden Ranunculus	Ranunculus des jardins	Ranunkel	Ranúnculo
Ranunculus cortusifolius Willd.				
Hybrids between *Ranunculus asiaticus* L. and *Ranunculus cortusifolius* Willd.	Hybrids between *Ranunculus asiaticus* L. and *Ranunculus cortusifolius* Willd.	Hybrides entre L. *Ranunculus asiaticus* et *Ranunculus cortusifolius* Willd.	Hybriden zwischen *Ranunculus asiaticus* L. und *Ranunculus cortusifolius* Willd.	Híbridos entre *Ranunculus asiaticus* L.y *Ranunculus cortusifolius* Willd.

* 这些名称在指南开始使用时是正确的，但随后可能会修改更新。读者可登录 UPOV 网站（www.upov.int），获取最新资料。

1 指南适用范围

本指南适用于花毛茛（*Ranunculus asiaticus* L.）、加那利毛茛（*Ranunculus cortusifolius* Willd.）以及二者杂交的所有品种。

2 繁殖材料要求

2.1 待测品种繁殖材料的数量和质量要求以及提交的时间和地点由审批机构决定。申请人从测试所在国境外提交繁殖材料的，还应符合海关规定并满足相关植物检疫的要求。
2.2 繁殖材料以球茎或幼苗的形式提供。
2.3 申请人提交繁殖材料的最小数量应为：15 个球茎或 15 株幼苗。
2.4 提供的繁殖材料应外观健康有活力，未受到任何严重病虫害的影响。
2.5 提交的繁殖材料不得进行任何可能影响品种性状表达的处理，除非审批机关允许或要求进行这种处理。如果材料已经处理，必须提供相关处理的详细说明。

3 测试方法

3.1 生长周期

3.1.1 测试的最少周期数量通常为 1 个生长周期。
3.1.2 审批机构确认测试结果，该品种观测结束。

3.2 测试地点

测试通常在 1 个地点进行。在 1 个以上地点进行测试时，TGP/9《特异性测试》提供了有关指导。

3.3 测试条件

3.3.1 测试的条件应能满足品种正常生长的需要，以确保品种相关性状充分表达和测试的顺利开展。
3.3.2 由于日光变化的原因，在利用比色卡确定颜色时，应在一个合适的有人工光源照明的小室或中午无阳光直射的房间内进行。人工光源光谱分布应符合 CIE“理想日光标准 D6500”，且在《英国标准 950：第 1 部分》的允许范围之内。观测应将植株部位置于白背景下进行，品种描述中应指出比色卡及版本。

3.4 试验设计

3.4.1 每个试验应保证至少有 15 个植株。
3.4.2 试验设计应保证因测量或计数等需要，从小区取走部分植株或植株部位后，不影响生长周期结束前的所有观测。

3.5 附加测试

为测试有关性状，可以进行附加测试。

4 特异性、一致性和稳定性测试

4.1 特异性

4.1.1 一般建议

对于本指南的使用者而言，在判定特异性前参照总则特异性判定的一般原则十分重要。但为进一步说明和强调特异性判定，本指南特列出特异性判定的要点。

4.1.2 一致的差异

当观测到的品种之间的差异非常明显时，则没有必要种植 1 个以上生长周期。此外，在某些情况下，环境的影响并不意味着需要 1 个以上的生长周期来保证品种间观测到的差异是足够一致的。为确保在种植试验中所观测到的性状差异是足够一致的，可以对性状进行至少 2 个独立生长周期的测试。

4.1.3 明显的差异

两个品种间的差异是否明显取决于很多因素，特别应考虑所测性状的表达类型，即该性状是质量性状、数量性状还是假质量性状。因此，在作出关于特异性的判定前，本测试指南的使用者应熟悉总则中的建议。

4.1.4 植株 / 植株部位的观测数量

除非另有说明，在判定特异性时，对于单株的观测，应观测 10 个植株或分别从 10 个植株取下的植株部位；对于其他观测，应观测试验中的所有植株，观测时应将异型株排除在外。

4.1.5 观测方法

性状表第二列以如下符号（见 TGP/9《特异性测试》第 4 部分“性状观测”）的形式列出了特异性判定时推荐的性状观测方法。

MG：对一批植株或植株部位进行单次测量。

MS：对一定数量的植株或植株部位进行逐一测量。

VG：对一批植株或植株部位进行单次目测。

VS：对一定数量的植株或植株部位进行逐一目测。

观测类型：目测（V）或测量（M）。

目测（V）是一种基于专家判断的观测方法。本文中的目测是指专家的感官观测，因此，也包括闻、尝和触摸。目测也包括专家使用参照物（例如图表，标准品种，并排比较）或非线性的图表（例如比色卡）的观测。测量（M）是一种基于校准的、线性尺度的客观观测，例如使用尺、秤、色度计、日期和计数等进行观测。

记录类型：群体记录（G）或个体记录（S）。

以特异性为目的的观测，可被记录为一批植株或植株部位的单个记录（G），或者记录为一定数量的单个植株或植株部位的个体记录（S）。多数情况下，群体记录为一个品种提供一个单个记录，因此不可能或者不必要通过逐个植株的统计分析来判定特异性。

如果性状表中提供了不止一种观测方法（如 VG/MG），可以参考 TGP/9《特异性测试》的 4.2 部分选择合适的观测方法。

4.2 一致性

4.2.1 对于本指南的使用者而言，在判定一致性前参照总则一致性判定的一般原则十分重要。但为进一步说明和强调一致性判定，本指南特列出一致性判定的要点。

4.2.2 本指南适用于无性繁殖品种。对于其他繁殖类型的品种，应参照总则和 TGP/13《新类型和种的指导》的 4.5 部分一致性测试。

4.2.3 对于无性繁殖品种一致性判定，应采用 1% 的群体标准和至少 95% 的接受概率。当样本量为 15 个植株时，允许有 1 个异型株。

4.3 稳定性

4.3.1 在实际操作中，通常不像测试特异性和一致性那样对稳定性进行测试以得到明确结果。经验表明，对许多类型的品种来说，当一个品种表现一致时，可认为其是稳定的。

4.3.2 适当情况下或者有疑问时，稳定性的测试通过测试一批新植株，看其性状表现是否与之前提交的材料表现相同。

5 品种分组和试验组织

5.1 使用分组性状可以帮助选择与申请品种一起进行田间种植试验的已知品种，以及对这些品种进行合适分组以便进行特异性测试。

5.2 分组性状表达状态的数据即使来自不同地点，也可以单独或者与其他此类性状联合使用。

（a）用于特异性测试中筛选排除那些不需要安排在种植试验中的已知品种。
（b）用于组织安排种植试验，使近似品种种植在一起。

5.3 以下性状已被确认为有用的分组性状。

（a）植株：高度（性状 1）。
（b）基生叶：类型（性状 2）。
（c）茎生叶：类型（性状 6）。
（d）花：类型（性状 15）。
（e）花：直径（性状 16）。
（f）花瓣：内侧主色（性状 22），分组如下。
第一组：白色。
第二组：绿色。
第三组：黄色。
第四组：橙色。
第五组：粉色。
第六组：红色。
第七组：紫色。
第八组：紫罗兰色。
（g）花瓣：内侧次色（性状 23），分组如下。
第一组：无。
第二组：白色。
第三组：绿色。
第四组：黄色。
第五组：橙色。
第六组：粉色。
第七组：红色。
第八组：紫色。
第九组：紫罗兰色。
（h）花瓣：内侧次色分布（性状 24）。
（i）花瓣：内侧第三颜色（性状 26），分组如下。
第一组：无。
第二组：白色。
第三组：绿色。
第四组：黄色。
第五组：橙色。
第六组：粉色。
第七组：红色。
第八组：紫色。
第九组：紫罗兰色。
（j）花瓣：外侧主色（性状 29），分组如下。
第一组：白色。
第二组：绿色。
第三组：黄色。
第四组：橙色。
第五组：粉色。

第六组：红色。
第七组：紫色。
第八组：紫罗兰色。
（k）花瓣：外侧次色（性状 30），分组如下。
第一组：无。
第二组：白色。
第三组：绿色。
第四组：黄色。
第五组：橙色。
第六组：粉色。
第七组：红色。
第八组：紫色。
第九组：紫罗兰色。
（l）花瓣：外侧第三颜色（性状 33），分组如下。
第一组：无。
第二组：白色。
第三组：绿色。
第四组：黄色。
第五组：橙色。
第六组：粉色。
第七组：红色。
第八组：紫色。
第九组：紫罗兰色。

5.4 总则和 TGP/9《特异性测试》中提供了在特异性审查过程中使用分组性状的指导。

6 性状表介绍

6.1 性状类型

6.1.1 标准指南性状

标准指南性状是 UPOV 已同意用于 DUS 审查的性状，UPOV 成员可以从中选择与其特定环境相适应的性状。

6.1.2 星号性状

星号性状（用“*”标记）是测试指南中对于形成国际统一的品种描述十分重要的性状，所有 UPOV 成员都应将其用于 DUS 测试，并包含在品种描述中，除非前序性状的表达状态或区域环境条件所限使其无法测试。

6.2 表达状态及相应代码

6.2.1 为定义性状和统一描述，将每个性状划分为一系列表达状态。每个表达状态赋予一个相应的数字代码，以便于数据记录，以及品种性状描述的建立和交流。

6.2.2 所有相关的表述均在性状表中。

6.2.3 TGP/7《测试指南的研制》中提供了表达状态和代码的更详尽的介绍。

6.3 表达类型

总则中对性状表达类型（质量性状、数量性状和假质量性状）进行了解释。

6.4 标准品种

适当时，标准品种用于明确每一性状不同表达状态。

6.5 注释

性状编号	星号性状	英文		中文		标准品种	代码
1	2	3	4	5	6		
		Name of characteristics in English		**性状名称**			
		states of expression		表达状态			

表中 1 为性状编号。
表中 2 为（*）星号性状（6.1.2）。
表中 3 为表达类型。
QL：质量性状（6.3）。
QN：数量性状（6.3）。
PQ：假质量性状（6.3）。
表中 4 为观测方法（和小区类型）：MG、MS、VG、VS（4.1.5）。
表中 5 为（+）（8.2 性状表解释）。
表中 6 为（a）～（d）（8.1 性状表解释）。

7 性状表

性状编号	星号性状	英文		中文		标准品种	代码
1.	（*）	**QN**	**MG/MS/VG**	（+）			
		Plant：height		**植株：高度**			
		very short		极矮			1
		very short to short		极矮到矮			2
		short		矮		Salonica No Niji	3
		short to medium		矮到中			4
		medium		中		Ableigong	5
		medium to tall		中到高			6
		tall		高		Rax Artemis	7
		tall to very tall		高到极高			8
		very tall		极高			9
2.	（*）	**QL**	**VG**	（+）			
		Basal leaf：type		**基生叶：类型**			
		simple		单叶		Seiren	1
		ternate		三出复叶		Abtanatos	2
		biteenate		二回三出复叶		Rocyellow	3
		triternate		三回三出复叶			4
3.		**QN**	**MG/MS/VG**	（+）			
		Basal leaf：length of petiole		**基生叶：叶柄长度**			
		very short		极短			1
		very short to short		极短到短			2
		short		短		Ableigong	3
		short to medium		短到中			4

续表

性状编号	星号性状	英文		中文		标准品种	代码
3.		medium		中		Abtanatos	5
		medium to long		中到长			6
		long		长		Abepona	7
		long to very long		长到极长			8
		very long		极长			9
4.	(*)	**QN**	**MG/MS/VG**	(+)			
		Basal leaf: length of leaf blade		**基生叶：叶片长度**			
		very short		极短			1
		very short to short		极短到短			2
		short		短		Rocyellow	3
		short to medium		短到中			4
		medium		中		Abtanatos	5
		medium to long		中到长			6
		long		长		Abizanagi	7
		long to very long		长到极长			8
		very long		极长			9
5.	(*)	**QN**	**MG/MS/VG**	(+)			
		Basal leaf: width of leaf blade		**基生叶：叶片宽度**			
		very narrow		极窄			1
		very narrow to narrow		极窄到窄			2
		narrow		窄		Rocyellow	3
		narrow to medium		窄到中			4
		medium		中		Abtanatos	5
		medium to broad		中到宽			6
		broad		宽		Ableigong	7
		broad to very broad		宽到极宽			8
		very broad		极宽			9
6.	(*)	**QL**	**VG**	(+)			
		Cauline leaf: type		**茎生叶：类型**			
		simple		单叶		Seiren	1
		ternate		三出复叶		Ableigong	2
		biteenate		二回三出复叶		Abperkons	3
		triternate		三回三出复叶		Rocyellow	4
7.		**QN**	**MG/MS/VG**	(+)			
		Cauline leaf: length of petiole		**茎生叶：叶柄长度**			
		very short		极短			1
		very short to short		极短到短			2
		short		短		Rax Artemis	3
		short to medium		短到中			4
		medium		中		Abizanagi	5
		medium to long		中到长			6
		long		长		Abperkons	7
		long to very long		长到极长			8
		very long		极长			9

续表

性状编号	星号性状	英文		中文		标准品种	代码
8.	(*)	**QN**	**MG/MS/VG**	(+)			
		Cauline leaf: length of leaf blade		**茎生叶：叶片长度**			
		very short		极短			1
		very short to short		极短到短			2
		short		短		Ableigong	3
		short to medium		短到中			4
		medium		中		M Pink	5
		medium to long		中到长			6
		long		长		Abperkons	7
		long to very long		长到极长			8
		very long		极长			9
9.	(*)	**QN**	**MG/MS/VG**	(+)			
		Cauline leaf: width of leaf blade		**茎生叶：叶片宽度**			
		very narrow		极窄			1
		very narrow to narrow		极窄到窄			2
		narrow		窄			3
		narrow to medium		窄到中			4
		medium		中		M Pink	5
		medium to broad		中到宽			6
		broad		宽		Rax Artemis	7
		broad to very broad		宽到极宽			8
		very broad		极宽			9
10.		**QN**	**VG**				
		Cauline leaf: intensity of green color on upper side		**茎生叶：上表面绿色程度**			
		light		浅		Aya Poissy	1
		medium		中		Abperkons	2
		dark		深		Rocyellow	3
11.		**QN**	**VG**				
		Cauline leaf: glossiness on upper side		**茎生叶：上表面光泽度**			
		absent or weak		无或弱		Abperkons	1
		medium		中		M Pink	2
		strong		强		Rax Lycia	3
12.	(*)	**QN**	**MG/MS/VG**				
		Flower stem: number of flowers		**花茎：花数量**			
		very few		极少		Abumbreon	1
		few		少		Abizanagi	2
		medium		中		Abperkons	3
		many		多		Rax Phytalos	4
		very many		极多		Rocyellow	5
13.	(*)	**QN**	**MG/MS/VG**	(+)			
		Flower stem: thickness		**花茎：粗度**			
		very thin		极细			1
		thin		细			2
		medium		中		M Pink	3
		thick		粗		Abizanagi	4
		very thick		极粗		Abtanatos	5

续表

性状编号	星号性状	英文		中文		标准品种	代码
14.		**PQ**	**VG**	(+)			
		Flower bud：color		**花蕾：颜色**			
		light green		浅绿色		Abxocolt	1
		medium green		中等绿色		Abavesca	2
		dark green		深绿色		Abtanatos	3
		purple		紫色		Ablackest	4
		green and purple		绿色和紫色		Rax Europe	5
		greyish purple		灰紫色		Abperkons	6
15.	(*)	**QL**	**VG**	(+)	(a)		
		Flower：type		**花：类型**			
		single		单瓣		Rax Lycia	1
		Semi-double		半重瓣		Rax Ariadne	2
		double		重瓣		M White	3
16.	(*)	**QN**	**MG/MS/VG**	(+)	(a)		
		Flower：diameter		**花：直径**			
		very small		极小			1
		very small to small		极小到小			2
		small		小		Rax Hades	3
		small to medium		小到中			4
		medium		中		Rax Lycia	5
		medium to large		中到大			6
		large		大		Rocyellow	7
		large to very large		大到极大			8
		very large		极大			9
17.		**QN**	**MG/MS/VG**	(+)	(a)		
		Flower：height		**花：高度**			
		very short		极矮			1
		very short to short		极矮到矮			2
		short		矮		Rocyellow	3
		short to medium		矮到中			4
		medium		中		Abperkons	5
		medium to tall		中到高			6
		tall		高		Ableigong	7
		tall to very tall		高到极高			8
		very tall		极高			9
18.	(*)	**QN**	**MG/MS/VG**		(a)		
		Only varieties with Flower：type：semi-double and double：Flower：number of petals		**花：花瓣数（仅适用于半重瓣和重瓣花类型品种）**			
		very few		极少		Rax Artemis	1
		very few to few		极少到少			2
		few		少			3
		few to medium		少到中			4
		medium		中		Aya Poissy	5
		medium to many		中到多			6
		many		多		Abperkons	7
		many to very many		多到极多			8
		very many		极多			9

续表

性状编号	星号性状	英文		中文		标准品种	代码
19.		**QN**	**VG**	（+）	（a）		
		Flower：size of green colored part at center		**花：中部绿色部分大小**			
		absent or very small		无或极小			1
		small		小			2
		medium		中			3
		large		大			4
		very large		极大			5
20.		**QN**	**MG/MS/VG**	（+）	（a）（b）		
		Petal：length		**花瓣：长度**			
		very short		极短			1
		very short to short		极短到短			2
		short		短		Abperkons	3
		short to medium		短到中			4
		medium		中		Rax Lycia	5
		medium to long		中到长			6
		long		长		Ableigong	7
		long to very long		长到极长			8
		very long		极长			
21.		**QN**	**MG/MS/VG**	（+）	（a）（b）		
		Petal：width		**花瓣：宽度**			
		very narrow		极窄			1
		very narrow to narrow		极窄到窄			2
		narrow		窄		Rax Lycia	3
		narrow to medium		窄到中			4
		medium		中		M White	5
		medium to broad		中到宽			6
		broad		宽		Abizanagi	7
		broad to very broad		宽到极宽			8
		very broad		极宽			9
22.	（*）	**PQ**	**VG**		（a）（b）（c）		
		Petal：main color of inner side		**花瓣：内侧主色**			
		RHS Colour Chart （Indicate reference number）		RHS 比色卡 （注明参考色号）			
23.	（*）	**PQ**	**VG**		（a）（b）（c）		
		Petal：second color of inner side		**花瓣：内侧次色**			
		RHS Colour Chart （Indicate reference number）		RHS 比色卡 （注明参考色号）			
24.	（*）	**PQ**	**VG**	（+）	（a）（b）（c）		
		Petal：distribution of secondary color of inner side		**花瓣：内侧次色分布**			
		none		无			1
		at base		基部		Seiren	2
		basal half		基部 1/2		Abairesekui	3
		distal half		远基端 1/2			4
		at apex		先端			5
		marginal part		边缘		Abepona	6
		central part		中部		Absalecami	7
		throughout		整片			8

续表

性状编号	星号性状	英文		中文		标准品种	代码
25.		**PQ**	**VG**	(+)	(a)(b)(c)		
		Petal: pattern of secondary color of inner side		**花瓣：内侧次色图案**			
		solid		均匀			1
		flushed		晕状			2
		striped		条状			3
		irregular		不规则			4
26.	(*)	**PQ**	**VG**		(a)(b)(c)		
		Petal: tertiary color of inner side		**花瓣：内侧第三颜色**			
		RHS Colour Chart (Indicate reference number)		RHS 比色卡（注明参考色号）			
27.	(*)	**PQ**	**VG**	(+)	(a)(b)(c)		
		Petal: distribution of tertiary color of inner side		**花瓣：内侧第三颜色分布**			
		none		无			1
		at base		基部		Seiren	2
		basal half		基部 1/2		Abairesekui	3
		distal half		远基端 1/2			4
		at apex		先端			5
		marginal part		边缘		Abepona	6
		central part		中部		Absalecami	7
		throughout		整片			8
28.		**PQ**	**VG**	(+)	(a)(b)(c)		
		Petal: pattern of tertiary color of inner side		**花瓣：内侧第三颜色图案**			
		solid		均匀			1
		flushed		晕状			2
		striped		条状			3
		irregular		不规则			4
29.	(*)	**PQ**	**VG**		(a)(b)(c)		
		Petal: main color of outer side		**花瓣：外侧主色**			
		RHS Colour Chart (Indicate reference number)		RHS 比色卡（注明参考色号）			
30.	(*)	**PQ**	**VG**		(a)(b)(c)		
		Petal: secondary color of outer side		**花瓣：外侧次色**			
		RHS Colour Chart (Indicate reference number)		RHS 比色卡（注明参考色号）			
31.		**PQ**	**VG**	(+)	(a)(b)(c)		
		Petal: distribution of secondary color of outer side		**花瓣：外侧次色分布**			
		none		无			1
		at base		基部			2
		basal half		基部 1/2			3
		distal half		远基端 1/2			4
		at apex		先端			5
		marginal part		边缘			6
		central part		中部			7
		longitudinal stripes		纵向条纹			8
		throughout		整片			9

续表

性状编号	星号性状	英文		中文		标准品种	代码
32.		PQ	VG	（+）	（a）（b）（c）		
		Petal：pattern of secondary color of outer side		**花瓣：外侧次色图案**			
		solid		均匀			1
		flushed		晕状			2
		striped		条状			3
		irregular		不规则			4
33.	（*）	PQ	VG		（a）（b）（c）		
		Petal：tertiary color of outer side		**花瓣：外侧第三颜色**			
		RHS Colour Chart（Indicate reference number）		RHS 比色卡（注明参考色号）			
34.		PQ	VG	（+）	（a）（b）（c）		
		Petal：distribution of tertiary color of outer side		**花瓣：外侧第三颜色分布**			
		none		无			1
		at base		基部			2
		basal half		基部 1/2			3
		distal half		远基端 1/2			4
		at apex		先端			5
		marginal part		边缘			6
		central part		中部			7
		longitudinal stripes		纵向条纹			8
		throughout		整片			9
35.		PQ	VG	（+）	（a）（b）（c）		
		Petal：pattern of tertiary color of outer side		**花瓣：外侧第三颜色图案**			
		solid		均匀			1
		flushed		晕状			2
		striped		条状			3
		irregular		不规则			4
36.		QN	VG	（+）	（a）（b）		
		Petal：incisions of margin		**花瓣：边缘缺刻**			
		absent or weak		无或弱		M White	1
		medium		中		Abumbreon	2
		strong		强		Seiren	3
37.	（*）	QN	VG	（+）	（a）（b）		
		Petal：undulation of margin		**花瓣：边缘波状**			
		absent or weak		无或弱		M White	1
		medium		中		Abumbreon	2
		strong		强		Abairesekui	3
38.		QN	VG		（a）（b）		
		Petal：glossiness		**花瓣：光泽度**			
		absent or weak		无或弱		Abavesca	1
		medium		中		M White	2
		strong		强		Rax Europe	3

续表

性状编号	星号性状	英文		中文		标准品种	代码
39.		**PQ**	**VG**		**（d）**		
		Only varieties with Flower：type：single and semi-double： Anther：color		**花药：颜色（仅适用于单瓣和半重瓣花类型品种）**			
		yellow		黄色			1
		orange		橙色			2
		purple		紫色			3
		violet		紫罗兰色			4
40.		**PQ**	**VG**		**（d）**		
		Only varieties with Flower：type：single and semi-double： Stigma：color		**柱头：颜色（仅适用于单瓣和半重瓣花类型品种）**			
		green		绿色			1
		yellow		黄色			2
		purple		紫色			3
		violet		紫罗兰色			4

8 性状表解释

8.1 涉及多个性状的解释

除非另有说明，观测在盛花期进行。

性状表中有以下标注的性状应按照下述要求观测。

（a）花药开裂时，观测完全开放的花。

（b）观测：半重瓣花为自中间一轮的花瓣；重瓣为自外第三轮花瓣。

（c）主色指面积最大的颜色，次色面积第二大。若主色和次色面积相近难以确定哪个颜色面积最大，以颜色较深者为主色。第三颜色面积第三大，次色和第三颜色面积相近难以确定哪个颜色面积第二大，以颜色较深者为次色。

（d）花药打开前进行观测。

8.2 对单个性状的解释

性状 1：植株高度

观测地表至最高花顶部的距离。

a—植株高度；b—茎生叶；c—基生叶。

性状 2：基生叶类型
观测主要的叶型。

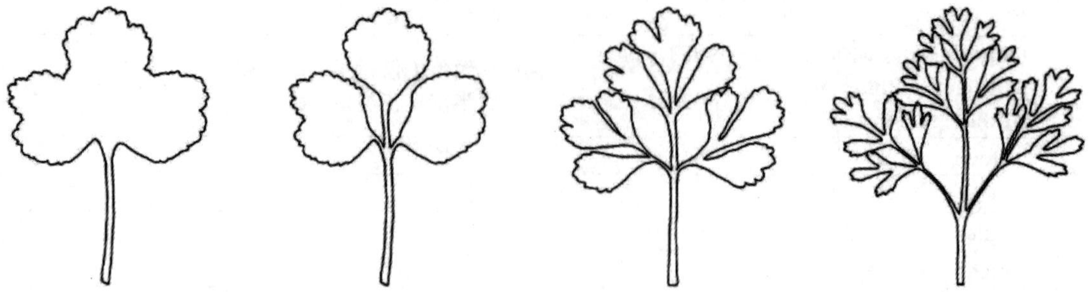

1 单叶　2 三出复叶　3 二回三出复叶　4 三回三出复叶

性状 3：基生叶叶柄长度

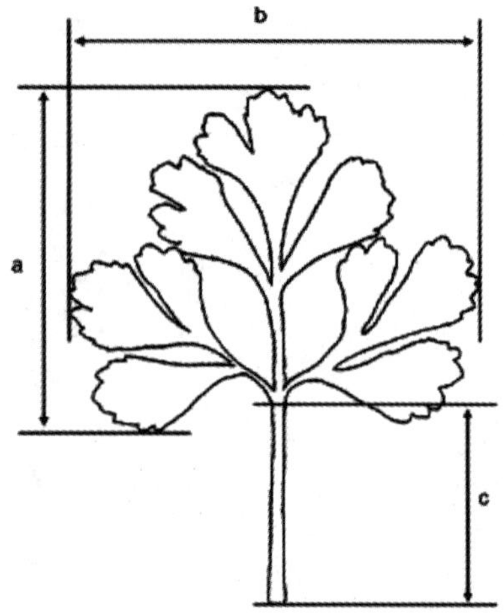

a—叶片长度；b—叶片宽度；c—叶柄度。

性状 4：基生叶叶片长度
见性状 3。
性状 5：基生叶叶片宽度
见性状 3。
性状 6：茎生叶类型
观测主要的叶型，见性状 2。
性状 7：茎生叶叶柄长度
见性状 3。
性状 8：茎生叶叶片长度
见性状 3。
性状 9：茎生叶叶片宽度
见性状 3。

性状 13：花茎粗度

粗度应观测花茎中部 1/3 处。

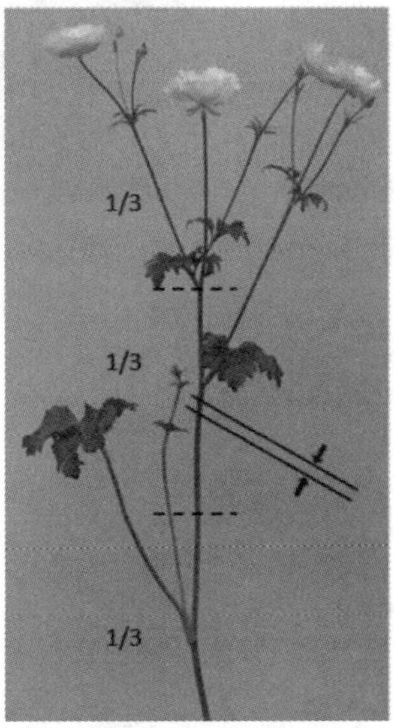

性状 14：花蕾颜色

花蕾完全形成时进行观测。

性状 15：花类型

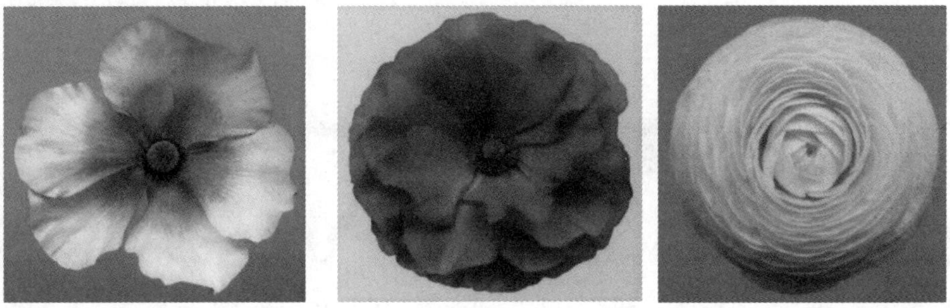

1 单瓣　　2 半重瓣　　3 重瓣

代码 1 为单瓣，1 轮花瓣；代码 2 为半重瓣，1 轮以上花瓣，雄蕊和雌蕊清晰可见；代码 3 为重瓣，雄蕊和雌蕊不可见。

性状 16：花直径

a—花直径；b—花高度。

性状 17：花高度

见性状 16。

性状 19：花中部绿色部分大小

1	2	3	4	5
无或极小	小	中	大	极大

性状 20：花瓣长度

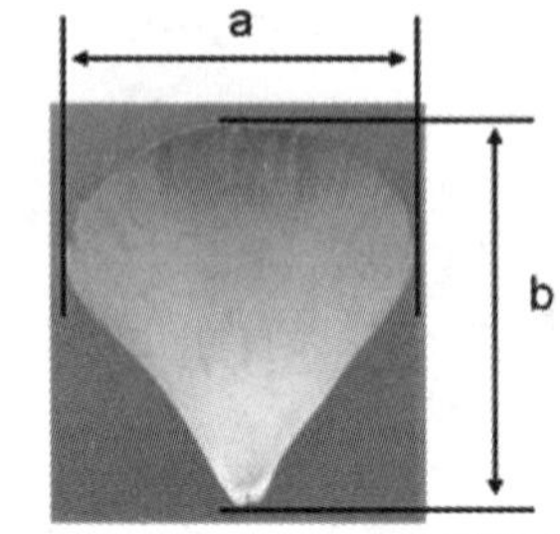

a—花瓣宽度；b—花瓣长度。

性状 21：花瓣宽度

见性状 20。

性状 24：花瓣内侧次色分布

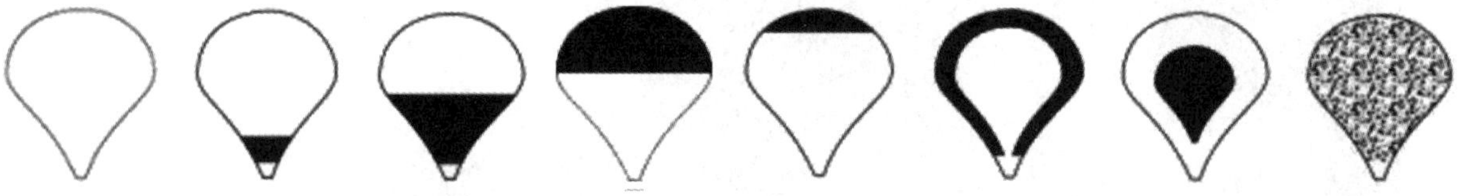

1	2	3	4	5	6	7	8
无	基部	基部 1/2	远基端 1/2	先端	边缘	中部	整片

性状 25：花瓣内侧次色图案

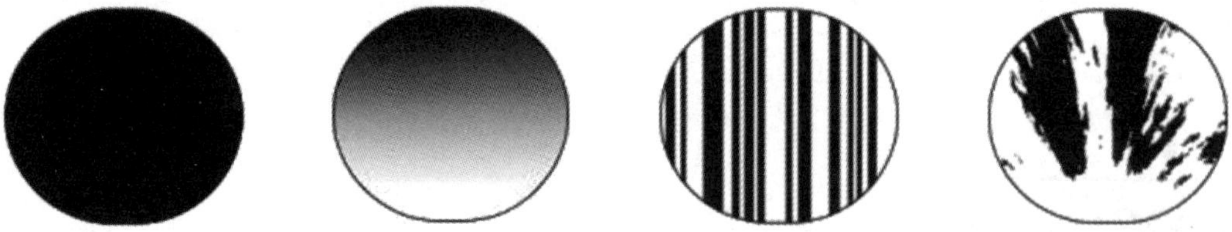

1	2	3	4
均匀	晕状	条状	不规则

性状 27：花瓣内侧第三颜色分布

见性状 24。

性状 28：花瓣内侧第三颜色图案

见性状 25。

性状 31：花瓣外侧次色分布

见性状 24。

性状 32：花瓣外侧次色图案

见性状 25。

性状 34：花瓣外侧第三颜色分布

见性状 24。

性状 35：花瓣外侧第三颜色图案

见性状 25。

性状 36：花瓣边缘缺刻

1
无或弱

2
中

3
强

性状 37：花瓣边缘波状

1
无或弱

2
中

3
强

扫码下载原文

如扫描二维码无法下载指南原文，可能是指南版本有更新，可扫描本书封底二维码查看与本文对应的指南版本

TG/336/1
原文：英文
日期：2020-12-17

国际植物新品种保护联盟
植物品种特异性、一致性和稳定性
测试指南

金鸡菊属

UPOV 代码：COREO

（*Coreopsis* L.）

互用名称 *

植物学名称	英文	法文	德文	西班牙文
Coreopsis L.	Coreopsis, Tickseed	Coréopsis	Mädchenauge	Coreopsis

* 这些名称在指南开始使用时是正确的，但随后可能会修改更新。读者可登录 UPOV 网站（www.upov.int），获取最新资料。

1 指南适用范围

本指南适用于金鸡菊属（*Coreopsis* L.）的所有品种。

2 繁殖材料要求

2.1 待测品种繁殖材料的数量和质量要求以及提交的时间和地点由审批机构决定。申请人从测试所在国境外提交繁殖材料的，还应符合海关规定并满足相关植物检疫的要求。

2.2 繁殖材料以小苗或种子的形式提交。

2.3 申请人提交繁殖材料的最小数量应为：无性繁殖品种为 10 个植株，种子繁殖品种为足够长成 40 个植株的种子量。

繁殖材料为种子时，提交的种子应满足审批机关规定的发芽率、纯度、健康和含水量等最低要求。

2.4 提供的繁殖材料应外观健康有活力，未受到任何严重病虫害的影响。

2.5 提交的繁殖材料不得进行任何可能影响品种性状表达的处理，除非审批机关允许或要求进行这种处理。如果材料已经处理，必须提供相关处理的详细说明。

3 测试方法

3.1 生长周期

3.1.1 测试的最少周期数量通常为 1 个生长周期。

3.1.2 审批机构确认测试结果，该品种观测结束。

3.2 测试地点

测试通常在 1 个地点进行。在 1 个以上地点进行测试时，TGP/9《特异性测试》提供了有关指导。

3.3 测试条件

3.3.1 测试的条件应能满足品种正常生长的需要，以确保品种相关性状充分表达和测试的顺利开展。

3.3.2 由于日光变化的原因，在利用比色卡确定颜色时，应在一个合适的有人工光源照明的小室或中午无阳光直射的房间内进行。人工光源光谱分布应符合 CIE“理想日光标准 D6500”，且在《英国标准 950：第 1 部分》的允许范围之内。观测应将植株部位置于白背景下进行，品种描述中应指出比色卡及版本。

3.4 试验设计

3.4.1 对于无性繁殖品种，每个试验应保证至少有 10 个植株。

3.4.2 对于种子繁殖品种，每个试验应保证至少有 40 个植株。

3.4.3 试验设计应保证因测量或计数等需要，从小区取走部分植株或植株部位后，不影响生长周期结束前的所有观测。

3.5 附加测试

为测试有关性状，可以进行附加测试。

4 特异性、一致性和稳定性测试

4.1 特异性

4.1.1 一般建议

对于本指南的使用者而言，在判定特异性前参照总则特异性判定的一般原则十分重要。但为进一步说明和强调特异性判定，本指南特列出特异性判定的要点。

4.1.2 一致的差异

当观测到的品种之间的差异非常明显时，则没有必要种植 1 个以上生长周期。此外，在某些情况下，环境的影响并不意味着需要 1 个以上的生长周期来保证品种间观测到的差异是足够一致的。为确保在种植试验中所观测到的性状差异是足够一致的，可以对性状进行至少 2 个独立生长周期的测试。

4.1.3 明显的差异

两个品种间的差异是否明显取决于很多因素，特别应考虑所测性状的表达类型，即该性状是质量性状、数量性状还是假质量性状。因此，在作出关于特异性的判定前，本测试指南的使用者应熟悉总则中的建议。

4.1.4 植株 / 植株部位的观测数量

对于无性繁殖品种，除非另有说明，在判定特异性时，对于单株的观测，应观测 9 个植株或分别从 9 个植株取下的植株部位；对于其他观测，应观测试验中的所有植株，观测时应将异型株排除在外。

对于种子繁殖品种，除非另有说明，在判定特异性时，对于单株的观测，应观测 20 个植株或分别从 20 个植株取下的植株部位；对于其他观测，应观测试验中的所有植株，观测时应将异型株排除在外。

4.1.5 观测方法

性状表第二列以如下符号（见 TGP/9《特异性测试》第 4 部分“性状观测”）的形式列出了特异性判定时推荐的性状观测方法。

MG：对一批植株或植株部位进行单次测量。

MS：对一定数量的植株或植株部位进行逐一测量。

VG：对一批植株或植株部位进行单次目测。

VS：对一定数量的植株或植株部位进行逐一目测。

观测类型：目测（V）或测量（M）。

目测（V）是一种基于专家判断的观测方法。本文中的目测是指专家的感官观测，因此，也包括闻、尝和触摸。目测也包括专家使用参照物（例如图表，标准品种，并排比较）或非线性的图表（例如比色卡）的观测。测量（M）是一种基于校准的、线性尺度的客观观测，例如使用尺、秤、色度计、日期和计数等进行观测。

记录类型：群体记录（G）或个体记录（S）。

以特异性为目的的观测，可被记录为一批植株或植株部位的单个记录（G），或者记录为一定数量的单个植株或植株部位的个体记录（S）。多数情况下，群体记录为一个品种提供一个单个记录，因此不可能或者不必要通过逐个植株的统计分析来判定特异性。

如果性状表中提供了不止一种观测方法（如 VG/MG），可以参考 TGP/9《特异性测试》4.2 部分选择合适的观测方法。

4.2 一致性

4.2.1 对于本指南的使用者而言，在判定一致性前参照总则一致性判定的一般原则十分重要。但为进一步说明和强调一致性判定，本指南特列出一致性判定的要点。

4.2.2 本指南适用于无性繁殖品种。对于其他繁殖类型的品种，应参照总则和 TGP/13《新类型和种的指导》4.5 部分一致性测试。

4.2.3 对于无性繁殖品种一致性判定，应采用 1% 的群体标准和至少 95% 的接受概率。当样本量为 10 个时，允许有 1 个异型株。

4.2.4 对于自花授粉的种子繁殖品种一致性判定，应采用 1% 的群体标准和至少 95% 的接受概率。当样本量为 40 个时，允许有 2 个异型株。

4.3 稳定性

4.3.1 在实际操作中，通常不像测试特异性和一致性那样对稳定性进行测试以得到明确结果。经验表明，对许多类型的品种来说，当一个品种表现一致时，可认为其是稳定的。

4.3.2 适当情况下或者有疑问时，稳定性的测试通过测试一批新种子或植株，看其性状表现是否与之前提交的材料表现相同。

5 品种分组和试验组织

5.1 使用分组性状可以帮助选择与申请品种一起进行田间种植试验的已知品种，以及对这些品种进行合适分组以便进行特异性测试。

5.2 分组性状表达状态的数据即使来自不同地点，也可以单独或者与其他此类性状联合使用。

（a）用于特异性测试中筛选排除那些不需要安排在种植试验中的已知品种。

（b）用于组织安排种植试验，使近似品种种植在一起。

5.3 以下性状已被确认为有用的分组性状。

（a）复叶：顶裂宽度（性状 13）。

（b）叶：次色分布（性状 16）。

（c）头状花序：类型（性状 21）。

（d）舌状小花：主色（性状 28），分组如下。

第一组：白色。

第二组：黄色。

第三组：橙色。

第四组：粉色。

第五组：红色。

第六组：紫色。

（e）舌状小花：次色（性状 31），分组如下。

第一组：白色。

第二组：黄色。

第三组：橙色。

第四组：粉色。

第五组：红色。

第六组：紫色。

（f）舌状小花：花冠筒长度（性状 38）。

（g）花心：开花前颜色（仅适用于单瓣和半重瓣头状花序类型品种）（性状 44）。

5.4 总则和 TGP/9《特异性测试》中提供了在特异性审查过程中使用分组性状的指导。

6 性状表介绍

6.1 性状类型

6.1.1 标准指南性状

标准指南性状是 UPOV 已同意用于 DUS 审查的性状，UPOV 成员可以从中选择与其特定环境相适应的性状。

6.1.2 星号性状

星号性状（用“*”标记）是测试指南中对于形成国际统一的品种描述十分重要的性状，所有 UPOV 成员都应将其用于 DUS 测试，并包含在品种描述中，除非前序性状的表达状态或区域环境条件所限使其无法测试。

6.2 表达状态及相应代码

6.2.1 为定义性状和统一描述，将每个性状划分为一系列表达状态。每个表达状态赋予一个相应的数字代码，以便于数据记录，以及品种性状描述的建立和交流。

6.2.2 所有相关的表述均在性状表中。

6.2.3 TGP/7《测试指南的研制》中提供了表达状态和代码的更详尽的介绍。

6.3 表达类型

总则中对性状表达类型（质量性状、数量性状和假质量性状）进行了解释。

6.4 标准品种

适当时，标准品种用于明确每一性状不同表达状态。

6.5 注释

性状编号	星号性状	英文		中文		标准品种	代码
1	2	3	4	5	6		
		Name of characteristics in English		**性状名称**			
		states of expression		表达状态			

表中 1 为性状编号。

表中 2 为（*）星号性状（6.1.2）。

表中 3 为表达类型：

QL：质量性状（6.3）。

QN：数量性状（6.3）。

PQ：假质量性状（6.3）。

表中 4 为观测方法（和小区类型）：MG、MS、VG、VS（4.1.5）。

表中 5 为（+）（8.2 性状表解释）。

表中 6 为（a）～（f）（8.1 性状表解释）。

7 性状表

性状编号	星号性状	英文		中文		标准品种	代码
1.	**(*)**	**QN**	**VG**	**(+)**			
		Plant: growth habit		**植株：生长习性**			
		upright		直立		Garnet	1
		semi-upright		半直立		VIZCOR 609	2
		semi-spreading		半散开		URITW02	3
		spreading		散开		Mercury Rising	4
2.		**QN**	**MG/MS/VG**				
		Plant: height		**植株：高度**			
		very short		极矮			1
		very short to short		极矮到矮			2
		short		矮		Mercury Rising	3
		short to medium		矮到中			4
		medium		中		Redshift	5
		medium to tall		中到高			6

续表

性状编号	星号性状	英文		中文		标准品种	代码
2.		tall		高			7
		long to very tall		高到极高			8
		very tall		极高			9
3.		**QN**	**MG/MS/VG**				
		Plant：width		**植株：宽度**			
		very narrow		极窄			1
		very narrow to narrow		极窄到窄			2
		narrow		窄		CSGZ0002	3
		narrow to medium		窄到中			4
		medium		中		Charlize	5
		medium to broad		中到宽			6
		broad		宽		Mercury Rising	7
		broad to very broad		宽到极宽			8
		very broad		极宽			9
4.	(*)	**QN**	**VG**	(+)			
		Plant：density		**植株：密度**			
		very sparse		极疏			1
		sparse		疏			2
		medium		中		VIZCOR	3
		dense		密			4
		very dense		极密		Uritwo02	5
5.	(*)	**QL**	**VG**	(+)	(a)		
		Leaf：type		**叶：类型**			
		simple		单叶			1
		simple and divided		单叶和复叶			2
		divided		复叶			3
6.	(*)	**QN**	**MG/MS/VG**		(a)(b)		
		Simple leaf：length		**单叶：长度**			
		very short		极短			1
		very short to short		极短到短			2
		short		短		Charlize	3
		short to medium		短到中			4
		medium		中		Mercury Rising	5
		medium to long		中到长			6
		long		长		CSGZ0002	7
		long to very long		长到极长			8
		very long		极长			9
7.	(*)	**QN**	**MG/MS/VG**		(a)(b)		
		Simple leaf：width		**单叶：宽度**			
		very narrow		极窄			1
		very narrow to narrow		极窄到窄			2
		narrow		窄		Mercury Rising	3
		narrow to medium		窄到中			4
		medium		中		Baluptgonz	5
		medium to broad		中到宽			6

续表

性状编号	星号性状	英文		中文		标准品种	代码
7.	(*)	broad		宽		Charlize	7
		broad to very broad		宽到极宽			8
		very broad		极宽			9
8.	(*)	**QN**	**MG/MS/VG**	(+)	(a)(b)		
		Simple leaf: length/width ratio		**单叶：长宽比**			
		very low		极小			1
		very low to low		极小到小			2
		low		小		Charlize	3
		low to medium		小到中			4
		medium		中			5
		medium to high		中到大			6
		high		大		Mercury Rising	7
		high to very high		大到极大			8
		very high		极大			9
9.		**QN**	**MG/MS/VG**		(a)(b)(c)		
		Divide leaf: length		**复叶：长度**			
		very short		极短			1
		very short to short		极短到短			2
		short		短		Buttermilk	3
		short to medium		短到中			4
		medium		中		VIZCOR 609	5
		medium to long		中到长			6
		long		长		PRO 538	7
		long to very long		长到极长			8
		very long		极长			9
10.		**QN**	**MG/MS/VG**		(a)(b)(c)		
		Divide leaf: width		**复叶：宽度**			
		very narrow		极窄			1
		very narrow to narrow		极窄到窄			2
		narrow		窄		Charlize	3
		narrow to medium		窄到中			4
		medium		中		Buttermilk	5
		medium to broad		中到宽			6
		broad		宽		VIZCOR 609	7
		broad to very broad		宽到极宽			8
		very broad		极宽			9
11.		**QN**	**MG/MS/VG**	(+)	(a)(b)		
		Divided leaf: length/width ratio		**复叶：长宽比**			
		very low		极小			1
		very low to low		极小到小			2
		low		小			3
		low to medium		小到中			4
		medium		中			5
		medium to high		中到大			6
		high		大			7
		high to very high		大到极大			8
		very high		极大			9

续表

性状编号	星号性状	英文		中文		标准品种	代码
12.	（*）	**QN**	**MG/MS/VG**		（a）（b）（c）		
		Divide leaf: length of terminal lobe		**复叶：顶裂长度**			
		very short		极短			1
		very short to short		极短到短			2
		short		短		Buttermilk	3
		short to medium		短到中			4
		medium		中		Enchanted Eve	5
		medium to long		中到长			6
		long		长		Balupteam	7
		long to very long		长到极长			8
		very long		极长			9
13.	（*）	**QN**	**MG/MS/VG**		（a）（b）（c）		
		Divide leaf: width of terminal lobe		**复叶：顶裂叶宽度**			
		very narrow		极窄			1
		very narrow to narrow		极窄到窄			2
		narrow		窄		VIZCOR 609	3
		narrow to medium		窄到中			4
		medium		中		Enchanted Eve	5
		medium to broad		中到宽			6
		broad		宽		Sophia	7
		broad to very broad		宽到极宽			8
		very broad		极宽			9
14.	（*）	**QN**	**MG/MS/VG**	（+）	（a）（b）		
		Divided leaf: length/width ratio of terminal lobe		**复叶：顶裂叶长宽比**			
		very low		极小			1
		very low to low		极小到小			2
		low		小		PRO 538	3
		low to medium		小到中			4
		medium		中		Buttermilk	5
		medium to high		中到大			6
		high		大		URITW02	7
		high to very high		大到极大			8
		very high		极大			9
15.	（*）	**PQ**	**VG**		（a）		
		Leaf: main color		**叶：主色**			
		yellow green		黄绿色			1
		light green		浅绿色			2
		medium green		中等绿色		Balupteam	3
		dark green		深绿色		VIZCOR 609	4
16.	（*）	**PQ**	**VG**	（+）	（a）		
		Leaf: distribution of secondary color		**叶：次色分布**			
		none		无			1
		on margin		边缘			2
		margin zone		边缘区域		Tequila Sunsire	3
		irregular		不规则			4

续表

性状编号	星号性状	英文		中文		标准品种	代码
17.		**PQ**	**VG**		**(a)**		
		Leaf: secondary color		**叶：次色**			
		whitish		白色			1
		light yellow		浅黄色		Tequila Sunsire	2
		medium yellow		中等黄色			3
		yellow green		黄绿色			4
18.		**QN**	**VG**		**(a)**		
		Leaf: glossiness		**叶：光泽度**			
		absent or very weak		无或极弱		Sophia	1
		weak		弱			2
		medium		中		Buttermilk	3
		strong		强		Tweety	4
		very strong		极强			5
19.	(*)	**QN**	**VG**				
		Peduncle: length		**花梗：长度**			
		very short		极短			1
		very short to short		极短到短			2
		short		短		Charlize	3
		short to medium		短到中			4
		medium		中		Red Elf	5
		medium to long		中到长			6
		long		长		PRO 538	7
		long to very long		长到极长			8
		very long		极长			9
20.	(*)	**QN**	**VG**	(+)	**(d)**		
		Flower head: position relative to follage		**头状花序：相对于叶位置**			
		below or same level		低于或等高		VIZCOR 609	1
		slightly above		微高于		Enchanted Eve	2
		moderately above		中度高于		PRO538	3
		far above		显著高于			4
21.	(*)	**PQ**	**VG**	(+)	**(d)**		
		Flower head: type		**头状花序：类型**			
		single		单瓣		Cosmic Eye	1
		semi-double		半重瓣		Baluptowed	2
		double		重瓣		DCORE 16	3
22.	(*)	**QN**	**MG/MS/VG**		**(d)**		
		Flower head: diameter		**头状花序：直径**			
		very small		极小			1
		very small to small		极小到小			2
		small		小		Tweety	3
		small to medium		小到中			4
		medium		中		Red Elf	5
		medium to large		中到大			6
		large		大		Baluptgonz	7
		large to very large		大到极大			8
		very large		极大			9

续表

性状编号	星号性状	英文		中文		标准品种	代码
23.	（*）	**QN**	**MG/MS/VG**		（d）		
		Only varieties with flower head：type：single and semi-double： Flower head：number of ray floret		**头状花序：舌状小花数量（仅适用于单瓣和半重瓣头状花序类型品种）**			
		very few		极少		Buttermilk	1
		few		少		Enchanted Eve	2
		medium		中		Baluptowed	3
		many		多			4
		very many		极多			5
24.	（*）	**QN**	**VG**	（+）	（d）（e）		
		Ray floret：attitude of basal part		**舌状小花：基部姿态**			
		strongly ascending		显著向上			1
		moderately ascending		中度向上			2
		weakly ascending		微向上		Sophia	3
		horizontal		水平		Enchanted Eve	4
		weakly descending		微向下		URITW02	5
		moderately descending		中度向下		Pineapple Pie	6
		strongly descending		显著向下			7
25.	（*）	**QN**	**MG/MS/VG**		（d）（e）		
		Ray floret：length		**舌状小花：长度**			
		very short		极短			1
		very short to short		极短到短			2
		short		短		Solar Dance	3
		short to medium		短到中			4
		medium		中		Red Elf	5
		medium to long		中到长			6
		long		长		Baluptgonz	7
		long to very long		长到极长			8
		very long		极长			9
26.	（*）	**QN**	**MG/MS/VG**		（d）（e）		
		Ray floret：width		**舌状小花：宽度**			
		very narrow		极窄			1
		very narrow to narrow		极窄到窄			2
		narrow		窄		VIZCOR 609	3
		narrow to medium		窄到中			4
		medium		中		Redshift	5
		medium to broad		中到宽			6
		broad		宽		CSGZ0002	7
		broad to very broad		宽到极宽			8
		very broad		极宽			9
27.	（*）	**QN**	**MG/MS/VG**	（+）	（d）（e）		
		Ray floret：length/width ratio		**舌状小花：长宽比**			
		very low		极小			1
		very low to low		极小到小			2
		low		小		PRO 538	3
		low to medium		小到中			4

续表

性状编号	星号性状	英文		中文		标准品种	代码
27.	(*)	medium		中		Starlight	5
		medium to high		中到大			6
		high		大		Tweety	7
		high to very high		大到极大			8
		very high		极大			9
28.	(*)	**PQ**	**VG**		(d)(e)(f)		
		Ray floret: main color		**舌状小花：主色**			
		RHS Colour Chart (Indicate reference number)		RHS 比色卡 (注明参考色号)			
29.	(*)	**PQ**	**VG**	(+)	(d)(e)(f)		
		Ray floret: distribution of main color		**舌状小花：主色分布**			
		basal half		基部 1/2			1
		basal half and margins		基部 1/2 和边缘			2
		basal three quarters		基部 3/4			3
		basal three quarters and margins		基部 3/4 和边缘			4
		distal three quarters		远基端 3/4		Balupteamed	5
		distal half		远基端 1/2		Cosmic Eye	6
		throughout		整片		Charlize	7
30.	(*)	**PQ**	**VG**	(+)	(d)(e)(f)		
		Ray floret: distribution of secondary color		**舌状小花：次色分布**			
		none		无		Charlize	1
		base		基部		Balupteamed	2
		base and margins		基部和边缘			3
		basal quarters		基部 1/4		Baluptowed	4
		basal quarters and margins		基部 1/4 和边缘			5
		basal half		基部 1/2			6
		basal half and margins		基部 1/2 和边缘			7
		basal three quarters		基部 3/4			8
		basal three quarters and margins		基部 3/4 和边缘			9
		distal three quarters		远基端 3/4			10
		distal half		远基端 1/2			11
		distal quarter		远基端 1/4		Enchanted Eve	12
		tip		尖端			13
		margins		边缘			14
		throughout		整片			15
31.	(*)	**PQ**	**VG**		(d)(e)(f)		
		Ray floret: secondary color		**舌状小花：次色**			
		RHS Colour Chart (Indicate reference number)		RHS 比色卡 (注明参考色号)			
32.	(*)	**PQ**	**VG**	(+)	(d)(e)(f)		
		Ray floret: pattern of secondary color		**舌状小花：次色图案**			
		solid		均匀			1
		solid and flushed		均匀和晕状			2
		flushed		晕状			3

续表

性状编号	星号性状	英文		中文		标准品种	代码
33.	(*)	PQ	VG	(+)	(d)(e)(f)		
		Ray floret: distribution of tertiary color		**舌状小花：第三颜色分布**			
		none		无		Charlize	1
		base		基部		Balupteamed	2
		base and margins		基部和边缘			3
		basal quarters		基部 1/4		Baluptowed	4
		basal quarters and margins		基部 1/4 和边缘			5
		basal half		基部 1/2			6
		distal half		远基端 1/2			7
		distal quarter		远基端 1/4		Enchanted Eve	8
		tip		尖端			9
		margins		边缘			10
34.		PQ	VG		(d)(e)(f)		
		Ray floret: tertiary color		**舌状小花：第三颜色**			
		RHS Colour Chart (Indicate reference number)		RHS 比色卡 (注明参考色号)			
35.	(*)	PQ	VG	(+)	(d)(e)(f)		
		Ray floret: pattern of tertiary color		**舌状小花：第三颜色图案**			
		solid		均匀			1
		solid and flushed		均匀和晕状			2
		flushed		晕状			3
36.		QL	VG	(+)			
		Ray floret: color of outer side compared to inner side		**舌状小花：外侧与内侧颜色相比**			
		similar		相似			1
		markedly different		显著不同			2
37.		PQ	VG				
		Only varieties with Ray floret: type: color of outer side compared to inner side: markedly different: Ray floret: color of outer side		**舌状小花：外侧颜色（仅适用于舌状小花外侧与内侧颜色相比显著不同的品种）**			
		RHS Colour Chart (Indicate reference number)		RHS 比色卡 (注明参考色号)			
38.	(*)	QN	VG	(+)	(d)(e)		
		Ray floret: length of corolla tube		**舌状小花：花冠管长度**			
		absent or very short		无或极短		Cosmic Eye	1
		short		短			2
		medium		中		Jethro Tull	3
		long		长			4
		very long		极长		DCOREO 16	5
39.	(*)	QN	VG	(+)	(d)(e)		
		Ray floret: longitudinal axis		**舌状小花：纵轴**			
		strongly incurving		显著内弯			1
		moderately incurving		中度内弯		Ladybird	2
		weakly incurving		微内弯		URITW02	3
		straight		直		Balupteamed	4
		weakly reflexing		微外翻		Buttermilk	5
		moderately reflexing		中度外翻			6
		strongly reflexing		显著外翻			7

续表

性状编号	星号性状	英文		中文		标准品种	代码
40.	(*)	QN	VG	(+)	(d)(e)		
		Ray floret：profile in cross section		**舌状小花：横切面形状**			
		strongly concave		显著内凹		DCOREO 16	1
		moderately concave		中度内凹		Enchanted Eve	2
		weakly concave		微内凹		URITW02	3
		flat		平		Cosmic Eye	4
		weakly convex		微外凸		PRO 538	5
		moderately convex		中度外凸		VIZCOR 609	6
		strongly convex		显著外凸			7
41.	(*)	QN	VG	(+)	(d)(e)		
		Ray floret：number of indentations at tip		**舌状小花：尖端缺刻数**			
		absent or very few		无或极少		Bengal Tiger	1
		few		少		Starlight	2
		medium		中		Buttermilk	3
		many		多		Enchanted Eve	4
		very many		极多		VIZCOR 609	5
42.	(*)	QN	VG	(+)	(d)(e)		
		Ray floret：depth of indentations at tip		**舌状小花：尖端缺刻深度**			
		very shallow		极浅		Buttermilk	1
		shallow		浅		URIT02	2
		medium		中		PRO538	3
		deep		深		Enchanted Eve	4
		very deep		极深			5
43.	(*)	QN	MG/MS/VG		(d)		
		Only varieties with flower head：type：single or semi-double： Disc：diameter		**花心：直径（仅适用于单瓣或半重瓣头状花序类型品种）**			
		very small		极小			1
		small		小		Buttermilk	2
		medium		中		CSGZ0002	3
		large		大		Cosmic Eye	4
		very large		极大			5
44.	(*)	PQ	VG		(d)		
		Only varieties with flower head：type：single and semi-double： Disc：color before anthesis		**花心：开花前颜色（仅适用于单瓣和半重瓣头状花序类型品种）**			
		yellow green		黄绿色		PRO538	1
		yellow		黄色		CSGZ0002	2
		orange		橙色		Enchanted Eve	3
		reddish brown		红棕色		Buttermilk	4
		blackish purple		黑紫色		Peach Sparkle	5

8 性状表解释

8.1 涉及多个性状的解释

所有性状在盛花期观测。

性状表中有以下标注的性状应按照下述要求观测。

（a）观测茎中部完全发育叶。

（b）根据性状 5，观测主要叶类型。如果性状 5 没有主要类型，即单叶和复叶数量相近，观测两种类型的叶。

（c）

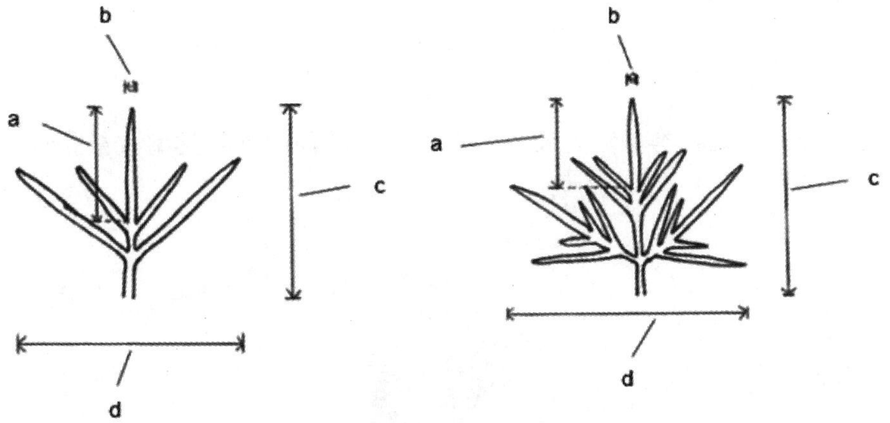

a—顶裂叶长度；b—顶裂叶宽度；c—叶长度；d—叶宽度。

（d）观测花药开始开裂的完全开放的花。

（e）观测外轮小花内侧。

（f）主色指面积最大的颜色，次色面积第二大，第三颜色面积第三大。若两者颜色面积相近难以确定哪个颜色面积最大，以颜色较深者为主色。

8.2 对单个性状的解释

性状 1．植株生长习性

1 直立

2 半直立

3 半散开

4 散开

性状 4：植株密度

2
疏

3
中

4
密

性状 5：叶类型

部分品种有 2 种类型叶。观测主要叶类型。若没有主要类型，品种两种叶类型数量相近，选择“单叶和复叶”表达状态（代码 2）。

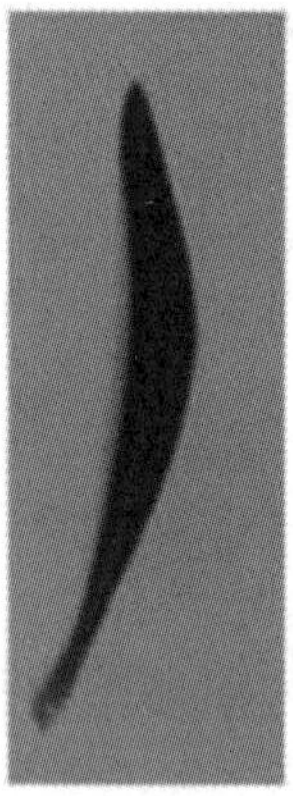
1
单叶

3
复叶

性状 8：单叶长宽比

3
小

5
中

7
大

性状 11：复叶长宽比

3
小

5
中

7
大

性状 14：复叶顶裂叶长宽比

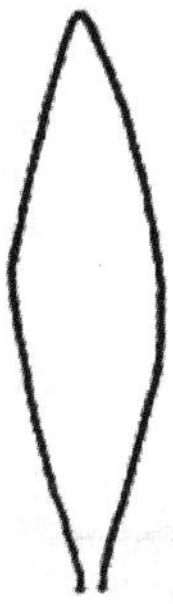

3
小

5
中

7
大

性状 16：叶次色分布
图中非阴影部分。

1
无

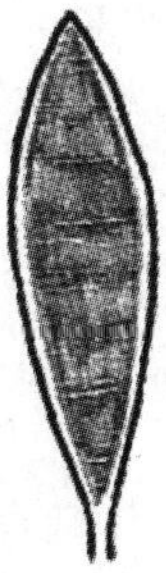

2
边缘

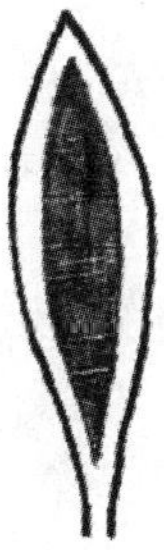

3
边缘区域

4
不规则

性状 20：头状花序相对于叶的位置

1
低于或等高

2
微高于

3
中度高于

性状 21：头状花序类型

代码 1 为仅 1 轮舌状小花；代码 2 为 1 轮以上舌状小花，有明显花心；代码 3 为多轮舌状小花，无明显花心。

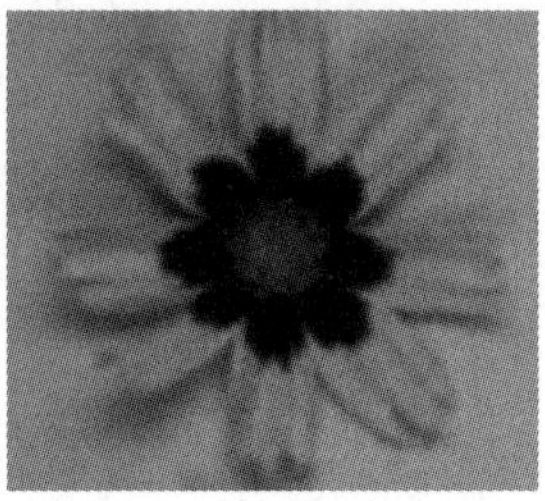

1
单瓣

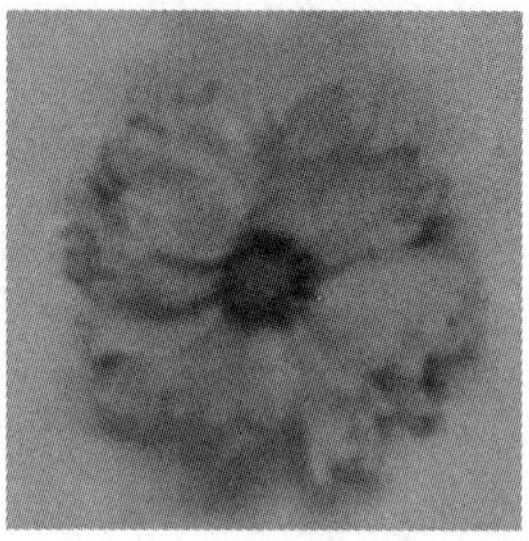

2
半重瓣

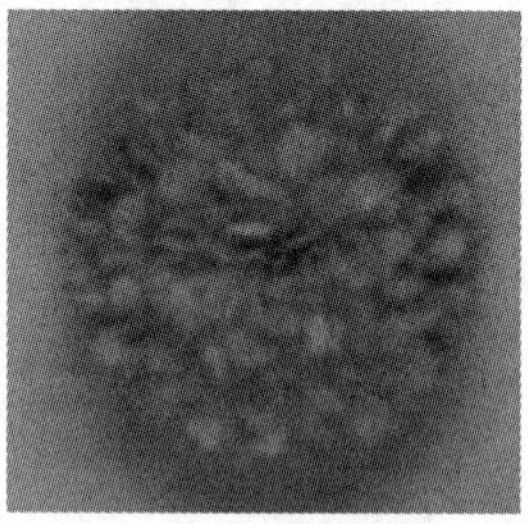

3
重瓣

性状 24：舌状小花基部姿态

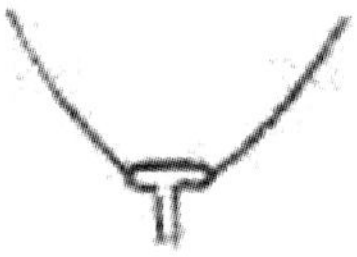

1
显著向上

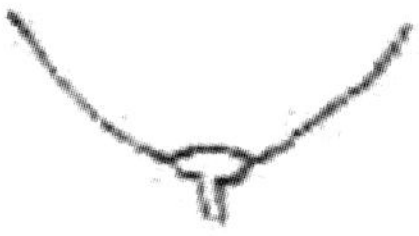

2
中度向上

3
微向上

4
水平

5
微向下

6
中度向下

7
显著向下

性状 27：舌状小花长宽比

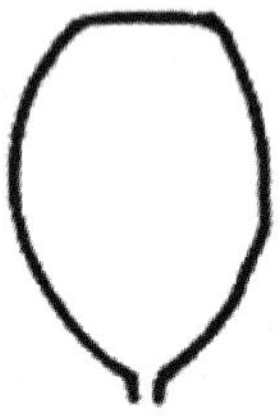

3
小

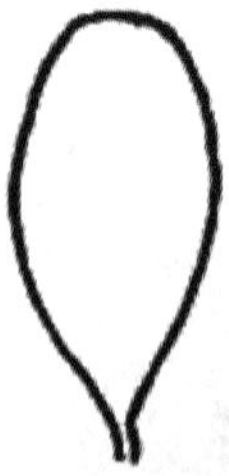

5
中

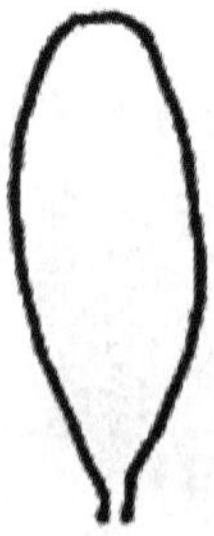

7
大

性状 29：舌状小花主色分布

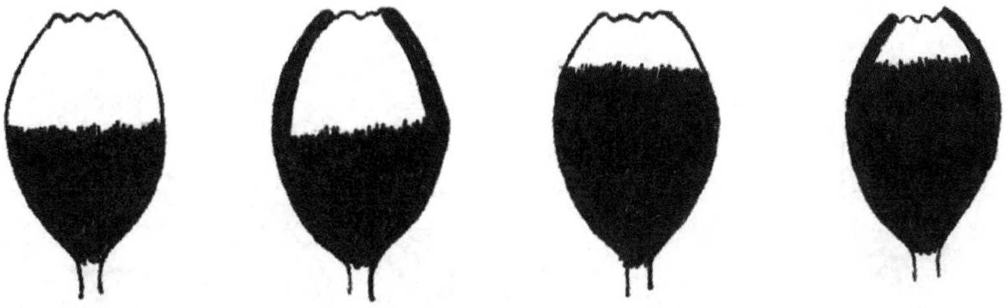

1	2	3	4
基部 1/2	基部 1/2 和边缘	基部 3/4	基部 3/4 和边缘

5	6	7
远基端 3/4	远基端 1/2	整片

性状 30：舌状小花次色分布

如果有次色，可能分布在一半以上区域，总面积仍小于主色。

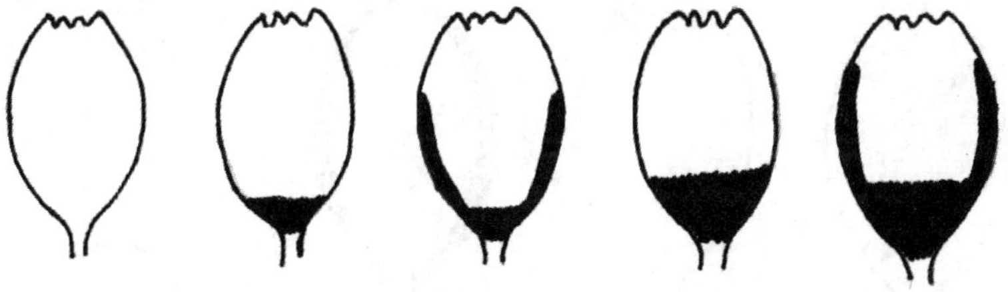

1	2	3	4	5
无	基部	基部和边缘	基部 1/4	基部 1/4 和边缘

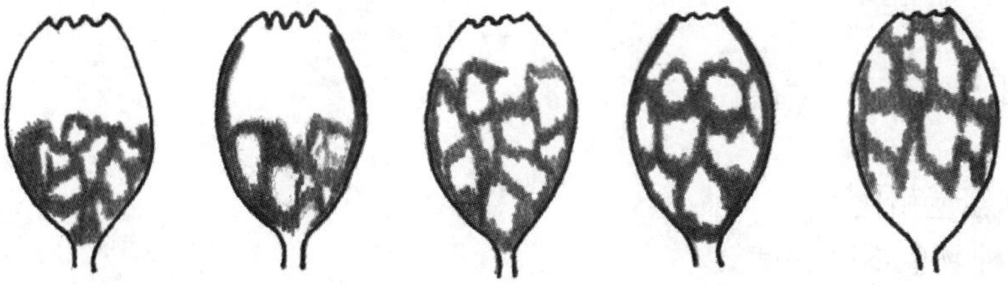

6	7	8	9	10
基部 1/2	基部 1/2 和边缘	基部 3/4	基部 3/4 和边缘	远基端 3/4

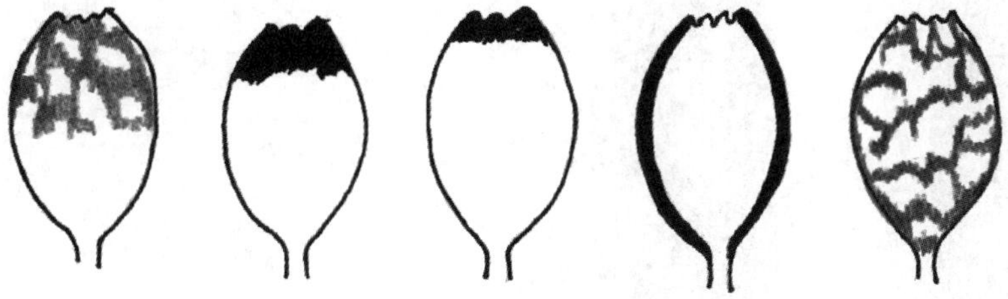

11	12	13	14	15
远基部 1/2	远基端 1/4	尖端	边缘	整片

性状 32：舌状小花次色图案

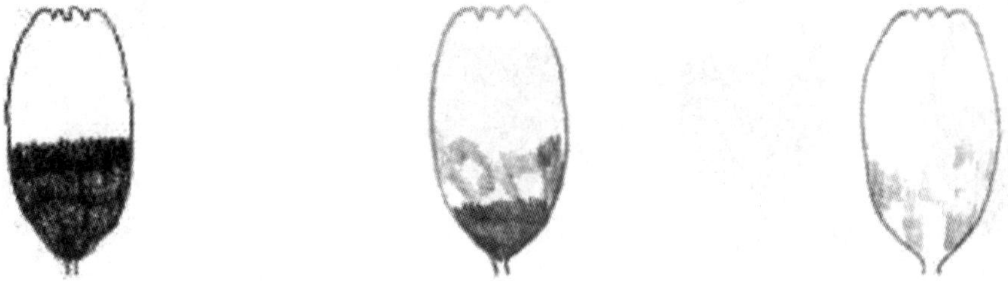

1 均匀　　2 均匀和晕状　　3 晕状

性状 33：舌状小花第三颜色分布

如果有第三颜色，可能分布在一半以上区域，总面积仍小于次色。

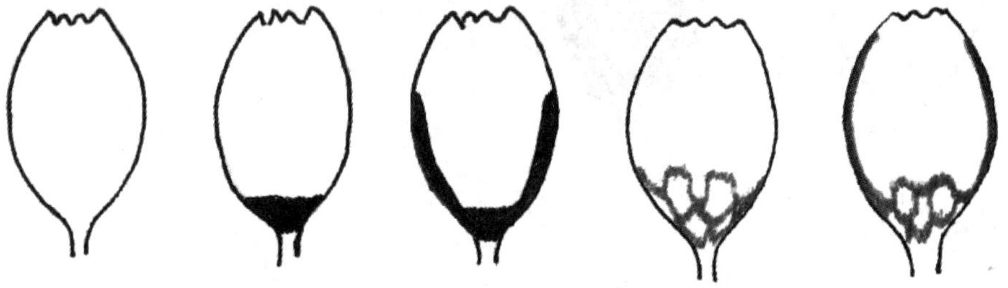

1 无　　2 基部　　3 基部和边缘　　4 基部 1/4　　5 基部 1/4 和边缘

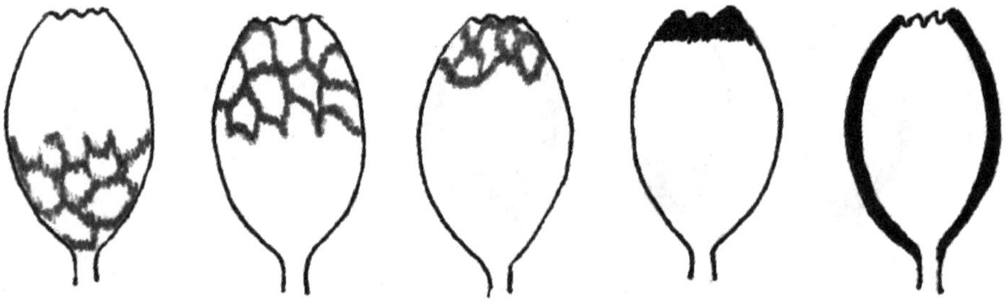

6 基部 1/2　　7 远基端 1/2　　8 远基端 1/4　　9 尖端　　10 边缘

性状 35：舌状小花第三颜色图案

见性状 32。

性状 36：舌状小花外侧与内侧颜色相比

显著差异指不同颜色而非同一种颜色不同深度。

性状 38：舌状小花花冠管长度

1 无或极短　　3 中　　5 极长

性状 39：舌状小花纵轴

1	2	3	4	5	6	7
显著内弯	中度内弯	微内弯	直	微外翻	中度外翻	显著外翻

性状 40：舌状小花横切面形状
观测小花中间部位。

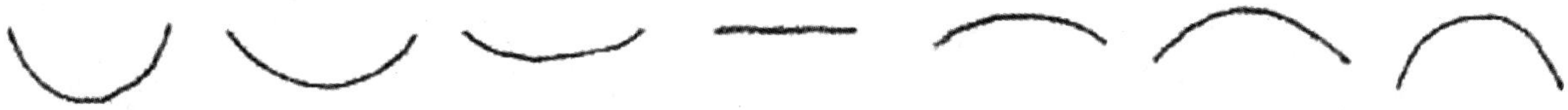

1	2	3	4	5	6	7
显著内凹	中度内凹	微内凹	平	微外凸	中度外凸	显著外凸

性状 41：舌状小花尖端缺刻数

1	2	3	4	5
无或极少	少	中	多	极多

性状 42：舌状小花尖端缺刻深度

1	2	3	4	5
极浅	浅	中	深	极深